面向 21 世纪课程教材
Textbook Series for 21st Century

茶叶生物化学

第三版

宛晓春　主编

茶学专业用

中国农业出版社

第 三 版 前 言

茶叶生物化学是茶学专业的专业基础课，也是茶学科中发展很快的一个领域，新的研究方法和成果不断涌现，新编的茶叶生物化学教材必须充分反映学科新的发展趋势。

《茶叶生物化学》1980 年第一版发行后，1984 年第二版发行。为了加强基本概念、基本理论和基本技能教学，根据学科发展趋势和 21 世纪人才培养的要求，此次对教材的编写体系做了较大的修改，强调与普通生物化学、有机化学等基础课和茶学专业课之间的分工与衔接；注重教材的系统性和内容的新颖性。突出介绍茶树次级代谢的特色，产物性质以及在不同的环境、加工条件下的转化规律及对产量和品质的影响等。专设一章茶叶中的化学成分及性质，把茶树中生物碱、茶氨酸、多酚类物质和芳香物质代谢集中列为一章以突出茶树次级代谢的特点；新增绿茶贮藏过程中的物质变化，茶叶中的糖类、皂甙，其他茶类及深加工化学，茶叶功能成分化学和茶叶生物化学研究法等内容。全书除绪论外共分八章。绪论，第一章第 7 节，第二章第 4 节，第七章第 1、2、3、5 节由宛晓春编写；第二章 1~2 节、第八章 2~5 节由黄继轸编写；第一章第 6 节、第五章第 3 节、第七章第 4 节由张正竹编写；第二章第 3 节由张正竹和黄继轸合编；第二章第 5 节、第三章、第五章第 2 节由沈生荣编写；第四章由周才琼编写，李立祥同志修改；第一章 1~5 节由邵宛芳编写；第六章 2~5 节由黄建安编写；第五章第 1 节、第六章第 1 节、第八章第 1 节由刘乾刚编写。考虑到本书可作为相关人员和研究生的参考书，篇幅较大，各校可根据教学时数适当删减。

全书由安徽农业大学宛晓春教授主编，由安徽农业大学萧伟祥教授主审，第七章由中国预防医学科学院营养与食品安全研究所韩驰教授审阅。

在编写过程中，得到中国农业出版社、有关高校和个人的大力支持；安徽农业大学茶学博士生张玉琼、刘莉华、李大祥、硕士生王发左、侯如燕、徐燕、王海燕、杨昌军等同学协助查阅整理资料，打印修改和绘图，在此一并深表谢意。

编　者

2003 年 5 月

第三版编写者

主　　编　宛晓春

副 主 编　黄继轸　沈生荣

编写人员　宛晓春（安徽农业大学）

　　　　　黄继轸（安徽农业大学）

　　　　　张正竹（安徽农业大学）

　　　　　沈生荣（浙江大学）

　　　　　周才琼（西南农业大学）

　　　　　邵宛芳（云南农业大学）

　　　　　黄建安（湖南农业大学）

　　　　　刘乾刚（福建农林大学）

主　　审　萧伟祥（安徽农业大学）

第二版前言

本书是 1980 年版全国高等农业院校试用教材《茶叶生物化学》的修订本。修订工作着重于提高内容质量，加强本学科的科学系统性。第一版除绪论外原分九章。第二版绪论之后，增加一章"茶叶中的酶"。鉴于酶系的活动是生化变化实质所在，同时由于近年来酶的科学技术进展迅速，为了茶叶科学的进一步发展和提高，对学生有必要介绍酶的新知识。这一章由安徽农学院萧伟祥编写。第一版第一章"茶树的物质代谢"内容有两个方面，即茶树的主要成分与物质代谢，自然环境条件及农业技术措施对茶叶成分的影响。第二版把这一章内容排为第七章，称为"环境对茶树物质代谢的作用"，突出茶树物质代谢的特点与鲜叶素质的形成。这一章由浙江农业大学汪琢成改编。第一版教材第三章、第四章内容都是含氮化合物，与蛋白质有密切联系，第二版教材增加了茶叶蛋白质的内容，而蛋白质和酶有着不可分割的联系，因此把这两章改为第二章、第三章，分别称为"茶树体内蛋白质和氨基酸"、"茶叶中嘌呤碱"。这两章分别由湖南农学院谭淑宜、安徽农学院谢晓凤改编。第一版教材第二章现改为第四章"茶树中多酚类物质及其代谢"，由原编写人萧伟祥改编。第一版教材第五章芳香物质和第六章色素，为了加强内容的科学系统性，避免水溶色素与多酚类内容的重复，照顾到脂溶色素与萜烯类芳香物质生物合成的血缘关系，第二版教材将这两章内容及次序作了调整。第五章改为"茶叶中类脂物质和脂溶性色素"，第六章"茶叶中芳香物质"，分别由原编写者安徽农学院林鹤松、浙江农业大学徐梅生改编。第一版教材第七章和第八章在第二版教材中改为第八章和第九章，分别称为"红茶制造生物化学"和"绿茶制造化学"，由原编写者华南农学院王汉生、浙江农业大学周静舒改编。第一版教材第九章"茶叶主要成分的药理功能"，为了突出茶叶饮用的保健作用，第二版改为第十章"茶叶的保健功能"。此外，本书的"绪论"，均由原编写者安徽农学院王泽农改编。

　　本教材第二版改编之前，有关高等农业院校为我们提供了对教材修改的宝贵意见。农牧渔业部对我们教材的修改工作至为关怀和支持，曾经下达（83）农（教）字第45号文件。在召开茶叶生物化学教材修订工作会议时，得到安徽农学院党委的关切。改编过程中，在安徽农学院、浙江农业大学、湖南农学院、华南农学院领导的支持下，经过参加改编同志的努力，做了不少工作。改编完稿以后，并蒙安徽农学院黄继轸、叶银芳参加校对工作。对此表示衷心感谢！

　　深望广大读者批评、指正。

1984年2月

第二版修订者

主　编　王泽农（安徽农学院）

编写者　王泽农（安徽农学院）

　　　　汪琢成（浙江农业大学）

　　　　林鹤松（安徽农学院）

　　　　萧伟祥（安徽农学院）

　　　　谭淑宜（湖南农学院）

　　　　谢晓凤（安徽农学院）

　　　　徐梅生（浙江农业大学）

　　　　王汉生（华南农业大学）

　　　　周静舒（浙江农业大学）

审稿者　王泽农（安徽农学院）

第 一 版 前 言

《茶叶生物化学》是茶叶专业的理论性专业课。本课程是在学习植物生理学及生物化学的一般理论的基础上，结合茶的生物学特性和茶叶生产实际，进一步阐明茶叶中特有的成分的形成与转化，说明这些成分的生物合成、变化与茶叶体内二级代谢途径的特殊关系，结合讲授茶叶优良品质形成的生物化学一般机转过程。

本书除绪论外原定共十章。其中第一章原为"茶树体内物质的基本代谢"，由西南农学院陈宗道同志编写。最初的设想是在这一章中要概括地复习先行课程，并为承上启下讲好本课程提供理论基础。通过编写实践和集体审稿讨论，认为这样编写，会造成与植物生理生化不必要的重复。决定将这一章删去，并与原第七章"环境条件对茶叶物质代谢的影响"合作，作为现在本书的第一章。

现在，本书除绪论外，还有九章。绪论和第九章"茶叶主要成分的药理功能"，由安徽农学院王泽农同志编写。第一章"茶树的物质代谢"，由浙江农业大学汪琢成同志编写。第二章"茶叶中多酚类物质及其代谢"，由安徽农学院萧伟祥同志编写。第三章"茶树中的氨基酸及植物氨基酸代谢"，由湖南农学院朱尚同同志编写。第四章"茶叶中嘌呤碱及其代谢"，由安徽农学院谢晓凤同志编写。第五章"茶叶中芳香物质及其代谢"，由浙江农业大学徐梅生同志编写。第六章"茶叶中色素及其代谢"，由安徽农学院林鹤松同志编写。第七章"红茶制造生物化学"，由华南农学院王汉生同志编写。第八章"绿茶制造的化学变化"，由浙江农业大学周静舒同志编写。

本书由安徽农学院王泽农同志主编。

在编辑过程中，中国农业科学院茶叶研究所阮宇成同志，湖南省茶叶研究所彭继光同志，四川农学院端木道同志，福建农学院叶明志同志，安徽劳动大学顾谦同志，云南农业大学何自珍同志，广西农学院梁启祥、陈燕玲同志，安徽农学院黄继轸同志参加审查讨论。由于同志们的认真负责，对教材的修改和补充，提出了极其重要的意见。

本书在编写过程中，安徽农学院和湖南农学院党委及其他有关院校领导的关怀和直接领导下，经过参加编写同志的努力，在编写、修改、定稿等方面，做了不少工作。特别是中国农业科学院茶叶研究所领导和有关同志的热情帮助，对审编、定稿工作，提供了非常有利的条件。

对此表示衷心的感谢。

1979年1月

第一版编审者

主　编　王泽农（安徽农学院）

编写者　王泽农（安徽农学院）

　　　　汪琢成（浙江农业大学）

　　　　萧伟祥（安徽农学院）

　　　　朱尚同（湖南农学院）

　　　　谢晓凤（安徽农学院）

　　　　徐梅生（浙江农业大学）

　　　　林鹤松（安徽农学院）

　　　　王汉生（华南农学院）

　　　　周静舒（浙江农业大学）

　　　　陈宗道（西南农学院）

审稿者　王泽农（安徽农学院）

目　　录

绪　　论

一、茶叶生物化学的研究内容及其在
茶学科中的作用和地位

　　茶叶生物化学是茶学专业一门重要的专业基础课,是植物化学、生物化学、食品化学渗透到制茶学、茶树栽培育种学、茶叶审评与检验、茶叶深加工及综合利用等领域后,形成的一门交叉学科,是提供茶叶生产、加工、利用、贸易等有关化学及生物化学的理论依据。蛋白质、糖、脂质、核酸等是植物生命活动不可缺少的物质,其代谢称之为初级代谢;植物经过长期进化,在特定条件下,以一些重要的初级代谢产物为前体,经过一些不同的代谢过程,产生一些对维持植物生长发育不起重要作用的化合物,如生物碱、黄酮、挥发性气味物质等,合成这些化合物的过程称为次级代谢,这些产物称为次级代谢产物。

　　茶叶生物化学的主要研究内容如下:

　　(1) 阐明茶树各器官尤其是新梢中化学成分特别是次级代谢产物的种类、结构、性质及其生物合成。

　　(2) 阐明各化学成分在不同环境下的代谢变化及积累情况,为茶树高产优质提供理论指导。

　　(3) 阐明各化学成分在加工贮藏中的变化规律及其对茶叶品质的影响,为加工工艺的制定及机械的设计提供理论参考。

　　(4) 介绍茶叶中一些重要的生物活性物质的药理作用。

　　通过本课程的教学,要求学生掌握茶叶中主要特征成分的结构、性质、不同加工及栽培条件下物质转化的规律,各化学成分对茶叶品质的影响,为进一步学好茶学各门专业课奠定扎实的理论基础。

二、茶叶生物化学学科的形成和《茶叶生物化学》
教材的编写

　　茶叶生物化学的研究工作可以说是从 1827 年发现茶叶内含有嘌呤碱化合物时开始的,当时称之为茶素,即咖啡碱;1947 年发现茶叶中存在 7 种儿茶素,构成了茶叶化学或者说茶叶成分化学的雏形;1957 年,英国人 Roberts 等关于茶树鞣质的合成及生理过程与红茶发酵过程的转化的研究，可以看做是茶叶生物化学学科的生长点。然而，这些研究始终没有从全面的酶系统调控机制来探索茶叶特征成分的生物合成的奥秘，更谈不上进入生物化学遗传变异、信息传递、能量代谢、气体交换、同化异化等整个生命活动的范畴。

茶叶生物化学形成一门独立的学科是从 20 世纪 60 年代，在中国开始的。正式出版发行的我国第一部《茶叶生物化学》教材，是由农业部组织安徽农学院、浙江农业大学、湖南农学院，根据当时国内外大量的但却是零碎的研究资料以及学科的发展倾向共同编撰而成的，于 1961 年 9 月由浙江人民出版社出版。这部教材分为静态生化和动态生化两个部分。前者包括茶叶特征成分的性质及分析技术；后者又分为两篇，即茶树栽培的生物化学以及茶叶制造的生物化学和化学变化，反映了由茶叶成分化学向茶叶生物化学过渡的状况。

农业部根据当时学科发展需要，重新组织编写了全国高校统编教材——《茶叶生物化学》，并于 1980 年 2 月由农业出版社出版。这部教材突出了茶叶生化，特别着重讲述了特征成分的生物合成和转化途径；酶系统的作用和调控；最新分析技术，尽可能反映生物学科和茶叶生产的先进水平。这部教材的出版，标志着我国茶叶生物化学学科体系已基本趋于完善。1984 年 5 月出版的《茶叶生物化学》（第二版）在第一版的基础上对有关章节内容和次序略做调整，基本保持了第一版的内容和特点并一直沿用至今。

本次编写在《茶叶生物化学》（第二版）的基础上，对教材体系做了重大调整，结合茶学科专业种类及 21 世纪茶叶科学发展的需要，新增了绿茶贮藏过程中物质的变化、茶叶中的糖类、其他茶类及深加工化学、茶叶功能成分化学和茶叶生物化学研究法等内容，全书共八章。在加强本学科基本概念、基本理论和基本技能教学的同时，根据未来茶学学科的发展方向和 21 世纪对人才培养模式的要求，在内容上做到与普通生物化学、有机化学等基础课和茶学专业课之间的分工与衔接，突出介绍茶树次级代谢的特色；突出基本概念和基本理论，如茶叶基本生化成分的结构、性质、转化规律，茶叶生化成分与茶叶品质，红茶发酵理论，茶树生化调控及茶叶深加工的生化基础等；突出本学科的国内外最新研究进展，如制茶工艺与茶叶生化变化，多酚类物质的形成与转化，微量元素的生理效应与茶叶品质、茶叶香气的形成与转化，茶叶药理及保健作用与化学成分，茶多酚的氧化途径及对品质的影响等。

三、茶叶生物化学研究历史和现状

1. 世界茶叶生物化学研究

（1）1827 年，英国化学家 Oudry K 从茶叶中发现咖啡碱。

（2）1847 年，德国化学家 Rochelder F 和 Hlasiwetz H 发现茶叶中含有带没食子酸的单宁；1929 年，日本铃木梅太郎分离出表儿茶素（EC）；1933 年，日本大岛康义分离出表没食子儿茶素（EGC）；1934 年，日本辻村发现表儿茶素没食子酸酯（ECG）；1947 年，英国 Bradfield A 发现表没食子儿茶素没食子酸酯（EGCG）。

（3）1901 年起，Weil L（1901），Halberkann J（1909）和青山新次郎（1931）先后从茶籽中分离出茶皂甙；1970 年，北川等探明了茶籽皂甙的分子结构。

（4）1916 年，Deuss 从茶叶中分离到水杨酸甲酯；1920 年，荷兰化学家 Romburgh PV 分离出 β、γ-己烯醇；1934 年，武居、山本等分离出 30 多种茶叶香气；1957 年，山西贞等对数以百计的茶叶香气进行了分离鉴定；1981 年以来，竹尾忠一、坂田完三、小林彰夫等发现了由糖苷水解生成茶叶香气的新途径，分离出了 10 多种香气前体，并纯化了相关的糖苷酶。

（5）1924 年，日本三浦和辻村从茶叶中分离出维生素 C；1925 年，日本山本赖三从茶叶中发现维生素 A；1940 年日本辻村从茶叶中发现维生素 B_2；1966 年，Tirimann A 等从茶叶中分离出维生素 E。

（6）1950 年，日本酒户弥二郎从茶叶中分离出茶氨酸。

（7）1957 年，英国 Roberts 开始了红茶发酵过程中儿茶素的变化途径及其产物的研究。

（8）1960 年，日本佐佐冈启发现茶氨酸合成酶；1993 年，Abelian V 通过固定化细胞方法大规模合成茶氨酸。

（9）1984 年，日本奥田等首次证实了儿茶素的抗突变作用。

（10）1987 年，日本津志田采用惰性气萎凋茶鲜叶，制备富含 γ-氨基丁酸的特种茶。

（11）1996 年，日本山本（前田）万里等发现发现甲基化的儿茶素具有抗过敏作用。

（12）2000 年，日本 Kato M 等发现咖啡碱合成酶并克隆了酶的基因。

2. 我国茶叶生物化学研究　20 世纪 80 年代以来，是我国科学技术大繁荣的时代，茶叶生物化学在我国得到了全面的发展。主要进展表现在以下方面：

（1）气相色谱与质谱的应用，促进了茶叶香气的研究。近 20 年来，茶叶香气的研究是热点领域之一。主要研究工作集中在对各类茶香气组成的分析，了解各类香型茶叶中芳香化合物的存在形式及其组成比例，进而了解茶叶香型的特点及与茶树品种以及物候条件之间的联系，逐步深入到茶叶香气形成的机理问题。

(2) 先进的分析手段用于茶叶生物化学研究。近年来，先进的研究和分析手段已大量应用于茶叶生物化学中，如采用微分脉冲阳极伏安测定法、近红外测定法、流动注射测定法、微量营养元素测定法、薄层凝胶色谱分析法等。此外，气质联用、液相色谱、逆流色谱、液质联用、原子吸收、紫外光谱、红外光谱、近红外光谱、核磁共振、顺磁共振、超速冷冻离心、色差分析仪、薄层扫描、扫描和透视电镜、毛细管电泳、X光衍射、同位素示踪等已用于研究实践中，大大提高了我国茶叶生物化学的研究水平。

(3) 茶叶品质化学的研究、检测、科学审评有了突破性的进展。1986年商业部下达并组织了"茶叶品质理化分析"研究项目，1987年中国农业科学院茶叶研究所发起的国际茶—品质—人体健康学术研讨会和1990年中国茶叶学会召开的品质化学和检验学术研讨会，对我国茶叶品质学和理化检测的发展，起到了检阅、交流和推动作用。1989年出版的《茶叶品质理化分析》一书，收集了当时国内外先进的茶叶理化分析方法354项，为茶叶品质分析和管理提供了科学依据。应用近红外分析仪已能从仪器上直接同时得到茶叶中主要内含物的8项检测项目数据。此外，我国在运用测色技术评价炒青绿茶品质、茶叶外形的数量化研究，运用神经网络综合评价茶叶品质，茶叶品质分析专家系统的研建等方面都做了有益的探索。

(4) 茶叶特征成分的生物合成与转化酶系统的研究取得了进展。茶叶生物化学的核心问题是茶叶次级代谢产物的生物合成及其在活体和制茶过程中转化等机理的研究，而转化机理又离不开酶系统的催化和调节。20世纪60年代初我国已开始了茶儿茶素生物合成与代谢的研究，也探索了红绿茶、特种茶和中国名茶的主要制茶工序特征成分的生化形成与转化机制，对各类茶品质的化学实质和物质变化规律有了较深刻的认识。在茶叶酶系统的研究方面，研究了红茶制造过程中的多酚氧化酶及其同工酶，过氧化物酶及其同工酶，对茶树苯丙氨酸解氨酶的研究，茶树叶绿体对酚性物合成的作用，红茶萎凋、发酵过程EMP途径酶系统活力变化等。此外，还涉及茶树代谢过程中特征成分的生物合成与转化的酶及同工酶的作用，各种茶加工过程品质成分的转化，茶树内源酶的作用和引进外源酶的影响，品种遗传过程中酶及同工酶的作用等。

(5) 茶叶活性物质的研究与利用成为热点。茶叶活性物质的研究与利用是当前茶叶生物化学中最活跃的领域之一。首先兴起的茶多酚抗氧化与清除自由基的研究，使茶叶的保健作用得到全社会的认可。我国利用粗老茶提取的不同纯度的茶多酚制品已销往世界上许多国家和地区，用于医药、食品和化工等行业，茶儿茶素单体的制备技术已经突破。从茶叶加工废料中提取咖啡碱已是一项十分成熟的技术。20 世纪 60 年代由前苏联开始的茶色素研究已取得初步进展，近 10 年来，我国已系统研究了茶色素的形成机理及多种茶色素的开发技术。茶色素与茶多酚对人体的保健和药用等方面的研究取得了可喜的进展，已进入了世界先进行列。

此外，茶籽的综合利用技术，茶皂素的开发利用，从粗老茶中提取茶多糖的技术等都已不同程度地得到了应用。

（6）茶与人体健康的研究方兴未艾。我国传统的中医学就有茶利尿解毒、明目清火、提神消乏等功效的记载。近年来，茶叶药用研究又进一步明确了茶叶防龋、消炎抑菌、降血压和血糖、降血脂、抗衰老、抗辐射和防癌、抗突变等作用。

联合国 FAO 早在 1995 就通过研究证实茶叶具有防癌抗癌、防心血管疾病以及减肥等多种功能，并经 FDA 批准在美国进行临床试验。茶叶作为我国最丰富的天然药物和保健食品资源，具有广阔的开发前景。

四、茶叶生物化学的发展趋势

（1）茶叶生物化学在茶叶科学中的基础地位将得到加强。生物体内新陈代谢的一切变化，都是通过生物化学过程来完成的，不仅是茶树生长发育过程中的活体如此，即使是鲜叶离体后，茶叶加工和贮藏过程中也伴随着复杂的物质降解和转化。在茶叶科学领域内，对茶树生物体和茶叶品质本质问题的研究，都离不开茶叶生物化学。

当前，茶叶生化研究存在偏重于开发应用，忽视基础理论研究的倾向。应当看到，茶多酚等抗氧化剂、茶氨酸、茶皂素、咖啡碱、茶多糖等功能成分的利用与开发的基础仍然是茶叶生物化学。基础研究的储备无论对一个国家、一个产业、一门学科的持续发展都是至关重要的，一些过去疏于基础研究的发达国家现在又开始回过头来强调基础研究。

没有基础研究，开发研究就没有后劲。茶叶综合利用不是一般的配方技术所能解决的。比如，茶多酚的研究带来了抗氧化剂的开发，但是要解决诸如怎样提高茶叶中的多酚类物质的稳定性，如何提高茶多酚的脂溶性，儿茶素的衍生物保健功能如何，即儿茶素与茶色素药理功能的比较，黄酮类化合物及其糖苷类衍生物药理功能如何，茶叶品质的化学基础和形成机理等问题，必须强化茶叶生物化学基础研究。

（2）茶叶生物化学与生物技术的联系将会越来越紧密。利用现代生物技术研究茶树种质资源，生物技术与传统育种方法相结合选育茶树新品种是茶叶生物技术面临的主要任务。茶树中，许多与其重要遗传性状相关的酶已得到纯化，酶的性质、酶的反应机制也已明确。然而，酶的生物合成是在基因的调控下进行的，利用生物技术调节酶的合成、在基因水平上进行酶基因的修饰和改造，进而选育出茶树优良品种将是 21 世纪茶叶生物化学与茶叶生物技术共同面对的重要研究课题。

（3）茶树次级代谢及其产物研究仍将是茶叶生物化学的核心问题。研究茶树次级代谢产物及其形成与转化途径中的调控酶类，以分子生物学的手段和深度进一步了解茶叶特征成分的形成机理，茶叶生物化学与分子生物学的交叉将是茶叶生物化学的发展趋势和生长点。运用细胞工程和生物工程技术，研究和开发茶叶生物活性成分。积极推动与药学、病理学等行业的技术协作和联合攻关，研究天然产物的生理机能，开发茶叶中的天然产物资源。茶叶功能成分的深入研究将会使茶叶生物化学与医学、药学、天然产物化学、分析化学、食品工程、制药工程等学科相互渗透交叉，形成茶叶功能成分化学作为茶叶生物化学的重要分支。

（4）随着国内外茶叶市场对有机茶、优质茶及安全茶的强烈需求，进行茶用绿色农业生产资料、生物防治技术、茶叶农残与卫生指标检测技术的研究迫在眉睫。改进和完善茶叶及相关食品安全加工工艺，制定和完善茶叶和相关食品安全检测标准，研究和推广检测新技术，积极引入跨行业高新技术，努力提升茶叶加工技术水平，开发能满足市场需求的茶叶新产品已成为当前茶叶科技的主题。茶叶生物化学作为茶叶科学的基础学科将会发挥应有的重要作用。

参 考 文 献

[1] Oudry k. "Then, erine organische salzbase in thee", Carlsruhe, 1827

[2] Hlasiwetz. Ann., 1867 (142)：233

[3] 山本赖三. 农艺化学会志, 1927 (3)：1 404

[4] 大岛康义, 合马辉夫. 农艺化学会志, 1933 (9)：948

[5] Tsujimura M. Sci. Pap. I. P. C. R. (Jpn), 1929 (10)：253；1934 (24)：149；1935 (26)：186；1941 (38)：487

[6] Bradfield A, Penny M, Wright WB. J. Chem. Soc., 1947 (32)：2249

[7] Weil L. Arch. Pharm., 1901 (239)：353

[8] Halberkann J. Biochem. Z., 1909 (19)：310

[9] 青山新次郎. 药志, 1931 (51)：591

[10] Yoshioka I, Nishimura T, Matsuda A. Chem. Pharm. Bull., 1970 (18)：1610；1970 (18)：1621；1971 (19)：1186

[11] 村松敬一郎, 小国伊太郎, 伊势村护等. 茶的机能. 学会出版中心, 2002, 6

[12] Romburgh PV. Proc. Acad. Sci. Amsterdom, 1920 (22)：753

[13] 武居三吉，酒户弥二郎. 理研彙报，1933 (12)：13；1934 (13)：1561；1938 (17)
216

[14] 山本亮，加藤明昌. 农艺化学会志，1934 (10)：661

[15] Yamanishi T. Bull. Agric. Chem. Soc. Jpn.，1957 (21)：55；Agric. Biol. Chem.，
1963 (27)：193；1965 (29)：1016

[16] Takeo T. Phytochemistry, 1981；20 (9)：2145

[17] Sakata K, Guo W, Moon JH. Global advances in tea science. New Delhi：Aravail
Books International，1999. 694

[18] Kobayashi A. Biosci. Biotech. Biochem.，1994；58 (3)：592

[19] 三浦征太郎. 农艺化学会志，1924 (1)：34

[20] 酒户弥二郎，农艺化学会志，1950 (23)：262

[21] Roberts EAH, et al. J. Sci. Food Agric. 1957 (8)：72；1958 (9)：212～216

[22] Sasaoka K, Kito M. Inagaki H. Agr Biol Chem. 1963, 27 (6)：467

[23] Abelian V, Okubo T, Mutoh K, et al. Journal of Fermentation and Bioengineering，
1993, 76 (3)：195

[24] Okuda T, Mori K, Hayatsu H. Chem. Pharm. Bull.，1984 (32)：3755

[25] 津志田藤二郎，村井敏信，大森正司，等. 日本农艺化学会志，1987, 61 (7)：817

[26] Sano M, Suzuki M, Miyase T et al, J. Agric. Food Chem.，1999 (47)：1906

[27] Kato M, Mizuno K, Crozier A. Nature, 2000 (406)：956

第一章 茶叶中的化学成分 及其性质

茶树起源于中国云贵高原,为多年生常绿叶用作物。在茶的鲜叶中,水分约占75%,干物质为25%左右。茶叶的化学成分是由3.5%~7.0%的无机物和93.0%~96.5%的有机物组成。构成茶叶有机化合物或以无机盐形式存在的基本元素有30余种,主要为碳、氢、氧、氮、磷、钾、硫、钙、镁、铁、铜、铝、锰、硼、锌、钼、铅、氯、氟、硅、钠、钴、镉、铋、锡、钛、钒等。到目前为止,茶叶中经分离、鉴定的已知化合物有700多种,其中包括初级代谢产物蛋白质、糖类、脂肪及茶树中的二级代谢产物——多酚类、色素、茶氨酸、生物碱、芳香物质、皂甙等。茶叶中的无机化合物总称灰分,茶叶灰分(茶叶经550℃灼烧灰化后的残留物)中主要是矿质元素及其氧化物,其中大量元素有氮、磷、钾、钙、钠、镁、硫等,其他元素含量很少,称微量元素。

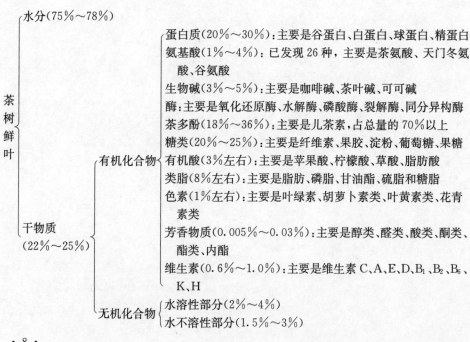

第一节 茶叶中的多酚类物质

茶树新梢和其他器官都含有多种不同的酚类及其衍生物（以下简称为多酚类）。茶叶中这类物质原称茶单宁或茶鞣质。茶鲜叶中多酚类的含量一般在18%～36%（干重）之间。它们与茶树的生长发育、新陈代谢和茶叶品质关系非常密切，对人体也具有重要的生理活性，因而受到人们的广泛重视。

茶多酚类（Tea polyphenols）亦称"茶鞣质"、"茶单宁"，是一类存在于茶树中的多元酚的混合物。茶树新梢中所发现的多酚类分属于儿茶素（黄烷醇类）；黄酮、黄酮醇类；花青素、花白素类；酚酸及缩酚酸等。除酚酸及缩酚酸外，均具有 2-苯基苯并吡喃为主体的结构。统称为类黄酮物质。基本碳架为：$C_6—C_3—C_6$。

苯并吡喃   2-苯基苯并二氢吡喃 $C_6—C_3—C_6$

其中最重要的是以儿茶素为主体的黄烷醇类，其含量约占多酚类总量的70%～80%，是茶树次生物质代谢的重要成分，也是茶叶保健功能的首要成分，对茶叶的色、香、味品质的形成有重要作用。现将多酚类的组成分别介绍如下。

一、儿茶素类

茶叶中的儿茶素（Catechins）属于黄烷醇类化合物，在茶叶中的含量为12%～24%（干重），是茶叶中多酚类物质的主体成分。

（一）儿茶素的种类及结构

茶叶中的儿茶素是 2-苯基苯并吡喃的衍生物，其基本结构包括 A、B 和 C

式 I

3 个基本环核。在式 I 中，根据儿茶素 B 环、C 环上连接基团的不同，儿茶素又可分为 4 种类型。

当 $R_1 = R_2 = H$ 时，B 环为儿茶酚基（ ），式 I 即为表儿茶素（Epicatechin；简称 EC）。

当 $R_1 = H$，$R_2 = OH$ 时，B 环为没食子基（ ），式 I 即为表没食子儿茶素（Epigallocatechin；简称 EGC）。

当 $R_1 =$ 没食子酰基（ ），$R_2 = H$ 时，此时出现了第 4 个环（D 环），发生了 C 环上—OH 与没食子酸的酯化，式 I 即称为表儿茶素没食子酸酯（Epicatechin gallate；简称 ECG）。

当 R_1 ＝ 没食子酰基，R_2 ＝ OH 时，式 I 即为表没食子儿茶素没食子酸酯（Epigallocatechin gallate；简称 EGCG）。

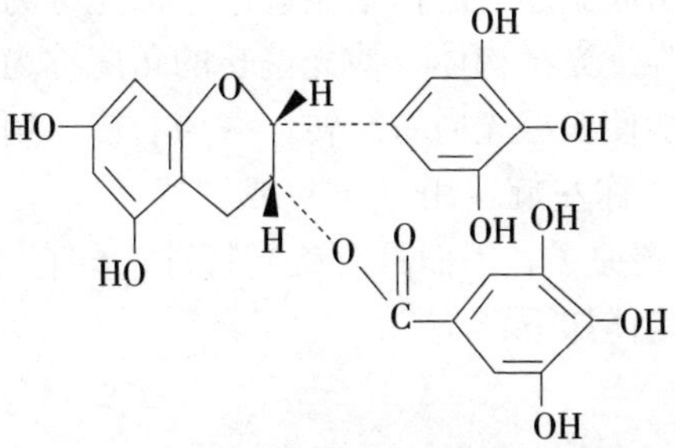

在上述 4 种儿茶素中，表儿茶素（EC）及表没食子儿茶素（EGC）称为非酯型儿茶素或简单儿茶素，表儿茶素没食子酸酯（ECG）及表没食子儿茶素没食子酸酯（EGCG）则称为酯型儿茶素或复杂儿茶素。

（二）儿茶素的异构体

1. 儿茶素的几何异构　儿茶素的 C 环是吡喃环，它是一个含氧的苯并杂环，其结构不像苯环那样在一个平面上，而多以椅式构象存在（式 II、式 III）。由于构成了六元杂环而阻碍了 C 环上连接基团沿键的旋转运动，又由于 C 环的 C_2、C_3 上不同的取代基（—H、—OH、苯基）的空间位置不同，便能构成几何异构体。在式 II 中，C 环的 C_2 上有 B 环和—H，C_3 上有—OR′和—H，若 2 个—H 在环平面的同一侧时（在式 II 中以实线键表示），—OR′和—B 环则在另一侧（以虚线键表示），即为顺式儿茶素，也称表儿茶素（式 II）。若 2 个—H 不在环平面的同一侧，—OR′与 B 环也不在同一侧时，便是反式儿茶素（式 III）。

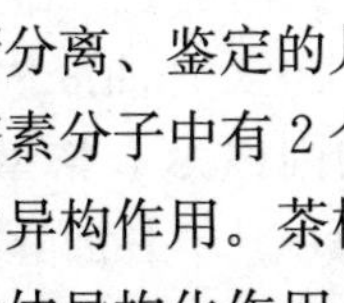

式 II　顺式儿茶素 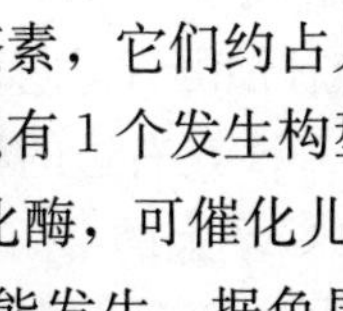　　　　　　式 III　反式儿茶素

从茶叶中所分离、鉴定的儿茶素多为顺式儿茶素，它们约占儿茶素总量的 70% 左右。儿茶素分子中有 2 个不对称碳原子，只有 1 个发生构型上的翻转变化时，称为差向异构作用。茶树新梢中的多酚氧化酶，可催化儿茶素 B 环 C_2 位置发生差向立体异构化作用，但是 C_3 位置却不能发生。据色层分析测定结果，绿茶中儿茶素比鲜叶增加了 4 种，即（—）-C，（—）-GC，（—）-GCG 和（—）-CG。它们是由（—）-EC，（＋）-GC，（—）-EGCG 和（—）-ECG 差

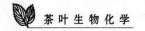

向异构而来。

2. 儿茶素的旋光异构体　旋光异构是另一类型的立体异构，主要是由于分子中的不对称性而引起。通过尼柯尔棱镜产生的光称为偏振光，能使光的振动方向改变的物质称为旋光异构体，使光偏转的角度称为旋光度，不同旋光性的物质是不相同的。能使偏振光向右旋转，称为右旋，用（＋）或"d"表示；能使偏振光向左旋转，称左旋，用（－）或"l"表示。在儿茶素的结构中，C_2和C_3是2个不对称碳原子，因而具有旋光特性，共有$2^2＝4$个旋光异构体。儿茶素的4个旋光异构体如下：

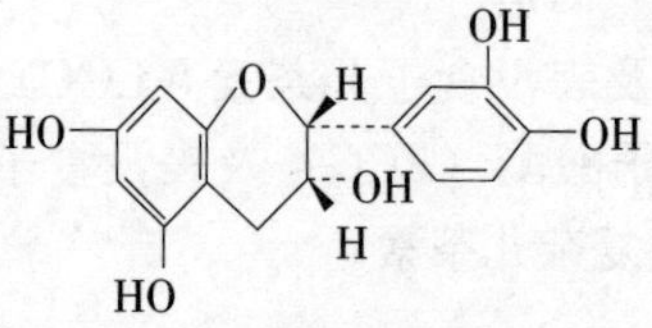

HO　　O　　H　　OH　　OH　　（–）-EC　　　　HO　　O　　H　　OH　　OH　　（–）-C
　　　OH　　　　　　　　　　　　　　　　　　　　OH
HO　　H　　　　　　　　　　　　　　　HO　　H

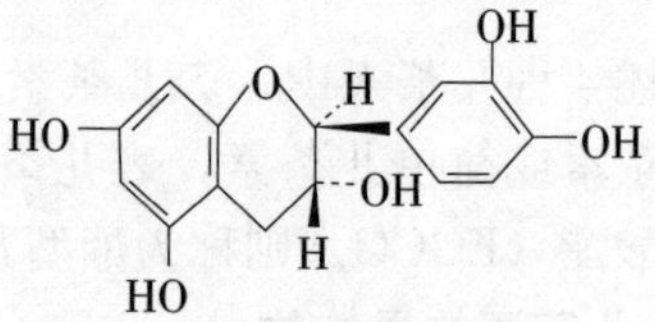

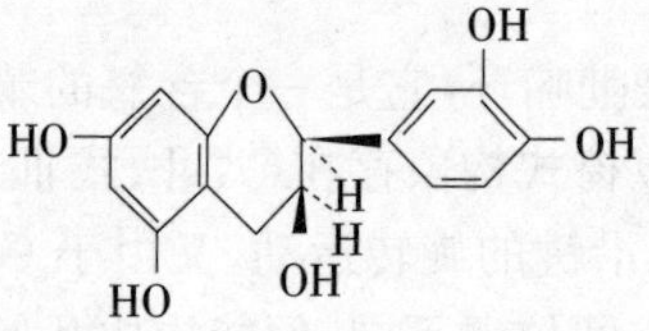

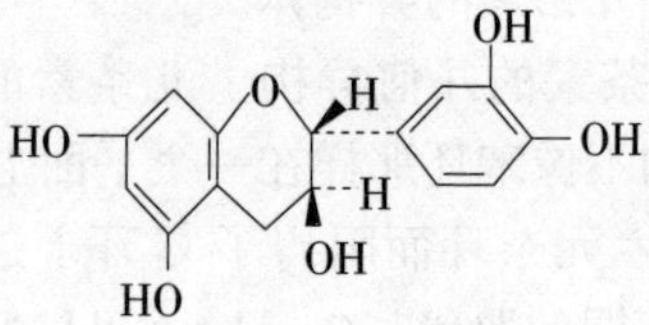

HO　　O　　OH　　OH　　（＋）-EC　　　　HO　　O　　H　　OH　　OH　　（＋）-C
　　　H　　　　　　　　　　　　　　　　　　　H
HO　　OH　　　　　　　　　　　　　HO　　OH

在式Ⅰ中，$R_1＝R_2＝H$时是表儿茶素，具有左旋光性，以（－）-表儿茶素表示，其旋光异构体有（＋）-表儿茶素、（－）-儿茶素和（＋）-儿茶素等。在进行儿茶素单向纸层析时，纸谱上常出现（±）-儿茶素或（±）-表儿茶素的斑点。若进行双向纸层析时，它们都能各自分离为2个斑点，即（－）-儿茶素和（＋）-儿茶素，或（－）-表儿茶素和（＋）-表儿茶素。由于（＋）-儿茶素和（－）-表儿茶素都有旋光性，且旋光方向相反，当两物质等量共存时，旋光现象消失，这种消旋体称为外消旋体。

3. 儿茶素的构型

（1）D. L 构型表示法。儿茶素的构型是由 C 环上不对称碳原子连接 2 个不同的基团，如 C_3 上—OH 和—H 的空间取向不同而引起。作为参考标准的化合物是右旋的甘油醛，即以简单的旋光性化合物（＋）-甘油醛为标准，把不对称碳原子上的—OH 在右边的称为 D 构型，相反的则称为 L 构型。以此为标准，儿茶素结构中 C 环上的 C_3 不对称中心若具有和 D-（＋）-甘油醛构型相同的不对称碳原子时，称为 D 型儿茶素，在投影式中，—OR′在右边，—H 在左边。同理，儿茶素结构中 C_3 具有和 L-（－）-甘油醛相同的不对称碳原子时，称为 L 型儿茶素，投影式中—OR′在左边，—H 在右边（式Ⅳ～Ⅶ）*。

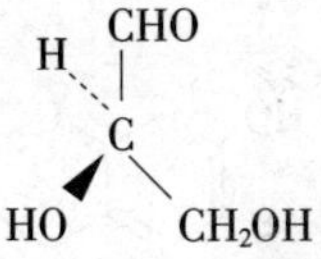

式Ⅳ D-(+)-甘油醛

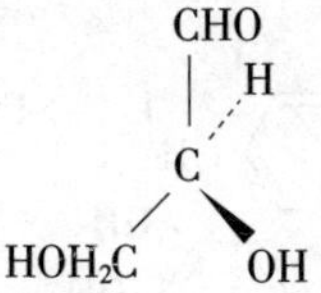

式Ⅴ L-(−)-甘油醛

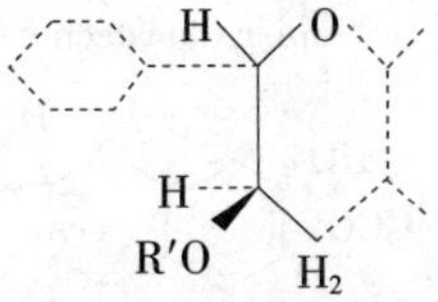

式Ⅵ D-(+)-儿茶素

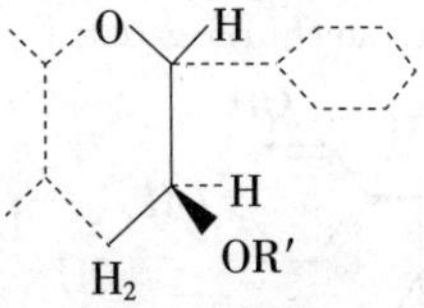

式Ⅶ L-(−)-儿茶素

＊：实线表示在纸平面上；虚线表示伸向纸后；楔形表示伸向纸前。

根据测定，茶叶中的儿茶素多为 L 型，D 型的很少，其构型与旋光性有相互的对应关系。L 型的儿茶素多具有左旋光性能，且多为顺式儿茶素，即表儿茶素，如 L-（−）-表儿茶素等；而 D 型儿茶素多具有右旋光性，且多为反式结构，即 D-（＋）-儿茶素，通常简写为 L-EC 和 D-C。同理，在酯型儿茶素中，就有 L-EGCG 或 D-GCG 等存在。

（2）R，S 结构表示法。应用相对构型法表示较复杂的化合物的旋光异构体时，常易引起混乱。同时，近代已可直接确定左旋体和右旋体的真实构型。C. K. Ingold 等提出 R，S 绝对构型表示法。如 L-（−）-EC 可写成 2R，3R-（−）-EC，D-（＋）-C 可表示为 2R，3S-（＋）-C 等。

目前，茶叶中已发现的儿茶素主要有以下 12 种（图 1-1），其中大量存在的有：L-EGCG；L-EGC；L-ECG；L-EC；D-GC；D-C 等几种。

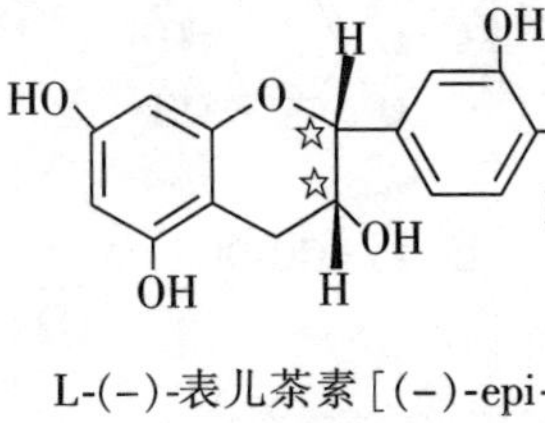

L-(−)-EC

L-(−)-表儿茶素 ［(−)-epi-catechin］

L-(−)-EGC

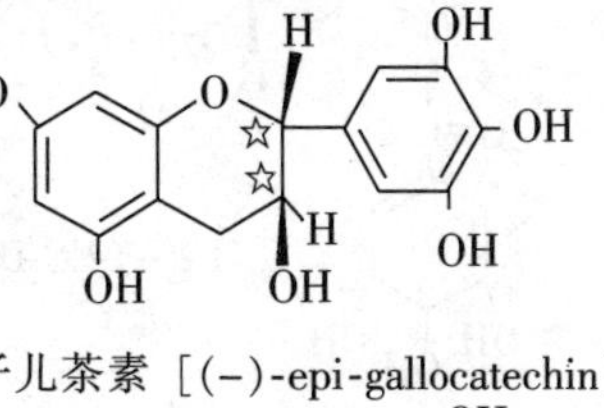

L-(−)-表没食子儿茶素 ［(−)-epi-gallocatechin］

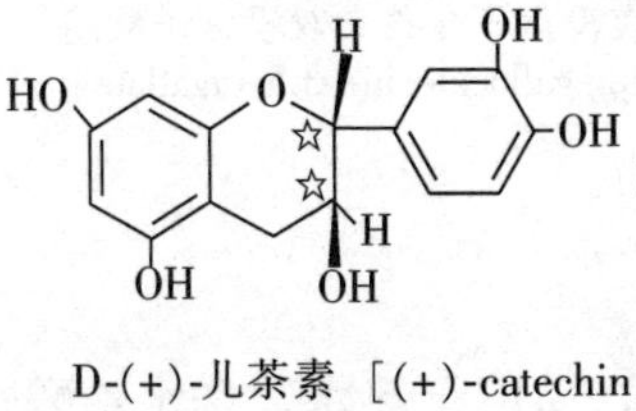

D-(+)-C

D-(+)-儿茶素 ［(+)-catechin］

D-(+)-GC

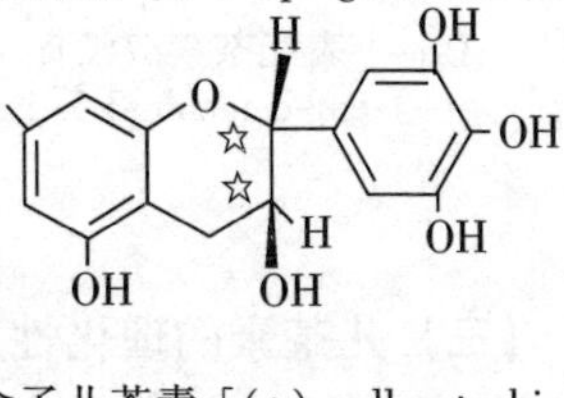

D-(+)-没食子儿茶素 ［(+)-gallocatechin］

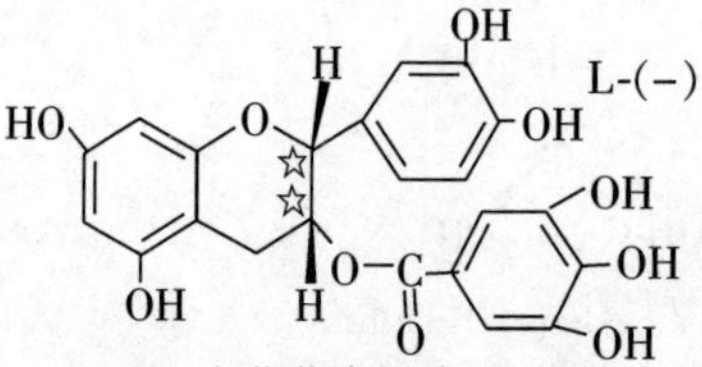

L-(-)-ECG　　L-(-)-EGCG

L-(-)-表儿茶素没食子酸酯
[(-)-epi-catechin-3-gallate]

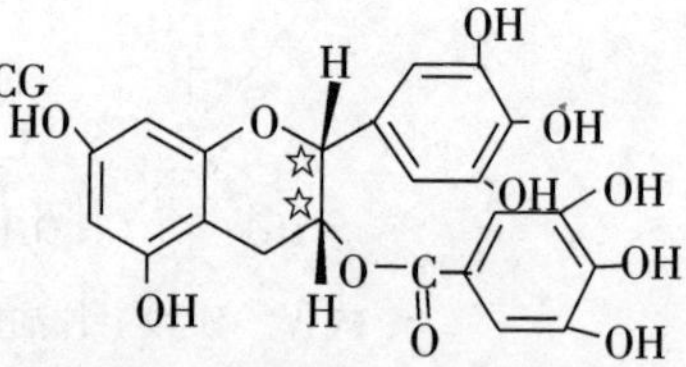

L-(-)-表没食子儿茶素没食子酸酯
[(-)-epi-gallocatechin-3-gallate]

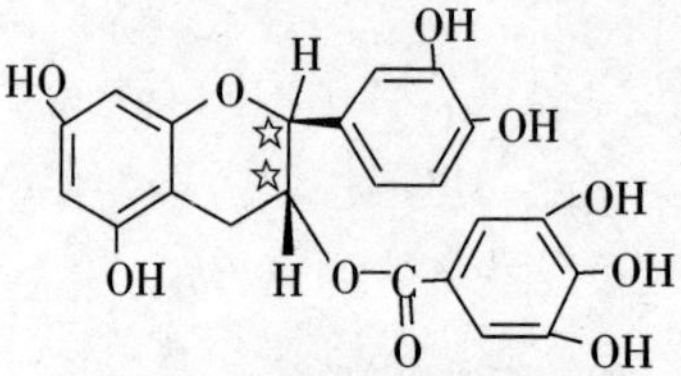

L-(-)-CG　　L-(-)-GCG

L-(-)-儿茶素没食子酸酯
[(-)-catechin-3-gallate]

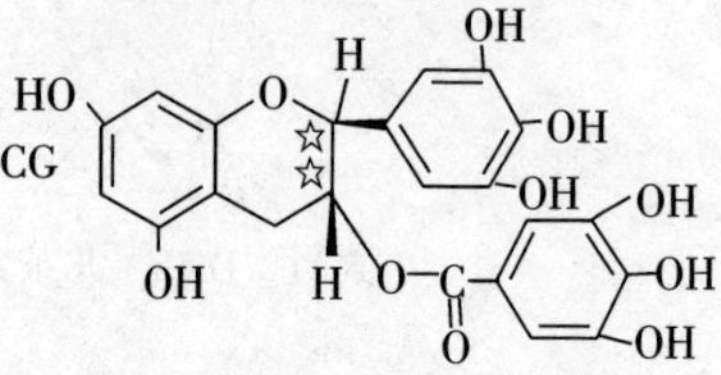

L-(-)-没食子儿茶素没食子酸酯
[(-)-gallocatechin-3-gallate]

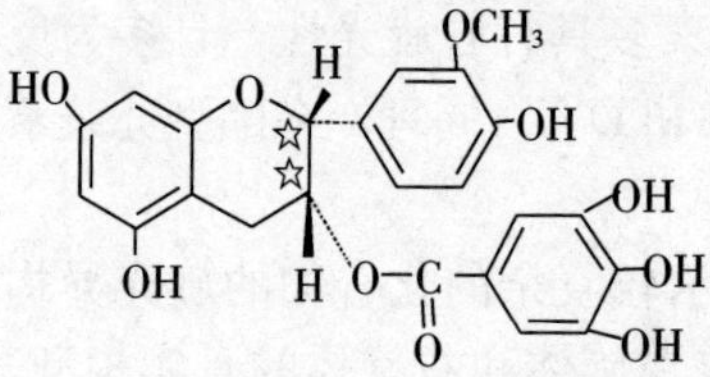

L-(-)-表儿茶素-3···(3′-甲氧基)-没食子酸酯
[L-(-)-epi-catechin-3···(3′-methoxy)-gallate]

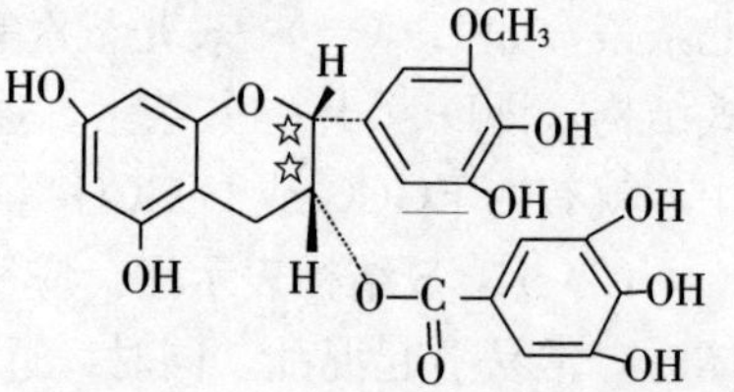

L-(-)-表没食子儿茶素-3···(3′-甲氧基)-没食子酸酯
[L-(-)-epi-gallocatechin-3···(3′-methoxy)-gallate]

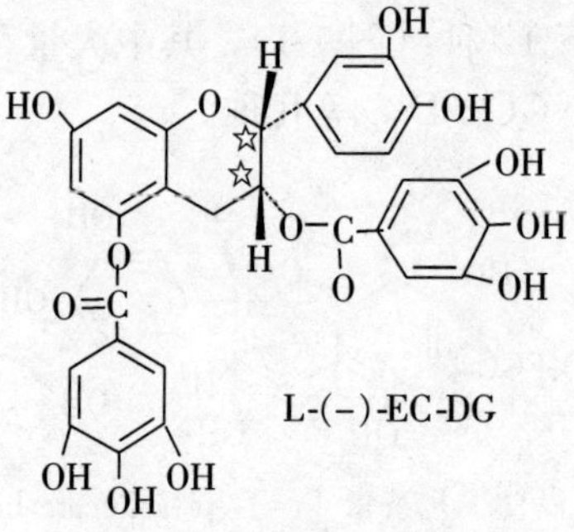

L-(-)-EC-DG

L-(-)-EGC-DG

L-(-)-表儿茶素双没食子酸酯
[(-)-epi-catechin-3,5-digallate]

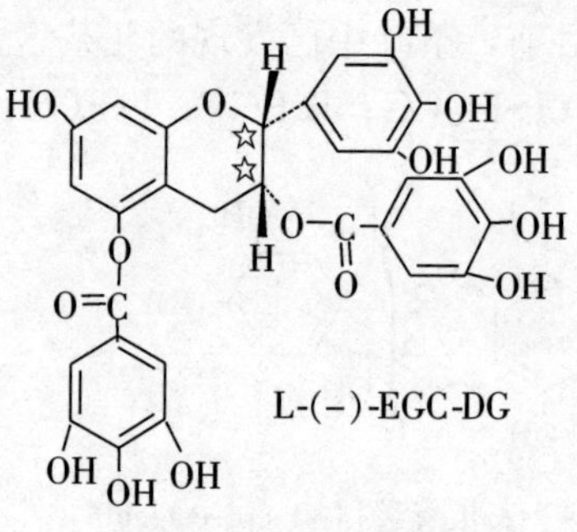

L-(-)-表没食子儿茶素双没食子酸酯
[(-)-epi-gallocatechin-3,5-digallate]

图 1-1　儿茶素结构

（三）儿茶素的理化性质

1. **溶解性**　儿茶素为白色固体，亲水性较强，易溶于热水、含水乙醇、甲醇、含水乙醚、乙酸乙酯、含水丙酮及冰醋酸等溶剂，但在苯、氯仿、石油醚等溶剂中很难溶解。

2. 吸收光谱 儿茶素在可见光下不显颜色，在短波紫外光下呈黑色，在225nm、280nm处有最大吸收峰。

3. 显色反应 儿茶素分子中的间位羟基可与香荚兰素在强酸条件下生成红色物质。酚类显色剂如氨性硝酸银、磷钼酸等均可与儿茶素反应生成黑色或蓝色物质。

4. 沉淀反应 儿茶素属多酚类化合物，许多与酚类络合的金属离子也与儿茶素发生反应，如 Ag^+、Hg^{2+}、Cu^{2+}、Pb^{2+}、Fe^{3+} 及 Ca^{2+} 等。

5. 氧化反应 在儿茶素的结构中存在酚性羟基，尤其 B 环上的邻位、连位羟基极易氧化聚合，易被 $KMnO_4$ 氧化，而 C 环上的 C_3、C_4 上的羟基则不能。当连位羟基中 2 个相邻羟基被氧化后，由于结构的改变，未被氧化的另一羟基就难于再被氧化了。如在红茶制造中，儿茶素由于氧化电位的不同，在多酚氧化酶作用下，没食子儿茶素可优先氧化形成邻醌，然后再与儿茶素氧化生成的邻醌发生缩合作用形成茶黄素类，茶黄素可进一步转化为茶红素，这些物质对红茶品质形成至关重要。在光、高温、碱性或氧化酶等作用下，儿茶素也易氧化、聚合、缩合，在空气中可自动氧化为黄棕色物质。

6. 异构化作用 在热的作用下，一种儿茶素可转变为它对应的旋光异构体或顺反异构体，该过程称为儿茶素的异构化作用。如在表儿茶素的结构中，B 环和 C_3 上的—OR' 是 2 个较大的基团，又都在环平面的同一侧，原子间过于拥挤，内能较大，不稳定，易发生异构化，在热的作用下，一部分顺式儿茶素（L-EC）可变为反式儿茶素（L-C），如图 1-1 所示。

二、黄酮及黄酮苷类

（一）种类及结构

黄酮类（Flavone，也称花黄素）是广泛存在于自然界的一类黄色色素。其基本结构是 2-苯基色原酮（2-Phenylchromone；式Ⅷ）。现在则泛指两个具有酚羟基的苯环（A 与 B 环）通过中央三碳原子相互连接而成的一系列化合物。C 杂环上的氧原子有未共用的电子对而具弱碱性，能与强酸形成镁盐。黄酮结构中的 C_3 位易羟基化，形成一个非酚性羟基，与其他位置的酚性羟基不同，形成黄酮醇。津志田二藤郎等（1986）

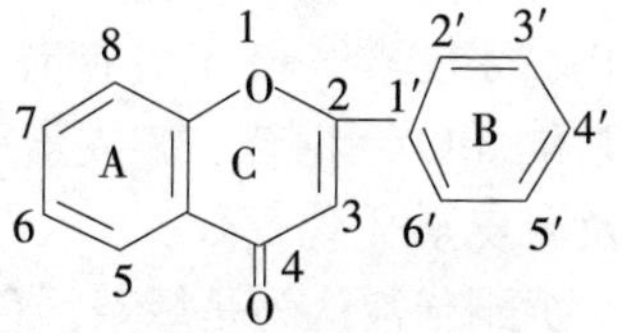

式Ⅷ 2-苯基色原酮

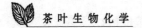

从16个品种—芽三叶鲜叶中分离出3种主要的黄酮醇，其中山奈素的含量为1.42～3.24mg/g，槲皮素为2.72～4.83 mg/g，杨梅素为0.73～2.00 mg/g。

山奈素   槲皮素   杨梅素

茶叶中的黄酮醇多与糖结合形成黄酮苷类（Flavone glycosides）物质，由于其结合的糖不同（有葡萄糖、鼠李糖、半乳糖、芸香糖等），连接的位置不同（多在C_3位与糖结合），因而形成不同的黄酮醇苷，其中含量较多的组分有芸香苷（占干物重的0.05%～0.15%），槲皮苷（占干物重的0.2%～0.5%），山奈苷（占干物重的0.16%～0.35%），其含量春茶高于夏茶。

芸香苷   槲皮苷

茶叶中的黄酮醇及其苷类的含量约占干物的3%～4%。用双向纸层析法，从阿萨姆变种的茶叶中分离出23个黄酮醇及其苷类的斑点，已鉴定的有13种。在绿茶中已分离出21种黄酮及其苷类，其中有19种被鉴定具有芹菜素（Apigem）的基本结构。其纯品呈亮黄色的粉末或结晶，主要的组分有牡荆素（Vitexin）、皂草素（异牡荆素，Saponaretin）和6,8-二-C-葡萄糖基芹菜素（6,8-di-C-glucosylapigenin）。牡荆素是芹菜素的8C-葡萄糖苷，皂草素是6C-葡萄糖基芹菜素。

Finger等（1991）从茶鲜叶、红茶、绿茶中分别鉴定出20种黄酮醇及其糖苷。这些化合物包括山奈素、槲皮素、异槲皮素、杨梅素、杨梅素-3-O-鼠李葡糖苷、杨梅素-3-O-半乳糖苷、杨梅素-3-O-葡糖苷、槲皮素三糖苷、槲皮素-3-O-鼠李双糖苷、槲皮素双糖苷、槲皮素-3-鼠李糖苷、槲皮素-3-O-鼠李葡糖苷、槲皮素-3-O-半乳糖苷、槲皮素-3-O-葡糖苷、山奈素-3-O-鼠李葡糖苷、山奈素-3-O-葡糖苷、槲皮素-3-O-葡糖鼠李半乳糖苷、山奈素-3-O-鼠李半乳糖苷及槲皮素-7-葡糖苷。

黄酮苷被认为是绿茶汤色的重要组分。黄酮醇苷水解时，得到的糖有葡萄糖、鼠李糖、半乳糖和芸香糖等。芸香糖是葡萄糖和鼠李糖结合而成的双糖，能被鼠李糖化酶所分解。

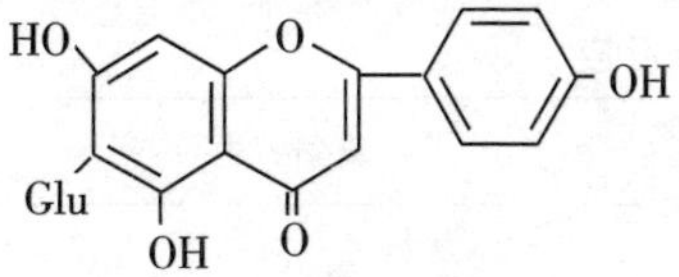

皂草甙(Saponaretin)(又称
异牡荆素) 沸点247℃

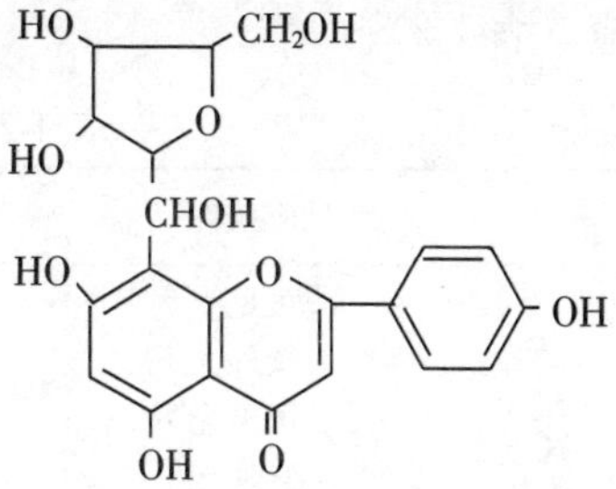

牡荆素(Vitexin) 沸点256℃

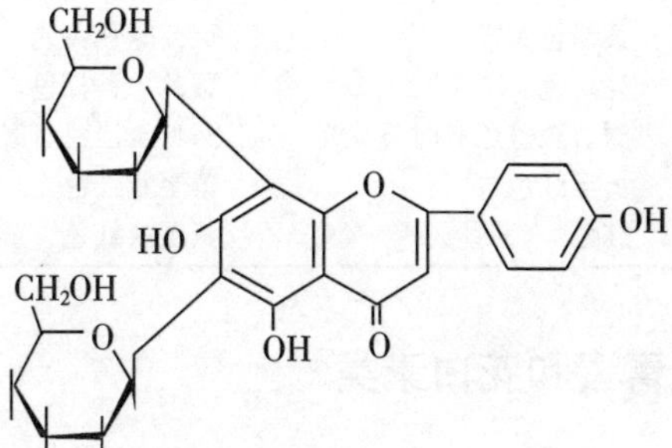

6,8-二-C-葡萄糖旱芹素(6,8-di-C-glucosy
lapigenin) 沸点233~236℃

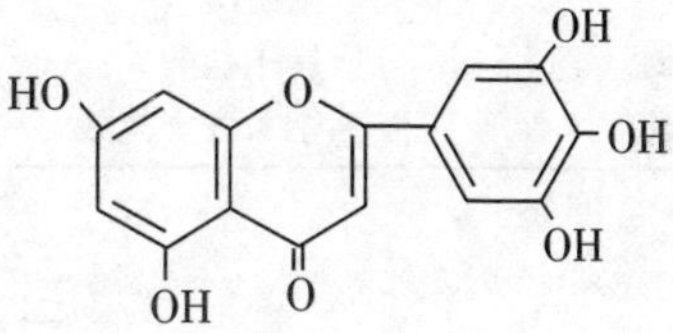

5,7,3′,4′,5′-五-OH-黄酮
(三鲸腊素)

(二)理化性质

1. **色泽** 黄酮及黄酮苷类物质多为亮黄色结晶，与绿茶汤色关系较大。

2. **溶解性** 黄酮及黄酮醇一般都难溶于水，较易溶于有机溶剂，如甲醇、乙醇、冰醋酸、乙酸乙酯等，而黄酮苷类在水中的溶解度比其苷元大，其水溶液为绿黄色，对绿茶汤色的形成作用较大。难溶和不溶于苯、氯仿等有机溶剂中。

3. **水解反应** 在制茶过程中，黄酮苷在热和酶的作用下会发生水解，脱去苷类配基变成黄酮或黄酮醇，在一定程度上降低了苷类物质的苦味。

4. **吸收光谱** 在甲醇溶液中，不同结构的黄酮类化合物具有不同的吸收光谱（表1-1）。

表1-1 一些黄酮类化合物的紫外吸收光谱（甲醇溶液）*

化合物	波 长（nm）	化合物	波 长（nm）
槲皮素	255，269（sh），370	山奈素-3-单糖苷	264，250
槲皮素-3-单糖苷	257，269（sh），362	山奈素-3-鼠李单糖苷	266，350
槲皮素-3-鼠李糖苷	256，265（sh），350	异牡荆苷	271，336
槲皮素-3-鼠李单糖苷	239，266（sh），359	牡荆苷	270，302（sh），336
山奈素	266，367		

* 引自陈宗道等. 茶叶化学工程学. 重庆：西南师范大学出版社，1999
sh表示肩峰。

5. **显色反应** 黄酮及黄酮醇类在不同的介质及光波下具有不同的显色反应（表1-2）。

表1-2 类黄酮化合物的颜色反应

反应条件		黄酮类	黄酮醇类
氨	可见光下	灰黄色	灰黄色
	紫外光下	棕色、红棕色或黄棕色	亮黄色或黄绿色
	可见光下	黄色	黄色
	紫外光下	黄绿或暗紫色	亮黄色
三氯化铝	可见光下	灰黄色	黄色
	紫外光下	黄绿色荧光	黄或绿色荧光
碳酸钠		亮黄色	黄色、黄棕色、淡蓝色
浓硫酸		深黄至橙色有时显荧光	深黄至橙色有时显荧光
镁＋盐酸		黄至红色	黄至紫红色
钠汞齐＋盐酸		红色	黄至淡红色

三、花青素和花白素类

（一）花青素类

花青素（Anthocyanidins，又称花色素）是一类性质较稳定的色原烯（Chromene）衍生物，分子中存在高度的分子共轭，有多种互变异构：

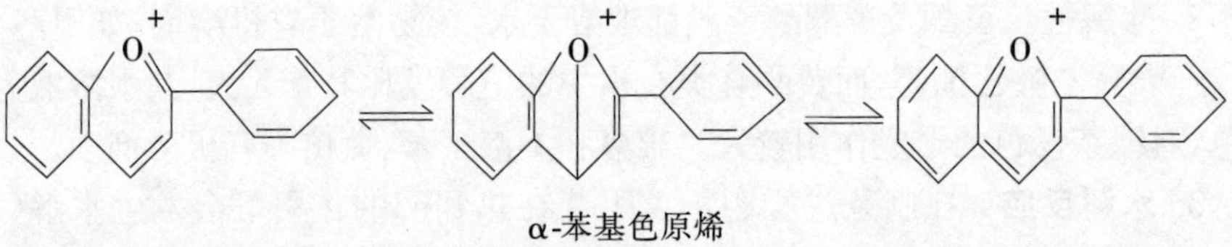

α-苯基色原烯

植物中花青素由于 C_3 位置上带有羟基，常与葡萄糖、半乳糖、鼠李糖等缩合成苷类物质。一般茶叶中的花青素占干物重的 0.01% 左右，而在紫芽茶中则可达 0.5%～1.0%。其中较重要的组分是飞燕草花青素及其苷、芙蓉花青素及其苷，茶叶中还发现一种翘摇紫苷元（又称三策啶），也属花青素类。

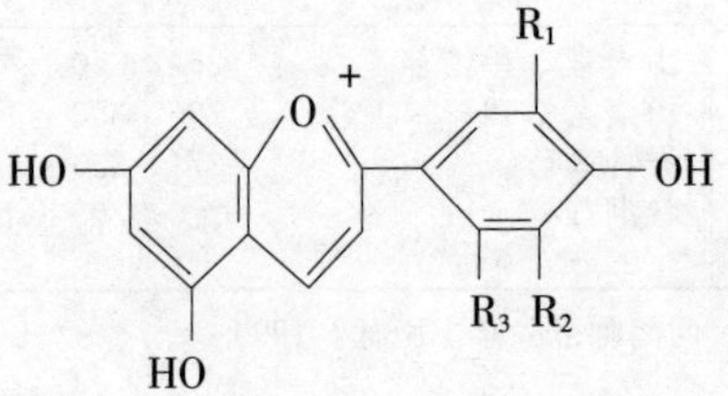

$R_1=R_2=R_3=H$:天竺葵色素

$R_1=OH,R_2=R_3=H$:芙蓉花色素

$R_1=R_2=OH,R_3=H$:飞燕草色素

$R_1=R_3=OH,R_2=H$:翘摇紫苷元

花青素苷元水溶性较黄酮苷元强，在紫外光下呈暗棕色，经氨处理后在可见光下呈蓝色。紫外光下呈浅蓝色。花色素有多种互变异构体，能在不同酸碱度的溶液中表现出不同的颜色。在酸性条件下（pH<7）呈红色，中性（pH：7～8）呈紫色，碱性条件下（pH>11）呈蓝色。这是因为酸碱度的不同，花色素分子结构发生了可逆变化所致。这也是某些植物的花、果、叶、茎中由于细胞的 pH 不同而使其呈现不同颜色。花青素的吸收光谱在 475～560nm 区间有强大吸收峰。

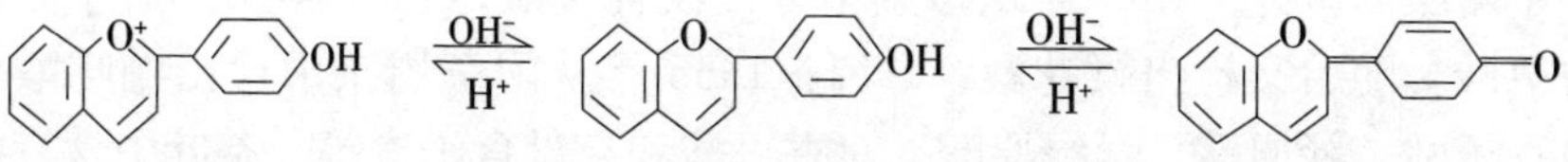

红色 pH<7　　　　紫色 pH=7　　　　蓝色 pH>11

表 1-3　花青素化合物的颜色反应

	反应条件	花青素及其苷元
	可见光下	粉红、橙红或红紫色
	紫外光下	暗红或紫色或棕色
氨	可见光下	蓝色
	紫外光下	浅蓝色
	碳酸钠	蓝色
	浓硫酸	黄橙色
	镁+盐酸	红色褪为粉红色
	钠汞齐+盐酸	黄橙色

（二）花白素类

花白素（Leucoanthocyanidin）又称"隐色花青素"或"4-羟基黄烷醇"。广泛分布在植物体内，1956 年在阿萨姆变种茶叶中鉴定出芙蓉花白素和飞燕草花白素。茶树新梢中花白素含量约为干物重的 2％～3％。花白素是一类所谓还原的黄酮类化合物，分子结构中有 C_2、C_3 和 C_4 3 个不对称碳原子，共有 2^3＝8 个旋光异构体。此外，在结构中 C_3、C_4 位上各有 1 个非酚性羟基，化学性质比儿茶素更活泼，易发生氧化聚合作用。在红茶发酵过程中，花白素可完全氧化成为有色氧化产物，花白素在热水中可发生差向立体异构反应。

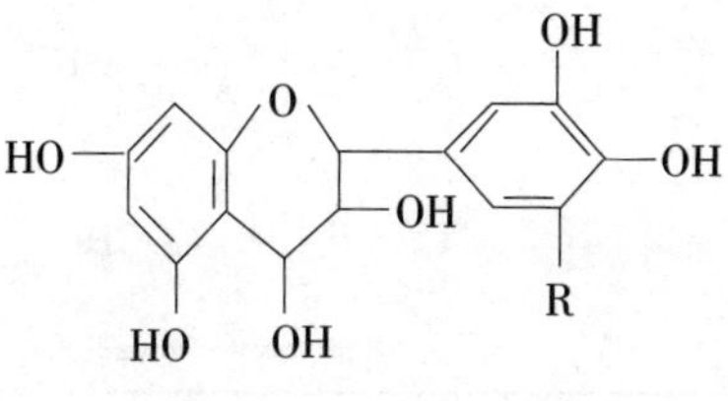

R=H:芙蓉花白素
R=OH:飞燕草花白素

花白素是无色的，但经盐酸处理后，能形成红色的芙蓉花色素苷元或飞燕草花色苷元，隐色花青素的名称即由此而来。

四、酚酸和缩酚酸类

酚酸是一类分子中具有羧基和羟基的芳香族化合物。缩酚酸是由酚酸上的羧基与另一分子酚酸上的羟基相互作用缩合而成。早在 19 世纪中叶就开始了茶叶中酚酸的研究。1847 年从绿茶中分出没食子酸；1937 年从绿茶中分离出对香豆酸，随后又检出鞣花酸；1951—1955 年从阿萨姆茶中检出咖啡酸、间双没食子酸、绿原酸、异绿原酸、对香豆酸和茶没食子素等。茶叶中含有的酚酸和缩酚酸类化合物，经纸层析分离与鉴定，它们多为没食子酸、咖啡酸、鸡纳酸的缩合衍生物，总量大约占茶鲜叶干重的 5％，其中茶没食子素是一类重要的酚酸类衍生物，在茶叶中的含量约 1％～2％（干重），没食子酸 0.5％～1.4％（干重），绿原酸约 0.3％（干重），其他种类的如异绿原酸、对香豆酸、对香豆鸡纳酸、咖啡酸等含量均较低。茶叶中的酚酸类多为白色结晶，易溶于水和含水乙醇。

表 1-4 茶叶中主要的酚酸及缩酚酸类化合物

（安徽农学院，1984）

名　称	结　构　式
没食子酸（Gallic acid）	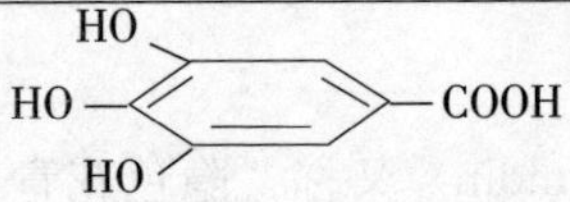
鞣花酸（Ellagic acid）	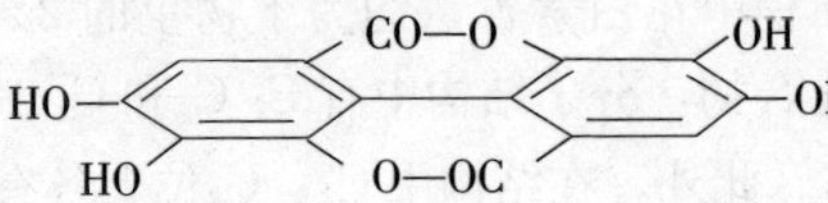
间双没食子酸（m-Digallic acid）	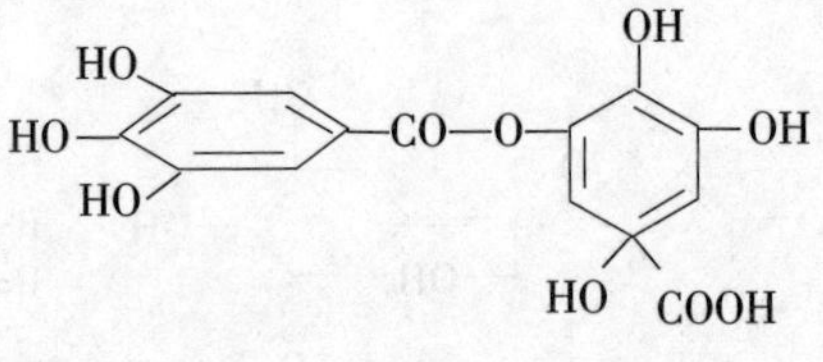

（续）

名　　称	结　构　式
绿原酸（咖啡-3-鸡纳酸）顺反异构体（Chlorogenic acid）	
异绿原酸（咖啡-3-鸡纳酸）顺反异构体（Iso-Chlorogenic acid）	
咖啡酸（Caffenic acid）	
对香豆酸（P-Coumaric acid）	
对香豆-3-鸡纳酸（P-Coumarylguinic acid）	
茶没食子素（Theogallin）	

第二节　茶叶中的色素

色素是一类存在于茶树鲜叶和成品茶中的有色物质，是构成茶叶外形色泽、汤色及叶底色泽的成分，其含量及变化对茶叶品质起着至关重要的作用。

在茶叶色素中，有的是鲜叶中已存在的，称为茶叶中的天然色素；有的则是在加工过程中，一些物质经氧化缩合而形成的。茶叶色素通常分为脂溶性色素和水溶性色素两类，脂溶性色素主要对茶叶干茶色泽及叶底色泽起作用，而水溶性色素主要对茶汤有影响。

一、茶叶中的天然色素

（一）脂溶性色素

茶叶中可溶于脂肪溶剂的色素物质的总称。主要包括叶绿素和类胡萝卜素。这类色素不溶于水，易溶于非极性有机溶剂中。

1. **叶绿素类**（Chlorophyll） 叶绿素是吡咯类绿色色素成分，其是由甲醇、叶绿醇与卟吩环结合而成（图1-2），是一种双羧酸酯化合物。由吡咯构成卟啉并戊酮环，即卟吩环，中间有1个不电离的镁原子，这个与甲醇、叶绿醇结合的卟啉环，称为叶绿酸。

叶绿素又分为叶绿素a与叶绿素b两种，叶绿素a与叶绿素b在结构上的基本区别，只在叶绿素a的Ⅱ环上为一个—CH_3，而叶绿素b的Ⅱ环上则为一个—CHO，其他部分则完全相同。

值得注意的是，叶绿素的结构近似某些重要的呼吸酶，如过氧化物酶、过氧化氢酶、细胞色素氧化酶及血液中的色素——亚铁血红素。在这些酶及亚铁血红素的成分中都含有卟啉环，只不过卟啉环是与铁原子结合，其结合方式如图1-3。亚铁血红素结构与植物中的叶绿素结构主要部分是很相似的，这就有

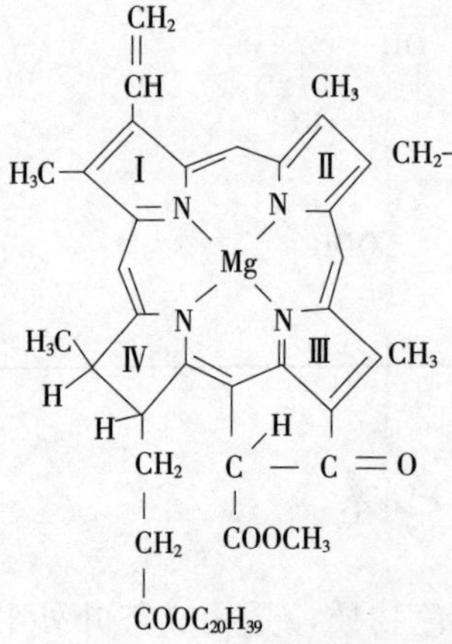

图1-2 叶绿素a结构式

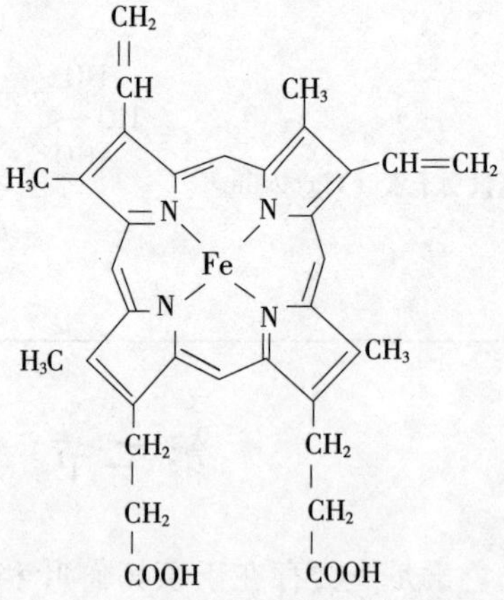

图1-3 亚铁血红素结构式

可能说明这些呼吸酶类的产生与叶绿素的生物合成有着密切的关系。

叶绿素主要存在于茶树叶片中。茶鲜叶中的叶绿素约占茶叶干重的0.3%～0.8%。叶绿素 a 含量为叶绿素 b 的 2～3 倍，叶绿素总量依品种、季节、成熟度的不同差异较大。叶色黄绿的大叶种含量较低，叶色深绿的小叶种含量较高，是形成绿茶外观色泽和叶底颜色的主要物质。

纯粹的叶绿素 a 是黄黑色的粉末，其乙醇溶液呈蓝绿色；叶绿素 b 为深绿色粉末，它的乙醇溶液呈绿色或黄绿色。二者都易溶于乙醇、乙醚、丙酮、氯仿等溶剂。

叶绿素在鲜叶中与蛋白质类脂物质相结合形成叶绿体，在制茶过程中叶绿素从蛋白体中释放出来。游离的叶绿素很不稳定，对光、热敏感。在稀碱中可以皂化为鲜绿色的叶绿酸（盐）、叶绿醇及甲醇。在酸性条件下，叶绿素中的镁原子可以被氢原子所取代，形成灰褐色至黑褐色的脱镁叶绿素。而在叶绿素酶的作用下可生成脱叶绿醇基叶绿素。在酸、热条件下，脱叶绿醇基叶绿素会进一步脱镁形成脱镁脱叶绿醇基叶绿素（图 1-4）。

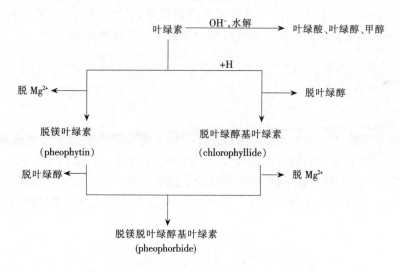

图 1-4 叶绿素的几种主要降解产物及其关系

叶绿素的组成及含量对茶叶品质有一定的影响。一般而言，加工绿茶以叶绿素含量高的品种为宜，在组成上以叶绿素 b 的比例大为好。而红茶、乌龙茶、白茶、黄茶等对叶绿素含量的要求比绿茶低。如果含量高，会影响干茶和叶底色泽。因此，加工时应注意考虑茶树品种特性。

2. 类胡萝卜素（Carotenoids） 类胡萝卜素是一类具有黄色到橙红色的多

种有色化合物。在自然界分布很广，属四萜类衍生物，结构特征为共轭复烯烃，为茶叶中重要的脂溶性色素。已知结构式的类胡萝卜素化合物在 300 种以上，茶叶中已发现的有 17 种，可分为胡萝卜素和叶黄素两大类。

（1）胡萝卜素类（Carotenes）。为茶叶中重要的脂溶性色素，具有共轭复烯烃类结构。依结构，可分为 α-胡萝卜素，β-胡萝卜素，γ-胡萝卜素，δ-胡萝卜素，ζ-胡萝卜素和六氢番茄红素等。尤以前三者共存于许多植物的叶子中，这三种胡萝卜素被内服至人体均能表现维生素 A 的生理作用，也称为维生素 A 原。1965 年首次从茶树新梢中分离鉴定出胡萝卜素各种组分。茶叶中的含量约 0.06%。成熟叶比嫩叶含量多，其中，主要组分 β-胡萝卜素约占胡萝卜素总量的 80%。中国种的胡萝卜素的总量为阿萨姆种的 2～3 倍，但阿萨姆中有较高的 β-玉米胡萝卜素。胡萝卜素的颜色多为橙红色，不溶于水，易溶于石油醚、丙酮、苯、二硫化碳、己烷等，微溶于甲醇、乙醇。作为茶叶脂溶性色素的主要组成成分，胡萝卜素在茶叶叶底色泽和外形色泽中起重要的作用。它们在茶叶中的含量及化学结构如下：

α-胡萝卜素（α-Carotene）：化学式 $C_{40}H_{56}$，橙红色。每克茶叶干物中约含 0.01～0.03mg。不同叶位的含量分布无明显规律，通常第二叶与成熟叶的含量比第一叶和第三、四叶高。中国种中的含量比阿萨姆种高 10 倍左右。

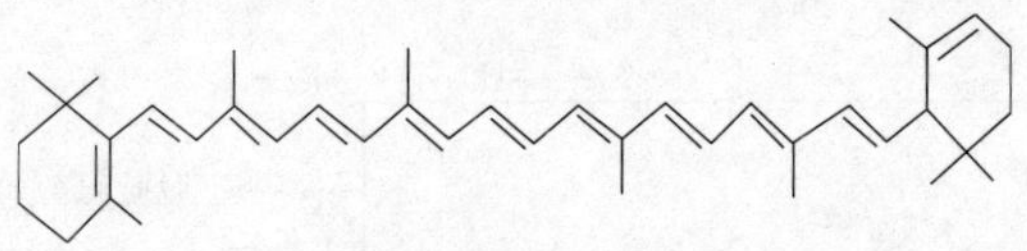

$$\text{（α-胡萝卜素结构式）}$$

β-胡萝卜素（β-Carotene）：化学式 $C_{40}H_{56}$，为胡萝卜素的主要组成成分。深红至暗红色有光泽的斜方六面体或结晶性粉末，稀溶液呈橙黄至黄色，浓度增大时带橙色，因溶剂的极性可稍带红色。遇氧、热、光不稳定，在酸碱条件下较稳定。每克茶叶干物中约含 0.62～5.05mg，老叶的含量比嫩叶高数倍。

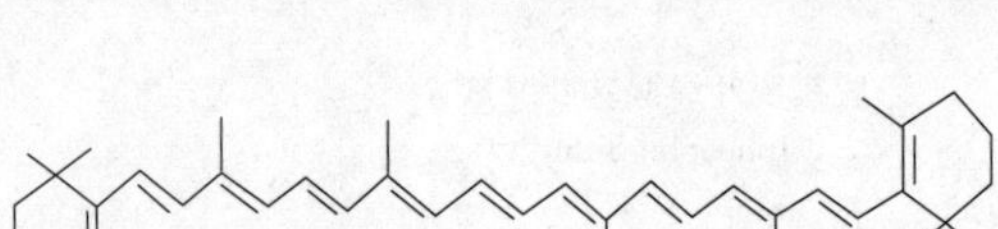

$$\text{（β-胡萝卜素结构式）}$$

ζ-胡萝卜素（ζ-Carotene）：化学式 $C_{40}H_{56}$，每克茶叶干物中痕量至 0.007mg。

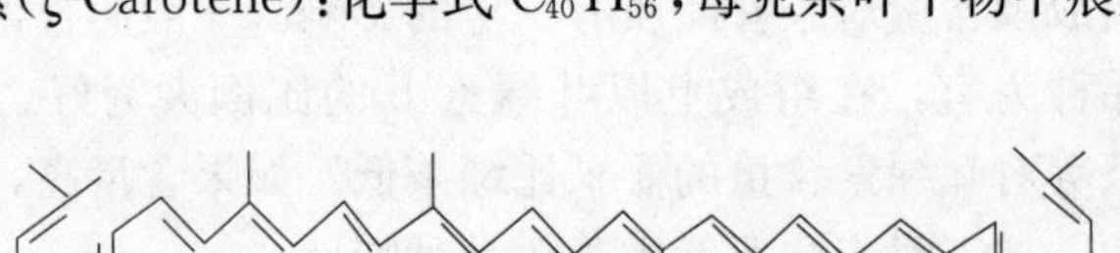

$$\text{（ζ-胡萝卜素结构式）}$$

六氢番茄红素（Phytofluene）：化学式 $C_{40}H_{60}$，红色。1965 年从茶叶中检出。在茶叶中含量甚微，是类胡萝卜素生物合成的基础，在一定条件下，通过环化、双键移位、部分氢化和羟基化等途径，可以衍生出其他类胡萝卜素组分。

β-玉米胡萝卜素（β-Zeacarotene）：化学式 $C_{40}H_{58}$，橙红色。每克茶叶干物中约含 $0.003 \sim 0.036$mg。以二、三叶的含量最高，嫩叶和成熟叶的含量较低，阿萨姆种较中国种含量高数倍。

在茶叶制造过程中，尤其是红茶制造过程中，胡萝卜素类会大量氧化降解，形成紫罗酮系列化合物，如 α-紫罗酮、β-紫罗酮等。Omori（1978）发现，在红茶加工过程中，添加 β-胡萝卜素对红茶的颜色和香气有利，Sanderson 等（1971）证实，在发酵期间，β-胡萝卜素能部分转化为 β-紫罗酮、二氢海葵内酯和茶螺烯酮等，Sanderson 等（1973）还认为，类胡萝卜素的氧化降解是与黄烷醇类氧化相偶联发生的，因此，儿茶素氧化过程中形成的邻醌，不仅能氧化氨基酸，也可以氧化胡萝卜素类，从而对红茶香气的形成起十分重要的作用。

$$CH=(CH-\underset{\underset{CH_3}{|}}{C}=C-CH-CH)_2 = (CH-CH=C-CH)_2 =CH \longrightarrow$$

β-胡萝卜素

$$-CH=CH-\underset{\underset{\gamma}{}}{\underset{\beta}{C}}\overset{O}{-}CH_3 \qquad + \qquad 2CH_3-CH=CH-\underset{\underset{CH_3}{|}}{C}=CH-CH_2OH$$

β-紫罗酮(1,3,3-三甲基-2-酮[γ]丁烯[α]环己烯)   庚二烯醇(3-甲基己二烯[2,4]醇)

（2）叶黄素类（Xanthophylls）。这类色素也广泛分布在植物界，也是茶叶中类胡萝卜素的主要成分，结构特征为共轭复烯烃的加氧衍生物或环氧化物，以醇、醛、酮、酸的形式存在，为黄色色素。不溶于水，易溶于甲醇、乙醇、石油醚。在茶叶中的含量一般为 0.01%～0.07%，随茶叶新梢成熟度的提高，总含量增加。茶叶中叶黄素类化合物主要有叶黄素、玉米黄素、隐黄素、新叶黄素、5,6-环氧隐黄素、堇黄素等。

叶黄素（Xanthophyll）：也称黄体素（Lutein），黄色，化学式 $C_{40}H_{56}O_2$，熔点 190～192℃，每克茶叶干物中约含 0.14～0.80mg，老叶比嫩叶含量高，且在茶树叶片中的变化与生长休止期一致，即生长旺盛时期含量高。中国种比阿萨姆种的含量高 1 倍。红茶加工中较大幅度地降解成 3-羟基紫罗酮等有益芳香物质，是形成茶叶外形色泽和叶底色泽的重要色素。

玉米黄素（Zeaxanthin）：亦称"玉米黄质"，β-胡萝卜素的二羟基衍生物，为叶黄素的异构体，化学式 $C_{40}H_{56}O_2$，熔点 204～206℃。每克茶叶干物中的含量为 0.074～0.144mg，随叶片成熟度的提高而增加，中国种的含量高于阿萨姆种。在红茶制造中可氧化降解为 3-羟基-α-紫罗酮和 3-羟基-β-紫罗酮，参与红茶香气、外形色泽和叶底色泽的形成。

隐黄素（Cryptoxanthin）：化学式 $C_{40}H_{56}O$，1965 年在茶树叶片中检出。熔点 169℃。每克茶叶干物中的含量为 0.153～0.763mg。随着叶片的成熟，含量增加近 1 倍。中国种较阿萨姆种高数倍。在红茶加工中，可氧化降解形成 β-紫罗酮、羟基-β-紫罗酮等，对红茶香气有重要意义。

5,6-环氧隐黄素（5,6-Epoxycryptoxanthin）：化学式 $C_{39}H_{55}O_2$，每克茶

叶干物中的含量为 0.001～0.003mg，嫩叶比老叶含量高，在茶叶制造过程中氧化降解，参与香气形成。

5，6-双环氧隐黄素（5，6-Diepoxide cryptoxanthin）：具有双环氧多烯醇结构，化学式 $C_{39}H_{54}O_3$，每克茶叶干物中的含量为痕量至 0.011mg，嫩叶含量甚微，成熟叶含量较高。在茶叶制造过程中发生氧化降解，参与茶叶香气形成。

5，8-双环氧隐黄素（5，8-Diepoxide cryptoxanthin）：化学式 $C_{39}H_{56}O_3$，1965 年从茶树新梢中检出，每克茶叶干物中的含量为痕量至 0.006mg，嫩叶含量甚微，成熟叶含量较高。中国种较阿萨姆种的含量高得多，在茶叶制造过程中降解，产物是重要的香气成分。

5，6-环氧黄体素（5，6-Epoxide lutein）：化学式 $C_{39}H_{54}O_3$，1965 年从茶树新梢中检出，每克茶叶干物中的含量为痕量至 0.007mg，老叶比嫩叶含量高，阿萨姆种比中国种含量高。茶叶制造过程中氧化降解后残余量甚微。

紫黄素（Violaxanthin）：亦称"紫黄质"、"堇菜黄质"。化学式 $C_{40}H_{56}O_4$。熔点 200℃。1971 年在红茶中检出。每克茶叶干重含量为 0.000 4～0.016mg。随着叶片嫩度的降低，含量明显下降。阿萨姆种的含量比中国种高数倍。在红茶加工中形成 3-羟基-5，6-环氧紫罗酮等香气物质，参与红茶香气形成。

新黄素（Neoxanthin）：化学式 $C_{38}H_{52}O_2$，1971 年在红茶中检出。每克茶叶干物中约含 0.000 9～0.015mg，随着茶叶嫩度的降低而增加，但成熟老叶含量又下降。中国种比阿萨姆种的含量高数倍。在红茶制造中显著减少，降解为紫罗酮系列化合物，参与红茶香气的形成。

叶黄素类在红茶制造过程中，由于氧化还原作用较强，有一定降解。对茶叶外形色泽和叶底色泽有一定作用，其降解产物对茶叶香气的形成具有积极的影响。

表 1-5　茶树新梢不同部位叶和不同品种中类胡萝卜素的
组成含量（每 100g 干物所含毫克数）*

组　　成	第一叶	第二叶	第三、四叶	成熟叶	中国种	阿萨姆种
胡萝卜素类：α-胡萝卜素	0.15	0.24	0.15	0.23	2.10	0.19
β-胡萝卜素	6.24	6.72	8.02	49.86	21.66	6.48
β-玉米胡萝卜素	0.38	3.52	1.56	0.61	0.24	1.95
ζ-胡萝卜素	0.14	痕量	痕量	0.64	痕量	0.08
合计（a）	6.91	10.48	9.73	51.34	24.00	8.70
叶黄素类：β-胡萝卜素氧化物	痕量	0.16	0.18	1.47	0.18	0.04
β-叶红二茂	痕量	0.08	0.20	0.87		
隐黄素	0.53	0.20	1.05	1.20	2.43	0.36
堇黄素	1.53	0.48	0.46	0.04	0.12	1.05
黄黄素（毛地黄质）	0.24	0.16	0.15	0.18		
新叶黄素	0.09	0.30	0.75	0.26	1.44	0.20
黄体素	1.44	22.08	26.02	68.34	35.61	18.74
5，6-环氧黄体素	痕量	0.46	0.52	0.70	痕量	0.23
5，6-环氧隐黄素	0.72	0.12	0.16	0.10		
5，6-双环氧隐黄素	痕量	痕量	1.01	0.78		
5，8-双环氧隐黄素	痕量	痕量	0.12	0.60	0.33	痕量
合计（b）	17.51	24.04	30.62	74.54	40.11	20.62
类胡萝卜素总量（a）＋（b）	24.42	34.52	40.35	125.88	64.11	29.32

*　引自 Venkatakrishna 等．Tea Quarterly．1977，47（1/2）：28～31

3. 类胡萝卜素的性质

（1）亲酯性。类胡萝卜素都具有较强的亲酯性，几乎不溶于水、酒精和甲醇。大多易溶于石油醚或正己烷。但是含氧的复烯烃衍生物如醇、酮等则随其分子中含氧功能基团的数目增多，亲酯性随之减弱，从而在石油醚中的溶解度依次减少，在酒精或甲醇中的溶解度又会逐渐加大。利用这些性质不难从茶叶中提取并分离这一类物质的成分。

（2）光学特性。类胡萝卜素具有高度共轭双键的发色团和有—OH等助色团，因而具有不同颜色。随着这一类色素的双键不同，基团不同，它们的吸收光谱也有所不同（表1-6）。根据各种吸收光谱可初步鉴定类胡萝卜素。

表1-6 类胡萝卜素的吸收光谱

（安徽农学院，1984）

名　　　称	最大吸收波长（nm）	
	CS_2溶液	$CHCl_3$溶液
α-胡萝卜素	477，590	454，486
β-胡萝卜素	450，485	466，497
γ-胡萝卜素	463，496	447，475
番茄红素	477，507	456，485
黄体素	445，478	428，456
玉米黄素	450，483	429，462
堇黄素	440，470	424，451
α-胡萝卜素-5，6-环氧化物	471，503	454，483

（3）颜色反应。类胡萝卜素的氯仿溶液与三氯化锑的氯仿溶液反应，多能产生蓝色。与浓硫酸作用均生成蓝绿色反应。如与浓盐酸反应只能是堇黄素和α-胡萝卜素-5，6-环氧化物生成灰绿蓝色，其他类胡萝卜素（即复烯烃类及其羟基衍生物）则不显色。

由于类胡萝卜素是高度共轭的复烯化合物，有多种顺反异构体。X射线分析证明绝大多数天然复烯色素为全部反式，因为这样能量较低，比较稳定。也有少数复烯色素含有一个或多个顺式构型。

（二）水溶性色素

水溶性色素是能溶解于水的呈色物质的总称。一般指花黄素类、花青素及儿茶素的氧化产物。茶鲜叶中存在的天然水溶性色素主要有花黄素、花色素等，它们都是类黄酮的化合物，广泛存在于植物界，茶叶中已发现有几十种花黄素、花色素，是茶叶中水溶性色素的主体。

1. 花黄素类（Anthoxanthin）

花黄素类亦称黄酮类（Flavonoid），主要包括黄酮醇（Flavonol）和黄酮（Flavone）两类化合物，是茶多酚类的组成成分。茶树体内主要是黄酮醇及其苷，在茶鲜叶中的含量占干物重的 $3\%\sim$ 4%，由于结合的糖的种类不同、连接位置不同，因而形成各种各样的黄酮醇苷。它们是茶叶水溶性黄色素的主体物质，是绿茶汤色的重要组分。

2. **花青素类**（Antho cyanidin） 又名花色素，茶多酚类的组成部分，重要的水溶性色素，是一种性质稳定的色原烯衍生物（Chromene derive）。植物中花青素多在 C_3 位置带有羟基，且常与葡萄糖、半乳糖或鼠李糖缩合形成苷。一般茶叶中的花青素占干物质的 $0.01\%\sim1.0\%$，而在紫芽茶中的含量较正常芽叶高得多。其形成和积累与茶树生长发育状态及环境条件密切相关，一般光照强、气温高的季节，较易形成花青素，使茶芽叶呈红紫色。对茶叶的叶底色泽、汤色及干茶色泽均有较大影响。含量较高的紫色芽叶制成绿茶，品质较差，汤色发褐，滋味苦涩，叶底靛青。若加工红茶，则汤色叶底乌暗，品质也较差。

二、茶叶加工过程中形成的色素

在茶叶加工过程中，会形成多种色素物质，其对构成茶叶品质特点及不同茶类的形成具有重要作用。如在红茶的加工过程中，正是由于多酚类物质氧化形成了茶黄素和茶红素等色素，使红茶具有了红汤红叶的品质特征。多酚类物质的氧化机制及途径将在第四章红茶制造化学中详述。

1. **茶黄素类**（Theaflavins，TF_s） 茶黄素是红茶中的主要成分，它最早是由 Roberts E. A. H（1957）发现的，是多酚类物质氧化形成的一类能溶于乙酸乙酯的、具有苯并卓酚酮结构的化合物的总称。包括茶黄素、茶黄素单没食子酸酯、茶黄素双没食子酸酯等。TF_s 由 9 种不同结构的化合物组成。Bailey 等（1990）利用高压液相色谱仪对红茶茶汤中的茶黄素的主要组分进行了测定，表明其主要为茶黄素、茶黄素-3-没食子酸酯、茶黄素-3′-没食子酸酯、茶黄素-3，3′-双没食子酸酯。

茶黄素类（TF_s）是红碎茶中色泽橙红、具有收敛性的一类色素，其含量占红茶固形物的 $1\%\sim5\%$，是红茶滋味和汤色的主要品质成分。茶黄素类对红茶的色、香、味及品质起着重要的作用，是红茶汤色"亮"的主要成分，是红茶滋味强度和鲜度的重要成分，同时也是形成茶汤"金圈"的主要物质。茶黄素与红碎茶品质的相关系数为 0.875。Roberts E. A. H. 指出，审评者对色泽的估量大多数是受茶黄素的影响，含量越高，汤色明亮度越好，呈金黄色；含量越低，汤色越深暗。与咖啡碱、茶红素等形成络合物，温度较低时显出乳凝现象，是茶汤"冷后浑"的重要因素之一。并且含量的高低直接决定红茶滋味的鲜爽度，其含量的高低与叶底亮度也呈高度正相关。20 世纪 90 年代已分离出 9 种茶黄素成分：茶黄素 1a、1b、1c、茶黄酸等。Hilton 和 Cloughley（1980）的研究表明，TF_s 含量与茶叶价格之间有显著的正相关，通过 TF_s 含量的测定可以预测红茶市场的价格。

茶黄素的提纯物呈橙黄色的针状结晶，易溶于水、甲醇、乙醇、丙酮和乙酸乙酯，难溶于乙醚，不溶于氯仿和苯。水溶液呈鲜明的橙黄色，具有较强的刺激性，在 380nm 与 460nm 处有最大吸收峰。

2. 茶红素类（Thearubigins，TR_s）　茶红素是一类复杂的红褐色的酚性化合物。包括多种相对分子质量差异极大的异源物质，其相对分子质量为 700～40 000，甚至更大些。它既包括有儿茶素酶促氧化聚合、缩合反应产物，也有儿茶素氧化产物与多糖、蛋白质、核酸和原花色素等产生非酶促反应的产物。Roberts（1957—1962）根据双向纸层析将茶红素分离为 SⅠ和 SⅡ两大类型，其中 SⅠ为浅色组分，SⅡ为深色组分，并指出 SⅡ型茶红素是极性大呈褐色的物质。Cottou D. T. 等（1977）用葡聚糖凝胶 LH-20 柱层析将茶红素分离为全溶于、部分溶于和不溶于乙酸乙酯的 3 个部分。Ozawa T（1982）用一种新型凝胶 Toyopearl HW-40F 柱层析分离红茶茶汤中的酚型组分得到可溶于乙酸乙酯茶红素、可溶于正丁醇茶红素、不溶于正丁醇可透析性茶红素和非透析性褐色高聚合物。

茶红素是红茶氧化产物中最多的一类物质，红茶中含量约为 6%～15%（干重）。该物为棕红色，能溶于水，水溶液呈酸性，深红色，刺激性较弱，是构成红茶汤色的主体物质，对茶汤滋味与汤色浓度起极重要作用。参与"冷后浑"的形成。此外，其还能与碱性蛋白质结合生成沉淀物存于叶底，从而影响红茶的叶底色泽。通常认为茶红素含量太高有损品质，使滋味淡薄，汤色变暗，而含量太低，茶汤红浓不够。Roberts（1957—1962）曾认为，茶红素与茶黄素含量及过高的茶红素或较低的茶黄素与茶红素比会导致茶汤深暗、鲜爽度降低，比率与红茶品质密切相关，TR/TF_s 比值过高时，茶汤色暗且滋味强度不足，比值过低时，亮度好，刺激性强，但汤色红浓度不够。

3. 茶褐素类（Theabrownine，TB）　为一类水溶性非透析性高聚合的褐色物质，有学者把不溶于乙酸乙酯和正丁醇的水溶性褐色物质也称为茶褐素。其主要组分是多糖、蛋白质、核酸和多酚类物质，由茶黄素和茶红素进一步氧化聚合而成，化学结构及其组成有待探明。深褐色，溶于水，不溶于醋酸乙酯和正丁醇，其含量一般为红茶中干物质的 4%～9%。是造成红茶茶汤发暗、无收敛性的重要因素。其含量与品质呈高度负相关（$\gamma = -0.979$），含量增加时红茶等级下降。红茶加工中长时过重的萎凋，长时高温缺氧发酵，是茶褐素积累的重要原因。

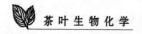

红茶储存过程中,茶红素和茶黄素会进一步氧化聚合形成茶褐素。

第三节 茶叶中的氨基酸

氨基酸是茶叶中具有氨基和羧基的有机化合物,是茶叶中的主要化学成分之一。茶叶中的氨基酸,不仅是组成蛋白质的基本单位,也是活性肽、酶和其他一些生物活性分子的重要组成成分。茶叶氨基酸的组成、含量以及它们的降解产物和转化产物也直接影响茶叶品质。氨基酸在茶叶加工中参与茶叶香气的形成,它所转化而成的挥发性醛或其他产物,都是茶叶香气的成分。此外,有些氨基酸本身也具有一定的香味,特别是某些氨基酸与茶叶的滋味及香气关系密切,是构成绿茶品质的极重要的成分之一。由于茶叶中氨基酸对茶叶品质有重要作用,多年来备受重视。

一、茶叶氨基酸种类及结构

茶叶中发现并已鉴定的氨基酸有 26 种,除 20 种蛋白质氨基酸均发现存在于游离氨基酸中,另外还检出 6 种非蛋白质氨基酸(表 1-7)。

表 1-7 茶树体中的游离氨基酸

名　称	结　构
1. 甘氨酸	$HCH(NH_2)COOH$
2. 丙氨酸	$CH_3CH(NH_2)COOH$
3. 缬氨酸	$CH_3CH(CH_3)CH(NH_2)COOH$
4. 亮氨酸	$CH_3CH(CH_3)CH_2CH(NH_2)COOH$
5. 异亮氨酸	$CH_3CH_2CH(CH_3)CH(NH_2)COOH$
6. 丝氨酸	$HOCH_2CH(NH_2)COOH$
7. 苏氨酸	$CH_3CH(OH)CH(NH_2)COOH$
8. 天冬氨酸	$HOOCCH_2CH(NH_2)COOH$
9. 谷氨酸	$HOOCCH_2CH_2CH(NH_2)COOH$
10. 天冬氨酰胺	$H_2NOCCH_2CH(NH_2)COOH$
11. 谷氨酰胺	$H_2NOCCH_2CH_2CH(NH_2)COOH$
12. 赖氨酸	$H_2NCH_2CH_2CH_2CH_2CH(NH_2)COOH$
13. 精氨酸	$\begin{matrix} H_2N \\ \searrow \\ CNHCH_2CH_2CH_2CH(NH_2)COOH \\ HN \nearrow \end{matrix}$
14. 组氨酸	$\begin{matrix} CH_2CH(NH_2)COOH \\ N \diagdown\diagup NH \end{matrix}$

（续）

名　　称	结　　构
15. 半胱氨酸	HS—CH$_2$CH（NH$_2$）COOH
16. 蛋氨酸	CH$_3$—S—CH$_2$CH$_2$CH（NH$_2$）COOH
17. 脯氨酸	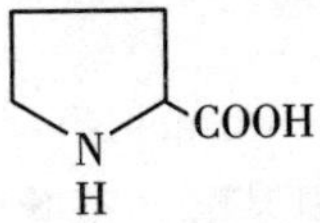
18. 苯丙氨酸	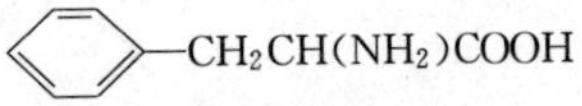
19. 酪氨酸	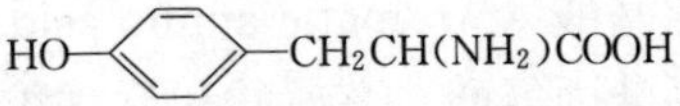
20. 色氨酸	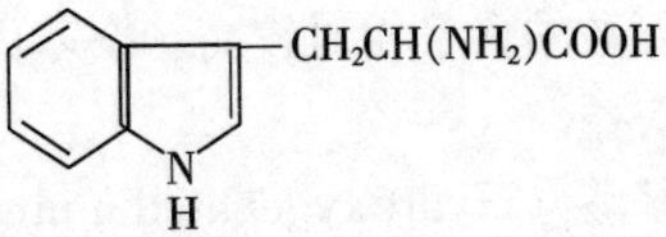
21. 茶氨酸	
22. 豆叶氨酸	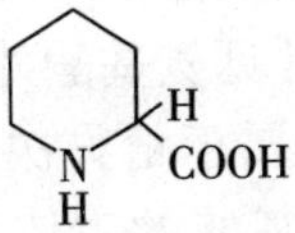
23. 谷氨酰甲胺	
24. γ-氨基丁酸	H$_2$N—CH$_2$—CH$_2$CH$_2$—COOH
25. 天冬酰乙胺	
26. β-丙氨酸	H$_2$N—CH$_2$—CH$_2$—COOH

17. 脯氨酸结构（吡咯烷-COOH）

18. 苯丙氨酸 —CH$_2$CH(NH$_2$)COOH

19. 酪氨酸 HO—〈苯环〉—CH$_2$CH(NH$_2$)COOH

20. 色氨酸 吲哚环—CH$_2$CH(NH$_2$)COOH

21. 茶氨酸 HOOC—CH—CH$_2$CH$_2$—CONH—CH$_2$—CH$_3$，NH$_2$

22. 豆叶氨酸 哌啶环 H / COOH

23. 谷氨酰甲胺 HOOC—CH—CH$_2$CH$_2$—CONH—CH$_3$，NH$_2$

25. 天冬酰乙胺 HOOC—CH—CH$_2$—CONH—CH$_2$—CH$_3$，NH$_2$

　　自然界存在的氨基酸均为 L 构型。在氨基酸的结构中，既有碱性的氨基（—NH$_2$），又有酸性的羧基（—COOH），故为两性电解质。天然氨基酸常根据分子中氨基与羧基的数目而分为中性氨基酸、碱性氨基酸及酸性氨基酸三类。

　　中性氨基酸（Neutral amino acids）：分子中碱性的（—NH$_2$）与酸性的（—COOH）数目相等，故名。包括甘氨酸、丙氨酸、亮氨酸、异亮氨酸、半胱氨酸、丝氨酸、甲硫氨酸、苯丙氨酸、色氨酸等。其中甲硫氨酸、苯丙氨酸、色氨酸为必需氨基酸，在茶叶滋味的协调中具有重要作用。

酸性氨基酸（Acidic amino acids）：因其分子结构中有 1 个（—NH$_2$）和 2 个（—COOH）而呈酸性的氨基酸。主要包括谷氨酸和天冬氨酸。它们是茶叶中最重要的一类氨基酸，在茶叶中的含量高，是构成茶叶鲜爽滋味的重要成分。

碱性氨基酸（Alkaline amino acids）：分子结构中有 2 个（—NH$_2$）和 1 个（—COOH）而呈碱性的氨基酸。茶叶中主要有精氨酸和赖氨酸。

茶叶中的氨基酸也可根据侧链上取代基的不同而分为芳香族氨基酸、羟基氨基酸等。

芳香族氨基酸（Aromatic amino acids）：分子结构中带有苯环结构的氨基酸。主要包括苯丙氨酸、酪氨酸和色氨酸。茶树新梢中色氨酸的含量很低，苯丙氨酸和酪氨酸的含量相对较高。D-苯丙氨酸和 D-色氨酸均呈现甜味的口感，对茶汤滋味有益。

羟基氨基酸（Hydroxygenated amino acids）：泛指氨基酸分子结构中含有羟基的氨基酸。茶叶中有丝氨酸、酪氨酸、苏氨酸等。

如结构中含有硫元素，则称为含硫氨基酸。如半胱氨酸、胱氨酸、蛋氨酸等。部分含硫氨基酸在加工过程中转变为二甲硫等挥发性香气物质。

除了组成蛋白质的 20 种常见氨基酸外，在茶树中还发现了其他一些氨基酸，并不存在于蛋白质中，属于植物次生物质，其中最主要的为茶氨酸（Theanine）。是茶叶中游离氨基酸的主体部分，并大量存在于茶树中，特别是芽叶、嫩茎及幼根中，在茶树的新梢芽叶中，70％左右的游离氨基酸是茶氨酸。由于茶氨酸在游离氨基酸中所占比重特别突出，逐渐为人们所重视。

二、茶叶中的茶氨酸

茶氨酸（Theanine）是茶树中一种比较特殊的在一般植物中罕见的氨基酸。它是 1950 年由日本酒户弥二郎从玉露茶新梢中所发现的，并命名为茶氨酸（Theanine）。从发现到目前为止，除了在一种蕈（*Xerocomus badins*）及茶梅（*Camellia. Sasangua*）中检出外，在其他植物中尚未发现。茶氨酸是茶树中含量最高的游离氨基酸，占茶叶干重 1％～2％。在茶鲜叶中，一般茶氨酸的含量占干重的 1％～2％，某些名特优茶含量可超过 2％。

1. 结构特点　茶氨酸属酰胺类化合物，化学上系统命名为 N-乙基-γ-L-谷氨酰胺（N-ethyl-γ-L-glutamine）

$$\underset{\underset{NH_2}{|}}{HO-\overset{\overset{O}{\|}}{C}-CH}-CH_2-CH_2-CONH-CH_2-CH_3$$

　　茶氨酸是由一分子谷氨酸与一分子乙胺在茶氨酸合成酶作用下，在茶树的根部合成的，生长季节，能迅速运输到地上部分生长点，是参与氮素代谢的一种重要化合物，其合成与分解与茶树的呼吸代谢和某些物质的代谢有关，并与茶叶品质的形成和茶树碳、氮代谢的调节和控制有关。

　　2. 主要性质　自然界存在的茶氨酸均为 L 型，纯品为白色针状结晶，熔点 217～218℃（分解）。$[\alpha]_D^{20}=+7.0°$，极易溶于水，而不溶于无水乙醇和乙醚，且溶解性随温度升高而增大。具有焦糖的香味和类似味精的鲜爽味，味觉阈值为 0.06%，而谷氨酸和天冬氨酸的味觉阈值则分别为 0.15% 及 0.16%。经 6mol/L 的盐酸水解后生成 L-谷氨酸和乙胺，茚三酮显色反应呈紫色。在茶汤中，茶氨酸的浸出率可达 80%。对绿茶滋味具有重要作用，与绿茶滋味等级的相关系数达 0.787～0.876，为强正相关。茶氨酸还能缓解茶的苦涩味，增强甜味。可见茶氨酸不仅对绿茶良好滋味的形成具有重要的意义，并可作为红茶品质的重要评价因子之一。茶氨酸的合成与分解不仅与茶树的呼吸代谢和某些物质的代谢相关，还与茶叶品质的形成和茶树碳、氮代谢的调节和控制有关。

第四节　茶叶中的嘌呤碱

　　生物碱是指一类来源于生物界的含氮有机化合物，在植物界分布较广，现已知至少有 50 多个科 120 个属以上的植物中含有生物碱，已发现和分离出的生物碱有近 6 000 种。它们绝大多数分布在高等植物中，尤其是双子叶植物，单子叶植物中较少，裸子植物中更少。生物碱的种类很多，大多数生物碱有比较复杂的环状结构和特殊的生理作用。在茶树体中，主要是嘌呤类生物碱，其次也有少量嘧啶类生物碱。

一、茶叶中嘌呤碱的组成与结构

　　茶叶中嘌呤碱类衍生物的结构特点是都有共同的嘌呤环结构，即由一个嘧啶环和一个咪唑环稠合而成，因此这类化合物通常称为嘌呤碱。茶叶中嘌呤碱类物质的化学结构如下：

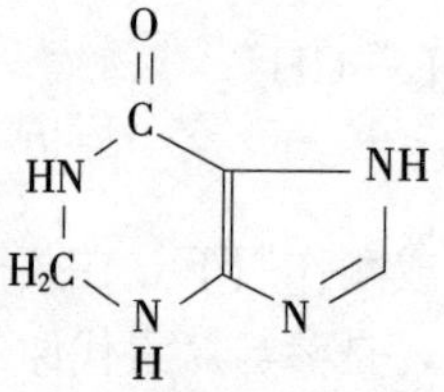

次黄嘌呤
(6-氧嘌呤)

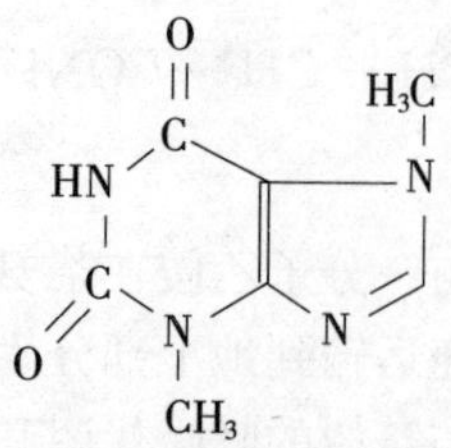

可可碱
(3,7-二甲基黄嘌呤)

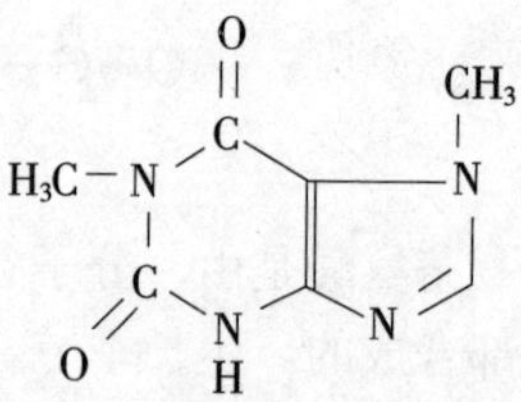

拟黄嘌呤
(1,7-二甲基黄嘌呤)

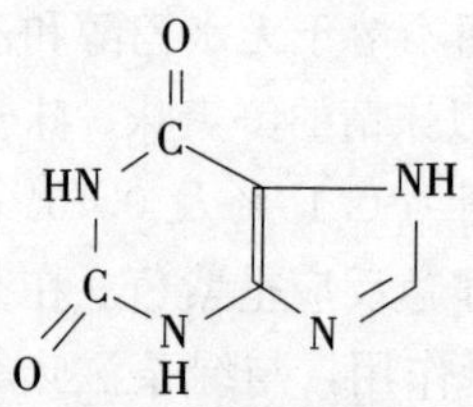

黄嘌呤
(2,6-二氧嘌呤)

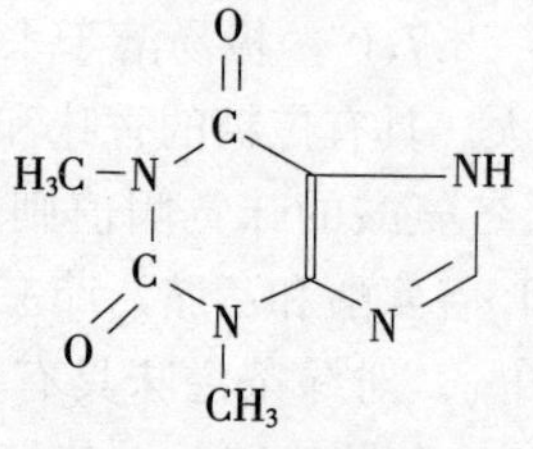

茶叶碱
(1,3-二甲基黄嘌呤)

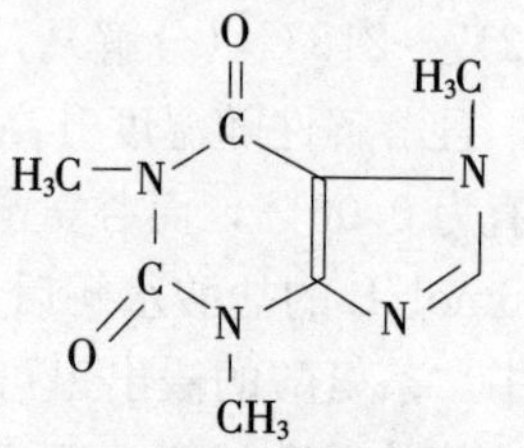

咖啡碱
(1,3,7-三甲基黄嘌呤)

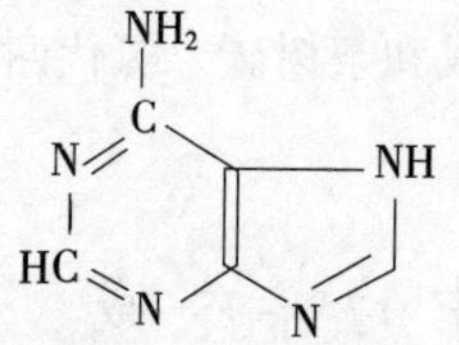

腺嘌呤
(6-氨基嘌呤)

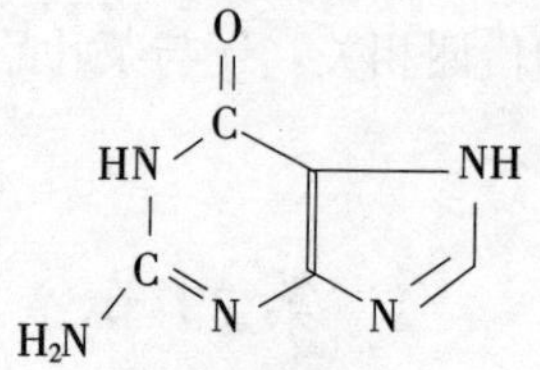

鸟嘌呤
(2-氨基-6氧嘌呤)

由于所带的基团和位置有所差别，构成了不同的嘌呤类衍生物。有带氨基的腺嘌呤和鸟嘌呤，或带甲基的嘌呤衍生物，主要有咖啡碱（Caffeine），可可碱（Theobromine）和茶叶碱（Theophylline）。它们在生物体内通过次黄嘌呤核苷酸转变而来，并在嘌呤碱代谢中互相转化。

二、茶叶嘌呤碱的性质

(一) 一般通性

由于嘌呤碱是生物碱中的一种类型，所以也具有生物碱的一般通性。

1. **物理性状** 茶叶中嘌呤碱也和大多数生物碱一样，均为无色结晶，有苦味，有的还可以因热升华而不会被破坏。

2. **溶解性**　咖啡碱能溶于水，易溶于80℃以上热水，能溶于乙醇、丙酮，易溶于氯仿，较难溶于苯和乙醚。可可碱难溶于冷水、乙醇，能溶于沸水，几乎不溶于苯、乙醚及氯仿。茶叶碱易溶于热水，微溶于冷水、乙醇、氯仿，难溶于乙醚。

3. **熔点与升华特性**　咖啡碱熔点为235～238℃，在120℃以上开始升华，到180℃可大量升华成针状结晶。可可碱熔点为375℃，加热至290～295℃时能升华。茶叶碱熔点为269～274℃。

4. **光谱性质**　咖啡碱、可可碱和茶叶碱都有共同的紫外吸收光谱，在272～274nm处有最大的吸收峰。

5. **酸碱性**　大多数生物碱呈碱性反应，在咖啡碱、可可碱和茶叶碱的结构中含较多的氮原子，但都是黄嘌呤。咖啡碱为三甲基黄嘌呤衍生物，分子中两个氮原子呈酰胺状态，其中一个虽呈弱碱性，另一个不但碱性极弱，且更接近于弱酸性，不易与酸结合成盐，即使结合形成的盐也极不稳定，溶于水或醇中能立即分解，转为游离的咖啡碱和酸。茶叶碱和可可碱是二甲基黄嘌呤衍生物，不但碱性很弱，还能溶解在氢氧化钠水溶液中生成钠盐，表现为两性化合物的性质。

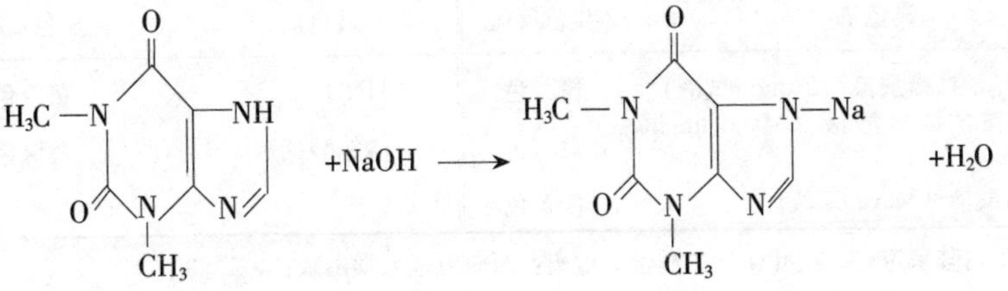

茶叶碱(pKa=1.08)　　　　　　　　茶叶碱钠

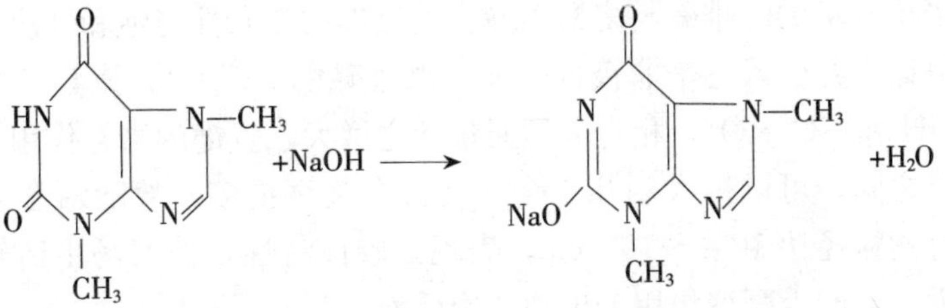

可可碱　　　　　　　　　　　　可可碱钠

6. **沉淀反应**　茶叶中的嘌呤碱可与大多数生物碱沉淀剂作用生成难溶于水的复盐或大分子络合物等。常用的嘌呤碱沉淀剂如表1-8所示。

表 1-8   嘌呤碱的沉淀反应[*]

试剂名称	试 剂	与生物碱（B）反应产物
碘—碘化钾试剂（Wanger 试剂）	$KI \cdot I_2$	棕色沉淀（$B \cdot I_2 \cdot HI$）$\equiv N : \cdots I \cdot$
碘化铋钾试剂（Dragendorff 试剂）	$BiI_3 \cdot KI$	I 多为红棕色沉淀（$BH \cdot BiI_4$）
碘化汞钾试剂（Mayer 试剂）	$HgI_2 \cdot 2KI$	白色或淡黄色沉淀（$BH \cdot HgI_3$ 或 $(BH)_2HgI_4$）
硅钨酸试剂（Bertrand 试剂）	$SiO_2 \cdot 12WO_3 \cdot nH_2O$	淡黄色沉淀（$4B \cdot SiO_2 \cdot 12WO_3 \cdot 2H_2O$ 或 $3B \cdot SiO_2 \cdot 12WO_3 \cdot 2H_2O$）
氯化金（3%）试剂（Auric Chloride 试剂）	$HAuCl_4$	黄色沉淀（$BHAuCl_4$）
氯化铂（10%）试剂（Platinic Chloride 试剂）	H_2PtCl_6	类白色沉淀〔$(BH)_2PtCl_6$〕
磷钼酸试剂（Sonnen Schein 试剂）	$H_3PO_4 \cdot 12MoO_3 \cdot H_2O$	淡黄色沉淀（$H_3PO_4 \cdot 12MoO_3 \cdot 3B \cdot 2H_2O$）
磷钨酸试剂（Scheibler 试剂）	$H_3PO_4 \cdot 12WO_3$	淡黄色沉淀（$H_3PO_4 \cdot 12WO_3 \cdot 3B \cdot 2H_2O$）

*   引自陈宗道等. 茶叶化学工程学. 重庆：西南师范大学出版社，1999

7. 显色反应   嘌呤碱也可与一些生物碱显色剂作用，显色反应见表 1-9。

表 1-9   嘌呤碱的显色反应[*]

显色剂	显色反应	显色剂	显色反应
1%钼酸钠的浓硫酸液（Frohde 试液）	橙 色	HNO_3	黄 色
1%钼酸铵的浓硫酸液（Mandelin 试液）	黄 色	磷钼酸试剂	黄绿色
甲醛浓硫酸液（Marquis 液）	橙黄色		

*   引自陈宗道等. 茶叶化学工程学. 重庆：西南师范大学出版社，1999

8. 缔合作用   咖啡碱同儿茶素及其氧化产物在高温（100℃）是各自呈游离状态的，但随温度的下降，它们通过—OH 和—C═O 间的氢键缔合形成缔合物。当单分子的咖啡碱与多酚类缔合后氢键的方向性与饱和性决定至少能形成两对氢键，并引入三个非极性基团（咖啡碱的—CH₃），掩蔽了两对极性基团（—OH 和—C═O），相对分子质量随之增大。氢键的缔合作用，并不局限于单分子之间，可以扩大到几十个、几百个甚至更多，故随缔合度的不断加大，缔合物粒径达 $10^{-7} \sim 10^{-6}$ cm，表现出胶体特性，使茶汤由清转浑。粒径继续增大，会产生凝聚作用，出现"冷后浑"现象。

（二）重要嘌呤碱的性质

1. 咖啡碱   在茶叶生物碱中，含量最多的是咖啡碱，化学式 $C_8H_{10}N_4O_2$，是 1827 年在茶叶中检出。是具有绢丝光泽的白色针状结晶体，失去结晶水后成白色粉末。无臭，有苦味。茶叶中咖啡碱的含量一般在 2％～4％左右，但随茶树的生长条件及品种来源的不同会有所不同。遮光条件下栽培的茶树，咖啡碱的含量较高。此外，鲜茶叶的老嫩之间的差异也很大，细嫩茶叶比粗老茶叶含量高，夏茶比春茶含量高。因一般植物中含咖啡碱的并不多，故也属于茶叶的特征性物质。咖啡碱是茶叶重要的滋味物质，其与茶黄素以氢键缔合后形成的复合物具有鲜爽味，因此，茶叶咖啡碱含量也常被看做是影响茶叶质量的一个重要因素。咖啡碱对人体具有一定的兴奋作用，因此还具有一定的药理功能。

2. **可可碱** 系由 7-甲基黄嘌呤甲基化形成，为茶叶碱的同分异构体，并是咖啡碱重要的合成前体。化学式 $C_7H_8N_4O_2$，白色粉状结晶，无臭，略有苦味，为茶叶苦味物质之一。熔点 351℃，但加温至 290～295℃时能升华。能溶于热水，难溶于冷水、乙醇，几乎不溶于苯，乙醚及氯仿。存在于茶树各部位。茶叶中的含量一般为 0.05％，4～5 月含量最高，随后逐渐下降。

3. **茶叶碱** 为可可碱的同分异构体。化学式 $C_7H_8N_4O_2$。1888 年在茶叶中检出，白色粉状结晶，无臭，味苦，熔点 272～274℃，易溶于热水，微溶于冷水、乙醇、氯仿，难溶于苯。在茶叶中的含量只有 0.002％左右。对人体有利尿作用。

第五节　茶叶中的芳香物质

茶叶中的芳香物质亦称"挥发性香气组分（VFC）"，是茶叶中易挥发性物质的总称。茶叶香气是决定茶叶品质的重要因子之一。所谓茶香实际是不同芳香物质以不同浓度组合，并对嗅觉神经综合作用所形成的茶叶特有的香型。茶叶芳香物质是由性质不同、含量微少且差异悬殊的众多挥发物质组成的混合物。迄今为止，已分离鉴定的茶叶芳香物质约有 700 种，但其主要成分仅为数十种（山西贞，1994）。它们有的是红茶、绿茶、鲜叶共有的，有的是各自分别独具的，有的是在鲜叶生长过程中合成的，有的则是在茶叶加工过程中形成的。一般而言，茶鲜叶中含有的香气物质种类较少，大约 80 余种；绿茶中有260 余种；红茶则有 400 多种。近年来，气相色谱和气—质联机的应用把茶叶香气的研究推向了高潮。对于鲜叶、不同茶类、同类茶不同产地和等级的香气成分以及制茶过程中香气成分的了解日益增多，在广泛分析基础上确定哪些是主要香气成分方面也取得了明显进展。随着分析检测技术的不断发展及人们研究的不断深入，新的茶叶芳香物质还在不断发现与鉴定。

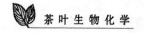

一、茶叶芳香物质的种类

根据气相色谱等分析，茶叶芳香物质的组成包括碳氢化合物、醇类、酮类、酸类、醛类、酯类、内酯类、酚类、过氧化物类、含硫化合物类、吡啶类、吡嗪类、喹啉类、芳胺类等。

（一）醇类

根据和醇基相结合的主键或母核不同，可分为脂肪族醇、芳香族醇和萜烯醇类。

1. **脂肪族醇类**　该类醇在茶鲜叶中含量较高，由于其沸点较低，易挥发。以 5 碳和 6 碳醇为主，其中以顺-3-己烯醇含量最高，约占鲜叶芳香油的 60%。

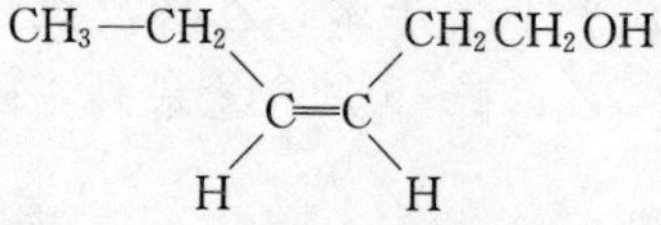

顺-3-己烯醇 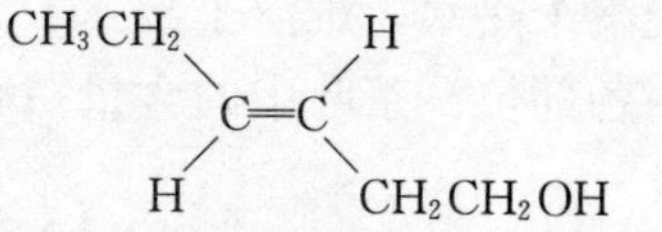　　　　　　　　　　　反-3-己烯醇

顺-3-己烯醇亦称"青叶醇"，1920 年在茶叶中检出，无色液体，溶于有机溶剂。沸点 157℃，高浓度的青叶醇有强烈的青草气，稀释后有清香的感觉。在绿茶加工过程中，随着温度的升高，低沸点的青叶醇会挥发剩余痕量，同时由于异构化作用，形成具有清香的反式青叶醇，使鲜叶的气味由青臭转为茶的清香。一般春茶中含量较高，也是新茶香代表物质之一，不同等级绿茶中的含量为自高而低递减。红茶加工中的萎凋及绿茶加工中的"摊放"过程对其形成有很大的促进作用。

2. **芳香族醇类**　这一类化合物的香气特征是类似花香或果香，沸点较高，较重要的有：

$$CH_2OH \qquad CH_2CH_2OH \qquad CH_2CH_2CH_2OH$$

苯甲醇　　　　　　　苯乙醇　　　　　　　苯丙醇

苯甲醇：亦称苄醇。1935 年在煎茶中检出。无色油状液体，沸点 205℃，具微弱的苹果香气。鲜叶及各类茶中均存在，多施肥及遮荫有利于其形成。萎凋时增加不明显，而揉捻及发酵则促进其大量形成。

苯乙醇：1935 年在煎茶中检出。无色油状液体，沸点 220℃，可与乙醇和油混合。具特殊玫瑰香气。存在于茶鲜叶和成品茶中，不同叶位的含量随着嫩度的降低而递减。

苯丙醇：沸点 217～218℃，无色黏稠液体，具微弱的似水仙花香味。

3. 萜烯醇类 此类化合物具有花香或果实香，沸点较高，对茶香的形成有重要作用。重要的有：

芳樟醇：又名沉香醇、伽罗木醇，属单萜烯醇类物质，1936 年在煎茶中检出。无色透明液体，沸点 199～200℃。具百合花或玉兰花香气，是茶叶中含量较高的香气物质之一。在茶树体内主要以糖苷的形式存在，茶叶经采摘后由葡糖苷水解酶水解而呈游离态的芳樟醇。新梢各部位的含量由芽、第一叶、第二叶、第三叶、茎依次递减。芳樟醇的含量和茶树品种的关系密切，大叶种的阿萨姆变种中的含量最高，中、小叶种的中国变种中含量较低。春茶含量最高，夏茶最低。天然存在的有 α 和 β 两种异构体（式Ⅸ，式Ⅹ）。α 体为 2，6-二甲基辛二烯 [1，7] 醇 [6]；β 体为 2，6-二甲基辛二烯 [2，7] 醇 [6]。

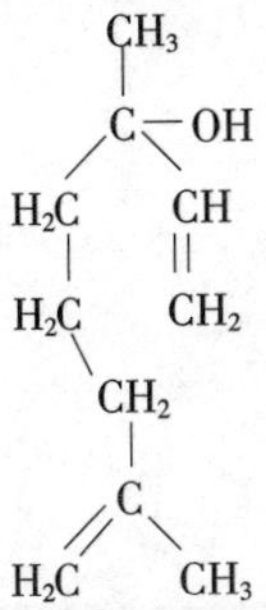

式Ⅸ α体 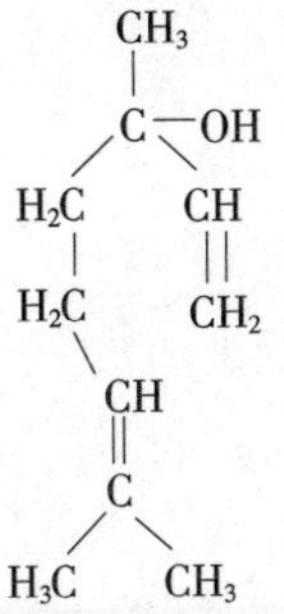　　　　式Ⅹ β体

香叶醇（式Ⅺ）：又名牻牛儿醇，单萜烯醇类物质，2，6-二甲基辛二烯 [2，6] 醇 [8]。1936 年在煎茶中检出。无色油状液体，沸点 199～230℃。具有玫瑰香气。是茶叶中含量较高的香气物质之一，在茶树体内主要以糖苷的形式存在，茶叶经采摘后由葡糖苷水解酶水解而得以游离。新梢各部位的含量由芽、第一叶、第二叶、第三叶、茎依次递减。香叶醇的含量和茶树品种的关系密切，阿萨姆种及其他大叶种中含量较低，中、小叶种中含量较高。祁门种中含量高于普通种的几十倍，因而成为祁红玫瑰香特征物质之一。含量以春茶含量最高，夏茶最低。

橙花醇（式Ⅻ）：又名雄刈萱醇。2，6-二甲基辛二烯 [2，6] 醇 [8]，单萜烯醇。1965 年在茶叶中检出。无色油状液体，沸点 225～226℃，橙花醇的香气与香叶醇相似，具有柔和的玫瑰香气。

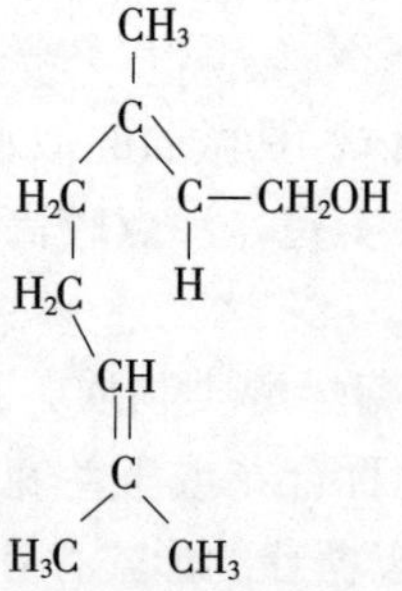

式XI 香叶醇 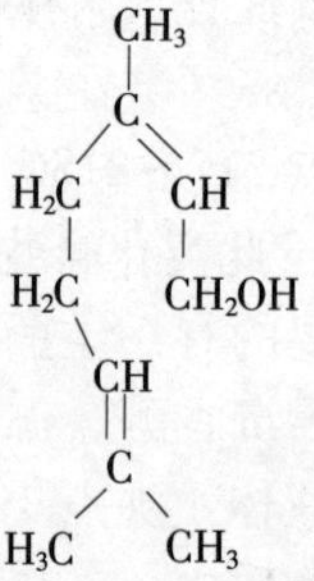   式XII 橙花醇

香草醇（式XIII）：又名香茅醇，2,6-二甲基辛烯[2]醇[8]，香草醇是带有玫瑰香气的液体，沸点224～225℃。也有 α 和 β 体之分。由于分子中有不对称碳原子，还可能有旋光异构体。

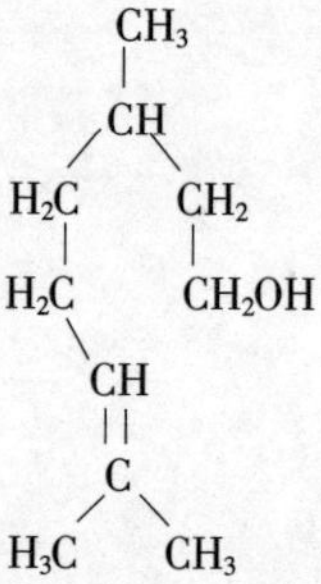

式XIII 香草醇

以上四种都是单萜烯醇，在酶、热的作用下，可产生异构体而互变。这种结构上的细微变化也会改变物质的香型，橙花醇和香叶醇互为顺反异构，前者具有轻柔的甜润香气，后者为反式，则具有稍浓的蔷薇香气。

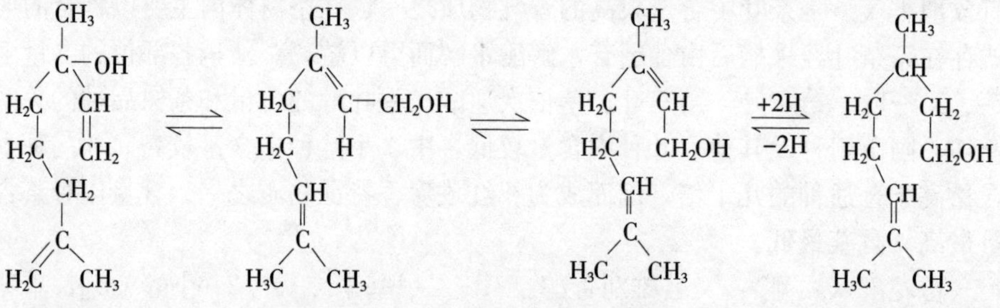

芳樟醇   香叶醇   橙花醇   香草醇

此外，茶叶中还有倍半萜烯醇，如橙花叔醇（式XIV）。单萜及倍半萜大

都带有浓郁的甜香、花香和木香。

橙花叔醇：1967 年在茶叶中检出，无色或淡黄色的油状液体，沸点276℃。溶于乙醇，微溶于水。有顺、反异构体。具木香、花木香和水果百合香韵。是茶叶的重要香气成分，尤其是乌龙茶及花香型高级名优绿茶的主要香气成分，其含量的多少与茶的香气品质直接相关。在乌龙茶制作中，晒青、做青及包揉工序中增量显著。

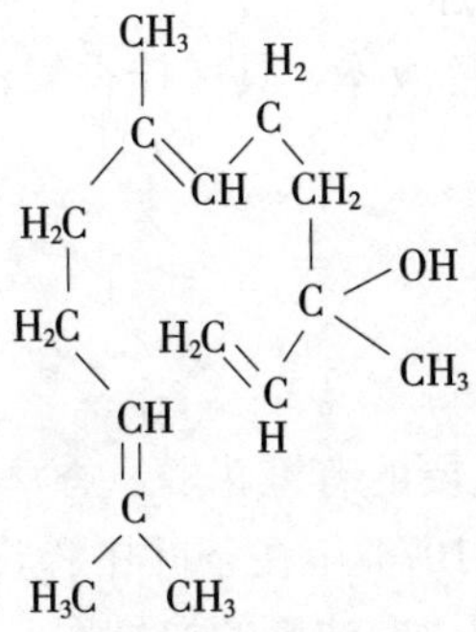

式 XⅣ　橙花叔醇

（二）醛类

醛类与形成食品香气和各种特异香气风格有密切的关系。在茶鲜叶中，醛类约占茶鲜叶芳香油的 3％，加工后成品茶含量高于鲜叶，红茶高于绿茶。

1. 脂肪族醛类　茶叶中的脂肪族醛见表 1-10。

表 1-10　茶叶中含有的脂肪族醛

（安徽农学院，1984）

名　称	化学式	沸点 (℃)	芳香油中含量（％）		
			鲜叶	绿茶	红茶
乙　醛	CH_3CHO	20.8			
正戊醛	$CH_3CH_2CH_2CH_2CHO$	103			
正丁醛	$CH_3CH_2CH_2CHO$	74.7	+	0	0.97
异戊醛	$\begin{array}{c}CH_3\\ \\ CH_3\end{array}CHCH_2CHO$	89	+	0	3.77
异丁醛	$\begin{array}{c}CH_3\\ \\ CH_3\end{array}CHCHO$	64	+	0	3.55
2-己烯醛	$CH_3CH_2CH_2—CH=CH—CHO$	150～152	5	0	5.15

低级醛类有强烈刺鼻气味，随相对分子质量增加刺激性程度减弱，逐渐出

现愉快的香气。$C_9 \sim C_{12}$ 饱和醛，在高度稀释下有良好的香气。如壬醛，具玫瑰花香，十二醛有花香。在茶叶中低级脂肪醛以己烯醛含量较多，其占茶叶芳香油的 5%，是构成茶叶清香的成分之一。

2. 芳香族醛类 茶叶中较重要的有苯甲醛及肉桂醛等。

苯甲醛：1935 年在茶叶中检出。无色至淡黄色液体，沸点 179℃，溶于乙醇、油。在空气中不稳定，易被氧化成苯甲酸，具苦杏仁香气。存在于鲜叶及成品茶中。萎凋中含量有所增加。

肉桂醛：沸点 252℃，黄色液体，具肉桂香气。

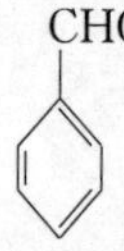

苯甲醛 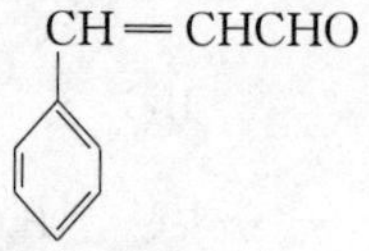　　　　　　　　肉桂醛

3. 萜烯醛类 茶叶中较重要的有橙花醛、香草醛等。

橙花醛：又名顺柠檬醛。1974 年在茶叶中检出，无色至淡黄色液体，沸点 228～229℃，溶于有机溶剂，有浓厚的柠檬香，主要存在于红茶中。

香叶醛：又名反柠檬醛。与橙花醛为顺反异构体。

香草醛：沸点 205～208℃。分子中有不对称碳原子，具旋光性；易环化，在微量无机酸存在下可逐渐生成薄荷醇和其他单环萜烯化合物。

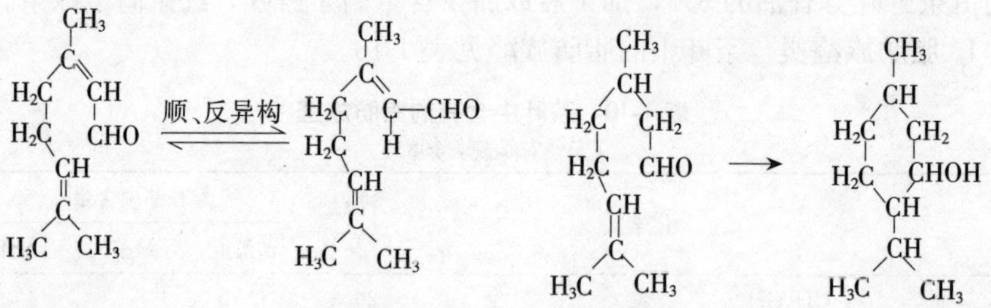

橙花醛　　　　　　香叶醛　　　　　　香草醛　　　　　　薄荷醇

（三）酮类

低级脂肪族酮都有特殊微弱的香气，其中重要的是具环状结构的酮类。茶中重要的有：

苯乙酮：又名甲基苯基酮。1937 年在煎茶中检出。无色液体，沸点 202℃。微溶于水，可与甲醇、精油混合，具强烈而稳定的令人愉快的香气，存在于成品茶中，含量极微。

α-紫罗酮：1967 年在茶叶中检出，无色或淡黄色油状液体，沸点 237℃，微溶于水和丙二醇，溶于乙醇、乙醚，具有紫罗兰香，为 β-胡萝卜素的降解产物。

β-紫罗酮：1966 年在茶叶中检出，无色或淡黄色油状液体，沸点 239℃，具有紫罗兰香，对绿茶香气影响较大，尤其是 β 体在绿茶中含量较高，β-紫罗酮进一步氧化的产物包括二氢海葵内酯、茶螺烯酮等，它们与红茶香气的形成关系较大。

茉莉酮：1965 年在茶叶中检出，淡黄色油状液体，沸点 257～258℃。不溶于水，溶于有机溶剂。茶鲜叶及各类成品茶中均存在，有强烈而愉快的茉莉花香，茉莉花茶中含量较多，也是构成新茶香气的重要成分。

茶螺烯酮：1968 年在茶叶中检出，沸点 125～135℃。具果实、干果类香气，存在于成品茶中。β-胡萝卜素的降解产物。

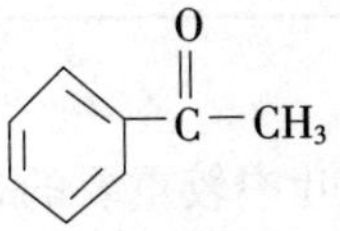

苯乙酮　　　　　　　　α-紫罗酮　　　　　　　　β-紫罗酮

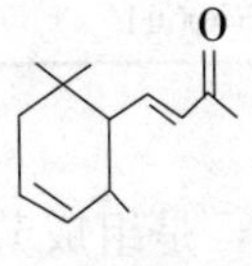

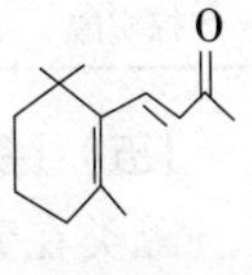

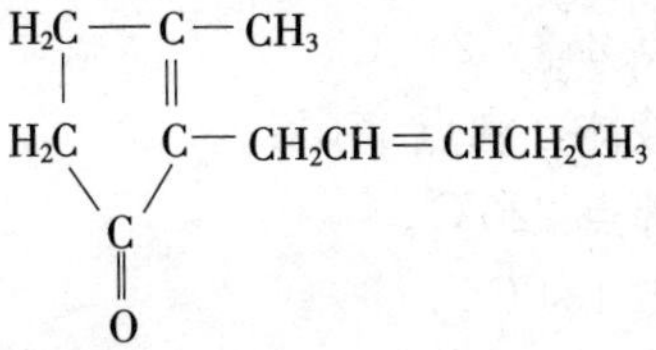

茉莉酮 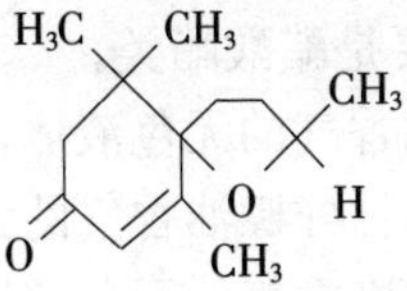　　　　　　　顺-茶螺烯酮 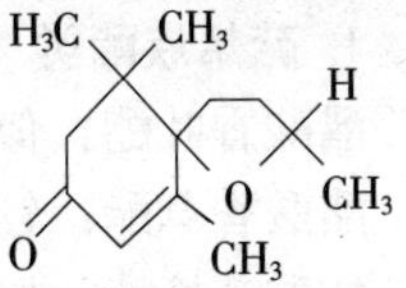　　　　　　反-茶螺烯酮

（四）羧酸类

羧酸在鲜叶中含量不高，大多以酯型化合物的状态存在于有机体中，经加工的成品茶含量比鲜叶高，尤其是红茶中占精油总量的 30% 左右，绿茶中仅有 2%～3%，这种含量与比例上的差异，是形成红、绿茶香型差别的因素之一，茶叶中常见的羧酸类如表 1-11 所示。

表 1-11　茶叶中含有的羧酸类化合物

(安徽农学院，1984)

名　　称	化学式	沸　点（℃）	芳香油中含量（%）		
			鲜叶	绿茶	红茶
乙酸（醋酸）	CH_3COOH	117～178	+	0	+
丙　酸	CH_3CH_2COOH	141	+	0	+

异戊酸	CH_3CHCH_2COOH
	        |
	        CH_3
		176	+	+	0

正丁酸	$CH_3CH_2CH_2COOH$	163.5	+	5	0

（续）

名　称	化学式	沸点 （℃）	芳香油中含量（%）		
			鲜叶	绿茶	红茶
异丁酸	CH₃CHCOOH 　　　CH₃	154.7	+	0	+
水杨酸	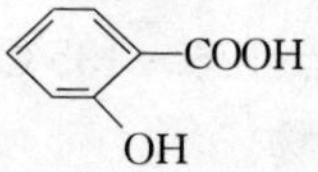 （苯环）—COOH 　　OH	158～160	+	+	+
棕榈酸	CH₃(CH₂)₁₄COOH	215		1.6	

（五）酯类

酯类在芳香油中广泛存在，是组成芳香油的主要成分。茶叶中较重要的是醋酸与萜烯醇形成的萜烯族酯类及醋酸与芳香族醇形成的芳香族酯类，它们通常具有强烈而令人愉快的花香。

1. 萜烯族酯类　主要是醋酸酯类。

醋酸香叶酯：似玫瑰香气的无色液体，沸点 242～245℃。

醋酸香草酯：较强的香柠檬油香气的无色液体，沸点 170℃。

醋酸芳樟酯：似青柠檬香气的无色液体，沸点 220℃。

醋酸橙花酯：具玫瑰香气的无色液体，沸点 134℃。

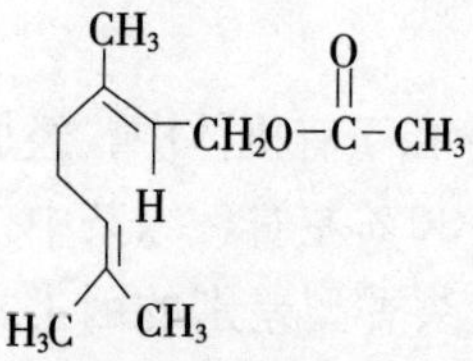

醋酸香叶酯 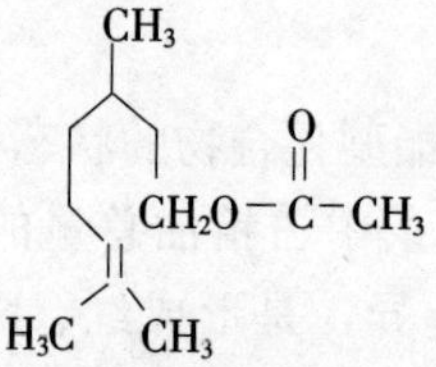　　　醋酸香草酯 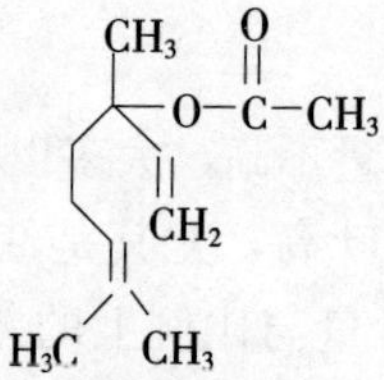　　　醋酸芳樟酯 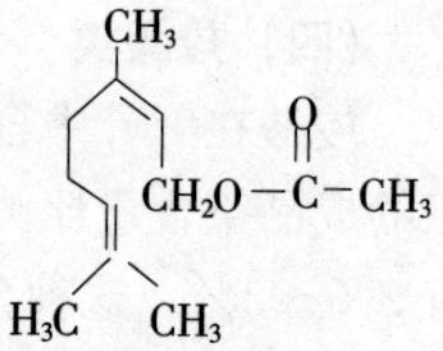　　　醋酸橙花酯

2. 芳香族酯类　较重要的有：

苯乙酸苯甲酯：具有蜂蜜的香气。

水杨酸甲酯：沸点 224℃，无色液体，具浓的冬青油香。鲜叶芳香油中占

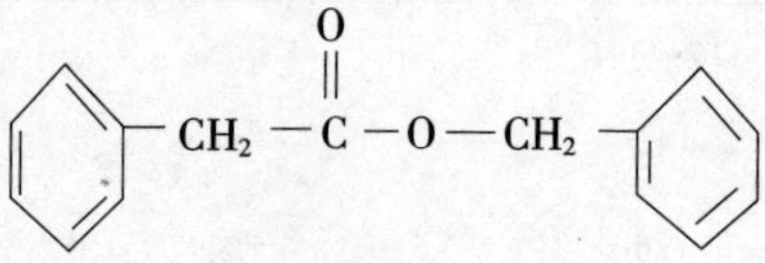

苯乙酸苯甲酯 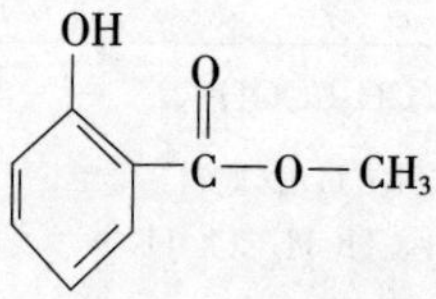　　　水杨酸甲酯 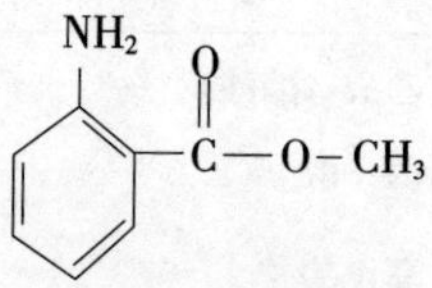　　　邻氨基苯甲酸甲酯

9.0%，绿茶中占 2.0%，红茶中仅痕量。

邻氨基苯酸甲酯：低温下为结晶状物质，熔点 24~25℃，沸点 130~134℃。极度稀释后具有甜橙花的香气。

（六）内酯类

迄今尚未在茶鲜叶中发现内酯类香气化合物。内酯来源于茶叶加工中羟基酸的脱水以及胡萝卜素的分解。山西贞（1973）从斯里兰卡高香红茶中分离鉴定出 5 种重要的内酯，有 4-辛烷内酯、4-壬烷内酯、5-癸烷内酯、2，3-二甲基壬烯[2]内酯[4]及茉莉内酯。前 3 种具浓甜香，第 4 种有似芹菜的鲜香，第 5 种则具水果香。其香气强度均比胡萝卜素分解产物——二氢海葵内酯等都强。

茉莉内酯：1973 年在茶叶中检出，无色或淡黄色油状液体，不溶于水，溶于乙醇和油类，具有特殊的茉莉花香气。是乌龙茶、包种茶和茉莉花茶的主要香气成分。含量的高低与乌龙茶的品质成正相关。

二氢海葵内酯：1968 年在茶叶中检出。呈甜桃香，β-胡萝卜素的热降解或光氧化产物。在茶叶发酵、干燥过程中含量增加。

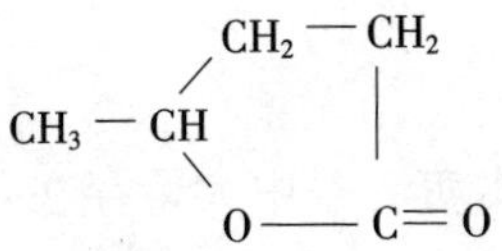

γ-戊内酯 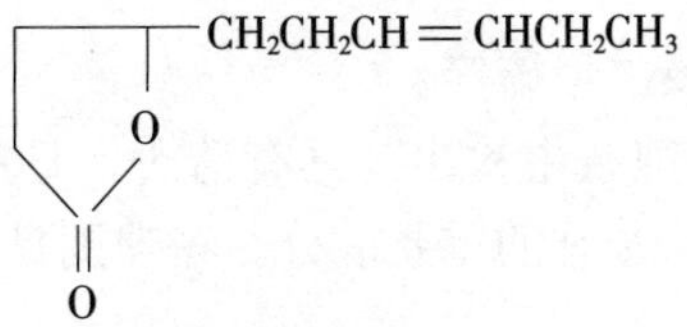　　　　　茉莉内酯 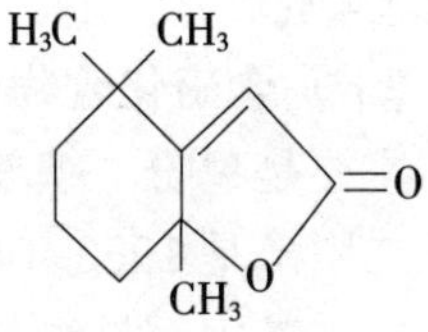　　　　　二氢海葵内酯

（七）酸类

鲜叶中含量不高，加工后成品茶含量高于鲜叶，红茶高于绿茶，并以脂肪酸为主。

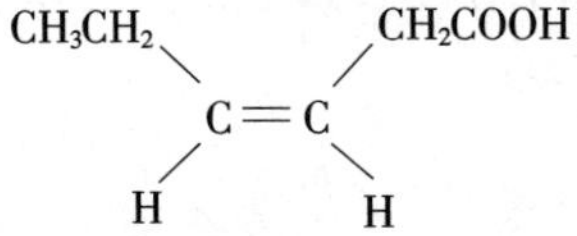

顺-3-己烯酸 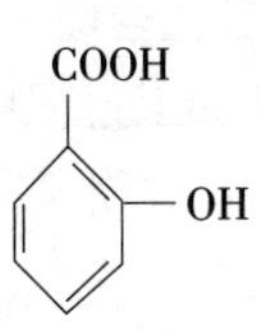　　　　　　水杨酸

（八）酚类

茶叶中的酚类化合物主要是苯酚及其衍生物，其中重要的有：

2-乙基苯酚   4-乙基愈创木酚   丁香酚   麝香草酚(百里香酚)

（九）杂氧化合物

茶叶中的杂氧化合物主要有呋喃类、吡喃类及醚类等。它们也是茶叶芳香物的一部分，并参与了茶叶香气的构成。

2-乙基呋喃   茴香醚   茴香脑   1,1-二甲氧基乙烷

（十）含硫化合物

主要是噻吩、噻唑及二甲硫等。

二甲硫是 1963 年在煎茶中检出，具有清香，日本蒸青茶中大量存在，亦存在于红茶中，是绿茶新茶香的重要成分。噻唑则具烘炒香。

二甲硫   噻吩   2,5-二甲基噻唑   苯并噻唑

（十一）含氮化合物

多为在茶叶加工过程中，经过热化学作用而形成的具有烘炒香的成分，如吡嗪类、吡咯类、喹啉类及吡啶类等。

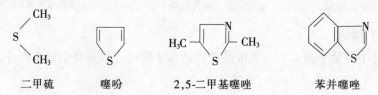

2,5-二甲基吡嗪   2-甲酰吡咯   喹啉   吡啶   吲哚   苯乙腈

二、性质及特点

(一) 一般物理特性

茶叶芳香物质为多种不同成分组成的混合物,多数分子中有一个(或以上)不饱和双键,或含某些对香气形成具有作用的活性基团。常温下多数物质为油状液体,呈无色或微黄色,大多具有香气(或特异气味),极易挥发。易溶于各种有机溶剂、无水乙醇,在水中溶解度极小。常压下沸点一般在 70~300℃之间。密度差异大,一般情况较水轻,旋光度在 $+97°\sim+117°$ 之间。对光、热、氧气极敏感,易转化为其他物质或起氧化加成作用,失去香气。

(二) 茶叶中存在特点

1. **含量少** 茶叶香气在茶中的绝对含量很少,一般只占干物量的 0.02%。在绿茶中占 0.05%~0.02%;在红茶中占 0.01%~0.03%;在鲜叶中占 0.03%~0.05%。但当采用一定方法提取茶中香气成分后,茶便会无茶味,故茶叶中的芳香物质对茶叶品质的形成具有重要作用。

2. **种类多** 茶叶中发现并鉴定的香气成分约 700 种,有醇、醛、酮、酸、酯、内酯、酚及其衍生物、杂环类、杂氧化合物、硫化合物、含氧化合物共十余大类。

3. **不同茶类香气组成不同** 茶鲜叶芳香物质的种类相对较少,茶香形成还在于制茶过程产物。如绿茶加工经高温杀青钝化酶的活性,使原料化学成分在热作用下变化,以及干燥过程的"美拉德"反应,形成以吡嗪、吡喃及吡咯类具烘炒香的化学成分为主的"板栗香"、"焦糖香"等。红茶香气则多来自发酵中酶促氧化及其他一系列化学变化,以醛、酮、酸等化合物为主,从而形成红茶特有的甜花香。

4. **同类茶叶有地域差别** 由于不同地区的生态环境及地理状况不同,同一茶类,产于不同的地区,具有不同的差异。如云南红茶具有特殊的甜香,祁门红茶有特殊的玫瑰花香(祁门香),阿萨姆红茶则具"阿萨姆香"。同是绿茶,屯绿具栗香,龙井清香,高山绿茶则具嫩香等。

第六节 茶叶中的糖类

糖类又称碳水化合物(Carbonhydrate),是植物光合作用的初级产物,植物中的绝大多数成分都是通过它们合成的,所以糖类不仅是植物的贮藏养料和骨架,还是其他有机物质的前体。

一、糖的分类与糖的结构

糖类化合物依它们水解的情况分类。凡不能被水解成更小分子的糖为单糖（Monosaccharides）。单糖又可根据糖分子含碳原子数多少分类。其中分布最广、意义最大的是五碳糖和六碳糖，它们又分别称为戊糖（Pentose）和己糖（Hexose）。核糖（Ribose）、脱氧核糖（Deoxyribose）属戊糖；葡萄糖（Glucose）、果糖（Fructose）和半乳糖（Galactose）为己糖。凡能被水解成少数（2～6个）单糖分子的称为寡糖（Oligosaccharides），其中以双糖的存在最为广泛，蔗糖（Sucrose）、麦芽糖（Maltose）和乳糖（Lactose）是其重要代表。植物中的三糖大多是以蔗糖为基本结构再接上其他单糖而成的非还原性糖。四糖（水苏糖 Stachyose）和五糖（毛蕊糖 Verbascose）是三糖（如棉子糖 Raffinose）结构上的再延长，也是非还原性糖。单糖和寡糖能溶于水，多有甜味。凡能水解为多个单糖分子的糖为多糖（Polysaccharide），其中以淀粉（Starch）和纤维素（Cellulose）最为重要，与非糖物质结合的糖称复合糖，如糖蛋白和糖脂。糖的衍生物称衍生糖，如糖胺、糖酸和糖脂等。

单糖是多羟基醛或酮，是组成糖类及其衍生物的基本单元。单糖的结构起初用 Fischer 投影式表示，后来发现单糖在水溶液中主要以半缩醛的环状结构形式存在，因此又有了 Haworth 投影式表示法。现以 D-葡萄糖为例说明单糖的立体结构以及 Fischer 式与 Haworth 式、Haworth 简式之间的转变。将环状 Fischer 式的第五碳原子旋转 120°使环状张力最小，然后将此投影式向右倾斜 90°就得到 Haworth 式。

1. 单糖的绝对构型　习惯上将单糖 Fischer 投影式中距羰基最远的那个不对称碳原子的构型定为整个糖分子的绝对构型。其羟基向右的为 D 型，向左的为 L 型。而 Haworth 式中则看那个不对称碳原子上的取代基，向上的为 D 型，向下的为 L 型。这是限于与碳原子成环者，如六碳糖形成五元环时，又当别论。

2. 单糖的端基差向异构体　单糖成环后新形成的一个不对称碳原子称为端基碳原子（Anomeric carbon），生成的一对差向异构体（Anomer）有 α、β 两种构型。C_1—OH 与 C_5（六碳糖）或 C_4（五碳糖）—OH，顺式的为 α，反式的为 β。因此 α、β 是 C_1 与 C_5 的相对构型。而在 Haworth 式中只要看 C_1—OH 与 C_5（或 C_4）上取代基（C_6 或 C_5）之间的关系，在同侧的为 β 型，异侧的为 α 型。这也是限于与最远的不对称碳原子成环者。D、L 型糖都用此方法判断。因而 β-D-糖和 α-L-糖的端基碳原子的绝对构型是一样的。

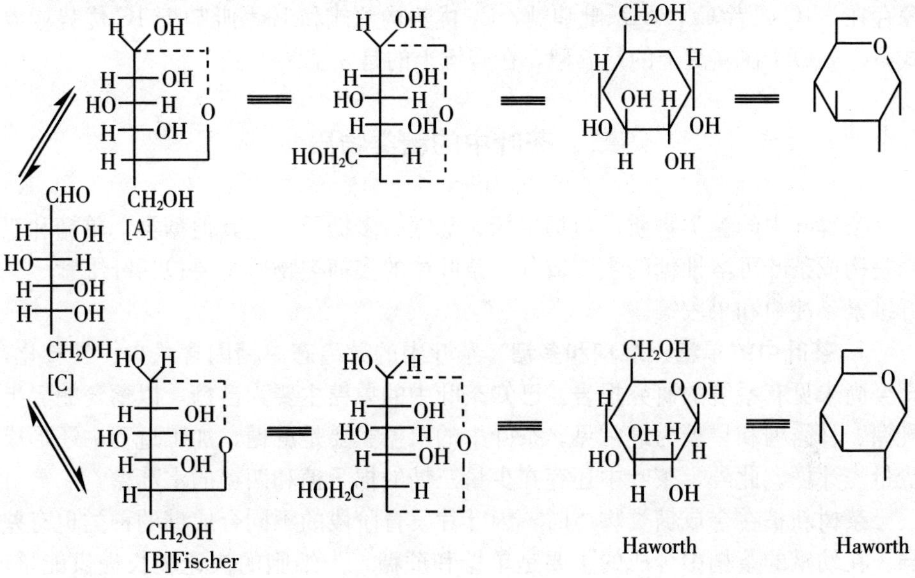

图 1-5 葡萄糖的立体结构及其在 Fischer 式和 Haworth 式之间的转变

[C] 为 D-葡萄糖　[A] 为 α-D-葡萄糖　[B] 为 β-D-葡萄糖

3. 单糖的氧环　糖在形成半缩醛或半缩酮的氧环时，理论上羰基碳与 C_5、C_4、C_3、C_2 上的—OH 均有成环的可能，而事实上由于五、六元环张力为最小，天然糖都以六元或五元氧环存在。五元氧环的称呋喃糖（Furanose），六元氧环的称吡喃糖（Pyranose）。

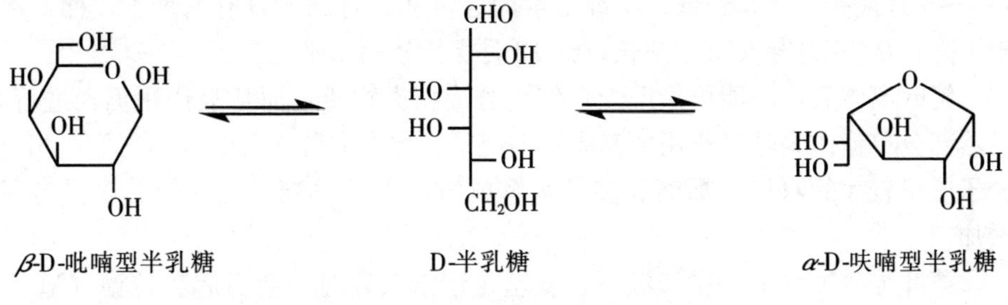

β-D-吡喃型半乳糖　　　　　D-半乳糖　　　　　α-D-呋喃型半乳糖

图 1-6 半乳糖的六元氧环和五元氧环

4. 单糖的构象　Haworth 式更接近于糖结构的真实情况，但它仍是一种简化了的表示方法。因为根据环的无张力学说，五元氧环基本为一平面，无明显构象变化。而六元环不可能在同一平面上，具有椅式（Chair form）或船式

(Boat form) 的可能构象。试验证明，吡喃糖在溶液或固体状态时都以椅式构象存在，1C 或者 C_1。D-系吡喃糖，C_1 优势构象式和 L-系吡喃糖 1C 优势构象式，C_1—OH 在横键上的是 β 型，在竖键上的是 α 型。

二、茶叶中的糖类物质

茶鲜叶中的糖类物质，包括单糖、寡糖、多糖及少量其他糖类。单糖和双糖是构成茶叶可溶性糖的主要成分。茶叶中的多糖类物质主要包括纤维素、半纤维素、淀粉和果胶等。

1. **茶叶中的单糖、寡糖和多糖**　茶叶中的游离态单糖因含量少、易转化，至今尚未见有系统的研究报告。已知茶叶中的单糖主要为己糖，以葡萄糖、半乳糖、甘露糖和果糖为最常见。茶叶中的双糖主要是蔗糖，加工过程中还形成少量麦芽糖。此外，茶叶中还存在少量三糖的棉子糖和四糖的水苏糖。

茶树新梢在合成糖类物质时，因叶片发育阶段的不同合成糖的种类也有差异。在幼嫩的茶梢中合成的主要是单糖和蔗糖，为细胞的快速增长提供能量；成熟叶片中除合成单糖和蔗糖外，还合成并积累大量的多糖。茶叶中贮存的多糖主要是淀粉和复合多糖等。

随着茶树叶片的生长（从芽萌发到长成第 7 片叶的新梢），叶片中糖类化合物含量显著增加。戊糖（鼠李糖、核糖、木糖和阿拉伯糖）的含量从 0.38% 增加到 0.58%；果糖从 0.07% 增加到 1.32%；葡萄糖从 0.12% 增加到 2.20%；棉子糖从痕量增加到 0.54%；水苏糖从 0.23% 增加到 0.80%；蔗糖从 1.50% 增加到 6.80%。茶树叶片中蔗糖的含量冬季为最高；淀粉的含量则在 4~6 月最高，冬季最低；半纤维素的含量从 4 月到 8 月有所增长，而后趋于下降，从 10 月起又重新增长，到 12 月保持较高水平。

鲜叶离体后，不能再借助光合作用合成糖类物质，而呼吸作用仍在进行。虽然部分单糖作为呼吸作用的基质被消耗了，但在内源水解酶的作用下，相对分子质量较大的双糖、寡糖和多糖水解成游离态的单糖，往往使其含量有所增加。

茶叶加工过程中，在高温下，氨基与羰基共存时，会引起美拉德（Maillard）反应。茶叶中存在着大量的游离氨基酸以及蛋白质热裂解产物游离胺等，与糖类物质热裂解产生的醛、酮等羰基化合物在热的作用下，经过简单缩合转变为席夫碱（Schiff base），再经过环化变为相应的 N-取代糖胺，这一步是热力学可逆的，席夫碱经过阿玛多里（Amadori）分子重排，使醛糖变为酮糖衍生物，最后脱水环化生成糠醛衍生物。另一方面，在美拉德反应中，阿玛多里化合物也可消去氨基，生成甲基二羰基中间体，进一步生成共轭二羰基分裂产物，再经过环化缩合，形成含氮的吡嗪类化合物。在没有氨基化合物存在时，糖类物质受高温作用发生脱水、缩合、聚合反应最后形成黑褐色物质的过程叫焦糖化反应，产生令人愉快的糖色和焦糖香气。焦糖化反应和美拉德反应一样，是脱水干燥过程中常见的褐变作用，二者的区别在于美拉德反应是氨基酸与糖的反应，而焦糖化反应是糖先裂解为各羰基中间物，再聚合为褐色物质。美拉德反应和焦糖化反应生成的吡嗪类、糠醛类衍生物是茶叶烘炒香的物质基础，但超量后又会产生焦糊气（表 1-12）。

表 1-12 焦茶异味组分含量比较［峰面积（电平值$^{-3}$）］

（杨贤强等，1990）

组 分	正常茶	高火茶	轻焦茶	中等焦茶	重焦茶
甲基吡嗪	1.163	1.247	12.383	11.230	13.640
糠醛	0.608	1.562	2.530	5.047	5.601
2-乙酰呋喃	—	—	2.813	5.061	4.669
2,5-二甲基吡嗪	0.391	1.080	6.286	11.577	12.470
2,3-二甲基吡嗪	3.036	10.718	6.461	8.957	12.765
5-甲基糠醛	—	0.559	1.000	2.189	3.619
6-甲基-2-乙基吡嗪	0.720	0.994	2.154	3.785	4.148
5-甲基-2-乙基吡嗪	0.381	0.638	6.462	11.055	16.591
三甲基吡嗪	0.550	0.791	1.650	3.072	3.687
2,5-二甲基-3-乙基吡嗪	0.934	1.677	9.095	19.876	23.379
2-甲基-6（1-丙基）-吡嗪	—	3.987	3.550	7.826	8.842
3,3-二乙基-5-甲基吡嗪	0.749	1.315	2.638	3.311	3.128
3,5-二乙基-2-甲基吡嗪	—	0.328	1.274	3.038	3.479

纤维素和半纤维素构成茶树的支持组织，在茯砖、康砖及普洱茶等特种茶加工中，由于微生物的大量繁殖，分泌大量水解酶，如纤维素酶分解纤维素成可溶性糖。在普洱茶渥堆工序中，微生物大量繁殖，菌落数由原料的 50 个/g 上升达 366 507 个/g，粗纤维含量由 18.65% 下降为 14.09%，而可溶性糖由 4.68% 上升为 7.84%。

淀粉难溶于水，是茶树体内的一种物质贮藏形式。在茶叶加工过程中，部分淀粉能在内源水解酶作用下水解成可溶性糖，参与茶叶的品质构成。

原果胶构成茶树叶细胞的中胶层，由果胶素与多缩阿拉伯醛糖结合而成，在稀酸的作用下分解成水化果胶素，在原果胶酶的作用下，形成水溶性果胶素。果胶素是多缩半乳糖醛酸甲酯以 α-1,4-糖苷键组成的巨大分子链，在茶叶细胞中常以果胶酸钙和果胶酸镁形式存在。在茶叶加工过程中，果胶物质一方面水解形成水溶性果胶素及半乳糖、阿拉伯糖等物质参与构成茶汤的滋味品质；另一方面，果胶物质还与茶汤的黏稠度、条索的紧结度和外观的油润度有关。

$$原果胶 \xrightarrow[稀酸]{原果胶酶} 果胶素 \xrightarrow[或稀酸/稀碱]{果胶酶} 果胶酸 \xrightarrow[或稀酸/稀碱]{果胶酶} 半乳糖醛酸$$

表 1-13　糖类物质在茶叶干物质中的含量（%）

（王泽农，1981）

单糖和寡糖	单　糖				双糖		三糖	四糖
	阿拉伯醛糖	果糖	葡萄糖	其他单糖	蔗　糖	麦芽糖	棉子糖	水苏糖
茶叶中	0.4	0.7	0.5	0.3～1.2	2.5	0.45	0.1	0.1
茶籽子叶		0.76			0.57	0.2	0.2	0.09

多糖	纤维素	半纤维素	原果胶素	水溶果胶素	水化果胶素	淀粉	茶多糖
茶叶中	4.3～8.8	3～8	9	2	3	0.4～0.7	2.63
茶籽子叶						30	

2. 茶叶中复合多糖的组成、性质及提取方法　由于单糖分子中存在多个羟基，容易被氨基、甲基、乙酰基等取代，因此以单糖为基本组成单位的茶叶复合多糖组成复杂。茶叶中具有生物活性的复合多糖，一般称为茶多糖 TPS（Tea polysaccharide），是一类与蛋白质结合在一起的酸性多糖或酸性糖蛋白。茶多糖的组成和含量因茶树品种、茶园管理水平、采摘季节、原料老嫩及加工工艺的不同而异。乌龙茶中的含量高于绿茶和红茶；原料越老，茶多糖的含量越高；六级炒青绿茶中多糖的含量是一级茶的 2 倍；乌龙茶中，茶多糖的含量约占干重的 2.63%。

表 1-14　红、绿茶等级与茶多糖含量的关系（%）

（汪东风等，1994）

茶　类	一　级	二　级	三　级	四　级	五　级	六　级
红　茶	0.40±0.10	0.51±0.04	0.62±0.07	0.67±0.04	0.80±0.02	0.85±0.10
绿　茶	0.81±0.11	0.81±0.21	1.0±0.3	1.30±0.25	1.38±0.08	1.41±0.06

由于采用原料及制备方法不同，关于茶多糖的组成及相对分子质量的研究结果差别很大。清水岑夫从茶叶冷水提取物中得到的茶多糖，由阿拉伯糖、核糖和葡萄糖组成，三者比例为 5.7∶4.7∶1.7，相对分子质量为 40 000；王丁刚提取的茶多糖由 L-岩藻糖、D-甘露糖、D-葡萄糖、D-半乳糖和阿拉伯糖组成（物质的量比为 0.23∶1.04∶0.62∶2.43∶1.00）；汪东风等得到的茶多糖粗品由糖类、蛋白质、果胶和灰分等物质组成，进一步纯化后，多糖部分水解得到阿拉伯糖、木糖、岩藻糖、葡萄糖和半乳糖，组成比例为 5.52∶2.21∶6.08∶44.10∶44.99，多糖的相对分子质量为 107 000；也有从茶叶中提取的

多糖为半乳葡聚糖的报道。

表 1-15　茶多糖中各单糖的含量及相对百分率

（汪东风等，1996）

单　糖	阿拉伯糖	木　糖	岩藻糖	葡萄糖	半乳糖	总糖
含量（mg）	0.10	0.04	0.11	0.80	0.76	1.81
百分率（%）	5.52	2.21	6.08	44.20	41.99	100.0

　　绿茶饮料中，茶多糖总量为绿茶饮料固形物含量的 3.5%，游离多糖和复合多糖分别为 1.9% 和 1.6%，这其中包含了六种糖类：鼠李糖、木糖、阿拉伯糖、葡萄糖、半乳糖和甘露糖，而半乳糖和阿拉伯糖二者之和在游离糖和复合糖中分别占 88.6% 和 82.1%。

　　茶多糖是颜色为灰白色、浅黄色至灰褐色的固体粉末，随干燥时温度的提高，色泽加深，多糖水溶液也随碱性增加，颜色加深，并有丝状沉淀产生。茶多糖主要为水溶性多糖，易溶于热水，但不溶于高浓度的乙醇、丙酮、乙酸乙酯、正丁醇等有机溶剂；在波长 270～280nm 处有强烈吸收峰；红外光谱在 3 600～3 200cm^{-1} 处出现的宽峰为 O—H 的伸缩振动，2 950cm^{-1} 有一弱峰为 C—H 吸收峰，1 665～1 635 cm^{-1} 处出现的较宽峰为糖类的特征吸收峰，1 400～1 200cm^{-1} 处出现的峰为 C—H 的变角振动，1 150～1 060cm^{-1} 处出现的较宽峰为 C—O 的伸缩振动；茶多糖热稳定性较差，高温下容易丧失活性；高温、过酸（pH＜5.0）或偏碱（pH＞7.0）条件下，会使多糖部分降解。急性毒性试验表明，24h 内腹腔注射茶多糖总量 1.0g/kg，未发现小鼠有中毒反应，可见小鼠腹腔注射茶多糖的最大耐受量大于 1.0g/kg。

表 1-16　不同方法提取的茶多糖的理化性质（%）

（张惠玲等，1995）

提　取　方　法	多糖颜色	多糖含量	总氮含量
乙醇沉淀，透析→乙醇沉淀→脱水干燥	灰褐色	26.1	3.096
乙醇沉淀，透析→乙醇沉淀（重复 2 次）→脱水干燥	灰色	28.9	2.086
乙醇沉淀，透析（重复 2 次）→CTAB 沉淀→乙醇沉淀→脱水干燥	灰褐色	21.1	2.926
乙醇沉淀，透析（重复 2 次）→CTAB 沉淀→乙醇沉淀，透析→脱水干燥	浅灰色	29.0	2.534
乙醇沉淀，透析→乙醇沉淀→脱水干燥	灰褐色	36.0	2.957
乙醇沉淀，透析→乙醇沉淀→DEAE 纤维素柱层析→脱水干燥	浅黄色	51.14	—
乙醇沉淀，透析（重复 2 次）→乙醇沉淀→脱水干燥	浅灰色	41.8	2.302
CTAB 沉淀，透析（重复 2 次）→丙酮沉淀，透析（重复 2 次）→脱水干燥	浅黄色	51.2	4.66

3. 茶叶中的糖苷　糖或糖的衍生物如氨基糖、糖醛酸等与另一种非糖物质（称为苷元或配基，Aglycone 或 Genin）通过糖的端基碳原子连接而成的化合物称糖苷（Glycosides），又叫配糖体。糖苷是通过糖的端基碳连接而成的化合物，因而有 α-苷和 β-苷之分；根据连接单糖基的个数分为单糖苷、二糖苷等；根据苷元上连接糖链的位置有一处或多处，分为单糖链苷、二糖链苷等；根据苷键原子不同分为氧苷、硫苷、氮苷和碳苷，其中氧苷最为常见。糖苷的共性在糖的部分，而苷元部分几乎包罗各种类型的天然成分，因而性质各异。

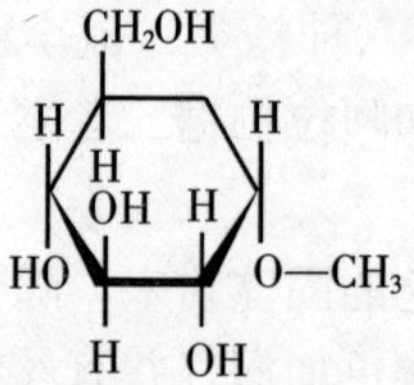

α-甲基-D-葡萄糖苷　　　　　　β-甲基-D-葡萄糖苷

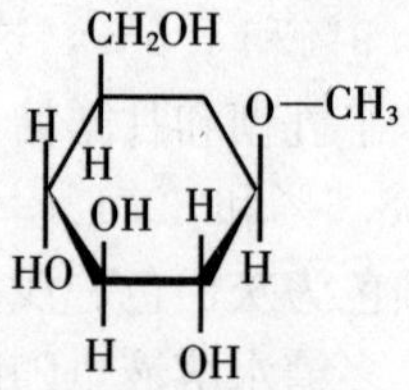

图 1-7　α，β-甲基-D-葡萄糖苷

化合物与糖结合成苷后，水溶性增大，挥发性降低，稳定性增强，生物活性或毒性降低或消失。天然存在的糖苷多为 β 型糖苷，它的性质比糖稳定，不易被氧化，不与苯肼发生反应，也无变旋现象。如 D-半乳糖在吡啶溶液中平衡后，气相色谱分析测定，含有 32.5% α-吡喃糖，53.5% β-吡喃糖，14% β-呋喃糖，但当 D-半乳糖糖苷化后就固定为一种结构。

大量的研究表明，茶树叶片中，不仅含有游离态的芳香族醇及单萜烯醇，还存在丰富的芳香族醇和单萜烯醇糖苷。已经从茶鲜叶中分离纯化了十多种以樱草糖（木糖和葡萄糖组成的双糖）苷和葡萄糖苷为主要形式的芳香族醇和单萜烯醇糖苷（图 1-8）。这类糖苷类物质是茶树在生长发育过程中形成的，茶

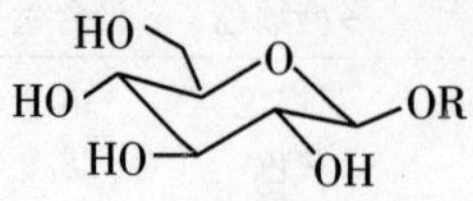

β-D-葡萄糖苷　　　　　　　　　β-D-樱草糖苷

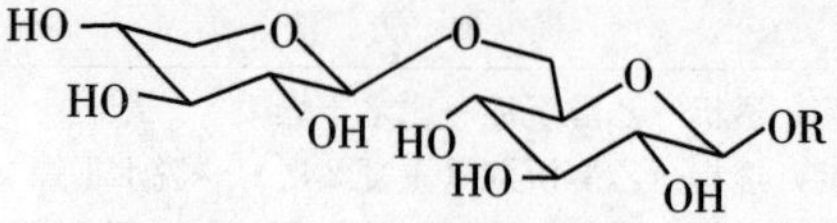

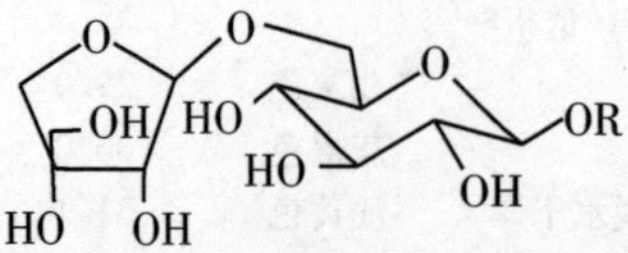

芹菜糖基-β-D-葡萄糖苷　　　　　β-D-巢菜糖苷

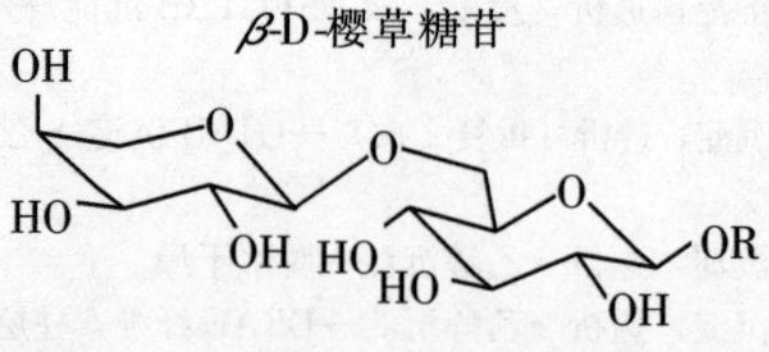

图 1-8　从茶叶中分离鉴定的作为香气前体的糖苷的分子结构

注：R 为苷元，水解后成为挥发性茶叶香气物质

鲜叶在采摘、水分亏缺、叶片损伤或感菌等胁迫环境下，糖苷类物质容易酶解释放出苷元。这些以单萜烯醇和芳香族醇配基为主的糖苷类物质水解后，苷元呈现出花果香，是构成茶叶香气品质的物质基础。

茶叶中的黄酮醇苷是茶树体内广泛存在的次级代谢产物，在茶鲜叶中占干物质量的 3％～4％，且大都以 C_3 位上的羟基与糖结合（图 1-9）。含量较多的有芸香苷（占干物质量 0.05％～0.15％）、槲皮苷（0.2％～0.5％）和山柰苷（0.16％～0.35％）。Ian Mcdowell 等（1995）用高效液相色谱法从阿萨姆变种的红茶中分离出 38 种有色酚性物质，其中茶黄素 4 种，茶红素 23 种，黄酮醇糖苷 11 种（表 1-17）。黄酮醇苷水解后，生成黄酮醇和葡萄糖、鼠李糖、半乳糖和芸香糖（葡萄糖与鼠李糖组成的双糖）等。

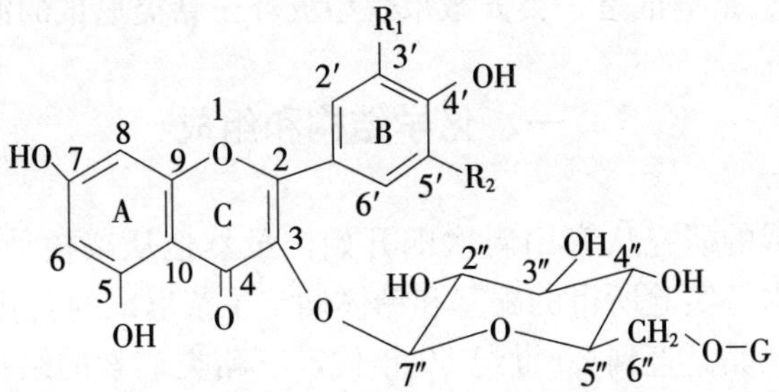

图 1-9　在 C_3 位羟基与糖结合的黄酮醇糖苷分子结构

G＝H，黄酮醇单糖苷；G 为单糖时，黄酮醇双糖苷；依次类推。

表 1-17　从阿萨姆变种红茶中分离出的 11 种黄酮醇糖苷

（Ian Mcdowell 等，1995）

组　分	黄酮苷中英文名称	
黄酮醇糖苷 1	杨梅黄酮醇—鼠李糖—葡萄糖苷	Myricetin rhamnosylglucoside
黄酮醇糖苷 2	杨梅黄酮醇—半乳糖苷	Myricetin galactoside
黄酮醇糖苷 3	杨梅黄酮醇—葡萄糖苷	Myricetin glucoside
黄酮醇糖苷 4	栎皮酮醇—芸香糖—半乳糖苷	Quercetin glucosylrhamnosylgalactoside
黄酮醇糖苷 5	栎皮酮醇—芸香糖—葡萄糖苷	Quercetin glucosylrhamnosylglucoside
黄酮醇糖苷（未确定）	三羟黄酮醇—芸香糖—半乳糖苷	Kaempferol glucosylrhamnosylgalactoside
黄酮醇糖苷 6	栎皮酮醇—鼠李糖—半乳糖苷	Quercetin rhamnosylgalactoside
黄酮醇糖苷 7	栎皮酮醇—半乳糖苷	Quercetin galactoside
黄酮醇糖苷 8	栎皮酮醇—葡萄糖苷	Quercetin glucoside
黄酮醇糖苷 9	三羟黄酮醇—芸香糖—葡萄糖苷	Kaempferol glucosylrhamnosylglucoside
黄酮醇糖苷 10	三羟黄酮醇—半乳糖苷	Kaempferol galactoside
黄酮醇糖苷（未确定）	栎皮酮醇—鼠李糖苷	Quercetin rhamnoside
黄酮醇糖苷 11	三羟黄酮醇—葡萄糖苷	Kaempferol glucoside

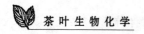

第七节　茶叶中的皂甙

皂甙，又名皂素、皂角甙或皂草甙，是一类结构比较复杂的糖苷类化合物，由糖链与三萜类、甾体或甾体生物碱通过碳氧键相连而构成。皂甙广泛存在于自然界 90 多科 500 多属的植物中。这些科属中有常见的大豆、油茶等油料作物，也有人参、党参、七叶一支花以及甘草、远志、菊梗、沙参、白头翁等名贵中药材，另外，一些海洋生物如海星也能分泌皂甙类毒素。

山茶科植物中皂甙的研究开始于 19 世纪末。茶树中的皂甙，1931 年由日本学者青山新次郎首次从茶树种子中分离出来，被命名为 "Saponin"，即 "Theasaponin"。茶皂甙是一类齐墩果烷型五环三萜类皂甙的混合物。

一、化学结构和组成

茶树中皂甙的研究从青山新次郎开始，虽然他从茶树种子中分离出茶皂甙，并根据其水解实验所得的配基和糖体确定了茶皂甙的实验式，但他并没有得到茶皂甙的结晶。直到 20 世纪 50 年代，三萜类皂素的结构逐渐明确起来，茶皂甙的结构研究才开始有了进展。1952 年，日本东京大学石馆守山和上田阳首次从茶籽中分离出熔点为 224～225℃的茶皂甙结晶。同时确定了茶皂甙是由皂甙元（$C_{30}H_{50}O_6$）结合了当归酸和糖体（半乳糖、阿拉伯糖、葡萄糖醛酸）的化合物。

20 世纪 60 年代以后，随着分离和分析技术的提高，茶皂甙研究有了进一步的发展，尤其是高分子技术的发展，使茶皂甙的化学结构的鉴定成为可能，到 70 年代中期就已经从皂素的水解产物中分别得到了 9 种皂甙元的结晶。到 60 年代末，日本宫崎大学的桥爪昭人与酒户弥二郎合作，详细研究了茶籽中皂甙与茶叶中皂甙的不同之处，并将茶叶中的皂甙命名为 "Theafolisaponin"。

尤其是近几年来，日本学者对茶皂甙的化学结构和物理化学性质进行了深入广泛的研究，从茶叶、茶籽中已分离纯化出十几种皂甙单体，有些还得到了皂甙单体的结晶，使得茶皂甙的化学结构的研究工作取得了突破性的进展。

茶皂甙是一类齐墩果烷型五环三萜类皂甙的混合物。它的基本结构由皂甙元、糖体、有机酸三部分组成。其甙系 β-香树素（β-Amyrin）衍生物，基本碳架为齐墩果烷（Oleanane）。早期已从茶籽中分离鉴定出 7 种甙元，从茶叶中分离鉴定出 4 种甙元。糖体部分主要有阿拉伯糖、木糖、半乳糖以及葡萄糖醛酸等。有机酸包括当归酸、惕各酸、醋酸和肉桂酸等，有机酸和甙元的结合形式为甙元上的羟基与有机酸形成酯。20 世纪 90 年代以来，已鉴定出十多种茶皂甙。

（一）利用茶皂甙混合物酸碱水解研究其组成和结构

由于皂甙的多样性和复杂性，单体皂甙分离非常困难，因此，20 世纪 70 年代以前，茶皂甙的化学组成的研究工作一直停留在酸碱水解后，研究皂甙元、糖体组成的阶段。

1. **甙元结构** 从 1966 年开始，桥爪昭人等，首先采用薄层层析法，以后又应用红外光谱法和核磁共振波谱法对茶皂甙的甙元进行了深入研究。从茶皂甙水解产物中分离出 4 种甙元，依据 Rf 值的大小，分别定名为茶皂草精醇 A、B、C、D，1971 年又从茶籽中分离出茶皂草精醇 E。同一时期，Ito S. 等人从茶及茶梅的种子中发现了 2 种新的甙元，即山茶甙元 B（Camelliagenin B）和山茶甙元 D（Camelliagenin D），至此，从茶皂甙中共分离出 7 种甙元。这 7 种皂甙元，均为齐墩果烷的衍生物，只是 A 环上 C_{23}、C_{24} 与 E 环上 C_{21} 所接的基团不同而已（表 1-18）。茶皂草精醇 A（Theasapogenol A）的熔点为 301～303℃，$[\alpha]_D = +14°$（吡啶）；茶皂草精醇 B（Theasapogenol B＝Barringtogenol C）的熔点为 326～333℃（分解），$[\alpha]_D = +33.8°$（二氧六环）；茶皂草精醇 C（Theasapogenol C＝Camelliagenin C）的熔点为 262～263℃，$[\alpha]_D = +37.1°$（乙醇）；茶皂草精醇 D（Theasapogenol D＝Camelliagenin A）的熔点为 282～283℃，$[\alpha]_D = +32.6°$（乙醇）；茶皂草精醇 E（Theasapogenol E＝Camelliagenin E）的熔点为 237～239℃，$[\alpha]_D = +34°$（吡啶）；山茶甙元 D（Camelliagenin D）熔点 250～258.5℃，$[\alpha]_D = +39.2°$ 及山茶甙元 B（Camelliagenin B）。

表 1-18 茶皂甙中皂甙元

（夏春华、朱全芬，1989）

名 称	R_1（C_{23}）	R_2（C_{24}）	R_3（C_{21}）	相对分子质量
茶皂草精醇 A	CH_2OH	CH_3	OH	506
茶皂草精醇 B（玉蕊精醇 C）	CH_3	CH_3	OH	490
茶皂草精醇 D（山茶甙元 A）	CH_3	CH_3	H	474
山茶甙元 B	CHO	CH_3	H	488
茶皂草精醇 C（山茶甙元 C）	CH_2OH	CH_3	H	490
山茶甙元 D	CH_3	CHO	OH	504
茶皂草精醇 E（山茶甙元 E）	CHO	CH_3	OH	504

20 世纪 70 年代初，桥爪昭人等用结晶茶叶皂素经酸碱处理，将皂甙元与

糖体和有机酸分离，得到微黄色茶叶皂甙甙元，然后通过重结晶、柱层析法分离得到4种主要甙元的单体，并经质谱、核磁共振及性质鉴定，确定了它们的结构。这4种甙元分别是茶皂草精醇B、茶皂草精醇D、R_1-黄槿精醇和A_1-黄槿精醇，其中R_1-黄槿精醇和A_1-黄槿精醇是茶籽皂素所不具备的，这也是茶籽皂素同茶叶皂素的区别之一。

以上茶籽和茶叶皂甙元结构如图1-10所示。近些年，随着研究的深入，又不断地鉴定出新的甙元（图1-11）。

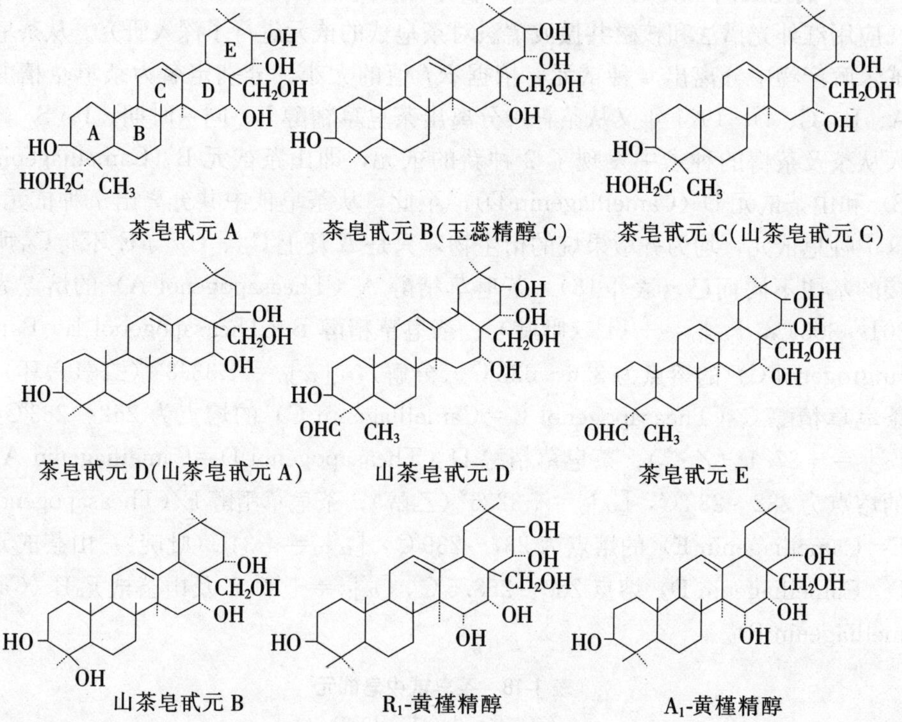

茶皂甙元 A　　　　茶皂甙元 B(玉蕊精醇C)　　　茶皂甙元 C(山茶皂甙元 C)

茶皂甙元 D(山茶皂甙元 A)　　山茶皂甙元 D　　　　茶皂甙元 E

山茶皂甙元 B　　　　R_1-黄槿精醇　　　　A_1-黄槿精醇

图 1-10　茶皂甙的配基结构

2. 有机酸的种类　构成茶叶皂甙的有机酸与茶籽皂素有所不同，茶籽皂素甙元所结合的有机酸为1mol的当归酸（Angelie acid）与惕各酸（Tiglic acid）的混合物和1mol的醋酸，而茶叶皂甙的有机酸部分为当归酸［顺式邻甲代烯酸，$CH_3CH = C（CH_3）COOH$］、惕各酸［反式-2-甲基-2-丁烯酸，$CH_3CH = C（CH_3）COOH$］和肉桂酸（cinnamic acid，苯基-2-丙烯酸，$C_6H_5CH = CHCOOH$）。茶叶皂甙中具有肉桂酸，这是茶叶皂甙与茶籽皂甙在结构上的又一差别。

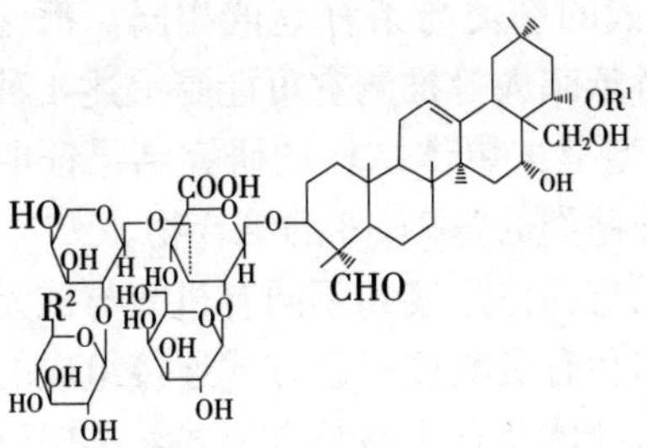

	R^1	R^2
Assamsaponin A	Ang	H
Camelliasaponin B$_1$	Ang	CH$_2$OH
Desacyl–camelliasaponin B	H	CH$_2$OH

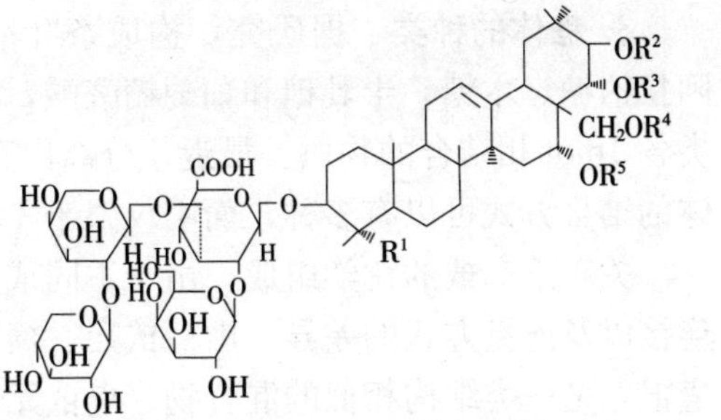

	R^1	R^2	R^3	R^4	R^5
Assamsaponin B	CHO	Ang	Ac	H	Ac
Assamsaponin C	CHO	Tig	H	Ac	H
Assamsaponin D	CH$_2$OH	Ang	Ac	H	H
Assamsaponin E	CH$_3$	Tig	H	Ac	H
Theasaponin E$_1$	CHO	Ang	Ac	H	H
Theasaponin E$_2$	CHO	Ang	H	Ac	H
Desacyl-assamsaponin E	CH$_3$	H	H	H	H
Desacyl-theasaponin E	CHO	H	H	H	H

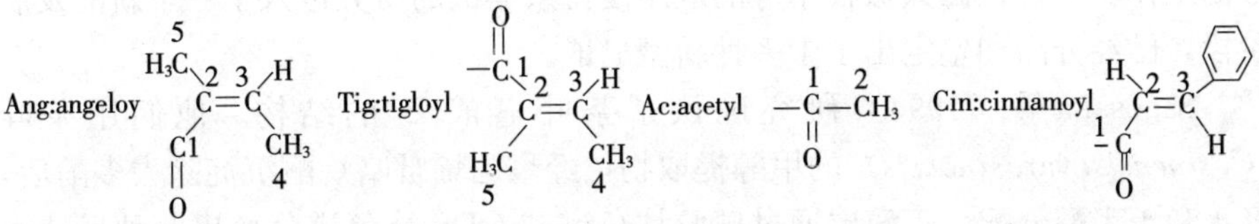

Ang:angeloy

Tig:tigloyl

Ac:acetyl

Cin:cinnamoyl

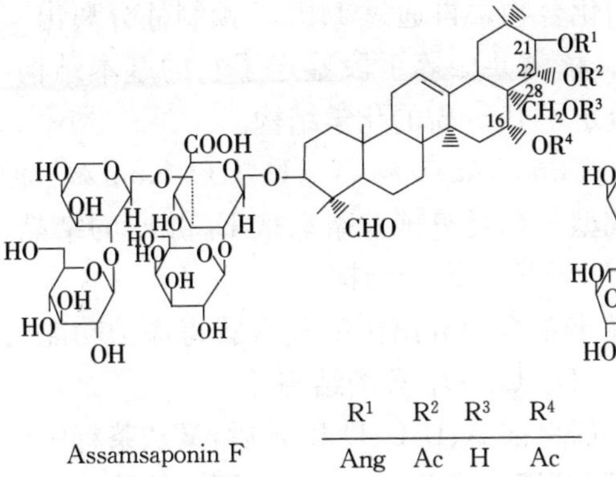

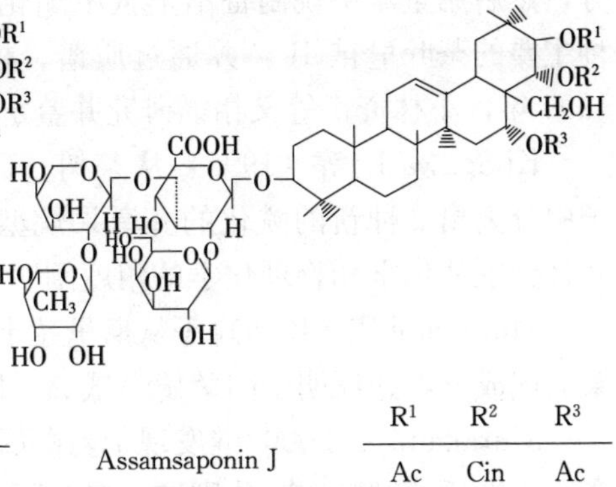

	R^1	R^2	R^3	R^4
Assamsaponin F	Ang	Ac	H	Ac
Assamsaponin G	Ang	Ac	H	H
Assamsaponin H	Ang	H	Ac	H
Assamsaponin I	Tig	H	Ac	H
Desacyl-Assamsaponin F	H	H	H	H

	R^1	R^2	R^3
Assamsaponin J	Ac	Cin	Ac
Desacyl-Assamsaponin J	H	H	H

图 1-11 部分茶皂甙的单体结构

3. 糖体的种类　据研究，构成茶叶皂甙的糖类与茶籽皂甙相同，都含有阿拉伯糖、木糖、半乳糖和葡萄糖醛酸，桥爪昭人等推测它可能是上述 4 种糖类各 1mol 相结合的物质。最近，分离出新型皂甙单体结构的研究结果证明糖体的结合方式可以有多种，而不仅限于 4 种糖类的各 1mol 的结合物。

关于茶皂甙的化学组成，由于不同甙元与糖体连接和不同有机酸与甙元的连接以及连接方式的差异，由皂甙元、糖体和有机酸按一定方式连接组成的茶皂甙，是一类结构相似的混合物。皂甙元与糖体及有机酸结合形式，早期研究认为 C_{21}、C_{22} 的羟基形成酯，但最近几年来，新型的皂甙不断被分离和鉴定，证明 C_{16}、C_{28} 的羟基也能与有机酸形成酯。

（二）利用分离的皂甙单体研究组成和结构

由于皂甙的多样性和复杂性，皂甙的分离和结构鉴定难度较大，目前大部分的皂甙研究工作仍然集中在这方面。

近几年来，由于分离分析技术的不断发展，低压、中压、高压液相色谱以及反相高压液相色谱（RP-HPLC）已经成为分离皂甙的常用方法，液滴逆流色谱（DCCC：Droplet Countercurrent Chomatography）也逐渐应用于皂甙的分离工作。各种核磁共振技术等的应用使得茶皂甙的研究进入了一个新的发展阶段，已经分离和鉴定出了十多种新型皂甙。

Sagesaka 等（1994）研究确认了茶叶皂甙 B_1 的结构。他们用茶叶（*C. sinensis. var. sinensis*）的甲醇提取物，经聚乙烯吡咯烷酮沉淀除去多酚后，经水和正丁醇分配，丁醇层通过硅胶柱色谱和 ODS 柱色谱分离出两种皂甙组分，然后用重氮甲烷制备出皂甙甲酯化合物，再通过 HPLC 预制柱分离出一种主要的茶叶皂甙 B_1，并通过质谱、核磁共振等手段鉴定了它的基本结构。1995 年，小林资正等又相继研究并鉴定了 $B_2 \sim B_4$ 的化学结构。

Kitagawa I. 等（1998）从茶树［*Camellia sinensis* （L.）O. Kuntze］种子中分离出 2 种新的酰化的齐墩果烷型三萜类皂甙，茶皂甙 E_1 和 E_2 的结晶，并且分别从化学和物理化学的角度阐明了 E_1、E_2 的结构。

Murakami T（1999）等从斯里兰卡茶籽中分离出的具有肠胃保护功能的茶皂甙成分，并证明了阿萨姆皂甙 A、B、C、D、E 的结构。

Murakami T（2000）继发现了阿萨姆皂甙 A、B、C、D 和 E 后，又从茶籽中分离纯化出4种新型皂甙，分别被命名为阿萨姆皂甙 F、G、H 和 I，同时从茶叶中分离出阿萨姆皂甙 J。并从化学和物理化学的角度分别阐明了 F～J 的结构。

Yi Lu 等（2000）从茶根中分离出 3 种茶皂甙，即茶根皂甙 A、B、C，并分别鉴定了它们的结构。从理论上看，茶皂甙的化学组成有许多种。现已发现的茶皂甙结构已达十余种，随着科学的不断进步和研究工作者的不断努力，会有越来越多的新的茶皂甙的化学结构被发现和鉴定。

二、理化性质

（一）一般性质

茶皂素具有山茶属植物皂甙的通性，它是一种熔点为 223～224℃ 的无色无灰的微细柱状结晶，味苦而辛辣，能起泡，并有溶血作用。茶籽皂素的结晶不溶于乙醚、氯仿、丙酮、苯、石油醚等溶剂，难溶于冷水、无水乙醇和无水甲醇，但是，可稍溶于温水、二硫化碳和醋酸乙酯，易溶于含水甲醇、含水乙醇、正丁醇以及冰醋酸、醋酐和吡啶中。

茶皂素的水溶液对裴林试剂没有还原力，但在硫酸中加水分解后则有还原力。李波曼—布尔卡德（Liebrman-Barachard）反应为红—红紫—红褐—褐色；5-甲基苯二酚盐酸反应（Bial 反应）为绿色；Legal-Keller-Killiani 反应为阴性。其水溶液对甲基红呈酸性反应；间苯三酚反应为紫色。能被醋酸铅、盐基性醋酸铅和氢氧化钡所沉淀，析出物为白色云雾状，而对氯化钡和氯化铁不能产生沉淀。茶皂素能与胆固醇等高级醇类形成复盐。

茶皂素的水溶液与稀硫酸一起加热，能生成白色不溶性的沉淀；水溶液假如和 95％ 的酒精与浓硫酸的等量混合液混合，最初呈黄色，迅速变为紫色；将结晶状茶皂素悬浮于蒸馏水中，然后在其中加入 α-萘酚 1 滴，再将浓硫酸注入管底，即可在其接触面上产生紫色的环；将结晶状粉末悬浮于无水醋酸中，再加入 2～3 滴浓硫酸则能生成红色，渐渐变为紫红色直至紫色；将结晶悬浮于浓硫酸上，最初呈黄色，约 30min 后变为红色，然后变为紫色。

（二）光谱特性

红外和紫外光谱吸收特性是鉴定结构的主要依据之一。桥爪昭人对茶叶皂素和茶籽皂素的光谱特性进行了比较研究。发现两者的红外光谱很接近，但是茶叶皂素在 1 630cm^{-1} 附近吸收光谱比茶籽皂素强，而在 780cm^{-1} 附近的吸收光谱也可以看见明显的不同。紫外吸收光谱，茶叶皂素和茶籽皂素在 215nm 附近均有吸收峰，而且茶叶皂素在 280nm 处有很高的吸收峰，茶籽皂素则没有。王林等研究认为 215nm 处的吸收峰为具有 α、β 共轭双键的当归酸所致。由于茶籽皂素中不含肉桂酸，因此没有 280nm 处的吸收峰。

参 考 文 献

[1] 王泽农. 茶叶生化原理. 北京：农业出版社，1981

[2] 安徽农学院. 茶叶生物化学. 北京：农业出版社，1980

[3] 安徽农学院. 茶叶生物化学. 第二版. 北京：农业出版社，1984

[4] 陈宗道，周才琼，童华荣等. 茶叶化学工程学. 重庆：西南师范大学出版社，1999

[5] 王泽农. 中国农业百科全书——茶叶卷. 北京：农业出版社，1988

[6] 陈宗懋. 中国茶叶大词典. 北京：中国轻工业出版社，2000

[7] 陈宗懋. 中国茶经. 上海：上海文化出版社，1992

[8] 于观亭. 中华茶人手册. 北京：中国林业出版社，1998

[9] 童小麟. 儿茶素的理化性质、生物学作用及开发应用研究进展. 茶叶通讯. 1989（4）：37～40

[10] 张莉等. 茶儿茶素和生物碱的 HPLC 分析. 茶叶科学. 1995，15（2）：141～144

[11] 项秀兰. 茶叶多元酚及其衍生物茶色素的研究进展. 食品科学. 1997，18（1）：10～12

[12] 李大祥等. 论茶儿茶素的化学氧化. 茶叶通报. 2000，22（3）：20～23

[13] 杨贤强等. 茶多酚生物学活性研究. 茶叶科学. 1993，13（1）：51～59

[14] Finger A, et al. Flavonol glycosides in tea-kaempferol and quercetin rhamnodiglu-cosides. J. Sci. Food Agric. 1991（55）：313～321

[15] Bradfield A E, et al. The chemical composition of tea-the proximate composition of a black tea liquor and its relation to quality. Chem. Ind. 22：306～310

[16] Marin O, et al. Chemical composition of some Kenyan black teas and their probable benefits to human health. Tea. 1996，17（1）：20～26

[17] Richard G, et al. Use of an HPLC photodiode-array detector in a study of the nature of a black tea liquor. J. Sci. Food Agric. 1990（52）：509～525

[18] Ian M D, et al. Flavonol glycosides in black tea. J. Sci. Food Agric. 1990（53）：411～414

[19] Wanfang S, et al. The analysis by HPLC of green，black and pu'er teas produced in Yunnan. J. Sci. Food Agric. 1995（69）：535～540

[20] 夏涛. 红茶色素形成机理的研究. 茶叶科学. 1999（2）：139～144

[21] 萧伟祥等. 天然食用茶黄色素与茶绿色素的研究. 茶叶科学. 1994，14（1）：49～54

[22] 宛晓春等. 食用天然色素——茶黄色素的初步研究. 食品与发酵工业. 1991（5）：55～57

[23] 刘仲华等. 红茶与乌龙茶色素与干茶色泽的关系. 茶叶科学. 1990，10（1）：59～64

[24] 萧伟祥等. 红茶色素及其分光光度法. 中国茶叶. 1991（4）：24～26

[25] 梁月荣等. 不同茶树品种化学成分与红碎茶品质关系的研究. 浙江农业大学学报. 1994，20（2）：149～154

[26] 江和源等. 红茶中的茶黄素. 中国茶叶. 1988（3）：18～22

[27] Roberts A T H, et al. The phenolic substances of manufactured tea（Ⅰ）. J. Sci. Food Agric. 1957（8）：72～78

[28] Roberts A T H, et al. The phenolic substances of manufactured tea（Ⅱ）. J. Sci. Food Agric. 1958（9）：212～216

［29］Hilton P D，et al. Estimation of the market value of central africa tea by theaflavin analysis. J. Sci. Food Agric. 1977（23）：227～232

［30］Opie S C，et al. Black tea thearubings—their HPLC separation and preparation during invitro oxidation. J. Sci. Food Agric. 1990（50）：547～561

［31］Cloughley J B. The effect of fermentation temperature on the quality parameters and price evaluation of central african black teas. J. Sci. Food Agric. 1980（31）：911～919

［32］Bailey R G，et al. Comparative study of the reversed-phase high-performance liquid chromatography of black tea liquors with special reference to the thearubigins. Journal of Chromatography. 1991（542）：115～128

［33］Pradip K M，et al. Changes of polyphenal oxidase and peroxidase activities and pigment composition of some manufactured black teas. J. Agric. Food Chem. 1993（41）：272～276

［34］Collier P D，et al. The theaflavins of black tea. Tetrahedon. 1972（29）：125～142

［35］黄建安等. 茶叶氨基酸品质化学研究进展. 茶叶通讯. 1987（3）：39～44

［36］齐桂年. 茶氨酸的研究进展. 贵州茶叶. 2001（2）：15～16

［37］李炎等. 茶氨酸的合成与应用. 广州食品工业科技. Vol.（3）：23～26

［38］李立祥. 绿茶氨酸对滋味的影响. 生物学杂志. 1997（5）：16～19

［39］毛清黎. 茶叶氨基酸的研究进展. 氨基酸杂志. 1989（4）：16～20

［40］林郑和等. 紫外分光光度法测定茶叶中咖啡碱. 茶叶科学技术. 2001（4）：20～21

［41］朱旗等. 茶叶咖啡碱提取分离工艺研究现状. 茶叶通讯. 1999（1）：17～20

［42］阮宇成. 茶叶咖啡碱与人体健康. 茶叶通讯. 1997（1）：3～4

［43］陈宗道. 茶叶咖啡碱的味觉特性. 茶叶通讯. 1997（1）：3～4

［44］杜其珍. 茶叶中咖啡碱和可可碱的电泳-扫描定量测定. 中国茶叶. 1990（5）：28～39

［45］郭炳莹等. 茶叶中嘌呤碱的薄层分析法. 茶叶科学. 1990，10（1）：87～88

［46］王华夫等. 茶叶香气研究进展. 茶叶文摘. 1994，8（5）：1～5

［47］竹尾忠一. 乌龙茶的香气特征. 国外农学茶叶. 1984（4）：16～22

［48］刘乾刚. 茶叶化学研究中的方法与问题. 福建农业大学学报. 2001，30（3）：368～371

［49］李名君. 茶叶香气研究进展（Ⅰ），（Ⅱ）. 国外农学-茶叶. 1984（4）：1～15；1985（1）：1～8

［50］杨贤强等. 炒青绿茶制造中香气组分变化的研究. 食品科学. 1989（8）：1～6

［51］骆少君等. 我国茉莉花茶香气挥发油与品质等级的相关性. 福建茶叶. 1987（3）：18～21

［52］沈生荣等. 不同等级龙井茶香气成分的研究. 福建茶叶. 1989（4）：25～30

［53］张正竹等. 萜类物质与茶叶香气（综述）. 安徽农业大学学报. 2000，27（1）：51～54

［54］王华夫. 茶叶香型与芳香物质. 中国茶叶. 1989（2）：16～17

［55］何坚，孙宝国. 香料化学与工艺学. 北京：化学工业出版社，1996

[56] 王华夫等. 祁门红茶的香气特征. 茶叶科学. 1993 (13): 61~68

[57] Tadakazu Takeo. The aroma characteristic of Chinese black tea. Agric. Biol. Chem. 1983, 47 (6): 1379~1397

[58] Xiaoxiong Z, et al. Study on the aroma of roasted green tea. Proceedings of the International Symposium on Tea Science, Japan. 1991: 62~66

[59] 沈同, 王镜岩. 生物化学. 第二版, 上册. 北京: 高等教育出版社, 1993

[60] 姚新生. 天然药物化学. 第二版. 北京: 人民卫生出版社, 1995

[61] 中国农科院茶叶研究所. 茶叶文摘. 文摘号 (880900) 1988

[62] 中国农科院茶叶研究所. 茶叶文摘. 文摘号 (880899) 1988

[63] 杨贤强, 沈生荣. 焦变茶气味的研究. 浙江农业大学学报. 1990, 16 (2): 199~203

[64] 陈宗道, 周才琼, 童华荣. 茶叶化学工程学. 西南师范大学出版社, 1999

[65] 王泽农. 茶叶生化原理. 北京: 农业出版社, 1981

[66] 李布青, 张慧玲, 舒庆龄等. 中低档绿茶中茶多糖的提取及降血糖作用. 茶叶科学. 1996 (1): 67~72

[67] 汪东风, 谢晓凤, 王泽农等. 粗老茶中多糖含量及其保健作用. 茶叶科学. 1994 (1): 73~74

[68] 汪东风, 谢晓凤, 王银龙. 茶叶多糖及其药理作用研究进展. 天然产物研究与开发. 1996 (1): 63~67

[69] 王丁刚, 王淑如. 茶叶多糖的分离、纯化、分析及降血脂作用. 中国药科大学学报. 1991, 22 (4): 225~228

[70] 汪东风, 谢晓凤, 王世林等. 茶多糖的组分及理化性质. 茶叶科学. 1996 (1): 1~8

[71] Takco, H. Kinucasa, H. Oose. Extraction of hypoglycemica from tea. 1992. CA. 117 (8): 76468

[72] 屠幼英. 绿茶饮料中茶多糖的构成. 茶叶. 2001, 27 (2): 22~24

[73] 张慧玲, 李布青, 舒庆龄等. 茶叶多糖提取方法的研究. 安徽农业科学. 1995 (3): 270~271

[74] 叶盛, 程玉祥, 汪东风. 茶叶多糖及其生物活性. 茶叶科学技术. 2000 (1): 1~4

[75] 周杰, 丁建平, 王泽农等. 茶多糖对小鼠血糖、血脂和免疫功能的影响. 茶叶科学. 1997 (1): 75~79

[76] 徐安书. 茶多糖研究进展. 贵州茶叶. 1999 (2): 4~6

[77] 张惟杰. 糖复合物生化研究技术. 第二版. 杭州: 浙江大学出版社, 1999

[78] Ogawa K, Moon JH, Guo W, et al. A study on tea aroma formation mechanism: Alcoholic aroma precursor amounts and glycosidase activity in parts of the tea plant. Z. Naturforsch. 1995, 50C: 493~498

[79] Guo W, Sakata K, Watnabe N, et al. Geranyl-6-o-β-D-xylopranosyl-β-D-glucopyranoside isolated as aroma precursor from tea leaves for Oolong tea. Phytochemistry. 1993 (33): 1373~1375

[80] Guo W, Hosoi R, Sakata K, et al. (S)-Linalyl, 2-phenylethyl, and benzyl disaccharide glycosides isolated as aroma precursors from Oolong tea leaves. Biosci. Biotech.

Biochem. 1994, 58 (8): 1532~1534

[81] Kobayashi. (Z) -3-Hexenyl-β-D-glucopyranoside in fresh tea leaves as a precursor of green tea odor. Biosci. Biotech. Biochem. 1994, 58 (3): 592~593

[82] J-H Moon, N. Watnabe, K. Sakata, et al. Trans-and cis-linalool 3, 6-oxide 6-o-β-D-xylopyranosyl-β-D-glucopyranosides isolated as aroma precursors from leaves for Oolong tea. Biosci. Biotech. Biochem. 1994, 58 (9): 1742~1744

[83] M. Nishikitani. Geranyl 6-o-α-L-arabinopyranosyl-β-D-glucopyranoside isolated as an aroma precursor. Biosci. Biotech. Biochem. 1996, 60 (5): 929~931

[84] H Moon, N. Watanabe, Y. Ijima, et al. Cis-and trans-linalool 3, 7-oxides and methyl salicylate glycosides and (Z)-3-hexenyl β-D-glucopyranosides as aroma precursors from tea leaves for Oolong tea. BioSci. Biotech. Biochem. 1996, 60 (11): 1815~1819

[85] 王泽农. 茶叶生物化学. 第二版. 北京：农业出版社，1988

[86] Ian Mcdowell, Sarah Taylor, Clifton Gay. The phenolic pigment composition of black tea liquors—Part I : Predicting qulity. J Sci. Agric. 1995 (69): 467~474

[87] Chendel R. S, et. al. Tritepenoid saponins and sapogenins. Phytochemistry. 1980 (19): 1889~1980

[88] 徐任生. 天然产物化学. 北京：科学出版社，1993

[89] 夏春华，朱全芬. 茶皂素研究进展. 中国茶叶. 1989 (3): 2~4

[90] 柳荣祥等. 茶叶皂素研究现状. 茶叶. 1995, 21 (3): 2~5

[91] Yu ko M Sagesaka, Terumi U, Naoharu W, et al. A new glucuronide saponin from tea leaves (Camellia sinensis Var. *sinensis*). Biosci Biotech Biochem. 1994, 58 (11): 2035~2040

[92] 小林资正等. 日本生药学会第 42 回年会讲演摘要文集. 药学杂志. 1995: 126

[93] Kitagawa I, Hori K, Motozawa T, et al. Structures of new acylated oleanene-type triterpene oligoglycosides, theasaponins E1 and E2, from the seeds of tea plant, *Camellia sinensis (L.) O. Kuntze*. Chem Pharm Bull (Tokyo). 1998, 46 (12): 1901

[94] Murakami T, Nakamura J, Masuda H, et al. Bioactive saponins and glycosides. XV. Saponin constituents with gastroprotective effect from the seeds of tea plant, Camellia sinensis L. var. assamica Pierre, cultivate in Sri Lanka: structures of assamsaponins A, B, C, D, and E. Chem Pharm Bull (Tokyo). 1999, 47 (12): 1759

[95] Murakami T, Nakamara J, Kageura T, et al. Bioactive saponins and glycosides. XVII. Inhibitory effect on gastric emptying and accelerating effect on gastrointestinal transit of tea saponins: structures of assamsaponins F, G, H, I, and J from the seeds and leaves of the tea plant. Chem Pharm Bull (Tokyo). 2000, 48 (11): 1720

[96] Yi Lu, Tasuya U, Akihito Y, et al. Triterpenoid saponins from the root of tea plant (*Camellia sinensis* Var. *assamica*). Phytochemistry. 2000 (53): 941~946

第二章　茶树次级代谢

第一节　茶树次级代谢的特点、主要途径及调节

一、次级代谢特点

次级代谢是生物所共有的生命过程。生物化学的基本原理又是基于地球上生命的统一性。从细菌到人类有一个前提，这就是它们进行着几乎相似的蛋白质代谢。从这一点来说，蛋白质、脂肪、核酸、碳水化合物等这些对生命不可缺少的化合物的代谢，相互配合，为生物体的生存、生长、发育、繁殖提供能源和中间产物，这类代谢我们称之为初级代谢或一级代谢。与此相反，仅在特定的物种中存在的物质，如生物碱、单宁、芳香族化合物、甾体、橡胶、萜类等物质，由于它们是在各自的生物代谢系统中生成，这种代谢相对初级代谢而言，我们称之次级（生）代谢或二级代谢。由次级代谢产生的物质称为次生物质。茶树的化学组成明显地反映出次级代谢特征，具有自身次级代谢特点，如茶叶中含有高浓度的多酚类物质，含有一般植物中少有的茶氨酸，含有较多量的多种甲基黄嘌呤化合物以及组分繁多的芳香油。这些次生代谢产物的形成与变化直接与茶叶品质有关。

二、初级代谢和次级代谢的关系及代谢的主要途径

植物次级代谢的途径众多，次级代谢所产生的次生物质的种类与结构具有多样性和复杂性，这也是次生代谢对于地球上的生物多样性的适应，它可以称为是一种有助于生物各自遗传特性显现的代谢。高等植物次级代谢的研究近年来取得了迅速的进展。这些次级代谢的途径可以作为初级代谢系的延伸，它们是由初级代谢的中间物质派生出来的路线，该路线已经基本明确，如图 2-1 所示。

在高等植物中，次级代谢的主要系统是从糖酵解系统（EMP）、磷酸戊糖循环（HMP）、柠檬酸循环（TCA）中初级代谢的中间物质中派生出来的 3 个途径是莽草酸途径、甲瓦龙酸途径、多酮酸途径，借助这 3 个合成途径和氨基酸合成途径中的 1 个氨基酸或通过它们的复合（合成）生成生物碱、萜烯、黄

酮类等多种多样的复杂的次级代谢产物。从次级代谢的生源发生（Biogenesis）和生物合成途径来看，它和初级代谢的关系与蛋白质、脂肪、核酸代谢和初级

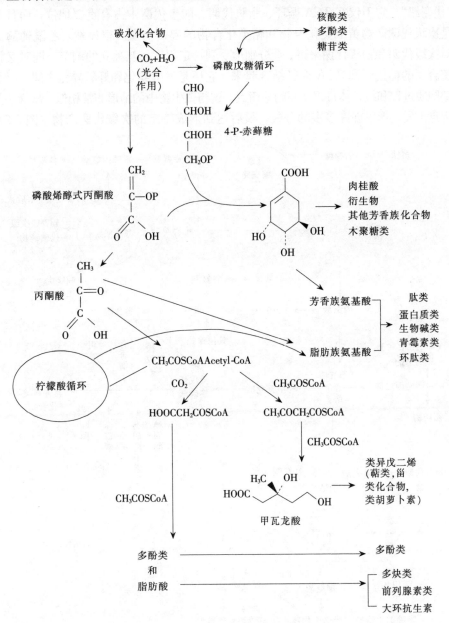

图 2-1 初级代谢和次级代谢的关系

（J. 曼著. 曹日强译，1983）

代谢关系很相似，也是从几个分叉点与初级代谢相联结，初级代谢的一些关键中间产物（代谢纽）是次级代谢的起始物。如乙酰辅酶 A 是初级代谢的一个重要"代谢纽"，它不仅在 TCA 循环、脂肪代谢、能量代谢中占有重要地位，而且又是次级代谢产物黄酮类化合物和萜类化合物的起始物质。很显然，乙酰辅酶 A 对次级代谢和初级代谢来讲，会分别地受到一定程度相互独立的调节，同时又将整合了的糖代谢和 TCA 途径结合起来。它还是发酵异化和好氧异化之间，以及细胞质过程和线粒体过程之间的平衡点。这与微生物中的情形非常相似。从这些关键点出发，形成许许多多的分枝，最后达到形成特定的次级代谢产物（图 2-2）。

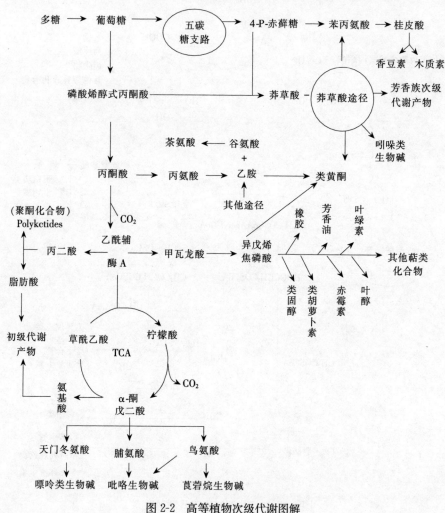

图 2-2　高等植物次级代谢图解

（梁峥、郑光植，1981）

所以对于一定次级代谢产物的划分，其每一类群可大可小，反应是呈特异性的，代谢的调节常在分枝点上或在分支点之前。

高等植物次级代谢的合成途径，大体上都有了一个粗略的轮廓，这在许多文献中都可以看到。从生源发生的角度来看，次级代谢产物可大致归并为萜类、芳香族化合物和生物碱三大类，它们与初级代谢的关系，如图2-1所示。此外还有含硫化合物、氢化芳香族化合物等。由图2-2可以看到，萜类化合物是从乙酰辅酶A出发，经由二羟基戊二酸、戊二酸焦磷酸而分枝生成各类群化合物；芳香族化合物目前已知有多酮酸途径和莽草酸途径两条。高等植物似乎是走后一条途径，由HMP途径生成的4-磷酸赤藓糖与EMP途径生成的磷酸烯醇式丙酮酸

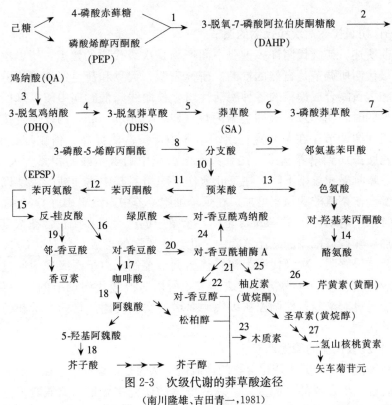

图 2-3　次级代谢的莽草酸途径

（南川隆雄、吉田青一，1981）

1. DAHP（脱氧阿拉伯庚酮糖酸）合成酶　2. 3-脱氢鸡纳酸合成酶　3. 鸡纳酸脱氢酶　4. 脱氢鸡纳酸脱水酶　5. 莽草酸脱氢酶　6. 莽草酸激酶　7. 3-磷酸-5-烯醇丙酮酰莽草酸合成酶　8. 分支酸合成酶　9. 邻氨基苯甲酸合成酶　10. 分支酸变位酶　11. 预苯酸脱水酶　12. 苯丙氨酸氨基转移酶　13. 预苯酸脱氢酶　14. 酪氨酸氨基转移酶　15. 苯丙氨酸脱氨酶　16. 桂皮酸-4-羟化酶　17. 4-羟基桂皮酸-3-羟化酶　18. 羟基-O-甲基转移酶　19. 桂皮酸-2-羟化酶　20. 羟基桂皮酰:CoA连接酶　21. 羟基桂皮酰:CoA还原酶　22. 羟基桂皮醇脱氢酶　23. 过氧化物酶　24. 羟基桂皮酰辅酶A;鸡纳酸羟基桂皮酰转移酶　25. 黄烷酮合成酶　26. 黄烷酮氧化酶　27. 羟化酶

缩合形成 7-磷酸庚酮糖,再经过一系列转化进入莽草酸途径(图 2-3)而发生许多分枝,生成芳香族氨基酸,再进一步合成各种芳香族次级代谢产物。生物碱化合物是经过 TCA 途径合成氨基酸再转化成各种生物碱。此外,由莽草酸途径合成色氨酸再转化成吲哚类生物碱。初级代谢的酶有很高的特异性,就次级代谢而言,一种次级代谢产物可以由几个途径或几个中间产物产生,一种生成物又可降解为几种不同的产物,使得无论在合成代谢方面,还是在降解代谢方面,其途径的多条性,均比初级代谢更加明显而呈代谢网络(Metabolic network)。

三、次级代谢的调节

(一) 初级代谢对次级代谢的调节

如前所述,初级代谢许多重要中间产物是次级代谢的始点,所以次级代谢为初级代谢所调节是自然的推断。研究表明,大豆和荷兰芹细胞培养物的木质素和类黄酮合成途径的各种酶活性与生长曲线降低时期中培养基的硝酸盐的耗尽的时间相一致,表明类苯丙烷(Phenylpropanoid)的代谢直接或间接为初级代谢调节。在茶叶愈伤组织培养中,铵盐能提高 4 倍咖啡碱的量。当盐酸乙胺添加到培养基中,在茶树愈伤组织中的氨基酸的积累大大提高,多酚类、咖啡碱积累则下降。在茶叶愈伤组织培养基中增加糖的浓度以及添加激素都会使茶氨酸的积累增加。在烟草细胞培养中,泛醌-10 的产生在低于供糖正常水平时增加。而 Tabata 证明,紫草宁的产生是在比正常糖浓度高时产量增加。在假挪威漆的悬浮培养中,儿茶酚单宁的形成,会促进 C/N 比增加。这些结果表明,次级代谢为初级代谢调节控制。由于次级代谢通过起始物与初级代谢相联结并为初级代谢调节,所以对次级代谢调节的加深认识,就有可能通过对培养条件调控初级代谢而增加次级代谢产物的产量和各种次级代谢的比例。

(二) 次级代谢的酶促调节

在高等植物中,芳香族化合物的合成通常认为是由莽草酸途径合成芳香族氨基酸后进一步合成的(图 2-4)。从对酵母的研究中知道,酪氨酸、色氨酸和苯丙氨酸对各自的分支有反馈抑制调节作用,同时又对总过程有反馈抑制调节作用,从而通过多途径调节三者的形成与比例而调节次级代谢。

在高等植物中,莽草酸途径的一些酶已经分离,如去氢鸡纳酸脱水酶(花椰菜)、莽草酸脱氢酶(绿豆、豌豆)。同位素试验表明,途径中的一些中间产物能被利用作为前体和合成芳香族化合物。所以这一途径在高等植物中存在是

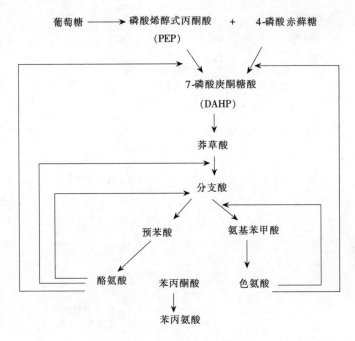

图 2-4　莽草酸代谢途径与调节抑制作用（──►抑制作用）

可信的，亦会存在相似于酵母的反馈调节控制。

　　在高等植物中，同工酶调节次级代谢是酶促调节的另一个例子。如 4-香豆酸辅酶 A 连接酶（4-Coumarate：CoA Ligase）的两个同工酶对木质素和类黄酮形成途径的调节。在大豆细胞悬浮培养中表明其合成原料为苯丙氨酸，合成途径与调节如图 2-5。苯丙氨酸被苯丙氨酸氨解酶（PLA，Phenylalanine Ammonialyase）氨解形成肉桂酸，肉桂酸经羟基化后形成对香豆酸，对香豆酸甲基化和羟基化后，由于不同的 4-香豆酸辅酶 A 连接酶同工酶的作用，形成不同的香豆酸甲氧基化合物。一个同工酶使 4-对香豆酸辅酶 A 的 R_1 位置上带上 1 个或在 R_1、R_2 位置上带上 2 个甲氧基形成木质素前体；另一个同工酶使香豆酸辅酶 A 的 R_3 位置甲氧基化形成类黄酮化合物前体。在荷首兰中，由于未能找到形成木质素前体的同工酶，所以认为它不存在经过肉桂酸、香豆酸形成木质素途径。

　　上述木质素类（或类苯丙烷）化合物的形成，既受香豆酸辅酶 A 连接酶同工酶调节，同时整个系统又为反应的第一个酶 PLA 制约。已有不少实验证明，PLA 是次级合成系统的一种定速酶，如在荞麦次生组织内的 PLA 的活性比在原生组织的大 2 倍，而同时次生组织中木质素的积累比原生组织大 3 倍。

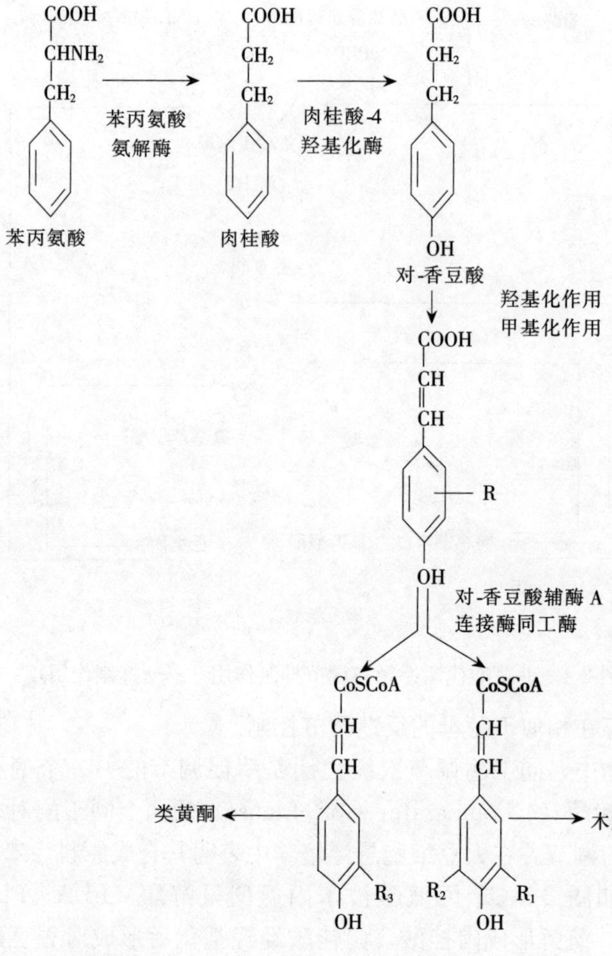

图 2-5　木质素与类黄酮合成途径与调节

组织内类苯丙烷化合物的含量与 PLA 活性成正相关，在茶树、竹子、马铃薯、甘薯、草莓中也可以看到，茶树新梢中 PLA 活力以芽最高，按第一叶、第二叶、嫩茎的顺序递减，随叶片的成熟与老化而降低，多酚类也随叶片老化而下降。

茶树中咖啡碱的生物合成能力则主要受到 N-甲基转移酶及 N-甲基核苷酶的调控。

（三）环境因素对次级代谢的调节

和初级代谢情况相似，在一定限度范围内，高等植物的次级代谢受环境因素的影响和调节。

1. **激素** 在高等植物次级代谢研究中，激素常作为外环境因素用于诱导愈伤组织、调节愈伤组织和细胞培养物的生长以及次级代谢产物的形成。

激素对次级代谢产物的调节很大程度上依赖于激素的种类和浓度以及供给的方法。在烟草组织培养中，2,4-D 强烈抑制尼古丁合成，激素则有促进作用。Mizusaki 等认为高浓度生长素可抑制腐胺-N-甲基转移酶活性，该酶催化尼古丁生物合成的关键中间产物腐胺-N-甲基化。由于这一阻断，积累在细胞中的腐胺与 P-香豆酸结合形成 P-香豆酸酰腐胺这一不正常代谢产物，使尼古丁合成受阻。在决明愈伤组织培养中，2,4-D 不影响大黄素型蒽醌的产生，但刺激薯蓣皂苷配基 1-多巴（1-Dopa）的产生；在海巴戟的细胞悬浮培养中，外源供给萘乙酸时产生蒽醌，而供给 2,4-D 时不产生蒽醌。紫生草愈伤组织合成紫草宁时，为被合成的生长素 2,4-D、萘乙酸所抑制，而天然生长素吲哚乙酸对抑制几乎无影响。2,4-D 可阻碍紫草宁生物合成途径中牻牛儿氢醌的代谢。

文献中已有大量关于各种激素对次级代谢影响的记述。目前大量的工作还是着重在激素种类、浓度和搭配对次级代谢产物种类的产生和合成量的影响方面，有关它们对茶树初级、次级代谢调节的研究将在第三章中介绍。

2. **光** 光是植物生长发育的重要环境因素，它作为一种调节信号调节植物各种生理过程。

在研究欧芹悬浮培养细胞的类苯丙烷代谢和黄酮糖苷途径中看到，光可诱导与类苯丙烷代谢顺序相关的 PLA、肉桂酸-4-羟基化酶、P-香豆酸辅酶 A 连接酶（组 I）和类黄酮苷途径的乙酰辅酶 A 羧化酶、黄烷酮合成酶、甲基转移酶、7-O-葡萄糖基转移酶、3-O-葡萄糖基转移酶、UDP-芹菜糖合成酶和丙二酰转移酶（组 II）的活性。由于类苯丙烷途径的终产物是类黄酮糖苷途径的起始物，光对组 I 酶诱导过程在经过 2～2.5h 迟滞期后，进入酶活性直线上升时期，其活性高峰在 17～23h，以后活性降低，其表观半衰期（Apparent half-life）为 10～17h。组 II 酶的相应迟滞时间、活性高峰时期和酶活性降低表观半衰期分别为 4h、26～40h 和 30～60h。这表明，光可能相继激活操纵两个途径中酶的基因。类似的结果在大豆中也可看到。在芹菜中还可以看到，光诱导的这些酶活性的变化与 mRNA 增高相一致。这些结果表明，光诱导酶的合成是几小时的短期效应，其机制似乎是大量增加 mRNA，表明调节是在翻译或转录的水平上。

已经证明，光，尤其是紫外光刺激许多培养物形成某些次级产物，包括类胡萝卜素、类黄酮、多酚类和质体醌（Plastoguinunoe）的形成。还发现蓝光和强白光抑制萜烯、盖葛烃（Geijerene）和前盖葛烃（Pregeijerene）的合成，红光和黑暗对合成没有影响。Tabata 等发现，白光和蓝光几乎完全抑制紫草培养物中的紫草宁衍生物的生物合成，其中有一种黄色物质参与紫草宁生物合成中间产物的转变，其可能为蓝光所钝化。预先光照处理后加入黄素单核苷酸（FMN）到介质中，则可大大促进紫草宁合成，而加入预先为蓝光处理过的 FMN 溶液，生物合成则受抑制，表明 FMN 是紫草宁生物合成途径所必需的氧化系统中的辅酶，FMN 在蓝光下被钝化成为一种不再起辅酶活性的化合物，从而抑制紫草宁的合成。光对茶树次级代谢的调节将在本书第三章介绍。此外，温度、氧以及综合物候条件等环境因子都会对次级代谢起调节作用。

以上对高等植物次级代谢与调节的内容仅做了简述，由于植物代谢产物的多样性和复杂性，尤其是植物材料在研究这类问题中的种种局限性，其研究进展是缓慢的，这种情况今后仍不会很快改变。尽管如此，茶树中次级代谢的研究近年来仍然取得了可喜进展，本章以下的几节将对茶树中的多酚类、咖啡碱、茶氨酸、芳香物质等茶树中重要次级代谢产物的次级代谢逐一介绍。

第二节　茶树中的嘌呤碱代谢

茶树中的生物碱的种类及结构在第一章中已介绍，茶树中的生物碱以嘌呤碱为主，而嘌呤碱又以咖啡碱为主体成分。茶树中嘌呤碱代谢与多数生物体有明显差异。自 20 世纪 60 年代以来，茶树中的咖啡碱代谢研究取得了较大进展，咖啡碱在茶树体内的合成部位、合成先质，嘌呤甲基化的来源，生物合成中的有关酶系以及咖啡碱代谢与核酸代谢之间的关系等问题，相继得到阐明，这里就上述问题介绍如下。

一、茶树体内咖啡碱的分布

咖啡碱在茶树体内分布已有很多的研究，其结果表明，茶树体内咖啡碱是从茶籽萌发开始形成，此后就一直参加茶树体内的代谢活动，并贯穿于生命活动的始终。咖啡碱广泛地分布在茶树体内，但各部位的含量差异很大（表2-1）。

表 2-1　咖啡碱在茶树各部位的分布量（%）

（安徽农学院，1984）

茶树部位	咖啡碱含量	茶树部位	咖啡碱含量
茶芽及第一叶	3.55	红梗	0.62
第二叶	2.96	白毫	2.25
第三叶	2.76	花	0.80
第四叶	2.09	绿色果实外壳	0.60
嫩梗	1.19	种子	无
绿梗	0.71		

表 2-1 表明，茶树体内除种子外，其他各部位均含有咖啡碱。分布量是以叶部最多，茎梗中较少，花果中更少，说明咖啡碱是比较集中地分布在新梢部位，而新梢中各部位的含量又不相同（表 2-2）。

表 2-2　茶叶新梢各部位的咖啡碱含量（干量，%）

（安徽农学院，1984）

新梢各部位	中国资料		日本资料	
芽	3.74	3.89	—	4.7
一叶	3.66	3.71	3.58	4.2
二叶	3.23	3.29	3.56	3.5
三叶	2.48	2.68	3.23	2.9
四叶	2.09	2.38	2.57	2.5（上茎）
茎	1.67	1.63	2.15	1.4（上茎）

表 2-2 表明，存在于新梢中的咖啡碱是以嫩的芽叶含量最多，老叶最少。因此咖啡碱在新梢中的含量是随芽叶的老化而减少，故能作为茶叶老嫩度的标志成分之一。这种分布规律与咖啡碱在茶树体内合成与分解代谢的机理有关。

茶树新梢中咖啡碱的生成量还随品种、气候、栽培条件的不同而有变化。在不同品种中，云南大叶种常比一般品种咖啡碱含量高。在不同季节中，夏茶常比春茶和秋茶含量高。在不同栽培条件中，遮荫和施肥的，常比露天和不施肥的含量高（详见第三章）。这些生育中的动态变化，都是茶树体内咖啡碱因代谢受不同环境条件影响，从而导致不同条件下咖啡碱的含量的差异。但这些变化并不影响咖啡碱在新梢中的分布规律。

二、茶树体内咖啡碱的生物合成

（一）咖啡碱生物合成部位

H. Ashihara 等用 HPLC 法测定茶实生苗不同部位咖啡碱的含量以及

[8-¹⁴C]腺嘌呤示踪咖啡碱的生物合成,结果发现,咖啡碱合成的前体物质可可碱仅存在于幼嫩叶片中(图2-6);在幼嫩叶片中大量的[8-¹⁴C]腺嘌呤可渗透入到可可碱和咖啡碱中;几乎所有咖啡碱都存在于叶片中。因此咖啡碱是在茶树幼嫩叶片中进行生物合成的,而在茎、根与子叶中合成能力很低甚至没有。

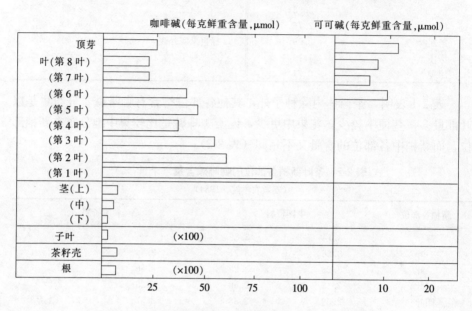

图 2-6　茶实生苗各部位及茶籽中咖啡碱、可可碱的分布

(H. Ashihara 等, 1992)

茶花中亦能进行咖啡碱的生物合成。T. Suzuki 等报道,在离体的茶花雄蕊、花瓣中,有25％的[8-¹⁴C]腺嘌呤可以渗透进可可碱、咖啡碱中。而且,助间型霉素(Coformycin,一种 AMP 脱氨酶的抑制剂)可抑制咖啡碱和可可碱的合成,说明咖啡碱的生物合成起始于 AMP 的脱氨作用。5-磷酸核糖果焦磷酸(5-Phosphoribosyl-1-Pyrophosphate,PRPP)是合成嘌呤核苷的最重要的先质。Fujimori N. 等(1993)在茶花的雄蕊和花瓣中发现了从葡萄糖合成 PRPP 的 5 种酶,而且这些酶的含量比那些不能合成咖啡碱的部位高得多,这说明咖啡碱可在雄蕊与花瓣中合成,同时也表明夏茶中咖啡碱含量下降并不是其向茶花中转移的结果。

Kato A. 等从茶叶叶片匀浆液中分离出叶绿体,并测定了其中的 SAM：7-甲基黄嘌呤 N-甲基转移酶(3-NMT)、磷酸甘油醛异构酶(磷酸甘油醛异构酶可以作为叶绿体和胞液的标记)的活性及叶绿素和蛋白质的含量,结果表明,绝大部分 SAM：7-甲基黄嘌呤 N-甲基转移酶呈现一个与叶绿素分布相对应的尖峰，这说明酶活性与叶绿体密切相关，3-NMT 酶可能存在叶绿体中（Kato A. Crozier A. andAshihara A. 1998）。在 PRPP、谷氨酰胺、天冬氨酸、ATP、碳酸氢盐、甲基四氢叶酸、$MgCl_2$ 和 KCl 存在的情况下，豌豆的叶绿体和根瘤前质体可以合成嘌呤碱。Doremus H. 和 Jagendorf A. 在一种绿色藻类——*Briopsis* sp. 的叶中也发现了 PRPP 合成酶（Doremus H. and Jagendorf A. 1984，Ashihara H. 1990），催化 IMP 合成黄苷（Xanthosine）的关键酶——5′-核苷酸酶和 IMP 脱氢酶也已在 *Beta vykgarus* 的叶绿体中发现（Eastwekk J. C. and Stumpf P. K. 1982）。从以上可以推测，茶叶中的嘌呤可能是在叶绿体中从先质直接合成，这些嘌呤又可以在这里转化成咖啡碱。在茶叶细胞的液泡中，咖啡碱可与绿原酸以结合的形式存在（Mosli waldhauser S. S. 等，1996）。

（二）咖啡碱生物合成中嘌呤环的来源及嘌呤环的甲基化

英国 D. B. Agutuga 等人，用甲酸胺加到愈伤组织生长的培养基中进行实验，发现甲酸胺对咖啡碱的形成有明显的影响（表 2-3）。表 2-3 的实验结果表明，加入甲酸胺后，咖啡碱的生成量大量增加。此外，用 $(^{15}NH_4)_2SO_4$ 溶液浸入茶树 5 月份嫩梢，经过 1～2 周后，^{15}N 标记在咖啡碱上。

表 2-3　在茶树愈伤组织生长培养基中，加各种甲酸胺的量对咖啡碱形成的影响

（愈伤组织从接种后按 12h 光和 12h 暗，于 26℃下生长 30d）

（D. B. Agutuga 等，1970）

加到培养基中甲酸胺的量（mg/l）	咖 啡 碱		愈伤组织干重	咖啡碱产量（µg/g 组织干重）
	愈伤组织（µg）	培养基（µg）	愈伤组织（g）	
50	140	172	0.21	1 490
75	84	160	0.22	1 110
100	160	220	0.28	1 360
125	68	162	0.22	1 140
150	129	162	0.25	1 144
对照	80	0	0.2	400

上述实验表明，咖啡碱结构的 4 个氮也可以和其他生物中的嘌呤碱一样，用无机铵态氮进入结构参加嘌呤环的合成。咖啡碱的结构特点是黄嘌呤在 1，3，7 位置的 N 上连接 3 个甲基，生物合成中，一需要嘌呤环的来源，二需要甲基供体。关于嘌呤的生物合成已研究得较为成熟。已有研究表明，茶树中咖啡碱生物合成的嘌呤环，既可来自甘氨酸、谷酰胺、甲酸盐和二氧化碳的直接合成，又可来自核酸代谢的核苷酸代谢库中的嘌呤，近年来对后一来源进行了较为详细的研究，研究结果认为核苷酸库中腺嘌呤是咖啡碱合成的最有效的前体，咖啡碱合成中的甲基主要来源于 S-腺苷蛋氨酸，而转甲基作用则依赖于

N-甲基转移酶的活性。

1. 嘌呤环的直接生物合成 在核酸生物合成中 T. M. Buchana 等人已用同位素标记法对嘌呤中各氮、碳原子的先质来源进行了详细研究。结果证明，环中 C_4、C_5 分别来自甘氨酸中的羧基和 α-碳原子，N_7 来自甘氨酸中的氨基，C_2、C_8 来自甲酸盐，N_3、N_9 来自谷氨酰胺，N_1 来自天冬氨酸，C_6 来自二氧化碳（图 2-7）。

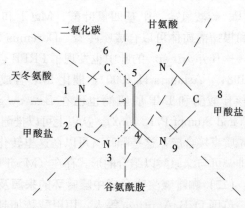

图 2-7 嘌呤环原子的来源

嘌呤环的生物合成不是先形成游离嘌呤骨架而后转变成嘌呤核苷酸，而是首先以核糖-5-磷酸为起始物质，并在此基础上逐步将先质中碳、氮原子一个一个连接而成次黄嘌呤核苷酸（图 2-8）。具体有以下过程：

（1）核糖-5-磷酸与 ATP 生成 5-磷酸核糖焦磷酸酯（PRPP）。

$$R\text{-}5\text{-}P + ATP \xrightarrow{\text{磷酸核糖焦磷酸激酶}} PRPP + AMP$$

（2）PRPP 与谷氨酰胺作用，生成 5-磷酸核糖胺（PRA）。

$$PRPP + 谷氨酰胺 \xrightarrow{\text{磷酸核糖焦磷酸酰胺基转移酶}} PRA + 谷氨酸 + 焦磷酸$$

（3）PRA 在 ATP 参加下与甘氨酸作用，生成甘氨酰胺核苷酸（GAR）。

$$PRA + 甘氨酸 + ATP \xrightarrow{\text{甘氨酰胺核苷酸合成酶}} GAR + ADP + Pi$$

（4）GAR 进一步甲酰化，生成 N-甲酰甘氨酰胺核苷酸（FGAR）。

$$GAR + N^5, N^{10}\text{-}甲酰四氢叶酸 + H_2O \xrightarrow{\text{甘氨酰胺核苷酸甲酰基转移酶}} FGAR + 四氢叶酸$$

（5）FGAR 与谷氨酰胺，ATP 作用，生成 N-甲酰甘氨咪核苷酸（N-FGAMR）。

$$FGAR + 谷氨酰胺 + ATP \xrightarrow[\text{合成酶}]{\text{甲酰甘氨咪核苷酸}} N\text{-}FGAMR + 谷氨酸 + ADP + Pi$$

（6）N-FGAMR 在 ATP 作用下环化，生成 5-氨基咪唑核苷酸（AIR）。

$$N\text{-}FGAMR + ATP \xrightarrow{\text{氨基咪唑核苷酸合成酶}} AIR + ADP + Pi$$

（7）AIR 与 CO_2 反应，生成 5-氨基咪唑-4-羧酸核苷酸（AICAR）。

$$AIR + CO_2 \xrightarrow{\text{氨基咪唑核苷酸羧化酶}} AICAR$$

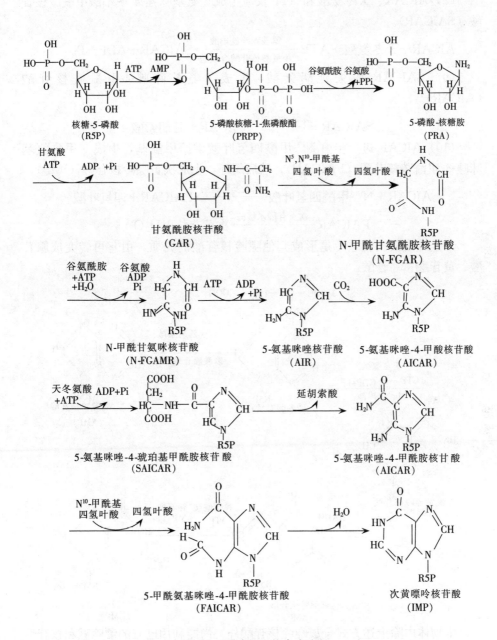

图 2-8　嘌呤的生物合成途径

（L. 比弗斯，1981）

（8）AICAR、天冬氨酸和 ATP 反应生成 5-氨基咪唑-4-琥珀酸甲酰胺核苷酸（SAICAR）。

$$AICAR+天冬氨酸+ATP \xrightarrow[\text{甲酰胺核苷酸合成酶}]{\text{氨基咪唑琥珀酸}} SAICAR+ADP+Pi$$

（9）SAICAR 脱去延胡索酸，生成 5-氨基咪唑-4-甲酰胺核苷酸（AICAR）。

$$SAICAR \xrightarrow{\text{腺苷酸裂解酶}} AICAR+延胡索酸$$

（10）AICAR 进一步由 N^{10}-甲酰四氢叶酸供给甲酰基，生成 5-甲酰氨基咪唑-4-甲酰胺核苷酸（FAICAR），然后闭环，生成次黄嘌呤核苷酸（IMP）。

$$AICAR+N^{10}-甲酰四氢叶酸 \xrightarrow{\text{甲酰基转移酶}} FAICAR+四氢叶酸$$

$$FAICAR \xrightarrow{\text{次黄苷酸水解酶}} 次黄苷酸+H_2O$$

以上合成的次黄嘌呤是形成其他嘌呤核苷酸的先质，由它可转变成腺苷酸、黄苷酸、鸟苷酸。

生物体内除上述方式合成嘌呤核苷酸外，尚能利用已有的嘌呤碱和核苷形成嘌呤核苷酸。现已知道，嘌呤碱与 1-磷酸核糖通过核苷磷酸化酶的作用，可生成嘌呤核苷，后者再经核苷磷酸激酶的作用，由 ATP 供给磷酸基，即形成嘌呤核苷酸。嘌呤碱与 5-磷酸核糖焦磷酸通过核苷酸焦磷酸化酶的作用，也可形成嘌呤核苷酸。其反应如下：

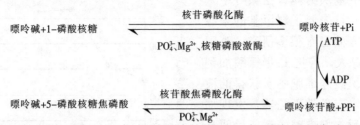

由此可知，腺嘌呤可以合成腺嘌呤核苷酸，鸟嘌呤可以合成鸟嘌呤核苷酸。这些嘌呤核苷酸的产生，在生物体内除参加核酸的合成外，还能转化成多种嘌呤衍生物。根据研究资料表明，在茶树体内用于合成生物碱的嘌呤大多来自核苷酸库，库中的腺嘌呤核苷酸被认为是最有效的前体，由它可在一系列酶的作用下转化成为咖啡碱。

2. **核酸降解**　由于核酸组成中有嘌呤核苷酸，当大分子核酸降解时，就有许多的腺苷酸和鸟苷酸从结合态中游离出来，而它们又能分别转化为次黄苷酸和黄苷酸。

由于这些嘌呤核苷酸的相互转化，能够为咖啡碱合成提供嘌呤环来源，所以核酸降解与咖啡碱合成有密切的关系。英国Agutuga 等人在通过培养愈伤组织研究咖啡碱的合成时，曾把酵母 RNA 加到愈伤组织破碎细胞中，所获得的液体于一定条件下培养，结果发现咖啡碱的生成量增加。

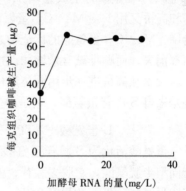

图 2-9　酵母 RNA 的量与咖啡碱的形成关系

此外，Sevenkor 将采下来的茶叶渗入 RNA 后，发现茶叶中咖啡碱含量增加。Wood 和 Chanda 还在茶叶制造中发现茶叶长时间萎调后，咖啡碱含量增加，RNA 减少。日本铃木和高桥进一步研究，结果证明咖啡碱中的嘌呤环是来自核苷酸库中的嘌呤核苷酸。这说明咖啡碱和核酸之间不是直接转化关系，而是通过核酸降解后的嘌呤核苷酸，提供嘌呤环，而使咖啡碱的合成量增加。

从以上嘌呤来源的途径可看出，无论是直接合成，还是核酸降解，它们和咖啡碱合成的关系，都是嘌呤核苷酸为咖啡碱提供嘌呤环来源的结果。而嘌呤核苷酸既是合成的原料，又是核酸降解的产物，当核酸合成时，就通过直接合成途径形成嘌呤核苷酸，当核酸降解时，又能游离出嘌呤核苷酸。因此，咖啡碱中嘌呤环的来源实际上是和核酸代谢有关。当然也不能排除咖啡碱可以通过嘌呤基重新再利用的途径来合成嘌呤核苷酸的可能性。

3. 嘌呤的甲基化

（1）甲基供给体。在嘌呤甲基化过程中，首先要了解甲基的来源问题，这方面已有很多研究。英国Agutuga等人，曾把L-蛋氨酸加到从愈伤组织破碎细胞中所获得的液体中，在一定条件下培养，发现加入蛋氨酸后，咖啡碱的生成量明显增加（图2-10）。铃木曾报道，茶树新梢饲喂L-［Me-14C］蛋氨酸后，1h内发现有大量带标记的可可碱、咖啡碱。咖啡碱的生成量增加。铃

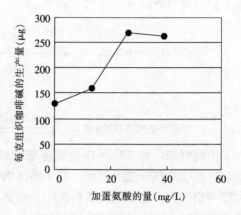

图2-10　蛋氨酸与咖啡碱的形成关系

木和高桥又用L-［Me-14C］蛋氨酸饲喂离体茶梢，实验结果发现，在间歇供给L-［Me-14C］蛋氨酸的标记物之后，几乎所有的L-［Me-14C］蛋氨酸在1h内都消失，而咖啡碱含量增加。这都说明蛋氨酸和咖啡碱的生成有关。

铃木和高桥进一步用同位素标记法试验，结果证明咖啡碱中嘌呤环上的甲基是来自S-腺苷蛋氨酸，它是由蛋氨酸与ATP作用转化而来的。

$$\text{L-蛋氨酸}+\text{ATP} \xrightarrow{\text{腺苷酸转移酶}} \text{S-腺苷蛋氨酸}+\text{磷酸}$$

蛋氨酸活化为S-腺苷蛋氨酸后即可提供甲基，当供出甲基后，变成S-腺苷同型半胱氨酸，它脱去腺苷，就变成同型半胱氨酸。而它再接受甲基，又能变成蛋氨酸。蛋氨酸再活化后，又产生S-腺苷蛋氨酸。这样循环往复，在生物体内形成蛋氨酸的甲基转移循环（图2-11）。

腺苷—S⁺—CH₃	腺苷—S	SH	S—CH₃
CH₂	CH₂	CH₂	N—CH₂—FH₄　CH₂
CH₂	CH₂	CH₂	CH₂
CHNH₂	CHNH₂	CHNH₂	CHNH₂
COOH	COOH	COOH	COOH
S-腺苷蛋氨酸	S-腺苷同型半胱氨酸	同型半胱氨酸	蛋氨酸

在这个循环中，S-腺苷蛋氨酸不断地供给甲基，因此S-腺苷蛋氨酸在代谢上是一个重要的甲基供给体，它是生物体内许多化合物合成中甲基的主要来源，咖啡碱结构上的3个甲基也全部都是由它直接供给的。因此，S-腺苷蛋氨酸是咖啡碱合成中甲基化作用的甲基直接供给体。

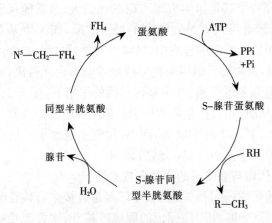

图 2-11　蛋氨酸的甲基转移循环

（2）甲基的转移和甲基化顺序。由 S-腺苷蛋氨酸提供的甲基，转移到嘌呤环上去还需要一个转移过程。在这一转移甲基过程中，起辅酶作用的是四氢叶酸（FH_4），它是一碳单位的载体，在生物体内有转移甲基（—CH_3）、亚甲基（—CH_2—）、甲酰基（—CHO）等一碳单位的作用。在嘌呤合成中，环上的甲酰基是通过 N^{10}-甲酰四氢叶酸转入。在嘌呤甲基化中，甲基的转移也是由四氢叶酸接受 S-腺苷蛋氨酸供给的甲基，变成 N^5-甲基四氢叶酸，在甲基转移酶的作用下，携带甲基的四氢叶酸即可将甲基转移到嘌呤环上去，从而完成甲基化作用。

铃木和高桥从茶叶制备提取物的研究中发现有甲基转移酶的存在，并应用此酶和多种不同的基质作用，来研究甲基化的顺序，结果见表 2-4。

表 2-4　各种黄嘌呤甲基化作用的结果

基　　质	甲基化生成物	相对甲基化作用（%）
7-甲基黄嘌呤	可可碱	100
3-甲基黄嘌呤	茶叶碱	<1
1-甲基黄嘌呤	茶叶碱	4～5
	拟黄嘌呤	3～4
可可碱	咖啡碱	20～30
茶叶碱	咖啡碱	2～3
拟黄嘌呤	咖啡碱	200～300
黄嘌呤	—	0
黄苷	—	0
黄嘌呤核苷酸	—	0
次黄嘌呤	—	0

表 2-4 中的试验结果表明，拟黄嘌呤在甲基黄嘌呤类中活性最高，从拟黄嘌呤形成咖啡碱比从 7-甲基黄嘌呤形成的可可碱高 2～3 倍，然而，从 1-甲基黄嘌呤形成的拟黄嘌呤却很少，这就表明由拟黄嘌呤向咖啡碱的转化量不可能很多。此外，由茶叶碱转化成咖啡碱的甲基化程度也很低，而且，由 3-甲基黄嘌呤转化成茶叶碱的量又很少，所以拟黄嘌呤和茶叶碱都不可能是合成咖啡碱的主要先质。

但是，由可可碱甲基化后生成咖啡碱的比例要比其他基质甲基化生成咖啡碱的比例大,而且,由 7-甲基黄嘌呤甲基化后生成可可碱的比例大,这就能保证有大量的可可碱向咖啡碱转化,因此可可碱是咖啡碱的最好先质,而 7-甲基黄嘌呤又是可可碱的最好先质。所以咖啡碱的合成中,嘌呤甲基化的过程,是先由7-甲基黄嘌呤甲基化形成可可碱,再由可可碱甲基化形成咖啡碱。由此得出,咖啡碱嘌呤环上的甲基是由 S-腺苷蛋氨酸供给,在甲基转移酶的作用下,按 7、3、1 氮原子位置的先后顺序进行甲基化作用。产生此顺序的原因与嘌呤环上氢原子的酸度不同有关。在 N_7 和 N_3 上,氢原子的酸度高,而 N_1 位置上氢原子酸度很低,所以在嘌呤甲基化时,取代的顺序是 N_7 和 N_3,然后是 N_1。

(三) 茶树体内的嘌呤合成代谢与咖啡碱的生物合成途径

咖啡碱的生物合成与核酸的代谢密切相关,其嘌呤环多是直接来自核苷酸库中的嘌呤核苷酸。O. Negish 等(1991)用 [14]C 标记的腺嘌呤核苷、次黄嘌呤核苷、鸟嘌呤核苷、黄嘌呤核苷渗入离体的茶树新梢中,结果发现前三者渗入咖啡碱中的渗入率较高(标记 24h 后达 50%~60%),而黄嘌呤核苷直接渗透入 7-甲基黄嘌呤核苷、可可碱与咖啡碱中。T. Suzuki 等报道,在加入外源嘌呤作为咖啡碱生物合成的前体物质的情况下,腺嘌呤是咖啡碱合成的最有效的前体物质。同时,在植物细胞中,通常腺嘌呤核苷的浓度比鸟嘌呤核苷的浓度高得多,作为嘌呤碱生物合成的前体,其被利用率比鸟嘌呤核苷高。这也可从茶树叶片中腺嘌呤核苷激酶活性比核苷磷酸转移酶活性高得多得到证明(表 2-5)。

表 2-5　茶叶游离细胞抽提液中与核苷转化相关的酶的活性

(T. Suzuki 等, 1991)

酶	反　　应	比活性* (dpm/管)
激酶	腺嘌呤核苷→腺苷酸	30 700
磷酸转移酶	次黄嘌呤核苷→次黄苷酸	2 600
	黄嘌呤核苷→黄苷酸	240
	鸟嘌呤核苷→鸟苷酸	2 380
脱氢酶	腺嘌呤核苷→次黄嘌呤	0
	鸟黄嘌呤→黄嘌呤核苷	770
脱氢酶	次黄嘌呤核苷→黄嘌呤核苷	0

* 分析条件:pH 7.5;30℃;20min;100 000dpm;核苷:0.1mmol/L。

此外,未能检出催化腺嘌呤核苷→次黄嘌呤核苷→黄嘌呤核苷的酶活性,由此认为,这些核苷并不是直接转化成黄嘌呤核苷而用于咖啡碱的生物合成。在咖啡碱合成中,黄嘌呤核苷未磷酸化的现象表明,次黄嘌呤核苷酸是咖啡碱合成的中间体,其他核苷应经次黄嘌呤核苷酸再用于咖啡碱的生物合成。因此从腺嘌呤核苷合成咖啡碱的途径如下:腺苷酸→次黄苷酸→黄苷酸→黄嘌呤核苷→7-甲基黄嘌呤核苷→7-甲基黄嘌呤→可可碱→咖啡碱。鸟嘌呤核苷转变为黄嘌呤核苷的酶的活性已被检出,但活性较低。说明茶树体内存在着鸟苷转化为黄苷的代谢途径。咖啡碱合成途径概括于图 2-12。

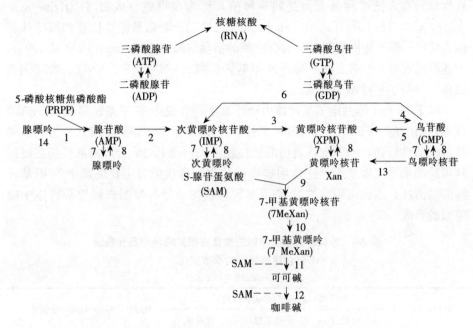

图 2-12 茶树体内、咖啡碱的生物合成途径

（曾晓雄、谭淑宜，1992）

1. 腺苷酸琥珀合成酶与裂解酶 2. AMP 脱氨酶 3. IMP 脱氢酶 4. GMP 合成酶
5. GMP 脱氨酶 6. GMP 还原酶 7. 5′-核苷酸酶或磷酸酶 8. 核苷激酶或核苷
转磷酸酶 9、11、12. N-甲基转移酶 10. N-甲基核苷酶
13. 鸟嘌呤核苷脱氨酶 14. PRPP 合成酶

（四）咖啡碱生物合成中重要的酶

1. N-甲基转移酶 茶树体内只有 3 种 N-甲基转移酶，分别为黄嘌呤核苷
N-甲基转移酶（7-NMT）、7-甲基黄嘌呤 N-甲基转移酶（3-NMT）和可可碱
N-甲基转移酶（1-NMT）。其中以 7-甲基黄嘌呤 N-甲基转移酶活性最高，它
的活性是其他 2 种 N-甲基转移酶活性总和的 10 倍以上（表 2-5），因此，在生
物合成旺盛的芽叶中，常常有可可碱的大量积累。H. Ashihara 等研究发现，4
个月的茶树幼苗中的咖啡碱主要分布在叶片内，而合成咖啡碱的先质可可碱只
存在嫩叶中，咖啡碱是在嫩叶中经可可碱合成的。目前，茶叶中的咖啡碱合成
酶已经得到分离纯化，并对其性质进行了全面的研究（Kato M. Mizuno K. et
al. 1999）。而且，茶树中的咖啡碱合成酶基因的 cDNA 全长已经克隆（Kato
M. Mizuno K. et al. 2000），催化甲基化反应的 2 种 N-甲基化转移酶（3-NMT、
1-NMT）很多性质相同，如最适 pH 均为 8.5，Mg^{2+}、Ca^{2+} 和 Mn^{2+} 都能微弱

刺激酶的活性，Hg^{2+} 和 Cu^{2+} 能强烈地抑制酶的活性，巯基试剂对活性几乎没有影响，有人把 2 种酶看做是同一种酶，称为咖啡碱合成酶（Caffeine synthase，CS）（Suzuki T. and Takahashi E. 1975）。若以黄嘌呤核苷和嘌呤核苷酸为底物，则不能检测到咖啡碱合成酶的活性（Kato M. Mizuno K. et al. 1999），上述研究表明至少有 2 种不同的 N-甲基转移酶（3-NMT 和 1-NMT，咖啡碱合成酶）参与了咖啡碱的合成。

N. Fujimori 等测定了茶树体内嘌呤碱生物合成中 N-甲基转移酶与 5-磷酸核糖焦磷酸酯（PRPP）合成酶的活性，发现 N-甲基转移酶在四五月份的茶树叶片上活性最强，但到七八月份酶活性就消失，而 PRPP 合成酶活性仍然维持到可检测水平（表 2-6），这说明咖啡碱的生物合成能力主要决定于 N-甲基转移酶的活性，因此可望通过对 N-甲基转移酶的诱导与抑制来调控茶树体中咖啡碱的合成。

表 2-6　茶树叶片中咖啡碱生物合成相关的 N-甲基转移酶
及 PRPP 合成酶活性的季节变化

(N. Fujimori 等，1992)

取样时间	N-甲基转移酶（pRat/g 鲜重）			PRPP 合成酶（pRat/g 鲜重）
	黄嘌呤核苷	7-甲基黄嘌呤	可可碱	
	18 ± 2	288 ± 3	30 ± 2	$1\,115\pm45$
5 月 1 日	13 ± 3	195 ± 13	20 ± 3	763 ± 72
6 月 1 日	<1	15 ± 2	<1	67 ± 3
7 月 1 日	未测出	<1	未测出	73 ± 27
8 月 1 日	未测出	未测出	未测出	42 ± 10

2. **N-甲基核苷酶**　该酶主要是催化 7-甲基黄嘌呤核苷变为 7-甲基黄嘌呤的反应。根据交联葡聚糖凝胶（SephadexG-100）测定其相对分子质量大约为 55 000，最适 pH 为 8.0～8.5，最适温度为 40～45℃。此酶在水解 7-甲基黄嘌呤核苷时，所产生的 D-核糖其 5′末端未磷酸化，可见它是核苷水解酶，而不是核苷磷酸化酶。高浓度的 7-甲基次黄嘌呤核苷酸对此酶有相当大的抑制作用，因此它也是咖啡碱合成中的一个调节酶，如果没有该酶对 7-甲基黄嘌呤核苷的水解，以后嘌呤甲基化，进而生成咖啡碱的反应就无法进行。

据研究，腺苷酶对 7-甲基黄苷也有一定的水解作用，但它的活性远不如 7-甲基黄嘌呤核苷酶的活性高，并且腺苷酶对 7-甲基腺苷有专一性，而 7-甲基黄嘌呤核苷酶的专一性不如腺苷酶，它对嘌呤核苷类均有不同程度的水解作用，因此人们认为腺苷酶是腺嘌呤补救途径的一个重要酶。

3. **次黄嘌呤核苷酸脱氢酶**　Kiyok. N 等（1993）研究了次黄嘌呤核苷酸脱氢酶（IMPDH，EC1.1.1.205）的特性，研究结果表明，最适 pH 范围较宽

（8.8～9.8）。推测反应中产生了质子，因而是产物抑制剂，米氏常数为 28μmol/L，该酶受嘌呤核苷酸的抑制，抑制敏感性为 GMP＞XMP＞AMP。按 Dixon 方法计算，认为鸟嘌呤核苷酸对 IMPDH 的抑制模型为竞争性抑制。IMPDH 可能是嘌呤类核苷酸转化为咖啡碱和鸟嘌呤核苷酸合成的关键酶类。

4. AMP 脱氨酶　Fujimori N，Ashihara H（1993）研究了茶树花芽中嘌呤碱的生物合成。试验表明［8-^{14}C］腺嘌呤在雄蕊中先转化成腺嘌呤核苷酸，然后转化成可可碱和咖啡碱，如果加入 AMP 脱氨酶抑制剂（Coformycin），能够抑制转化成嘌呤碱的放射强度。说明从腺嘌呤核苷酸合成咖啡碱受 AMP 脱氨酶活性所调控。在茶花的雄蕊和花瓣中均发现了从葡萄糖合成 5-磷酸核糖焦磷酸所需的 5 种酶。

三、茶树体内咖啡碱的分解

咖啡碱在茶树体内的代谢，一方面是合成，另一方面是分解。它的分解与腺嘌呤和鸟嘌呤的分解相类似，都是先脱去环上的基团，变成黄嘌呤。其图示如下：

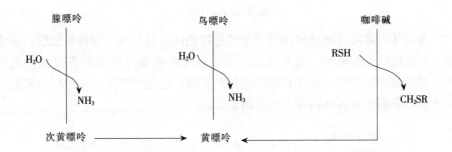

所不同的是腺嘌呤和鸟嘌呤脱去的是氨基，而咖啡碱脱去的是甲基，脱下的甲基又可以通过四氢叶酸载体，在相应酶的作用下，转移到其他的化合物中。而黄嘌呤会有两种去向，一种是继续分解，另一种也可能又转化为其他嘌呤核苷酸被再利用。黄嘌呤在茶树体内的分解已有报道，它在茶树体内是通过和动物体内相同的途径进行分解的。首先是在黄嘌呤氧化酶的作用下，氧化成尿酸。它的进一步分解是因不同种类的生物体内有关分解酶是否存在而异。人和动物体内分解尿酸的能力较低，常以尿酸为最终产物。而植物体内因广泛地存在着尿囊素酶、尿囊酸酶和尿酶等一系列酶，因此能继续分解尿酸。并在尿酸氧化酶的作用下，氧化成尿囊素。而它又能在尿囊素酶作用下，水解生成尿

囊酸。然后进一步在尿囊酸酶的作用下，水解生成尿素和乙醛酸。最后又在尿酶的作用下，尿素分解成氨和二氧化碳。黄嘌呤的分解反应过程如图 2-13 所示。

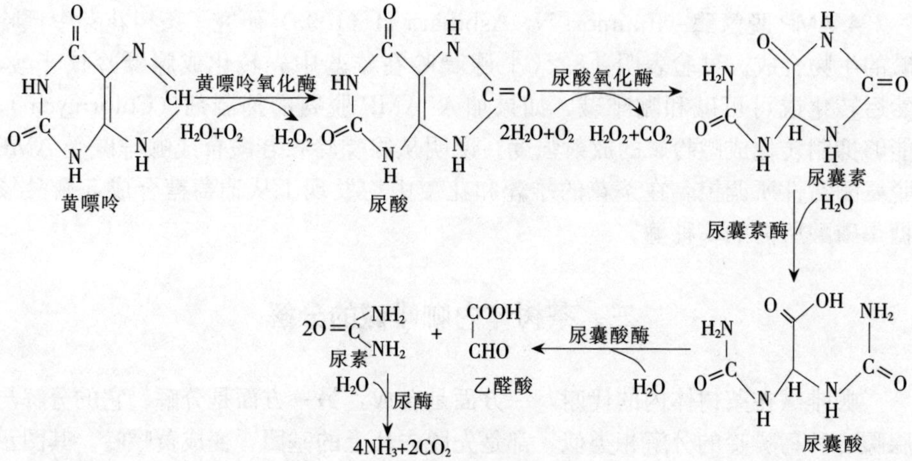

图 2-13　黄嘌呤的分解代谢途径

（安徽农学院，1984）

茶树体内黄嘌呤的分解途径和上述过程相同，其分解产物也是尿酸、尿囊素、尿囊酸以及尿素和二氧化碳等。由于各嘌呤碱的分解都是先转化为黄嘌呤，然后再继续分解，因此黄嘌呤的分解产物，也是咖啡碱和其他嘌呤碱的分解产物，它们在茶树体内有下列分解途径。

咖啡碱和其他嘌呤碱 →黄嘌呤→尿酸→尿囊素→尿囊酸→尿素→CO_2

据报道，植物体内这类嘌呤碱分解代谢主要发生于老叶，分解后生成的尿酸、尿囊素可从叶子中转运出来，作为储备物质到春天生长时再重新利用。而茶树体内的黄嘌呤分解产物中，又是以尿酸和尿囊素为主。所以这种形式的分解产物，在茶树体内还有贮藏组分的作用。

但是，人们饮茶后，咖啡碱进入人体内的分解情况有所不同。由于人体内缺乏分解尿酸的能力，咖啡碱在人体内除脱去部分甲基外，就被氧化成尿酸，因此大部分是以甲基尿酸或尿酸的形式排出体外，而不在体内积累，所以不会对人体造成危害。

通过对咖啡碱的合成与分解的研究，可以清楚地看到，茶树体内咖啡碱的代谢和核酸、蛋白质代谢紧密相连。核酸中的嘌呤核苷酸,蛋白质中的蛋氨酸、甘氨酸、谷酰胺、天冬氨酸等都和咖啡碱的合成有关。因此,在核酸、蛋白质代谢旺盛的嫩叶中,咖啡碱含量最多,随着芽叶老化,代谢强度减弱,以及嘌呤本身分解代谢的加强,老叶中的咖啡碱含量明显减少。它们之间这种显著的相关性,也说明咖啡碱在茶树体内是积极参加新梢中的物质代谢活动的,并随代谢强度的变化而变化。所以,有的资料称咖啡碱是生命源泉细胞核的诱导体,也有的称咖啡碱有抑制环化腺苷酸水解的作用,因而具有类似肾上腺素的效应。虽然这些提法目前还未能肯定,但从咖啡碱在新梢中的分布规律,可以推测它和新梢芽叶生长是有关系的。

因此,咖啡碱在茶树体内具有一定的生理作用。但目前这方面的认识还不够,随着今后科学的发展,茶树生理生化的深入研究,这一问题也一定会逐步得到阐明。

第三节 茶树中的茶氨酸代谢

蛋白质及氨基酸的代谢在基础生物化学中已有详细介绍,本节重点介绍植物界仅存于茶树及少量山茶科植物中的非蛋白质氨基酸——茶氨酸的代谢。

$$HO-\overset{\overset{\displaystyle O}{\|}}{C}-\underset{\underset{\displaystyle NH_2}{|}}{CH}-CH_2-CH_2-\overset{\overset{\displaystyle O}{\|}}{C}-NH-CH_2-CH_3$$

茶氨酸的分子结构

一、氨基酸在茶树中的分布

发芽前的种子中主要的氨基酸和酰胺是茶氨酸,发芽以后,子叶茶树仍以茶氨酸和精氨酸为主,但是,根中的茶氨酸占氨基酸总量的80%左右,精氨酸占10%左右。当茶树幼根和茎叶开始生长时,它们所含氨基酸化合物是由子叶中蛋白质水解产物运输而来的。不久,幼苗即将开始分化,于是开始吸收无机氮合成氨基酸。茶树氨基酸分布在茶树各个组织,含量差异较大。表2-7表明,游离氨基酸以第一叶最高,茎木质部最低,前者高出后者10倍以上。含量较高的几个部位,如第一叶、子叶及果皮,比其他部位都高出许多倍。据分析,茶氨酸在各个组织中(除果实外)含量都十分突出,由于它与茶叶品质的关系密切,一直受到重视。在不同叶位和不同等级的茶叶中茶氨酸的含量各不相同（表 2-8、2-9）。

表 2-7　茶树各组织和汁液中游离氨基酸含量（100g 鲜重所含毫克数）

（Selendran，1973）

氨基酸	第一叶	第六叶	茎皮	茎木质部	根皮	根木质部	吸收根	果皮	子叶	汁液
天冬氨酸	25.1	9.7	2.5	2.7	3.2	3.4	1.6	15.0	22.4	0.2
谷氨酸	49.5	17.8	3.0	6.9	7.2	5.8	1.8	21.0	17.6	0.6
丝氨酸	15.6	4.3	3.2	0.2	1.3	1.4	0.6	14.2	5.8	微量
天冬氨酰胺	3.4	—	—	—	—	—	—	17.7	—	—
苏氨酸	4.6	—	—	—	—	—	—	2.3	微量	—
丙氨酸	4.6	4.3	4.2	1.1	1.4	1.7	1.1	7.2	15.2	—
谷氨酰胺	6.9	7.8	5.1	4.5	11.5	2.4	2.0	12.4	36.6	4.8
未知物（肽）	—	—	—	5.0	—	7.1	—	—	—	—
γ-氨基丁酸	—	0.8	6.1	3.3	29	1.5	0.6	5.0	7.4	—
缬氨酸	1.8	—	—	微量	—	微量	—	2.7	5.8	—
亮氨酸	2.5	微量	—	微量	—	微量	—	—	—	—
未知物	—	—	—	微量	1.9	1.0	1.2	—	—	0.4
豆叶氨酸*	—	—	—	—	—	—	—	21.0	29.8	—
茶氨酸	214.0	21.3	8.9	6.9	49.0	13.8	38.3	微量	—	3.5
赖氨酸	—	—	—	—	—	—	—	—	6.0	—
半胱氨酸	—	微量	微量	微量	微量	微量	—	微量	微量	—
总量**	328.0	66.1	33.0	30.4	78.4	38.1	47.2	126.0	151.8	9.5

* 豆叶氨酸（Pipecolic acid），又称六氢吡啶羧酸；

** 总量为 100ml 汁液含氨基酸的毫克数。

表 2-8　不同叶位茶氨酸的含量（每 100g 叶含量）

叶 位	芽 叶	第二叶	第三叶	第四、五叶
含 量（mg）	1 150	960	750	590

表 2-9　不同等级煎茶中茶氨酸及总氨基酸含量（每 100g 所含毫克数）

（鸟井秀一，1972）

	高 档	中 档	低 档
总氨基酸	2 870	1 470	990
茶氨酸	1 900	960	610
其他氨基酸	970	510	380

　　不同茶树品种，不同轮次叶片中的氨基酸含量不同。茶树体游离氨基酸在各组织中的相对含量和分布情况还受茶树的生育阶段、营养状况的影响。茶树新梢开始萌发以后，主根和成叶中贮藏的氮开始趋于减少，而茎、枝、新梢中贮存的含氮量递增。随着新梢的伸长发育，氮素不断地往新梢运输，根部吸收的氮则大量地输送给叶部（表 2-10）。

表 2-10 茶树体内贮存氮和新吸收氮含量的变化 [N/干物质（%）]

（竹尾忠一，1981）

	细根	主根	茎	枝	成叶	新梢
开 始	0.74	0.48	0.35	0.76	1.64	—
5 d						
新吸收氮	0.11	0.08	0.10	0.06	0.25	—
贮存氮	0.74	0.40	0.42	0.74	1.50	—
全氮量	0.85	0.48	0.52	0.80	1.75	—
11 d						
新吸收氮	0.20	0.10	0.15	0.15	0.55	—
贮存氮	0.74	0.40	0.46	0.66	1.50	—
全氮量	0.94	0.50	0.61	0.31	2.05	—
25 d						
新吸收氮	0.41	0.12	0.20	0.20	1.80	2.85
贮存氮	0.82	0.37	0.45	0.64	1.40	1.35
全氮量	1.23	0.49	0.65	0.84	2.40	4.20
56 d						
新吸收氮	0.36	0.10	0.18	0.29	0.75	1.60
贮存氮	0.54	0.30	0.44	0.54	1.25	0.70
全氮量	0.90	0.40	0.62	0.83	2.00	2.30

新吸收氮：茶树各器官新吸收的标记氮素 [施用 ^{15}N-硫酸铵（丰度大于 10%）]；

贮存氮：吸收 ^{15}N 之前，茶树各器官中原有氮素。

茶树因施肥种类不同，对其氨基酸、酰胺等的分配和积累亦有明显的差异，施用铵态氮肥初期，茶树体谷氨酰胺的浓度急剧上升，茶树根部茶氨酸、精氨酸和谷氨酰胺的浓度也呈直线上升，但不久，除茶氨酸的浓度仍继续提高外，其他氨基酸都有所下降。这时，地上部分以精氨酸为主，根部主要是茶氨酸。硝态氮肥的用量与根部氨基酸类化合物的浓度不呈现上述关系（表 2-11）。

表 2-11 施用 NH_4-N 和 NO_3-N 茶根中氨基酸含量的变化

（竹尾忠一，1981）

氨基酸（mg/g）	NO_3-N（mg/kg）				NH_4-N（mg/kg）		
	0	25	50	100	25	50	100
天冬氨酸	0.16	0.19	0.33	0.49	0.23	0.21	0.26
谷氨酸	0.16	0.25	0.46	0.59	0.31	0.31	0.28
苏氨酸	痕量	0.04	0.07	痕量	0.07	0.04	0.10
丝氨酸	0.07	0.10	0.40	0.26	0.27	0.18	0.25
丙氨酸	0.05	0.09	0.24	0.18	0.13	0.12	0.23
精氨酸	1.75	1.93	2.57	1.37	5.62	2.04	7.92
天冬酰胺	痕量	痕量	痕量	痕量	痕量	0.20	0.53
谷酰胺	0.14	0.17	0.44	0.52	0.27	0.23	1.50
茶氨酸	1.07	1.37	7.04	4.41	3.37	6.11	16.89

试样：薮北种 4 年生扦插苗，分别施用硫酸铵或硝酸钙，秋季取样。

茶树氨基酸特别是茶氨酸的积累和分布也与其转移速度和利用速度有关。茶树氨基酸中以谷氨酸在茶树中利用最快,而茶氨酸贮存期长,因为茶氨酸由根部转移到叶部的速度和叶部利用的速度都比谷氨酰胺慢,新梢中的茶氨酸从萌发开始就具有较高的含量,随着新梢的生长一直保持较高的水平,这一点亦可看做茶氨酸在新梢中含量高的理由(表 2-12)。

表 2-12 新梢中积累的茶氨酸量(50 个茶梢中的毫克数)

(Hhlbrock k. et al, 1971)

日 期	含 量	日 期	含 量
3 月 19 日	25	5 月 4 日	600
26 日	40	11 日	735
4 月 5 日	55	8 月 31 日	2.5
9 日	65	9 月 7 日	4.5
16 日	60	13 日	5.5
23 日	115	22 日	28
		30 日	37

茶树经过1年的生长,体内氨基酸、酰胺发生相应的变化,如图2-14、2-15。

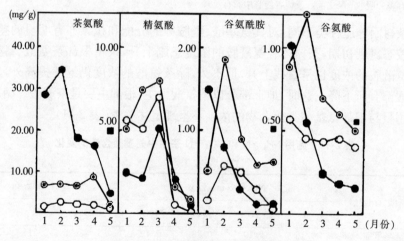

图 2-14 冬季茶树体内氨基酸含量的变化

● 根 ○ 主根 ◉ 茎+枝 ■ 新梢

冬季茶树处于休眠期,茶氨酸和谷氨酰胺主要贮存在根部,精氨酸则贮存于地上部,谷氨酸在各器官中含量均较高。翌年春天,茶芽开始萌发,根部茶氨酸、谷酰胺和谷氨酸浓度均趋于下降,相反,地上部的精氨酸、谷氨酰胺、谷氨酸由萌发之前的 2 月中旬到 3 月中旬上升,后下降。5 月份新梢中茶氨酸

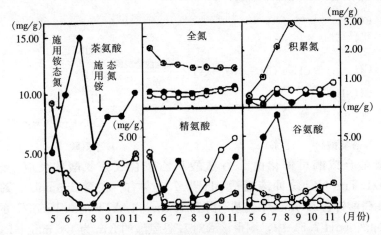

图 2-15　5~11 月份茶树体内氨基酸及氮含量的变化

● 根　○ 茎+枝　⊙ 叶

和谷氨酰胺含量仍有增加。如果在夏茶前施用铵态氮，可以看出，叶部全氮量有积累，但整个地上部氨基酸、酰胺仍保持较低水平，而根部茶氨酸、精氨酸、谷氨酸的浓度上升，但随着夏芽的萌发而下降。9 月份施用铵态氮，则促进根、茎、枝叶中茶氨酸、精氨酸浓度依次上升。秋冬期间，茶树各器官中这些氨基酸普遍趋于积累。实验分析表明，进入休眠期之前，施用的铵态肥被茶树吸收利用转变成茶氨酸、精氨酸、谷酰胺贮于茶根中，翌年春茶萌发，往新梢中运输，可见，茶树根部贮存的养分对新梢的生长发育起着很大的作用。

二、茶氨酸的生物合成

(一) 茶氨酸合成酶

1963 年，日本佐佐冈启等从茶籽苗中初步分离出了一种 L-谷氨酸—乙胺连接酶（EC 6.3.1.6），即茶氨酸合成酶。佐佐冈启等用茶籽苗制备丙酮粉，再用 50 mmol/L 磷酸钾缓冲液（pH 7.5）萃取，萃取液用 55％硫铵盐析沉淀，沉淀物重新溶于缓冲液中，再脱盐得粗酶液。经上述处理后的粗酶比活较缓冲液提取物的粗酶比活可提高 10 倍，以此作为茶氨酸合成酶的粗酶液，研究了酶的部分性质。

在−20℃贮存条件下的茶籽苗丙酮粉中，茶氨酸合成酶活性至少在 1 个月内没有明显损失。该酶经初步纯化以后，酶的比活上升，但更不稳定。0~5℃下，即使保存在 55％硫铵中，24h 后，酶活性也会损失 35％。这就大大增加了对该酶做进一步纯化的难度。

$$
\begin{array}{c}
\text{COOH} \\
| \\
\text{CH}_2 \\
| \\
\text{CH}_2 \quad + \quad {}^{14}\text{CH}_3-\text{CH}_2-\text{NH}_2+\text{ATP} \quad \xrightarrow[\text{Mg}^{2+}、\text{K}^+]{\text{茶氨酸合成酶}} \\
| \\
\text{CHNH}_2 \\
| \\
\text{COOH}
\end{array}
\qquad
\begin{array}{c}
\text{COOH} \\
| \\
\text{CHNH}_2 \\
| \\
\text{CH}_2 \\
| \\
\text{CH}_2 \\
| \\
\text{CONH}-{}^{14}\text{CH}_2-\text{CH}_3
\end{array}
$$

L-谷氨酸　　　乙胺　　　　　　　　　　　　　　　　　L-茶氨酸

茶氨酸合成酶可催化由 L-谷氨酸和乙胺合成茶氨酸的反应。该酶在 0.1 mol/L Tris-HCl 缓冲液最适 pH 为 7.5 左右。在含 25μmol/L 氯化镁、3μmol/L磷酸钾、$25\ \mu$mol/L 巯基乙醇和 10μmol/L ATP 的 0.1 mol/L 的 Tris-HCl 缓冲液（pH 7.5）中，测得该酶对 L-谷氨酸的 K_m 为 4.6 mmol/L，乙胺的 K_m 为 0.31 mmol/L，ATP 的 K_m 为 0.67 mmol/L。酶促反应速度对 Mg^{2+} 浓度有依赖性，而 Mn^{2+} 浓度则对反应速度没有影响。茶氨酸合成酶的底物特异性很强，同样反应条件下，用 D-谷氨酸、L-α-氨基己二酸或 L-天冬氨酸替代 L-谷氨酸均不能与乙胺反应生成茶氨酸。

在茶氨酸合成反应中，加入不同的胺类化合物，结果表明 α-单胺化合物除乙醇胺和甲胺的抑制作用不明显外，正丙胺、正丁胺、正己胺、异丁胺、异丙胺等均表现出明显的抑制作用。而高浓度的铵离子、羟胺、肼、脂肪二胺和 L-丙氨酸、L-半胱氨酸对反应均没有抑制作用，说明该酶对 α-单胺化合物亲和性极高。即使在 50mmol/L 的高浓度下，L-半胱氨酸对茶氨酸合成酶的活性仍没有抑制作用，这就排除了 γ-谷胺酰半胱氨酸合成酶参与茶氨酸合成的可能性。茶氨酸合成酶对钾离子和磷酸根离子的依赖性以及该酶活性不被高浓度铵离子抑制的特点均表明谷氨酰胺合成酶没有参与茶氨酸的合成。

此后，竹尾忠一等从茶根和茶鲜叶中也分离出了茶氨酸合成酶，并验证了这些酶与佐佐冈启从茶籽苗中得到的茶氨酸合成酶具有相似的酶学性质。

（二）茶氨酸生物合成的先质

日本佐佐冈启等人，用同位素 ^{14}C 标记的 L-谷氨酸-1-^{14}C 与未标记的乙胺一起"饲喂"茶籽幼苗，在分析茶苗中氨基酸组成时，发现了带标记的茶氨酸。试验中如减少乙胺的"饲喂"量，合成茶氨酸就减少了。加酸将这种带标记的茶氨酸水解，又生成了 L-谷氨酸-1-^{14}C 和乙胺。如果改用 ^{14}C 标记的乙胺-1-^{14}C 和未标记的 L-谷氨酸一起"饲喂"茶苗，也生成了带标记的茶氨酸，不过，水解后得到的是乙胺-1-^{14}C 和未标记的 L-谷氨酸。这就排除了茶氨酸是谷氨酸与丙氨酸结合成谷—丙二肽后，再在这个二肽分子丙氨酸部分脱羟形成茶氨酸的设想，认为谷氨酸和乙胺可能是形成茶氨酸的直接先质。

为了进一步验证这一结果，1964 年，佐佐冈启等又用茶苗匀浆重复以上试验，得到了同一结果。但发现在这一离体试验中，反应液内必须加入 ATP 和 Mg^{2+}，否则不能合成茶氨酸。如果在反应液中再加上 ATP 的再生系统，即磷酸肌酸、磷肌酸激酶及其激活剂 KCN，合成茶氨酸的量还会增加。这就说明了谷氨酸需要 ATP 的活化，可能是在酶的催化下谷氨酸被活化了的羧基直接与乙胺结合生成了茶氨酸。

以后，小西茂毅等从营养生理方面进行的实验，都探明茶氨酸是在茶根部由乙胺与 L-谷氨酸生物合成的。并对茶氨酸合成的先质 L-谷氨酸、乙胺形成的机制和二者是如何合成茶氨酸的一系列有关的酶系进行了研究。

1. 茶根中，谷氨酸合成的途径及相关酶的性质

（1）谷氨酸脱氢酶（GDH）催化还原氨基化反应合成谷氨酸。茶树利用铵态氮，形成茶氨酸等氨基酸和酰胺，首先要通过这一途径。

$$
\begin{array}{c}
\text{COOH} \\
| \\
\text{C=O} \\
| \\
\text{CH}_2 \\
| \\
\text{CH}_2 \\
| \\
\text{COOH} \\
\alpha\text{-酮戊二酸}
\end{array}
+ NH_3 + NADH + H^+
\xrightarrow[\text{Ca}^{2+}、\text{Mg}^{2+}]{\text{谷氨酸脱氢酶}}
\begin{array}{c}
\text{COOH} \\
| \\
\text{CHNH}_2 \\
| \\
\text{CH}_2 \\
| \\
\text{CH}_2 \\
| \\
\text{COOH} \\
\text{谷氨酸}
\end{array}
+ NAD^+ + H_2O
$$

茶树根部的谷氨酸脱氢酶在氨基化反应过程中，基质 α-酮戊二酸浓度为 5mmol/L 时，活性最大，浓度达 10 mmol/L 以上时，则出现基质抑制现象。在 0.1 mol/L Tris-HCl（pH 8.0）中，α-酮戊二酸最适浓度是 3～5mmol/L。谷氨酸脱氢酶对有关基质的米氏常数（Km）和抑制常数（Ki）如表 2-13。

表 2-13　谷氨酸脱氢酶对相关基质的 Km 和 Ki 值

（Hahlbrock. K，1977）

基　质	Km（mmol/L）	Ki（mmol/L）
α-酮戊二酮	0.42	1.7
NH_4^+	24	—
$NADH+H^+$	0.04	—

研究表明，谷氨酸脱氢酶对基质 NH_4^+ 的 Km 值是 24 mmol/L，达到最大反应速度的 NH_4^+ 浓度是 0.1 mol/L，当浓度超过 0.3mol/L 时，则产生基质抑制现象，酶的活性下降。

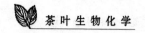

NADH＋H$^+$ 的 Km 值是 0.042mmol/L，直至 0.1mmol/L 的浓度时，亦未能抑制此酶氨基化反应。

在 0.1mol/L Tris-HCl（pH 8.0）中，此酶在催化 α-酮戊二酸与氨基结合形成谷氨酸时，最适 pH 为 8.0 左右，在 pH 7.0 和 pH 8.6 时活性减半。

谷氨酸脱氢酶催化氨基化反应，用 NADH＋H$^+$ 作辅酶，比用 NADPH＋H$^+$ 作辅酶，亲和性要强 9 倍。

金属离子 Zn^{2+}、Mn^{2+}、Ca^{2+}、Mg^{2+}、Co^{2+} 等影响谷氨酸脱氢酶的氨基化反应。研究表明 Ca^{2+} 和 Mg^{2+} 浓度分别是 0.57mmol/L 和 0.23 mmol/L 时，有促进此酶氨基化反应的作用。茶树和其他植物一样，Ca^{2+} 和 Mg^2 牢固地和酶活性中心相结合，即使在纯化酶制品的过程中也难离解，所以说，添加适量的 Ca^{2+}、Mg^{2+} 能提高酶活性，当浓度大于 0.23 mmol/L，显示出对酶的抑制作用，其机理仍不清楚。Zn^{2+} 对此酶则表现明显的抑制作用。0.5 mmol/L 时，抑制酶活性率达 69％（表 2-14）；对谷氨酸脱氢酶抑制剂的研究认为，螯合剂 EDTA 在 1.6μmol/L 时，对该酶活性抑制率为 75％；而 p-氯苯酸汞在 0.5 mmol/L 浓度下对酶活性的抑制率为 32％；若添加 1 mmol/L 左右的 Ca^{2+} 或 Mg^{2+} 则可以降低 EDTA 的抑制；相反，添加 Zn^{2+} 便加剧 EDTA 的抑制。显然，添加 Ca^{2+}、Mg^{2+} 补充了被 EDTA 夺走的二价离子，能与酶活性中心重新结合，恢复了酶的活性，而 Zn^{2+} 则会加剧 EDTA 的抑制效应。

表 2-14　金属离子对谷氨酸脱氢酶活性的影响（％）

（Hahlbrock. K，1977）

测试终浓度（mmol/L）	Zn^{2+}	Mn^{2+}	Co^{2+}	Mg^{2+}	Ca^{2+}
0	100				
0.14	52	100	100	102	100
0.29	36	100	100	105	105
0.59	31	97	97	102	119
1.15	—	86	—	—	103
2.30		83	67	88	79

注：以无金属离子酶活性为 100％；Ca^{2+} 和 Co^{2+} 为氯化物，其他离子为硫酸盐。

有关实验还研究了谷氨酸、精氨酸、谷酰胺、茶氨酸等氨基酸和酰胺对谷氨酸脱氢酶氨基化反应的作用。表明 1 mmol/L 的谷氨酸有促进此酶氨基化反应的作用，而 10 mmol/L 时，便出现抑制的现象。与此相反，丙氨酸、谷酰胺和茶氨酸即使达到 10 mmol/L，仍然有促进反应的作用。

至于氮源对茶根谷氨酸脱氢酶活性的影响，则认为茶树和其他植物一样，提高植物根部细胞反应产物——谷氨酸的浓度，便对谷氨酸脱氢酶起负反馈作用，抑制此酶的合成。若此时提高根细胞反应底物——氨离子的浓度，则可以提高此酶的活性。

施用硝态氮不能使茶根谷氨酸脱氢酶提高活性。因为硝态氮不是此酶催化氨基化反应的基质，所以不具备这种能力。

在过去一段时间内，人们认为谷氨酸脱氢酶催化的反应是氨合成谷氨酸的主要途径，但这个反应要求有较高浓度的氨，常超过其在植物体内通常存在的氨浓度。实际上，谷氨酸脱氢酶所要求的最适的氨浓度，足以引起光合磷酸化发生解偶联。因此人们认为，这个还原氨基化反应，可能不是无机的氨转变为有机氮的主要途径。

茶树具有喜铵性和耐铵性，尽管茶园施用较多量的铵态氮，但茶树根部存在高效率将铵态氮转变成谷氨酸的能力。高浓度的谷氨酸虽有抑制此酶催化氨基化的作用，但茶树能够很快地将体内的谷氨酸转换成谷氨酰胺、茶氨酸之类的酰胺或其他氨基酸，因而，消除了这种抑制。这一研究结果解释了在茶树吸收高浓度的铵态氮时，而茶树根部谷氨酸浓度并不太高，而是大大地提高了茶氨酸和谷氨酰胺浓度的现象。也就是说，茶树根部吸收了铵态氮，但并不以L-谷氨酸的形态积累，而是很快地将谷氨酸转换成茶氨酸等酰胺类化合物，从而认为在茶树中此酶仍然可以继续催化氨基化反应的进行。

（2）在谷氨酰胺合成酶/谷酰胺-α-酮戊二酸氨基转移酶（GS/GOGAT）系作用下的合成谷氨酸途径。在高等植物体内，还存在谷氨酰胺合成酶催化形成谷氨酸的途径。

$$
\begin{array}{c}
\text{COOH} \\
|\\
\text{CHNH}_2 \\
|\\
\text{CH}_2 \\
|\\
\text{CH}_2 \\
|\\
\text{COOH}
\end{array}
+\text{NH}_3+\text{ATP} \underset{\text{Mg}^{2+}}{\overset{\text{谷氨酰胺合成酶}}{\rightleftharpoons}}
\begin{array}{c}
\text{COOH} \\
|\\
\text{CHNH}_2 \\
|\\
\text{CH}_2 \\
|\\
\text{CH}_2 \\
|\\
\text{CONH}_2
\end{array}
+\text{ADP}+\text{Pi}+\text{H}_2\text{O}
$$

L- 谷氨酸　　　　　　　　　　　　　　谷氨酰胺

由于这个反应将氨贮存在谷氨酰胺的酰胺基内，谷氨酰胺以后又可作为氨的供体，通过谷氨酸合成酶的作用，将酰胺的氨基转至α-酮戊二酸，生成谷氨酸。研究认为，在高等植物内，这可能是氮同化的主要途径。茶树是多年生的作物，又是一种喜铵性作物，耐铵性比一般植物强，多量施用铵态氮亦未见铵中毒的现象。特别引人注目的是茶树体内大量积累着茶树特有的酰胺——茶氨酸，那么茶树通过谷氨酰胺合成酶/谷酰胺 α-酮戊二酸氨基转移酶系对铵态氮

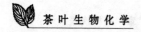

的利用是肯定的。

$$\underset{\text{谷氨酰胺}}{\begin{array}{c}\text{COOH}\\|\\\text{CHNH}_2\\|\\\text{CH}_2\\|\\\text{CH}_2\\|\\\text{CONH}_2\end{array}} + \underset{\alpha\text{- 酮戊二酸}}{\begin{array}{c}\text{COOH}\\|\\\text{C}=\text{O}\\|\\\text{CH}_2\\|\\\text{CH}_2\\|\\\text{COOH}\end{array}} +2\text{H}^+ \quad\underset{\text{谷氨酸合成酶}}{\longleftrightarrow}\quad 2\;\underset{\text{L- 谷氨酸}}{\begin{array}{c}\text{COOH}\\|\\\text{CHNH}_2\\|\\\text{CH}_2\\|\\\text{CH}_2\\|\\\text{COOH}\end{array}}$$

用 L-蛋氨酸-D，L-亚砜基亚胺（MSO）处理茶实生苗后，研究了根部氮同化作用的过程，即从氨基化反应着手研究了 GDH 和 GS/GOGAT 系合成途径。结果证实，L-蛋氨酸-D，L-亚砜基亚胺是谷酰胺合成酶和谷氨酸合成酶的抑制剂。实生苗的根经该物质处理之后，使之吸收铵态氮，结果茶苗根部合成的氨基酸和酰胺浓度均比未处理者低。同时，叶片亦表现相似的趋势，处理区的总氮量亦比未处理区低（表 2-15）。

表 2-15 L-蛋氨酸-D，L-亚砜基亚胺处理茶根对茶树体氨基酸和酰胺量的影响

(竹尾忠一，1981)

	根		叶	
	用 MSD 处理	对 照	用 MSD 处理	对 照
全 氮 量	2.7	2.8	3.2	3.4
天门冬氨酸	4.8	11.1	8.7	19.6
苏 氨 酸	4.3	4.9	3.7	5.6
丝 氨 酸	21.0	37.3	7.6	16.2
谷 氨 酸	13.3	24.9	1.0	40.9
丙 氨 酸	15.0	37.4	6.2	9.9
精 氨 酸	180.0	154.1	4.0	8.0
谷 酰 胺	0.0	5.5	0.0	13.3
茶 氨 酸	516.4	836.9	94.9	125.6

注：全氮量系氮对干物重的百分比；氨基酸和酰胺是每克干物重所含的毫摩尔数。

谷酰胺-α-酮戊二酸氨基转移酶，它与转氨酶不同，既催化转氨作用，又催化 α-酮戊二酸的还原氨化，为了把它和一般转氨酶区别开来，又将它称为谷氨酸合成酶，现在，一般称为 GS/GOGAT 途径。

然而，用 L-蛋氨酸-D，L-亚砜基亚胺处理茶根，并不影响谷氨酸脱氢酶的活性。说明抑制效应主要发生在对谷酰胺合成酶和谷氨酸合成酶的抑制作用上。研究表明，在一般情况下谷氨酸脱氢酶只起着辅助 GS/GOGAT 系的作用。也就是说，茶根利用铵态氮合成氨基酸及其酰胺，是以 GS/GOGAT 系起

着主导的作用。倘若此酶受到抑制时,根部茶氨酸等酰胺化合物的浓度便趋于下降。显然,抑制了茶树体内的谷氨酰胺合成酶/谷氨酰胺-α-酮戊二酸转移酶系(GS/GOGAT系),就几乎抑制了茶树体茶氨酸的生物合成。

2. 茶氨酸生物合成的前导物——乙胺的代谢 构成茶氨酸的 N-乙基部分在植物体内已探明其前导物有乙醛、乙醇胺、L-丙氨酸等。但茶树体内尚不明确。应用[14]C 化合物对乙胺的前导物进行了跟踪检测,乙醛的标记物用乙醛[1,2[14]C],乙醇胺用它的前导物丝氨酸 U-^{14}C,分别比较它们作为底物合成茶氨酸乙胺部分的情况。[14]C-丝氨酸被幼苗的根吸收后,结果大部分的[14]C 放射强度分布在其他氨基酸组分,吸收进入茶氨酸的[14]C 强度非常低,只有丙氨酸摄取量的 20%左右。

以乙醛[1,2[14]C]和丙氨酸 U-[14]C 比较,其中含[14]C 放射强度较大的氨基酸和酰胺有丙氨酸、谷氨酸、天门冬氨酸和茶氨酸(表 2-16)。

表 2-16 茶苗中由[14]C-丙氨酸和[14]C-乙醛进入氨基酸[14]C 的情况

(Takeo T,1979)

[14]C 回收率	[14]C-丙氨酸		[14]C-乙醛	
	根	叶	根	叶
吸收的总[14]C(cpm)	2.6×10^6	2.6×10^6	7.7×10^6	7.7×10^6
乙醇提取部分	345 000	107 200	367 000	191 200
氨基酸部分	70 000	10 000	113 000	11 300
丙氨酸	24 900	1 050	52 100	1 000
谷氨酸和天门冬氨酸	3 100	1 750	11 600	3 000
茶氨酸	9 550	800	26 300	2 650
茶氨酸的乙胺部分	3 810	544	975	800
乙胺部分/茶氨酸(%)	40	68	4	30

茶氨酸分子中吸收进入乙胺部分和谷氨酸部分[14]C 放射强度的比率,以[14]C-丙氨酸和[14]C-乙醛两者比较,[14]C-丙氨酸处理者,根中茶氨酸中 40%的放射强度在乙胺部分,而[14]C-乙醛只有 4%进入乙胺部分。在叶子中进入乙胺的放射强度前者占 68%,后者占 30%。这一结果表明,无论在茶根中或茶叶中,丙氨酸主要是先降解为乙胺再进入茶氨酸的乙胺部分的。

茶苗对氮素成分的吸收和利用结果也表明,茶根只要同时吸收 L-丙氨酸和 L-谷氨酸就可以合成 L-茶氨酸。其中 L-丙氨酸对茶氨酸的合成,主要是作为茶氨酸中乙胺的前导物而起作用。并且在 L-丙氨酸脱羧生成乙胺的同时,一部分 L-丙氨酸通过氨基转移反应生成酮酸进入三羧酸循环,这其中一部分形成了 α-酮戊二酸,因此,茶氨酸的谷氨酸部分也显示出[14]C 的放射性。

用过量的乙胺和[14]C-丙氨酸同时"饲喂"茶根时，[14]C-丙氨酸吸收进入茶氨酸分子中乙胺部分的比例就会变小，这是 L-丙氨酸为乙胺的前导物之一的另一证据。

另外，从黄化幼苗和绿色幼苗根部对 L-丙氨酸脱羧形成乙胺机能的差别亦可以得到证明。细根发达的绿色幼苗中，L-丙氨酸变成乙胺从而促进了茶氨酸的合成，而根部分化很差的黄化幼苗根中，合成茶氨酸的机能很弱，黄化幼苗根中乙胺部分与茶氨酸[14]C 放射性强度比仅为 20%，而在绿色幼根中为48%。

构成茶氨酸成分之一的乙胺，是由 L-丙氨酸在 L-丙氨酸脱羧酶的作用下经脱羧反应而生成的。

$$\begin{array}{c}\text{COOH}\\|\\\text{CHNH}_2\\|\\\text{CH}_3\end{array} \xrightarrow{\text{L-丙氨酸脱羧酶}} \begin{array}{c}\text{CH}_2\text{NH}_2\\|\\\text{CH}_3\end{array} + \text{CO}_2$$

L-丙氨酸   乙胺

L-丙氨酸脱羧酶极不稳定，在 5℃下保存 24h，残留活性只有 20%，但在粗酶提取液中加入 0.1 mmol/L 的 L-丙氨酸一起保存时，48h 后，活性仍为原先酶活性的 75%。酶催化的最适 pH 为 6.2。反应时似乎不需要辅酶（磷酸吡哆醛）。一般情况下氨基酸脱羧酶是需要辅酶的，实验所表现的不需辅酶的现象可能是由于在粗酶制剂中该酶和辅酶以复合体的形式一起被提取出来了，所以在辅酶反应液中添加磷酸吡哆醛看不出影响。

在 25 mmol/L 柠檬酸缓冲液中，黄化幼苗中 L-丙氨酸脱羧酶活性显著高于发芽 60d 后的绿色幼苗，但绿色幼苗根中该酶的活性比黄化幼苗分化不发达的根要高。茶苗子叶中高浓度的茶氨酸含量以及发达分化的茶苗根中高活性的 L-丙氨酸脱羧酶活性均表明 L-丙氨酸在茶氨酸生物合成中经脱羧反应提供了乙胺。

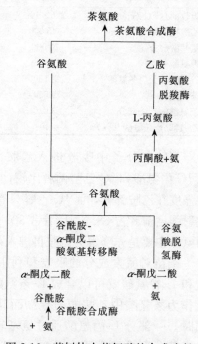

图 2-16 茶树体内茶氨酸的合成途径
(Hahlbrock, K, 1977)

茶树中茶氨酸的合成途径如图 2-16 所示。

（三）茶氨酸生物合成及其与其他代谢间的关系

茶氨酸的生物合成，除了需要供应充足的氮素以外，还需要有足够的碳源和能源，碳源和能源来自光合和呼吸作用（图 2-17）。

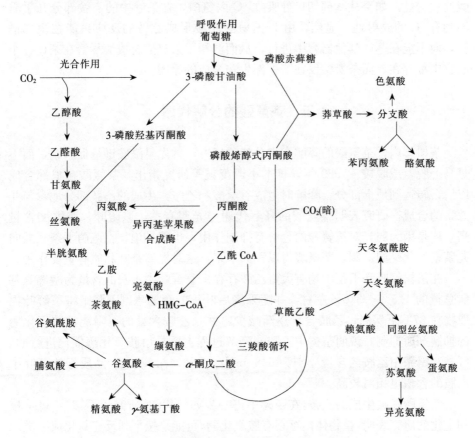

图 2-17　氨基酸生物合成与其他代谢间的关系

光合同化产物通过呼吸代谢途径氧化分解生成各种酮酸和其他有机酸，其中丙酮酸和 α-酮戊二酸形成的 L-丙氨酸和 L-谷氨酸是生物合成茶氨酸的先质。光合同化产物中贮藏能量，通过呼吸代谢机制进行转换，在茶氨酸合成酶的催化下将呼吸作用中生成的某些中间产物——L-谷氨酸和乙胺等合成茶氨酸，当茶树根部合成的茶氨酸转移到叶部以后，在叶部进行强烈的代谢过程。茶氨酸首先被降解为谷氨酸和乙胺，乙胺作为间苯三酚的合成原料之一，再向儿茶素转化。可见茶氨酸的合成和分解不仅与茶树的呼吸代谢密切相关，而且也与茶树体许多物质的代谢有着不可分割的关系。茶氨酸的代谢在茶叶品质的形成和茶树碳、氮代谢的调控中的作用明显。

茶树体内，根和茶芽叶中都有茶氨酸合成酶，因此，只要有基质 L-谷氨酸和乙胺存在，都可以合成茶氨酸。然而，根部吸收^{14}C-丙氨酸的试验情况表明，当根部吸收^{14}C-丙氨酸时，根中茶氨酸，特别是在乙胺部分显示^{14}C-丙氨酸的放射性。如果从茎部切口处吸收^{14}C-丙氨酸，在茶叶中的乙胺部分几乎看不到有^{14}C 的放射性。显然，由 L-丙氨酸脱羧形成乙胺的反应只能在根部进行，而不能在茎或其他器官中进行，从而解释了茶氨酸合成酶尽管在茶树各个器官中都存在，而茶氨酸仅在茶根部生物合成的原因。

三、茶氨酸的分解代谢

茶树体内，茶氨酸的降解有它独特的地方。首先是酰胺键酶促水解，而不是马上脱氨或脱羧。1969 年，日本小西茂毅等研究指出，茶氨酸在根部合成以后，转运到地上部分。降解时生成谷氨酸和乙胺，生成的乙胺部分地参与儿茶素的合成。研究表明茶氨酸的降解代谢与光照有关，遮荫叶片茶氨酸含量高，这是因为弱光对茶氨酸的分解有抑制作用，也就是说，在遮荫下茶氨酸向儿茶素转化受到抑制，茶氨酸得以积累下来，这对提高茶叶品质有重要作用。

在茶树鲜叶和干茶中均有大量乙胺存在。茶鲜叶中乙胺的含量为游离氨基酸总量的 1.5%～3.0%左右，并随采摘后叶片的衰老急剧下降。将茶鲜叶提取物在 37℃下保温，乙胺含量逐渐减少，并且乙胺含量的下降能被胺氧化酶的抑制剂所抑制。说明茶树中乙胺的降解过程主要是由胺氧化酶催化进行的。红茶和绿茶中乙胺的含量分别为 $6.8\mu mol/g$ 和 $6.4\ \mu mol/g$，品质好的茶叶中乙胺的含量也相对较高。

茶氨酸降解生成的乙胺，在茶树中进一步如何代谢，研究还不够。不过从植物生化的研究表明，植物体内存在有胺氧化酶，可能是按下列反应氧化成醛类。

乙醛一般可氧化变成乙酸，或进入三羧循环，或做其他转化。茶氨酸的分解代谢需要在光照下进行，用^{14}C 标记乙胺部分的茶氨酸"饲喂"茶树枝梢，发现乙胺部分^{14}C 放射性同位素主要分布在茶氨酸、儿茶素和一种未知物中。因此，可以推断

$$R—CH_2—NH_2 + O_2 \xrightarrow{\text{胺氧化酶}} R—\overset{\overset{\displaystyle O}{\|}}{C}—H + NH_3$$
胺   醛

$$CH_3—CH_2—NH_2 + O_2 \xrightarrow{\text{胺氧化酶}} CH_3—\overset{\overset{\displaystyle O}{\|}}{C}—H + NH_3$$
乙胺   乙醛

乙胺是儿茶素间苯三酚环合成的前导物之一。研究认为乙胺是通过乙酰辅酶 A 向儿茶素转化的。关于乙醛在儿茶素生物合成中的作用,曾有过下列的设想。

$$CH_3-\overset{\overset{\displaystyle O}{\parallel}}{C}-H \xrightarrow{\text{烯醇化}} CH_2=CH-OH$$

乙醛 　　　　　　　　　　　乙烯醇

三分子乙烯醇聚合(脱氢……)可生成间苯三酚和邻苯二酚,再进一步转化生成儿茶素和没食子儿茶素。

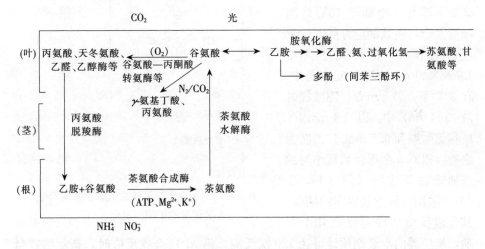

图 2-18　茶树中茶氨酸的代谢示意图

另外,茶叶采摘后,经过 6h 嫌气(N_2/CO_2)处理,制成的绿茶中 γ-氨基丁酸含量可高达 0.15%(每 100g 干茶中含 150mg),并且萎凋叶再做嫌气处理比鲜叶直接嫌气处理 γ-氨基丁酸得率更高。研究表明,γ-氨基丁酸对人体具有降血压等保健功能。因此,在日本用这种特殊工艺制备的茶叶被当作保健茶出售。

干茶中含有占干重 1%~2%游离态的茶氨酸。除了 L-茶氨酸外,干茶中还含有少量其对映体 D-茶氨酸,两种对映体茶氨酸都具有相似的甘甜味,回味不苦或没有回味。茶氨酸对映体的绝对含量与茶叶种类和品质没有直接关系。茶氨酸在水溶液中产生消旋现象,特别是在酸性条件下。茶氨酸的消旋现象与茶叶的生产、贮藏和运输环节是否相关还有待进一步研究。

四、茶氨酸的规模化发酵生产

茶氨酸虽然为茶树独有的氨基酸,而利用微生物发酵方法大规模合成 L-

茶氨酸已成为现实。1993年，日本报道了用 k-甲叉菜胶固定一种硝酸还原假单胞 Z 细菌 IF012694（Pseudomonas nitroreducens）大规模生产茶氨酸。具体方法是将浸泡在 0.9% 氯化钠中的 4.5% k-甲叉菜胶在 80℃下溶化，冷却至 45℃后与细胞混合，使其固定为直径3 mm 左右的颗粒，再填充于 4 根 1.7cm×40 cm 的柱状反应器中。在 30℃下，50 mmol/L 硼酸缓冲液（pH 9.5）中，以 0.3 mmol/L L-谷氨酰胺和 0.7 mol/L 乙胺为底物，以 0.3 个床体积每小时的流速通过反应器（图 2-19，2-20）。采用这种方法固定的细胞，其合成反应活性可维持几个星期，反应器的半衰期预计可达 120 次反应，第 51 次合成反应时，茶氨酸产量仍达到 40mmol/h。

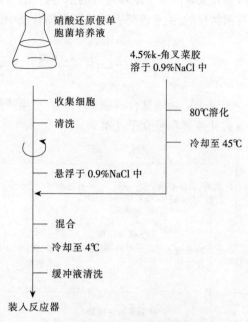

图 2-19　用于合成茶氨酸的硝酸还原假单胞 Z 细菌的细胞固定化

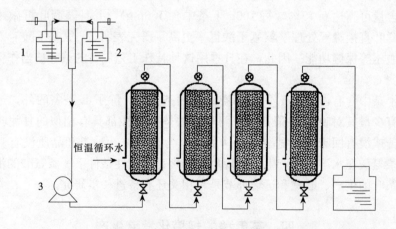

图 2-20　利用固定化细胞填装的反应器生产茶氨酸
1. L-谷氨酰胺　2. 乙胺　3. 送液泵

第四节 茶树中多酚类物质代谢

一、多酚类物质在茶树体内的分布

茶叶中含有大量的多酚类化合物，含量一般为干重的 15%～35%，表现为茶叶的涩味。黄烷醇类化合物在茶叶中含有 12%～24%（干量），占多酚类总量的 80% 左右。其中以 L-表没食子儿茶素没食子酸酯为重要成分，含量常占黄烷醇总量的 50%。而 L-EC、L-C、L-GC 和 D-GC 等含量较少，总共只占黄烷醇类总量的 10% 左右（表 2-17）。

表 2-17 茶树新梢中的多酚类组成（干重）

(Millin D. T, et al, 1969)

名　　　称	百分含量（%）
(一)-表儿茶素	1～3
(一)-表儿茶素没食子酸酯	3～6
(一)-表没食子儿茶素	3～6
(一)-表没食子儿茶素没食子酸酯	9～13
其他儿茶素	1～2
黄酮醇及其苷类	3～4
羟基［4］黄烷醇（花白素）	2～3
酚酸及缩酚酸（含 1%～2% 茶没食子素）	5
酚性物质总量	30

多酚类在茶树体内的分布，主要集中在茶树新梢的生长旺盛部分，老叶、茎、根内含量少些，尤其是根中含量极微，并且只含有非酯型儿茶素的 L-EC 和 D,L-C（表 2-18）。

表 2-18 黄烷醇类化合物在茶树体内的分布（每克干物质所含毫克数）

(Saijo，R，1983)

	L-EGC	D, L-GC	L-EC+ D, L-C	L-EGCG	L-ECG	总量
嫩　叶	18.56	4.89	6.30	59.66	22.76	112.17
上层老叶	10.76	4.67	6.87	16.88	15.12	54.3
下层老叶	9.66	3.51	4.28	21.83	13.50	52.78
嫩　茎	12.44	8.77	9.95	26.52	10.94	68.62
上层老茎	2.37	2.37	4.77	2.67	4.19	16.37
下层老茎	—	痕量	3.19	—		3.19
主　根	—	—	1.75	—		1.75
侧　根	—	—	2.03	—		2.03
细　根	痕量	痕量	5.08	—		5.03

茶树新梢的不同伸育程度，黄烷醇类化合物的含量与组成差异很大（表 2-19），特别是 L-EGCG、L-EGC 和 L-ECG 变化显著。L-EGCG、L-ECG 随伸育程度增长含量渐次降低，而 L-EGC 却有增加的趋势。黄烷醇类的总量在幼嫩的新梢中含量较高，而粗老的茶梢中含量较低。嫩叶中儿茶素的没食子酰基化作用能力较强，随着伸育而降低；但儿茶素的羟基化作用却随伸育而增强。

表 2-19 茶树新梢中黄烷醇类化合物的含量变化（每克干物质所含毫克数）

	L-EGC	D, L-GC	L-EC+ D, L-C	L-EGCG	L-ECG	总量
芽	8.67	5.88	8.52	104.69	19.32	147.08
一芽一叶	15.63	6.20	9.15	88.93	30.41	150.32
一芽二叶	18.23	4.84	9.83	76.10	28.47	137.47
一芽三叶	27.32	6.61	10.29	65.08	25.20	134.50
一芽四叶	22.47	6.06	9.90	53.37	24.23	116.03

不同品种的茶树，其生化特性是有差异的，这种差异也反映在茶树新梢的黄烷醇类化合物的含量与组成上，云南大叶种黄烷醇类含量较高，而小叶种的龙井种含量较低。一般地说，茶叶中黄烷醇类化合物的组成中以 L-EGCG 含量最高，其次是 L-ECG 和 L-EGC，但在云南大叶种中 L-ECG 含量较多，几乎接近 L-EGCG 的含量，而且 L-EC 和 D, L-C 的含量却超过了 L-EGC。云南大叶种的芽叶中黄烷醇类的含量与组成异于别的品种，被认为是它保持了原始特性的关系。茶叶中黄烷醇类的生物合成，从种子萌发开始就形成了儿茶素，首先合成的是 L-EC 与 D, L-C 等非酯型儿茶素，再经羟基化或没食子酰基化，才形成了没食子儿茶素和儿茶素没食子酸酯。云南大叶种含有较多的 L-EC 和 D, L-C，这对鉴别茶树品种的原始性方面是有意义的（表 2-20）。

表 2-20 不同品种的茶叶中黄烷醇类的含量（每克干物质所含毫克数）
（中国农科院茶叶研究所，1977）

	L-EGC	D, L-GC	L-EC+ D, L-C	L-EGCG	L-ECG	总量
云南大叶种	14.36	6.72	18.20	72.83	65.18	177.29
槠叶种	29.98	6.47	11.14	63.31	29.42	140.32
凤凰水仙	22.64	4.38	8.61	71.60	29.76	136.99
龙井种	27.22	2.71	10.40	57.57	22.21	120.1

茶叶中黄烷醇类化合物的含量也随不同季节而有变化，夏梢中黄烷醇类含量最高，秋梢次之，春梢最少。从其组成来看，L-EGCG确能反映不同季节新梢嫩度或品质（表2-21）。

表2-21 不同季节的茶树新梢中黄烷醇类的含量变化（每克干样所含毫克数）

	L-EGC	D, L-GC	L-EC+ D, L-C	L-EGCG	L-ECG	总量
春 梢	8.26	3.93	7.86	50.66	28.52	99.23
夏 梢	22.44	5.44	11.16	99.93	34.52	164.49
秋 梢	25.91	7.38	11.55	67.21	29.75	141.80

注：试样均为一芽二叶（1962年春、夏、秋梢）。

茶叶中多酚类的含量与组成和茶树栽培的环境条件与技术措施密切相关。栽培在不同海拔高度的茶树新梢中黄烷醇类以及黄酮苷的含量不同。一般超过一定海拔高度（约500m）时，多酚类的含量随海拔增加而降低（表2-22）。

表2-22 庐山不同海拔高度茶叶中多酚类的含量（一芽二叶）

（中国农科院茶叶研究所，1977）

海拔高度（m）	多酚类含量（%）	黄烷醇类含量（mg/g）	黄酮苷含量（mg/g）
200	31.26	—	10.67
300	32.73	190.70	10.17
400	35.20		10.17
500	32.55		8.75
740	31.03	188.06	8.01
930	30.63		7.07
1 170	25.97	154.00	6.19

干旱季节进行灌溉能提高茶叶中多酚类的含量。适当增施磷肥或有机肥料均能提高茶叶中多酚类含量。夏季光照过强时适度遮荫不仅能使茶树生长势好，"持嫩性"强，而且能使多酚类含量保持一定水平（过度遮荫会使其含量降低）。总之，茶叶中多酚类的含量与组成是外界环境条件矛盾统一的集中表现，它随品种、老嫩、自然环境条件、施肥、采摘等不同而有差异。

茶叶色泽常有不同，不同色泽的茶鲜叶其化学成分的含量与组成是有差异的，这也反映在黄烷醇类的含量与组成上，紫色芽叶中黄烷醇类含量较高，黄绿色芽叶次之，深绿色芽叶含量较低（表2-23）。

表 2-23　不同颜色的芽叶中黄烷醇类的含量（每克干样所含毫克数）

（中国农科院茶叶研究所，1977）

	L-EGC	L-GC	L-EC+ D, L-C	L-EGCG	L-ECG	黄烷醇总量
紫色芽叶	21.04	5.20	9.46	67.64	24.21	127.33
黄绿色芽叶	19.36	3.80	11.06	57.03	22.47	113.74
深绿色芽叶	15.69	3.91	8.66	56.05	23.40	107.71

二、茶树体内多酚物质的形成与转化

（一）儿茶素在茶树体内的形成

茶叶中大量的多酚类物质是茶树新陈代谢的重要特征。茶叶多酚包括黄烷醇类（儿茶素类）、黄酮醇类、花青素类和酚酸类。其中黄烷醇占多酚总量的 80% 左右，为茶叶中多酚的主体。研究茶叶中黄烷醇的生物合成途径，弄清茶树中多酚类物质相互转化与分解代谢，在茶树的生理生化研究中有重要意义，对提高茶叶产量及质量，改良茶树品种和茶多酚人工合成与利用也有重要作用。

实验证明，休眠的茶树种子胚中黄烷醇类化合物含量微少，从茶树种子萌发开始，就伴随着黄烷醇类的合成，并一直进行，而且黄烷醇分布于茶树植株的各个部分。

黄烷醇类化合物在种子萌发中，首先形成的是非酯型儿茶素如 D,L-C、L-EC。随后经羟基化，没食子酰基化而形成没食子儿茶素和儿茶素没食子酸酯等，如 L-EGC、L-EGCG 等，具体实验情况如下：

（1）25～30d 的幼苗最初形成了 D,L-C 和 L-EC。

（2）40～45d 的幼苗已有 D,L-C 和 L-EC、L-ECG、L-GCG 和 L-EGCG 五种。已能进行羟基化和没食子酰基化，出现了酯型儿茶素。

（3）60～70d 的幼苗除上述五种儿茶素外，又增加了 L-EGC 和 D,L-GC，根中只有 D,L-GC、D,L-C 和 L-EC，而幼苗茎部各种儿茶素都含有。

（4）150d 的幼苗，根中有 D,L-GC、D,L-C 和 L-EC，木质化茎中有 D,L-GC、D,L-C、L-EC、L-EGCG 和 L-ECG。下部叶中与新梢都含有上述各种儿茶素。

综合上述情况可看出，茶籽萌发和幼苗生长过程中，最初形成的是非酯型儿茶素，后经羟基化和没食子酰基化形成了没食子儿茶素和儿茶素没食子酸酯。生长 60～70d 的幼苗中便具有成长茶树新梢所含有的各种儿茶素了。酯型儿茶素只有在茶树地上部分才含有，而根部仅有非酯型儿茶素，看来没食子酰基化作用在根部是缺乏的。

（二）茶叶中儿茶素的生物合成途径

儿茶素作为植物中分布最广泛的类黄酮化合物，人们对其生物合成兴趣盎然。1957 年前后，用同位素跟踪方法进行了长期的研究，以 Koukol 和 Conn（1961）发现苯丙酸盐途径的第一个酶：苯丙氨酸解氨酶（PAL）为标志。由于植物次生代谢作用的酶的活性浓度相当低，易变化，使其合成研究一度受阻。其后采用了植物细胞培养克服了这些困难，发现、分离与克隆了许多儿茶素生物合成的酶。目前，儿茶素的生物合成路线已基本明确。同位素示踪法实验证明，儿茶素分子中的 A 环来自'乙酸盐'单位，由 3 个乙酸分子头尾相接形成；B 环与 C 环上的碳原子则来自莽草酸途径（Shikimic acid pathway）；然后，A 环和 B 环缩合成查尔酮，进一步形成 C_6—C_3—C_6 环。儿茶素的生物合成大致可分为以下 3 个步骤：合成莽草酸；形成苯丙酸盐；儿茶素的合成。

$$3*CH_3\!\!-\!\!\triangle\!\!-\!\!COOH+ \quad\cdots\quad HO \quad A \quad C \quad B \quad (O)$$

1. **莽草酸**（Shikimic acid）**的合成**　1885 年首先从八角属植物果实中分离得到莽草酸，许多研究证明它是植物和微生物中芳香氨基酸生物合成的关键中间体，而且莽草酸途径也是高等植物特有的生物合成途径，它本身是碳水化合物代谢产物。其合成途径如下：①磷酸烯醇式丙酮酸（PEP ）（Phosphoenol pyruvate）和 D -赤藓糖-4 磷酸盐，进行立体专一的缩合反应，形成了 3-脱氧-D-7 磷酸阿拉伯庚酮糖酸（DAHP）；②DAHP 闭环形成去氢奎尼酸，再经可逆的去氢作用形成去氢莽草酸，再产生莽草酸及其 3-磷酸盐；③再与一个 PEP 缩合产生磷酸盐化合物，经 1、4-消除转变为分支酸（Chorismic acid），然后形成芳香氨基酸（图 2-21）。

М. Н. запрометов 用含有[14]C 标记的反-2-苯丙烯酸、L-苯丙氨酸、莽草酸和蔗糖等溶液渗入茶树新梢，经 6h 后，对上述物质的渗入和茶树新梢中儿茶素和黄酮类化合物的放射性能等进行测定，发现莽草酸在儿茶素和黄酮类（5，7，3′-三氢基黄酮醇和槲皮素）的生物合成中是效果极好的物质，其次苯丙烯酸（肉桂酸）和苯丙氨酸也有较好的效果。

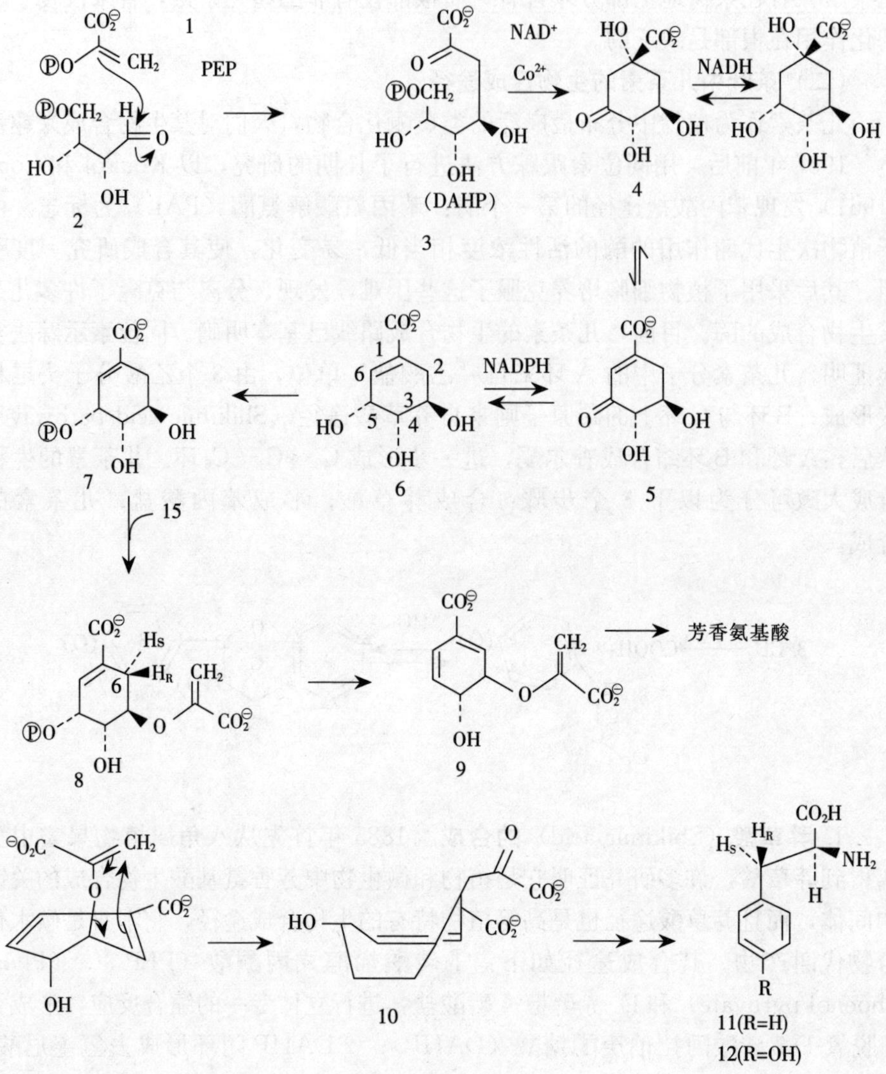

图 2-21 莽草酸途径

1.磷酸烯醇式丙酮酸（PEP） 2. D -赤藓糖-4磷酸盐 3. 3-脱氧-D -7磷酸阿拉伯庚酮糖酸（DAHP）
4. 去氢奎尼酸 5. 去氢莽草酸 6. 莽草酸 7. 3-磷酸莽草酸 8. 3-磷酸-5-烯醇丙酮酰莽草酸
9. 分支酸 10. 柏利弗克酸 11. 苯丙氨酸 12. 酪氨酸

М. Н. эапрометов 与 М. А. Бокучава 的实验表明，渗入莽草酸比苯丙氨酸
更易转变为儿茶素。5 个无性繁殖系的试验中有 4 个的结果说明了莽草酸比苯
丙氨酸能转化形成更多的简单儿茶素（表 2-24）。

表 2-24　茶树新梢中渗入莽草酸-^{14}C 或苯丙氨酸-^{14}C 转化成儿茶素的变化

无性繁殖系	儿茶素含量 μmol/g（鲜重）	结合值（%）						备注
		简单儿茶素			儿茶素总量			
		莽草酸（喂饲）	苯丙氨酸（喂饲）	莽草酸/苯丙氨酸	莽草酸（喂饲）	苯丙氨酸（喂饲）	莽草酸/苯丙氨酸	
薮　北	54	2.7	4.1	0.7	5.5	6.4	0.9	
玉　绿	76	1.8	1.0	1.8	4.8	1.8	2.7	
红　藤	89	3.8	2.3	1.7	10.3	4.7	2.2	
狭山绿	95	2.3	1.2	1.9	8.4	2.6	3.2	
初　枫	111	4.3	1.5	2.9	11.4	2.0	5.7	

在茶树的枝条中，莽草酸作为儿茶素和黄酮类化合物的前体要比 L-苯丙氨酸和肉桂酸更加有效。（Zaprometor 和 Bukhlaeva，1968，1971），预示着可能存在 3，4，5-三羟基肉桂酸可从莽草酸通过更直接的路线越过桂皮酸而形成，也说明由莽草酸形成儿茶素和黄酮类化合物，不一定非经过苯丙氨酸。

2. **苯丙酸盐的形成**　苯丙氨酸是苯丙酸盐途径的起始物，也是将植物细胞初级代谢与次级代谢相连接的重要物质。在此途径中，有 3 个酶将苯丙氨酸转化为对香豆酰 CoA，即苯丙氨酸解氨酶（PAL），桂皮酸（肉桂酸）-4-羟基化酶（CAH）和 4-香豆酸、辅酶 A 连接酶（4CL）。PAL 催化苯丙氨酸脱去氨基为桂皮酸，CAH 催化肉桂酸 4 位上的羟基化形成 4-羟基桂皮酸（对-香豆酸），4CL 催化香豆酸与辅酶 A 的酯化反应，使香豆酸活化，形成反式香豆酰 CoA，它是植物次生代谢中的又一重要中间产物（图 2-22）。此物质可用于合成许多的植物次生代谢产物，如类黄酮类物质、木质素等。

3. **儿茶素合成途径**　儿茶素合成途径中的第一个中间产物是查尔酮（chalcone），它由 4-香豆酸 CoA 和 3 个丙二酰 CoA 分子缩合产生，由查尔酮合成酶（CHS）催化。查尔酮合成酶是类黄酮合成途经中研究的最清楚的一个酶，已在许多植物中得到纯化。查尔酮异构酶（CHI）催化查尔酮异构化为黄烷酮柑橘素（柚皮素）。柑橘素是类黄酮合成途径中第一个稳定的中间产物，它与查尔酮都是重要的中间产物，由此而形成其他类黄酮物质。类黄酮-3′-羟基化酶、类黄酮-3′，-5′-羟基化酶分别催化类黄酮物质 B 环 3′、3′和 5′位的羟基化，形成各类黄烷酮，再进一步形成其他类黄酮物质，如二氢黄酮醇、无色花色素、儿茶素等。黄烷酮-3-羟基化酶（F3H）催化黄烷酮 C 环 3 位上的羟

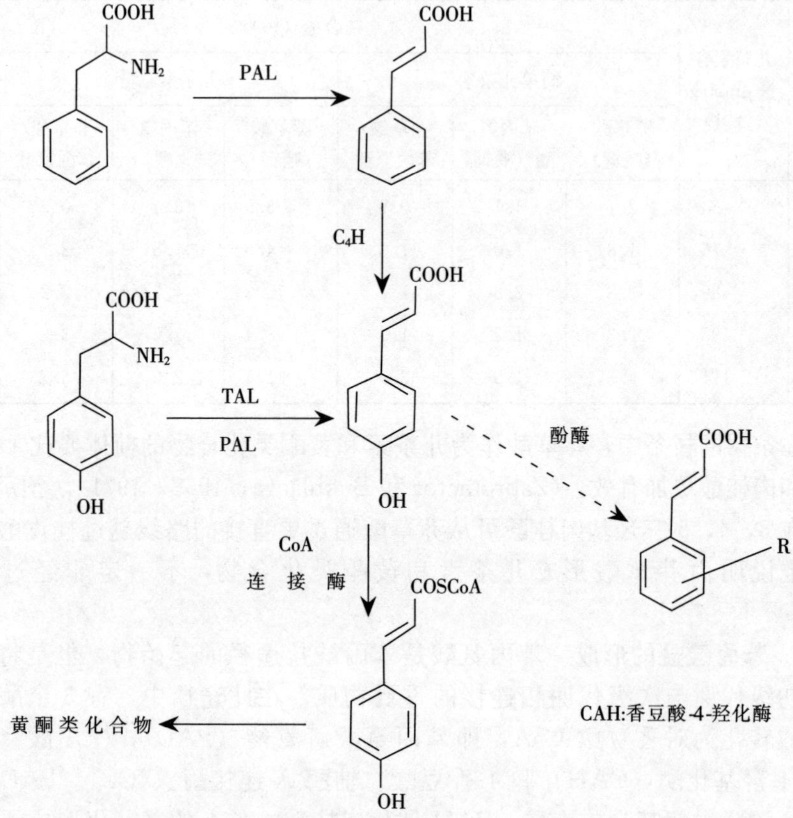

图 2-22　苯丙酸盐途径

基化，使黄烷酮转化成为二氢黄酮醇。该酶在矮牵牛中已经得到了纯化（1990年）。二氢黄酮醇则被二氢黄酮醇还原酶（DFR）继续还原成花色素原。花色素原是花色素苷、儿茶素等许多类黄酮物质合成途径中的最后一个共同的中间产物，并可在花青素合成酶（ANS）催化下形成花青素。二氢黄酮醇还原酶是 1982 年首次从花旗参悬浮培养细胞的蛋白质粗提物中发现的，后来也在大麦中被发现。在玉米中该酶的基因已经得到了分离。大麦中检测二氢黄酮醇还原酶活性时，发现用大麦的酶粗提物可将 3，4-顺式-无色花青素还原成（＋）-儿茶素。Punyasiri（2004）研究证明，茶叶中也存在类似途径，二氢黄酮醇类在 DFR 催化下形成无色花色素（花白素），然后再在 LCR 的催化下形成儿茶素和没食子儿茶素；然而，表儿茶素和表没食子儿茶素的生物合成并不是在一个假定的表异构化酶的作用下，由儿茶素和没食子素异构化而来，而是由无色花色素在 ANS 和花青素-4-还原酶（ANR）的二步催化下，经中间产物花色素后形成的（图 2-23）。

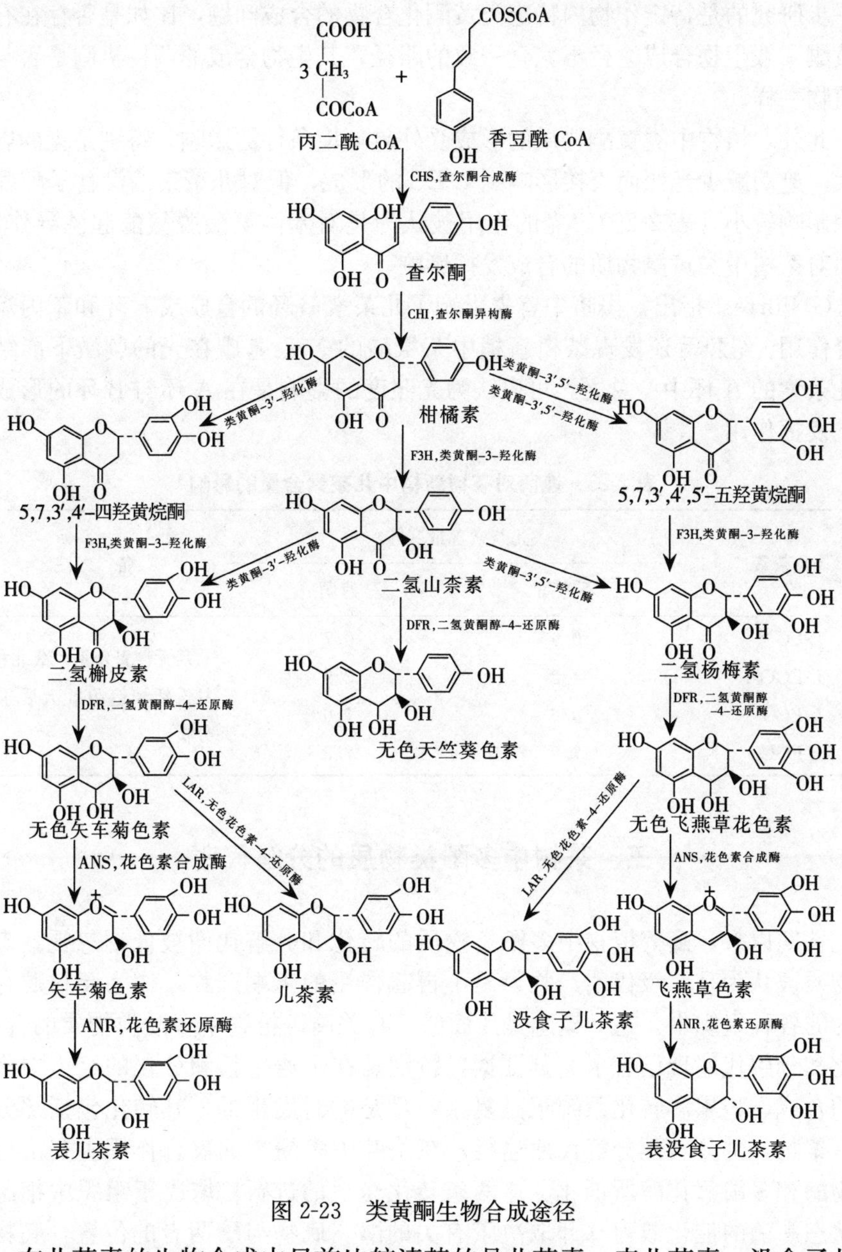

图 2-23 类黄酮生物合成途径

　　在儿茶素的生物合成中目前比较清楚的是儿茶素、表儿茶素、没食子儿茶素和表没食子儿茶素的合成，而在茶树中占主导地位的儿茶素没食子酸酯的生物合成途径还不清楚，目前仍缺乏此方面的相关研究报道。

　　总之，植物类黄酮物质生物合成的一般途径现在已经比较清楚，今后需要进一步研究的是特定作物内特定类黄酮化合物的合成问题，比如是否存在有与类黄酮一般生物合成途径不完全一致的路径，其生物合成的调控机制是否与其他植物一样。

　　此外，植物中类黄酮物质的形成受外界环境条件的影响，特别是光的影响较大。遮荫减少光照而直接影响到 L-EC 的形成，但对儿茶素的没食子酸酯化作用影响较小（表 2-25）。光的作用被认为是对苯丙氨酸脱氨酶起诱导作用，从而对茶树中类黄酮物质的合成发挥影响。

　　G. Forrest 指出，黑暗中首先影响了儿茶素 B 环的合成或 B 环和苯丙烷的键合作用。纪藤等还发现茶树新梢中茶氨酸的 N-乙基碳在光的刺激下能结合入儿茶素的 A 环中。总之，可以认为光照度的影响是在 A 环与 B 环的形成途径上发挥作用。

表 2-25　遮荫对茶树新梢中儿茶素含量的影响

儿茶素	儿茶素含量（%）		备　　注
	不遮荫	遮荫	
L-EC	0.9	0.7	系无性繁殖系，薮北种 7 月份新梢遮荫 8 天后采样分析
L-EGC	4.2	2.9	
L-ECG	0.6	1.6	
L-EGCG	7.0	7.3	

三、茶树中多酚类物质的分解代谢

　　长期以来，高等植物中多酚类物质的转化和分解代谢被低估忽视。多酚类物质被认为是二级代谢产物，是不再起作用的末端产物，作为废料贮存在植物的各种组织中。这一概念是片面的。有关高等植物中多酚类物质的合成、转化和分解代谢现已有了充分证据，特别是在迅速生长和分化的组织中多酚类的合成、积累和转化系统很是复杂，且是同时发生的。其转化包括部分形成多聚物，部分转到分解代谢途径。在茶叶中多酚类的聚合作用主要由过氧化物酶和多酚氧化酶所催化。这两条转化途径的进行，取决于组织中细胞生理状态和酶的催化效力（即取决于有关的酶，底物与酶两者的位置，底物库的大小等）。

　　高等植物中多酚类的代谢研究较为困难，二级代谢作用中酶活性浓度是相当低的，酶的分离纯化很是困难。多酚类物质的合成、积累和转化是在同一种组织中发生的，要准确地测定出合成与转化两者的速率特征，在很多情况下是难做到的。多酚类物质降解物的常态浓度也是非常低的，只有少数（如苷类、酯类）才可能积累到可计量的程度。近年来由于采用细胞悬浮培养法，才能较好地发现和分离出多酚类物质合成和代谢的有关酶。

　　现已证实，高等植物中黄酮类化合物的分解代谢，苯甲酸是主要降解产物之一（图 2-24）。这与微生物中黄酮类的分解代谢情况是相似的，因此苯甲酸代谢知识有助于了解黄酮类化合物的降解作用。

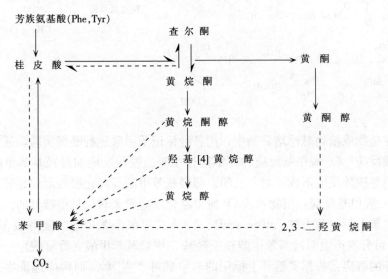

图 2-24　黄酮类化合物合成代谢和分解代谢途径的代谢网

　　──→合成代谢
　　┄┄→分解代谢

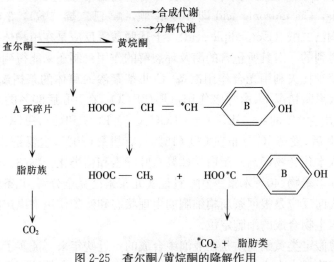

图 2-25　查尔酮/黄烷酮的降解作用

（запрометов. м. н. виох，1954）

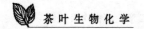

用标记的查尔酮/黄烷酮中间产物喂饲一株植物时，首先降解为桂皮酸，再转化为苯甲酸等（图 2-25）。

黄酮醇的代谢在迅速生长和分化的组织中特别明显。如芸香苷（芦丁 Rutin）在降解中，A 环转化为均苯三酚，B 环衍生成苯甲酸同系物。

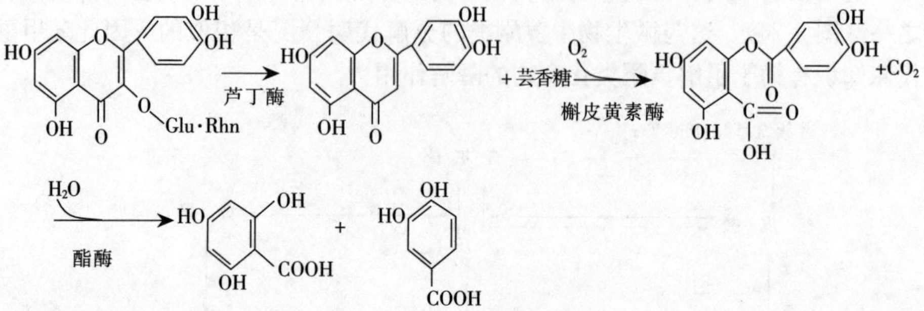

在植物或植物悬浮培养物中，用各种标记苯甲酸进行喂饲实验，证实可发生脱羧反应、O-脱甲基反应和环解离作用等。脱羧反应如对羟基苯甲酸经羟基化诱导脱羧反应形成了对苯二酚。邻羟基苯甲酸经羟化脱羧形成邻苯二酚。

O-脱甲基反应：植物系统 O-脱甲基化反应看来对位是很特异的。如对一甲氧基苯甲酸（茴香酸 Anisic acid）、3，4-二甲氧基苯甲酸（藜芦酸 Veratric acid）可分别产生对羟基苯甲酸和 4-羟基-3-甲氧基苯甲酸（香草酸）。

环的解离：根据实验环上标记的苯甲酸可产生 $^{14}CO_2$ 而明确地证实了环的裂解。如原儿茶酸在需氧条件下环裂解的产物为 β-羧基-顺，顺-黏康酸（β-carboxy-Cis, Cis-muconic acid 即 β-羧基-顺，顺-己二烯二酸），β-羧基黏康酸内酯和 β-酮己二酸（Ketoadipic acid）。上述脱羧等反应是在植物体内用标记化合物研究得到的，对其所包含的酶及环裂解的作用机制还未能得到任何结论。

扎普罗米托夫利用光合作用制备 ^{14}C-儿茶素渗入离体的茶树新梢中，发现不论在光或黑暗情况下，由呼吸作用可形成 $^{14}CO_2$，在 70h 后 80％的放射性出现在 CO_2 中。用含 ^{14}C 的（－）-EC、（－）-EGC、（－）-ECG 和（－）-EGCG 渗入茶树新梢，经 55h 后，发现 ^{14}C 分布在 CO_2（15％）、有机酸（20％，主要是莽草酸、金鸡纳酸等）、碳水化合物（5％）、蛋白质（2％）、叶绿素和萜类化合物（3％）、酚性化合物（10％）和多聚物（40％木素等）中。且证实儿茶素已完全分解。儿茶素的氧化聚合或分解代谢反应是根据茶新梢细胞的生理状态和酶的作用来决定的。

儿茶素生物合成的细胞定位：

早期曾假定类黄酮物质是在液泡中合成的，近些年来，证实了黄酮类化合物可以在细胞质内合成。某些组分再运输到液泡里去。高等植物中的黄酮类化合物在某一组织中可局限于某一些细胞内，一个细胞内的高含量对于邻近细胞存在与否似乎没有转入或梯度的影响。

探讨黄酮类化合物在细胞中生物合成位置，大多从植物中分离出亚细胞各部分，从有关酶或黄酮类化合物进行筛选。也可制备高度纯化的、具有功能的完整细胞器，测定其完成生物合成反应的能力。结果证实叶绿体可能与黄酮类化合物合成有关，在叶绿体中已发现若干与酚性物质代谢有关的酶。

第五节　茶树中芳香物质代谢

成品茶中的香气成分，一部分来自鲜叶，一部分来自加工，分别来自生物合成与茶叶加工过程中的热物理化学作用、生物化学作用，受到内因与外因两大因素影响，变化复杂，影响因子较多。

一、不饱和脂肪族醇的生物合成与转化

茶鲜叶中含有大量不饱和脂肪族醇，主要为青叶醇，还有它的前体青叶醛，这些是构成茶鲜叶青草气的主体成分，它们的生成途径如图 2-26 所示。

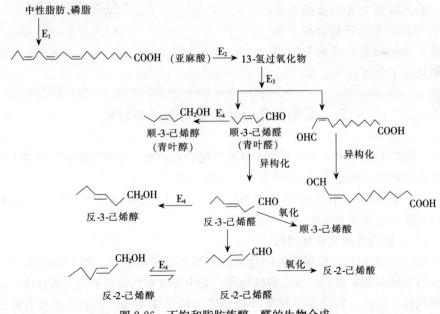

图 2-26　不饱和脂肪族醇、醛的生物合成

（西条了康，1975；Owuor. P. O.，1986）

E₁. 类脂水解酶　E₂. 脂肪氧化酶　E₃. 过氧化物分解酶　E₄. 乙醇脱氢酶

脂类水解后游离出不饱和脂肪酸，在脂肪氧合酶作用下过氧化，生成13-氢过氧化物，进一步在酶的催化下裂解成青叶醛，最后在还原酶存在下还原形成青叶醇。

但是青叶醛在异构化因子如异构酶等作用下可异构化形成反-3-己烯醛、反-2-己烯醛等，这些醛类化合物在脱氢酶催化后生成相应的醇，构成了茶叶不饱和脂肪族醇、醛群。

青叶醇等的生成不仅赋予了茶叶青草气，而且还为茶叶其他香气物质的形成提供了很好的先质。

二、芳香族醇及其衍生物的生物合成与转化

芳香族醇及其衍生物是茶叶香气中的重要化合物，有苯乙醇、苯甲醇、苯乙醛、水杨酸甲酯等，均具有花香。芳香族醇的先质是苯丙氨酸等氨基酸，经脱氨脱羧后形成的相应醛。由糖类和苯丙氨酸等生成苯乙醛和苯乙醇的合成途径如图2-27。

前苏联研究者用蔷薇花作材料观察到苯丙氨酸合成了苯乙醇，美国研究人员用茶叶为材料证实了上述合成途径。

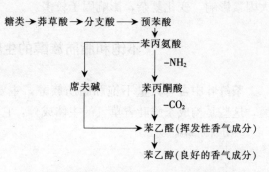

图2-27　芳香族醇及其衍生物的合成途径

三、萜烯类化合物的生物合成与转化

茶鲜叶和成茶中均含有较高含量的萜烯类化合物，主要为单萜类和倍半萜类，在植物体内通常按以下途径完成（图2-28）。

由于茶树特有的遗传特性和生理特性，在茶树体内萜烯类生物合成主要有叶绿体膜内与膜外合成之分。

（一）膜内合成与转化途径

如图2-29所示。萜烯类生物合成的基质是乙酰辅酶A，经甲缬醇酸（又叫火落酸或甲瓦龙酸）形成焦磷酸酯等，其中香叶基焦磷酸酯是萜类合成的重要中间体，由此可转化为单萜烯醇类和倍半萜烯醇类等，也能形成双香叶酯类，与叶绿醇、胡萝卜素等多萜类生成相联系。

在此途径中，导向低等萜类（单萜、倍半萜、二萜）合成的第一个酶是其

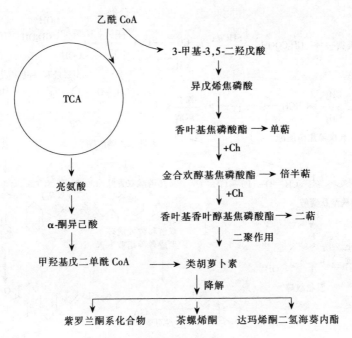

图 2-28 萜类物质的生物合成途径

(西条了康等，1974)

相应的萜类合酶（terpene synthase）。绝大多数萜类化合物具有环状结构，相应的酶又称为萜类环化酶（terpene cyclase）。单萜、倍半萜和二萜环化酶，分别以法尼基焦磷酸（FPP）和牻牛儿苗基焦磷酸（GPP）为底物，催化亲电子的分子内环化反应，形成单萜（C_{10}）、倍半萜（C_{15}）和二萜（C_{20}）。其中每一类尽管底物相同，产物却不尽相同。

上述生物合成途径生成的脂肪族醇、芳香族醇和萜烯醇在茶树体内均以糖苷的形式存在，日本小林彰夫证明茶叶中含有顺-3-己烯醇葡萄糖苷，矢野证明有香叶醇和苯甲醇的葡萄糖苷，竹尾忠一提出了醇类化合物在茶叶中以葡萄糖苷的形式作为香气前驱体的推理，郭雯飞等从茶叶中分离纯化得到牻牛儿醇、芳樟醇、苯甲醇、苯乙醇及顺-3-己烯醇等的樱草糖苷（木糖葡萄糖苷）（图 2-30）和野黑樱苷（图 2-31），以及少量的阿拉伯糖葡萄糖苷、芹菜糖苷等，并从茶鲜叶中分离出对生成这类香气起主要作用的樱草糖苷酶，这种酶在茶叶的萎凋、摇青和发酵过程中催化樱草糖苷进一步水解产生香气化合物，从而建立了由糖苷通过酶促水解产生醇类香气化合物的反应机理。

另外，有人发现用体外人工合成 β-樱草糖苷后，茶叶粗酶提取物即可水解之，并释放出相应的芳香物质。

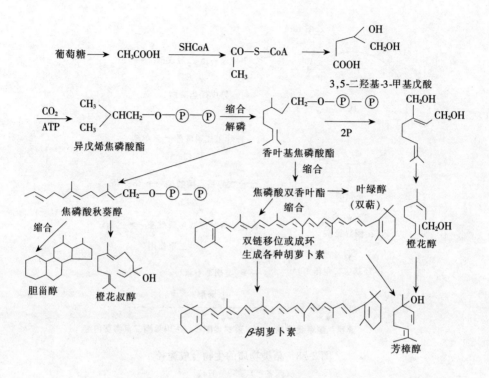

图 2-29 萜烯类的膜内生物合成

图 2-30 茶叶芳香物质前驱体的结构

β-樱草糖苷（β-Primeveroside）其中 1、2、3、4 为
牦牛儿醇、芳樟醇、苯乙醇和苯甲醇的糖苷

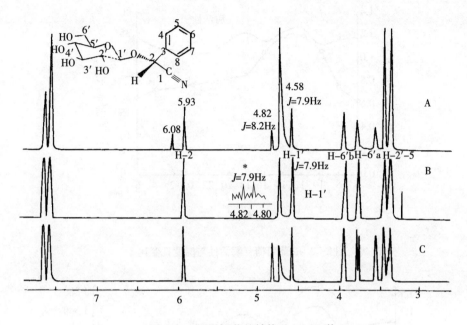

图 2-31　野黑樱苷的结构及 NMR 谱

图 2-32　（3R，9R）-3-羟基-7，8-二氢-β-紫罗兰醇的双糖苷结构

2001 年，Seung—Jin Ma 等从茶鲜叶中也发现了一种名为（3R，9R）-3-羟基-7，8-二氢-β-紫罗兰醇的双糖苷（图 2-32），通过相应糖苷酶水解，即释放挥发性芳香物质。

江昌俊、李叶云等研究了 1d 内茶芽中 β-葡萄糖苷活性的变化，发现有 2 个高峰，即在中午 12：00 左右达到最高峰，然后下降；下午 4：00 左右酶活性再次上升，18：00～20：00 酶活性达到一天第二次高峰，随后便缓慢下降。次日凌晨 0：00～2：00 酶活性最低，而后缓慢上升。该酶活性日变化与温度、光照强度等生态因子日变化无明显关系（图 2-33、2-34、2-35）。

（二）膜外合成与转化途径

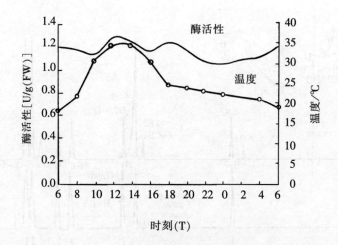

图 2-33 β-葡萄糖苷酶活性与温度日变化

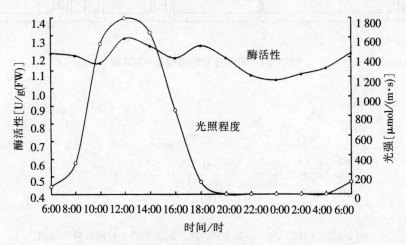

图 2-34 β-葡萄糖苷酶活性与光强度日变化

Wickremasinghe 等发现亮氨酸积累较少的茶叶,香气较好,晴朗、干旱、土壤贫瘠等气候条件所产茶叶香气较高。由于茶叶中存在能催化亮氨酸和 α-酮戊二酸转化的转氨酶,使 α-丙氨酸和缬氨酸转移出氨基。当茶鲜叶中亮氨酸较高时,萎凋等过程中可在转氨酶作用下形成相应的 α-异己酮酸和 α-异己羟酸等,由此生成茶香组分。

Wickremasinghe 等研究茶叶香气生物合成气候因素作用机制时发现,茶树在正常生长条件下,叶绿体内即膜内合成途径占支配地位,以乙酸盐为先质,按前述途径形成香气物质,在不利气候条件下(如干燥多风),亮氨酸即

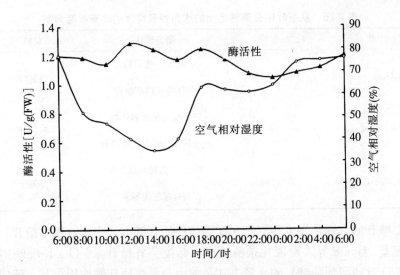

图 2-35 β-葡萄糖苷酶活性与空气相对湿度日变化

膜外合成途径开始起作用，形成萜烯类物质（图 2-36）。

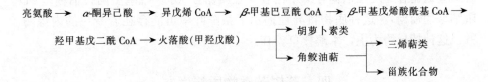

图 2-36 萜烯类的膜外合成

（杨贤强，1988）

自然界存在的萜类物质都直接或间接地经过立体专一性的二聚作用、环化和重排，由无环的前身香叶醇（C_{10}）、金合欢醇（C_{15}）、香叶基香叶醇（C_{20}）所衍生的，其基本结构单元是异戊二烯（C_5）。

茶树中单萜的生物合成从初生植物经过开花期，在叶和花中都是平稳地增长着，伴随这种增长的是萜类混合物组成的变化。

法国的 Cordonnier 和 Bayonove1974 年首次提出葡萄中可能存在键合态的不挥发的萜烯类化合物，这些键合态单萜烯类化合物以糖苷形式存在。Willams等证实了葡萄中存在香叶醇、芳樟醇、橙花醇、α-萜品醇、苯甲醇、苯乙醇等物质的糖苷。与此同时，T Takeo［1981］开始研究了茶叶香气的糖苷类前体。

已发现的单萜烯醇糖苷都是二糖苷和单糖苷，其中主要是 β-樱草糖苷（表 2-26）。这些糖苷在内源糖苷酶的作用下，水解转化释放出香气。值得注意

表 2-26　从茶叶中分离鉴定出的作为香气前体的糖苷类萜烯醇

作者	年份	萜类糖苷	材料
W Guo, et al	1993，1994	芳樟醇基-樱草糖苷 香叶基-β-樱草糖苷	茶鲜叶
J Moon, et al.	1994	顺，反芳樟醇氧化物 8-羟基香叶醇-β-樱草糖苷	茶鲜叶
M Nishikitani, et al	1996	顺-3，7-芳樟醇氧化物 香叶基巢菜糖苷	茶鲜叶

的是二糖苷的水解是发生在双糖和配糖体的糖苷键上，先水解成单糖苷，再水解出配基。Guata 等人发现在茶鲜叶中，萜类芸香糖苷（6-O-α-L-吡喃型鼠李糖基β-D-吡喃型葡萄糖）的水解方式是先由 α-鼠李糖苷酶作用将其水解成葡萄糖苷，再由 β-葡萄糖苷酶水解，释放出萜类。

从茶鲜叶中提取的粗酶处理 4 种对硝基苯基 β-糖苷，其水解活性是樱草糖苷＞葡萄糖苷＞阿拉伯糖苷＞木糖苷＞巢菜糖苷（α-L-吡喃型阿拉伯糖基β-D-吡喃型葡萄糖）。这种底物特异性揭示了茶鲜叶中可能存在着专一的内源酶，并以这种特异酶为主，水解樱草糖苷。

四、茶树芳香物质与生态

不同生态环境下生长的茶树,茶叶中芳香物质种类、数量差异较大。表2-27与图2-37是两种不同生态环境下,茶鲜叶中芳香物质种类及香精油含量比较。

表 2-27　试验区各处理茶园生态情况

（赵和涛，1992）

处　　理		4～10月平均相对湿度（%）	4～10月平均气温（℃）	海拔高度（m）	森林覆盖率（%）
处理一	Ⅰ	91.5	20.3	530	32.1
	Ⅱ	91.2	20.1	650	36.5
处理二	Ⅰ	88.3	21.3	180	21.3
	Ⅱ	88.5	21.8	210	26.5

此外，栽培条件同样可以影响香气物质间的转化及香气前体和相关酶活性等的变化，施有机肥和大棚覆盖均利于增强 β-葡萄糖苷酶活性；结合态醇系香气含量与醇系香气总量对生态因子的反应具协同性。结合态香气是醇系香气的

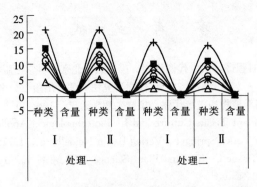

图 2-37　不同处理茶树鲜叶中芳香物质种类及香精油含量

(赵和涛,1992)

—+— 杂环类　—■— 酸类　—◇— 酯类　—○— 酮类

—※— 酚类　——— 醛类　—△— 醇类

主要来源，覆盖和施有机肥可明显提高茶鲜叶中游离态醇系香气含量、结合态醇系香气含量及醇系香气总量，且均随采摘时间进程呈单峰曲线变化，覆盖和施有机肥能明显增强释放结合态醇系香气的主要酶类 β-葡萄糖苷酶的活性，从而提高茶叶的香气（表 2-28）。

表 2-28　不同处理夏茶的香气组成和含量（%）

香气种类	遮荫实验		基肥实验	
	遮 荫	不遮荫	有机肥	对 照
正己醇	1.79	0.93	1.79	2.02
顺-3-己烯醇	0.36	0	0.36	0.37
芳樟醇	0.63	0.39	0.63	0.63
壬醇	0.62	0	0.62	0.66
α-萜品醇	0	0	0	0.38
香叶醇	0.81	0	0.81	0
苯甲醇	1.75	1.05	1.75	1.26
苯乙醇	0.32	0.32	0.32	0.32
反-2-己烯醇	0.67	1.09	0.67	0.90
总量	6.96	3.78	6.96	6.21

不同生态条件下香气组成存在差异，处于较优生态环境的茶叶中，醇类、酮类、酚类等香气物质种类都比较多，而杂环类、酯类芳香物质种类略少。

因此，要改善茶叶香气，提高茶叶品质，获得质量优异的鲜叶是前提。如上所述，通过改变茶园小气候，调节茶树体内物质代谢，改善茶树芳香物质代谢，积累较多的有利于香气物质形成的前体，从而获得香气浓郁的优质茶叶。

参 考 文 献

[1] [英] J. 曼著，曹日强译. 次生代谢作用. 第二版. 北京：科学出版社，1983

[2] 南川隆雄，吉田青一. 高等植物の二次代谢研究法. 学会出版センタ，1981

[3] 梁峥，郑光植. 高等植物的次级代谢. 植物生理学通讯. 1981 (1)：14～21

[4] Hahlbrock, K. In Plant Tissue Culture and Its Biotechnological Application (Ed. by W. Barz et al.). New York：Springer—Verlag Barlin Heidelberg，1977

[5] Hahlbrock, K. In Tissue Culture and Plant Science (Ed. by H. E. Street). New York：Academic Press, 1974

[6] Hahlbrock K, et al. Planta (Berl). 1974 (118)：75～84

[7] Ogutuga, B. D. A. et al. J. Exp Bot. 1979 (21)：258～273

[8] Ikeda, T. et al. Abst. Ann. Meeting Arg. Chem. Soc. Japan, Kyoto, 1976, (2)：17

[9] Tabata, M. In Plant Tissue Culture and Its Biotechnological Application (Ed. BarzW, et al.). New York：Spinger-Verlag Heidlberg, 1977

[10] Westcoot, R. J. et al. Abst. 3rd Inter. Conger. Plant Tissue Cell Culture, Leicster, 1974, 256

[11] Mizusaki, S. et al. Phytochem. 1971 (10)：1347～1350

[12] Tabata, M. et al. Lioydia. 1975 (38)：131～134

[13] Brain, K. R. Abst. 3rd. Inter. Conger. Plant Tissue Cell Culture, Leicester, 1974, 73

[14] Zenk, M. H et al. Planta Med. Suool. 1975：79～101

[15] Bary, W. In Plant Tissue Culture and Its Biotechnological Application. (Ed. Barz W, et al). New York：Springer-Verlag Berlin Heidelberg，1977, 152～171

[16] Hhlbrock K. et al. Biochim. Biophy Acta. 1971 (244)：7～15

[17] Nagel M, et al. Planta Med. 1975 (27)：264～274

[18] 安徽农学院. 茶叶生物化学. 北京：农业出版社，1960：87～92

[19] Ashihara H, Kubota H, Suzuki T. Biosynthcsis of caffeine and thcobriminc in different parts of tea seedling. procccdings of intcrnational symposium on Tea Science. 1991 (8)：26～29

[20] 曾晓雄，谭淑宜. 茶树体内咖啡碱的生物合成. 茶叶通讯. 1992 (4)：12～25

[21] 杨跃华译. 茶树体内嘌呤核苷的代谢及咖啡碱生物合成. 茶叶文摘：930878

[22] Fujimori N, Suzuki T, Ashihara H. Seasonal variations in biosynthetic capacity for the synthesis of caffeine in tea leaves. Phytochemistry. 1991，30 (7)：2245～2248

[23] Kiyok N, Hiroshi A. Phytochem. 1993, 34 (3)：613～615

[24] Ogu tuga D B A, Northcots D H. J. of experimental. 1970：67

[25] 茶叶译丛. 第二版. 北京：农业出版社，1982：36～45

[26] 南京药学院. 生物化学. 北京：人民卫生出版社，1982：213

[27] 茶叶译丛. 北京：农业出版社，1982：36～46

[28] 南京药学院. 药物化学. 1978：502～504

[29] Suzuki. T, Takahashi E. 1975，1 (46)：79～85

[30] Sasaoka K，Kito M. Inagaki H Studies on the biosynthesis of theanine in tea seedlings. Synthesis of theanine by the homogenate of tea seedlings. Agr Biol Chem. 1963，27 (6)：467~468

[31] Sasaoka K，Kito M. Synthesis of theanine by tea seedling homogenate. Agr Biol Chem. 1964，28 (5)：313~317

[32] Sasaoka K，Kito M，Onishi Y. Some properties of the theanine synthesizing enzyme in tea seedlings. Agri. Biol. Chem. 1965，29 (11)：984~988

[33] 竹尾忠一. 以与茶叶滋味相关的茶氨酸为中心的茶树氮代谢. 茶叶试验场研究报告. 1981，17：1~68

[34] 小西茂毅，葛西善三郎. 土壤肥料学杂志. 1968，39：439~443

[35] 小西茂毅，松田隆雄，高桥英一. 土壤肥料学杂志. 1969，40：107

[36] Takeo T. Glutamate dehydrogenase from tea rootlet. Agr Biol Chem. 1979，43 (11)：2257~2263

[37] Takeo T. L－alanine as a precursor of ethylamine in *Camellia* sinensis. Phytochemistry. 1974，13：1404~1406

[38] Takeo T. L－alanine decarboxylase in *Camellia* sinensis. Phytochemistry. 1978，17：313~314

[39] Tsushida T，Takeo T. Ethylamine content of fresh tea shoots and made tea determined by high performance liquid chromatography. J Sci Food Agric. 1984，35：77~83

[40] Kito M，Kikyra H，Izaki J，Sasaoka K. Theanine，a precursor of the phloroglucinol nucleus of catechins in tea plants. Phytochemistry. 1968，7：599~603

[41] 津志田藤二郎，村井敏信，大森正司，等. 富含 γ 氨基丁酸的茶的制造及其特征［日文］. 日本农艺化学会志. 1987，61 (7)：817~822

[42] 津志田藤二郎. 茶叶中氨基酸代谢的研究及新型 Gabaron 茶的开发［日文］. 茶叶研究报告. 1990，72：43~51

[43] Ekborg-Ott KH，Taylor A，Armstrong W. Varietal differences in the total and enantiomeric composition of theanine in tea. J Agric Food Chem. 1997，45：353~363

[44] Abelian V，Okubo T，Mutoh K，et al. A continuous production method for theanine by immobilized *Pseudomonas nitroreducens* cells. Journal of Fermentation and Bioengineering. 1993，76 (3)：195~198

[45] Selendran RF，Selvendran SJ. J Sci Food Agric. 1973，24：161~165

[46] 鸟井秀一著. 新茶叶全书. 1972 (436)：42

[47] 王宗尧，陈昌辉. 鲜叶中茶多酚、氨基酸和咖啡碱含量的变化. 茶叶科技. 1983 (3)

[48] Mosli waldhauseer S. S，Baumann T. W. Phytochemistry. 1996，42：985

[49] Kato M. Mizuno K，et al. Caffeine synthase gene from tea leaves. Nature. 2000，406 (6799)：956~957

[50] Kato M，et al. Purification and characterization of caffeine synthase from tea leaves. Plant physiology. 1999，120：579~586

[51] Millin D. T，et al. J. Agri. Food Chem. 1969，17 (4)：718

[52] Saijo, R. Agri. Biol. Chem. 1983, 47 (3): 455~460

[53] 中国农科院茶叶研究所. 茶叶中的多酚类物质及其分析方法. 1977

[54] запрометов. м. н. виох. 1954 (19): 608

[55] запрометов. м. н. Биох. 1971 (36): 270

[56] запрометов. м. н. Физио. раст. 1975 (2): 282

[57] Koukol, J, Conn, E. J. boil. chem. 1961 (236): 2692

[58] Haslam E. the shikimate Pathway. Butterworths, London. 1974

[59] Zaprometor, M. N. and Bukhlaeva, V. Ya., Biokhimiya, .1968 (33): 383

[60] Zaprometor, M. N. and Bukhlaeva, V. Ya., Biokhimiya, 1971 (6): 271

[61] Forrest G. Biochem, J. (113): 773

[62] Harborne, J. B 等著（戴伦凯等译）. 黄酮类化合物. 北京：科技出版社, 1983: 140

[63] 李名君等译. 茶叶研究进展. 中国农科院茶叶研究所情报资料室, 1980

[64] 徐任生. 天然产物化学. 北京：科学出版社, 1993: 680

[65] 安徽农学院. 茶叶生物化学. 北京：农业出版社, 1984

[66] 萧伟祥. 茶儿茶素合成与分解代谢研究概况. 国外农学——茶叶. 1985 (2): 1~5

[67] 陈文浩, 朱巧庆. 生物合成. 南京药学院学报. 1985, 16 (1): 57~66

[68] 成浩, 李素芳, 沈星荣. 茶树中的类黄酮物质及其生物合成途径. 中国茶叶. 1999 (1): 6~8

[69] 石碧, 狄莹著. 植物多酚. 北京：科学出版社, 2000, 5~18

[70] Yukihiko, Hara. Green Tea. Marcel Dekker, Inc. 2001: 11~16

[71] 西条了康. 茶叶香气成分的生物合成（中国农科院茶叶研究所译）. 国外茶叶动态. 1975, 14 (1): 181~182

[72] Owuor, P. O. 红茶的香气——综述. Tea. 1986, 7 (2): 29~42

[73] 萧伟祥. 浅析茶叶芳香物质及其生物合成. 茶叶通讯. 1984 (3): 19~22

[74] 西条了康等. 茶树中萜类化合物的生物合成. 茶叶丛译. 1974 (1): 35

[75] 张正竹, 施兆鹏, 宛晓春. 萜类物质与茶叶香气（综述）. 安徽农业大学学报. 2000, 27 (1): 51~54

[76] 李名君. 茶叶香气研究进展. 国外农学——茶叶. 1984 (4): 1~15; 1985 (1): 1~8

[77] Kobayashi A, Kubota K, et al. (Z)-3-hexenyl-β-D-glucopyranoside in fresh tea leaves as a precursor of green odor. Biosci. Biotech. Biochem. 1994 (58): 592~593

[78] Yano Mlotoko, Okada Katsuhide, Kuboat Kikue, et al. Studies on the precursors of monoterpene alcohols in tea leaves. Agri. and Bio. Chem. 1990, 54 (4): 1023~1028; 1991 (55): 1205~1206

[79] Taked T. Production of linalool and geraniol by hydrolytic breakdown of bound forms in disrupted tea shoots. Phytochemistry. 1981 (20): 2145~2147

[80] Wenfei Guo, Noriko Sasaki, et al. Isolation of an aroma precursor of benzaldehyde from tea leaves (Camellia sinensis var. sinensis cv. Yabukita). Biosci. Biotechnol. Biochem. 1998, 62 (10): 2052~2054

[81] Wenfei Guo, Kanzo Sakata, et al. Geranyl b-o-β-D-glucopyranoside isolated as an aroma

precursor from tea leaves for oolong tea. Phytochemistry. 1993 (33): 1373~1375

[82] W. Guo, R. Hosoi, et al. (S) -Linalyl, 2-phenylethyl, and benzyl disaccharide glyco-sides isolated as aroma precursor from oolong tea leaves. Biosci. Biotech. Biochem. 1994 (58): 1532~1534

[83] W. Guo, K. Ogawa, et al. Isolation and characterization of a β-primeverosidase con-cerned with alcoholie aroma formation in tea leaves. Biosci. Biotech. Biochem. 1996 (60): 1810~1814

[84] Mariko Nishikitani, Dongmei Wang, et al. (Z) -3-hexenyl and trans-linalool 3, 7-oxide β-primeverosides isolated as aroma precursors from leaves of a green tea cultivar. Biosci. Biotechnol. Biochem. 1999, 63 (9): 1631~1633

[85] Seung-Jin Ma, Naoharu Watanabe, et al. The (3R, 9R) -3-hydroxy-7, 8-dihydro-β-ionol disaccharide glycoside is an aroma precursor in tea leaves. Phytochemistry. 2000, 56: 819~825

[86] 江昌俊, 李叶云等. 茶芽叶中 β-葡萄糖苷酶活性的日变化. 植物生理学通讯. 2000, 36 (4): 324~326

[87] 杨贤强, 沈生荣. 炒青绿茶香气成因初探. 茶叶. 1988 (3): 28~32

[88] Chanturiya O D. Byul Nauchn Isslad Inst Chain Prom. Svet Nar-Kboz. Grz SSR. 1963: 15

[89] Cordonnier R, et al. C R Acad Sci. Paris Serie D. 1974 (278): 3387

[90] Williams PJ, Stauss CR, wilson B, et al. Studies on the hodrolysis of its monoterpene precursor compounds and model monterpene β-D-glucosides retionalizing the monoter-pene composition of grapes. J Agric Food Chem. 1982 (30): 1219~1223

[91] Williams PJ, Strauss CR, Wilson B. Hydrodylated linalool derivatives as Precursors of volatile monocerpenes of muscat grapes. J Agric Food Chem. 1980 (28): 776~771

[92] T Takeo. Production of linalool and geraniol by hydrolytic breakdown of bound forms in disrupted tea shoot [J]. Phytochemistry. 1981, 20 (9): 2145~2147

[93] Z Gunata, R Baumes, M Brillouet, C Tapiero, C Bayonove, R Coronnier.   Europ Patent. 0332281 Al   (March, 8, 1989)

[94] Dongmei Wang, et al.   Substrate specificity of glycosidases in tea leaves. China tea. 1997: 29~34

[95] 赵和涛. 茶园生态环境对红茶芳香化学物质及品质影响. 生态学杂志. 1992, 11 (5): 59~61

[96] Zhao Qin, Tong Qiqing, Luo Yaoping. Effects of environmental   factors on β-glucosi-dase activity concerned with aroma formation and alcoholic aroma in tea fresh leaves. 浙江大学学报 (农业与生命科学版). 2000, 26 (3): 266~270

第三章 环境对茶树物质代谢的作用

茶树物质代谢与环境条件息息相关，诸如各个器官形态的建成及体内代谢产物的动态变化等均与茶树所处的环境密不可分；茶叶品质的季节性变化和地区间的适制性差异，也说明茶树物质代谢与外界环境之间是相互影响的。

第一节　光照与茶树的物质代谢

一、光照在茶树物质代谢中的作用

物质代谢是完成能量代谢的重要环节，只有绿色器官——叶片才能真正担负起这个复杂的代谢任务。叶细胞叶绿体中的叶绿素是接受光能的受体，正是这类色素巧妙地把光能转化为化学能，为一切生命活动提供能源。茶树是叶用作物，充分认识叶组织的功能及其对茶树体生理生化过程的重要作用，在理论和实践上都是十分必要的。

茶树是常绿植物，但它的叶片色泽在年生长周期中不断地变化，很大程度上与日光强度、光质、光照长短密切相关。茶树叶片的不同发育阶段、生长的自然环境条件不同及同一茶树的不同受光面等，其中叶绿素含量的差异是非常明显的。

茶树叶片中除叶绿素外，还含有类胡萝卜素。它在茶树光合作用中起辅助色素作用，对茶叶品质有一定影响，因为它不仅同其他萜烯类有生源的紧密联系，而且是茶叶加工过程中形成茶香的重要组分。如 β-胡萝卜素的初级氧化产生为 β 紫罗酮、萜烯醛、萜烯酮等芳香成分，番茄红素氧化降解为芳樟醇和萜烯醛、酮等成分。由此可见，类胡萝卜素在茶叶的高产优质途径探索中是值得重视的化学成分之一。

由于不同的色素吸收光谱不同，光质也将影响茶树的物质代谢。茶树对可见光中的红橙光吸收最多，其次是对蓝紫光的吸收，这些波长提供能量的作用也最大，但是从生产实用的角度出发，究竟何种光对提高产量和改善品质有用呢？日本学者（1991）研究认为，采用塑料遮荫纱可提高产量 18％～26％；

品质成分全氮量由不遮荫的 4.31% 提高到 5.14%；茶多酚的含量由不遮荫的 14.0% 下降到 11.7%。

一般而言，茶叶的含水量、含氮量、氨基酸等随着新梢的老化而减少，在遮荫下延缓了这种减少。取一芽三叶新梢测定其化学成分（表 3-1），在滤去特定光波的各个处理区中，鲜叶含水量均比对照区高，以高光区的含水量为最高，叶绿素、氨基酸的含量黄色覆盖区也很高，特别是氨基酸总量和组成变化最为明显，这些化学成分含量的增加都有利于提高绿茶品质（表 3-2）。

表 3-1　不同光质光照条件下茶树叶片的化学组分（%）

| 成分 | 含水量 | | | 叶绿素 | | | 全氮量 | | | 茶多酚 | | |
叶位不同处理	一	二	三	一	二	三	一	二	三	一	二	三
自然光	74.5	72.8	70.0	0.319	0.372	0.408	5.26	4.46	4.04	11.3	8.9	7.7
除去蓝紫光	75.7	75.0	73.4	0.428	0.462	0.442	5.53	4.25	3.63	10.8	9.0	7.3
除去蓝绿光	74.0	72.1	—	0.277	0.395		5.48	4.29		12.1	9.1	—
除去绿黄光	73.5	72.1		0.331	0.331		5.01	4.14		11.1	8.0	
除去橙红光	74.5	70.4	72.5	0.294	0.408	0.418	5.26	4.51	4.17	12.4	8.1	6.8
不覆盖	72.9	70.4		0.317	0.247		5.22	4.57		10.1	9.3	

表 3-2　不同光质对一芽三叶中氨基酸含量的影响

覆盖色 所供光源	白色 自然光	黄光 除去紫外光	紫色 除去黄绿光	蓝色 除去橙红光
精氨酸	4.25	20.06	—	17.24
天门冬氨酸	60.31	89.61	60.04	76.20
丝氨酸	27.04	43.92	23.03	35.32
茶氨酸	313.20	460.21	223.36	341.80
谷氨酸	97.10	146.31	98.65	123.90
其他氨基酸	44.04	73.68	39.98	55.26
总量	545.94	833.79	445.06	649.72

二、光照对茶树碳素代谢的作用

（一）光对糖代谢的作用

糖是光合作用的初始产物，多酚类是糖分解转化的二级代谢产物，光对糖类、多酚类代谢均有很重要的影响。

糖的代谢与光能的利用：上面已经提到，叶绿体中的色素是接收光能的受体，色素利用光能把无机的 CO_2 转变成有机的含碳化合物，把不能在机体内直接利用的光能转化为能被机体利用的化学能，这个全过程就是糖的合成代谢，或叫做"碳素同化"作用。

一般情况下，茶树受日光的照射，受光时高，碳素同化量也高。生产实践中常遇到的现象是，凡水肥条件供应充分，茶树的同化量随日照量增加而增加。

研究茶树的碳素同化情况表明，茶树的碳素代谢特殊性表现在高浓度的多酚类化合物的累积。

（二）光对多酚类代谢的影响

茶树体内多酚类的主体组分是儿茶素类，儿茶素中又以没食子儿茶素为最多，并随茶树的不同部位、不同发育阶段与多变的外界环境条件而异。儿茶素积极参与了茶树的碳代谢。茶树生长最活跃，物质代谢最旺盛的幼嫩芽梢有种类最齐全、数量最丰富的儿茶素。同理，碳代谢最有利的环境条件，儿茶素特别是酯型儿茶素有最大量的积累。

光照对儿茶素（尤其是酯型儿茶素）的消长有明显的影响。根据国内外的研究报道，光照直接影响儿茶素的总量或多酚类复合体的组成比例，凡遇光强和日照量大，茶叶中儿茶素含量明显增加，其中，酯型儿茶素增加尤为显著。（表 3-3、3-4）

表 3-3　日光的季节变化对一芽三叶中儿茶素含量的影响（％）

光照情况	简单儿茶素		酯型儿茶素		总　量
	C	GC	（一）-ECG	（一）-EGCG	
春季光照	0.97	2.01	3.73	6.72	13.43
夏季光照	0.95	2.74	2.59	8.38	14.66
秋季光照	1.20	3.76	3.43	7.13	15.52

表 3-4　不同光照下茶叶中儿茶素含量的变化（％）

（阿南丰正等，1974）

地区或品种	光处理	简单儿茶素		酯型儿茶素		总　量
		（一）-EC	（一）-EGC	（一）-ECG	（一）-EGCG	
日本茶区	自然光照区	1.00	4.02	2.60	8.13	15.75
	遮光区	0.76	3.00	1.75	8.63	14.14
中国鸠坑品种	种植于几内亚	1.52	3.05	1.68	7.39	13.64
	种植于马里	1.78	3.21	1.44	6.04	12.47
	种植于杭州	1.38	2.97	1.86	4.66	10.87

表 3-3 和 3-4 的分析数据表明，不同季节、不同光照处理、同一品种栽培在不同地区，光对儿茶素代谢的影响是不同的。这种影响除与光强和光量有关外，还与生长环境中的温度密切相关。在茶树多酚类合成代谢中，光是必要的。光在黄烷十五碳的生物合成和累积过程中起双重作用，其一是光为二级代

谢的进行提供必要的先质（如糖）；其二是光对温度效应起调控作用，直接影响着酶活性的变化，特别是对酯型儿茶素生物合成的重要酶系的活性影响显著。另外，光照有利于茶树体内 PAL 活性的提高（表 3-5），从而有利于儿茶素的合成；当然，光照还能加速儿茶素的降解，直接影响儿茶素在茶树体内的存在量。据研究，在自然光下，茶树体内儿茶素降解呈 $y=(198.5x-0.014)^2$ 关系 [x：时间变量（h）；y：尚未降解的儿茶素放射性活度（$\times 10^6\,dpm$）]，茶树新梢中儿茶素的累积量取决于合成与降解的平衡，当合成大于降解时，体内儿茶素积累就多，否则反之（图 3-1）。

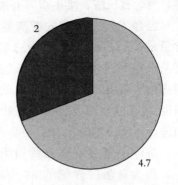

图 3-1　不同光照下儿茶素的降解

（单位：$\times 10^2 dpm/g$ 干重）

⬜ 遮光　　⬛ 光照

表 3-5　不同光照时间对 PAL 活性及儿茶素含量的影响

处　理	PAL 活性（$A_{2lg\text{-}1}FW/h$）	儿茶素（%）
24h 黑暗	0.270	12.06
1h 白光，23h 黑暗	0.380	15.55
8h 白光，16h 黑暗	0.453	17.36
24h 白光	0.529	18.10

注：$A_{2lg\text{-}1}FW/h$ 代表每小时每克鲜叶重 210nm 下吸光度。

茶多酚在茶树叶片中的积累量，一般都高于其他器官，这是由叶片特殊的代谢机能所决定的。由于茶多酚处于生物合成与生物氧化降解的动态平衡之中，它的平衡浓度是合成代谢和分解代谢两者同时作用的结果。日光的强度和光质的差异是影响两者动态平衡的主要环境因素。根据同位素示踪试验，标记的多酚类化合物经机体代谢后，分布于其他代谢产物中，如二氧化碳、木质素等。据前苏联学者（1959 年）用幼龄茶树的离体枝条研究茶多酚分解代谢发现，经 70h 的呼吸作用，无论是光或黑暗两种处理，发现约有 80% 的放射性出现在二氧化碳中，表明绝大部分的多酚类化合物都参与了分解代谢。

三、光照对茶树氮素代谢的影响

蛋白质、氨基酸、咖啡碱是茶叶中重要的生化成分，与茶多酚及其氧化产物、糖、有机酸、维生素等有关成分共同组成茶叶特有的自然品质。

已经发现茶树中的游离氨基酸有 20 多种，其中以茶氨酸（Theanine）含量最高，占游离氨基酸总量的 60%～70%，它在茶树的氮素代谢及决定茶汤滋味品质方面有特殊的作用。而且，茶氨酸代谢与儿茶素代谢是互相沟通、互相制约的。茶树幼嫩芽叶茶氨酸可达 0.5%～2.0%，其味阈浓度为 0.06%。此外，茶叶中的谷氨酰甲胺与咖啡碱的代谢也密切相关。

茶叶中蛋白质的含量约为 22%，以难溶于水的谷蛋白（Glutelin）为主，约为总蛋白含量的 80%，在茶汤中呈胶体状，对茶汤保持清亮和胶体溶胶的稳定性起重要作用。其余的 20% 左右是白蛋白、球蛋白和精蛋白，其中约 40% 的白蛋白是能溶于水的，对增进茶汤滋味品质有重要影响。

（一）光与含氮化合物代谢

茶叶中含有多种含氮化合物，但可溶性含氮物质主要是氨基酸和咖啡碱，是决定茶叶品质的两类基础物质，它们的消长很大程度上影响着茶汤的滋味。了解光照对这两类物质含量的影响在理论与实践上都是有意义的。

在自然光照下，光照强度、日照量和光谱成分的差异，都能引起茶树体内化学成分组成的差别。一般地，光强度和日照量大，有利于碳素代谢，且可不同程度地抑制含氮化合物的代谢，红橙光有利于二氧化碳的同化与糖类的合成，而蓝紫光能促进蛋白质的合成。由此可以推论，凡有利于氮代谢的多种光照因素，必然有利于茶叶中含氮化合物——氨基酸、咖啡碱等的积累。这种推论已为大量的实验数据所证实（图 3-2、3-3）。

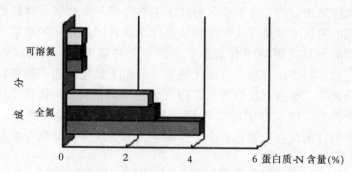

图 3-2　光照对茶树体内蛋白质-N 含量的影响

（黄初雨，1995）

□ 三茶　■ 二茶　▨ 春茶

另外，由图 3-3 可知，适度遮光区茶树中咖啡碱含量高于自然光区，表明光照不利于咖啡碱的合成，但光对新梢中咖啡碱的生物合成并不是必需的。

（二）光对氨基酸代谢的作用

　　通常，茶树幼嫩组织中含有高浓度的游离氨基酸，光照对茶叶中游离氨基酸的含量影响明显。

　　实验表明（表 3-6），光照强

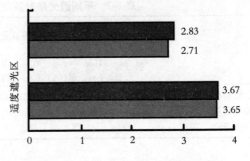

图 3-3　光照对茶树体内咖啡碱含量的影响(%)
■ 春茶　■ 秋茶

度、光量和光质都强烈地影响着叶组织中氨基酸浓度，其中对茶氨酸的影响最明显。

表 3-6　光照对氨基酸含量的影响（$\mu g/g$）

光照情况	季节	赖氨酸	组氨酸	精氨酸	天冬氨酸	苏氨酸	丝氨酸	茶氨酸	谷氨酸	丙氨酸	甘氨酸	缬氨酸	总量
自然光区 1	春	58	54	1 230	1 518	354	1 542	11 406	2 464	142	186	204	19 158
遮光处理 1		124	124	4 632	2 518	500	2 252	19 564	2 774	62	340	382	33 272
自然光区 2	茶	88	84	2 282	1 746	356	1 926	19 108	2 414	56	272	242	28 574
遮光处理 2		148	158	3 458	2 560	498	2 050	21 658	2 884	54	376	458	34 302
自然光区 1	秋	78	88	356	834	112	618	3 100	1 230	30	134	168	6 748
遮光处理 1		74	74	618	1 308	210	796	4 850	1 526	38	262	304	10 060
自然光区 2	茶	62	36	198	812	108	502	2 640	1 100	26	142	160	5 786
遮光处理 2		58	58	418	1 180	1 720	686	4 050	1 308	32	226	232	8 420

　　在光照下，茶鲜叶中谷氨酰胺会分解为谷氨酸，而谷氨酸是茶氨酸合成的前体。在弱光下或一定光强下，谷氨酸大量积累，酶促作用加速茶氨酸的合成；在强光下，一定浓度的茶氨酸受光易分解。高档鲜叶茶氨酸含量较高，中、低档鲜叶茶氨酸含量较低。在光照下前者较后者先达到分解值，故强光下高档鲜叶茶氨酸以分解为主，中、低档鲜叶以合成为主。[14]C 的示踪试验证实，茶氨酸是根部生物合成的产物，随地上部分的生长，茶氨酸输送到正在生长的叶组织，为正在进行的细胞分裂提供氮素营养，如果此时光合作用旺盛，茶氨酸的分解代谢加速，其碳架积极参与多酚类或其他相关物质的代谢，因此大量累积了有机碳化合物，茶氨酸的累积相应降低；反之，降低碳素同化作用，就能直接提高茶氨酸的含量,遮光能提高氨基酸含量的原因就在于此,如表 3-7 所示。

表 3-7　不同遮光率对茶叶氨基酸组成的影响

处　理	遮光率(%)	氨基酸总量(%)	茶氨酸		谷氨酸		天门冬＋谷酰胺		苏＋丙＋酪＋甘氨酸		其　他	
			含量(%)	占总量(%)	含量(%)	占总量(%)	含量(%)	占总量(%)	含量(%)	占总量(%)	含量(%)	占总量(%)
大棚稻草覆盖	93.58	3.17	1.310	60.78	0.383	17.05	0.204	9.40	0.1	77.82	0.086	3.07
简易稻草覆盖	84.84	1.76	0.905	56.53	0.350	19.80	0.184	1 046	0.175	9.94	0.056	3.08
露天茶园（CK）	0.09	1.34	0.674	54.36	0.317	16.60	0.126	10.16	0.126	10.16	0.161	12.29

四、光照对茶树碳氮代谢平衡的影响

茶叶的有机物大致可分为两大类，一类为含氮化合物（如蛋白质、氨基酸、咖啡碱等），其余为不含氮化合物，统称为碳水化合物及其代谢产物（如淀粉、糖纤维素、茶多酚等）。所谓碳/氮比是指碳的总量与氮的总量之比。茶树鲜叶中含碳量约为 11％，含氮量约为 5％，因此茶叶的碳/氮比（C/N）约为 2～3。通常这个比值波动较大，一是因为光合作用随光照条件而变化，合成积累的碳水化合物有所不同；二是光照导致氨基酸分解的速率不同，致使体内的氨基酸含量随光照条件而改变。

众所周知，茶树最具饮用价值的器官是正在分生生长的幼嫩芽叶，在此阶段芽和叶主要靠根部运送氮素、老叶输送碳素以供滋养成长，就是说"库"的作用占主导作用，一旦芽叶成熟老化定型，便向"代谢源"转化，成为新生芽叶有机养料的供应器官，从此饮用价值降低，甚至没有饮用价值。生产实践告诉我们，"代谢库"作用位置愈明显的芽叶，饮用价值愈高，同样理由，维持"库"的作用愈持久的季节，制茶原料品质也愈高。儿茶素、氨基酸的分配积累关系，"代谢库"占主导地位的芽叶便含有最高浓度的儿茶素和氨基酸。从"代谢库"过渡到"代谢源"的过程，也是儿茶素、氨基酸的浓度逐步降低的过程，毫无疑问，也是品质下降的过程。但是，必须注意，决不能用浓度的概念代替决定茶叶品质好坏的全部因素。

适度遮光能改善品质，是产茶国家常用的农用措施，对叶用作物的茶树有经济意义。适度遮光措施，其实质是人为地调节"代谢源"与"代谢库"的相互关系，从而能调节碳氮代谢的动态平衡。从图 3-4 可以看出，增加氮素，由于改变了细胞质中的 pH，从而促进了 PEP 羧化酶活性，通过羧化产生酸从而促进了碳循环，为氨同化成氨基酸提供了更多的碳架和能量，尤其是谷氨酸、丙氨酸和天冬氨酸等原生的氨基酸很快增加。当茶树体内碳/氮值很小时，途径⑤成为氨同化的主要途径，这样碳代谢不断地用 α-酮戊二酸形式同化氮，以精氨酸这种最经济形式贮藏氨,这与 Beeventrs L 对木本植物研究的结果相似。当施氮后如果有较多的碳源供给,由于有大量丙氨酸提供乙胺,途径④成为氨同化的主要途径,茶氨酸便成了主要贮氨形式,这种现象尤其在碳/氮值适宜情况下更突出。所以说,茶叶中茶氨酸占总游离氨基酸的 50% 以上原因就在此。

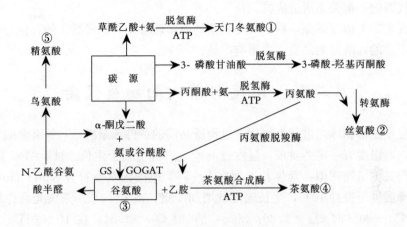

图 3-4　茶树体内碳源与主要氨基酸合成途径

(汪东风,1988)

表 3-8 显示光对碳氮化合物组成比例的影响是很显著的,尤其是对品质有重要作用的多酚类和氨基酸的组成比例影响特别明显。应该指出,光照影响化学成分的含量与组成比例关系,只能说明碳氮代谢平衡关系的一个方面,没有

表 3-8　光照对碳氮化合物含量的影响

组分含量			全氮量 (%)	氨基酸 (%)	咖啡碱 (%)	多酚类 (%)	游离还原糖 (%)	氨基酸与 多酚类比值
春茶 季节	初 期	自然光	6.24	3.51	3.46	17.34	1.15	1:4.94
		遮　光	6.11	3.43	3.33	16.66	1.15	1:4.86
	中 期	自然光	5.11	2.27	2.76	14.03	1.84	1:6.18
		遮　光	5.94	3.32	3.20	13.01	1.05	1:3.29
	后 期	自然光	4.08	1.33	2.06	11.85	3.46	1:8.91
		遮　光	4.90	2.62	2.47	11.30	1.77	1:4.81
秋茶 季节	初 期	自然光	4.80	0.80	3.27	23.60	1.37	1:29.5
		遮　光	4.91	7.06	3.27	23.36	1.43	1:22.0
	中 期	自然光	4.89	0.57	2.98	19.04	1.52	1:33.0
		遮　光	4.72	0.88	3.58	17.33	1.10	41:20.9
	后 期	自然光	3.51	0.48	2.56	17.71	3.12	1:36.9
		遮　光	4.39	1.19	9.58	14.46	1.46	1:12.4

涉及其他外界条件，更没有涉及茶树遗传以及品种特性等内在因素对碳氮代谢的主动作用，而这种作用往往超过外因的影响，属茶树育种生化范畴。

茶树品种之间的适制性和茶叶品质的季节性变异，都与碳氮代谢的动态平衡密切相关，甚至地区性的品种差异，很大程度上是由外界条件的不同而影响碳氮代谢的平衡关系所造成的。

在生产上适度遮光，特别对夏秋茶的品质改善是有积极意义的，但过度遮光是不宜的，既影响品质，也影响产量。

第二节 温度与茶树的物质代谢

温度是植物体内进行生物化学过程所必需的条件。茶树是一种喜温的常绿作物，对温度有一定的要求，温度过高或过低都不利于生长。试验结果指出，茶树与其他植物相似，其生长速度在 $0 \sim 35℃$ 范围内基本符合 Van't Hoff 定律，即温度每提高 $10℃$，生长速度就增加 1 倍，或 $Q_{10}=2$。茶树光合作用速度在 $10 \sim 20℃$ 时 $Q_{10}=1.86$；$20 \sim 35℃$ 时 $Q_{10}=1.21$；在 $10 \sim 26℃$ 之间，$Q_{10}=2.25$。这就是说，温度对茶树碳素代谢的影响是显而易见的。

一、温度对茶树碳素代谢的影响

（一）温度对糖代谢的影响

一般而言，在茶树生长适温范围内，温度提高可提高酶系的催化效果，提高有机物运输速率，增强呼吸作用强度，从而提高机体的同化强度，促进生长（表 3-9）。

表 3-9 温度对一芽二、三叶含糖量的影响（%）

	3月30日至5月8日	6月7日至6月20日
气温平均数（℃）	18.95	23.7
测定日期	4月3日	6月15日
单糖	0.33	0.96
双糖	2.09	1.52
淀粉	5.17	7.09
总糖量	7.59	9.56

国内外的研究资料指出，茶树的糖代谢进行得最旺盛、累积干物量最多是在高温的 $7 \sim 8$ 月份，这时也正是光合作用强度达到最高峰的季节，表 3-9 中含糖量的变化也证实了这一点。光饱和于 $10 \sim 35℃$ 范围内，光合作用的最适

温度为 20～25℃，25～35℃仍是茶树光合作用的适宜温度，35℃以上，光合作用有下降的趋势，40℃以上，如遇长期持续高温，常见茶芽生长停滞（图3-5）。糖代谢是其他物质代谢的基础，糖的累积为呼吸作用提供了足够的基质，更为二级代谢产物——多酚类的形成提供大量的先质。对叶用作物的茶树来说，多酚类的代谢强度和

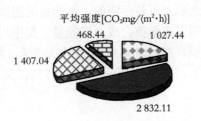

平均强度[CO₂mg/(m²·h)]

图 3-5　不同温度对光合强度的影响

🍷 22℃　■ 20.5℃　✕ 34℃　⊐ 39℃

多酚类含量的增减，更有指导生产的积极意义。人们早已知道，多酚类的生物合成与器官的呼吸强度或糖的分解代谢强度密切相关，因此大气温度的变化直接影响多酚类的含量，这在季节性的变化中得到了充分反映。

另外，低温胁迫对茶树糖类代谢影响较大。低温下，茶树体内的代谢变化以大分子降解为主，合成作用减慢甚至完全停止。陈兴琰等研究指出，茶树越冬期间还原糖量的变化很大，与气温变化的关系十分密切。唐明德（1981）研究表明，成龄茶树叶片受冬季低温胁迫的影响，单糖和双糖及其累积含量均伴随温度的降低而递增。可溶性糖含量显著增加，意味着叶片中多糖转化为单糖或双糖，提高了细胞浓度，可增强植株的抗寒能力。

（二）温度对多酚类代谢的影响

前已述及，多酚类代谢是在糖代谢的基础上进行的。糖的合成和分解受物候期中温度的影响显著。呼吸作用的基质是糖，糖的分解代谢是通过多途径进行的，生物体内多种酶系协同作用可形成多种多样的中间产物，这些中间产物是生物合成蛋白质、脂肪及其他物质的先质。茶树体内多酚类就是从糖代谢的中间产物如环己六醇、莽草酸等进一步合成的；另一方面，糖的分解代谢为活体内一切生理活动提供能量。呼吸作用的强度正常情况下应与生长速度相呼应，应与茶叶组织内多酚类浓度的变化相一致。

茶树新梢从一芽一叶到一芽四、五叶，其生理活性特别是呼吸作用表现为日渐下降的趋势，光合作用与呼吸作用的强度差距缩小。由此可知，认为糖的合成与代谢为多酚类形成的前导是对的，但决定组织中多酚类含量高低的基点是呼吸作用与光合作用强度的变化，气温较高、呼吸强度较大的季节，便有高浓度的多酚类合成。

多酚类的分配与积累与日光、气温的关系实际上表现为能量代谢的变化关系。从种子萌发到形成幼苗，种子的子叶尽管有大量的糖类贮藏，但几乎不含多酚类物质，而种子一旦萌发便会有多酚类的出现。这种现象表明，多酚类合

成，光照并不是必需的，而能量的提供是必要的。呼吸作用与多酚类含量的关系说明了多酚类合成必需能量。据中川致之的研究，日照与温度有利于多酚类的累积，26℃时多酚类含量为 7%，22℃时为 9.6%；自然光照下多酚类为 11.8%，遮光处理下仅含 10.5%，试验结果说明光照、温度对多酚类积累有利。

二、温度对茶树氮素代谢的影响

茶树的氮素代谢与其他作物相比，既有共性，又有特殊性。它的特殊性表现在代谢作物中含有相当数量的生物碱和较高浓度的游离氨基酸，尤其像非蛋白质组成的茶氨酸的含量很高，对茶叶的饮用价值和饮用品质有极为重要的影响。

氨基酸是合成蛋白质的单元，又是蛋白质降解的产物，所以氨基酸的动态变化表现了蛋白质代谢的兴衰，一定程度上指示植株氮素营养代谢的概况。茶树幼嫩组织，如幼芽和须根含有高浓度的氨基酸，其含量约占氨基酸总量的一半以上，而且变化迅速。

据浙江大学茶学系研究结果，一芽三叶中氨基酸含量以幼嫩茎部分最高，但凌晨日出前的含量与正午强光高温下相比，幼茎部分茶氨酸浓度几乎下降了一半，一芽三叶氨基酸总含量约降低了 15%（表 3-10），这与高温（强光）加速了茶氨酸的分解有关。[14]C 同位素的示踪试验结果表明，光照能加速茶氨酸的分解，有机碳[14]C 能很快参与糖与多酚类的合成代谢，而遮光能延缓这种代谢的进程。

表 3-10　不同叶位、不同时间氨基酸含量动态变化 $(\mu g/g)$

	组分 叶位	茶氨酸	谷氨酸	天门冬氨酸	丙氨酸	其他八种氨基酸	氨基酸总量
上午 5～6 时采集	芽	4 000	3 112	1 619	526	3 757	13 014
	一叶	3 400	1 857	1 145	335	1 753	8 490
	二叶	4 500	1 784	1 548	1 970	2 861	12 663
	三叶	6 700	2 892	1 226	235	4 899	15 952
	幼茎	10 100	1 200	524	219	5 086	17 129
中午 11～12 时采集	芽	3 700	903	801	685	3 009	9 098
	一叶	4 050	1 013	469	635	3 660	9 827
	二叶	4 300	903	763	620	3 964	10 550
	三叶	6 200	2 454	674	1 177	3 374	13 879
	幼茎	5 800	518	566	605	7 021	14 510

茶树体内的氨基酸受温度的影响也表现在季节性差异上，如一芽三叶新梢氨基酸含量春季最高，秋季次之，夏季最低（表3-11）。

表3-11　一芽三叶氨基酸含量的季节性变化（μg/g）

茶树品种	组分	缬氨酸	茶氨酸	酪氨酸	丙氨酸	苏氨酸	谷氨酸	丝氨酸	天门冬氨酸	精氨酸	合计
龙	春茶	743	8 019	500	739	897	2 112	578	1 097	1 017	15 702
井	夏茶	386	2 414	—	266	146	811	—	774	921	5 718
茶	秋茶	258	2 394	—	311	380	1 161	673	982	1 032	7 191

　　值得注意的是，茶树在一个半年生长周期内生长发育有阶段性变化。如同一般植物，前期（春茶期）以营养生长为中心，长势最强的器官是新生的顶芽，氮素营养物质的自然运输分配在生长中心的新芽梢，这是符合一般生物学规律的，至于二、三轮新梢萌发的夏秋季节，营养生长与生殖生长齐头并进，生殖生长的花果（当年的花芽，隔年的茶果）和营养生长的夏秋新梢必须共同分配由根部输送的氮素，这种由于茶树本身的竞争性分配氮素营养可能是夏秋茶氨基酸含量往往比春梢低得多的原因之一。此外，温度也影响咖啡碱的合成，不同生长季节，咖啡碱的含量是不同的（图3-6）。

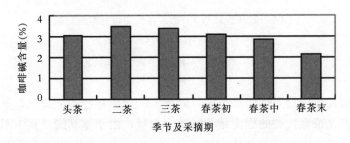

图3-6　茶季变化对咖啡碱含量的影响

三、温度与茶树氮素代谢对碳素代谢影响的关系

　　如上所述，温度与茶树体内氮素代谢和碳素代谢关系密切，同时，温度影响着氮素代谢对碳素代谢的影响。

　　将非标记的氨基酸掺入茶梢，同时使茶梢同化$^{14}CO_2$，可观察到不同氨基酸对茶梢同化$^{14}CO_2$形成各种代谢产物的影响是不同的（表3-12，图3-7）。其中，谷氨酸、精氨酸能提高$^{14}CO_2$掺入儿茶素的比率，而丙氨酸、苯丙氨酸则降低$^{14}CO_2$的比率，不同氨基酸因所具有的代谢活性不同，代谢途径、代谢强度也会不尽相同，导致代谢产物数量与种类各异。

表 3-12 非标记氨基酸对 $^{14}CO_2$ 掺入儿茶素的影响（dpm/g 芽梢干重）

提取物	处理方法				
	Ala+$^{14}CO_2$	Phe+$^{14}CO_2$	Lys+$^{14}CO_2$	Glu+$^{14}CO_2$	$^{14}CO_2$（对照）
总提物	2 832 679	4 731 448	3 772 020	2 040 900	8 212 500
咖啡碱	157 624	236 797	204 840	214 272	543 924
儿茶素	60 383	119 886	151 260	222 900	286 320
氨基酸	237 874	183 289	241 920	225 720	452 856
有机酸	70 970	57 952	148 428	207 504	38 664
碳水物	810 340	1 574 521	1 604 880	924 000	2 754 060

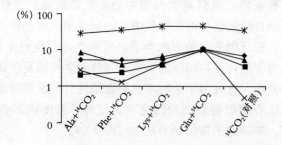

图 3-7 氨基酸对 $^{14}CO_2$ 掺入各代谢物效率的影响

(杨贤强，1974)

◆—咖啡碱　■—儿茶素　▲—氨基酸
✕—有机酸　✳—碳水化合物

　　氨基酸在体内物质代谢动态中，处于不同代谢途径的交叉点，不同种类的氨基酸掺入儿茶素代谢的程度是不同的，而且，由于氨基酸及其中间转变物能够提高整体代谢水平或改变体内的 C/N 平衡，同时受代谢酶系所控制，因而温度的影响是毫无疑问的。

第三节 水、肥与茶树物质代谢

　　茶树是耐荫喜湿的多年生叶用作物，茶园水肥的多少直接影响茶树的生育与茶叶的产量和品质。

一、水分对茶树碳素代谢的影响

　　我国茶树主要栽培在长江中下游一带，每年夏秋季期间，雨量少，晴日多，气温高，空气湿度低，蒸发量大，常有干旱，给茶树生长及茶叶产量和品质带来较大影响，旱害成了茶叶生产一个较为突出的问题。据研究，茶树生长所要求的土壤含水量以田间持水量的70%～90%最为适宜，一旦土壤相对含水率低于70%，对茶树生长和代谢将产生不利影响。

（一）缺水对光合作用的影响

遭遇水分亏缺的茶树，由于细胞膨压下降，气孔关闭，进入叶片中的CO_2量减少，同时缺水也降低了原生质的水合作用，从而导致光合强度及合成代谢减弱（徐南眉，1982）。如果茶树缺水2%，光合强度则下降5%；失水10%～12%时，光合作用明显受到抑制；当缺水叶片临近萎蔫时，光合作用下降到72%左右，光合作用的变化直接影响到茶树体内干物质的积累。

如果长期过度缺水，严重破坏植株的水分平衡，叶内水分减少，引起气孔关闭，阻碍二氧化碳的渗入，而且限制了酶的活性，使角质层、表皮和细胞壁失水降低二氧化碳的透性，此时植株的碳素同化作用几乎停止，这是旱害的严重结果。

有关实验表明，离体叶片，轻度水分胁迫时，气孔导度下降是净光合速率、蒸腾速率下降的主要原因；严重水分胁迫时，净光合速率下降是由叶肉光合能力下降引起的，土壤在干旱过程中，使茶树叶片的净光合速率、气孔导度和蒸腾速率随着土壤水势下降而逐渐下降，脱落酸（ABA）含量逐渐提高。供水水平对叶片净光合速率、叶片蒸腾速率、叶片气孔导度、细胞间隙CO_2浓度均有影响，从而影响光合作用。

中国农业科学院茶叶研究所对新梢在缺水干旱条件下的生理生化变化进行了研究（图3-8、图3-9）。图3-8和图3-9表明水分与糖代谢的密切关系。供水正常，淀粉含量高，而水溶性的单、双糖含量低于干旱条件下的浓度。这是植物的合成代谢强度大大超过分解代谢强度，物质积累速率高于消耗速率的表现，保证了植株正常生长发育所必需的物质基础，在干旱条件下，叶组织中高浓度的可溶性糖类物质消

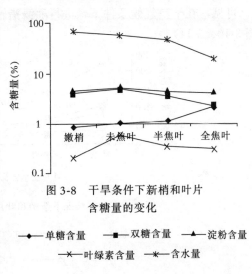

图3-8 干旱条件下新梢和叶片
含糖量的变化

—◆— 单糖含量　—■— 双糖含量　—▲— 淀粉含量

—×— 叶绿素含量　—＊— 含水量

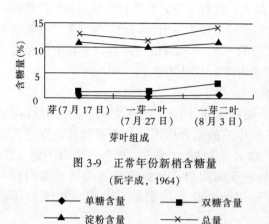

图 3-9　正常年份新梢含糖量
（阮宇成，1964）

- ◆── 单糖含量　　　■── 双糖含量
- ▲── 淀粉含量　　　✕── 总量

耗在抵抗不良外界环境方面，是物质代谢失调的指示，如果长期延续下去，将会造成整株死亡。

（二）缺水对多酚类代谢的影响

水分胁迫首先使细胞膜透性遭受破坏，同时破坏酶间隔，直接影响酶的活性（Vieire Da Silva，1974）。缺水导致茶树体内许多种酶活性下降，从而影响茶树多种生理过程。Bhattacharya M. K.（1980）指出，受到干旱影响的茶树体内水解酶活性提高，合成代谢减弱；Todd G. W.（1972）认为水分胁迫增强时，水解酶和一些氧化酶活性增强，这种变化与类脂蛋白质复合体的性质有关。杨跃华等（1987）研究表明，茶树体内多酚氧化酶和过氧化物酶在土壤干旱或渍水条件下酶活性降低，说明这两种酶的活性与新梢含水量及茶园土壤含水量密切相关。遇干旱气候，由于植株整个代谢机制受到严重缺水的伤害，合成作用削弱，而分解作用仍继续进行，甚至有所提高，这可能是儿茶素累积降低的原因之一。特别是叶组织机构受到机械损伤的半焦叶和全焦叶，儿茶素浓度的下降尤其显著。未受伤害的嫩梢和未焦叶，尽管没有达到焦枯程度，但由于水分亏缺，生理机能已严重受损，儿茶素浓度也远比正常供水的芽叶低得多。可见，在干旱气候条件下，进行灌溉措施是保证茶叶高产优质的必要措施（图 3-10、3-11）。

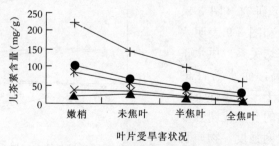

图 3-10　干旱情况下新梢和叶片的儿茶素含量

- ┼── 总量　　　●── （−）-ECG　　　✳── （−）-EGCG
- ✕── （−）-EC+C　　　▲── （−）-EGC

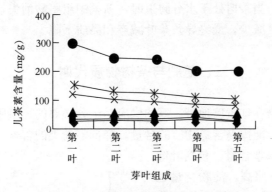

图 3-11 正常供水情况下儿茶素含量

（阮宇成，1964）

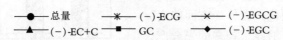

二、水分对氮素代谢的影响

　　水分代谢与氮素代谢在茶树的物质代谢过程中是密切相关的，含氮化合物的代谢需要源源不断地通过根部以水分为介质吸收和运输氮。而蛋白质的构成，氮是不可替代的元素，水的代谢失调，含氮有机物的代谢也必受影响，这在农业生产实践中是屡见不鲜的。水对蛋白质代谢的意义在于氢键的作用。茶树遇到干旱，蛋白质合成受阻，而分解作用却加强，氨基酸（以茶氨酸为主）和酰胺类在叶组织中大幅度增加（图 3-12）。据杨跃华等（1987 年）的研究，茶树受水分胁迫时，氨基酸和蛋白质的合成和积累会受到严重影响。在土壤水分胁迫下，新梢中的谷氨酸、甘氨酸、缬氨酸和苯丙氨酸含量降低，茶氨酸和

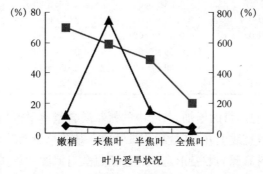

图 3-12 干旱下茶叶中含氮化合物的变化

精氨酸含量增加。当茶树处于水分胁迫时，新梢中组氨酸消失，茶多酚和氨基酸等内含成分含量减少，最终导致茶叶减产和品质下降。

三、氮肥与茶树物质代谢

茶树通常栽培在红黄壤地带，氮的供应是十分必要的。氮肥对茶叶碳氮代谢平衡影响明显，能提高含氮物质的含量，降低多酚类的含量。施氮肥后，各品种茶树叶片叶绿素含量，包括叶绿素 a 和 b，均比对照高，淀粉含量也上升，但可溶性糖的含量略有下降（图 3-13）。这表明一方面氮素供应促进了光合碳的同化，而另一方面体内氮代谢的加强又消耗了较多的光合产物。由于氮供应的增加和光合碳同化的加强，各种氮化物的合成得到了相应的促进，其中总氮、非还原氮和游离氨基酸氮增加的幅度较大，而蛋白质的变化则没有明显的变化规律（表 3-13）。

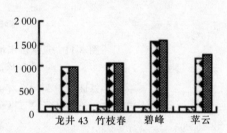

图 3-13　施氮对茶树叶片中可溶性糖和淀粉含量的影响

□ 可溶性糖（CK）　▨ 可溶性糖（+N）
■ 淀粉（CK）　▧ 淀粉（+N）

表 3-13　施氮对茶树叶片中含氮化合物的影响（每克干重含量）

品　　种	总氮（mg）	非还原氮（μg）	游离基氮（μg）	蛋白氮（μg）
	CK（X±SD）	（X±SD）	CK（X±SD）	+N（X±SD）
龙井 43 CK	14.4±0.7	0.29±0.02	1 830±0.5	104.0
+N	28.4±0.3	0.43±0.02	3 820±210	116.3
竹枝春 CK	28.9±7	0.13±0.03	2 465±29	114.2
+N	36.4±0.7	0.34±0.03	3 620±110	137.0
碧峰 CK	32.4±0.7	0.47±0.02	2 790±33	120.0
+N	39.5±0.9	0.59±0.03	3 960±230	127.0
苹云 CK	53.2±1.2	0.39±0.02	2 050±43	147.2
+N	57.5±1.0	0.45±0.03	2 200±104	190.6

另外，随着氮肥用量的增加，茶叶中的氨基酸含量呈平行的增长。在高氮时，茶氨酸和精氨酸呈直线上升，其最高含量可达氨基酸总量的80%左右，茶氨酸和精氨酸可谓是茶树氮源的贮备形态。而且，精氨酸对氮源的盈缺反应最为灵敏。

（一）秋冬施肥与茶树的物质代谢

有研究表明，在杭州 10 月份入秋后，茶树根系活力逐渐增加，光合产物逐步向地下部运输，并与根系吸收的氮素合成贮藏物质。因此，秋冬适量施肥对茶树的越冬和对春茶的物质准备是有利的（表3-14、3-15）。

表3-14 深秋施肥对不同时期主要氨基酸中 ^{14}C 分布的影响

植株部位	取样日期	处理	丙氨酸		茶氨酸		苯丙氨酸	
			单位干样 Bq/g	每株干样 Bq/plant	单位干样 Bq/g	每株干样 Bq/plant	单位干样 Bq/g	每株干样 Bq/plant
根	1/17	C	—	—	203	190	105	99
		F	—	—	516	577	249	279
	3/5	C	—	—	217	227	122	127
		F	—	—	129.8	1 593	385	473
	4/29	C	—	—	217	257	47	56
		F	—	—	328	504	55	85
叶	1/17	C	81	188	241	557	93	214
		F	92	203	349	754	132	285
	3/5	C	84	45	300	486	153	248
		F	53	120	238	546	100	229
	4/29	C	—	—	67	41	42	25
		F	—	—	141	103	67	49
芽叶	3/5	C	86	18	385	73	137	28
		F	79	16	308	64	144	30
	4/29	C	—	—	201	196	57	55
		F	—	—	435	486	70	78

注：C：对照；F：深秋施肥；Bq：放射性活度。

表3-15 深秋加施氮肥的效果

处 理	全年产量 (kg/m²)	春茶产量 (kg/m²)	春茶一芽三叶		儿茶素组成 (mg/g)					
			长度 (cm)	重量 (g)	(—)-EGC	GC	(—)-EC+C	(—)-EGCG	(—)-ECG	Total
按标准施肥	1.64	0.92	2.30±0.11	0.31±0.05	19.1	5.1	7.6	54.6	7.5	94.1
加施氮肥	1.72*	1.01**	2.61±0.20	0.36±0.10	18.7	3.9	6.9	54.9	12.3	96.7

* $p < 0.05$，* * $p < 0.01$，试验小区面积 33.4m²，重复 3 次，随机排列。

利用同位素 ^{14}C 示踪方法研究深秋施肥对茶树光合作用及其同化产物的积累及对茶叶品质成分的影响发现，在杭州，11 月 12 日施入的肥料使茶树光合强度约提高 1 倍，标记后 24d 与 71d 取样测定茶树全株的放射性光合产物的积累，施肥处理分别比对照提高 77.7% 和 105.5%。除增强光合强度外，还可促进茶树的生长过程，秋冬季施肥可使茶树越冬叶的绝对量占优势，生长又较健壮，使春芽萌发所需的碳素营养可由越冬叶提供。

深秋施肥显著改善了春茶的品质。对茶树的根、茎、叶分别用 85% 乙醇抽提，抽提液中的氨基酸部分进行分离的结果表明，进入氨基酸的 ^{14}C 光合产物主要集中在茶氨酸，其次是苯丙氨酸，在丙氨酸中也有少量（表 3-14）。在 $^{14}CO_2$ 引入后第 24 天（即 1 月 17 日），^{14}C 同化物在根部已参与氨基酸的合成。施肥茶树的根部茶氨酸的积累量比对照高约 2 倍，苯丙氨酸含量比对照分别高 5 倍和 2 倍。刚萌动的茶芽，施肥与对照的三种氨基酸的含量相差无几，但茶芽伸长成芽梢后，茶氨酸的含量几乎高出 2 倍。表明深秋施肥有效地提高了春茶的品质，而不施肥的茶树，在深秋和早春，由于氮源不足，合成积累的茶氨酸明显减少。

（二）不同肥料种类和形态对茶树物质代谢的影响

在等氮等磷量的情况下，对单施化肥（硫铵作追肥，过磷酸钙作基肥）和化肥配施有机肥（硫铵领先追肥，菜籽饼作基肥），经 5a 连续施用后分析茶叶品质的结果表明，化肥配施有机肥可提高茶叶特别是春茶的氨基酸含量（表3-16）。

表 3-16　化肥配施有机肥对茶叶中儿茶素及
氨基酸含量的影响（mg/g）

处　理	成　分	头　轮	二　轮	三　轮	四　轮	平　均
硫铵＋过磷酸钙	儿茶素	116.2±9.1	131.7±5.2	132.2±1.1	150.8±1.9	132.7±4.3
	氨基酸	1.48±0.12	0.73±0.06	0.75±0.06	1.13±0.09	1.02±0.09
硫铵＋菜籽饼	儿茶素	120.7±6.1	125.9±2.3	129.2±1.9	143.1±2.7	129.6±3.3
	氨基酸	1.56±0.13	0.74±0.07	0.74±0.07	1.25±0.07	1.07±0.09

茶树碳氮代谢平衡的倾向性发展与施肥密切相关。肥料种类和形态对茶梢化学成分影响的研究表明（表 3-17），施氮比不施肥的氨基酸含量约提高 2.5 倍；配施磷、钾肥效果更好，氨基酸含量约提高 2.3～3.1 倍，但 NO_3-N 含量比例高的复合肥，在等氮量的情况下，茶梢的氨基酸含量不及 NH_4-N 型混合肥，表明茶树的喜铵特性和氮、磷、钾配施对提高茶树氮素代谢的作用，并可明显提高茶叶汁液浓度，增强茶树的抗性。

表 3-17　肥料形态对茶树产量的影响

肥　料	氨基酸 (mg/g)	儿茶素 (mg/g)	组织液浓度（%）		受冻率（%）	产量（%）[c]
			嫩叶	老叶		
不施肥	0.71±0.02	135.6±2.6	10.5±1.21	10.6±1.00	74.8	76.3＊＊
硫铵	1.76±0.04	126.5±1.5	10.1±1.02	12.7±0.87	60.9	100
混合肥[a]	2.19±0.02	118.4±1.1	11.1±0.71	15.8±0.91	40.0	121.7＊
复合肥[b]	1.65±0.02	110.5±0.9	11.2±0.11	14.6±0.90	40.0	124.3＊＊

(a) 混合肥：硫铵＋过磷酸钙＋硫酸钙　　(b) 复合肥：以硝酸磷肥为主体

(c) 产量（%）：以硫铵为 100 进行比较　　＊P<0.05　　＊＊P<0.001

四、磷钾肥与茶树物质代谢

(一) 磷肥与茶树的物质代谢

磷是能量代谢和物质代谢不可缺少的元素。茶树在年生长周期内生长与物质代谢的高峰阶段（一般是 7~9 月份），也是茶树根系吸收磷肥和磷的运转最旺盛的季节。由此可见，磷肥的施用能提高光合作用强度，有利于碳化合物特别是多酚类物质的积累。

磷对茶叶品质的影响是很显著的。由于多酚类是由糖转化而来的，且磷能促进光合作用，提高糖的含量，因而磷有利于茶叶多酚类的形成。尤其是茶树夏季生长旺盛时期，缺磷会影响糖转化为多酚类，导致叶片中糖的积累，从而促进花青素的形成，花青素含量多会增加茶叶苦味，影响茶叶品质。

茶区土壤一般含有效磷不高，磷肥的施用往往没有像氮肥那样被重视，成龄茶园对磷肥的需求也常常不及幼龄茶园那样予以重视。这在一定程度上影响茶树生产潜力的发挥，也影响茶树对氮肥的充分利用。不同施肥处理的成茶主要化学成分测定结果表明，不同施肥导致茶叶中主要化学成分的含量不同，而且这种影响是综合性的。单施氮、磷、钾，成茶中儿茶素、水浸出物、茶多酚比与无机肥配施的含量低；氮＋磷、氮＋钾、磷＋钾配合施用，成茶中化学成分构成较合理，对品质产生良好影响。

(二) 钾与茶树的物质代谢

钾的生理作用与磷、氮不同，不是细胞的组成元素，有 90％的钾呈游离态或可溶性盐类存在于液泡、线粒体和叶绿体中，因此钾在茶树中移动性强，往往朝生育旺盛位置运送。钾为许多酶的激活剂，它与酶的合成和活性变化有关。缺钾时，酶不能起正常的催化作用，如茶氨酸的合成需要钾的激活。钾在茶树体内的含量与氨基酸总量和茶氨酸的含量成正相关。钾离子还可以调节气孔运动，促进光合作用，从而有利于糖类和多酚类的形成，增强茶树抗逆性。钾肥在促进利用氮元素方面有重要的意义，这说明钾的增产效果表现在与氮肥用量的平衡关系上，不能孤立地从钾的反应上去理解。

五、矿质元素与茶树物质代谢

矿质元素是植物重要的化学组成部分，它们有的参与植物的物质组成，有的作为调节其生理代谢活动作用的元素，有的则兼备两种功能，对植物生命活动、新梢生长发育及品质成分的形成与积累都产生深刻的影响。

（一）茶树矿质元素的概念及组成

茶树的矿质元素是将茶树干物质高温燃烧后所剩下的灰分，约占干物重的百分之几。灰分中含有碳素等杂质则为粗灰分，它是出口茶品质检验的项目之一。成品茶的标准灰分规定为 $6.5\%\sim7.6\%$。现已证明，茶叶中含有碳、氢、氧、氮、硫、磷、钾、钙、镁、铁、锰、铝、钠、锌、氯、钼、铜、硼、氟、硅、钴、镍、铋、锡、铬、硒、钛、钒、钡等 29 种元素。前 10 种在茶树体内含量较多，称为大量元素，后 19 种含量甚微，称为微量元素，其中，氮、磷、钾称为肥料元素。目前研究较多，而为茶树生命活动所必需或有生理活性，于人体有营养药用价值的元素为钾、钠、镁、锰、铁、硫、硒、钴、锌、镍、钼、钡、铬、钒、铜、铝、磷等 17 种元素。

（二）矿质元素的营养特点

以上所提到的矿质元素（除钼外）在茶树新梢各叶位都存在，只是含量因叶位不同而各异。磷、锌、硫、铜、钾、镁在新梢幼嫩的顶端部位含量高，并由上而下随叶位的下降、叶片趋于老化成熟而递减，铝、锰、钡、铝、钒则表现出相反趋势，即随叶位下降而递增。矿质元素总是在茶树生长最活跃的部位积累着较高浓度。矿质元素的不足或严重缺乏都会给茶树生命活动带来不利的影响。另外，茶树某种矿质元素不足或过量也会影响其他矿质元素的吸收。如植物中含量较少的微量元素，对其他元素的吸收就有很大影响（表 3-18）。

表 3-18　土施、喷施不同浓度对新梢中无机
元素含量的影响（每克干重含量）

处理浓度		K	P	S	Ca	Mg	Al	Mn	Fe	Na	Zn	B	Mo	Cu
							(mg)							
土施 （mg/ kg）	0	15.3	3.72	2.72	3.05	1.60	0.68	0.96	0.13	34.4	37.4	14.7	0.35	14.7
	50	16.2	3.90	2.90	3.16	1.61	0.78	1.02	0.19	46.1	38.6	15.9	0.84	14.4
	100	16.1	3.74	2.77	3.17	1.52	0.80	1.19	0.13	39.9	34.6	16.5	1.86	10.9
	400	15.8	3.72	2.79	3.06	1.68	0.66	0.94	0.17	25.1	37.6	16.2	4.29	12.9
喷施 （%）	0.00	17.0	4.46	3.41	1.95	1.47	0.22	0.71	0.21	49.6	13.9	7.38	7.38	12.1
	0.25	14.3	3.90	2.86	1.54	1.33	0.17	0.55	0.16	38.0	11.9	58.0	58.0	10.5
	0.50	17.4	4.75	3.34	1.86	1.52	0.21	0.68	0.12	40.0	14.2	135	135	14.0
	1.00	15.8	4.14	3.12	1.77	1.41	0.19	0.56	0.11	39.3	12.0	221	221	12.4

（三）矿质元素与茶树物质代谢的相互关系

茶树矿质元素中有一些功能尚未明确，所以以下仅讨论大量元素中的镁、钙、硫、铝和微量元素中的铁、锰、硼、锌、铜、钼与茶树物质代谢的关系。

1. 镁与钙　镁对氨基酸、咖啡碱、儿茶素及香气成分等的形成都有直接影响。我们知道，茶树根系中茶氨酸合成必须在谷酰胺合成酶和茶氨酸合成酶

的作用下才能进行，而这两种酶只有在镁的活化下才能进行酶促反应。另外，合成茶氨酸所需要的氮主要来源于根部，据竹尾忠一报道，在茶树根系所吸收的铵态氮的同化过程中，镁具有活化谷氨酸脱氢酶、催化氨基化反应的能力。可见，镁不仅影响着氮素的同化，而且还影响着同化产物进一步合成氨基酸，特别是其中的茶氨酸。

在咖啡碱的形成过程中，一方面，中间产物次黄嘌呤的形成需要镁离子的激活作用；另一方面，合成咖啡碱的甲基供体是 S-腺苷蛋氨酸，而促进其合成的蛋氨酸活化酶必须在镁的参与下才进行酶促反应，因此镁对茶树咖啡碱的合成具有双重意义。

此外，Залрометовм·н 曾指出，在由己糖形成儿茶素的生化过程中，m-环己六醇是必不可少的中间体。而镁对它的形成和积累具有良好的促进作用。此外，镁对茶叶香气成分吡咯及其衍生物，与香气有关的脂肪饱和或不饱和烃、醇、醛、酸、胺、亚胺、腈等合成都有直接或间接的影响，镁也是构成叶绿素分子的必需元素。

众所周知，钙对茶树根系体积、根端发育影响较大，对茶树中的多酚类、咖啡碱的影响，只有少数品种达显著相关。钙对品质成分的影响主要表现在钙、镁离子的颉颃上。据 Толэнавнлн·А 的试验，在茶园中施用石灰，提高了叶片中钙的含量，但降低了镁的含量，从而对有机质的形成不利。据分析，土壤中的钙、镁比为 3～5：1 时，对茶树生长最为有利，低于这一比值茶树就会缺镁，人们将钙、镁比为 5～6：1 作为改良茶园土壤营养状况的指标之一。

2. 硫元素　对不同硫处理的春季鲜叶浸出物、多酚类、咖啡碱、游离氨基酸总量及总灰分进行常规分析，结果表明（表 3-19），施硫肥有助于茶树光合作用产物向氮化合物转化，使鲜叶中游离氨基酸总量明显提高，然而施硫肥不利于茶多酚类的合成，可使鲜叶的酚氨比下降，对改善绿茶品质有利。另外，含硫氨基酸几乎是所有蛋白质的组成部分，硫作为辅酶 A 的组分参与氨基酸、脂肪酸及碳水化合物的生物合成，所以缺硫时上述物质难以形成，严重影响氮、磷的吸收。硫还可以影响硝酸还原酶（NR）与苯丙氨酸解氨酶（PAL）的活性（图 3-14），从而影响氮素代谢。

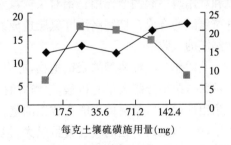

每克土壤硫磺施用量(mg)

图 3-14　硫磺对硝酸还原酶(NR)与苯丙氨酸解氨酶(PAL)活性的影响

──■── PAL(单位：0.01Δ/min·g)

──◆── NR(单位：0.1Δ/hr·g)

表 3-19　施硫处理对春茶鲜叶化学成分的影响（%）

处　理	水浸出物	总灰分	茶多酚	咖啡碱	游离氨基酸总量
氧化镁	40.0	5.9	22.8	1.3	0.6
硫酸镁	37.7	5.7	15.9	1.9	2.6
碳酸钾	39.0	6.6	22.5	1.2	0.5
硫酸钾	33.3	6.3	16.0	1.9	2.1
尿　素	38.7	5.5	17.7	1.9	1.1
硫酸铵	38.7	5.9	12.4	2.1	4.0
不　施	39.3	6.3	22.2	1.2	0.5
硫磺Ⅱ	39.3	6.0	19.9	1.5	0.6
硫磺Ⅲ	38.7	5.7	17.2	1.7	0.6
硫磺Ⅳ	38.3	5.7	17.2	1.7	1.1
硫磺Ⅴ	37.0	5.5	16.0	2.0	2.2

3. **铝**　铝大多分布在茶树的成叶和老叶中，老叶中的最高含量达2 000 mg/kg，而新梢嫩叶含量较少，约1 000 mg/kg 左右。不同器官之间的含铝量表现为叶＞根＞茎。另外，铝的分布还与茶树生长的年周期、总发育周期阶段及品种有关。潘根生等人研究茶树根尖细胞的含铝量表明，外界铝浓度不同，各细胞器中的含量也不同，总的趋势为细胞壁＞细胞质＞细胞核＞线粒体。

铝可以促进茶树的生长发育，可以促进光合作用。在施铝条件下，光合作用的重要酶类——过氧化物酶活力有所增强。铝的施用还可以促进儿茶素类物质的合成。[14]C 茶氨酸标记物试验表明，铝参与茶氨酸转化合成儿茶素的过程。

铝对其他元素的吸收及利用也有影响。小西茂毅等的实验表明，同时供铝、磷对茶树生长的促进作用明显比铝或磷交替供应强。在低磷条件下，铝促进磷的吸收；高磷条件下，铝减轻过量磷的毒害，增加磷吸收，从而在茶树吸收和利用磷中起调节作用。铝对茶树氮素营养的吸收利用也有促进作用，并促进茶氨酸的合成，抑制高浓度氮肥造成的危害。铝可以促进钙、钾的吸收，而抑制镁的吸收。

茶树作为一种典型的聚铝植物，亦有独特的耐铝机制，研究认为主要包括四点：第一，茶根分泌大量有机酸，溶解并释放土壤中被固定的磷、铁、铝等，从而产生耐铝性；第二，茶树体内能合成铝的螯合剂，降低铝在体内的毒性，达到解铝毒作用；第三，茶树对铝的吸收量虽然大，但大多数铝是通过木质部维管束运送并累积在叶中，而根系的铝浓度相对较低，难以产生毒害；第四，茶树是一种叶用植物，而且铝大都集中在叶中，这样茶树通过采叶作用使大量铝素消失，尽管根部吸收大量铝，但在体内的残留量有限，不会产生毒害。

4. **锌**　田间喷锌试验结果表明，锌不仅能促进茶树的生长发育，提高茶叶产量，而且能提高茶多酚、儿茶素、氨基酸和可溶性糖等成分含量，改善茶叶品质。

锌是茶树体内酶的组成成分或辅助因子，锌对 RuBPcase（磷酸核糖羧化酶）、PEP（磷酸烯醇式丙酮酸羧化酶）和碳代谢的脱氢酶的活性有促进作用，这些酶与光合作用及光合产物的利用密切相关，因而也影响茶树的生长发育。研究表明，锌密切关系到 ICD（异柠檬酸脱氢酶）和 G6PDH（6-磷酸葡萄糖脱氢酶）的活性（二者都是碳素代谢的关键酶，前者是三羧酸循环的主要调节酶，后者则为磷酸戊糖代谢的调节酶），且随锌水平的增加而增加。茶树新梢中多酚类含量因锌浓度的增加及 G6PDH 活性的相应加强而增加，说明锌的作用是通过影响 ICD 和 G6PDH 的活性，进而加强茶树的物质代谢来促进茶梢的生长发育。

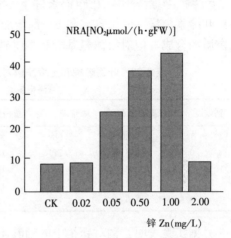

图 3-15 不同浓度锌处理对 3 年生茶苗中硝酸还原酶活性的影响

在不同浓度锌处理水培试验中，锌促进茶苗中硝酸还原酶活性（图 3-15），并对蛋白质的合成及种类，叶绿素 a、b 和光合速率有影响（图 3-16）。在

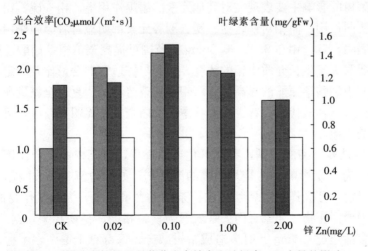

图 3-16 不同浓度锌处理对茶苗光合效率和叶绿素 a、b 含量的影响

0.10～5.00mg/L 范围内，锌可以增加可溶性蛋白含量及蛋白质总量，提高茶苗的光合速率，这与其影响酶的活性有关。锌虽对儿茶素总量作用不明显，但显著影响它的组成，减少酯型儿茶素含量，提高简单儿茶素含量，这可能与减少磷吸收，氮代谢旺盛消耗能量有关。

5. **铜**　实验表明，在施铜条件下不管是叶面喷施还是盆栽土施，茶树叶片中叶绿素含量（叶绿素 a 和 b）都增加，另外，喷施一定量的铜有利于新梢蛋白质的合成，但对游离氨基酸和咖啡碱的影响不大（表 3-20）。

表 3-20　叶面喷铜和土壤施铜对新梢含氮化合物的影响（%）

（潘根生等，1991）

铜浓度	游离氨基酸	咖啡碱	蛋白质	施铜量	游离氨基酸	咖啡碱
0	1.80	3.68	17.6	0	1.77	3.31
0.05	1.81	3.77	18.0	1	1.80	3.31
0.1	1.81	3.73	19.7	2	1.87	3.47
0.2	1.76	3.83	16.9	4	1.28	3.23
0.5	2.03	3.74	15.7	8	1.20	3.97

另据实验表明，铜对新梢中的硝酸还原酶（NR）的活性有显著影响，NR 的活性随铜的浓度增加而增加，并表现为对锌元素的协同作用。叶面喷施一定浓度的铜、锌元素后，能明显提高含氮化合物的含量。

6. **钼**　钼是硝酸还原酶的辅基，是酸式磷酸酶的专一性抑制剂，对氮代谢有明显的影响，因而缺钼对氮的吸收急剧下降，咖啡碱、蛋白质含量也明显下降。钼对茶树的影响主要表现在对其他元素的颉颃作用上。钼—硫、钼—磷之间存在着协同作用，而钼对铁、锰、镁、硼等元素都明显有着颉颃作用。水培茶苗结果表明，锌、钼在 0.02～0.50mg/g 范围可提高茶苗根系硝酸还原酶活性，其主要取决于生长介质中钼的浓度，但钼与锌适宜的含量比及一定范围的锌含量有利于硝酸还原酶的提高，锌、钼增加茶苗春梢、夏梢全氮量和蛋白质含量，也促进氨基酸代谢；锌、钼对秋季茶苗内全氮量无明显效应，但有利于根中氨基酸代谢。

7. **锰**　锰是多种酶的辅基，参与氧化还原过程，对茶树的光合作用、维生素 C 的形成有一定影响。锰是某些酶的激活剂，如糖酵解、三羧酸循环中某些酶，所以锰与呼吸作用也密切相关。茶树锰含量极高，为一般作物的 10 倍以上，称为聚锰作物，元素之间关系表现为锰铝相助、锰铁相颉。据研究，新梢第三叶含锰超过 4.0mg/g 时会造成茶树减产，每百克土壤中含不稳定锰超过 20mg 时不宜施锰肥。

8. **铁**　铁是细胞色素成分，是细胞色素氧化酶、过氧化物酶、过氧化氢酶的辅基，是铁氧还蛋白和叶绿素形成中某些酶的辅基或活化剂，故缺铁时这些辅基的形成受到抑制，氮、磷的需要量及吸收量也显著下降，因而茶树中的氨基酸、咖啡碱也相应减少，但不明显。在茶树的营养上铁和锰及铜也有明显的颉颃作用。

第四节 地理状况与茶树物质代谢

地理状况对茶树物质代谢的影响，主要是日照强度、日照时间、光谱成分、大气温度、水分状况以及土壤理化性质等外界环境条件参与茶树物质代谢作用的结果。

一、土壤条件与茶树物质代谢

土壤是茶树生长的基础，土壤条件的好坏对茶叶品质影响很大，这与茶树物质代谢密切相关。合理选择植茶土壤，改进茶园管理，调节茶树体内物质代谢的方向、强度及平衡有利于提高茶叶品质。

1. **土壤类型与物理性质对茶树物质代谢的影响** 茶树生长的土壤类型广泛，但不同类型土壤产出的茶叶各有特点。公元 780 年，陆羽《茶经》中就有"上者生烂石，中者生砾壤，下者生黄土"之说，可见人们早就注意到土壤类型与茶叶品质的关系。生长在黄绿色页岩风化而成的黄色粗骨土上的茶树鲜叶茶多酚、水浸出物含量较高，制成的茶叶汤色和叶底好、香气高、滋味浓、品质好；生长在细砂质泥灰岩风化而成黄壤上的茶叶水浸出物、茶多酚低，品质差。古老冲积物土壤和古老岩石（如锡兰等地的片麻岩、乌干达和日本的花岗岩）发育的老残积土上面生长的茶叶品质最好，而现代冲积物发育的土壤则难以产出好茶。李国满在湖南省大庸市和古丈县不同母质发育土壤上的茶叶调查表明，泥灰岩、红砂岩、板页岩发育的土壤上产出的茶叶品质高于紫色砂岩和白云灰岩发育的土壤上的茶叶品质。长江三峡地区优质茶园主要分布在砂页岩、泥质砂岩发育的钾硅质铁铝土和花岗岩母质发育的硅铝质铁铝土上，而劣质茶园则主要分布在石灰岩、白云岩和第四纪红色黏土母质发育的硅铁质铁铝土上。我国东南沿海的著名茶叶如狮峰龙井、庐山云雾、鸠坑毛尖等都产于花岗岩、石英砂发育的砂壤土上。贯穿河南、湖北、安徽等省份的大别山以其盛产多种名茶如震雷剑毫、兰花茶、天堂云雾等而闻名，虽然山高坡陡，降雨量大，相对湿度高是重要原因，但其土壤是酸性结晶盐发育而成的黄棕壤，质地轻，硅、钾含量高，却是主要因素之一。

表 3-21　土壤类型对茶叶品质的影响

土 种	氨基酸 (%)	咖啡碱 (%)	茶多酚 (%)	儿茶素 (mg/g)	酚氨比	海 拔 (m)
薄层黑砂土	2.8	5	30.1	211.6	10.8	700
薄层黄扁砂土	2	4.6	27.1	182	13.6	850
灰泥土	1.9	4.4	23.5	190.9	12.4	650
黄泡土	3.7	3.6	2.8	170.7	6.2	990
黄砂土	3.3	4.9	22.7	159.4	6.9	800
黄泥土	3.4	5	24.7	181.8	7.3	880
绵沙土	2.3	4.6	26.5	192.5	11.5	1 000

　　土层厚度、土体构型和土壤质地等物理性状对茶叶品质也有重要影响。一般认为，土层厚度大于1m，上部质地轻（砂质、砂壤质），下部为中壤质，无黏盘层或铁锰硬盘层，排水良好，团粒结构较多的土壤最有利于高品质茶叶的生成。茶树品种相同，大气候、海拔、地形、坡度与管理措施相似的茶园土壤砂粒（2～0.05mm）与茶叶氨基酸呈极显著正相关，黏粒（<0.002mm）则与氨基酸含量呈极显著负相关，这说明土壤质地主要是通过影响茶叶的氨基酸含量改变茶树氮素代谢强度而影响茶叶品质。

　　2. **土壤 pH 和有机质与茶树物质代谢的关系**　茶树是喜酸性土壤的植物，适宜的 pH 上限为 6.0～6.5，超过这一范围就难以生长，但 pH 下限不明显，4.0 以下仍能良好生长。但是从提高茶叶品质的角度来看，茶园土壤的 pH 不应太低，pH 在 5.0～6.5 之间可获得较好的茶叶品质。大田调查也证明，茶叶品质较好的茶园土壤的 pH 一般都不太低。在 10～20cm 的土层内，凡品质

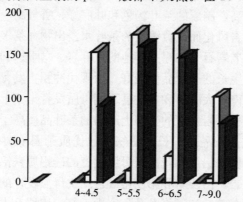

图 3-17　pH 对茶苗干重、光合作用和品质的影响

(浙江农业大学,1989)

🔲 干重　🔲 光合强度[CO_2mg/(m²·h)]　⬜ 氨基酸(mg/株)

⬜ 茶多酚(mg/株)　⬛ 儿茶素(mg/株)

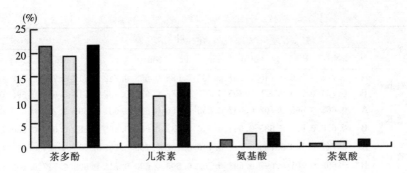

图 3-18　不同 pH 土壤上茶叶品质成分比较

(浙江农业大学，1989)

■ 临安县低山(pH5)　　　　　　■ 安吉县东天目山(pH 6.5~7.0)

□ 临安县天目山(pH 5.5~6.0)

好的名茶 pH 均较高（图 3-17、3-18）。另外，世界上对茶叶品质较重视的几个国家茶园土壤的 pH 也不太低，如印度阿萨姆茶区土壤的 pH 为 5.4~6.0，斯里兰卡为 6.0~7.0，日本为 6.0 左右，前苏联为 5.0~5.5。一般地，pH 在 6.0~6.5 之间较有利于茶叶品质成分的形成。

3. 茶叶营养元素与土壤农化性质的灰色关联性及其与茶树物质代谢的关系　从表 3-22 可以看出，茶叶 N、P、K、Cu 和 B 含量与土壤农化性质的关系较密切，其中与土壤耕作层（A 层 0~20cm）的关联度总体上比心土层（B 层 20~50cm）大，说明土壤耕作层性质对茶叶元素含量的影响大于心土层。但也不难看出，B 层土壤某些农化性状，如 pH 以及全磷、全钾、碱解氮、缓效钾含量等与茶叶营养元素的关联度也较大，有的甚至超过了 A 层土壤，可见 B 层土壤对茶树营养影响作用是不容忽视的。横向分析可知，茶叶营养元素含量与土壤 P、K 和 pH 的关联度较大，间接影响着茶树的物质代谢。

表 3-22　茶叶营养元素与土壤农化性质之间的灰色关联度

γ		茶 叶 元 素											
		N	P	K	Cu	Zn	Fe	Mn	Ca	Mg	Mo	B	平均
土壤二层养分	pH A	0.809	0.803	0.856	0.801	0.648	0.689	0.598	0.700	0.820	0.692	0.788	0.746
	pH B	0.85	0.801	0.861	0.801	0.678	0.690	0.605	0.733	0.839	0.723	0.785	0.756
	有机质 A	0.721	0.730	0.707	0.737	0.584	0.697	0.588	0.645	0.706	0.657	0.683	0.679
	有机质 B	0.659	0.671	0.674	0.658	0.602	0.552	0.618	0.594	0.644	0.632	0.683	0.644
	全 N A	0.727	0.739	0.707	0.716	0.581	0.719	0.589	0.609	0.711	0.617	0.729	0.677
	全 N B	0.607	0.616	0.642	0.632	0.584	0.621	0.581	0.563	0.627	0.585	0.650	0.610
	碱解 N A	0.725	0.720	0.717	0.704	0.526	0.712	0.569	0.682	0.696	0.584	0.731	0.665
	碱解 N B	0.732	0.737	0.761	0.693	0.572	0.686	0.646	0.633	0.715	0.583	0.693	0.677

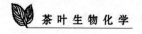

（续）

γ		N	P	K	Cu	Zn	Fe	Mn	Ca	Mg	Mo	B	平均
						茶 叶 元 素							
速效 K	A	0.728	0.716	0.745	0.751	0.735	0.695	0.658	0.742	0.712	0.701	0.682	0.715
	B	0.704	0.710	0.723	0.705	0.655	0.688	0.650	0.682	0.718	0.690	0.695	0.693
缓效 K	A	0.668	0.666	0.702	0.667	0.655	0.656	0.651	0.651	0.699	0.716	0.689	0.675
	B	0.676	0.676	0.685	0.653	0.640	0.633	0.682	0.668	0.685	0.693	0.680	0.670
速效 P	A	0.747	0.748	0.750	0.744	0.746	0.752	0.706	0.765	0.759	0.774	0.752	0.749
	B	0.698	0.701	0.697	0.693	0.702	0.696	0.690	0.711	0.699	0.717	0.702	0.701
全 P	A	0.837	0.831	0.834	0.833	0.778	0.841	0.779	0.827	0.829	0.848	0.833	0.825
	B	0.833	0.831	0.828	0.824	0.790	0.829	0.806	0.829	0.825	0.827	0.833	0.823
全 K	A	0.801	0.790	0.824	0.805	0.621	0.714	0.579	0.724	0.770	0.654	0.809	0.729
	B	0.803	0.793	0.787	0.772	0.633	0.722	0.592	0.688	0.733	0.652	0.785	0.724
平均	A	0.751	0.750	0.761	0.751	0.653	0.719	0.635	0.691	0.745	0.694	0.744	
	B	0.724	0.726	0.739	0.715	0.651	0.691	0.652	0.678	0.721	0.678	0.723	

二、纬度与茶树物质代谢

地理纬度不同伴随日照（时数、强度、光谱等）、气温和降水量等气候条件的变化，对茶树的物质代谢有明显的影响。就我国茶区分布而言，最北茶区处于北纬 38°左右（如山东半岛茶区），最南的茶区是北纬 18°～19°左右的海南省。一般而言，纬度偏低茶区的特点是年平均气温高，地表接受的光辐射量也较多，年生长期也较长，往往有利于碳素代谢，因而对茶叶品质有重要作用的多酚类易于形成积累，而含氮化合物含量相对较低；而纬度较高的偏北地区，呈相反趋势。这种纬度给茶树物质代谢强度带来的变化，是气候不同造成的结果。除了品种差异等所引起的茶叶化学组成差别情况以外，纬度对茶树碳氮代谢影响，提供预测制茶原料的适制性是有意义的。

表 3-23　纬度对茶叶多酚类含量的影响
（浙江农业大学，1989）

茶 区	纬度（N°）	品 种	多酚类总量（%）	儿茶素（μg/g）	氨基酸（μg/g）
浙江杭州地区	30.5	鸠坑群体	28.66	1 348.3	1 607.0
海南省	18～19	海南小叶种群体	32.67	2 227.8	—

据中川致之研究结果，纬度对茶叶中多酚类和全氮量是有影响的，结果同我国的情况十分相似。

表 3-24 不同地区气候对化学成分的影响
（安徽农学院，1994）

地 区	纬度（N°）	年平均气温（℃）	年降雨量（mm）	年平均湿度（%）	多酚类含量*（%）	含氮量*（%）
鹿儿岛	31°31′	16.8	2 979	75	14.00	4.60
静 冈	34°55′	14.5	2 281	72	13.12	4.57
崎 玉	35°55′	12.5	569	—	12.10	5.03

* 为 3 年平均数。

纬度的高低是决定日照强度的基本因素，纬度越高，正午阳光射入角就越小，日照强度也越弱，气温就越低，在日照和气温作用下，大气和土壤湿度随之发生变化，这些因子又直接影响土壤母质，形成了各种土壤类型，在这些因子的综合影响下，使茶树代谢类型与代谢方向都不同。一般而言，纬度较低的南方茶区，年平均气温较高，有利于碳水化合物、多酚类物质的形成。长期生长在南方的茶树品种，往往因含有较多的多酚类而适制红茶，而生长在纬度较高的北方茶区的茶树，年平均气温较低，茶多酚的合成和积累较少，有利于氮化合物含量提高，适制绿茶。

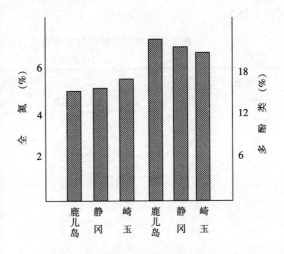

图 3-19 纬度对茶叶全氮和多酚类含量的影响

表 3-25 就是中国鸠坑种生长在不同国家由于纬度不同所产生的茶叶化学成分的差异。纬度对茶树物质代谢的影响，导致茶叶内含成分的变化。由纬度不同带来的外界环境条件不同而引起茶树物质代谢的不同，致使鲜叶质量不同。

表 3-25 鸠坑种植在不同国家化学成分的变化（%）

种植国家	简单儿茶素		酯型儿茶素		总 量	全 氮	咖啡碱
	（一）-EC	（一）-EGC	（一）-ECG	（一）-EGCG			
几内亚	1.52	3.05	1.68	7.39	13.64	4.298	2.89
马 里	1.78	3.21	1.44	6.04	12.47	4.310	2.81
杭 州	1.38	2.97	1.86	4.66	10.87	4.312	3.48

三、海拔与茶树物质代谢

我国主要高山名茶大约分布在海拔 400～1 000m 高度，生长在山区和昼夜温差大的茶区往往茶叶的品质较好。表 3-26 是位于不同海拔高度的安徽"岳西翠兰"的茶叶品质与海拔的关系。表明，海拔 800m 左右得分最高，超过900m 得分开始下降，但海拔 500m 以下品质得分与海拔高度间呈二次曲线关系。海拔高度对茶叶品质的影响，主要是气温的影响，气温是随着海拔高度而变化的，一般情况下海拔每升高 100m，年平均气温会降低 0.5℃，昼夜温差随海拔升高而增加。事实上，不同海拔高度所产出的鲜叶其品质有很大不同（表 3-26）。

表 3-26　不同海拔茶叶审评得分（1985—1992 年平均）

（汪春园等，1996）

产地海拔	审评得分					
（m）	外形	香气	滋味	汤色	叶底	总分
150	34.7	14.4	17.2	8.3	8.9	83.5
250	36.6	16.0	16.4	8.2	9.0	86.2
310	35.7	15.8	16.7	8.4	8.8	85.4
400	35.8	16.2	16.5	8.3	8.9	85.7
500	37.1	18.6	18.0	9.3	9.3	92.3
600	36.8	18.1	18.2	9.1	9.0	91.2
750	38.1	19.1	18.9	9.7	9.3	95.1
865	38.0	19.7	19.4	9.6	9.3	96.0
900	37.2	18.6	18.4	9.0	9.1	92.3
950	37.3	18.2	18.6	8.8	8.8	91.7

从表 3-27 中可以看出，高海拔生长的茶树，春茶中水浸出物和氨基酸较在陆地（海拔 46.7m 者）高，而夏秋茶则是水浸出物和咖啡碱含量较高。

表 3-27　海拔高度和土壤对茶叶品质成分的影响及显著性测验（t 测验）

海拔（m）	土壤	春　茶				秋　茶			
	红壤	41.09	22.34	3.36	5.63	44.80	26.74	1.50	3.53
	黄棕壤	41.33	23.45	3.40	5.66	13.25	23.32	1.84	3.96
46.7	ΔX	0.24	1.11	0.04	0.03	−1.55	−3.42	0.36	0.43
	t	0.25	0.96	0.11	0.13	0.88	2.46	1.65	0.86
	红壤	41.023	18.72	5.46	4.52	45.31	34.14	1.42	4.04
	黄棕壤	44.42	22.84	5.64	5.46	45.06	33.46	1.52	4.05
900	ΔX	3.19	3.76	0.18	0.94	−0.25	−0.68	0.10	0.01
	t	4.74**	3.86**	0.55	4.27**	0.25	0.51	0.32	0.042

多酚类和儿茶素含量则随海拔升高而减少，氨基酸（如茶氨酸）是随着海拔的升高而增加（图 3-20、3-21）。

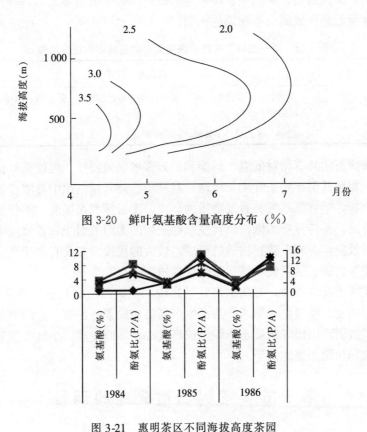

图 3-20　鲜叶氨基酸含量高度分布（％）

图 3-21　惠明茶区不同海拔高度茶园
早春鲜叶主要成分分析

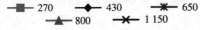

　　茶园微域气候随海拔不同而改变，在高海拔地区阴雾时，大雾缭绕，湿度大，对茶树物质代谢的影响起到了特殊的作用，有利于含氮物质的生物合成，同时，茶树受到较多较强的漫射光作用，光合强度增大，茶蓬基部长期阴湿，也有利于含氮化合物合成和积累。因此，温度高，湿度大，多酚类的生物合成和含氮化合物的分解代谢速率受到调节，茶树体内含氮化合物趋于积累。

　　另外，某些鲜爽清香型的芳香物质在海拔较高、气温较低的条件下形成较多。在高海拔的茶园中一般气候温和，雨量充沛，云雾较多，湿度较大，昼夜温差较大等。茶树在这些生态条件下有利于含氮化合物和某些芳香物质的合成

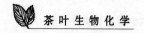

和积累，蛋白质、氨基酸含量较高，其涩味较重的多酚类含量较低。

海拔高度对茶叶香气成分与组成影响也显著。在研究高山茶叶香气形成机理后指出，山区低温，茶梢生长缓慢是形成高山茶香的主要原因，并且提出了亮氨酸含量低是形成高山茶标志的机制。

表 3-28　同一品种不同海拔高度鲜叶固定样香气成分比较

海拔（米）	高含量香气成分
500～700	2-戊酮、反 2-己烯-1-醇、顺-3-己烯-1-醇己酸酯、β-紫罗酮、顺茉莉酮、反-2-己烯醇丁酸酯
900	己醇、苯乙醛、辛烯醛、α-雪松醇

高海拔茶园具有相对低温、高湿和多云雾的气候特征，促使茶叶优异品质的形成。相对低温导致茶叶生长缓慢，有利于维持新梢组织中高浓度的可溶性含氮化合物，适宜氨基酸和香气物质的形成，多云雾和高湿度，不仅能抑制纤维素的合成，保持芽叶柔嫩，而且使照射茶园的太阳散射光和蓝紫光增多，增强了漫射效应，有利于芳香物质的形成，较大的昼夜温差又有利于光合产物的积累，使蛋白质、氨基酸和维生素的含量增加。

在我国茶叶生产中，有高山出好茶之说。但高山产好茶也有季节性变化，如我国与印度、斯里兰卡等国产茶区生产高品质的茶叶都有一定的季节性。这就表明，所谓高山出好茶就是依赖海拔高度的差异而造成，小区气候影响物质代谢方向和代谢强度的结果。

第五节　茶树物质代谢的调控

茶树的物质代谢受茶园生态环境的影响，与茶叶品质的形成密切相关。影响茶树物质代谢因素的外界条件，也必将引起该代谢的变化，诸如覆盖技术、叶面喷施技术及施用生长调节剂等，均会改变茶树体内许多代谢的强度、方向及平衡等。调控茶树的物质代谢，可人为地改变茶树的生长期、改善茶叶品质、提高茶叶产量等。

一、覆盖技术对茶树物质代谢的影响

塑料薄膜和遮阳网覆盖技术最早用于水稻育秧及反季节蔬菜栽培。茶园应用塑料薄膜大棚和遮阳网的目的在于打破茶树正常的生长规律，改变茶树体内物质代谢的平衡和强度，促使春芽提早开采和改善夏、秋茶品质。茶园冬季覆盖塑料薄膜，缩短茶树越冬休眠期，使名优茶产生"温室"效应；夏秋季覆盖遮阳网降温增湿，消除高温季节茶树碳素代谢过强，降低茶树体内含碳化合物的大量积累，提高茶叶品质。

大棚覆盖可显著影响茶园小气候，塑料大棚记载的温度表明，阴雨天和下雪天的温度棚内全天平均比对照高 2℃ 以上，而晴天增温效果更加明显，可提高到 10℃ 以上，14：00 时温度最高（图 3-22）。塑料大棚最低温度比对照高 1.5～5.5℃，最高温度比对照高 2～12℃（图 3-23）。这是因为塑料薄膜吸收了太阳辐射能，保持了棚内的热能，从而提高了茶园与环境的温度。但塑料大棚茶园的地表及土壤温度在阴雨天和下雪天变化不显著，而晴天地表温

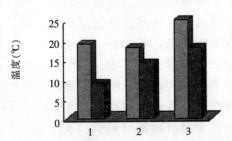

图 3-22 塑料大棚与对照小气候月平均温度图

■ 塑料大棚 ■ 对照

度变化显著，全天温差最高可达 13℃，5cm 土壤温度在全天温差为 4.5～9.45℃，15cm 土壤温度在全天温差为 2～4℃，平均日温差如图 3-24 所示。

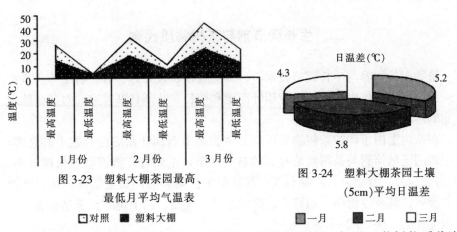

图 3-23 塑料大棚茶园最高、
最低月平均气温表

□ 对照 ■ 塑料大棚

图 3-24 塑料大棚茶园土壤
(5cm)平均日温差

■ 一月 ■ 二月 □ 三月

茶园覆盖塑料薄膜后，提高了茶园小气候的温度，促进了茶树物质代谢，使茶叶生化成分含量发生变化，如图 3-25、表 3-29 所示。

表 3-29 塑料大棚对茶叶生化成分的影响（％）

处理	茶多酚	游离氨基酸总量	咖啡碱	水浸出物	叶绿素	粗纤维	水溶性果胶
大棚	27.9	2.4	3.5	42.7	0.182	7.0	3.2
对照	22.8	3.0	3.5	39.2	0.139	6.6	2.4

塑料大棚茶园平均气温比对照高，茶蓬面温度日夜差异增加，相对光强增强；覆盖遮阳网后调节了茶园小气候的温、湿度，树冠表面日平均温度下降，相对湿度增加。就春茶而言，覆盖后，春茶游离氨基酸含量比对照低，茶多酚、水浸出物、叶绿素、粗纤维、水溶性果胶比对照高；夏秋季游离氨基酸、咖啡碱比对照高，茶多酚、水浸出物比对照低。显

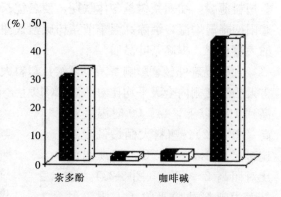

图 3-25 遮阳网对秋茶生化成分的影响

■ 遮阳网　　□ 对照

然，春季茶园覆盖后，可增强碳素代谢，相对削弱氮素代谢的强度，使 C、N 代谢强度的平衡调节在一个改善茶叶品质的位点上，明显改变了茶叶中含碳、含氮化合物含量的比值，有利于绿茶品质的提高；夏秋季由于日光辐照较强，尤其是南方茶区，采用适当的遮阳技术，改变 C、N 代谢的强度，改变含碳与含氮化合物的含量，同样有利于夏秋茶品质的改善。

二、生长调节剂与茶树物质代谢

植物根外营养与生长调节技术，以其见效快、效果好、省肥省工等优点而被广泛应用于现代农业。茶树应用叶面肥和生长调节剂日渐普遍，对茶树物质代谢的影响较显著。

在茶树上用于调控茶树物质代谢的生长调节剂和叶面肥已有数十种之多，应用范围已延伸到与茶树栽培有关的各个环节，主要有：激素型生长调节剂，如"九二○"、激动素、乙烯利等；营养型生长调节剂，如宝丰灵、茶树叶面营养液等；刺激性物质，如稀土、阿司匹林、火醋、三十烷醇、茶皂素等；有益微生物类，如"EM"等。

生长调节剂对茶树物质代谢的调控作用主要表现在：①改变茶树体内激素代谢平衡，促进发根，打破休眠：2,4-D、α-萘乙酸、维生素 B_1、吲哚乙酸、矮壮素等生长素能改变茶树体内激素平衡，使营养分配偏向根部，促进组织分化等。用 50mg/kg α-萘乙酸加上 50mg/kg 吲哚乙酸慢浸茶树插穗 16h，以及用 20mg/kg 2,4-D 慢浸处理，均能显著促进插穗发根和成苗。对未发枝的幼龄茶树作叶柄注射 10mg/kg 和 40mg/kg 赤霉酸处理，可以打破

休眠，促进茶叶早发，增产提质。②抑制生殖生长：茶树开花结果要消耗大量养分和能量，这对生产茶园来说无疑是一种巨大的浪费。一般能促进茶树营养生长的生长调节剂，大多数在不同程度上抑制生殖生长。当然，为了提高某些茶树品质的结实率，同样可施用生长调节剂，如潘根生等用1 000、3 000mg/kg 的 B_9，及 250mg/kg 矮壮素和 500mg/kg 矮健素施用于临海水古茶，能使茶果产量提高 68%～70%。③增强抗性：有许多生长调节剂与茶树的抗性有关。据印度 Handigue A. C. 等于 1988 年的试验，喷施 25mg/kg 的脱落酸（ABA）能增大茶树气孔扩散阻力，降低水势，从而减少蒸腾失水，提高抗旱力。④抑制光呼吸：茶树是典型的 C_3 植物，具有较强的光呼吸。光呼吸消耗推动光合作用暗反应的同化力——ATP 和 NADPH，并使已固定在 RuBP 上的 CO_2 散失，在茶树上主要用亚硫酸氢钠（$NaHSO_3$）作为抑制剂，用 100～250mg/L $NaHSO_3$ 叶面喷洒可增产 19.8%～30.8%，明显降低了光呼吸，并且提高了叶绿素含量，促进光合作用从越冬叶输出，使嫩叶产量与内质都得到提高。

植物生长调节剂中，既包括了五大类植物激素和尚未被公认为激素的其他物质，如上所述，也包括了一些具有生理活性的人工合成制品。

无论是茶树体内生长调节物质生物合成途径的研究，抑或外源生长调节剂作用途径的研究，都表明生长调节物质的分子必须通过与其受体相结合，引起受体蛋白的激活，要么蛋白构象改变，要么其他形式改变，从而引起某些特定代谢反应的启动，特定蛋白的磷酸化和去磷酸化，最终导致特定基因的表达，完成生长调节物质的信号传导。

至于生长调节物质如何引起茶树体内细胞生长、代谢强度和方向等变化的机理研究较少。有人认为，生长素可以使细胞伸长所需要的一些基因脱阻遏，从而使其得到表达；也有人认为，生长素引起 H^+ 的细胞外运输，引起细胞壁的酸化和松动，从而使细胞在膨压下得以伸长。图 3-26 是生长素作用细胞后引起的早期原初反应和滞后的二级反应，所形成的产物为物质代谢的改变与调控提供了条件。

有的生长调节物质在植物的生长发育各时期均可表现出调节作用，如细胞分裂素，可以影响某些酶系的活性和物质在植物体内的移动，可以调控细胞器的发生，可以模拟红光的作用，打破休眠以及延缓叶片的衰老，它可以保持植物抵御逆境的不良影响。细胞分裂素影响细胞生长，此时的作用模式如图 3-27。

在 ABA 对气孔开度与质膜通道的效应中，Ca^{2+} 和 H^+ 很可能作为胞内第二信使而参与调节。将笼形 Ca^{2+} 注入保卫细胞，通过光解反应释放活性

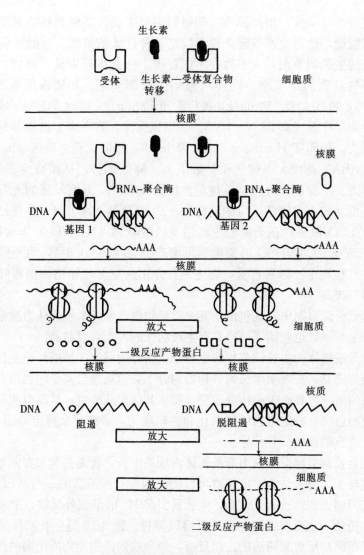

图 3-26　生长素引起的早期原初反应和滞后二级反应

(Libbenga K R, 1995)

Ca^{2+}，使胞内 Ca^{2+} 浓度达到 600nmol/L 以上时，足以引起气孔关闭。虽然茶树体内植物生长调节物质的作用机理等研究远没有其他植物那么深入，采用分子生物学技术，如基因分离、克隆重组、体外翻译与转录、反义 RNA 技术和转座子研究等，阐明受体、信号传导、基因表达、代谢平衡等可为茶树物质代谢的人工调节提供重要的理论基础。图 3-28 简要表达了 ABA 诱导气孔关闭过程中质膜离子通道的作用。

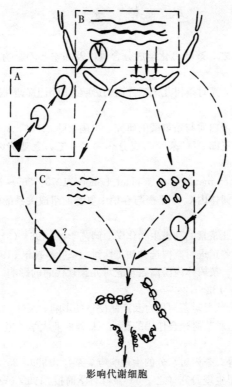

影响代谢细胞

图 3-27 细胞分裂素对蛋白质合成的作用模式

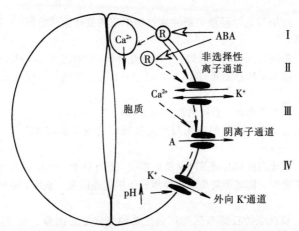

图 3-28 ABA 诱导气孔关闭过程中质膜离子通道的调节模式

(Yang CH, et al, 1995)

参 考 文 献

[1] 阿南丰正，中川致之．茶叶の化学成分含量に及冻すどの影响．日本农艺化学会志．1974（2）：91

[2] 黄初雨，汪东风等．光对茶树儿茶素代谢的影响．应用生态学报．1995，6（2）：220～222

[3] 阮宇成等．茶叶中蛋白质与茶氨酸的研究．中国茶叶．1986，86（4）：24～25

[4] 小西茂毅，葛西善三郎．^{14}C茶叶の成分へのどりてみと遮光の影响土壤肥料杂志．1968（5）：264～269

[5] Beeventrs L. Nitrogen metabolism in plant. London. 1978：265～268

[6] 汪东风等．改变茶树体内C/N平衡与春梢中氨基酸组成关系的研究．福建茶叶．1988（1）：13～15

[7] 阮宇成等．茶叶中儿茶素的动态生物化学．园艺学报．1964（3）：95～108

[8] 杨贤强．应用生化鉴定进行茶树选种初步探讨．茶叶科技讯．1974（1）：14～23

[9] 王传友，黄初雨等．茶树体内游离氨基酸对儿茶素代谢的影响．中国科学技术大学学报．1990，20（1）：122～125

[10] 杨跃华．茶园水分状况对茶树生育及产品质量的影响．茶叶．1985（3）：6～8

[11] 林金科．水分胁迫对茶树光合作用的影响．福建农业大学学报．1998，27（4）：423～427

[12] 潘根生，骆耀平等．茶树对水分的生理响应．茶叶．1999，25（4）：197～201

[13] 段亮．茶树的抗旱生理研究（之一）．茶叶科学简报．1992（1）：12～15

[14] 伍炳华．茶树水分生理及抗旱性的研究概况与探讨．茶叶科学简报．1991（1）：1～5

[15] 伍炳华等．茶树氮磷钾营养的品种间差异（氮肥在茶树品种间的生长和生理效应）．茶叶科学．1991（1）：11～18

[16] 李名君等．红壤与茶叶品质的研究（红壤中茶树氮代谢的特征）．茶叶科学．1988（2）：21～26

[17] 杨贤强等．茶树碳氮代谢与施肥．中国农业科学．1992，25（1）：37～43

[18] 竹尾忠一．茶の滋味して开与ぁぅテ二こ中心としな茶树の室代谢．茶业试验场研究报告．1981（17）：1～68

[19] 余师珍．茶叶矿质营养．茶叶科技．1985（3）：39～43

[20] 林心炯等．有机无机肥料的施用与产量品质的关系（盆栽试验）．茶叶科学简报．1992（2）：3～11

[21] 李名君等．海拔高度对红壤茶叶品质的影响．茶叶科学．1988（2）：27～36

[22] 王烨军，丁勇等．阳离子对茶叶几种酶的作用机理研究．茶叶．2000，26（1）：19～22

[23] 姜效泉等．长江下游丘陵茶区生产名优茶的气候生态优势．茶叶科学．1995（2）：81～86

[24] Eilis R L, et al. Glutanrc-oxaloacetic transuminase of caulifcouer. Bioch, J. 1961, 78

（3）：645～620

［25］Kei Sacaoka，Makoto Kito，Yoriko Onishi. Some properties of tea theanine sythesizing enzymein tea seedings. Agr，Biol. Chemis. 1965，29（11）：984～988.

［26］安徽农学院．茶叶生物化学．北京：农业出版社，1980：48～49

［27］刘东柱译．茶树镁元素的土壤-叶片营养诊断．果茶科技．1983（2）：48～52

［28］王泽农．茶树光能利用与矿质营养的协调作用．茶叶通报．1979（1～2）：83～87

［29］叶勇．硫影响茶树氮代谢内在机理的探讨．福建茶叶．1993（1）：14～16

［30］廖万有．茶生物圈中铝的生物学效应及其研究展望．福建茶叶．1995（4）：13～15

［31］潘根生，Msaki Tsuji 等．茶根尖细胞各胞器分部的分离及其铝的分布．浙江农业大学学报．1991，17（3）：255～258

［32］阮宇成，陈瑞峰．铝磷对茶树生长及养分吸收的影响．中国茶叶．1986（1）：2～5

［33］小西茂毅．铝对茶树生长的促进作用．茶叶．1995，21（3）：18～23

［34］潘根生，小西茂毅．供铝条件下氮对茶苗生长发育的影响．浙江农业大学学报．1995，21（5）：461～464

［35］赵和涛．铝元素与茶树生育和品质的关系．热带作物科技．1996（3）：33～35

［36］Mqrion H. O. Phospuoenolpyruvato carbxylase. An enzyhrolog istis uiew. 1982：216～224

［37］Pobrolyubskn O. K. Microelements and Keto Acids of Grapeyihe. Sadovadsalo uino-gradrst uoi vinodelie Mddevit. 1982（7）：49～50

［38］马慧群等．锌与茶树生长代谢的关系及田间喷锌效果．茶叶科学．1987，7（1）：35～40

［39］吴彩，方兴汉．锌在茶树碳氮代谢中的反应．中国农业科学．1994，27（2）：72～77

［40］吴彩，方兴汉，沈星荣．锌、钼对茶树氮素吸收和利用的影响．土壤通报．1994，25（3）：117～119

［41］韩文炎等．铜对茶树的生长和生理影响．茶叶科学．1993，13（2）：101～108

［42］安徽农学院．茶叶生物化学．浙江人民出版社，1961：85～100

［43］王效举，陈鸿昭．长江三峡地区不同茶园土壤地球化学特征及其与茶叶品质的关系．植物生态学报．1994（3）：253～260

［44］浙江农业大学．茶树栽培学．北京：农业出版社，1989：98～201

［45］安徽农学院．茶叶生物化学．北京：农业出版社，1994：205

［46］潘根生等．茶业大全．北京：中国农业出版社，1995：192～193

［47］汪春园，荣光明等．茶叶品质与海拔及其生态因子的关系．生态学杂志．1996，15（1）：57～60

［48］朱红．茶树鲜叶中茶多酚含量变化的研究．四川农业大学学报．1998，16（3）：345～348

［49］大棚课题组．大棚覆盖技术在茶树上的应用研究初报．蚕桑茶叶通讯．1998（3）：8～10

［50］朱永兴．茶树生长调节剂的研究与应用．中国茶叶．1998，20（2）：12～13

［51］田长恩．植物生长调节剂在茶树上的应用．茶业通报．1993（4）：9～11

［52］Libbenga K R, Mennes A M. In：Davies，PJ（ed）. Plant hormones：physiology, biochemistry and molecular biology. Netherlands：Kluwer Academic Publishers，1995：272

［53］余叔文，汤章程等．植物生理与分子生物学．第二版．北京：科学出版社，2001：469

［54］Yang CH，et al. Genetic regulation of shoot development in arabidopsis：role of the EMF genes. Dev Biol. 1995（169）：421～435

第四章　红茶制造化学

我国是红茶生产的发源地，早在 16 世纪末就发明了红茶。初始发明的是小种红茶的制法，其星村小种（武夷茶）是世界著名茶类。现有工夫红茶、红碎茶和小种红茶等茶类。

不同种类的红茶，虽由于对外型和内质的要求不同，工艺的技术掌握各有其侧重点，但都要经过萎凋、揉捻（切）、发酵和干燥四个基本工序，且同一个工序中原料的生物化学变化及其意义也是大体一致的。

红茶的制造工艺并不复杂，但在制造过程中各种成分的变化却是十分复杂的。了解红茶制造过程中各物质的变化规律以及这些规律与外界条件的关系，对于科学制茶、提高制茶质量是十分必要的。

第一节　红茶制造中主要酶类活性变化及作用

茶鲜叶中的酶类很复杂，除在红茶加工中较重要的氧化还原酶类和水解酶类外，还有转移酶类、裂合酶类、异构酶类和合成酶类等。

一、酶在红茶制造过程中的变化

红茶是全发酵茶，其品质特征的形成取决于鲜叶原料所含化合物的种类，其中对红茶风味影响最为重要的是茶多酚（尤其是儿茶素类）和多酚氧化酶。在红茶加工中，必须充分利用酶的生物化学作用，才能形成红茶"红汤红叶"的品质特征。而以糖苷形式存在的结合型香气化合物前体（如香叶醇、芳樟醇、青叶醇等的糖苷）及其水解酶 β-糖苷酶以及与 C_6-醛、醇等生成有关的亚麻酸、脂肪氧合酶及醇脱氢酶等对红茶香气生成也非常重要。

1. **萎凋**　是将采下的茶鲜叶薄摊（15～20cm 厚），散失一部分水分的工艺处理过程。在逐步失水的萎凋过程中，叶子因失水使叶细胞汁相对浓度提高，叶细胞内各种酶系的代谢方向趋于水解作用。一部分水解酶如淀粉酶、蔗糖转化酶、原果胶酶、蛋白酶等活性都有提高。

萎凋中酶活性的提高与叶组织内部酸化有关。由于糖类物质降解成有机酸，酯型儿茶素酯解生成没食子酸，原果胶生成果胶酸，叶绿素水解有叶绿酸的形成等，使萎凋叶逐步向酸性转化，pH 从鲜叶的近乎中性降低到 5.1～6.0，与酶的最适 pH 相适应，使酶的活性增加。茶鲜叶中酶的最适 pH 一般偏于酸性，如淀粉酶为 5.0～5.4，蛋白酶为 4.0～5.5，多酚氧化酶为 5.0～5.5，过氧化物酶为 4.1～5.0。此外，随叶子的逐步失水，酶及其作用物的相对浓度升高，结合态的酶可部分转化为游离态。

萎凋叶水解酶活性的提高，有利于促进鲜叶中一些高分子有机化合物的水解，提高萎凋叶中水溶性有效成分的含量。这些水解产物对红茶色、香、味的形成均有积极的意义。如以糖苷形式存在的结合型香气受水解酶 β-糖苷酶水解，香气化合物游离出来。脂肪氧合酶使茶叶中不饱和脂肪酸如亚麻酸、亚油酸降解形成 C_6-醛等具有清气的挥发性化合物。据报道，由于萎凋，香气成分总量增至鲜叶原料的 10 倍以上，其中以顺-3-己烯醇、反-2-己烯醇、芳樟醇增加最多，一些非挥发性成分如氨基酸、咖啡碱在萎凋中也有所增加，这些成分对茶叶滋味有积极作用。

而萎凋中氧化酶活性的提高则为揉捻开始以后的发酵工序准备了良好的发酵条件。刘仲华等（1989，1990）报道，在 0～16h 萎凋期间，随萎凋时间延长，多酚氧化酶（PPO）和过氧化物酶（POD）活性增至最大，如继续延长萎凋时间，酶活性开始下降（表 4-1）。进一步实验表明，PPO 在萎凋期间活性明显增加的是 PPO_1、PPO_2、PPO_5，其次是 PPO_3，而 PPO_4、PPO_6 两谱带变化比较平稳，萎凋中并未有新的谱带形成（图 4-1），总活性的增加仅仅表现在原有部分酶蛋白活性提高和各酶蛋白相对活性的变化上。POD 在萎凋期间活性明显增加的是 POD_2、POD_3，且这两条酶带是 POD10 条酶带中的主要酶蛋白组分；其次，稍有增加的为 POD_7、POD_1，而 POD_8、POD_9 的活性呈下降趋势，在萎凋 8h、12h 时，还出现了新的酶带 POD_{10}，但活性低，继续萎凋则消失（图 4-2）。

表 4-1 氧化酶类在红茶萎凋中的活性变化

（刘仲华等，1989、1990）

萎凋时间（h）		0	4	8	12	16	20
福鼎大白茶	含水量（%）	75.7	70.9	68.4	65.9	62.9	59.7
	PPO 活性	2.90	3.46	5.16	5.88	6.74	6.36
	POD 活性	1.28	1.38	1.67	1.90	1.95	1.87
槠叶齐	含水量（%）	76.4	72.0	69.4	67.1	64.6	61.5
	PPO 活性	4.46	5.12	6.73	7.73	8.72	8.49
	POD 活性	1.53	1.73	1.97	2.29	2.26	2.21

注：PPO 活性单位为 $0.1 \Delta OD_{460nm}/(g \cdot min)$；POD 活性单位为 $0.1 \Delta OD_{470nm}/(g \cdot min)$。

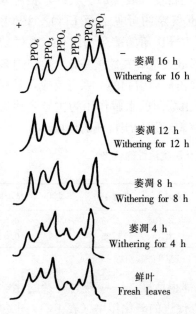

图 4-1 鲜叶萎凋期间 PPO 同工酶谱
带活性的变化

（刘仲华等，1989）

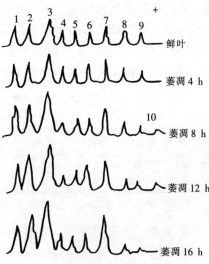

图 4-2 萎凋期 POD 同工酶谱带
活性变化

（刘仲华等，1990）

同样，随着萎凋进行，脂肪氧合酶（LOX）活性持续增加，特别是萎凋后期，增加更显著。过氧化氢酶、醇脱氢酶等活性也有所提高。

萎凋过程中酶的活性变化，既与萎凋进程有关，又受温度影响（图 4-3）。在同一温度下，萎凋时间延长，酶的活性升高；在不同温度下，萎凋温度增高，酶的活性提高愈快。

2. **揉捻**（切）　在揉捻过程中，茶叶组织和细胞破碎，膜透性增加，其中的化学成分和酶得到充分混合，各种化学反应得以实现。

由于茶多酚类是蛋白质的沉淀剂，易使许多酶失活或活性降低，如 TCA 循环酶系已基本失活。但由于茶多酚类化合物

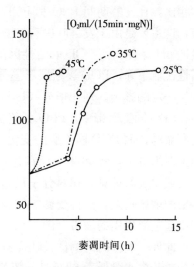

图 4-3 萎凋温度对萎凋叶中酶
活性的影响

（Takeo. T. 等，1966）

是 PPO 的作用基质，酶在自身的基质中变性较慢（表 4-2）。其中，相对分子质量低的 PPO_6 立即消失，PPO_4、PPO_2 也仅隐约可见，而 PPO_1、PPO_3 和 PPO_5 活性基本保持不变，成为发酵期间起主导作用的酶蛋白组分。在揉切阶段，还包括脂肪氧合酶催化不饱和脂肪酸形成大量挥发性羰基化合物。但多酚类的酶促氧化及其后续的聚缩合作用，以及由此而引起的一系列反应，是揉捻（切）和发酵工序中物质变化的主流。这个由萎凋的水解作用为主导到揉捻开始以后以氧化作用为主导的物质变化，决定着红茶品质特征的形成。

表 4-2　萎凋后续工序中氧化酶类活性的变化

（刘仲华等，1989、1990）

工　序	萎凋叶	揉捻 30′	揉捻 60′	发酵 50′	发酵 100′	发酵 150′	毛尖叶	足火叶
PPO 活性	7.47	6.01	4.56	3.95	3.10	2.08	0.62	0.03
POD 活性	2.12	1.84	1.67	1.52	1.39	1.28	0.16	0.09

注：PPO 单位 $0.1\Delta OD_{460nm}/$（g·min）；POD 活性 $0.1\Delta OD_{470nm}/$（g·min）。

3. 发酵　发酵过程中，各种化学反应都很活跃，一些极为复杂的化学反应得到加速，其中最重要的是 PPO 和 POD 促进的氧化作用（表 4-2），也包括 β-糖苷酶水解反应的加速以及脂肪氧合酶的作用。

发酵过程中，由于儿茶素的氧化，一部分酶与氧化的多酚类结合成不溶性复合物，使酶丧失催化机能。多酚基质的减少也会导致酶活性的降低。与萎凋叶相比，在发酵期间 PPO 和 POD 活性持续下降，但 PPO 的活性降低较 POD 快，这主要是由于发酵叶中有机酸的增加，pH 降至 5.0 以下，使 PPO 丧失了最适 pH 条件，而 POD 的活性因酸度适宜而下降缓慢，使得 PPO 与 POD 的活性比值下降，POD 逐渐居于主导地位，并对茶多酚氧化产物的形成和积累产生一定的影响。刘仲华等（1989，1990）在对其同工酶研究中发现，发酵期间，PPO 同工酶带中，PPO_1 始终保持相对较强的活性，其他几条酶带活性则逐渐减弱；而 POD 同工酶的变化主要表现在相对分子质量低、迁移率较大的酶蛋白组分上，萎凋叶一经揉捻，POD_7、POD_8、POD_9 及 POD_{10} 4 条酶带即消失或仅隐略可见，相对分子质量较高的组分 POD_2 和 POD_3 热稳定性好，对多酚的敏感性差，活性受影响较少，至发酵完毕仍保持相当的活性，是发酵过程中起主要作用的酶带（图 4-4、图 4-5）。

此外，发酵时的酶活性还受鲜叶萎凋程度、萎凋温度及发酵温度的影响。当萎凋叶含水量低于 68% 时，随萎凋叶的失水，发酵叶中酶的活性明显下降，重萎凋的萎凋叶酶活性高，但叶内茶多酚浓度大，发酵时酶蛋白与氧化了的茶多酚产生不可逆沉淀增加，使其活性下降。只有适度轻萎凋，可保持发酵过程

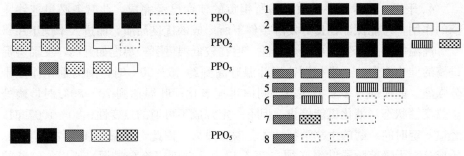

图 4-4 萎凋后续工序中 PPO 同工
酶谱的变化
（刘仲华等，1989）

图 4-5 萎凋后续工序中 POD 同工
酶谱的变化
（刘仲华等，1990）

PPO 的较高活性（表 4-3）。萎凋时温度过高，酶活性虽然迅速激活增加，但维持活化的时间较短，到了揉捻发酵过程就会显著下降，不利于多酚类的酶促氧化。发酵过程的叶温控制也很重要，在较低温度（如 20℃左右）下发酵，不仅可以保持酶有较高的活性，而且酶的活性降低速度也较慢（图 4-6），有利于茶多酚类物质的酶促氧化。

表 4-3 不同萎凋程度及其揉捻发酵叶中 PPO 活性

（竹尾等，1966）

萎凋时间（h）	叶子含水量（%）	PPO 活性 [O_2ml/（15min·N mg）]		
		萎凋叶	揉捻叶	发酵叶
0	75	28	28	28
6	73	78	103	75
12	68	68	127	123
18	60	126	142	87

注：红誉种夏茶。

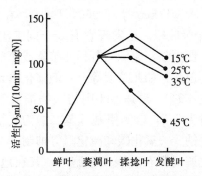

图 4-6 揉捻和发酵过程中温度对酶活性的影响

（安徽农学院，1984）

4. **干燥** 发酵工序结束，酶所担负的使命已经完成，此时务必迅速终止酶的作用，才能保证在良好发酵条件下所形成的优良品质，而进入干燥工序。

高温能使酶产生不可逆热变性，但在较低温度下，温度如升高，反而会促进酶的催化能力。干燥初期，当叶温升高到约 45～50℃时，酶的催化作用十分强烈，能使部分多酚类在短时间内迅速氧化；叶温达到 70～80℃时，酶处于热变性状态，催化机能停止，但不一定都成不可逆的热变性；80～100℃时，经过一定时间，酶的生物学特性才会彻底毁灭。因此，要保持茶叶各项有效品质成分，干燥前阶段叶温必须在 80℃以上，并辅以充分排湿。所以，红茶的干燥一般为二次干燥，第一次以 90～95℃热风将茶坯烘至含水量 15%～25%，称打毛火。下机摊凉散热，冷却至室温。再进行第二次烘干至含水量为 5%～6%，称为打足火。毛火干燥对 PPO 和 POD 的失活作用较明显，分别降至萎凋叶的 8%和 7.5%左右。足火干燥后，毛茶中的 PPO 和 POD 活性仍有残余，分别为 0.4%及 4.0%。这主要是相对分子质量高、热稳定性强的 PPO_1、POD_2 和 POD_3，即在发酵过程中起主要作用的并在成茶中残余的均是那些热稳定性好，对茶多酚敏感性差的高分子酶蛋白组分。

二、红茶制造过程中重要的酶

在红茶制造过程中涉及多种酶的催化作用，特别是水解酶和氧化还原酶，它们对红茶品质的形成起了关键的作用。

1. **多酚氧化酶**（邻苯二酚：O_2 氧化还原酶，E. C. 1. 10. 3. 1；PPO） 多酚氧化酶在红茶制造过程中将黄烷醇类氧化成醌，形成的醌再经氧化缩合成更复杂的发酵产物如茶黄素、茶红素和茶褐素。

多酚氧化酶是一种相对分子质量为144 000±16 000的含铜离子作为辅基的酶，其含铜量达 0.260%（Takeo 等，1966，1969），在紫外波段279nm 和可见波段 611nm 处有 2 个吸收峰。已发现它有 6 个同工酶带，各同工酶比整个酶复合体对底物的专一性更强，它们对各种儿茶素或简单酚类的催化氧化速率不同。其最佳底物为邻位酚，如儿茶素等，不能催化单元酚、对苯二酚及抗坏血酸等。其最适温度为 35℃。最适 pH 则与底物酚羟基的数目和数量有关，在以邻苯二酚为底物时为 5.7，以 4-甲基邻苯二酚为底物时为 5.0。多酚氧化酶可被氰化钾、叠氮化钠、一氧化碳和硫化氢等抑制。

一般认为多酚氧化酶局限在叶表皮细胞内，其在地上部分活性以嫩茎最高，其次是幼嫩芽叶，成熟叶较低。并且 PPO 活性以适制红茶的品种高于适制绿茶的品种，夏季高于春季。

2. 过氧化物酶（供体：H_2O_2 氧化还原酶，E.C.1.11.1.7；POD） 是在过氧化氢存在下催化基质氧化的一种酶，它不能利用空气中的氧气。其相对分子质量为40 000，以铁卟啉为辅基，属于亚铁血红蛋白质类。有 9～10 条同工酶。作用底物较 PPO 广泛，包括单元酚、邻苯二酚、连苯三酚、抗坏血酸、色氨酸、酪氨酸和组氨酸等。最适 pH4.1～5.0。在植物体内，可被乙烯、吲哚乙酸激活，而氢化钾、S^{2-}、羟胺及氟化物可抑制其活性。POD 也参与红茶色素形成的发酵途径。

3. 醇脱氢酶（醇：NAD 氧化还原酶，E.C.1.1.1.1；ADH） 存在于茶叶和茶籽中。也叫烟酰胺醇脱氢酶，可催化脂肪族或芳香族醇及醛类的氧化还原反应。其相对分子质量为95 000，由 2 个相对分子质量为47 000的无活力的同质亚单位组成，活性中心为锌，辅因子为 NAD。最适 pH7.9。对脂肪族、萜类催化活力较高。邻菲啰啉、单碘醋酸可抑制其活性。

4. 脂肪氧合酶（亚油酸：O_2 氧化还原酶；E.C.1.13.11.12；LOX） 也叫脂肪氧化酶、脂肪加氧酶、亚油酸氧化还原酶。催化含顺，顺-1,4-戊二烯的不饱和脂肪酸及酯的加氧反应，氧化形成具有共轭双键的过氧化合物。茶叶中不饱和脂肪酸如亚油酸、亚麻酸的降解，就是在 LOX 和过氧化物裂解酶的作用下共同完成的，形成 C_6-醛等具有清气的挥发性化合物。

LOX 位于叶绿体片状结构中，生物合成有赖于叶绿体中蛋白质的生物合成，茶无性系中的 LOX 至少存在两种同工酶。该酶是一种含非血红素铁的蛋白质，相对分子质量为73 000±2 100。最适 pH6.5～7.0，最适温度 40～45℃。抗坏血酸、EDTA 和槲皮素均可抑制其活性。

LOX 活性随茶鲜叶成熟度和季节不同而有差异，新梢成熟度越高，则脂肪氧合酶活性越高（表 4-4）。光、温和伤害均可提高其活性，所以，采后鲜叶 LOX 活性有所升高。

表 4-4 不同新梢总脂、总脂肪酸含量及 LOX 活力变化（TV-1 无性系）
（陈宗道等，1999）

新梢部位	芽	第一叶	第二叶	第三叶	第四叶	茎
总脂（干重，%）	4.16	5.59	6.64	7.25	7.70	4.48
总脂肪酸（μg/g）	7 666	10 184	11 552	13 490	13 664	8 288
酶比活性（pH7.5）（mg，pro）	11.2±0.25	12.1±0.32	13.8±0.49	15.5±0.53	16.1±0.60	10.82±0.33
酶比活性（pH9.0）（mg，pro）	9.18±0.31	10.31±0.29	12.10±0.62	13.80±0.52	14.20±0.43	8.83±0.29

5. 叶绿素酶（叶绿素：叶绿素酸酯水解酶，E.C.3.1.1.4） 催化叶绿

素水解形成脱植基叶绿素。有 2 条同工酶带。其最适 pH5.5，最适温度 45℃。它与制茶中的色泽形成有关。萎凋后发酵形成的酸性环境，使叶绿素脱镁，有利于形成红茶所要求的色泽。

6. 糖苷酶

(1) β-葡萄糖苷酶（E. C. 3. 2. 1. 21；β-葡萄糖苷水解酶）。可以水解结合于末端、非还原性的 β-D-葡萄糖苷键，同时释放出 β-D-葡萄糖和相应的配基。该水解反应在红茶加工的萎凋工序中开始，揉捻和发酵阶段加速，主要水解产物有顺-3-己烯醇和苯甲醇。其中顺-3-己烯醇以葡萄糖苷的形成存在，而苯甲醇的前体既有以葡萄糖苷形式也有以樱草糖苷的形式存在。

不同品种的 β-葡萄糖苷酶活性差异较大。在红茶萎凋过程中，其活性逐渐增加，可达到鲜叶的 2～2.5 倍，而在发酵过程中活性则迅速下降。发酵温度越高，酶活性降低越大。

(2) 樱草糖苷酶。将樱草糖苷水解为樱草糖和相应的配基。Ogawa 等（1997）用与 Guo 等（1996）相同的方法研究了水仙种中 β-樱草糖苷酶的性质，用 SDS-PAGE 测定其是一相对分子质量为 61 000 的单体蛋白，等电点为 9.5，最适温度 45℃，最适 pH4.0。40℃以下，pH 在 3～5 以内稳定。

其他还有：肽酶催化蛋白质的多肽链水解而形成氨基酸和多肽链，与红茶风味有关；果胶酯酶水解果胶素生成果胶酸，可降低环境 pH，利于其他酶系的作用，且果胶具有一定的黏度及厚味感，与茶叶外形及滋味有关。

第二节　多酚类物质与红茶品质形成

一、多酚类物质在红茶制造中的变化

早在 20 世纪 50 年代，Roberts E. A. H 等试验证实，在红茶初制过程中，以儿茶素为主体的多酚类物质因受多酚类物质的专一性酶多酚氧化酶以及过氧化物酶的催化，生成有色氧化产物茶红素类和茶黄素类，并部分与蛋白质结合成不溶性化合物。

到 1983 年，Robertson A. 等用纯化的儿茶素和半纯化的多酚氧化酶组成体外模拟氧化系统进行试验时，发现儿茶素单体经酶性氧化可形成茶红素类，而儿茶素混合物的酶性氧化则可形成茶黄素类和茶红素类。Opie S. C. 在进行儿茶素体外多酚氧化酶促氧化时，发现所形成的氧化产物与红茶汤中分离出的色素物质相同，并证实简单儿茶素与没食子儿茶素混合进行体外酶促氧化时可产生茶黄素与茶红素类，而儿茶素单体仅能形成茶红素类物质。

1. **茶黄素的形成**　　在红茶发酵中，儿茶素（L-EC、L-ECG、L-EGC、L-EGCG 等）在多酚氧化酶催化下可被空气中的氧氧化成邻醌：

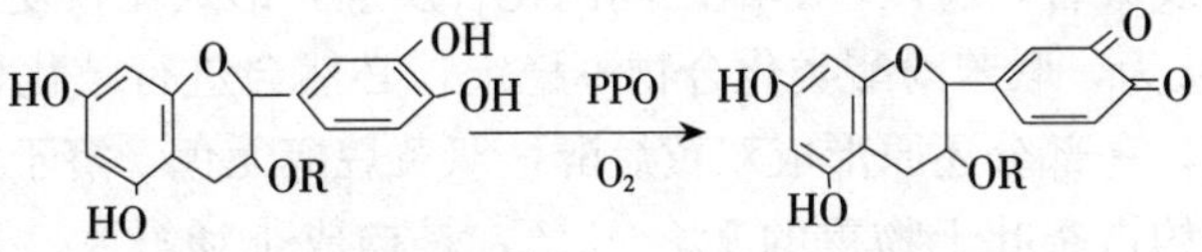

L-表儿茶素及表儿茶素没食子酸酯(L-EC、L-ECG)

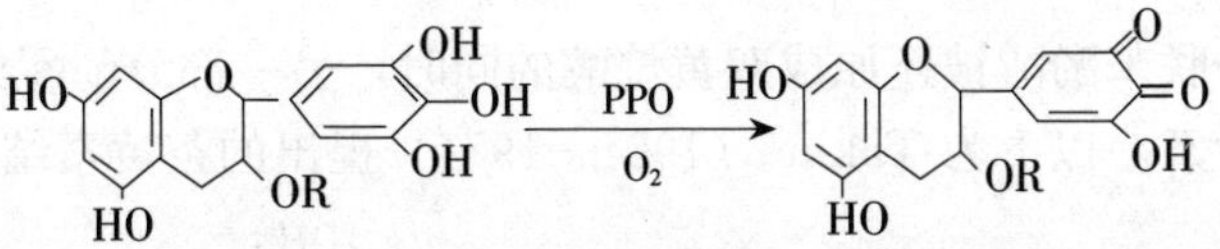

L-表没食子儿茶素及表没食子儿茶素没食子酸酯(L-EGC、L-EGCG)

邻醌类物质多呈黄棕色或红色，非常不稳定。发酵中的邻醌可氧化其他物质而还原。在这些氧化过程中，邻醌夺取氧化基质上的氢原子，还原成原来的儿茶素，特别是氧化还原电位较高的儿茶素被酶促氧化成邻醌以后，这种还原作用尤为强烈。这种现象对于促进红茶品质特征的形成，具有十分重要的意义，如发酵中叶绿素的破坏和苦味物质的转化、大量香气物质的形成，甚至茶红素类的形成也被认为需要借助某些醌型儿茶素的还原作载体。

邻醌类物质可被维生素 C 还原，将维生素 C 加入切细的茶鲜叶中，不会产生有色物质，也没有二氧化碳的产生，一直到维生素 C 被完全氧化为止。

邻醌分子中的羰基（　C＝O）可被蛋白质或谷胱甘肽的游离氨基、巯基（—SH）所还原，形成蛋白质—儿茶素或谷胱甘肽—儿茶素复合物。不溶于水，成为红茶红色叶底的构成部分。

邻醌还是一种强杀菌剂，能使揉捻开始以后叶子中的微生物大量降低。据资料报道，制茶中（1g 干物）鲜叶细菌平均数为 21 万，萎凋后达 34 万，揉捻后降为 8 万，发酵后只剩下 3 万。邻醌还极易产生聚合反应，形成中间产物联苯酚醌类：

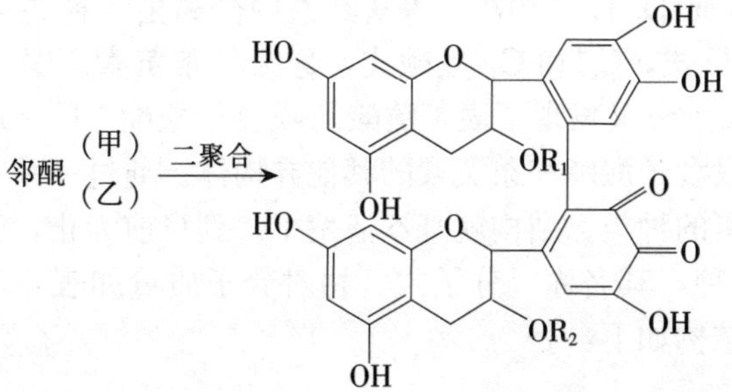

邻醌（甲）
　　　（乙）二聚合

联苯酚醌类的形成既包括连苯三酚基没食子儿茶素邻醌，也包括邻苯二酚基的儿茶素的邻醌发生聚合或缩合反应；D-儿茶素的邻醌还可通过邻醌基与A环之间进行直线聚合，所以，邻醌之间的化合反应，形式比较复杂。

Roberts认为，联苯酚醌类化合物不稳定，必然会进行歧化作用等其他类型的化学变化，一部分还原形成双黄烷醇，双黄烷醇无色，溶于水，具有一定的鲜味，含量约占茶叶干物重的1%～2%，是构成茶汤鲜度、强度和浓度的综合因子之一。

在一部分联苯酚醌被还原成双黄烷醇的同时，另一部分酚醌则进一步氧化缩合生成茶黄素。以下为Takino（1964—1971）提出的茶黄素结构：

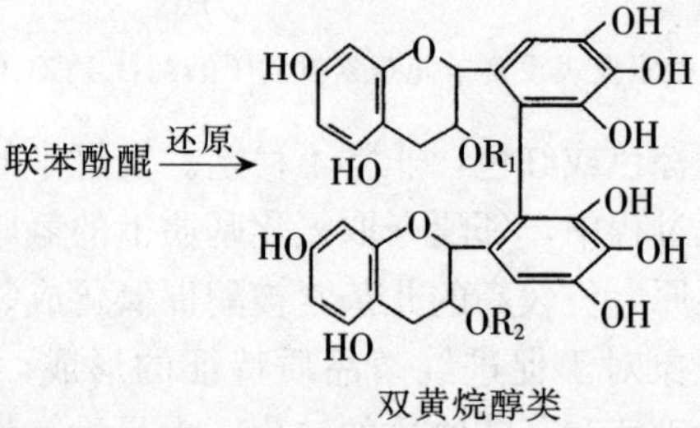

双黄烷醇类

当 $R_1 = R_2 = H$ 时，为双表没食子儿茶素。

当 $R_1 = H$，$R_2 = $ 没食子酰基时，为双表没食子儿茶素没食子酸酯。

当 $R_1 = R_2 = $ 没食子酰基时，为双表没食子儿茶素二没食子酸酯。

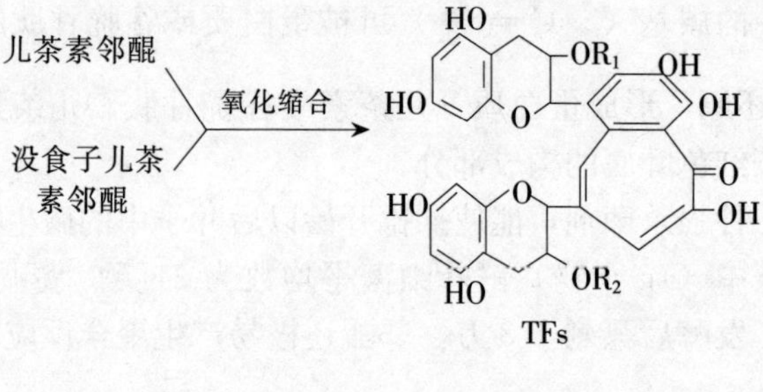

TFs

后来，Coxon D. T.（1970）等从红茶中分离出一种茶黄素的异构体，构型是 C_2、C_3 呈反式，C_2' 和 C_3' 呈顺式，称为异茶黄素。嗣后，发现了表茶黄酸。1972年，Byrce又发现了表茶黄酸-3-没食子酸酯。Coxon和Bryce先后确定了茶黄素双没食子酸酯和茶黄素的其他异构体。通过一系列的研究，存在于红茶中的茶黄素的种类、结构就基本清楚了。到目前为止，已发现并经鉴定的茶黄素约有13种，其名称、分子式、相对分子质量如表4-5所示。茶黄素类化合物相应的结构如下：

$$\text{I} \begin{cases} \text{1. EC+EGC} \longrightarrow \text{TF}_{1a} & X_1 = OH & X_2 = H & X_3 = H & X_4 = OH \\ \text{2. EC+ (+) -GC} \longrightarrow \text{TF}_{1b} & X_1 = H & X_2 = OH & X_3 = H & X_4 = OH \\ \text{3. (+) -C+EGC} \longrightarrow \text{TF}_{1c} & X_1 = OH & X_2 = H & X_3 = OH & X_4 = H \\ \text{4. EC+EGCG} \longrightarrow \text{TF-3-G} & X_1 = OH & X_2 = H & X_3 = H & X_4 = OCOR \\ \text{5. (+) -C+EGCG} \longrightarrow \text{TF-3-G (N)} & X_1 = H & X_2 = OH & X_3 = H & X_4 = OCOR \\ \text{6. ECG+EGC} \longrightarrow \text{TF-3'-G} & X_1 = OCOR & X_2 = H & X_3 = H & X_4 = OH \\ \text{7. ECG+ (+) -GC} \longrightarrow \text{TF-3'-G (I)} & X_1 = OCOR & X_2 = H & X_3 = OH & X_4 = H \\ \text{8. ECG+EGCG} \longrightarrow \text{TF-3, 3'-DG} & X_1 = OCOR & X_2 = H & X_3 = H & X_4 = OCOR \end{cases}$$

$$\text{II} \begin{cases} \text{9. (+) -EC+GA} \longrightarrow \text{Theaflavic acid} & X_1 = OH & X_2 = H \\ \text{10. (-) -EC+GA} \longrightarrow \text{Epitheaflavic acid} & X_1 = H & X_2 = OH \\ \text{11. (-) -ECG+GA} \longrightarrow \text{Epitheaflavic acid-3-G} & X_1 = H & X_2 = OCOR \end{cases}$$

$$\text{III} \begin{cases} \text{12. (±) -GC+GA (Pyrogallol)} \longrightarrow \text{Theaflagallin} & X_1 = OH & X_2 = H \\ \text{13. Epitheaflagallin} & X_1 = H & X_2 = OH \\ \text{14. EGCG+GA (Pyrogallol)} \longrightarrow \text{Epitheaflagallin-3-G} & X_1 = H & X_2 = OCOR \end{cases}$$

IV　15. Pyrogallol $\longrightarrow$ Purpurogallin

V　16. Gallic acid+Gallic acid (Pyrogallol) $\longrightarrow$ Purpurogallincarboxylic acid

$$\text{VI} \begin{cases} \text{17. ECG} \longrightarrow \text{Theaflavate A} & X_1 = OCOR & X_2 = H \\ \text{18. ECG+EC} \longrightarrow \text{Theaflavate (Theaflavinate) B} & X_1 = OH & X_2 = H \end{cases}$$

2. 茶红素的形成　早在 1962 年 Roberts 曾指出，在制茶发酵过程中，由 EGC 和 EGCG 氧化聚合形成了茶黄素与双黄烷醇类，当有 EC、C 和 ECG 载体存在时，茶黄素和双黄烷醇可经偶联氧化形成茶红素，但也不排除其他可能途径形成茶红素。Brown 等（1969）在不同的水解条件下水解从红茶中萃取分离的茶红素，发现某些花色素和没食子酸等参与茶红素的形成，还确定了茶红素的相对分子质量为 700～40 000。Berkowitz 等（1971）在研究中发现，L-EC、L-ECG 分别与 GA 形成表茶黄酸（ETA）及表茶黄酸没食子酸酯（ETAG），在系统中有 EC 存在下，可迅速转化形成茶红素类，反应图示如下：

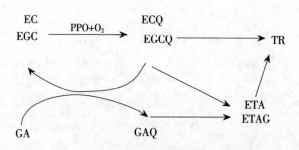

表 4-5　红茶中的茶黄素

名称	先质	分子式	相对分子质量	λ_max (nm)		颜色	含量(%)
				甲醇	乙醇		
茶黄素(TF_{1a})	EGC+EC	$C_{29}H_{24}O_{12}$	564	273,375,455	270,294,380,485	亮红	
新茶黄素(TF_{1b})	(+)-GC+EC	$C_{29}H_{24}O_{12}$	564		270,294,378,467	亮红	0.2~0.3
新茶黄素(TF_{1C})	EGC+(+)-C	$C_{29}H_{24}O_{12}$	564		270,295,378,465	亮红	
茶黄素-3-没食子酸酯(TF-3-G)	EGCG+EC	$C_{36}H_{28}O_{16}$	716		275,378,465	亮红	
新茶黄素-3-没食子酸酯(TF-3-G)	EGCG+(+)-C	$C_{36}H_{28}O_{16}$	716	284,375,455			1.0~1.5
茶黄素-3′-没食子酸酯(TF-3′-G)	ECG+EGC	$C_{36}H_{28}O_{16}$	716		275,378,464	亮红	
异茶黄素-3′-没食子酸酯(TF-3′-G)	ECG+(+)-GC	$C_{36}H_{28}O_{16}$	716	277,373,451			
茶黄素-3,3′-双没食子酸酯(TF-3,3′-DG)	ECG+EGCG	$C_{43}H_{32}O_{20}$	868	273,375,455	278,378,460	亮红	0.6~1.2
茶黄酸[(+)-TF_4]	(+)-EC+GA	$C_{21}H_{16}O_{10}$	428	278,398	280,404	亮红	
表茶黄酸[(−)-TF_4]	EC+GA	$C_{21}H_{16}O_{10}$	428	280,400	280,400	亮红	痕量
表茶黄酸-3-没食子酸酯((−)-TF_4G)	ECG+GA	$C_{28}H_{20}O_{14}$	580	279,398		亮红	
茶黄棓灵	(±)-GC+GA (或 pyrogallol)	$C_{20}H_{16}O_9$	400			亮红	
表茶黄棓灵	EC+GA	$C_{20}H_{16}O_9$	400			亮红	痕量
表茶黄棓灵-3-没食子酸酯	ECG+GA	$C_{27}H_{20}O_{13}$	552			亮红	
茶烷典酸酯 A	ECG	$C_{43}H_{32}O_{19}$	852			亮红	
茶烷典酸酯 B	ECG+EC	$C_{36}H_{28}O_{15}$	700	284,406		亮红	痕量
红紫精	Pyrogallol	$C_{11}H_{10}O_5$	222			亮红	
红紫精酸	GA 或 +Pyrogallol	$C_{12}H_{12}O_5$	236			亮红	痕量

并认为 GA 不受 PPO 催化氧化，而是依赖于表儿茶素的氧化偶联反应形成 ETA 及 ETAG，ETA 及 ETAG 又依赖于儿茶素的偶联氧化形成茶红素类。在茶叶发酵中，由于 ETA 有高度的反应活性而迅速地转化，致使其在红茶中仅有微量存在。

在 1972 年，Sanderson 等在模拟实验中发现任何一种儿茶素或几种儿茶素复合体的氧化聚合反应均能形成茶红素。不同的儿茶素组合能形成不同的茶红素，而且随时间的延长，茶红素的量会增加，但其溶解度却下降，这可能是氧化聚合成相对分子质量更大、更为复杂的茶红素所致。在红茶发酵中，茶黄素含量降低的同时，茶红素含量增加，说明茶黄素可能是形成茶红素的中间体。茶黄素转化为茶红素，已为 Dix 等（1982）所证实。过氧化物酶能催化茶黄素转化为茶红素，而纯化的多酚氧化酶则不能。

Cattle 等（1977）从红茶水提液中分离得到溶于、部分溶于和不溶于乙酸乙酯的三部分茶红素，说明茶红素组成的复杂性。在 1982 年，Ozawa 又将茶红素分为溶于正丁醇和溶于乙酸乙酯两类；萧伟祥（1982）则将纯化的 TRs Ⅱ用 0.2mol/L HCl 沸水浴 1h，经薄层层析分析和鉴定，证实茶红素组分中有蛋白质和氨基酸。

1983 年，Robertson 报告，在儿茶素、没食子儿茶素混合物体外氧化期间，茶黄素降解反应仅仅发生在没食子儿茶素耗尽后，并结合前面的研究，提出茶红素形成途径可能包括：简单儿茶素或酯型儿茶素的直接酶性氧化；茶黄素形成过程中间产物的氧化；茶黄素本身的自动氧化或偶联氧化。并提出相应图示如下：

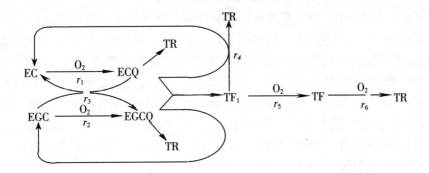

以上可知，EGCQ 的形成包括了没食子儿茶素的酶促氧化反应（r_2）和 ECQ 的氧化还原体系的偶联作用，即 EGCQ 形成速度为 $r_2 + r_3$，所以 EGCQ 的数量对于形成茶黄素来说是足够的。而 ECQ 的形成数量则为 $r_1 - r_3$。因此，

反应体系中 ECQ 的数量限制了茶黄素的形成速率。

　　Bajaj（1987）则利用茶黄素（TF）、茶黄素单没食子酸酯（TF-MG）和茶黄素双没食子酸酯（TF-DG）在好气条件下，加入 EC 和 PPO 进行模拟发酵试验，结果表明，在有 EC 存在时，TF、TF-MG 均迅速被氧化，TF-DG 氧化较慢，而不加 EC 则几乎没有茶黄素类被氧化。随 EC 浓度的增加，对茶黄素氧化的影响加大，当 EC 浓度达茶黄素浓度 2 倍时，茶黄素氧化最多。而加入 EGC 则使茶黄素类免于氧化，这可能与儿茶素的氧化还原势有关（L-EGC＜L-EGCG＜D-GC＜L-ECG＜L-EC＜D-C），EC 是儿茶素中氧化还原势最高的，ECQ 作为其他物质如茶黄素的电子供体（恢复为 EC），而 EGCQ 的氧化还原势没有茶黄素高，并未作为电子供体，而是形成多聚体，如茶红素。在红茶中，茶黄素的数量比预期的少得多（依据茶儿茶素的浓度），其原因之一是大量合成的茶黄素在红茶发酵期间由于系统中的 EC，可能被氧化。以下为 ECQ 和 EGCQ 的相互转化。

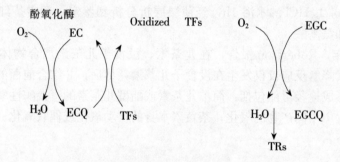

　　Opie 等（1990）用儿茶素及儿茶素的混合物进行的体外发酵试验也证实 Robertson（1983）的结果，均形成了茶红素。在 1993 年，该研究组利用体外模拟发酵系统结合反相 HPLC 梯度洗脱研究茶黄素的氧化降解，发现 TF_1、TF-MG 和 TF-DG 并不是 PPO 的作用基质，证实在红茶发酵期间，茶红素可直接由简单儿茶素氧化和靠 ECQ 和茶黄素的偶联氧化形成，认为这是红茶中茶黄素低于理论值的原因，同时也证实了 Roberts（1958）、Berkowitz 等（1971）和 Bajaj 等（1987）的观察，支持 Robertson（1987）对茶红素形成的第三条途径的假设。

　　1994 年，Finger 进一步利用儿茶素类和没食子儿茶素类在体外添加 PPO 和 POD，结合反相 HPLC 分析，发现加入 PPO 发酵后，可得到高水平的茶黄素和茶红素，而加入 POD 的处理则得到更高数量的高相对分子质量不可溶的茶红素类。结果如表 4-6 所示。

表 4-6 儿茶素类、茶黄素类及黄酮苷的体外模拟氧化实验

(Andreas Finger，1994)

	CFM	D	K	G	C	J	F	B	I	F	A	H
EC	547	559	548	311	314	437	534	83	531	364	136	320
ECG	785	775	749	439	450	571	756	226	705	486	280	426
EGCG	1 870	1 866	1 906	453	450	799	1 839	144	1 819	536	144	282
TF	ND	ND	ND	396	379	230	ND	80	ND	294	187	387
Tfg	ND	ND	ND	269	222	152	ND	67	ND	203	155	287
Tfg′	ND	ND	ND	238	209	138	ND	33	ND	169	77	210
Tfdg	ND	ND	ND	261	202	147	ND	47	ND	200	113	273
杨梅苷	773	783	654	372	378	387	774	16	727	280	57	239
槲皮苷	670	630	519	682	605	641	613	369	616	503	566	633
山柰苷	405	413	358	475	417	391	408	299	369	385	421	543

注：①儿茶素类分析采用波长 280nm，单位 $\mu g/ml$，茶黄素类及黄酮类采用波长 380nm，单位 $\mu g/ml$。

②ND：未检测到（$<20\mu g/ml$；<3 的 HPLC 峰面积单位；CFM 表示 Crude Flavanal Mixure）。

③D：CFM+H_2O；K：CFM+CAT；G：CFM+PPO；C：CFM+PPO+H_2O_2；J：CFM+PPO+CAT；F：CFM+POD；B：CFM+POD+H_2O_2；I：CFM+POD+CAT；E：CFM+PPO+POD；A：CFM+PPO+POD+H_2O_2；H：CFM+PPO+POD+CAT

Finger 还指出，POD 将黄烷醇转化成氧化产物的速率比 PPO 快，同时也使茶黄素迅速降解。下图为儿茶素类在不同酶作用下的色素形成（Finger，1994）。

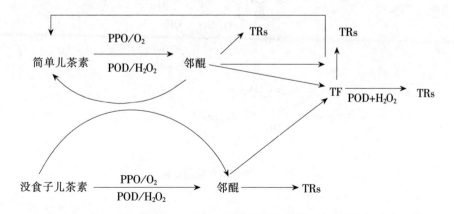

综上所述，茶红素无疑是一类复杂的化合物，相对分子质量为 700～40 000，甚至更大一些。萧伟祥等（1997）曾将茶红色素液（0.5%）在 26.66Pa 压力下，采用 XHP 系列超滤膜分离试验，结果如表 4-7 所示。有

78%的色素组分相对分子质量＜5 000，98.9%的组分相对分子质量＜30 000，但仍存在相对分子质量大于100 000的酚性高聚色素。

表 4-7 超滤法测定茶红素（TRP-2b）相对分子质量分布
（萧伟祥，1997）

XHP 系列膜	阻截相对分子质量	色素液 E380nm	滤过液 E380nm	截留率（%）
XHP-10	100 000	0.292	0.291	0.3
XHP-3	30 000	0.292	0.289	1.1
XHP-2	20 000	0.292	0.242	17.1
XHP-05	5 000	0.292	0.228	21.9
XHP-03	3 000	0.292	0.210	28.1

Cattle 等（1997）认为溶于乙酸乙酯的茶红素是黄烷三醇的五聚体，并含有苯骈卓酚酮基团，同时提出了茶红素可能的部分结构，如图 4-7。

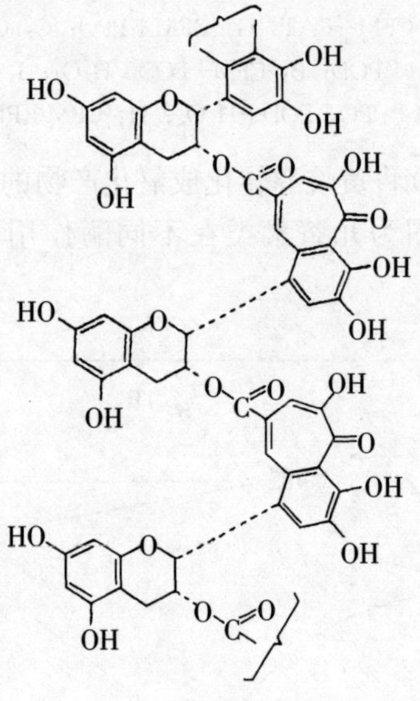

图 4-7 茶红素可能的结构
（Cattle，1997）

茶红素也包括儿茶素的异质聚合物（Ozawa，1995），在儿茶素的 4、8 和/或 6、2′和 6 位相结合，且 B 环和 B 环以及 4 位和 8 位或 6 位相结合，聚合物中儿茶素等键合状态与 4 的位置如图 4-8。并提出了聚合茶红素的部分结构如图 4-9。

原花色素 C-1 Procyanidin C-1

茶(2′,2′)双没食子儿茶素 Theasinensins

Ⅲ

Ⅳ

茶(4,4)双花色素 (4,4)-Biscyanidin

茶(2′,8)双儿茶素 (2′,8)-Biscatechine

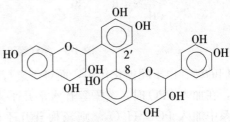

Ⅴ

Ⅵ

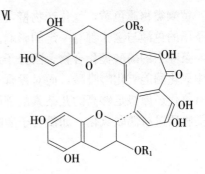

图 4-8 茶红素可能的部分结构

3. **茶褐素的形成** Millin 等（1969）对红茶的水浸出褐色物质进行研究，提出茶褐素是一类非透析性高聚物，其主要组分是茶多酚类、多糖、蛋白质和核酸等。非透析性多酚类随茶汤受热而增加。

4. **其他多酚类物质的转化** 茶叶中黄酮苷类主要指黄酮醇及其苷类，在茶鲜叶中占干物质的 3%～4%。黄酮醇类一般可受氧化酶所催化而氧化，但

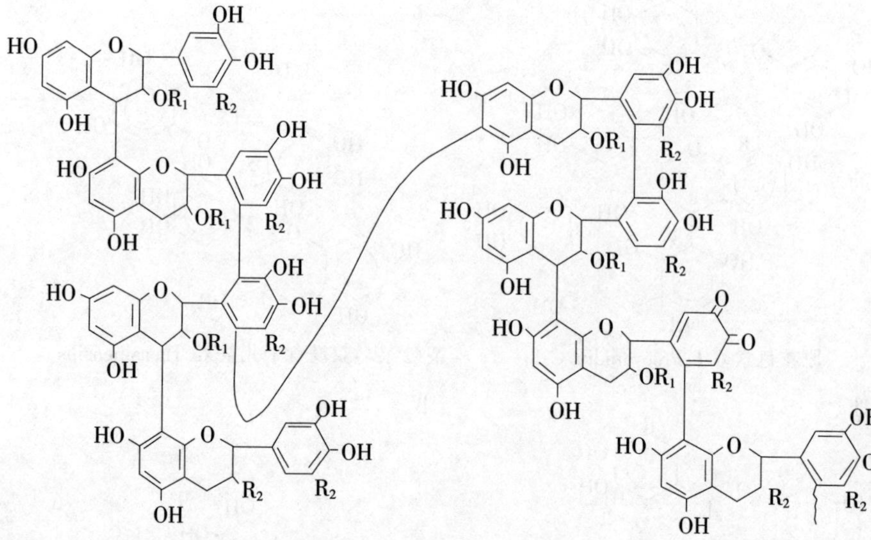

图 4-9 茶红素可能的部分结构

它们的糖苷由于配糖化作用，而难于进行这种氧化。据 Finger（1994）试验研究，在加入 PPO 时，黄酮醇苷水平几乎未降，只有杨梅苷下降了。如在反应体系中加入 POD/H_2O_2，则杨梅苷几乎消失，其他黄酮苷水平也大大下降（表 4-6）。

黄酮类物质色黄，氧化产物橙黄以至棕红。黄酮类物质及其氧化产物对红茶茶汤的色泽与滋味都有一定的影响。

茶叶中的酚酸类化合物，因分子结构特点不同，对氧化酶的感应也不同。茶中氧化酶能氧化咖啡酸，而对没食子酸和茶没食子素等，氧化却十分缓慢，惟有氧化还原势足够高的儿茶素的邻醌（如 ECQ、EGCQ），才能带动上述酚酸类物质进行偶联氧化，如没食子酸的氧化产物主要是红紫棓精酸。

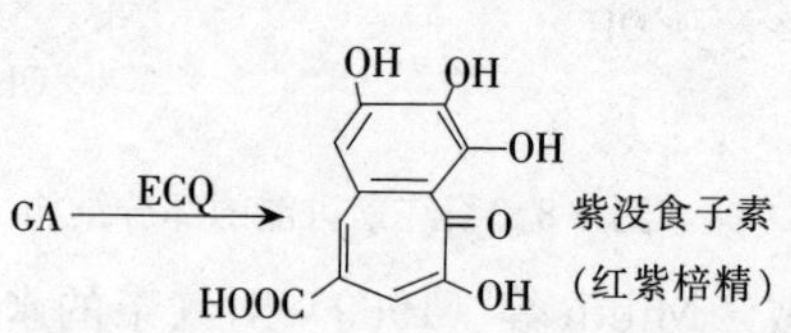

茶中的间双没食子酸则只有在邻苯二酚衍生的邻醌才能氧化它，连苯三酚的醌则不能，在发酵中变化较小。

综上所述，茶中儿茶素等多酚类物质，它们在红茶制造过程中的变化是非

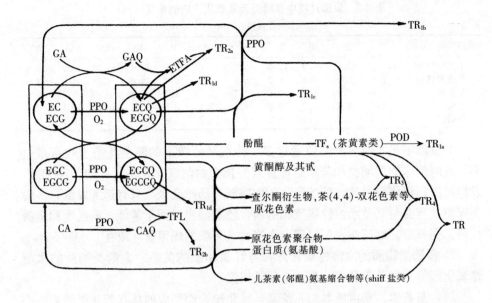

图 4-10　TRP 形成途径示意图

(萧伟祥，1997)

Q：酯　GA：没食子酸　GA：儿茶酚　TFL：茶黄棓灵
ETFA：表茶黄酸　PPO：多酚氧化酶　POD：过氧化物酶

常活跃的，而且错综复杂，如图 4-10 所示。

二、多酚类物质的变化与红茶品质的关系

茶叶中的多酚类物质是形成红茶品质最重要的物质，其在鲜叶中的含量以及加工过程中量与质的变化是红茶制造中品质形成的关键。

多酚类物质在红茶制造过程中复杂的变化（尤其是发酵工序），大致可分为如下三个部分：①未被氧化的多酚类物质，主要是残留儿茶素，并以酯型儿茶素为主；②水溶性氧化产物，主要是 TF、TR 和 TB；③非水溶性转化产物。

1. **未被氧化的多酚类物质与红茶品质的关系**　在红茶发酵中，仍保留一定数量的未被氧化的多酚类物质，主要是残留儿茶素，主体是酯型儿茶素，这些物质成分溶于水，冲泡时进入茶汤，是茶汤浓度、强度不可缺少的部分，同时也是茶汤爽口和刺激性成分。茶多酚类的变化，主要是在发酵工序（表 4-8）。

表 4-8　发酵过程中多酚类及其氧化产物的变化（％）

（王登良等，1998）

发酵时间（min）	0	20	40	60	80	100	120	140	160	180	200
茶多酚总量	30.1	23.6	20.3	17.6	16.3	15.6	14.9	14.1	13.7	13.2	12.5
儿茶素总量	12.5	10.5	8.4	6.2	5.7	5.4	4.7	4.2	4.1	3.8	3.3
茶黄素	0.06	0.23	0.71	0.86	1.13	1.27	1.18	1.08	0.93	0.78	0.65
茶红素	1.6	3.2	5.7	5.9	6.3	7.4	9.8	10.7	10.5	10.1	9.4
茶褐素	1.4	2.2	2.4	3.3	4.0	4.7	5.1	5.8	6.4	6.7	6.9

如发酵不足，茶多酚保留量过多，特别是涩味重的酯型儿茶素残留量过多，此时涩味的黄酮类和苦味的花青素类化合物的氧化也不足，使茶汤苦涩。发酵过度则保留量过低，使茶汤收敛性减弱，汤味变淡。只有适度发酵，多酚类保留适当并与其他水溶性物质相协调，使茶汤爽口而不苦涩，浓强度和刺激性高。据报道，红茶在发酵过程中水溶性茶多酚的保留量一般在 50％～55％。

　　2. 多酚类物质的水溶性氧化产物与红茶品质的关系　　多酚类物质的水溶性氧化产物主要是茶黄素、茶红素和茶褐素。

　　（1）茶黄素。是由成对的儿茶素经氧化聚合而形成的具有苯并卓酚酮结构的化合物，是红茶中的重要成分，对红茶的色、香、味及品质起着决定性的作用，是红茶汤色"亮"的主要成分，也是汤味强度和鲜爽度的重要成分，同时还是形成茶汤"金圈"的最主要物质。

　　茶黄素与红茶汤色密切相关，其含量越低，汤色亮度越差，反之则越好，呈金黄色。在茶黄素的组分中，TF_1 和 TF_2 都与汤色审评给分之间呈高度正相关，r 分别高达 0.89 和 0.91；TF_3 与茶茶汤也呈正相关，r 为 0.60。

　　茶黄素具有辛辣和强烈收敛性，对红茶滋味有极为重要的作用，影响着红茶茶汤的浓度、强度和鲜爽度，尤其是强度和鲜爽度。Owour 等根据对肯尼亚无性系茶树品种加工成的红茶分析指出，茶汤中 TF_1、TF_{2a}、TF_{2b} 及 TF_3 具有不同的收敛性，其比例分别为 1∶2.22∶6.4∶2.22；不同无性系品种具有不同的茶黄素总量和比例，即使当总茶黄素量相同，加工成的红茶的收敛性也有不同，而 TF_2 和 TF_3 当量与感官审评评价之间的相关性比总茶黄素更好。

　　（2）茶红素。是一类相对分子质量差异极大的复杂的红褐色酚性化合物，包括儿茶素氧化物产物与多糖、蛋白质、核酸和原花色素的非酶促氧化反应的产物。茶黄素受偶联氧化可以形成茶红素，邻醌聚合以及双黄烷醇的次级氧化也都可以形成茶红素，茶红素是红茶中含量最多的多酚类氧化产物，约占红茶干物总量的 6％～15％。

　　茶红素色泽棕红，是红茶汤色"红"的主要成分，也是汤味浓度和强度的重要物质，但其刺激性不如茶黄素，收敛性较强，滋味甜醇。

经 Cripin（1968）、竹尾忠一（1976）、Cattle（1977）、Ozawa（1982）及 Hazarike（1984）等用 LH-20 柱层析分离，将茶红素分为 3 部分，即高相对分子质量的 TR-1、中相对分子质量的 TR-2 和低相对分子质量的 TR-3。其中 TR-3 的含量约占干物质的 13%～18%，呈红褐色，微有收敛性，在 460nm 处有较强的吸收，对茶汤滋味与汤色浓度起极为重要的作用。而 TR-1（含量占干物质的 2%～6%）和 TR-2（含量占干物质的 1%～3%）呈褐色，无收敛性，在 460nm 处吸收率较低，能使汤色变暗，滋味变淡，阮宇成（1981）则将茶红素分为 SI 和 SⅡ 两类，SI 对红茶茶汤的红艳色泽有积极作用，而 SⅡ 则有促使茶汤发暗的作用，因此，对红茶品质起消极的作用。

（3）茶褐素。这是一类十分复杂的化合物，可分为透析性和非透析性两部分，除含多酚类氧化聚合产物外，还含有氨基酸、糖类等结合物，其色泽暗褐，滋味平淡，稍甜，量多，茶汤味淡发暗，是红茶汤"暗"的主因，其含量一般占红茶干物重的 4%～9%。

红茶品质要求汤色红艳明亮，滋味浓、强、鲜爽，带"金圈"。汤色优次则决定于上述三大色素的含量及组成比例。TF、TR 含量高，比例较大（一般 TF>0.7%，TR>10%，TR/TF＝10～15 时），TB 较少，汤品质优良；如 TF 少，汤亮度差；TR 少，汤红浅，说明发酵不足；TB 多，红暗不亮，说明发酵过度（表 4-9）。

表 4-9　TF、TR 含量与茶师对汤色评语对照表

（钟萝，1989）

TF（%）	TR（%）	TR/TF	茶师评语
0.23	15.0	65.2	很浓，暗和浊
0.28	9.2	32.9	暗灰色
0.36	7.1	19.7	暗
0.56	9.3	16.6	灰
0.60	8.1	13.5	淡、灰
0.60	12.0	20	暗
0.78	8.9	11.4	亮，金黄色
0.86	9.2	10.7	亮，金黄色
1.03	12.9	12.5	很亮，强的金黄色
1.10	10.3	9.36	很亮，金黄色
1.55	15.9	10.25	很亮，金黄色（CTC制）
1.75	15.4	8.8	很亮，金黄色（CTC制）

茶汤中 TF 多，TR 少，加入牛奶后乳色一般姜黄，反之则会使乳色黄中带灰。这主要是由于牛奶中含有大量蛋白质，它们能与 TR 结合形成 TR-蛋白质盐类，使红色转淡。如 TF 过低，便反映不出红茶鲜艳明亮的汤色。TF 遇牛奶后，只有一般的稀释作用。

红茶滋味的浓度、强度则与 TR、TF、残留多酚及 TR、TF 的协调关系有

关，鲜爽度的决定性成分则是 TF、残留儿茶素以及氨基酸、咖啡碱等，所以 TF、TR、儿茶素及氨基酸等是形成红茶茶汤品质极为重要的物质。

(4) 冷后浑。茶多酚及其氧化产物——TF、TR 还能跟化学性质比较稳定而微带苦味的咖啡碱形成络合物。当在高温（接近 100℃）时，各自呈游离状态，溶于热水，但随温度降低，它们通过羟基和酮基间的 H 键缔合形成络合物。单分子的咖啡碱与 TF 或 TR 缔合，H 键的方向性与饱和性决定至少能形成 2 对 H 键，并引入 3 个非极性基团（咖啡碱中的甲基），隐蔽了 2 对极性基团（羟基和酮基），相对分子质量随之增大，而 H 键的缔合作用，并不局限于单分子之间，因而，随缔合反应的不断加大，其粒径达 10^{-7}～10^{-6} cm，茶汤由清转浑，表现出胶体特性，粒径继续增大，便会产生凝聚作用。红茶汤冷却后常有乳状物析出，使茶汤呈黄浆色浑浊，这就是红茶的“冷后浑”现象，与红茶汤的鲜爽度和浓强度有关。Sivapalpan（1986）研究认为，冷后浑的形成主要是由于咖啡碱与茶多酚类的没食子基的 H 键缔合的结果，因此，pH 的升高、脱没食子基和脱咖啡碱均可使冷后浑的形成受阻。而这些成分正是茶汤品质的最主要物质，冷后浑的抑制将会对茶汤的口感造成不良的影响。

Roberts（1962）在检验冷后浑的组成时，发现其主要成分是 TF、TR 和咖啡碱，并于 1963 年测定其比例为 17∶66∶17。后来，Smith（1968）等研究发现，冷后浑络合物的成分还包括可可碱、茶黄素没食子酸酯、表没食子儿茶素没食子酸酯、儿茶素没食子酸酯、三策啶、咖啡碱、没食子酸、鞣花酸、叶绿素、双黄烷醇、黄酮甙和矿物质等。Naohiro Maruyama 等（1991）经 ^{13}C NMR分析测定了儿茶素类（L-ECG、L-EGCG）与咖啡碱形成的复合物，发现在儿茶素中，以 L-EGCG 和 L-GCG 与咖啡碱混合时，其 8 位上的氢与 7 位上的甲基氢的信号位移更大。复合物分子模型如图 4-11、图 4-12 所示。

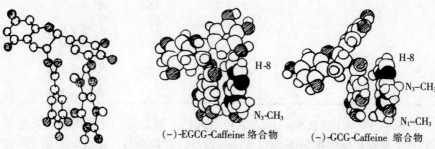

图 4-11 L-EGCG-Caffeine 络合物分子模型(^{1}H·HME)

(Naohiro Maruyama,1991)

○—C ◍—O ◎—N

(−)-EGCG-Caffeine 络合物　(−)-GCG-Caffeine 缩合物

图 4-12 L-EGCG-caffeine 和 L-GCG-Caffeine 缩合物分子模型(CHEM-X)

(Naohiro Maruyama,1991)

○—C ◍—O ●—N ○—H

Christopher powell 等（1992）在研究红茶色素对冷后浑的作用时，发现在茶乳酪形成过程中红茶酚性色素成分茶红素类约占 76%，茶黄素类约占 12%，而黄酮醇苷约占 2%。在茶乳酪形成过程中，TFs 和 TRs 之间有增效作用，咖啡碱利于酚性物质包括 TRs 的沉淀。

TFs、TRs 与咖啡碱的络合物，与茶汤的鲜爽度和浓强度有关，因此，从冷后浑现象可间接判断茶汤品质。一般冷后浑较快，黄浆状明显，乳状物颜色较鲜明，汤质较好。但对速溶茶生产，特别是冷溶型速溶茶如冰茶的生产带来一些困难。

3. 水不溶性氧化产物与红茶品质的关系　在制茶发酵过程，部分多酚类及其氧化产物如邻醌、TF、TR、TB 会与蛋白质结合形成不溶于水的化合物沉淀于叶底，如 TF-Pro、TR-Pro、邻醌-Pro 及儿茶素—蛋白质等，其形成过程包括红茶生产的萎凋、揉捻（切）、发酵和干燥工序。在多酚类物质的酶促氧化过程中，适当的非水溶性红色产物是形成红茶叶底色泽的必要物质。如 TF-Pro、TR-Pro 含量偏低，通常叶绿素的破坏也不充分，而出现"花青"，是发酵不足的表现，但如发酵过度，则产生大量的 TB-Pro，使叶底红暗，形成暗褐的叶底色泽。

$$\boxed{儿茶素}\text{—OH}+\text{H}_2\text{N—}\boxed{\text{Pro}}\longrightarrow 儿茶素\text{—O}^-\cdot\,^+\text{H}_3\text{N—Pro}$$

三、影响茶色素形成的因素

多酚类的水溶性氧化产物含量，既与鲜叶品种、嫩度等有关，又与制茶工艺及技术条件密切相关。

1. 加工工艺对茶色素含量的影响　红茶制造过程中色素主要是在揉切后的发酵过程形成的，但萎凋过程也影响制成红茶的 TF 和 TR 的含量。Ullah 等（1984）研究指出，不经萎凋的鲜叶制成的红茶，由于其鲜叶含水量高，PPO 活性较强，加速了儿茶素的酶促氧化，增进了 TF 的积累，因而成茶中 TF 含量较高，TR 较低，使茶汤明亮，茶味鲜爽。重萎凋制成的红茶则因 PPO 活性降低较多，阻碍了 TF 形成，含量较少，TR 含量却增加，致使茶汤较暗欠明亮。Owuor（1989）则认为，要取得好的茶叶品质，必须要有 2 个阶段的萎凋，首先是不失水的贮青（保湿贮青），其次是在揉捻前减少水分。

适度轻萎凋，除了可以提高发酵中酶的活性外，还可防止萎凋中多酚类的过多消耗，并保证发酵过程有较充足的水分作为物质反应的介质，因而可提高

TF 的含量。一般萎凋叶含水量在 68%～72% 左右，制成红茶的 TF 较高，而 TB 含量则随萎凋叶的失水而增加（表 4-10）。

揉切工艺与机具性能也影响茶叶品质，采用强烈快速的揉切方式，短时间内破碎叶组织，使多酚类的酶促氧化可在人工控制的温湿条件下进行，供氧充分，利于 TF 的形成和积累。

表 4-10　不同萎凋程度对 CTC 红茶色素的影响

（萧伟祥，1987）

萎凋程度	100	90	80	70	60	50
含水量（%）	80.03	77.03	74.53	74.00	69.48	69.14
TF（%）	2.16	2.09	1.99	1.97	1.93	1.73
TR（%）	12.10	16.00	16.80	16.93	17.25	17.00
TR/TF	5.6	7.7	8.4	8.6	8.9	9.8

CTC 和 LTP 机制出的红茶一般都比传统机具质量好，这主要是增加了 TF 的含量。Cloughley（1978）进行四种揉切机具的比较试验，成茶 TF 的分析结果是：传统盘式机为 $14.3\mu mol/g$，洛托凡机为 $13.7\mu mol/g$，CTC 机为 $18.9\mu mol/g$，LTP 机为 $18.0\mu mol/g$。

传统制法的红茶因制造中处于较高温度和较长的干燥时间，致使形成相对较多的 TR-1 和 TR-2，CTC 红茶其 TR-3 和 TF 的含量是传统红茶的 3 倍，而 TR-1、TR-2 都只有其 2 倍，所以 CTC 制法滋味较好，汤色红亮。

在传统揉捻机——CTC 机的制茶工艺中揉捻 30min 后，已有 15% 的高相对分子质量 TR-1，50% TR-3 和大部分的 TF。TR-1 大部分是在揉捻并经 CTC 机揉切后形成的。

不同的发酵程度也会影响 TF、TR、TB 的含量（表 4-8）。在极端试验的发酵过程中，TF 和 TR 均出现一个高峰，其中 TR-2 在发酵初期迅速形成，后期开始减少，干燥过程减少较多，而 TR-1 则持续增加，这是由于茶黄素可转为茶红素，TR-3 转化为 TR-1 的结果，而 TB 则不断增加。当茶多酚减少量达一半时，TF 量开始下降，只有适度发酵，才能使 TF、TR 得到一定量并保持适当的比例。

干燥过程的水热作用会使 TF、TR 含量下降，而 TB 含量增加，合理的干燥方法应"分步控温，先高后低"。干燥前期烘温较高并充分排湿，既迅速破坏酶活性而终止发酵，又能大量蒸发水分，缩短 TF、TR 等在高含水量条件下的热转化时间，保持其有效成分的高含量。干燥后期则烘温稍低，以减少各品质成分的热转化量。

2. 加工工艺条件对茶色素形成的影响　各制茶工序中对茶色素形成影响最大的是揉切发酵工艺，尤其是采用 CTC 或 LTP 新机具的情况下，发酵就成了茶色素形成的主要工序。发酵过程中温度、湿度和供氧量的控制情况直接影响着发酵叶中 TF 的积累量。

发酵温度对红茶色素含量有明显影响。温度偏高（＞30℃），常有利于 TRs 的形成。低温下利于 TF 的积累，降低 TF、TR 形成后的转化速度，减少 TB 的形成。Cloughley（1980）认为发酵过程中 TF 的变化可分为 3 个阶段，即线性形成阶段、高峰阶段和消耗阶段，认为适度的发酵应掌握在高峰阶段停止发酵。并进行了控温发酵实验（图 4-13），在 35℃高温发酵，TF 高峰水平较低，消耗较快；15℃低温发酵，线性形成速度虽然缓慢，但 TF 高峰水平较高，消耗较慢，便于工艺处理和控制。因此，认为在高温季节，采取降温措施，维持 20℃左右发酵叶温对提高 TF 的积累量将是有利的。

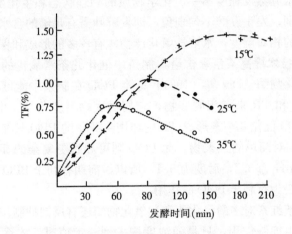

图 4-13　不同发酵温度对 TF 积累量的影响

(Cloughley, 1980)

陈以义（1993）则认为高温发酵有利于平行反应中提高 TF 的生成量，但 TF 的消耗转化速度也加快，而不利于连串反应中 TF 的积累；认为低温发酵则有利于连串反应中 TF 的积累，但不利于平行反应中 TF 的形成，因为低温条件下生成 TF 的速度远远大于 TF 转化为 TR 的速度。由于平行反应在前，连串反应在后，因此，要获得较多的 TF 含量，发酵前期宜采用高温，中后期转为低温，即变温发酵利于 TF 的形成和积累。

反应体系中 pH 可影响酶的活性而影响茶色素的形成。Komatsu 等研究了 pH 对儿茶素反应动力学的影响，试验表明，pH＞6.0 能促使 EC 的生化反应，pH＜5.0 却有抑制作用。EC 在微酸条件下主要是异构化反应而非氧化反应，在偏酸条件下，发酵较快，TF、TR 高。

红茶发酵过程主要生化反应是氧化作用，茶多酚的氧化，不论是酶促氧化还是非酶促氧化，是加氧氧化还是脱氢氧化，都是需要氧的。供氧量充足利于茶黄素类的形成，缺氧会影响 L-EC 的氧化速率并抑制茶黄素类的形成，且促使 L-EGC 的邻醌形成 TRs，从而提高了 TRs 的形成量。真空条件下发酵作用不能进行。据中国农科院茶叶所用瓦氏呼吸计对发酵过程需氧量的测定，1kg 干茶在发酵过程每小时耗 4～5L 氧气。

水分不但是茶叶发酵过程中各种物质变化不可缺少的介质，且本身又是许多物质变化的直接参与者。如水分亏缺，多酚物质的正常氧化变化途径及其他一些生化变化受影响。首先多酚类氧化成醌类物质后，易于聚合成暗褐色化合物；其次，胶体状态的酶蛋白，易发生凝固而丧失催化能力；第三，由于发酵叶堆里外层叶水分蒸发程度不一，化学物质的物理状态和生化变化条件不同，氧化作用有差别，发生发酵不匀现象。即发酵叶需有足够的含水量，发酵环境需保持足够高的相对湿度，水溶性氧化产物才有较多的形成和保留。

3. 利用酶技术提高茶色素含量 制茶中催化儿茶素氧化的主要酶是多酚氧化酶和过氧化物酶。Dix 等（1981）证实 POD 在制茶中能催化茶黄素转化为茶红素。TF 和 TR 来自相同底物，它们对底物有竞争性。由于 POD 的作用，削弱了 PPO 催化儿茶素形成 TF 的作用。纯化的 PPO 只能催化儿茶素氧化形成 TF 和相对简单的二聚物，而 POD 则可导致更复杂的 TR 的形成。在发酵初期茶叶 pH 为 5.7，后期为 5.1，所以，前期有利于 PPO 作用，但随发酵的进行逐渐变为有利于 POD 的作用。

茶黄素和茶红素对多酚氧化酶和过氧化物酶还有反馈抑制作用。但在较低浓度时并不产生抑制作用，只是随浓度增大到一定值时，才逐渐产生抑制作用。TF 比 TR 对 PPO 活性有更大的抑制作用，而 TR 对 POD 活性的抑制作用大于对 PPO 的抑制作用。

加腾（1987）报道，凡添加微生物产生的多酚氧化酶的茶汤中 TF 和 TR 含量明显增加，品质提高。此外，茶幼果中 PPO 活性很高，在茶叶自然发酵 pH 为 5.4 左右时，茶幼果 PPO 活性比鲜叶（一芽三叶）高 75％左右，将其作为外源天然 PPO 载体应用于红碎茶加工中，可明显提高 TF 含量，汤色、叶底明亮度增加。

刘仲华报道，在红茶发酵过程中添加定量的（每 2kg 发酵叶 50ml，80mg/kg）胰蛋白酶可明显提高 PPO 活性（比对照高出 1 倍左右），增强在发酵过程中起着重要作用的 PPO$_1$、PPO$_3$ 和 PPO$_5$ 的活性，可分别提高 TF 和 TR 的含量（约 42％～48％和 10％～11％），减少 TB 的生成。同时，胰蛋白酶还能加速发酵进程，缩短发酵时间。

在此基础上，王登良等（1998）利用外源酶处理揉捻叶，进行进一步研究（表

4-11)。几种酶处理的发酵叶均能提高茶多酚、儿茶素的保留量,提高 TF、TR
的含量,减少 TB 的含量,效果依次为胰蛋白酶＞胃蛋白酶＞木瓜蛋白酶。

表 4-11　三种外源酶处理对茶多酚及其氧化产物的影响（%）

(王登良，1998)

处　理	CK	胰蛋白酶	胃蛋白酶	木瓜蛋白酶
茶多酚	16.2 b	17.7 a	17.3 a	16.7 ab
儿茶素	5.7 b	6.7 a	6.4 a	6.3 a
TF	1.13 b	1.18 a	1.17 a	1.14 b
TR	7.3 c	10.2 a	8.8 bc	9.1 b
TB	4.3 a	3.8 c	4.0 b	4.0 b

注：a、b、c 表示 SSR 测验差异达到极显著水平（P=0.01），ab、bc 表示达不到极显著水平。

4. 改善鲜叶中儿茶素组成比例提高茶色素的含量　Hazarika 等指出,不
同品种的茶树新梢,因其化学成分不同,PPO 和 POD 活力不同,致使制成红
茶的色素组成和含量也不同。如无性系 TV-1 制成的红茶,TR-1 和 TR-3 含量
较高,而 TF 相当少,TR-2 也少；阿萨姆无性系 TV-2 制成的红茶 TF 含量
高,TR 含量低,尤其是 TR-1 含量较低。

Hilton（1973）曾对马拉维若干无性系品种进行过一芽二叶的儿茶素分析
和成茶中茶黄素测定（表 4-12）,结果发现,不同品种的成品茶中 TF 的含量
有显著的差异,并认为这种差异是由于不同品种鲜叶中某些儿茶素的含量及
PPO 活性不同造成的。在鲜叶 L-EGCG 和 L-ECG 有一定含量的基础上,成茶
中 TF 含量高的品种,其鲜叶中 EGC 含量及 PPO 活性一般也较高。通过统计
分析,Hilton 列出了 TF 与 EGC 的回归方程,表明二者之间具有显著的相关
性,因此,认为茶鲜叶中 EGC 的含量可作为茶树育种过程中预测 TF 的一个
可靠指标。TF=0.013EGC+1.139（P<0.005,标准差=0.003 6）。

表 4-12　不同无性系品种 EGC 含量和 PPO 活性对成茶 TF 含量的影响

(Hilton, 1973)

无性系品种	EGC (mmol/g)	PPO (活性单位/g)	TF (%)	无性系品种	EGC (mmol/g)	PPO (活性单位/g)	TF (%)
K6/97	137	13.6	3.21	SFS447	53	17.2	1.66
MT14	101	26.7	2.88	SFS442	51	14.7	1.05
CL17	84	17.3	2.58	SFS421	51	17.9	1.76
MFS120	81	10.5	1.37	SFS420	48	13.2	1.32
MT7	79	26.1	2.35	SFS421	43	22.1	1.57
SFS446	69	16.4	1.96	SFS423	38	14.9	1.62
MFS143	64	16.8	1.78	MT11	36	16.4	1.37
SFS475	64	24.2	1.93	FR1	24	11.7	0.82
SFS430	61	14.8	2.02				

Hilton 的试验还表明，过多地施用氮肥，会显著地降低 EGC 的含量，也就降低了成茶的 TF 含量。Hilton（1974）的遮荫试验也表明，采用塑料网遮荫（透光率为 40%）处理 2 周后，鲜叶中的 L-EGC 和 D-GC 含量显著下降，成茶 TF 量也随之下降。全年遮荫后，不仅上述 2 种儿茶素含量下降，其他儿茶素的含量也有所降低。

我国云南大叶种鲜叶与肯尼亚种植的茶树品种鲜叶两者的儿茶素总量差异很小，主要差别在于肯尼亚的茶树品种鲜叶含有较多的 L-EGC。由此看来，在制茶中如能提高 L-EGC 等简单儿茶素含量将可使 TF 生成量增加，提高红茶品质。所以，选育 L-EGC 含量高的优良红茶品种也是提高红茶 TF 含量的重要途径之一。

此外，茶幼果中不但 PPO 活性高，且 L-EGC 含量也相当高，达 $33.68 \sim 40.18 mg/g$，占儿茶素总量的 28%～47%，也可加一定量的蒸青幼果到鲜叶中制红茶，人为改善鲜叶中儿茶素的组成比例，提高 TF 的含量。

此外，采摘嫩度无疑对 TF 含量有很大的影响，Ellis 列举了马拉维几个无性系品种不同采摘标准的芽叶制成的红茶的 TF 分析结果（表 4-13）。很明显，采摘较嫩者 TF 含量高，随着芽叶成熟老化，红茶的 TF 含量随之下降。

表 4-13　不同采摘标准芽叶制成红茶的 TF 分析 $(\mu mol/g)$
（程启坤，1983）

品　种	一芽二、三叶	一芽四叶	一芽五叶	1 芽六叶
MT12	27.2	22.1	19.0	13.9
SFS371	23.2	19.1	16.9	16.8
SFS204	26.8	19.5	15.7	11.9
CJ1	20.6	15.0	12.9	11.5

第三节　芳香物质在红茶制造
过程中的转化

一、红茶香气特征

茶鲜叶中的芳香物质为 0.03%～0.05%，种类约 80 多种，制成红茶后，芳香油约为 0.01%～0.03%。红茶中的芳香油含量虽不及鲜叶，但经过萎凋和发酵过程，香气物质种类发生了极为深刻的变化，包括醇、醛、酮、酸、酯、内酯、酚酸类、含氮化合物、含硫化合物及杂氧化合物等。目前，红茶中鉴定出的香气成分在 400 种以上。在红茶的香气组分中，究竟哪些成分决定红茶的香气？对此，山西贞等（1955—1969）、西条了康等（1967）致力于茶叶香气成分分析，至 20 世纪 70 代初从红茶中鉴定出 240 多种成分，并比较红茶和鲜叶的香气成分，发现鲜叶富含醇类化合物，而红茶则富含醛类、酸类化合物。并进一步研究不同品种、不同茶季的红茶香气，证明香气组分在各品种间，尤其在远缘品种间确实存在差异（如红誉有较多的反-2-己烯醛、顺-2-戊烯醇等；而三籽所制红茶则以乙酸、水杨酸甲酯较高）。香气组分亦因季节而变化，香气总量随茶季降低。山西贞等（1967）在对斯里兰卡、秘鲁、印度、中国台湾省和日本红茶的香气比较中，发现不同红茶类型的香气，芳樟醇及其氧化物与香叶醇和苯乙醇之比有差别，并认为芳樟醇及其氧化产物的总和是品质鉴定的指标。在 1973 年，山西贞在对具有花果型甜香的锡兰红茶中，鉴定出 4-辛烷内酯、4-壬烷内酯、2，3-二甲基-2-壬烯-4-内酯、5-癸烷内酯、茉莉内酯和茉莉酮甲酯等 6 种化合物，香气强度都胜过二氢海癸内酯和茶螺烯酮。她认为，其中茉莉酮酸甲酯和茉莉内酯似乎是决定锡兰高香茶香气特征作用最大的成分。Cloughley（1982）分析了 7 个无性系红茶的挥发性化合物，明显表现出中国类型茶树鲜叶制的红茶以香叶醇居多，阿萨姆类型以芳樟醇居多，而中阿杂交的大吉岭、云南红茶则属中间型。竹尾忠一（1983）在研究中国主要红茶香气特征后指出，祁门和福建红茶香叶醇含量高，品种与印度茶相似的云南、两广红茶以芳樟醇及其氧化产物居多，香气接近印度大吉岭红茶香气，特别是云南红茶的芳樟醇及其氧化产物总量与印度、斯里兰卡红茶相近，苯甲醇和 α-苯乙醇（除云南红茶外）都高于印度、斯里兰卡红茶。综合以上研究，竹尾忠一（1985）认为，红茶有 3 种类型的香型：第一种是以芳樟醇及其氧化产物占优势型；第二种是中间型，含有芳樟醇和香叶醇；第三种是香叶醇占优势型。并指出，红茶香气特征与茶树遗传特性有关，其特征香气鲜香和花香形成的基础是叶中脂类的降解产物，如顺-2-己烯醛、反-2-己烯醇及其酯类，以及芳樟醇及其氧化物和香气醇等单萜烯醇。

有很多关于挥发性香气化合物与红茶香气感官品系关系的研究。Wickremashinghe 等（1973）和 Yamanishi 等（1978）假定保留时间比芳樟醇短的化合物对红茶香气有害，芳樟醇及其保留时间比它长的化合物对红茶香气品质有利，而将气相色谱中芳樟醇前洗脱的化合物峰面积与芳樟醇及其以后洗脱出的化合物的峰面积比作为一个指标，称为 Wickremashinghe-Yamanishi 比值。认为该比值愈小，则香气品质愈好。Owuor（1986）则将文献报道的世界主产茶国家红茶香气化合物分类，那些对红茶特征香气很重要，但浓度过高会产生不良香气（如青草气）的化合物分为第 1 组，包括己醛、1-戊烯-3-醇、顺-3-己烯醛、反-2-己烯醛、顺-2-戊烯醇、顺-3-己烯醇、反-2-己烯醇、戊醇、正己醇、2，4-庚二烯醛等。而那些给红茶带来甜花香的挥发性化合物作为第 2 组组分，如苯甲醛、苯乙醛、芳樟醇及其氧化物、水杨酸甲酯、香叶醇、香叶酸、苯甲醇及 β-紫罗酮等化合物，Owuor 风味指数（FI）等于第 2 组化合物的峰面积与第 1 组化合物峰面积之比，FI 可以反映茶叶的香型，FI 指数越大，红茶香气品质越好。在印度，托克来的一组风味化学家则将萜烯类色谱峰面积总和与非萜烯类化合物的峰面积总和之比称为 Mahanta 比值，这一设定认为萜烯类化合物对红茶香气有利，而非萜烯类化合物不利。后来，在 1989 年，Yamanishi 等则将芳樟醇色谱峰面积与反-2-己烯醛色谱峰面积之比称为 Yamanishi-Botheju 比值。这一比值与传统斯里兰卡红茶的拍卖价格有相关关系，但忽视了其他香气化合物的作用。

有一些特种红茶却有自己独特的香气特征，如中国的祁门红茶、印度的大吉岭茶以及斯里兰卡的乌瓦茶是世界最负盛名的三大名茶。祁门红茶的香气独特称祁门香，有蔷薇和木香特征，据王华夫（1993）和汪德滋（1994）的研究，其主要香气物质包括高香的香叶醇、芳樟醇及其氧化产物、苯乙醛、反-2-己烯醛、水杨酸甲酯、正己醛、β-紫罗酮、顺茉莉酮、橙花叔醇和苯乙醇等。大吉岭红茶则具有与苹果或园叶葡萄似的青香，且和祁门红茶一样，木香也很强，其主要香气化合物有芳樟醇及其氧化产物、香叶醇、香叶酸、（E）-2- 己烯酸、苯甲醇、己酸、2-苯基乙醇、（E）-3-己烯酸、2，6-二甲基-3，7-辛二烯-2，6-二醇及 3，7-二甲基-1，5，7-辛三烯-3-醇，最后这两种化合物被认为是大吉岭红茶有麝香葡萄似的青香。而乌瓦茶则有铃兰和丁香花的清香特征，其主要香气成分以芳樟醇及其氧化产物、水杨酸甲酯、反-2-己烯醇、顺-3-己烯醇、香叶醇、苯甲醇及 β-紫罗酮等（图 4-14）。

Kawakami（1995）在对最早发明的红茶，中国特种红茶正山小种的研究中发现，其香气提取物中含有高水平的酚类化合物、呋喃化合物、含氮化合物、环戊烯酮和萜烯类化合物，这主要是由在用松针烟薰过程中产生的，与其他红茶如大吉岭、祁门相比有独特香气特征，其特征化合物有：γ-丁内酯、2-丁烯-1，4-丁内酯、2-甲基-2-丁烯-1，4-丁内酯、2，3-二甲基-1，4-丁内酯、N-乙基琥珀酰亚胺、甲基乙基顺丁烯二酰亚胺、3-甲基-环戊烯［2］酮、2-羟基-3-甲基-环戊烯［2］酮、3-乙基环戊烯酮、5-甲基糠醛、2-甲酰基吡咯、苯甲醇、苯酚、邻甲苯酚、愈创木酚、4-乙基愈创木酚、香草醛、萜品醇、薄荷烯酮、菔酮和异-菔醇等。

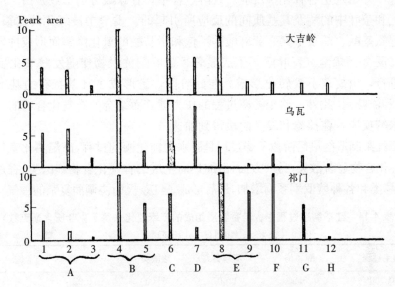

图 4-14　大吉岭、乌瓦及祁门红茶的香气模型比较

(T. Yamanishi, 1991)

A. 绿香　B. 鸭儿芹样　C. 丁香花样　D. 冬绿油　E. 蔷薇花香　F. 花香　G. 金桂样
H. 重树脂香；1. 反-2-己烯醇　2. 顺-3-己烯-1-醇　3. 反-2-己烯-1-醇　4. 沉香醇
氧化物Ⅰ、Ⅱ　5. 沉香醇氧化物Ⅲ、Ⅳ　6. 沉香醇　7. 水杨酸甲酯　8. 香叶醇
9. 苯乙醇　10. 苯甲醇　11. β-紫罗酮　12. 橙花叔醇

二、红茶香气的形成

茶鲜叶中芳香物质约 80 余种，并以具青草气的青叶醇为主，而已检出鉴定的红茶的香气物质达 400 余种。这表明，在红茶制造中，鲜叶中的芳香物质在含量和种类上发生了极为深刻的变化。红茶的香气，主要产生于红茶的制造过程，特别是发酵过程（表 4-14）。

由于萎凋过程的失水和呼吸作用，细胞透性的增大，某些酶类开始活跃，使以糖苷形式存在的结合型香气化合物（如青叶醇、芳樟醇、香叶醇、芳香醇等）与其水解酶 β-糖苷酶接触，香气化合物游离出来。另一方面，一些大分子物质如脂肪、蛋白质、多糖等趋于水解，其水解产物又提供了形成该香气成分的先质。此外，与 C_6-醇、醛等生成有关的亚麻酸、脂肪氧合酶以及醇脱氢酶等对香气的形成也十分重要。由于萎凋，香气成分的总量可增至原料鲜叶的 10 倍以上，短时间内增至最大的有顺-3-己烯醇、反-2-己烯醇和芳樟醇。

在揉捻（切）过程中，茶叶组织和细胞破碎，其中的化学成分和酶得到充分混合，开始发生各种化学反应。发酵过程中，香味成分的形成是由于空气中的氧气和茶叶中的酶及其基质间的反应所引起的。发酵中被氧化的儿茶素类，能引起氨基酸、胡萝卜素、亚麻酸等不饱和脂肪酸的氧化降解而形成挥发性化合物，反-2-己烯醛（青叶醛）生成显著，紫罗酮关联物伴随发酵氧化反应的激烈进行，由胡萝卜素转化形成。在此阶段，已形成了红茶特有的基本风味（香气和滋味）。此外，始于萎凋过程的作为糖苷而结合的香气化合物的 β-糖苷酶的水解反应，在揉捻和发酵阶段得到加速。

而红茶制造的最后阶段干燥过程是脱水和钝化酶的过程，高温热化学作用使挥发性化合物显著散失，另一方面，由加热而生成的香气化合物如醛类、香芹酮酸类、内酯类和各种紫罗酮系物增加，最后形成了红茶极为协调而复杂的香气。

表 4-14　红茶制造过程中，芳香物质组成的产率变化（每千克叶所含毫克数）

（山西贞等，1966）

加工过程	醇　类	羰基类	羧酸类	酚　类	总　和
鲜　叶	25.90	1.00	3.00	1.02	30.92
萎凋叶	18.60	2.20	3.60	0.69	25.09
发酵叶	21.20	4.60	7.90	1.17	34.87
毛　茶	10.20	1.90	6.70	0.14	18.94

总之，在红茶制造过程中，酶的作用、儿茶素邻醌的偶联氧化作用以及水热作用和酸性等条件，都能引起或促进芳香物质的产生。常见的有氧化、还原、化合、分解、酯化、环化、异构化、脱氨和脱羧等。

1. 高级脂肪酸转化成醇、醛　西条了康等（1967）发现机械损伤的鲜叶中顺-3-己烯醇明显增加。Hatanatia（1976，1979）进行示踪证实，亚麻酸是形成己烯醛的先质，顺-3-己烯醛和正己醛等 C_6-醛类在茶中酶促作用下，分别通过亚麻酸和亚油酸的 C_{12} 和 C_{13} 之间的双键加氧断裂产生。β-氢过氧物以中间物参与 C_6-醛的形成，先经过顺-3-己烯醛为中间产物，再异构化为反-2-己烯醛。认为青叶醇和青叶醛的生成途径如图 4-16。Owuor（1986）进一步指出，C_6-醇是由类脂衍生的，即鲜叶中的磷脂被酯酰水解酶水解，生成游离脂肪酸，而不饱和脂肪酸在 C_{13} 处受氧和脂肪氧合酶的氢过氧化作用形成 13-L-过氢羟基脂肪酸，被过氧化氢裂解酶裂解为 C_6-醛和 12-含氧酸。醛类在异构化前后，被脱氢酶还原为 C_6-醇。

不饱和脂肪酸在红茶制造中是芳香物质 C_6-醛和醇的先导物，在红茶制造萎凋过程中受脂肪氧合酶和醇脱氢酶的作用，干燥过程受高温作用形成。

2. 醇类的氧化　醇类化合物氧化成醛，再由醛类氧化成酸，是红茶制造中，尤其是发酵过程中的普遍现象。

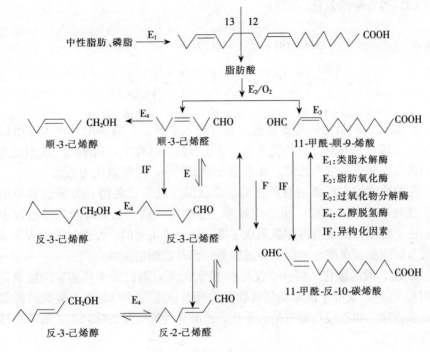

图 4-15 青叶醇和青叶醛的生成途径

（1）脂肪醇的氧化。

$$CH_3(CH_2)_4CH_2OH \xrightarrow{[O]} CH_3(CH_2)_4CHO \xrightarrow{[O]} CH_3(CH_2)_4COOH$$

正己醇（果子香）　　　　正己醛　　　　　　正己酸

据山西贞（1966）报道，在红茶制造中正己醇的含量（占醇类峰面积百分率）鲜叶为 2.2%，萎凋叶 6.1%，发酵叶 5.9%，毛茶中减至 2.4%。相应的正己酸（占总酸重百分率）鲜叶为 4.3%，萎凋叶 13.2%，发酵叶 15.5%，毛茶中则高达 20.7%，在制茶中含量不断增加。红茶制造中其他脂肪醇也能进行类似的氧化转化，如茶鲜叶中大量具有青臭气的顺-3-己烯醇，也可被氧化而成清香的顺-3-己烯酸。

（2）萜烯醇的氧化。

香叶醇　　　　　橙花醇　　　　　柠檬醛　　　　　香叶酸

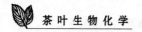

（3）芳香醇的氧化。

$$CH_2CH_2OH \xrightarrow{[O]} CH_2CHO \xrightarrow{[O]} CH_2COOH$$

苯乙醇　　　　　苯乙醛　　　　　苯乙酸

3. 由醇、酸衍生的芳香物质　茶叶进入萎凋后，丙酮酸从作为呼吸过程的递氢体转变为发酵过程的受氢体。在乙醇发酵过程中，丙酮酸先脱羧变为乙醛，再由乙醛受氢成为乙醇；在乙酸发酵过程中，乙醛氧化为乙酸。

在萎凋过程中形成的有异戊醇、正己醇、反-2-己烯醇，发酵过程中形成的 1-戊烯-3-醇、异戊醇、顺-2-戊烯醇、正己醇、顺-3-己烯醇及烘焙过程中形成的正丁醇等，都是由丙酮酸形成丁醛后进一步衍生的。发酵过程中有很多有机酸（如丙酸、戊酸、辛酸、异戊酸等）都是乙酸衍生的。

4. 醇、酸的酯化　鲜叶中仅发现 13 种酯类，而红茶中已鉴定的酯类化合物约有 58 种。茶叶中的醇类化合物可与酸类成酯。乙醇与许多醇类的酯都具有水果香味，如乙酸乙酯有怡人香味，乙酸异戊酯有梨香味，而乙酸苯甲酯则具茉莉香等。

5. 内酯的形成　目前还未发现茶鲜叶中存在内酯，但加工成红茶后，已鉴定约有 23 种内酯物质。如茶叶中的羟基酸，可以在热等的作用下，脱水而形成内酯。

$$CH_3-CH \overset{CH_2-CH_2}{\underset{[H \quad OH]}{}} C{=}O \xrightarrow[\triangle]{-H_2O} CH_3-CH \overset{CH_2-CH_2}{\underset{O}{}} C{=}O$$

6. 胡萝卜素降解形成芳香物质　茶叶中大量的类胡萝卜素在红茶制造中或伴随发酵过程中强烈的酶性氧化作用或因干燥时热力的作用，能部分地降解形成紫罗酮、茶螺烯酮、二氢海葵内酯和达马烯酮等香气物质。有些成分虽含量极微，却是形成红茶特有香味的重要组分，如鲜叶中未发现而红茶中存在的二氢海葵内酯及茶螺烯酮，被认为与红茶香气有极大的关系，只要 1μg，即可产生香气。其氧化裂解过程如下：

$$\left.\begin{array}{c}\alpha\text{-胡萝卜素}\\\beta\text{-胡萝卜素}\end{array}\right\} \xrightarrow{\text{氧化降解}} \left.\begin{array}{l}\beta\text{-紫罗酮}\\\alpha\text{-紫罗酮}\\\text{萜烯醛或}\\\text{萜烯酮}\end{array}\right\} \xrightarrow{} \begin{array}{l}\text{二氢海葵内酯}\\\text{茶螺烯酮}\\5,6\text{-环氧罗兰酮}\\2,2,6\text{-三甲基环乙酮}\end{array}$$

| β-紫罗酮 | 二氢海葵内酯 | 茶螺烯酮 |

茶鲜叶中的其他类胡萝卜素如 γ-胡萝卜素、番茄红素、叶黄素、隐黄素、玉米黄素等，在红茶制造过程中也可降解成 β-紫罗酮及其衍生物、萜烯类化合物的醛和酮、芳樟醇等香气成分。

7. 氨基酸的降解　红茶制造过程中，鲜叶的物质变化以酶的主导作用为其特点。在酶的作用下，氨基酸可产生脱氨作用和脱羧作用而转化成芳香物质，包括形成醇、醛、酸等。

Wickremasinghe 等（1969）发现亮氨酸积累较少的茶叶，香气较好。由于茶叶中有一种能催化亮氨酸和 α-酮戊二酸转化的转氨酶，在萎凋或发酵过程中可在转氨酶作用下形成 α-异己酮酸，再经脱羧酶作用生成异戊醛和异戊醇。

$$
\text{亮氨酸＋谷氨酰胺} \xrightarrow{\text{转氨酶}} \text{α-异己酮酸＋谷氨酸}
$$
$$
\downarrow CO_2
$$
$$
\text{异戊醛} \xrightarrow{[H]} \text{异戊醇}
$$

在红茶制造过程中，在儿茶素及多酚氧化酶或过氧化物酶存在下，氨基酸可通过斯却克尔（Strecker）降解历程形成挥发性醛（表 4-15、4-16）。这一途径归纳为图 4-16。

表 4-15　不同酚类对苯基乙醛形成的影响

（钟萝，1989）

一元酚	苯基乙醛（相对量）	二元酚	苯基乙醛（相对量）	三元酚	苯基乙醛（相对量）
P-香豆酸	0	L-儿茶素	31	L-EGC	10
P-甲苯酚	0	邻苯二酚	57	L-EGCG	10
		L-表儿茶酸	100	邻苯三酚	痕迹

表 4-16　茶叶提取液中各种氨基酸生成的羰基化合物

（钟萝，1989）

氨基酸	生成物	氨基酸	生成物
甘氨酸	甲醛	蛋氨酸	3-硫代异丁醛
丙氨酸	乙醛	苯丙酮氨酸	苯基乙醛
缬氨酸	2-异丁醛	谷氨酸	丙醛或丁醛酸
亮氨酸	3-甲基丁醛	苏氨酸	2-羟丙醛
苯丙氨酸	2-甲基丁醛	色氨酸	吲哚乙醛

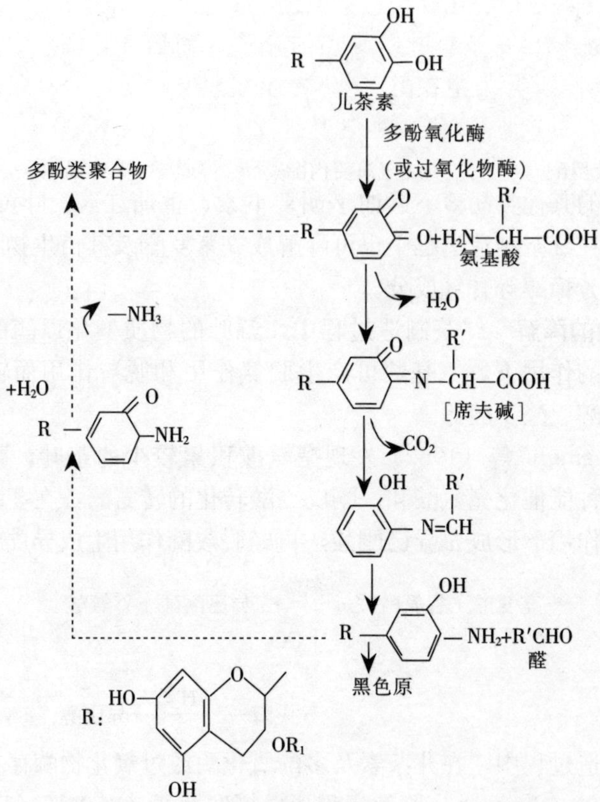

图 4-16　氨基酸形成挥发性醛的图式

8. 糖苷的水解　Takeo（1981）首次从茶鲜叶中发现单萜烯醇的糖苷化合物。竹尾忠一（1985）将茶叶制成匀浆，在 40℃放置 30min，芳樟醇、香叶醇和顺-2-己烯醇均大量生成，却未检出芳樟醇氧化物。表明芳樟醇和香叶醇是以非挥发性化合物蓄积于叶细胞中，一旦叶细胞破损，由于酶性反应，分解成挥发性物质。实验还证实，芳樟醇和香叶醇的生成，不是氧化分解反应，而是水解反应的结果，是葡萄糖苷酶作用于葡萄糖苷释放出来的，受萎凋和叶组织的机械损伤的触发。

通过在茶叶香气配糖体中加入茶鲜叶匀浆提取液或外源性 β-葡萄糖苷酶的一系列实验。Yano（1991）和 Kobayashi（1994）等从茶鲜叶中分离得到苯甲醇的葡萄糖苷和反-3-己烯醇的葡萄糖苷的乙酰化合物。Kooayashi（1994）、Guo（1993、1994）、Moon（1994）和 Morita（1994）等又相继从茶叶中分离鉴定了顺-3-己烯醇、香叶醇、芳樟醇及其氧化物、苯甲醇、苯乙醇、水杨酸甲酯等的单糖苷和双糖苷化合物。

1995 年，Sakata 从茶鲜叶中分离纯化了 β-葡萄糖苷酶和 β-樱草糖苷酶，证实该类酶的水解作用发生在配基双糖之间的糖苷键上，而不是先水解出单糖苷和糖基，再进一步水解为配糖体和糖基。

这些以糖苷形式存在的结合态香气化合物及其水解酶 β-葡萄糖苷酶和 β-樱草糖苷酶，在红茶萎凋阶段会由于胞壁透性的增加，液泡或叶绿体膜特征的改变而相互接触，发生水解作用，使香气化合物游离出来。短时间内大量增加的有顺-3-己烯醇、反-2-己烯醇和芳樟醇。该水解反应始于萎凋过程，在揉捻和发酵阶段得到加速。

9. 芳香物质的异构化 在目前已知的茶叶芳香成分中，存在着不少同分异构体。如在茶鲜叶中含量最高的顺-3-己烯醇，是绿叶青臭的主体，在 1kg 鲜叶中含量可达 10～15mg，它的同分异构体就是反-3-己烯醇，前者具有强烈的青臭气，而后者具清香。

10. 热效应形成茶叶香气 在干燥高温条件下，可溶性糖类物质受热产生化学反应可转化成香气成分，如羟甲基糠醛，或者与氨基酸互相作用发生羰氨反应，而形成挥发性香气化合物如吡嗪类、吡咯类衍生物等（图 4-17、4-18、4-19），影响红茶的色泽和香气。

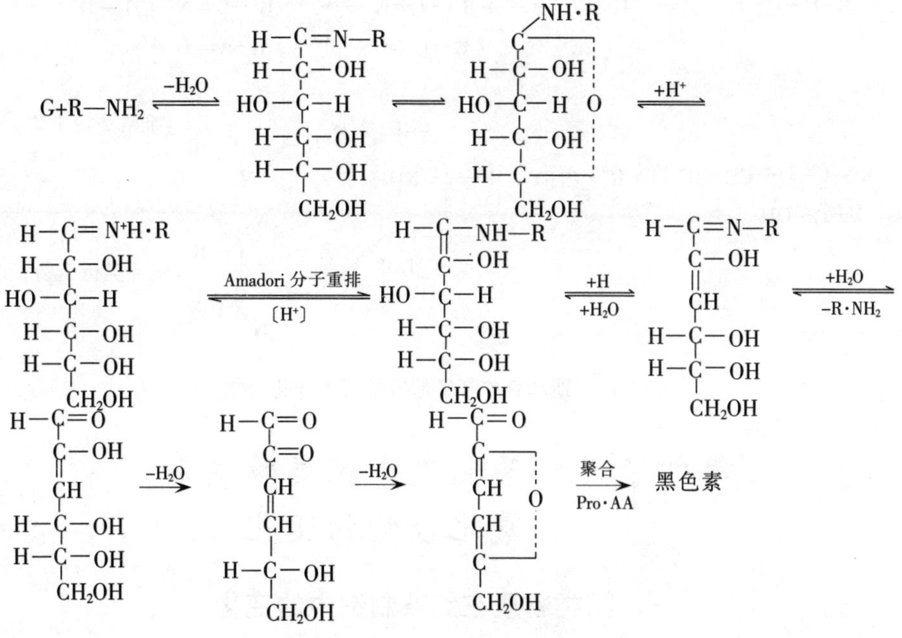

图 4-17 羰氨反应中黑色素的形成

（萧伟祥，1988）

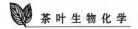

羰氨反应的初产物是不稳定的亚胺衍生物，经环化形成 N-葡糖基胺，再经阿姆德瑞（Amadori）分子重排成酮式果糖胺。烯醇式果糖基胺可转化成 3-脱氧奥苏糖，再脱水形成羟甲基糠醛（HMF），可再聚合形成黑色素（图 4-18）。

果糖基胺经过 2,3-烯醇化，脱去胺残基重排生成二羰基化合物和还原酮，是美拉德反应重要的中间物（图 4-18）。

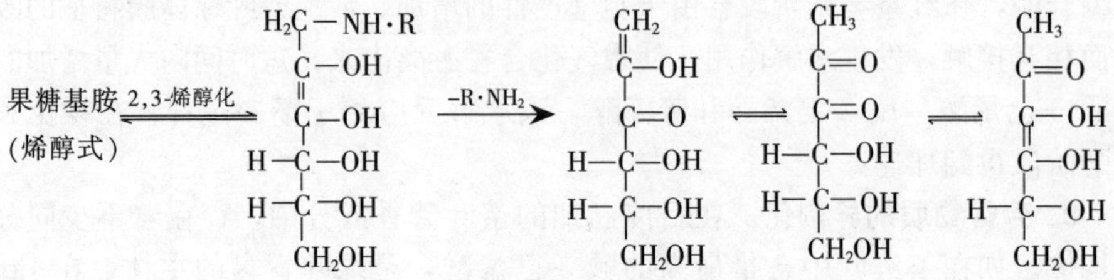

$$\text{果糖基胺（烯醇式）} \xrightarrow{2,3\text{-烯醇化}} \begin{matrix} H_2C-NH\cdot R \\ C-OH \\ \| \\ C-OH \\ H-C-OH \\ H-C-OH \\ CH_2OH \end{matrix} \xrightarrow{-R\cdot NH_2} \begin{matrix} CH_2 \\ \| \\ C-OH \\ C=O \\ H-C-OH \\ CH_2OH \end{matrix} \Longleftrightarrow \begin{matrix} CH_3 \\ C=O \\ C=O \\ H-C-OH \\ CH_2OH \end{matrix} \Longleftrightarrow \begin{matrix} CH_3 \\ C=O \\ C-OH \\ C-OH \\ H-C-OH \\ CH_2OH \end{matrix}$$

图 4-18　果糖基胺转化成还原酮

在有氨基酸存在时可发生脱羧脱氨作用，生成少一个碳的醛类化合物，即斯却克尔（Strecker）降解作用（图 4-19）。

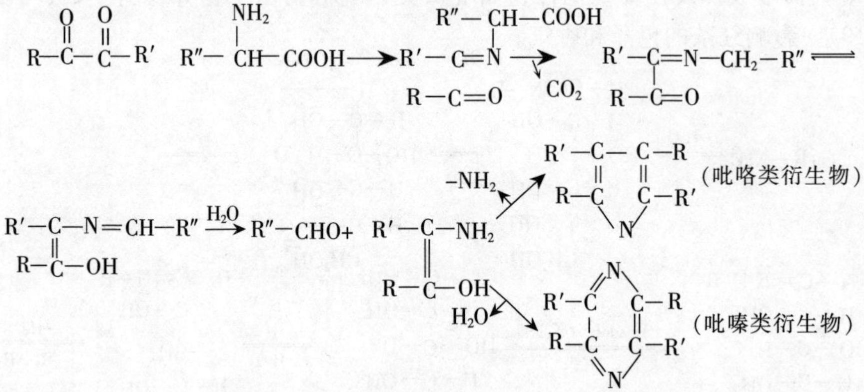

图 4-19　斯却克尔降解形成的醛类等化合物

第四节　红茶制造中糖类物质和含氮化合物的变化

一、糖类物质在红茶制造中的变化

茶鲜叶中的糖类物质包括多糖和可溶性糖类，前者主要有纤维素、半纤维素、淀粉和果胶物质等；后者则主要是一些单糖、双糖和少量的寡糖类，包括果糖（0.73%）、葡萄糖（0.5%）、阿拉伯糖（0.4%）、蔗糖（0.64%～2.52%）、棉籽糖（0.1%）和水苏糖（0.1%）。

1. 多糖类在红茶制造中的变化　纤维素、半纤维素是构成植物细胞壁或木质化部分的主要成分，其含量分别占茶鲜叶干物质的 4.3%～8.9% 和 3.0%～9.5%，嫩叶中含量低，老叶与成熟叶含量较高。其化学性质比较稳定，在红茶制造中几乎无变化，又由于难溶于水，茶叶冲泡时通常不能被利用，营养价值不大。

淀粉是一种贮藏物质，在茶鲜叶中含量为干物的 0.2%～2.0%，嫩叶比老叶少，芽中更少。淀粉是一种难溶于水的物质，茶叶冲泡时通常不能被利用，营养价值不大。但在红茶的萎凋发酵工序中，在淀粉酶的作用下，可被水解成可溶性糖而逐渐减少。干燥过程的水热作用，淀粉还会产生热裂解使含量进一步下降。加工过程中的酶或水热作用，产生的可溶性糖类物质，对提高红茶的香气、汤色和滋味有一定意义。

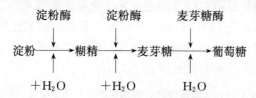

茶叶中的果胶物质，也是一类具有糖类性质的高分子化合物，包括不溶于水的原果胶、溶于水的果胶素（中性）和果胶酸（酸性）。在鲜叶组织中，原果胶可在原果胶酶的催化下水解成果胶素，果胶素可被果胶酶催化后水解而成果胶酸。

在红茶制造中，果胶物质发生了显著的变化（表 4-17）。

表 4-17　红茶制造过程中果胶物质的变化（%）

(钟萝，1989)

果胶物质	鲜叶	萎凋叶	发酵叶	成品茶
水溶性果胶	1.8	2.5	1.3	0.6
原果胶	8.8	7.1	8.1	7.9

萎凋中鲜叶的原果胶含量减少，而水溶性果胶含量增加，这种下降与增加是由于原果胶产生酶促水解的结果。但萎凋中果胶物质总量下降，表明果胶物质不仅在自己的各个部分之间互相转化，而且通过分解还形成了其他的化合物，如半乳糖、阿拉伯糖等。

在揉捻、发酵过程中，水溶性果胶急剧减少而原果胶却略有增加，这与发酵时的酸性环境有关。在 pH 5.0～5.5 范围内，果胶物质易于凝固而不能转入溶液中，此外，酶的作用使果胶素酶解形成果胶酸，遇 Ca^{2+} 等结合生成果胶酸钙盐而沉淀，也是导致水溶性果胶下降的原因。

进入干燥工序，原果胶略降，水溶性果胶则急剧下降，这可能与在热的作用下产生了加水分解有关。

2. **可溶性糖在红茶制造中的变化** 茶鲜叶中的可溶性糖包括一切单糖、双糖及少量的其他糖类。单糖是一类不能再被水解的最简单糖类物质，在茶鲜叶中，或以游离态存在或以苷的形式和结合状态而存在。双糖是由两个相同或不同的单糖分子缩合而成，在一定条件下可水解而成单糖，常见的有葡萄糖和果糖。

Roberts（1958）指出，整个萎凋期间糖大约减少 4%。Sanderson（1965，1969）发现在萎凋初期，即萎凋 4～5h 以前，糖的浓度降低，然后慢慢增加，且萎凋期间 6-磷酸葡萄糖、6-磷酸果糖、1-磷酸葡萄糖及 1，6-二磷酸葡萄糖减少。Sivapalam（1971）进一步证明萎凋期间糖类减少，并发现部分糖代谢转化为氨基酸。可溶性糖在红茶制造中的变化是比较复杂的。

Dev choudhury 的分析资料进一步证明，萎凋期间非还原糖和总糖的量急剧下降，发酵期间由于非还原糖的消耗及双糖或多糖的部分水解，还原糖量增加，干燥过程中还原糖略有增长（表 4-18）。

表 4-18　水溶性糖在红茶加工各工序中的变化（%）

（Dev choudhury，1986）

糖　类	鲜　叶	萎凋叶	传统法		CTC 法	
			发酵叶	成　茶	发酵叶	成　茶
还原糖	0.812	0.260	0.552	0.640	0.408	0.521
非还原糖	1.228	0.988	0.763	0.733	0.821	0.802
总糖	1.540	1.249	1.323	1.373	1.289	1.323

1988 年，在深入研究鲜叶加工成红碎茶中糖的变化时，分析发现木糖和阿拉伯糖分别减少了 20.4%，蔗糖减少 50.7%，麦芽糖和蜜二糖分别减少 39.1% 和 49%，果糖和葡萄糖则分别增加 60.7% 和 28.1%，但可溶性总糖含量下降了 36%。并认为寡糖含量高，牢固度虽强，但冲泡时，分散性亦大，不利品质。只有单糖含量高，颗粒性好，在湿度下也能保持形态。

另据印度的资料表明，在红茶制造中，可溶性糖的含量增加是从萎凋开始，如鲜叶中为 0.84%，萎凋叶增至 1.23%，发酵过程中增加到 1.41%。这种变化规律与安徽农科院对"祁红"鲜叶加工过程的分析结果相一致。可溶性糖增加的部分，主要是单糖。

上述可溶性糖在红茶制造中的含量变化不同，这与制茶的外界条件等差异有关。在鲜叶加工中，叶组织内部既同时存在着多糖类物质水解成的可溶性糖，也存在着单糖和双糖的无补偿呼吸分解及其转化。若可溶性糖的来源多于消耗和转化，则总表现为增加，反之则减少。

离体的鲜叶在酶的作用下，相对分子质量较高的一些双糖和多糖能水解成相对分子质量较低的单糖，供呼吸作用时消耗，糖类总量在不断减少。在这一过程中，单糖也消耗减少。但由于其他糖类的水解作用形成的单糖超过了被消耗的单糖含量，而表现出单糖含量反而增加。在揉捻和发酵中，单糖或由于有较多的氧化转化而下降，或由于双糖和多糖有较多的水解而增加。干燥时的水热作用，一部分大分子的糖类物质又能进一步热裂解成单糖，但由于还原性糖在干燥阶段发生焦糖化作用和糖氨缩合构成红茶的香气等，其含量变化不定。

双糖的含量在红茶制造中一般趋于减少，这是由于双糖在酶或热的作用下，水解而成为单糖。如蔗糖在蔗糖酶的催化下水解成葡萄糖和果糖，或者在蔗糖磷酸化酶的催化下形成1-磷酸葡萄糖和果糖。

可溶性糖不仅是滋味物质，给茶汤带来甜醇的味道，而且在红茶的制造过程中，可发生焦糖化作用和羰氨反应，生成相应的醛类和吡咯类、吡嗪类含氮化合物等，对红茶乌润的色泽和香气的形成有重要作用。如葡萄糖、果糖、半乳糖、甘露糖及蔗糖等与苯丙氨酸混合液在热处理条件下，能产生玫瑰花香与稻草黄色物质。优良的红茶，常具有一种近似"蜜糖"的香味，这种香味常在干燥工序打足火时采用"低温长烘"中产生，就是因为茶叶中的单糖在烘焙时产生的类似糖香的结果。但如果采取持续高温，不仅会消耗过多的氨基酸和糖类等可贵品质成分，也会产生较多的非水溶性黑色素和某些挥发性组分，使香气组成失调，有损茶叶品质。

总之，红茶的滋味、汤色和香气，都与可溶性糖的存在与转化有关，因此，在制造工艺上，采取适宜的工艺条件，使多糖有更多的水解，可溶性糖的含量提高，并防止这些可溶性糖被过多地呼吸消耗，以及适度地控制羰氨反应和焦糖化作用，是红茶生产中提高红茶品质所必须的。

二、蛋白质、氨基酸在红茶制造中的变化

茶鲜叶中氨基化合物主要有蛋白质和游离氨基酸。蛋白质含量为干物的16%～19%，粗蛋白含量据其分析方法与条件不同差异很大，一般为20%～35%。氨基酸的含量约占鲜叶干物重的1.5%～4.0%，嫩叶中含量较多，老叶较少。已分离鉴定的氨基酸有25种以上。

在红茶制造中蛋白质含量减少，据安徽农学院（1962）分析资料，"祁红"在制造过程中鲜叶含蛋白质为17.87%，毛茶则降为14.25%～17.05%。

氨基酸在红茶制造中的变化则比较复杂。在红茶制造的萎凋阶段明显增加，以后各工序又逐渐减少（表4-19）。在红茶制造的萎凋、揉捻和发酵阶段，由于酶或邻醌的作用，可使氨基酸氧化成醇、醛类香气。氨基酸除本身偶联氧化形成红茶香气物质醇、醛外，还是红茶加工中许多芳香物质形成的先质，Wickremasinghe（1967）指出，红茶发酵期间亮氨酸积累少的茶叶香气较好，并观察到带标记的亮氨酸在发酵期间形成了带标记的甲羟戊酸和少数挥发性物质，提出了以亮氨酸为先质，以甲羟戊酸为中间产物的萜烯类香气物质的形成途径：

亮氨酸→α-异己酮酸→异戊酰CoA→β-甲基戊烯二酸单酰CoA→甲羟戊二酸单酰CoA→甲羟戊酸→胡萝卜素→紫罗酮系化合物

$\searrow$角鲨烯→其他萜类、甾醇类

表4-19 氨基酸在红茶加工中的含量变化（%）

（安徽农学院，1984）

工 序	鲜 叶	萎凋叶	揉捻叶	发酵叶	干燥叶
茶氨酸	2.190	1.800	4.980	4.560	9.180
天门冬酰胺	1.190	0.651	1.610	1.040	1.230
天门冬氨酸	0.465	0.395	0.936	0.378	0.168
谷氨酸＋谷氨酸胺	0.612	2.700	1.860	0.744	2.620
氨基氮	0.45	0.71	0.68	0.50	0.45

这种假设由茶叶中鉴定出的亮氨酸-2-酮戊二酸转氨酶（Wickremasinghe，1967）以及在茶叶加工期间C^{14}-亮氨酸转化到^{14}C-甲羟戊酸和未被鉴定的^{14}C-挥发性化合物（Wickremasinghe和Sivapalan 1966）而得到证实。并且其中间产物类胡萝卜素可在干燥过程中进一步形成紫罗酮及其衍生的茶螺烯酮、达马烯酮和二氢海葵内酯等重要的香气物质。

在红茶加工的干燥阶段，在热的作用下，氨基酸的变化则更为复杂。氨基酸可经脱水直接形成吡嗪类香气成分。也可经脱羧同时产生脱氨作用及还原等反应，形成酚、对甲基酚、吲哚等香气成分。此外，氨基酸还可与糖类物质发生美拉德（Maillard）反应，并经过斯却克尔（Strecker）降解生成醛类、吡嗪类、吡咯类香气物质及黑色素。

此外，氨基酸还参与红茶色素的形成。Vuataz和Brauden berager（1961）从刚发酵的斯里兰卡茶和干燥的红茶中分离出茶红色素（包括TF、TB），通过研究其性质发现，其中有0.55%的氮，将其水解后发现有丙氨酸、精氨酸、

甘氨酸、亮氨酸、异亮氨酸、苯丙氨酸、赖氨酸、脯氨酸、丝氨酸、苏氨酸、酪氨酸、缬氨酸、天冬氨酸和谷氨酸等十几种氨基酸。萧伟祥等（1992）也将红茶汤中提取纯化的茶红素（TR）用 0.2mol/L HCl 在沸水浴上水解 1h，水解产物进行微晶纤维素薄层层析鉴定，证实其中有茶氨酸的存在。Hazarika等（1984）在对茶红素组分分析中发现，氨基酸参与 TR-1、TR-2、TR-3 及TR-4 的构成。在茶汤色泽反应中，TR-1 和 TR-2 显微褐色，滋味较淡，TR-4呈黑褐色，它们是茶汤变暗的成分。而 TR-3 则呈红褐色，具有一定的收敛性，对茶汤的醇和滋味有一定的作用，对茶汤色泽最为有利。

三、叶绿素在红茶制造中的变化

在红茶加工中，色泽由鲜叶的绿至红及棕色/乌黑色的转变，是依赖生物化学反应的两个主要步骤，一是多酚类的氧化，鲜芽叶在多酚氧化酶作用下，使无色的酚转化为有色产物——橙黄色的茶黄素和红棕色的茶红素；二是叶绿素的降解作用，包括水解和脱镁。

在鲜叶中，叶绿素与蛋白质、类脂物质相结合形成叶绿体，在制茶过程中，叶绿素从蛋白体中释放出来。游离的叶绿素是一类很不稳定的化合物，对光、热敏感，容易遭受分解破坏，失去原来的绿色。在红茶制造中，叶绿素的破坏从引起变化的原因来看，一是由于酶（叶绿素酶）的作用，所产生的生物化学变化，二是由于非酶作用（叶片中的酸性条件与烘干时热的共同作用）所促进的化学变化。从变化的形式看，一是水解，二是脱镁。其分解变化途径见第一章第二节。

红茶制造的工序不同，叶绿素的存在环境状况不同，因而引起叶绿素产生破坏的主要原因和形式也会不同。在萎凋过程中，叶绿素的破坏主要受酶促水解，并且由于鲜叶不断失水，叶细胞内部向酸性转化，促进了这种水解作用。在揉捻和发酵过程中，叶绿素的破坏主要是脱镁作用，虽然也可能存在着一定的酶促水解。这是由于鲜叶细胞经揉捻机械破损后，引起多酚类物质的大量酶促氧化，而与多酚类物质处于同一混合体中的叶绿素，受多酚类物质强烈氧化还原作用的影响，并且由于 pH 的继续下降，使叶绿素易于脱镁而成黑色或褐色产物。所以揉捻和发酵中叶绿素的含量出现迅速而大幅度的下降。在干燥过程，特别是干燥前期，由于高温湿热作用，叶绿素仍存在着脱镁作用及热酯解而破坏。其含量进一步下降（表4-20）。

在传统的制茶工艺中，延长了发酵时间，增加了叶绿素降解为黑色的脱镁叶绿素，并接着转化为棕色的脱镁叶绿酸甲酯的机会，叶绿素保留最少。

表 4-20　红茶制造中叶绿素含量的变化（％，干量）

（安徽农学院，1984）

制茶方法	鲜　叶	萎凋叶	发酵叶		干燥叶
			部分发酵	全部发酵	
传统法	0.314	0.274	0.265	0.178	0.015
洛托凡	0.314	0.273	0.246	0.240	0.012
CTC	0.314	0.242	0.246	0.237	0.027

Ramaswamy 等（1981）指出，红茶的乌润度是黄色和褐色色素在干燥过程中浓缩的结果。并指出，改进的分段 CTC 工艺增加了茶黄素含量和乌润度，脱镁叶绿素随着乌润度的增加而增加。

1985 年，Pradip 用 18 个无性品种为原料，研究了传统红茶和 CTC 红茶中叶绿素的降解产物，指出重萎凋和重揉捻的传统红茶比 CTC 红茶的叶绿素降解量高 30％。传统红茶高含量的脱镁叶绿酸是由于底物与氧互相作用减弱，氧化速率缓慢，促使叶绿素酶活性增加的结果。在 CTC 工艺中则由于发酵期间快速的多酚氧化作用阻止了叶绿素酶的催化反应，导致脱镁叶绿酸积累较少。Pradip 等还认为，红茶制造中叶绿素有 2 条可能的降解途径：其一为叶绿素→脱镁叶绿素→脱镁叶绿酸；其二为叶绿素→叶绿酸→脱镁叶绿酸。红茶制造中，萎凋叶失水，pH 降低，并在揉捻和发酵中加剧，促使其镁离子在叶绿素酶的催化反应加剧以前就脱去，认为第一条作途径的变化可能性大。脱镁叶绿素、脱镁叶绿酸和残余的叶绿素影响传统红茶的色泽。Pradip 等还根据脱镁叶绿素/茶红素的比值将红茶外形色泽分为三类：棕黑色比值通常介于 0.04～0.05，棕色比值通常低于 0.04，而特别黑的茶比值高于 0.05。

叶绿素及其降解产物是构成干茶及叶底色泽的主要物质，它们与红茶的内质之间并无直接的联系，故对汤色特征无多大贡献。但如果加工中叶绿素未得到足够破坏，残余过多，其绿色与多酚类的有色氧化产物混合在一起，便形成"乌条"现象，而对干茶色泽、叶底和汤色等将起不良的影响。

参 考 文 献

［1］刘仲华，施兆鹏．红茶制造中多酚氧化酶同工酶谱与活性的变化．茶叶科学，1989，9（2），141～150

［2］刘仲华，黄建安，施兆鹏．红茶制造中过氧化物酶变化的研究．湖南农学院学报，1990，16（2）：169～175

［3］安徽农学院．茶叶生物化学．第二版．北京：农业出版社，1984

［4］Ogawa K.，Ijimi K.，et al. Purification of a-primeverosidase concerned with alcoholic aroma formation in Tea leaves（CV，shuixian）tube processed to Oolong tea. J. Agric. Food Chem，1997，45：876～881

［5］ Guo w.，Ogawa k. et al. Isolation and characterization of a-primerosidase concerned with alcoholic aroma formation in tea leaves. Biosci. Biotech. Biochem.，1996，60：1 810～1 814

［6］ 陈宗道，周才琼，董华荣. 茶叶化学工程学. 重庆：西南师范大学出版社. 1999

［7］ 钟萝等. 茶叶品质理化分析. 上海：上海科学技术出版社. 1989

［8］ 陈以义，江光辉. 红茶变温发酵的理论探讨. 茶叶科学. 1993，13（2）：81～86

［9］ 萧伟祥，钟瑾，萧慧等. 茶红色素形成机理和制取. 茶叶科学. 1997，17（1）：1～8

［10］ T. Ozawa，M. kataoka，O. Negishi. Partial structure of Polymeric Thearubigin. Proceedings of ′95 International Tea-Quality-Human Health Symposium. Shanghai，127～132

［11］ 程启坤. 红茶中的茶黄素. 国外农学——茶叶，1983（1）：1～14

［12］ 江和源，程启坤，杜琪珍等. 红茶中的茶黄素. 中国茶叶，1998（3）：18～20

［13］ 萧伟祥. 红茶中茶红素的研究进展. 国外农学——茶叶. 1987（1）：1～5

［14］ Shaun C Opie，Michael N Clifford et al. The Role of（－）-Epicatechin and polyphenol Oxidase in the Coupled Oxidative Breakdown of Theaflavins. J. Sci. Food Agric，1993（63）：435～438

［15］ Andreas Finger. In-Vitro Studies on the Effect of Polyphenol Oxidase and peroxidase on the Formation of Polyphenolic Black Tea Constituents. J. Sci. Food Agric，1994（66）：293～305

［16］ Krishan Lal Bajaj et al. Effects of（－）-Epicatechin on Oxidation of Theaflavins by polyphenol Oxidase from Tea leaves. Agric. Biol. Chem，1997，51（7）：1 767～1 772

［17］ Naohiro Maruyama et al. NMR spectroscopic and computer graphics studies on the creaming down of tea. Proceedings of International Symposium on Tea Science，Japan，1991，145～149

［18］ Robertson A et al. Production and HPLC analysis of black tea theaflavins and thearubigins during in vitro oxidation. Phytochemistry，1983，22（4）：883～887

［19］ Opie S. C. Et al. The formation of thearubigin-like substances by in vitro polyphenol oxidase mediated fermentation of individual flavan-3-ols. J. Sci. Food Agric，1995（67）：501～505

［20］ P. O. Owuor et al. Changnes of Astringecy of black tea due to the variations in individual theaflavins. Proceedings of ′95 International Tea-Quality-Human Health Symposium. Shanghai，201～205

［21］ Christopher Powell et al. Tea cream Formation：The contribution of black tea phenolic pigments determined by HPLC. J Sci. Food Agric，1992（63）：77～86

［22］ 王登良，王汉生，曹潘莱. 提高红碎茶水溶性多酚类保留量实验. 茶叶科学，1998，18（1）：47～52

［23］ 谭振初. 提高红茶茶黄素含量的新途径. 茶叶通讯，1990（3）：53，64

［24］ 阮宇成. 茶叶生化在提高红碎茶品质中的作用. 四川茶业，1980（2）：1～16

[25] Owuor P. U. Comparision of chemical composition and quality changes due to different withering methods in black tea manufacture. Tropical science，1989，29（3）：207～213

[26] Owuor P. U. et al. Variations of the chemical composition of clonal black tea due to delayed withering. J. Sci. Food Agric，1990（5）：55～61

[27] Mahanta P. K. et al. Changes in pigments and phenolics and their relationship with black tea quality. J. Sci. Food Agric，1992，59（1）：21～26

[28] T. Yamanishi. The flavor of tea. Proceedings of the International Symposium on Tea Science，Japan，1991，1～7

[29] M. Kawakami et al. Aroma Composition of original Chinese black tea，Zhengshan Xiao Zhong and other black teas，Proceedings of ' 95 International Tea-Quality-Human Health Symposium，shanghai，164～174

[30] 汪德滋. 祁门红茶香气的初步分析. 中国茶叶，1994（5）：16～17

[31] 王华夫等. 祁门红茶的香气特征. 茶叶科学，1993，13（1）：61～68

[32] 竹尾忠一等. 乌龙茶和红茶香气的食品化学研究，茶叶试验场研究报告，1985（20）：175～180

[33] Dev choudhury M. N.. Seasonal variation of water soluble sugars in tea shout and their role in tea quality. Two and a bud，1986，1（2）：33～36

[34] 萧伟祥等. 制茶中的羰氨反应与焦糖化作用. 福建茶叶，1988（3）：5～9

[35] 黄建安. 茶叶氨基酸品质化学研究进展. 茶叶通讯，1987（3）：39～44

[36] Ramaswamy S. 等. 影响CTC茶乌润度的因素. 国外农学——茶叶，1983（2）：49～53

[37] Pradip K. M.. 传统红茶与CTC红茶中叶绿素及其降解产物对茶红素与感官品质和色泽关系的影响，中国茶叶加工，1986（4）：39～43

[38] Nonaka G. I.，Hashimoto F.，Nishioka I.，Taninns and related compounds. XXX-VI. Isolation and structures of theaflagallins，new red pigments from black tea *Chem. Pharm. Bull.* 1986，34（1）：61～65

[39] Xiaochun W. Harry E. N.，Ya Cai，et al A New Type of Tea Pigment-From the Chemical Oxidation of Epicatechin Gallate and Isolated from Tea J. Sci. Food Agric. 1997，74：401～408

[40] Lewis J. R.，Davis A. L.，Ya Cai，et al. Theaflavate B，Isotheaflavins-3'-O-gallate and Neotheaflavins-3-O-gallate：three polyphenolic pigments from black tea Phytochemistry 1998，49（8）：2 511-2 519

第五章　绿茶制造化学

第一节　绿茶制造中酶的热变性

酶的热变性是指酶蛋白分子的空间结构受高温作用遭到不可逆转的破坏，从而完全丧失活性的一种酶学现象。它既是绿茶制造的特征技术手段，又是绿茶品质风味形成的重要前提。绿茶制造过程中，首先通过高温使酶产生变性，及时制止了鲜叶中氧化酶（特别是多酚氧化酶和过氧化物酶）的活动，同时，酶热变性处理中鲜叶的升温过程、高温条件及其相应的水分变化都促进了其内含物发生一系列非酶性化学反应。因此，形成了绿茶"绿叶清汤"的品质外观及以"湿热"转化物为主要成分的化学组成特点。

一、酶的热变性

不同茶叶，酶的活性对温度的反应不同，达到变性所需的最低温度条件也彼此存在差异。据 Takeo 研究表明，多酚氧化酶的活性在 35℃之前随温度上升而提高，超过 40℃以后逐渐下降。另据资料报道，多酚氧化酶在温度超过 55～65℃时才出现活性急剧下降的迹象。而过氧化物酶的活性从 35℃开始就明显降低，45℃与 35℃比减少近 27%。另外，过氧化氢酶和抗坏血酸氧化酶的活性都在温度超过 35℃时表现出不同程度的下降（表 5-1）。多酚氧化酶和过氧化物酶是导致鲜叶酶性红变的主要酶类，其作用为绿茶制造及品质所忌讳。由表 5-1 可见，多酚氧化酶具有极强的耐热性，完全失去活性的最低温度接近 75℃。因此，制茶上一般将茶叶酶热变性的临界温度确定为 80℃。对于最低"杀青"叶温的要求基本掌握在 80℃以上，以确保所有茶叶酶在短时间内丧失活性。

表 5-1　几种茶叶氧化酶活性与温度变化的关系

（周静舒，1988）

氧化酶	测定 pH	酶活性 [抗坏血酸 mg / (g 干物・h)]						
		15℃	25℃	35℃	45℃	55℃	65℃	75℃
多酚氧化酶	5.0	67.58	112.82	130.41	164.49	224.44	24.39	0

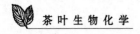

（续）

氧化酶	测定 pH	酶活性［抗坏血酸 mg／（g 干物·h）］						
		15℃	25℃	35℃	45℃	55℃	65℃	75℃
过氧化氢酶	6.0	337.62	350.61	196.06	118.16	0	—	—
过氧化物酶	7.0	534.41	769.57	583.10	428.85	—	—	—
抗坏血酸氧化酶	6.6	31.17	41.54	42.55	40.02	9.62	—	—

　　茶叶中的酶在热变性之前仍具活性，而且，在一定范围内随着温度的升高，其催化反应速度不断加快。当反应速度达到最大时，此时的温度叫做"最适温度"。在特定条件下，茶叶中酶的最适温度各不相同（表 5-2）。这为制茶方案的制订提供了重要的理论依据。如红茶制造为充分发挥多酚氧化酶的活性，发酵温度大多设定在 20～35℃的范围内；与此相反，绿茶"杀青"则力求迅速提升叶温，以尽量减少多酚氧化酶等氧化酶类在最适温度附近对茶叶品质形成带来不良的反应。最适温度不是一种酶的特征物理常数，它与反应或测定的条件（时间、基质、含水量等）有关。通常情况下，反应时间越短或含水量越多，最适温度则相应提高，酶蛋白分子也表现出较强的抗热变性能力。酶活性的上述表现早已引起业内人士的重视，并在长期实践过程中总结出了有关酶热变性（杀青）的指导性经验，它们是："高温杀青，先高后低"、"嫩叶老杀，老叶嫩杀"、多水叶"多抛少闷"及少水叶"少抛多闷"。"高温杀青，先高后低"的具体含义为：将鲜叶迅速加热至高温区（80℃以上），经过一段时间高温的持续作用使茶叶酶特别是耐热性极强的多酚氧化酶产生热变性之后，通过适当降低叶温来控制水分蒸发和减少高温带来的副作用，以利于杀青叶的揉捻造型及"湿热"产物的逐步转化和形成；切忌叶温在低温区（80℃以下）反复徘徊或缓慢上升的情况发生。据资料报道，在温度不够高或高温作用时间太短而未能使氧化酶类完全失活的情况下，都可能加速鲜叶的红变。这是因为此时酶蛋白分子的空间结构仅仅遭到部分破坏，其催化能力只是受到抑制，当温度条件合适仍可通过其自我修复作用恢复活性。另外，加温处理会不同程度地增加鲜叶细胞组织的透性，也为酶促反应创造了有利条件。"嫩叶老杀，老叶嫩杀"是针对不同成熟度鲜叶所采取的相应的"杀青"方法。幼嫩鲜叶中多酚氧化酶活性高、儿茶素含量丰富、水分充足，因而"杀青"时表现出易红变（酶活性、底物含量高）、抗热变性能力强（水分多）和温度提升较慢（水分蒸发散热）等物理化学现象。所以，对嫩叶的"老杀"是指采用较高温度或较长作用时间将鲜叶"杀透"，并使其中的水分大量蒸发的方法。需要指出的是，一些名茶常通过控制投叶量来避免使用高温，这主要是出于方便手工操作、造型和品质特征塑造等方面考虑，与"嫩叶老杀"的原理并不矛盾。老叶的上述理化性状与嫩叶相反，因而采用"嫩杀"是可行而且必要的。由

于高温作业容易造成老叶烧焦变质,此时采用"嫩杀"结合"少抛多闷"的"杀青"方式就显得尤为重要。

表 5-2 部分茶叶酶的最适温度和最适 pH

(李名君,1988)

酶 种 类	最适温度(℃)	最适 pH
多酚氧化酶	35	4.6~5.6
过氧化物酶	27~30	4.1~5.0, 5.4~6.2
脂肪氧合酶	40~45	6.5~7.0
肽酶	52	5.0
果胶酶	45	6.8
叶绿素酶	45	5.5

绿茶制造中酶的热变性在工艺上称为"杀青",是绿茶加工的第一道工序。"杀青"一般采用"蒸青"和"炒青"两种方式完成。"蒸青"是利用高温水蒸气,"炒青"则是借助炒锅的锅温致使酶发生热变性。此外,还有利用高温空气、高温液态水进行"杀青"的所谓"烘青杀青"和"泡青"的处理方法。近年来,采用辐射杀青的方法也得到了一定的推广和应用。然而,无论采取哪种方法,都必须使叶温迅速达到或超过酶变性温度(80℃以上),并保持一段时间才能获得理想的"杀青"效果。生产上,常通过锅温、投叶量和操作时间的掌握来进行"杀青"作业,然而,对于叶温的真实水平尚无法做出准确判断。试验表明,锅温、叶量、操作时间是同时影响叶温的多个因子,任何一个因子的变化或叶温要求上的改变客观上都应该对个别或所有因子做出适当的调整(表 5-3)。这不仅是个理论问题,更是茶叶生产面临的实际问题,事关成茶质量的优劣、制造过程中鲜叶的红变以及成茶贮藏期间残留酶活性对品质的不良影响等,须予以重视。究竟采用多高的"杀青"温度为宜,要视鲜叶老嫩、含水率、投放量及制茶类型等因素综合而定。一般锅温大致在 160~360℃之间,蒸汽温度要求 100℃以上。通常,突出色泽、外形和芽毫的类型在较低锅温条件下进行"杀青"处理;而投叶量大、鲜叶嫩度适中的大众茶类加工则需要较高的作业温度(表 5-4)。

表 5-3 几种绿茶杀青温度、投叶量、时间和叶温的比较

(周静舒,1988)

类 型	锅温(℃)	投叶量(g)	杀青时间(min)	叶温(℃)
眉 茶	220~360	4 000~11 000	8~16	70~80
珠 茶	300~360	3 000~7 000	7~13	70~80
龙 井	90~100	150~700	14~20	70~80
蒸 青	105~120	—	0.25~0.33	105~110

表 5-4　部分绿茶生产采用的杀青温度、投叶量一览表

种　类	杀青温度［锅温（℃）］	投叶量（g）
西湖龙井	100～120	500 左右
信阳毛尖	160～200	500～600
庐山云雾茶	160～180	1 200～1 300
涌溪火青	180 左右	—
蒙顶甘露	140～160	400 左右
青城雪芽	150～170	500 左右

综上所述，酶的热变性是绿茶品质形成的前提和条件。换言之，绿茶品质特征特别是其色泽、外观要求决定了从鲜叶加工一开始就必须终止氧化酶类的活动，而酶的热变性处理满足了这一基本条件，并在此基础上进一步促进了绿茶品质风味的形成。有人认为，多酚氧化酶是茶叶加工过程中重点控制或利用的酶类。显然，杀青不可能是使鲜叶中所有酶瞬间都失去活性。事实上，绿茶制造中有限地利用了某些酶的作用。现已证实，在酶变性以前随着叶温的升高，水解酶类的活动十分活跃，这在一定程度上增加了大分子物质的水解和可溶性品质成分的积累。尤其是离体鲜叶的适当摊放，在避免高温和细胞组织机械损伤造成叶片红变的前提下，利用水解酶类的催化反应能够有效降低成茶苦涩味（酯型儿茶素水解）、转变干茶叶底色泽（适量叶绿素水解后由深绿转为嫩绿）、提高成茶中氨基酸和可溶性糖等成分及其转化产物的含量，对于增进茶汤的滋味和香气有利。骆耀平等人发现，龙井茶鲜叶摊放 2h，β-葡萄糖苷酶活性达到最高水平。β-糖苷酶的水解作用能释放萜烯类香气成分。该试验进一步证明了通过鲜叶摊放处理，利用其水解酶活性对于增进绿茶品质的重要作用。

二、酶的热变性与绿茶品质的关系

酶的热变性对绿茶品质的基本影响已在前面有所涉及。由热变性处理引发的化学反应将在本章后面部分予以详细讨论。这里仅就酶的热变性与绿茶品质的关系做出简要介绍。

酶的热变性与绿茶品质的关系主要体现在两方面：其一，酶热变性本身对绿茶基本品质特征及其耐藏性形成具有重要意义；其二，热变性处理过程对促进绿茶品质的全面提高具有重要作用。具体表现为：①氧化酶类特别是多酚氧化酶和过氧化物酶的热变性及时消除了杀青叶、揉捻叶红变的可能性，从而确保"绿叶清汤"品质特征的形成；②发生热变性之前水解酶活性在叶温升高的

一定范围内迅速提高，从而加快了蛋白质、淀粉、纤维素、原果胶、酯型儿茶素等物质的水解，增加了氨基酸、可溶性糖、水溶性果胶等茶汤成分的积累，削弱了苦涩的酯型儿茶素对茶汤滋味的影响，并为以后工序中物质的转化提供了大量先质；③酶热变性处理过程中，随着鲜叶温度的升高和水分的减少，发生了一系列非酶性水解、异构、脱水和氧化还原等反应，特别是水解反应相当活跃，其底物和产物与酶性反应相近，这对于增进绿茶品质风味极为有益。同时，糖、氨基酸和果胶的脱水反应中产生大量挥发性物质形成了绿茶的"烘烤香"；④高温处理使鲜叶香气化学组成发生了广泛而深刻的变化，与青气有关的一些低沸点成分得到充分挥发，使高沸点成分透出怡人的香气；⑤不同酶热变性的处理方法形成了不同品质风格的成茶。蒸青茶色泽浓绿或翠绿、清香明显；而锅炒杀青茶叶色较淡，以"烘烤香"为主。绿茶滋味由"苦、涩、鲜、甜"4要素构成。通常，鲜叶中以儿茶素为主体的苦涩味物质的含量足以满足绿茶滋味要求，因此，在这种情况下，适当减少成茶中酯型儿茶素的味觉影响和大量增加氨基酸及可溶性糖的含量是增进茶汤滋味质量的关键。据分析认为，成茶中的氨基酸含量与滋味好坏密切相关，相关系数高达0.8左右。有资料显示，在绿茶茶汤的化学组成中，氨基酸和可溶性糖占有重要的位置（表5-5）。香气方面，成茶中约1/3的成分为热转化物，这些成分未从鲜叶中检出，由此可见，高温处理对于绿茶香气形成的重要性。

表5-5　绿茶第一泡茶汤成分组成及浸出率

（林鹤松，1988）

茶汤主要成分	浸出率（%）
多酚类总量	44.96
表没食子儿茶素	55.88
表没食子儿茶素没食子酸酯	38.21
游离氨基酸总量	81.58
精氨酸	75.42
谷氨酸	89.49
茶氨酸	81.16
咖啡碱	66.71
可溶性糖	35.61

除上述有益的影响外，酶的热变性处理同时也会带来一些负面作用，其中特别值得注意的是，在高温低湿条件下叶绿素的脱镁反应、糖和氨基酸的深度脱水转化反应都会伴随热处理进程趋于程度加深和产物持续积累的状态。当产物积累过量时，将导致成茶叶叶底和汤色的黑暗、混浊之感。尤其在热处理操作不当的情况下，还可能产生成茶香、味焦苦或在制鲜叶红变的严重后果。

第二节 绿茶制造中主要化学
成分的变化

在绿茶初制过程中，茶叶内含物质发生了复杂的化学作用，由此产生茶叶内质的变化，消除了茶鲜叶中原有的青草气、苦味，形成绿茶所特有的清香和浓醇的滋味（表5-6）。

表5-6 鲜叶不同处理特性的变化
（吉斯，A.C，1957）

处　理	外形色泽	茶汤滋味	汤　色	香　气
鲜叶（对照）	深绿色	苦青草味	淡绿色	青草气
液态氮固定	深绿色	青草味	淡绿色	青草气
加热焙炒	淡绿并带有橄榄色	浓、无苦味	淡绿色	良好绿茶香
蒸气杀青焙炒	淡绿并带有橄榄色	浓、无苦味	淡绿色	良好绿茶香

从上面的资料可以看到，制造绿茶并不是一个单纯的失水固定过程，否则，上述处理应有相似的审评结果。但前二组无绿茶的香气和滋味，后二组通过长时间焙炒，一方面使茶叶中水分蒸发，同时在热物理化学作用下，以鲜叶含有的化学成分为反应基质，以脱水、水解、取代、异构、氧化、还原等反应形式，不但使原有的化学成分发生数量上、组成比例上、化学结构上的变化，并伴有大量新物质的形成。由于一系列化学成分综合变化的结果（表5-7），形成了绿茶特有的色、香、味，由青涩味重的鲜叶加工成鲜醇可口的饮料。

表5-7 "信阳毛尖"各工序在制品主要化学物质的含量变化（%）
（司辉清等，1989）

项　目	鲜　叶	摊放叶	生锅叶	熟锅叶	初烘叶	摊凉叶	复烘叶（成茶）
水分	78.09	75.59	55.53	36.70	10.39	10.62	1.81
水浸出物	52.22	49.85	48.84	46.18	42.97	44.28	48.40
氨基酸	5.93	5.98	5.70	5.58	5.81	5.23	5.14
多酚类	34.12	31.95	31.79	30.41	30.29	30.43	29.70
叶绿素总量	0.335 0	0.332 7	0.277 4	0.265 7	0.250 4	0.241 6	0.221 5
叶绿素a	0.200 6	0.207 8	0.165 9	0.167 7	0.148 3	0.150 6	0.139 2
叶绿素b	0.134 7	0.112 9	0.112 1	0.098 1	0.102 6	0.098 7	0.079 8
类胡萝卜素	0.137 8	0.137 5	0.100 8	0.093 4	0.074 0	0.076 7	0.072 2

注：表中数值为4次重复的平均值。

一、多酚类的变化

多酚类在茶叶中含量高，组成复杂，它们在数量、种类上的变化，对茶叶品质的色、香、味均有重要影响。

绿茶制造的特点是在第一道工序采用高温使酶变性。多酚类的氧化聚合作用虽因多酚氧化酶的绝大部分失活而没有红茶制造时变化得那么强烈复杂，但在热和残留酶的作用下，多酚类会因异构、水解和部分氧化聚合等化学变化，使组成发生变化，总量有所减少，但减少幅度与工艺、茶类等有关（图5-1）。由此可见，多酚类总量随制造进程而下降。那么，多酚类的组成及其组分含量在绿茶加工过程中又有何变化呢？

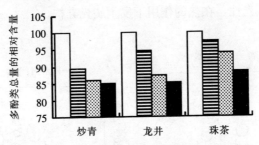

图 5-1　三种绿茶制造过程中多酚类含量的变化

（王泽农等，1990）

□ 鲜叶　▤ 杀青叶　▨ 揉捻叶　■ 毛茶

（一）异构化作用

绿茶制造过程中，干燥是儿茶素含量和组成变化较大的一道工序，同一揉捻叶，经不同干燥方法和条件处理，所得绿茶儿茶素及其组成差异如表5-8所示。

表 5-8　绿茶制造中不同干燥方法对儿茶素含量的影响（每克干物所含毫克数）

（萧伟祥，1989）

	（−）-EGC	（±）- GC	（−）-EC （±）-C	（−）-EGCG	（−）-ECG	总　量
烘干	39.63	3.74	15.63	81.59	18.51	159.10
晒干	37.810	5.26	43.53	74.75	16.65	148.00
炒干	37.95	6.93	13.52	84.24	19.54	162.99
红外干燥	39.51	5.23	15.15	84.56	19.18	162.74
冷冻干燥	43.51	6.05	13.55	87.43	20.64	171.18

Bradfield 发现，绿茶制造中儿茶素发生差向异构化作用，产生了四种新的儿茶素。纯化的多酚氧化酶具有催化此作用的能力，但绿茶制造中主要是在高温作用下发生的，由顺式儿茶素转化成反式儿茶素。

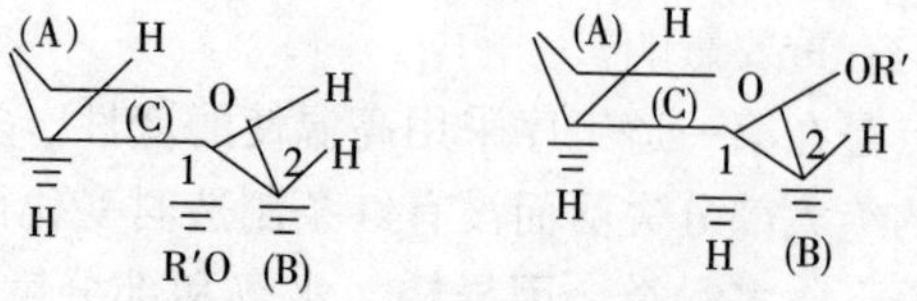

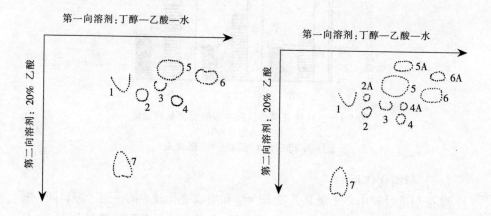

在顺式结构中，往往因 B 环和 OR' 基团较大，产生立体位阻而极易发生异构化，热力作用加速该过程的发生。另外，由于儿茶素分子结构中具有不对称碳原子，具有旋光性，在热的作用下发生旋光异构。

图 5-2 茶叶嫩梢主要多酚类化合物儿茶素组成的纸上层析图谱

（北京林学院，1979）

图 5-3 绿茶的主要多酚类化合物儿茶素组成的纸上层析图谱

（北京林学院，1979）

斑点说明：

① （−）EGC   ② （+）-GC

③ （−）EC   ④ （+）-C

⑤ （−）EGCG   ⑥ （−）-ECG

⑦茶没食子素

斑点说明：

②A （−）-GC

④A （−）-C

⑤A （−）-GCG

⑥A （−）-CG

即在加工过程中产生差向异构作用，如

（−）-EGC→（−）-GC；（−）-EGCG→（−）-GCG；（−）-EC→（−）-C；（−）-ECG→（−）-CG。

（二）水解作用

绿茶制造过程中，酯型儿茶素因水、热等作用可发生水解，生成简单儿茶素和没食子酸。例如：

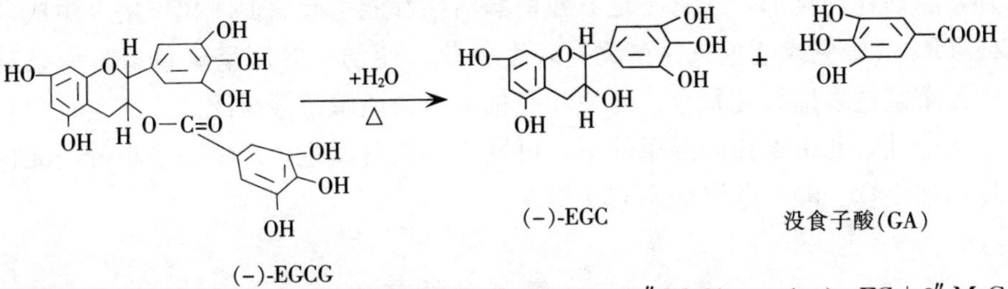

（–)-EGC 没食子酸(GA)

（–)-EGCG

同样，（一）-ECG→（一）-EC＋GA；（一）-EC-（3″-MeG）→（一）-EC＋3″-MeG

（3″-甲基没食子酸）；

（一）-EGC-3-（3″－MeG）→（一）-EC＋3″-MeG

酯型儿茶素苦涩味重，收敛性强，而简单儿茶素先苦后甘，收敛性较弱，爽口。酯型儿茶素适量减少，有利于绿茶滋味醇和爽口。

除儿茶素类之外，茶叶中存在的多种黄酮及黄酮醇的苷类化合物，在绿茶制造中也可进行水解作用，生成苷元配基黄酮类化合物和糖体。如槲皮苷、牡荆苷等水解后形成槲皮素、牡荆素以及葡萄糖和鼠李糖。苷类化合物的水溶液具有苦味，水解成苷元和糖体后，苦味消失。

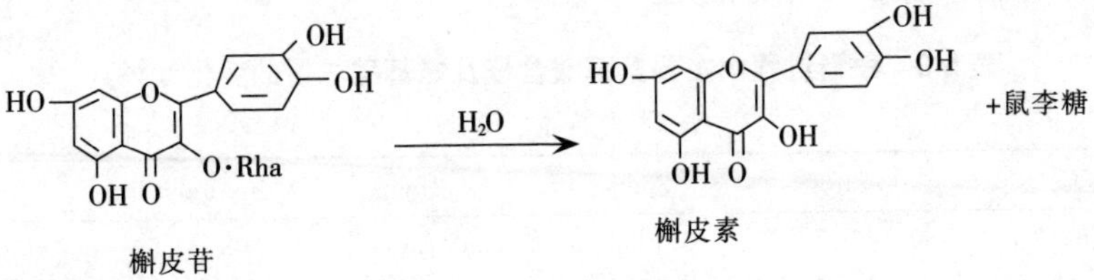

槲皮苷 槲皮素 ＋鼠李糖

（三）氧化作用

儿茶素在高温、湿热、有氧条件下，还可进行氧化聚合反应，产生橙黄色聚合物。当氨基酸、蛋白质存在时，这些氧化聚合物可随机聚合形成有色物质，是形成绿茶叶底黄绿的成分，使叶底色泽显现嫩绿色，从而改善品质。其变化主要过程图示如下：

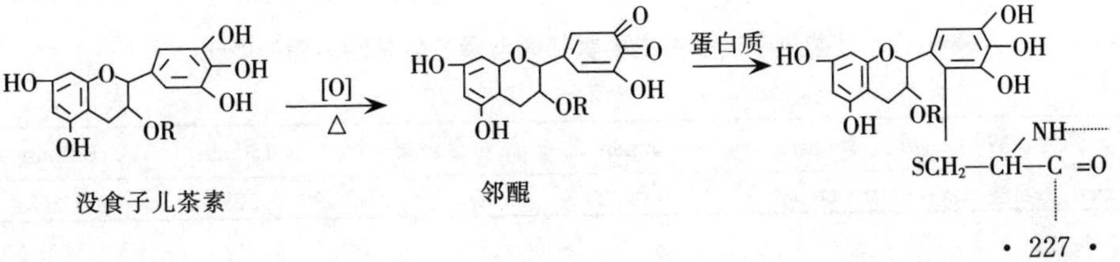

没食子儿茶素 邻醌

据 E. A. H. Roberts 证实，儿茶素氧化产物邻醌能与半胱氨酸和谷胱甘肽类物质中的巯基结合，绿茶制造过程中形成的氧化产物邻醌循着相似的途径与蛋白质中的巯基结合，使绿茶中多酚类含量适量降低，绿茶滋味变得醇和。此外，酶活性钝化前，杀青不足或残留酶活性都能引起酶促氧化作用，生成 TFs 或 TRs 等橙色或红色氧化产物，轻度氧化，使汤色叶底呈黄色。若绿茶制造中儿茶素过多地氧化聚合，可使叶底枯黄，汤色暗黄甚至泛红。

此外，儿茶素在高温条件下，可发生热裂解反应，产生一些小分子无色产物，如没食子酸、苯甲酸和 CO_2 等。

二、氨基酸的变化

绿茶加工前，采收的鲜叶一般经过一段时间的贮青或摊放，加上在杀青开始阶段，叶温未达到使酶完全热变性之前，在酶的作用下蛋白质水解成多肽，进一步水解成氨基酸，使氨基酸组成和含量发生深刻变化（表 5-9）。杀青期间，由于热的作用，氨基酸总量下降明显，各组成氨基酸有下降趋势，但其中均有一个回升的时间，出现前后不尽相同，这与干燥过程中的变化类似（表5-10）。由于氨基酸在绿茶加工过程中，参与了多种化学反应，变化较复杂，在摊放、杀青、揉捻到干燥的整个绿茶加工过程中，氨基酸的变化与茶叶的香气、色泽和滋味的形成密切相关。

表 5-9　杀青过程中主要氨基酸含量及氨基酸总量的变化（％）

（罗龙新等，1994）

氨基酸	0min	2min	4min	6min	8min
天门冬氨酸 Asp	0.143 67	0.135 24	0.126 85	0.119 59	0.117 57
茶氨酸 Thea	0.747 68	0.625 99	0.606 61	0.671 62	0.581 36
苏氨酸 Thr	0.142 00	0.625 99	0.606 61	0.971 62	0.581 36
丝氨酸 Ser	0.189 28	0.157 34	0.164 29	0.153 23	0.150 82
谷氨酸 Glu	0.253 92	0.241 60	0.225 31	0.206 92	0.211 74
缬氨酸+色氨酸	0.134 85	0.139 42	0.129 72	0.124 69	0.138 99
异亮氨酸 Ile	0.103 58	0.100 26	0.096 35	0.094 22	0.086 63
苯丙氨酸 Phe	0.167 63	0.173 68	0.163 08	0.152 08	0.144 74
精氨酸 Arg	0.141 60	0.127 36	0.144 83	0.125 89	0.129 08
总　量	3.05	3.048	2.76	2.57	2.58

表 5-10　绿茶烘干过程中主要氨基酸含量及氨基酸总量的变化（％）

（李荣林，1996）

氨基酸	0min	60min	120min	150min	180min
天门冬氨酸 Asp	0.088 38	0.121 23	0.116 40	0.128 91	0.126 37

（续）

氨基酸	0min	60min	120min	150min	180min
茶氨酸 Thea	0.558 34	0.721 09	0.741 56	0.745 33	0.768 29
苏氨酸 Thr	0.118 81	0.130 81	0.137 20	0.135 46	0.144 45
丝氨酸 Ser	0.132 67	0.143 90	0.134 78	0.163 31	0.141 26
谷氨酸 Glu	0.103 89	0.173 06	0.228 07	0.233 00	
缬氨酸+色氨酸	0.116 90	0.103 20	0.124 53	0.143 84	0.143 9
异亮氨酸 Ile	0.091 35	0.084 05	0.097 86	0.099 33	0.101 44
亮氨酸 leu	0.095 70	0.089 60	0.103 50	0.100 21	0.103 72
苯丙氨酸 Phe	0.136 44	0.127 88	0.156 53	0.155 95	0.173 94
精氨酸 Arg	0.935 7	0.061 19	0.098 29	0.106 91	0.118 01
总　量	2.39	2.19	3.02	2.85	3.12

　　山西贞等对绿茶香气的测定表明，甲基蛋氨酸疏盐在加热条件下可水解，其产物中的二甲硫是绿茶新茶香的主要成分，水解过程为：

$$(CH_3)_2^+ S\ CH_2CH_2\underset{\underset{NH_2}{|}}{C}HCOOH \xrightarrow[\triangle]{+H_2O} \underset{CH_3}{\overset{CH_3}{\diagup}}S + \underset{CH_2CH_2CH_2COOH}{\overset{OH}{\overset{|}{}}} + H^+$$

二甲硫

　　前苏联和美国学者 20 世纪 70 年代初研究发现，芳香族氨基酸经脱氨脱羧后可生成挥发性的香气成分（图 5-4），该过程中氨基酸在热的作用下被氧化。

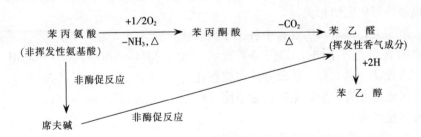

图 5-4　苯丙氨酸转化为香气的途径

　　此外，氨基酸与儿茶素的初级氧化产物邻醌经脱羧脱水等历程也能形成挥发性的香气成分，这是一个偶联氧化过程（图 5-5）。

　　亮氨酸在绿茶制造过程中经氧化后形成五碳醛等物质，参与茶香构成（图 5-6）。

　　热的作用下，氨基酸与还原糖的作用（即 Maillard 反应）广泛存在于食品的加热或茶叶的炒制过程中，其中该反应的关键性中间产物是糖胺化合物，

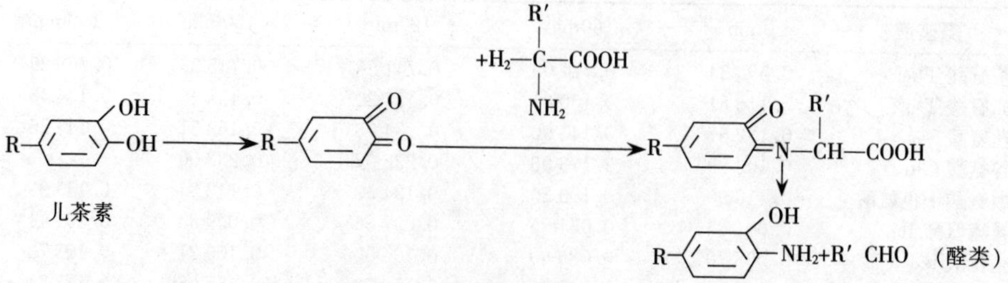

图 5-5　氨基酸与儿茶素的偶联氧化

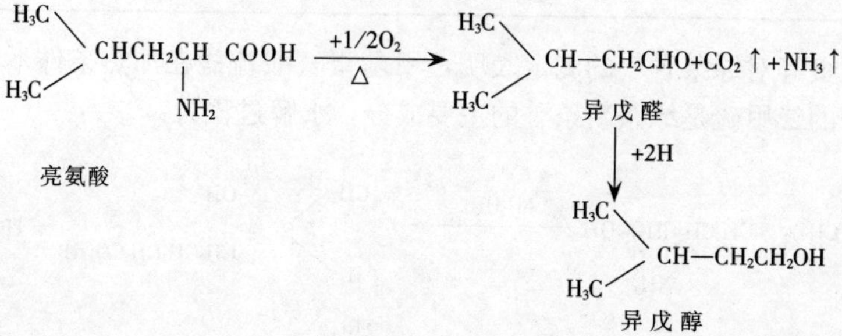

图 5-6　亮氨酸的氧化途径

该化合物不仅对茶叶烘炒香有重要贡献，而且本身呈味对茶叶滋味也有影响。

日本阿南丰正曾从蒸青绿茶中成功分离出茶氨酸与葡萄糖形成的糖胺化合物，结构为 1-脱氧-1-（一）-茶氨酸-D-吡喃果糖，如下式所示。该化合物与茶叶烘炒香形成密切相关。

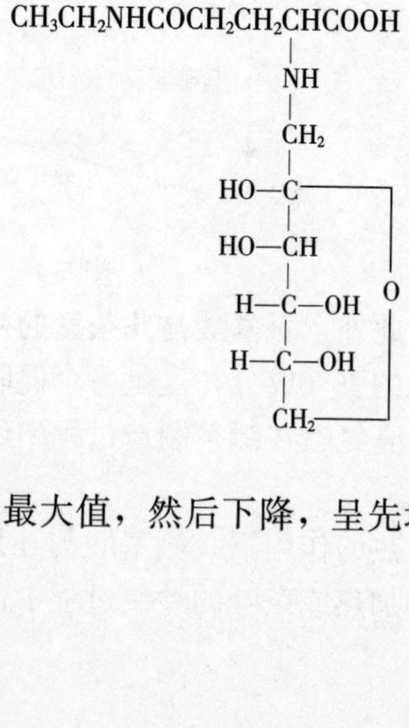

事实上，绿茶加工过程中各工序糖胺化合物的含量是不同的，如图 5-7 所示。鲜叶、杀青叶、烘二青、炒三青叶中糖胺化合物含量依次升高，至辉锅叶含量下降，炒三青叶含量最高。

影响糖胺化合物形成的因子主要是水分与温度。图 5-8 表示炒青绿茶加工过程中糖胺化合物随茶叶含水量的变化情况。由于热作用，茶叶加工过程中水分逐渐散失，含水量从鲜叶的 70％ 左右下降到炒干叶时约

5％。糖胺化合物随茶叶含水量降低逐渐升高到最大值，然后下降，呈先增后减的趋势。

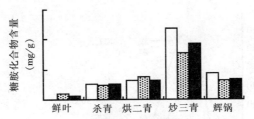

图 5-7　炒青绿茶加工各工序糖胺化合物含量变化
（倪德江等，1995）

□ 春茶　▨ 夏茶　■ 秋茶

　　不同温度的炒干过程对糖胺化合物的积累有着重要的影响，适当的高温有利于糖胺化合物的形成（图 5-9），通过调控加工温度以控制该化合物的形成，这对茶叶加工十分重要。

　　此外，反应条件和反应基质浓度对糖胺化合物积累也有影响，降低 pH 不利于糖胺化合物的积累，而升高 pH 即降低酸度可加速积累。酸性条件下糖胺化合物极易水解，茶叶中存在的多种有机酸及制造过程中蛋白质、多糖等物质的水解产物使茶叶处于微酸状态，抑制了糖胺化合物合成。而且，茶叶中糖胺化合物含量与茶氨酸含量密切相关。

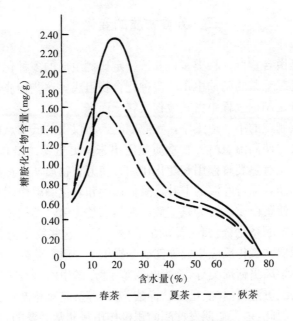

图 5-8　炒青绿茶加工过程中糖胺化合物
含量随茶叶含水量的变化

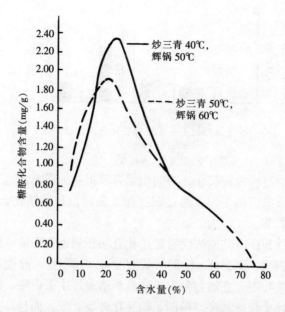

图 5-9　不同加工方法糖胺化合物含量随茶叶含水量的变化

三、芳香物质的变化

茶叶香气是由含量低、种类多，并按一定比例组成的多种化合物的复杂混合物。已经发现绿毛茶的精油由 100 多种化合物组成，这些物质部分来自于鲜叶原料，大部分是制造过程中由其他物质转化而来。

杀青是绿茶制造的第一道工序，在此期间，不仅仅是低沸点的青草气物质大部分挥发散失，使高沸点的芳香物质显露出来，更重要的是在热的作用下，既有酶促作用，还有热裂解作用和酯化作用，使芳香物质从含量到种类都显著增加。在杀青初期，随着叶温的上升，酶促作用和氧化裂解作用在一定阶段内处于加速状态，使蛋白质水解为氨基酸，淀粉水解为糖，类胡萝卜素和亚麻酸氧化降解产生紫罗酮系化合物和 C_6 的醇、醛、酸，这些物质为儿茶素类酶促氧化产生的邻醌偶联氧化反应生成香气成分提供了先质。此外，糖苷酶的作用使萜烯类配糖体游离出萜烯类等，杀青叶的苯甲醇、苯甲醛、苯乙醇、紫罗酮系化合物、茶螺烯酮、二氢海葵内酯、己酸己烯酯、芳樟醇及其氧化产物、香叶醇、橙花醇等显著增加。因此，杀青初期发挥酶的积极作用是非常必要的，但这是一项要求很高的操作技术，掌握不当，酶促作用过盛，将会产生红梗红叶。

酶在高温下变性后，非酶促的氧化裂解作用加强，氨基酸与糖缩合生成糖胺化合物，进而降解生成含氮和含氧杂环类化合物，如吡嗪类、吡咯类和糠醛类等，同时生成挥发性醛类，参与茶香构成。此外，在热的作用下，除部分酯类物质挥发外，鲜叶原有的酯类不断增加，并产生许多新的酯类化合物。杀青叶的酯类化合物增加，除了棕榈酸、硬脂酸的酯类有助于定香外，其他酯类以其芬芳的水果香参与形成茶香。

炒干过程中，高温作用使低沸点的物质进一步挥发，青叶醇、青叶醛、正己醛、正壬醛微量存在，同样参与茶香的组成。萜苷类的加热水解释放出游离萜类，萜烯类在热的作用下环化、脱水和异构化，使炒干叶中萜烯醇类比鲜叶所含的各类数量都明显地增加。如新增加的种类以 α-萜品醇、α-杜松醇最明显，数量以芳樟醇、橙花醇、香叶醇提高最多，还有酯化反应加强，其中以青叶醇与乙酸、己烯酸、苯甲酸等反应。所生成的酯最多，这些产物将构成茶叶花果香。青叶醇在加工过程中的变化主要有以下几种：

①酯化：

顺-3-己烯醇-1　　　　顺-3-己烯酸　　　　　　　　　顺-3-己烯酸-顺-3-己烯酯
（青叶醇）

②青叶醇反应：

③环化反应：

$CH_3C-COOH+CH_3COOH+$　　　　　　　　　　　　茉莉酮
（茉莉香）

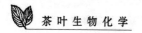

④异构化反应：

$$CH_3CH_2 \quad CH_2CH_2OH \qquad \qquad CH_3CH_2 \quad H$$
$$\searrow C=C \nearrow \qquad\Longleftrightarrow\qquad \searrow C=C \nearrow$$
$$H \quad\quad H \qquad\qquad\qquad\qquad H \quad\quad CH_2CH_2OH$$
（青气）　　　　　　　　　（清香）

　　还有青叶醇经加热大量挥发产生稀释效应，也有助于清香的构成。此外，氨基酸与糖在热作用下的脱水、降解生成的吡嗪类、糠醛类衍生物，使茶叶具有令人愉快的烘炒香。以上述热转化产物为主体，辅之以其他香气组分，使炒青绿茶香气的香型显著不同于鲜叶而表现为烘炒香和清鲜芬芳香为基础的"绿茶香"。

四、色素的变化

　　绿茶制造过程中色素成分的变化主要有：叶绿素及其衍生物的降解、多酚类的轻度氧化聚合以及非酶促褐变等。

　　1. 叶绿素的变化　叶绿素不溶于水，但在揉捻和加热干燥过程中，叶绿体的质体基粒内的蛋白质分解而使叶绿素暴露出来，一部分脱落，悬浮于茶汤中参与茶汤色泽。叶绿素是一类对光敏感且易于水解、脱镁的脂溶性色素，在绿茶加工过程中主要发生水解和脱镁两种作用。

　　叶绿素水解后生成叶绿酸、植醇等化合物，进入茶汤，对茶汤汤色有一定的影响。杀青的温度和烘炒方式不同，保留叶绿素的含量也是不同的，如表5-11所示。

表 5-11　绿茶初制过程中叶绿素含量的变化（%）

（萧伟祥，1963）

叶绿素类	鲜 叶	杀 青	揉 捻	毛 火		足 火	
				烘干	炒干	烘青	炒青
叶绿素 a	100	88.37	74.42	55.81	67.44	50.0	63.45
叶绿素 b	100	82.61	73.91	47.83	52.17	60.84	47.83
叶绿素 a/叶绿素 b	3.7	4.0	3.70	4.3	4.9	3.0	5.0
总量	100	87.61	74.31	64.22	62.22	52.29	60.55
各工序相对减少率	0	13.39	13.34	20.18	10.09	1.84	3.67

　　另外，叶绿素 a 与叶绿素 b 的熔点不同（前者为 117～120℃，后者为

130℃），在茶叶炒制过程中热破坏程度不等，首先破坏的是叶绿素 a，尔后随着温度的升高叶绿素 b 也遭破坏而下降。

在绿茶杀青过程中，由于杀青开始酶活性增强和继续的湿热作用，氢离子浓度因有机酸增加而增加，据五十岚修测定，茶鲜叶的 pH 为 6.4，而杀青叶为 5.94，氢离子浓度约增 3 倍，这给叶绿素脱镁提供了较好的环境，变化如下：

$$C_{32}H_{30}ON_4Mg \overset{COOCH_3}{\underset{COOC_{20}H_{39}}{<}} \quad \xrightarrow[+H^+]{\triangle} \quad C_{32}H_{32}ON_4 \overset{COOCH_3}{\underset{COOC_{20}H_{39}}{<}} \quad +Mg^{2+}$$

叶绿素   脱镁叶绿素

由于脱镁叶绿素呈褐色，杀青闷得过早，时间过长，出现的茶叶色泽黄暗。茶叶中叶绿素脱镁率是反映茶叶色泽品质的一个重要指标，脱镁率随制茶进程和温度提高而增加，尤其在炒干阶段，脱镁率会迅速上升。图 5-10 是脱镁叶绿素和脱镁叶绿酸在热作用下的变化规律，脱镁叶绿酸百分含量随温度升高而增高，较低温度下脱镁叶绿酸较易形成。加工时间也直接影响叶绿素的脱镁，通常，时间越长脱镁率越高，脱镁叶绿素含量越高，而且往往时间效应大于温度效应，见图 5-11 及表 5-12，脱镁率全炒＜半烘炒＜全烘。

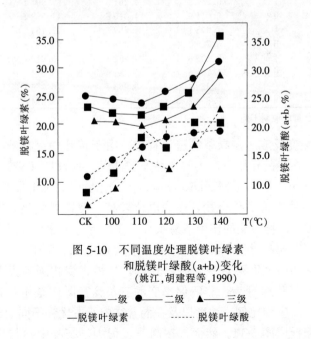

图 5-10 不同温度处理脱镁叶绿素
和脱镁叶绿酸(a+b)变化
(姚江,胡建程等,1990)

■—一级 ●—二级 ▲—三级
—脱镁叶绿素   ······脱镁叶绿酸

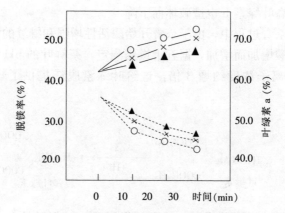

图 5-11 脱镁率和叶绿素 a 随加工时间变化

姚江,胡健程等,1990

——脱镁率 --------叶绿素 a

▲——110℃ × ——120℃ ○——130℃

表 5-12 不同干燥方式处理绿茶中叶绿素含量变化（每 100g 干重所含毫克数）

（五十岚修等，1959）

处　　　理		脱镁叶绿素 a	脱镁叶绿素 b	叶绿素 a	叶绿素 b
全炒	Ⅰ	6.253 2	4.261 5	7.907 1	10.550 7
	Ⅱ	6.011 9	4.016 8	11.909 1	5.625 6
半烘炒	Ⅰ	7.908 1	4.269 0	7.164 7	10.405 7
	Ⅱ	6.720 0	4.328 7	10.503 4	5.241 6
全烘	Ⅰ	8.208 8	4.722 4	5.910 7	10.271 2
	Ⅱ	11.801 8	5.234 6	8.371 6	4.493 9
鲜叶	Ⅰ	1.328 4	0.953 7	26.066 7	15.732 6
	Ⅱ	0.854 2	0.613 1	19.394 8	10.743 5

注：Ⅰ与Ⅱ的鲜叶原料不同

  2. **非酶褐变反应** 在绿茶制造过程中，由于茶叶中存在的氨基酸、还原糖类物质等，在热的作用下产生与食品加工过程类似的非酶褐变反应，使茶叶色泽不同于鲜叶，主要有 Maillard 反应、焦糖化反应和维生素 C 的氧化反应。维生素 C 是一种内酯类化合物，还原电位较高，极易被氧化，氧化产物为氧化型维生素 C，该物在热的作用下易水解，在杀青与干燥阶段降解，保留量较少。炒青与烘青初制过程中的维生素 C 变化见图 5-12、5-13。

  显然，加热使维生素 C 氧化降解加剧，且炒青变化强度大于烘青。维生素 C 的热作用氧化机理为：非酶促褐变的三条途径同样是相互制约的，只是因反应条件、反应物比例、浓度以及在混合物中所占优势不同而已，它们三者间的关系可概括成图 5-14。然而，在制茶过程中，茶叶中参与褐变的成分比

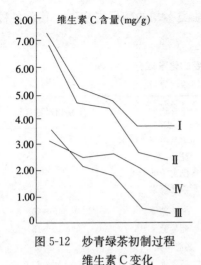

图 5-12　炒青绿茶初制过程
维生素 C 变化
（刘仲华等，1989）

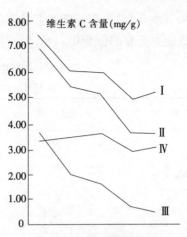

图 5-13　烘青绿茶初制过程
维生素 C 变化
（张丽霞、施兆鹏，1991）

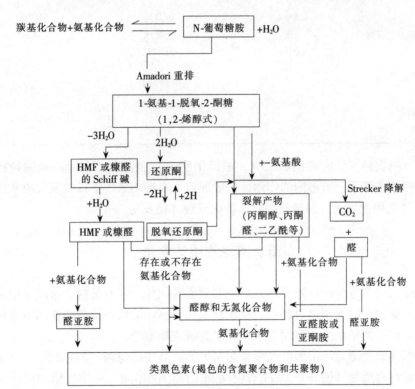

图 5-14　非酶促褐变历程图示
（张凯农、肖纯，1989）

较复杂（表 5-13），在绿茶加工过程中除多酚类参与的酶促褐变外，其余各种成分也能参与非酶促变化。

表 5-13　制茶中参与褐变的化学成分

（张凯农、肖纯，1989）

类　别	占干物质（%）	化合物	类别相对量（%）
多酚类	16～30	没食子儿茶素没食子酸酯 黄酮醇类 儿茶素没食子酸酯类 简单儿茶素	
糖类	0.6～0.8	果　糖	15～20
	0.4～0.6	葡萄糖	10～15
	0.1～0.9	其他单糖	2.5～29
	0.64～2.5	蔗　糖	16～63
	微	麦芽糖	—
氨基化合物	1.5～4.0	氨基酸	99.9
	微	酪氨酸	0.1
	0.1～3	肽　类	
维生素类	0.1～3	维生素 C	
脂类	7～13	脂　质	99.9
	0.09～0.1	脂肪酸	0.1

非酶促褐变反应的羰氨反应、焦糖化反应和维生素 C 氧化三条途径在不同的制茶条件下起着不同的作用。一般而言，在湿热条件下以羰氨反应和维生素 C 氧化褐变为主，温度较高时焦糖化反应才能发生。

五、其他物质的变化

绿茶加工过程中，除上述几种主要物质变化外，还有淀粉、果胶等也发生变化。淀粉在绿茶制造过程中，可水解成葡萄糖，淀粉在淀粉酶作用下分解成糊精，部分糊精在热的作用下水解成麦芽糖或葡萄糖。

据林鹤松测定，茶鲜叶经绿茶初制工艺，其中还原糖、非还原糖、可溶性糖总量都有增加（图 5-15）。杀青时间和干燥时间不同，可溶性糖的变化不一（表 5-14）。杀青与炒干阶段，葡萄糖、果糖、蔗糖及总糖均有增加趋势，但增幅不一，有的略有波动。果胶在绿茶加工过程中能水解成果胶酸等。

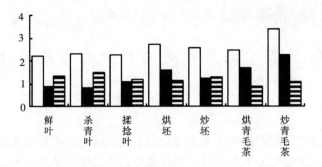

图 5-15 "屯绿"初制过程中可溶性糖含量的变化

□ 可溶性糖总量　■ 非还原糖　🯄 还原性糖

表 5-14　绿茶杀青和炒干过程中游离糖组成的变化（%）

（张丽霞、施兆鹏，1991）

样　品		果　糖		葡　萄　糖		蔗　糖		总　糖*	
		Ⅰ级	Ⅱ级	Ⅰ级	Ⅱ级	Ⅰ级	Ⅱ级	Ⅰ级	Ⅱ级
杀青样	0 (min)	0.31	2.25	0.35	2.82	3.02	3.10	2.01	1.97
	2 (min)	0.32	2.55	0.33	3.20	3.74	3.38	2.30	3.26
	4 (min)	0.36	1.97	0.39	2.71	1.01	3.14	2.02	2.68
	6 (min)	0.38	2.51	0.42	2.90	1.59	2.38	1.95	2.86
	8 (min)	0.84	2.58	0.63	3.07	4.80	2.66	1.98	3.23
炒干样	0(min)	0.50	2.35	0.51	2.44	1.42	3.01	1.84	3.04
	60(min)	0.47	1.92	0.58	2.94	1.79	2.40	1.96	2.95
	90(min)	0.82	2.45	1.71	3.17	0.73	2.42	1.60	2.87
	120(min)	0.72	2.88	0.89	2.97	1.24	3.71	1.96	2.75
	150(min)	0.79	3.04	1.62	2.86	2.06	4.56	2.07	2.98
	180(min)	0.74	2.41	2.57	2.30	2.30	1.86	1.78	2.26

*　为蒽酮比色法测定结果，其余为 HPLC 测定值。

$$\left[\ \begin{matrix}\overset{\overset{O}{\|}}{C-OCH_3} & OH & H \\ O & OH & O \end{matrix}\ \overset{\overset{O}{\|}}{C-OCH_3}\ \begin{matrix} H & O & H \\ OH & OH \end{matrix}\ \right]_n \longrightarrow 果胶素 \longrightarrow 果胶酸$$

$$\longrightarrow 半乳糖醛酸$$

在绿茶初制过程中，可溶性果胶含量有所增加，制法不同，其含量也不

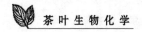

同，鲜叶制成烘青，可溶性果胶含量增加约 24.4%，炒青增加约 31.2%。果胶水解后的半乳糖醛酸可在热的作用下形成焦糖。

第三节　绿茶贮藏过程中的物质变化

一、含水率的变化

绿茶贮藏过程中的品质劣变主要是由于其内含品质成分的氧化作用，水分和温度等是氧化变化的主要条件。茶叶品质劣变程度与其含水量密切相关。因此，保持茶叶贮藏过程中的低含水率，能使茶叶中的内含物氧化和劣变速度减慢。

绿茶在常温下贮藏，含水量呈增加趋势。贮藏头 2 个月，低含水率处理的茶叶吸湿速度极快，含水率由 2.68% 迅速上升至 6.09%，较贮藏前增加 2.27 倍；中等含水率处理的茶叶由 5.32% 上升至 7.12%；高含水率的由 8.40% 上升至 8.94%，增湿幅度分别为 25% 和 6%。贮藏 1 年后，低含水率处理的茶叶含水率上升至 8.23%；中等含水率处理的茶叶上升至 8.43%；高含水率的上升至 9.45%，分别比贮藏前增加 5.55%、3.11% 和 1.05%（表 5-15）。

表 5-15　不同含水率绿茶在贮藏期中的品质评分变化比较

（陆锦时、谭和平，1994）

处　理	贮　藏　月　数					
	2	4	6	8	10	11
低含水率	82.75*	79.50	77.75	75.85	74.10	70.20
中含水率	74.50	72.15	69.65	67.30	64.45	59.43
高含水率	68.85	67.25	64.65	61.75	59.30	47.00

＊　不同含水率处理贮藏前均以 100 分为基准，60 分以下均已裂变。

由此看来，绿茶贮藏过程中的吸湿能力强弱，与起始含水率有关，起始含水率低的，吸湿能力强，水分上升快；反之则慢。但吸湿量的大小随贮藏过程中茶叶自身含水率的增加而逐渐减小。

贮藏过程中，茶叶含水率的变化还与环境空气相对湿度有关，贮藏环境相对湿度增加，茶叶含水率增加，环境相对湿度下降后，茶叶会出现明显的解湿现象。

二、色素的变化

绿茶色素主要由脂溶性的叶绿素和类胡萝卜素和水溶性的花青素类、花黄素类物质组成。绿茶中，花青素一般已形成靛青色的稳定的色素化合物；花黄素类主要包括黄酮和黄酮醇及其苷类化合物，是绿茶汤黄色的物质基础，贮藏过程中容易进一步氧化，形成茶黄素、茶红素甚至茶褐素类化合物，造成绿茶汤色和滋味的劣变；类胡萝卜素在贮藏过程中的变化，主要是由于类胡萝卜素的光敏氧化和降解，结果使茶叶中的紫罗酮系化合物含量增加。

叶绿素也是构成绿茶外观、汤色和叶底色泽的主要色素成分，它很不稳定，在贮藏条件下，经过脱镁、脱植基而生成脱镁和脱植基叶绿素，产物经氧化降解（光和温度引起的氧化裂解），生成一系列小分子水溶性无色物质，不仅影响了干茶和叶底的色泽，而且对滋味影响也较大。紫外线能加速叶绿素的褪色，叶绿素脱镁后转化成脱镁叶绿素，颜色由绿转褐。贮藏过程中，叶绿素的保留量与绿茶的外观品质关系密切。叶绿素的保留量是绿茶贮藏过程中品质变化的指标之一。

叶绿素（a、b）——→叶绿素酸酯（a、b）

脱镁叶绿素（a、b）——→脱镁叶绿素酸

图 5-16 叶绿素转化示意图

（吴小崇，1995）

叶绿素是绿茶色泽的主要成分，在贮藏过程中叶绿素的脱镁和脱植基反应是显而易见的。一般来说，叶绿素 a 比叶绿素 b 稳定，而脱镁叶绿素 b 则比脱镁叶绿素 a 稳定。绿茶贮藏 1 年，叶绿素总量从 0.477％减少为 0.416％，减少幅度为 12.76％，其中，叶绿素 a 和叶绿素 b 减少幅度分别为 11.11％和 13.79％，可见后者的损失较前者大。

三、香气物质的变化

绿茶香气形成机制非常复杂，它是鲜叶内含物（糖、氨基酸、脂肪酸、糖苷等）在茶树生长和茶叶加工过程中进行生物合成、酶促反应和剧烈的热物理化学作用的结果。这些香气物质一旦形成后，便吸附在干茶的表面和细胞孔隙中，从而表现出茶香，而在贮藏过程中，又缓慢地解吸附，使一部分香气物质散失；同时，伴随着不饱和脂肪酸自动氧化形成大量有难闻气味的醛、酮和醇类（如亚麻酸自动氧化产生的 2，4-庚二烯醛）挥发物质，使绿茶原有的鲜爽香气丧失，陈味显露（表 5-16）。这是绿茶贮藏后，香气不高和产生陈味的主要原因。

表 5-16 煎茶贮藏过程中香气成分的变化

香气成分	贮藏前	5℃贮藏		25℃贮藏	
		2 个月	4 个月	2 个月	4 个月
1-戊烯-3-醇	—*	—	55	32	94
未知成分（新茶含量较多）	59	38	33	16	13
顺-2-戊烯-1-醇	—	—	26	15	14
顺-3-己烯-1-醇	16	17	29	26	60
正壬醇	104	69	51	24	22
2，4-庚二烯醛	—	—	17	—	16
3，5-辛二烯-2-酮	—	—	14	12	16
沉香醇	100	100	100	100	100
1-辛醇	95	88	86	86	85
顺-3-己烯己酸酯	85	63	65	46	36
橙花叔醇	130	123	125	133	130

* 以沉香醇色谱峰面积为 100，各组分色谱峰面积与沉香醇峰面积的比值。

　　绿茶头茶的清香和高档绿茶的香气都是以顺-3-己烯醇酯（如己酸酯、醋酸酯等）为代表成分。A. Kobayashi（1996）认为顺-3-己烯酯及反-2-己烯醛是绿茶青、鲜香味的主导因素；Y. Takei 证实绿茶中的新茶香物质为顺-3-己烯基-己酸酯和顺-3-己烯基-反-2-己酸酯。原利男研究认为贮藏期间产生的挥发物质有丙醛、1-戊烯-3-醇、顺-2-戊烯-1-醇、2，4-庚二醛，指出这些都是陈茶气味物质。久保田悦郎也得出了丙醛和 1-戊烯-3-醇是绿茶陈茶气味物质的结论，提出可据此鉴别新茶与陈茶。

四、滋味物质的变化

　　绿茶滋味是其水浸出物的综合作用于感官的结果。绿茶水浸出物主要包括多酚类物质、咖啡碱、氨基酸、脂肪酸、维生素 C 等。水浸出物总量在绿茶贮藏过程中呈下降的趋势，下降幅度随贮藏时间的延长而加大。

　　1. **多酚类物质的变化**　　多酚类物质是绿茶的主要内含物之一，多酚类物质中儿茶素的组成及氧化聚合程度，不但直接影响着绿茶的汤色和滋味，而且还间接地影响着其他化学成分的变化。绿茶贮藏过程中的环境条件影响多酚类含量变化（表 5-17），温度越高，茶叶吸水量越多，包装含氧量越高，茶多酚的下降幅度越大。绿茶中多酚类含量下降 5％时，反映在品质上是滋味变淡，汤色变黄，香气变低；当下降到 25％时，由于茶叶内含物有效成分的大幅度下降，比例严重失调，茶叶基本失去原有的品质特点。

表 5-17   绿茶贮藏过程中茶多酚和水分含量的变化

（王登良，1998）

贮藏方式	含量变化	贮藏时间（月）			
		0	2	4	6
冰箱贮藏Ⅰ	茶多酚（%）	30.3	29.9	28.2	26.8
（0～5℃）	水分（%）	4.3	4.9	6.3	7.1
冰箱贮藏Ⅱ	茶多酚（%）	30.3	30.2	30.0	29.5
（0～5℃）	水分（%）	4.3	4.6	4.8	5.1
室内自然贮藏Ⅰ	茶多酚（%）	30.3	28.6	25.8	22.4
（25～28℃）	水分（%）	4.3	5.5	6.4	7.7
室内自然贮藏Ⅱ	茶多酚（%）	30.3	29.6	27.7	25.7
（25～28℃）	水分（%）	4.3	4.6	4.8	5.1

2. 咖啡碱的变化　咖啡碱也是绿茶中的一种重要滋味物质，在贮藏过程中，呈逐渐递减趋势，但变化较为平缓。贮藏 1 年，含量仅减少 0.25%，下降幅度为 7.58%。

3. 氨基酸含量的变化　绿茶贮藏过程中，主要呈味物质氨基酸的变化趋势呈高低起伏的变化状态。一方面，水溶性蛋白质水解，使游离氨基酸积累；另一方面，游离氨基酸氧化、降解和转化。两方面变化的结果是，贮藏前期，游离氨基酸总量略有上升，此后上升势头减弱，随着贮藏时间的延长，蛋白质水解速度减缓，贮藏 1 年，氨基酸总量与贮藏前基本持平。值得注意的是，虽然游离氨基酸总量在贮藏前后大体相当，但组成和比例却发生了变化。含量占茶叶中游离氨基酸总量 40% 以上的茶氨酸在贮藏过程中直线下降，减少将近一半；其次，对茶叶品质起重要作用的谷氨酸、天门冬氨酸和精氨酸也大量氧化；而绿茶贮藏过程中形成的氨基酸主要来源于蛋白质的水解，这部分氨基酸的增加并不能改善茶叶的滋味。

4. 脂肪酸的变化　脂肪酸是形成绿茶香气的重要基质，脂肪酸的氧化程度又间接地反应着绿茶的劣变程度。绿茶中的不饱和脂肪醛在氧气下自动氧化生成醛、酮、醇是其贮藏期间品质劣变的主要原因之一。脂肪酸的自动氧化受水分、氧气、温度和光照的影响，过低的含水量会加速脂肪酸的氧化，含水率过高又会对残存的酶有活化作用，加速脂肪酸的降解，只有在水分活度达到单分子层吸附水平时，脂肪酸分子受到屏蔽，从而达到稳定状态；不饱和脂肪酸分子中的不饱和键能强烈吸收紫外光，造成氧化；氧气虽然是脂肪酸氧化的底物，但由于干茶的比表面很大，氧分压的变化对脂肪酸的氧化速度的影响不大；温度的增加不仅能提高脂肪酸自动氧化速度，还会影响反应机制，使脂肪酸氧化形成氢过氧化物的途径转变为形成过氧化物的变化占优势。

5. 维生素C保留量的变化　维生素C在茶叶中的含量为 $0.35\sim1.80\ \mathrm{mg/g}$，对茶叶品质的贡献不大，但与茶叶品质变化程度的关系密切。维生素C在茶叶中的保留量可作为其品质变化的化学指标之一。绿茶贮藏过程中的品质劣变，很大程度上是内含物氧化变化的结果。维生素C作为氧化变化的底物对绿茶品质的氧化劣变具有一定的保护作用。从绿茶中维生素C的保留量可预测其感官品质的变化，维生素C保留量在80％以上时，品质变化较小；如果维生素C保留量降到60％以下时，绿茶品质就明显下降。

五、影响绿茶品质的贮藏环境因素及贮藏措施

1. 影响绿茶品质的贮藏环境因素　绿茶主要内含物成分都是有机质，其性质大多不稳定，在贮藏过程中易发生化学反应从而导致茶叶品质下降。贮藏过程的环境条件如温度、空气湿度、氧气条件、光和环境卫生条件均影响绿茶品质的变化。

绿茶的含水率对贮藏过程中品质的变化影响很大。含水量并不是越低越好，一般认为，单分子层状态是脱水食品贮藏保鲜的最佳含水量。当绿茶含水量低于单分子层值时，氧化反应开始加快。因此，单分子层值可作为衡量贮藏绿茶含水量是否适宜的指标。茶叶在单分子层状态含水率一般为4％～5％，质量好的茶叶，单分子层状态时的含水量比质量差的要高一些，因此，贮藏时的含水量可适当掌握高一些。贮藏环境湿度对绿茶品质的影响主要是针对敞口包装贮藏或保鲜库贮藏而言的。就绿茶色泽来说，在5℃、相对湿度81％条件下，茶叶贮藏1年，其色泽可达到商业销售标准；5℃下，相对湿度大于88％时，茶叶不能保绿；温度高于17℃，相对湿度大于68％，茶叶也不能保绿；30℃下，相对湿度小于33％，茶叶保绿效果好，但在保鲜库里，很难实现这样低的相对湿度。

温度对于绿茶贮藏过程中品质的影响是显而易见的。茶叶在较低的温度下（5～0℃）贮藏1年，茶多酚含量仅减少1.53％，品质评分为86.7；室温处理的茶叶茶多酚含量减少2.45％，品质得分仅为68.7；25±2℃ 处理表现最差，品质评分为61.5（表5-18）。

崛田博等（1984）研究了照光（2 500lx）后绿茶香气的变化，发现光使脂肪酸氧化生成了反-2-链烯醛和庚醛，使香气变坏，形成强烈的日晒味；Wickremasinghe 等（1972）对贮藏在木盒和透光玻璃瓶中的干茶变质结果进行对比发现，透明瓶里的干茶变质更快，主要原因是光化学效应造成的脂类化合物的氧化。

表 5-18 绿茶含水率和贮藏环境温度对其品质变化的影响

（陆锦时、谭和平，1994）

品质评分	贮藏温度（℃）			绿茶含水率（%）		
	5～0	室温	25±2	2.15	5.75	7.99
贮藏前	100	100	100	100	100	100
贮藏 1 年后	86.7	68.7	61.5	79.3	70.1	63.4

空气中大量存在的氧气是绿茶贮藏过程中氧化劣变的基质，氧气在水分的共同作用下，可使绿茶中的多酚类物质、维生素 C 和不饱和脂肪酸氧化，从而使绿茶汤色变黄、变褐，失去鲜爽滋味，绿茶原有香气特征散失，陈味产生。但对绿茶香气、色泽和维生素 C 保留量而言，贮藏温度比是否采用脱氧处理的影响要大，低温结合脱氧处理，能使绿茶新香成分己酸-顺-3-己烯酯得到很好的保存，抑制异味成分的产生。

2. **绿茶贮藏措施** 如上所述，影响绿茶品质的贮藏环境因素是多方面的，虽然不同因素对绿茶品质的影响有差异，但影响往往是各种因素综合作用的结果，一切旨在针对绿茶品质保鲜的贮藏措施，都是在考虑了单个或多个影响因素的基础上所采取的应对方案。

茶叶贮藏方法多种多样，在我国，很早就有石灰、木炭密封贮藏法，热装真空法等。市场流通和消费者少量贮藏主要采用听装（马口铁镀锡、镀锌或镀铬薄板等）、袋装（牛皮纸袋、塑料袋和多层复合喷铝袋等）和盒装（纸质、木质、竹质或其他材质）三种形式；贮藏运输过程中的大包装大都采用木箱（桦木、椴木、水曲柳或胶合板等），箱内衬铝箔和牛皮纸的方法，也有用纸箱包装的；与此同时，新的包装材料与干燥剂、除氧剂、抽气充氮或二氧化碳技术、真空技术等正被广泛应用到绿茶贮藏的实践中。

大容量茶叶保鲜库实际上是为茶叶提供了一个低温（5～10℃）、低湿和黑暗的贮藏环境，该项技术成功地解决了绿茶特别是高档绿茶的批量贮藏保鲜问题，取得了显著的经济和社会效益。

在成品绿茶中掺入经低温处理的嫌气性蜡样芽孢杆菌菌粉，在茶叶限氧包装的条件下，该菌能使茶叶表面形成生物保护膜，从而控制其氧化劣变，达到保质保鲜的目的。蜡样芽孢杆菌在 -20℃ 下干燥成菌粉，以 0.01%～0.02% 的重量比与绿茶干茶搅拌后密封，再在 4～5℃ 下恒温保持 3 周，然后入库，保存绿茶。该项生物保鲜技术有望解决小包装绿茶货架销售期间的保鲜难题。

参 考 文 献

[1] Takeo T，Uritani Ⅰ. Tea leaf polyphenol oxidase Part Ⅱ. Purification and properties of the solubilized polyphenol oxidase in tea leaves. Agr. Biol. Chem. 1966, 30 (2)：155～163

[2] 萧伟祥. 茶的多酚氧化酶和过氧化物酶的研究进展. 茶业通报. 1983 (6)：3～6

[3] 周静舒. 绿茶制造中酶的热失活. 茶叶生物化学. 第二版. 北京：农业出版社, 1988：259～264

[4] 李名君. 中国农业百科全书（茶叶卷）. 北京：农业出版社, 1988：126～129

[5] 北京林学院. 影响酶活性的因子. 植物生理学. 北京：农业出版社, 1979：49～50

[6] 李荣林. 酶技术与茶叶加工：问题与展望. 福建茶叶. 1996 (2)：22～24

[7] 骆耀平，童启庆，屠幼英. 龙井茶摊放过程中 β-葡萄糖苷酶活性的变化. 茶叶科学. 1999, 19 (2)：136～138

[8] 林鹤松. 中国农业百科全书（茶叶卷）. 北京：农业出版社, 1988：96～97

[9] 周静舒，汪琢成. 中国农业百科全书（茶叶卷）. 北京：农业出版社, 1988：132～134

[10] 吉斯, A.C. 细胞生理学. 1957

[11] 司辉清、庞晓莉、袁丁. 信阳毛尖炒制过程中物质变化规律初探. 中国茶叶. 1989 (4)：9～10

[12] 王泽农等. 茶叶生物化学. 第二版. 北京：农业出版社, 1990：265

[13] 萧伟祥. 浅析绿茶制造中儿茶素的变化机理. 蚕桑茶叶通讯. 1989 (1)：1～4

[14] Roberts，E. A. H. . 农业科技译丛. 1973 (3)：1

[15] 罗龙新，郭炳莹，殷鸿范. 绿茶加工过程中水分解吸与生化成分变化的关系. 茶叶科学. 1994, 14 (1)：43～48

[16] Kiribuchi T, Yamanishi, T. 二甲硫及其先质. 农业科技译丛. 1973 (3)：183

[17] 黄建安. 茶叶氨基酸品质化学研究进展. 茶叶通讯. 1987 (3)：39～44

[18] 倪德江、陈玉琼、胡建程等. 炒青绿茶加工过程中糠胺化合物的变化. 华中农业大学学报. 1995, 14 (4)：401～407

[19] Hyem T, Kvale O. chemical and biological changes in food caused by thermal processing. Physical London：Applied Science Pub. Limited，1977：175～199

[20] Toyomassa A. Isolation and identification of a new amadori compound from greed tea. J. Sci. Food Agric. 1979 (30)：906～910

[21] 萧伟祥. 关于茶叶中叶绿素的几个问题. 茶叶通讯. 1963 (4～5)：71

[22] 姚江，胡建程，谢丰镐. 茶叶中叶绿素的研究. 浙江农业大学学报. 1990, 16 (4)：421～426

[23] 五十岚修，小管俭三，樱井芳人. クロロワイルの加热变化に关すら研究（第一报）. 农艺化学会志. 1959, 33 (4)：281～285

[24] 刘仲华、黄孝原、黄建安. 干燥工艺对绿茶色素物质降解及色泽品质的影响. 茶叶通讯. 1989 (3)：38～41

[25] 张丽霞、施兆鹏. 红茶和绿茶初制过程中维生素 C 变化动态研究. 湖南农学院学报.

1991（17）：627～632

[26] 张凯农，肖纯．制茶过程中的褐变作用．茶叶科学简报．1989（1）：10～15

[27] 林鹤松．屯绿初制过程中可溶性糖变化的几个问题．1962年全国茶叶研究资料选编

[28] 陆锦，谭和平．绿茶贮藏过程主要品质化学成分的变化特点．西南农业学报（增刊）．1994（7）：77～81

[29] 吴小崇．叶绿素在绿茶贮藏过程中的变化．中国茶叶加工．1995（2）：24～25

[30] 施兆鹏等．茶叶加工学．北京：中国农业出版社，1997：336

[31] 李名君．茶叶香气研究进展．国外农学——茶叶．1984（4）：1～15；1985（1）：1～8

[32] 王登良．绿茶贮藏过程中茶多酚含量的变化与感官品质的关系．茶叶科学．1998（1）：61～64

[33] 张正竹，施兆鹏，宛晓春．绿茶贮藏过程中脂肪酸的变化对香气的影响．中国茶叶加工．1999（2）：39～41

[34] 吴小崇．绿茶贮藏中质变原因的分析．茶叶科学．1989（2）：95～98

[35] 姚江，胡建程，谢丰镐．水分活度对茶叶品质及贮藏过程中品质稳定性作用机理研究．广东茶叶．1989（27）：38～41，33

[36] 李尚庆．冷藏式茶叶保鲜库对于茶色泽变化的影响．中国茶叶加工．1998（3）：20～21

[37] 陆锦时，谭和平．茶叶贮存包装试验报告．茶叶科技．1991（1）：17～20

[38] 崛田，博原利男．光诱发形成的绿茶香气成分．国外农学——茶叶．1984（3）：14～18

[39] Sivapalan K. 红茶的贮藏．国外农学——茶叶．1984（3）：35～37

[40] 于观亭．论茶叶质变的原因及其对策．茶叶通讯．1989（3）：30～34，41

[41] 陈家贵，黄凤兴．茶叶保鲜库设计与计算．茶业通报．1994（4）：38～41

[42] 刘浩元．绿茶生物保鲜技术．国家专利：CN1145117A. 1997，96109965. 8 (96.8.9)；Int. Cl^6 A23F 3/06

第六章 其他茶类及深加工化学

第一节 乌龙茶的制造化学

乌龙茶属半发酵茶，在其加工过程中，以多酚类氧化和相关色素形成作为"发酵"特征的化学反应被控制在鲜叶局部和一定变化范围内进行，因而形成了"绿心红边"、汤色金黄的品质特点。乌龙茶滋味浓厚爽口，既有别于红茶以多酚类及其氧化产物为主体的味觉风格，也不同于绿茶由多酚类主导的"苦、涩"主味。乌龙茶品质形成是经晒青、凉青和做青等工序逐步完成的，对鲜叶的理化性状有着特殊的要求，且工艺上讲究内含物转化的节奏和控制。尤其在香气方面，随着加工的推进，鲜叶气味表现出规律性的变化，最后形成浓郁持久的成茶香气及特色鲜明的"品种香"。

一、制茶原料的理化性状

乌龙茶制造对原料理化性状的要求，是由乌龙茶品质风味及加工工艺决定的。普遍认为，叶质硬而脆、角质层较厚的鲜叶能够在做青机械力的作用下保持叶缘损伤而叶心组织基本完好的状态，从而确保"绿心红边"的形成。角质层较厚的另一好处是鲜叶在长时间的做青过程中，不至于因失水过多过快而影响到内含物有节奏的转移和转化。这 2 项物理指标的必要性已为大家所认同。对于其他物理性状的要求，杨伟丽等人的结果表明，有利于"走水"、"还阳"和品质外观形成的因素还包括叶梗粗细、节间长短、叶片形状及栅栏组织厚薄等，同时理化性状在适制性上存在一定的关联性（表 6-1）。

表 6-1 鲜叶理化性状及其适制性之间的关系

（杨伟丽等，1993）

物理性状	化学性状	适制性
叶片宽、梗子粗、叶片肥厚	内含物丰富	
梗粗/节间长比	比值大，嫩茎中水浸出物、氨基酸、芳香物质等含量较叶片高	比值大，有利于走水、还阳和加速梗内可溶物的输送和转化

（续）

物理性状	化学性状	适　制　性
叶长/叶宽比		比值小，有利于叶片之间碰撞和损伤，形成红边；包揉易扭曲成形
上表皮厚、栅栏组织厚		有利于叶缘细胞损伤，形成红边

目前，这种关联性已在鲜叶伸育过程中得到充分证实。表 6-2 是有关适制乌龙茶鲜叶主要成分的含量指标，由于其来自不同的试验材料和研究结果，因此，个别数值似相矛盾或表达上过于精确，但总体上能说明较为成熟的鲜叶的化学组成更接近合理的范围。在各种适制性化学指标中，多酚类含量及组成适中应作为优先考虑的因素，以确保多酚类经适度氧化后残留的部分与其色素之间相互协调，使成茶汤色黄而不红、滋味爽而不苦（涩）。除多酚类外，水浸出物、醚浸出物和总糖量同样影响到风味质量的优劣。这 3 类物质在较为成熟的鲜叶中含量丰富，能起到增进滋味浓醇、耐泡及香气浓郁持久的重要作用。需要指出的是，就同一品种或不同品种的成熟鲜叶而言，满足所有理化性状指标和要求是不切实际的。即使统一采摘标准，鲜叶理化性状也因品种、季节不同而有所差异。正因为如此，乌龙茶风味才能在符合一定的香、味及外观特征基础上，表现出多样化的品质内涵。

值得提出的是乌龙茶的"品种香"。"品种香"虽为个体属性，却代表了乌龙茶普遍存在的品质风格。长期以来，"品种香"一直是制茶原料改良和创新的一项重要课题，但迄今为止，针对"品种香"的研究还大多着眼于成茶香气成分的分析，在原料理化性状的相关要求方面尚待探明。"品种香"形成的化学基础将在本节后面部分予以讨论。

表 6-2　适制乌龙茶鲜叶的化学性状

成　　　分	含量或指标
多酚类	25%左右，<25%
儿茶素	>160mg/g，适中
酯型儿茶素/简单儿茶素比	1.5～2.0
酚氨比	9～13
氨基酸	>2%，适中
水浸出物	40%左右
总糖量	丰富
蛋白质	中等
醚浸出物	丰富

二、制造过程的化学变化

乌龙茶制造过程的化学变化具有红茶的某些特征,包括多酚类酶促氧化、物质水解、脂质降解、叶绿素破坏以及由多酚类氧化引发的一系列次生反应等;另一方面,由于制造原料和工艺不同,这些变化在节奏控制和反应程度上又有其自身的特点,从而决定了乌龙茶独特的品质成分组成。

据研究报道,多酚氧化酶和过氧化物酶活性从晒青阶段开始上升,至做青过程中的前期工序达到最高值后趋于下降。在此期间,随着儿茶素的大量减少,茶黄素、茶红素和茶褐素的含量则持续增加。有资料显示,多酚类总量在乌龙茶初制过程中逐渐减少,全过程减少达 33.45%,其中又以摇青工序减少最多;L-EGC、L-EGCG、L-ECG 为儿茶素中减幅最大的成分。张杰等人的结果表明,做青过程中多酚类、儿茶素、黄酮类总量均呈下降趋势。叶缘与叶心比较,叶缘中这 3 种成分的初始含量均高于叶心,但减少速度比叶心更快,其中茶黄素、茶红素和茶褐素的积累也较多(表 6-3)。这是由于叶缘因细胞组织破损改变了内部的水分、氧气和膜透性条件,从而有利于酶活性的提高和多酚类的氧化。

表 6-3 做青过程主要色泽相关物质含量的变化

(张杰等,1993)

成　分	样品	鲜叶	凉青	晒青	摇　青			
					第一次	第二次	第三次	第四次
茶多酚(%)	叶缘	22.12	21.66	21.41	20.17	19.89	17.56	16.10
	叶心	19.44	18.96	18.62	18.07	18.24	13.35	16.44
儿茶素(mg/g)	叶缘	173.97	170.73	164.98	151.44	140.64	129.35	112.91
	叶心	152.20	151.28	142.61	141.38	139.80	131.53	124.98
黄酮类(mg/g)	叶缘	11.95	11.84	11.92	11.83	12.13	11.83	12.11
	叶心	10.36	10.34	10.32	10.39	10.78	9.98	10.90
叶绿素(%)	叶缘	0.91	0.88	0.89	0.87	0.71	0.72	0.69
	叶心	0.88	0.87	0.86	0.86	0.84	0.74	0.71
茶黄素(%)	叶缘	0.05	0.06	0.07	0.07	0.10	0.12	0.10
	叶心	0.06	0.05	0.05	0.06	0.07	0.08	0.06
茶红素(%)	叶缘	2.97	3.36	3.58	3.75	4.19	3.92	4.07
	叶心	3.05	3.72	4.08	3.97	4.29	3.66	3.59
茶褐素(%)	叶缘	2.47	2.54	2.74	2.90	2.86	2.91	3.26
	叶心	2.53	2.54	2.87	2.86	2.98	2.82	3.04

由多酚类酶促氧化直接引起的关联反应是邻醌的偶联氧化作用,这是发酵

性茶类制造化学反应中的一个重要体系，对色、香、味的影响广泛而深刻（图6-1）。模拟试验和制茶实践已证实，多酚类酶促氧化过程中，生成的邻醌除部分参与色素的形成外，其余部分则通过对氨基酸、类胡萝卜素、脂肪酸、醇类等成分的氧化而被还原。这种从多酚类的氧化到邻醌、再由邻醌的还原回到多酚类的动态反应体系促进了多种香气成分的不断形成。做青过程中，芳香物质的种类和含量均有不同程度的增加，做青时气味从青气逐渐向悦人的茶香转变，这在一定程度上与邻醌的作用有关。

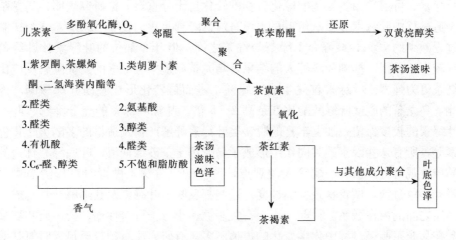

图 6-1　乌龙茶发酵过程中的偶联氧化

　　乌龙茶香气成分转化和形成的重要条件和显著特点是：①适当的茶树品种或较成熟的鲜叶中芳香物质及其前体丰富,醚浸出物、类胡萝卜素和萜烯糖苷等含量较高;②嫩茎中的内含物通过"走水"输送至叶细胞以增进香气的形成;③晒青和做青作业促进了萜烯糖苷的水解和香气的释放,同时,长时间的制茶操作使一些低沸点不良气味充分释逸,香味化学组成得到改进;④适度的氧化限制了脂质降解产物和低沸点醛、酮、酸、酯等成分的大量积累,加之上述释逸作用,故成茶青气不显而花香浓郁。据报道,除个别种类外,所有香气成分含量在晒青和摇青的共同作用下都有所提高;另外的结果则显示己烯酯类、芳樟醇氧化物、倍半萜烯类、顺-茉莉酮、茉莉内酯和苯乙醛等成分仅仅经过摇青处理即可大量形成。竹尾忠一的试验表明,晒青和摇青是造成乌龙茶与红茶香气差异的重要工艺因素,并认为氧化反应活跃的红茶由脂质降解产生的成分较多,而乌龙茶则由水解生成的高沸点部分占有较大比重。无疑,晒青和做青过程中在光照、温度及长时间水分交替变化(走水与还阳)的作用下发生的水解反应是十分明显和重要的。试验表明,细胞组织的机械损伤可加速萜烯糖苷的水解,如果用白炽灯加温代替晒青并结合摇青处理,其结果比不摇青处理的在芳樟醇及其氧化物、橙花叔醇、香叶醇含量上均有所提高。萜烯糖苷作为重要的香气前体,其释放香气(萜烯类)的能力和条件(包括鲜叶各部位萜烯糖苷的积贮量,pH、温度、水分、激活剂、抑制剂等酶活性影响因子及机械损伤)已引起广泛关注。如何通过合适的工艺使之得到更大程度的利用,具有极高的研究价值?

色素和滋味物质在乌龙茶制造过程中的化学变化,应首先强调的是多酚类的部分氧化(同时适度保留)和茶黄素、茶红素及茶褐素的适量形成。另外,叶绿素、可溶性糖、氨基酸等化合物的转化也十分重要。据研究表明,乌龙茶制造过程中叶绿素总量从鲜叶的 0.824% 下降到足火时的 0.228%,整个初制过程减少约 72%,减幅介于绿茶与红茶之间;但叶心部位的叶绿素比叶缘得到较多的保留。据刘仲华等人的结果,乌龙茶制造中叶绿素的酶促降解反应比红茶更为强烈。叶绿素首先生成叶绿酸,进而再转化形成脱镁叶绿酸酯。因此,乌龙茶的脱镁叶绿酸酯比红茶高 2~5 倍。叶缘叶绿素的充分降解、叶心叶绿素的较多保留,加上丰富的脱镁类叶绿素降解产物及适量的多酚类转化色素等,所有这些因素的共同作用形成了乌龙茶干茶砂绿油滑、叶底绿心红边的品质外观特征。据林心炯等人的观点,鲜叶颜色过深,做青时难以"消青";鲜叶颜色过淡,做青易致发酵过度。这些都反映了叶绿素及其降解产物与成茶品质之间的内在联系。目前为止,有关多糖、小分子可溶性糖、蛋白质和氨基酸在乌龙茶制茶过程中化学变化的报道不多。有研究注意到,至足火时氨基酸和可溶性糖的含量变化总体上是增加的,且氨基酸、(氨基酸+可溶性糖)/多酚类比值对成茶品质有正效应影响。成茶中氨基酸和可溶性糖的多少与其在制造过程中的积累和转化有关,同时也受制于原料的理化性状。通常情况下,随着鲜叶成熟,这 2 种成分及其前体的含量呈现相反的变化趋势。

乌龙茶从原料、制造到成茶,贯穿其中的重要技术性概念是"适度"和"控制"。所涉及的范畴包括成分组成、化学变化和工艺条件等各个方面,其已经和尚待揭示的内容构成了乌龙茶制造化学研究体系的基础。乌龙茶制造中一个著名的现象俗称"走水、还阳",据现有成果认为,这是将鲜叶内有限的水分和内含物通过多次转移逐步加以利用,并由此进一步控制包括多酚类在内的多种物质反应的物理化学变化过程。乌龙茶制造化学研究已超出其化学反应本身,扩展到制茶原料理化性状和做青微域环境调控等重要领域。

三、成茶品质的化学基础

乌龙茶品质成分种类基本在红茶和绿茶的范围内,但品质综合表现有所不同，这主要是由于含量和组成上的差异所致。就红茶而言，多酚类及其氧化产物是主要的色、味物质，特别是茶黄素、茶红素的含量更被视为红茶品质和价格的指标。而对于绿茶，茶汤的"苦、涩"主味大部分来自多酚类。然而，在乌龙茶中包括这2类成分（多酚类和其氧化色素）在内的多种成分之间必须相互协调，特别在多酚类与其氧化色素之间的比例上，如果多酚类保留过多（发酵太轻、鲜叶太嫩）或氧化产物过量积累（发酵太重）都可导致风味的丧失和质量的下降。乌龙茶色泽、滋味成分及其作用见表6-4。从表6-4可见，叶绿素和多酚类氧化色素这2类在红、绿茶中彼此不可调和的成分共同参与了乌龙茶叶底、干茶色泽的形成。同时，为使滋味纯正优质，成茶中多酚类的保留和多酚类氧化色素的积累都应有所限制。总之，即要达到乌龙茶叶底、干茶及汤色外观要求，更需注重茶汤的内质。

表6-4　乌龙茶色泽、滋味形成的化学基础

品质特征	主要成分	说　明
叶底"绿心红边"	红边：（与叶心比较）茶黄素、茶红素、茶褐素积累较多；较少叶绿素残留	鲜叶颜色深浅、叶缘叶绿素降解和多酚类氧化程度是影响其形成的关键
	绿心：（与叶缘比较）较多叶绿素保留；较少"3素"积累；适量叶绿素降解产物	水"还阳"不畅不显都不利于"消青"和"红边"的形成
干茶"砂绿油润"	（与红茶比较）较多叶绿素和脱镁类叶绿素降解产物；少量"3素"；其他色素	对鲜叶颜色及叶绿素含量有一定要求，一般以颜色偏深、叶绿素含量较高为宜
汤色"橙黄明亮"	以茶黄素为主，辅以适量茶红素、儿茶素轻度氧化产物和黄酮类等	发酵太重时，多酚类氧化产物特别是茶红素、茶褐素积累过多，汤色偏红趋暗；发酵太轻，汤色淡而泛青
滋味"浓厚爽口"	水溶物丰富；适量茶黄素、茶红素和残留儿茶素；较多可溶性糖；一定含量的氨基酸、咖啡碱等	鲜叶粗老、发酵过度会因为多酚类含量不足或转化过量导致其保留量不够，降低汤刺激、厚重滋味；相反，茶汤苦涩、单调

注：3素指茶黄素、茶红素、茶褐素。

乌龙茶制造中香气的基本成分为：①脂质降解产物，如脂肪酸、低级醇和低级醛类；②偶联氧化产物，如 β-紫罗酮、二氢海葵内酯（图6-1）；③糖苷水解产物及其转化物，如香叶醇、芳樟醇及其氧化物。已经证实，乌龙茶中脂质降解产物和偶联氧化产物较少，而糖苷水解产物及其他高沸点成分的含量较高。如前所述，这是乌龙茶制造工艺带来的结果，长时间做青或"重摇"都有利于增加高沸点成分的比例。乌龙茶香气成分种类和含量较红茶少，但发酵重的类型较接近红茶。另外值得注意的是，被认为是所有烘烤茶基本香气成分的

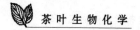

吡咯、吡嗪类在一些乌龙茶样品中没有检出，这与其他结果存在分岐。

竹尾忠一发现，不同品系的萜烯指数表现出较大差异，即一个茶树品种主要产生香叶醇还是芳樟醇以及它们之间的比率如何，早在加工之前几乎就已经确定。竹尾忠一认为，与品种有关的香气成分主要有芳樟醇及其氧化产物、香叶醇、橙花叔醇、苯甲醇、2-苯乙醇、顺-茉莉酮、茉莉内酯和茉莉酮酸甲酯等。林正奎等人从4个乌龙茶品种中发现了12种特征香气成分，除吲哚等个别成分外，其余与竹尾忠一的结论一致。这些成分，特别是香叶醇、芳樟醇及其氧化产物和橙花叔醇所表现出的品系（种）稳定性及品系（种）之间的差异性已在乌龙茶成茶香气成分的分析比较中得到证实。多项试验结果显示，橙花叔醇是福建乌龙茶含量最高的香气成分，但品种个体间差别很大，从水仙的5％～14％至春兰的55.5％，足以说明乌龙茶"品种香"的普遍性和显著性。"品种香"是由个别成分主导、其他成分参与调制出来的特殊香气，既代表一种风味，又呈显一定的品味。据资料表明，从乌龙茶中分离鉴定的香气成分已超过200余种。显然，有关乌龙茶香气的品味研究还是一项繁重的课题。松井阳吉列举了乌龙茶不同类型香气的几种主要成分（表6-5），可作为其"品种香"研究的新的起点。

表6-5　乌龙茶香型及其主要化学成分
（松井阳吉，1996）

香　　　型	关　联　成　分
嫩叶的清爽性香气	顺-3-己烯醇，正己醛
铃兰的清爽性花香	芳樟醇，芳樟醇氧化物，类吡喃物质
蔷薇的温暖性花香	香叶醇，2-苯乙醇
茉莉、栀子的甜而浓稠性花香	β-紫罗酮，顺-茉莉酮，茉莉酮酸甲酯
果实、干果类的香气	茉莉内酯，茶螺烯酮
木质类的木香	乙烯苯酚，橙花叔醇

第二节　黑茶制造化学

黑茶是我国六大茶类之一，也是我国边疆少数民族日常生活中不可缺少的饮料。黑茶初加工包括杀青、揉捻、渥堆、干燥四道工序，其鲜叶原料较为粗老，多为立夏前后采摘的1芽4、5叶新梢。渥堆是黑茶初制独有的工序，也是黑毛茶色、香、味品质形成的关键工序。由于特殊的加工工艺，使黑毛茶香味醇和不涩，汤色橙黄不绿，叶底黄褐不青，其品质风味既不同于绿茶，亦有别于黄茶，形成独具一格的品质特征。用黑毛茶加工而成的成品主要有各种花色的紧压茶。紧压茶加工工艺因花色品种不同而不同，其中较有代表性的是茯砖茶的加工。普洱茶是另一类有代表性的外销黑茶，它以晒青绿毛茶为原料，并历经长时间渥堆加工而成。

一、黑毛茶制造化学

(一) 黑茶初制中微生物的变化

黑茶初制工艺中，渥堆是形成黑茶特有品质的关键工序，其目的是促使粗老的鲜叶原料通过一定形式的发酵作用，形成叶色黑润、滋味醇和、香气纯正或带陈香、汤色红黄明亮的品质特征。正因为其特殊的渥堆工艺使得其加工过程中有相当数量的微生物存在。而微生物与黑茶品质的形成关系十分密切。虽然鲜叶上黏附有各种微生物如酵母菌、霉菌、细菌等，但经高温杀青后，微生物几乎全部被杀死，在以后的揉捻、渥堆中又重新沾染微生物并随渥堆过程而大量繁殖。从表 6-6 可看出，细菌从渥堆开始至 30h 前后，其数量呈迅速增加趋势，并达到高峰，渥堆后期则呈现下降趋势。真菌则有所不同，其数量随渥堆时间的延长一直处于增加状态，只是到渥堆末期才略有下降。渥堆后期，由于微生物代谢产物的积累，堆内酸度的增加及温度的升高，使内部环境逐渐偏离了已有微生物类群生长的最佳条件，故各菌类的数量均相继下降。

表 6-6　黑茶初制中细菌与真菌数量的变化

(张天福，1994)

处　理	细　菌		真菌（总数）		真菌类群			
					酵母菌		霉　菌	
	I	II	I	II	I	II	I	II
鲜　叶	0.06	0.07	13.70	25.00	11.0	21.4	3.0	3.6
杀　青	0	0	0	0	0	0	0	0
揉　捻	0.02	0.003	2.35	0.60	2.4	0.2	0	0.1
6h	820.00	0.001	95.30	144.70	94.9	139.7	0.4	5.0
12h	788.00	0.007	42.40	240.00	41.2	240.0	1.2	0
渥堆 18h	4 503.00	0.10	32.00	490.00	31.4	490.0	0.6	0
24h	1 388.00	124.00	78.80	676.00	78.5	695.0	0.3	2.0
30h	7 676.00	668.00	74.50	864.00	57.0	710.0	17.5	154.0
36h	2 795.00	1 957.00	386.00	739.00	383.0	703.0	3.2	36.0
42h	4 121.00	96.00	738.00	724.00	727.0	683.0	11.4	41.0

注：①细菌数以菌数$\times 10^9$/g 干重表示，真菌数以菌数$\times 10^4$/g 干重表示。

　　②I、II表示两次重复。

对渥堆叶的微生物类群的分离、鉴定结果（表 6-6 ）表明，渥堆叶中占优势的是真菌中的假丝酵母菌属中的种群。在渥堆中所嗅到的甜酒香味，就是酵母菌作用的结果。在渥堆后期，霉菌的数量有所上升，其优势种类是黑曲霉，此外，还有少数的青霉及芽枝霉等。黑曲霉中的许多种类均能生产分泌纤维素分解酶、蛋白酶等酶类，有的还能产生柠檬酸、草酸等有机酸，使渥堆叶 pH 下降，形成酸辣味。这些微生物及其分泌的酶系统对茶叶中的有机物质进行分解、水解、氧化与转化，而这些变化对黑茶特征性品质风味的形成具有十分重要的作用。除真菌外，大量细菌也自始至终参与渥堆过程，细菌中以无芽孢细菌占优势，其次为少数芽孢细菌和球菌。细菌类同样具有分解、转化茶叶中化学成分的能力，同时，大量细菌所释放的呼吸热，对黑茶渥堆中温度的变化具有重要的意义。

（二）黑毛茶渥堆中主要环境因子的变化

1. 温度的变化　渥堆过程中，由于微生物的大量繁殖，其呼吸代谢释放出热量，从而导致渥堆叶温度随渥堆时间的延长而逐渐上升（湖南农业大学，1991）。关联度分析结果表明，温度与微生物总数量间的关联度达到0.995 6。由此可见，黑茶渥堆中湿热作用条件的产生，其"热"主要来源于微生物新陈代谢中的呼吸放热。叶温的升高，一方面加大了湿热作用的强度，另一方面加快了微生物酶促反应的速率。

2. pH 的变化　渥堆过程中，微生物的生长必须依赖于适宜的 pH 环境。同时，微生物在生长发育过程中由于新陈代谢，要从茶叶中吸取可溶性物质，并经体内代谢后分泌出许多不同的代谢产物；加之茶叶内含物组成比例的改变等因素，都将引起渥堆叶内的 pH 不断变化。根据湖南农业大学的研究（1991），渥堆叶内 pH 随渥堆时间的延长而逐渐降低，这是微生物在物质代谢中分泌的有机酸使环境酸化的结果。在黑茶渥堆中，"酸辣味"是渥堆适度的标志之一，这无疑是微生物作用下导致渥堆叶内酸度增加的结果。同时，渥堆叶酸度的增加又为生化成分的转化（如叶绿素的降解，蛋白质、果胶的水解，纤维素的分解）创造了条件。

3. 水分含量的变化　水分是一切生化变化的介质，也是影响微生物生长发育的重要环境因子。黑毛茶初制渥堆过程中，水分含量发生了明显的变化（湖南农业大学，1991），渥堆前期（12h 以前），含水量明显下降，渥堆中期（12～24h 之间），含水量基本处于平稳，渥堆后期（24h 以后），含水量出现回升。渥堆前期，微生物在吸收茶叶中可利用态物质的同时，要吸收相当的水分，作为合成微生物机体发育所必需的物质（即同化作用），同时通过呼吸（异化作用）释放出能量和水分等，但这个阶段同化作用大于异化作用，所以表现为渥堆叶的水分相对减少；渥堆中期，随着微生物数量的不断增加，释放出的呼吸热也不断增加，从而导致堆温不断升高，这时微生物的同化作用与异化作用处于相对平衡状态，因而渥堆叶的含水量也相对稳定；渥堆后期，堆温已达到高峰，微生物的对数生长期已过去，物质合成代谢强度趋于减弱，而呼吸作用仍然很强，这时异化作用大于同化作用，因而渥堆叶内的水分相应增加。这时从感官上可发现，渥堆叶表面有较强的粘手感，甚至出现"泥滑现象"。由此可见，渥堆叶内水分含量的变化，也是微生物生长发育的必然结果。

总之，在渥堆过程中，叶温的升高、pH 的下降及含水量的变化，都是微生物新陈代谢活动的结果，而这些环境因子的变化又反过来影响微生物的生长发育及其种群的更迭。其中水分是影响微生物生长发育的基本因子，特别是渥堆开始时茶坯本身含水量的高低对渥堆中微生物的生长发育及菌群分布有较大的影响，从而间接影响堆温、酸度等环境因子的变化，因而决定着渥堆的进程与效果。

（三）黑茶初制中主要酶类的变化

1. **多酚氧化酶同工酶谱的变化** 根据湖南农业大学的研究，从加工黑毛茶的鲜叶原料中共分离出了 6 条多酚氧化酶（PPO）同工酶带（按其迁移率由小到大依次称为 $PPO_1 \sim PPO_6$），鲜叶经高温杀青后，各同工酶组分的活性均被充分钝化，几乎不存在残余活性。揉捻过程中，尽管叶细胞得以部分破损，但对酶的活性似乎没有影响。渥堆 6h 以前，电泳图谱上尚未发现新的 PPO 形成，但当进行到 12h 时，图谱上出现了两条新的 PPO 酶带（$MPPO_1$ 和 $MPPO_2$），其迁移率介于鲜叶 PPO_3 与 PPO_4 之间。随着渥堆时间的延长，这两条酶带活性明显上升，在渥堆 24h 时两酶带活性达到第 1 次高峰。在尔后的渥堆中，这两条酶带活性明显下降，并且在 $MPPO_2$ 的上方又形成两条新的酶带（$MPPO_3$，$MPPO_4$），其活性随渥堆进程而加强。干燥期间，在渥堆中新形成的 4 条同工酶带全部消失，表明其活性已被充分钝化。而对照处理（42h 无菌渥堆）中，始终没有发现新的同工酶组分形成，也没有发现杀青叶残余酶的"复活"。以上结果表明，在黑茶渥堆中，新的多酚氧化酶组分来源于微生物分泌的胞外酶。

2. **过氧化物酶同工酶谱的变化** 过氧化物酶（POD）也是茶树体内重要的氧化酶。黑毛茶鲜叶原料中 POD 同工酶带较多，共分离出 9 条（湖南农业大学，1991），且活性较强。尽管鲜叶经高温杀青后，使 POD 的大部分活性得以钝化，但还有相当一部分残余活性存在，其中尤以高相对分子质量的 POD_2 活性较强。在揉捻过程中，POD 同工酶谱及其活性几乎未发生改变。但进入渥堆工序后，它们的活性逐渐减弱，渥堆 18h 时仅有 POD_2 微量残余，24h 后都逐渐消失。由此可见，POD 比 PPO 的热稳定性强得多，杀青后至渥堆 18h 以前均存在 POD 的残余酶活性。同时也表明，渥堆中微生物不能分泌胞外 POD 酶，而茶叶中内源 POD 的活性又是逐渐下降的，因此，POD 在渥堆中对品质形成所起的作用也就要小得多。

3. **纤维素酶和果胶酶活性的变化** 在黑茶初加工过程中，粗老硬脆、粘手感极差的揉捻叶通过渥堆后会逐渐软化，使粘手感增强，甚至还出现泥滑现象。造成这一现象的内在动力，可以从黑茶初制中纤维素酶（CEL）和果胶酶（PEC）活性的变化得到解释。从表 6-7 可见，鲜叶中存在活性较低的纤维素酶与果胶酶，因为离体鲜叶处于失水逆境中，这时内源酶系统变化的总趋势表现为水解酶类或裂解酶类活性增强，以促使不溶性高分子或大分子物质向水溶性低分子物质转化。但经高温杀青后，内源纤维素酶与果胶酶被急剧钝化。而渥堆12h 后，纤维素酶活性明显增强，至渥堆18h 时，其活性又进一步较大幅度地提高，且在尔后的 6h 渥堆中几乎又提高了近 50％，从而出现第 1 次活性高峰。随后其活性稍有下降，但紧接着又再度呈现线性增长，至渥堆完成时，其活性达到了渥堆前期的近 3 倍。果胶酶活性的变化与纤维素酶基本一致，渥堆开始直至 24h，该酶活性一直呈上升趋势，24～30h 期间其活性略有下降，然后再度明显上升，直至渥堆结束时达到高峰。

表 6-7　黑茶初制中纤维素酶和果胶酶活性的变化（单位数/g）

（林心炯等，1991）

工　　序		纤维素酶	果胶酶
鲜　叶		5.32	4.01
杀　青		0.14	0.03
揉　捻		0.13	0.23
渥堆	6h	17.48	3.16
	12h	19.01	3.91
	18h	27.71	4.52
	24h	37.34	5.54
	30h	32.07	5.11
	36h	38.23	6.64
	42h	46.31	10.21
黑毛茶		—	—

从以上结果不难看出，黑茶渥堆过程中，纤维素酶与果胶酶活性的增强，也是微生物代谢活动的结果。由于微生物新陈代谢活动的周期性或微生物种群的更迭，致使这两种酶活性的变化呈双峰模式。黑茶渥堆期间，微生物为了满足生长和繁殖的需要，除吸收茶叶中部分原有可利用态碳源外，还必须分泌这两种酶，使大量的不溶性纤维素和果胶降解成可溶性碳水化合物作为再生碳源加以利用。

总之，黑茶初制中，鲜叶经高温杀青后，固有的内源酶系统的活性已基本钝化。然而在渥堆中，酶系统的组成及活性发生了根本性的变化，与鲜叶完全不同的多酚氧化酶同工酶得以形成，且有相当的活性强度。热稳定性较强的过氧化物酶，仅在杀青以后的揉捻叶及渥堆前期有一定的残余活性，因此它在渥堆中所起的作用不大。纤维素酶、果胶酶等水解酶类，在渥堆期间较为活跃，其中尤以纤维素酶为甚。微生物酶学研究业已证实，黑曲霉是分泌胞外酶极为丰富的菌种，它不仅可以分泌纤维素酶、果胶酶、蛋白酶、脂肪酶和各种糖化酶等水解或裂解酶类，还可以释放多酚氧化酶等氧化酶类。酵母菌也是一类广谱泌酶菌，对碳水化合物、果胶、纤维素及脂肪等均有一定的分解能力。因此，黑茶渥堆中新的酶系统的形成来源于微生物代谢所分泌的胞外酶，微生物种群的更迭及数量的消长，决定了整个体系中酶的种类与活性水平。微生物所分泌的这些胞外酶为茶叶中儿茶素的氧化、纤维素的分解、果胶质的裂解和蛋白质的降解，提供了有效的生化动力，并由此影响与黑茶色、香、味品质形成相关的其他成分而发生复杂的生化变化。

（四）黑茶初制中主要色素物质的变化

1. 脂溶性色素含量的变化　在黑茶初制过程中叶绿素 a（Chla）的变化极为明显，几乎全部降解（表 6-8），而杀青和渥堆是 Chla 降解的两个主要阶段，尤以杀青为甚，渥堆则以 24h 以前的变化幅度较大，24h 以后 Chla 仅存痕量。Chla 在高温杀青和趁热揉捻的强烈湿热作用下脱镁降解，使渥堆前期呈灰黑色的脱镁叶绿素 a（Pya）明显增加，而且随着渥堆的进行，在微生物代谢活动的水热作用和逐渐酸化的环境下，Pya 逐渐积累，至渥堆 24h 左右达到最大值。尔后，因 Chla 的降解殆尽，使 Pya 的含量呈下降趋势。在干燥工序中Pya 再度减少。鲜叶中呈蓝绿色的叶绿酸酯 a（Cda）的含量较高，这可能是由于鲜叶离体后叶绿素酶作用于 Chla 所致。然而，一经杀青，其含量则急剧下降，且在渥堆中继续减少而消失。与之相反，鲜叶中并不存在的呈灰黑色的脱镁叶绿酸酯 a（Poa）的含量却在渥堆中渐渐上升，在渥堆 30h 以后增加更快，干燥工序中增加更多。Poa 的形成一方面可能是 Cda 在热和逐渐酸化的条件下部分脱镁而来，另一方面则可能是 Pya 在渥堆后期和烘干中，因强烈的湿热作用而部分脱植醇基后转化而成。从 Chla 及其降解产物的消长动态也可看出，它们彼此的消长是基本同步的。

表 6-8　黑茶初制中脂溶性色素及其降解产物含量的变化（μg/g）

（陈春林、梁晓岚，1996）

工　序	Chla	Pya	Poa	Cda	Chlb	Pyb	Pob	Cdb	β-Car	Xan	Neo	Chl/Phy	Chl/Car
鲜　叶	268.7	2.5	—	52.4	181.2	1.5	—	44.6	423.7	126.7	33.4	1367.2	9.4
杀　青	120.9	137.6	—	20.6	116.4	54.6	—	28.5	295.2	108.4	27.7	14.9	6.6
揉　捻	107.3	148.9	—	16.2	103.1	63.4	—	22.8	273.5	105.0	23.8	11.7	6.2

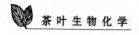

（续）

工　序	Chla	Pya	Poa	Cda	Chlb	Pyb	Pob	Cdb	β-Car	Xan	Neo	Chl/Phy	Chl/Car
渥堆 6h	79.2	173.4	微量	11.3	82.0	78.7	—	18.8	262.6	98.2	20.5	7.6	5.0
12h	35.4	212.2	2.5	6.7	66.7	82.3	—	12.6	247.7	91.3	18.2	4.1	3.4
18h	12.5	226.3	5.7	3.4	52.5	91.3	—	9.3	231.4	86.6	15.4	2.4	2.3
24h	4.7	229.8	8.1	微量	35.5	101.6	—	5.1	219.2	81.8	13.6	1.3	1.4
30h	1.7	226.6	14.8	微量	21.1	113.2	—	微量	205.5	73.6	10.9	0.6	0.8
36h	微量	210.5	21.2	微量	13.4	120.5	微量	微量	194.3	68.5	8.2	0.4	0.5
42h	微量	204.7	28.6	微量	8.2	122.8	5.7	—	181.4	62.2	7.0	0.2	0.3
黑毛茶	—	187.8	35.7	—	微量	116.2	11.5	—	133.6	42.5	5.1	—	—

注：Chl 含 Chla、Chlb、Cda 及 Cdb；Phy 含 Pya、Pyb、Poa 及 Pob；Car 含 β-Car、Xan 及 Neo。

叶绿素 b（Chlb）在初制中也明显减少（表 6-8），但 Chlb 较 Chla 具有相对较强的热稳定性，尽管经过高温杀青，仍能残留一定的量；在揉捻、渥堆过程中，也不如 Chla 的降解速度快，至渥堆趋近完毕时，仍有微量存在，且在黑毛茶中残存痕量。Chlb 的主要降解产物是黄褐色的脱镁叶绿素 b（Pyb），它在加工过程中呈持续增加趋势，且在渥堆期间的增加幅度较 Pya 的大，但在烘干中也略有减少。鲜叶中呈黄绿色的叶绿酸酯 b（Cdb），由 Chlb 酶促降解而形成，它似乎有与 Chlb 类似的热稳定性，杀青以后仍有部分残留，在渥堆过程中呈下降趋势，经干燥后的黑毛茶中亦不能检出。渥堆末期，由于茶叶内部微环境酸化，加之温度不断上升，Cdb 脱镁、Pyb 脱植醇基而部分转化为脱镁叶绿酸酯 b（Pob），烘干中进一步加强的湿热作用，使得黑毛茶中 Pob 有少量积累。

类胡萝卜素是茶树体内黄色色素的主体成分，其中最主要的是 β-胡萝卜素、叶黄素、紫黄质及新黄质等。β-胡萝卜素（β-Car）、叶黄素（Xan）在黑茶初制中均呈下降趋势（表 6-8），其中杀青和干燥是两个短时骤减过程，渥堆期间则呈渐减趋势，但整个渥堆过程中降解的总量也是较多的。新黄质（Neo）较 β-Car 和 Xan 稳定，在各工序中的降解量较少。由于黑茶初制中热的作用较其他茶类为甚，因此，类胡萝卜素的降解幅度较大。类胡萝卜素的降解，一方面使得在制品黄色色度减弱，另一方面则有助于良好香气的形成。

黑茶初制中，脂溶性色素内部比例发生了深刻的变化（表 6-8）。其中 Chl 类（含 Chla、Chlb、Cda、Cdb）是绿色色素的主体；Phy 类（含 Pya、Pyb、Poa、Pob）均呈灰黑或黄褐色。Chl/Phy 之比值在黑茶初制中呈急剧下降趋势，从而表现为绿色色度逐渐消退，灰黑色度不断上升，其综合作用的结果使在制品向深色方向转化。Car 类（含 β-Car、Xan、Neo）为黄色色素的主体，它与 Chl 类共同作用形成了鲜叶的黄绿色泽，Chl/Car 之比值则决定了茶叶绿色与黄色色度的深浅。在黑茶初制中，该比值亦呈明显下降趋势，这说明 Car 类比 Chl 类有更强的热稳定性和酸稳定性，从而使得在制品逐渐泛黄。Chl/Phy 和 Chl/Car 两类比值的不断下降，是最终形成黑毛茶黄褐外形色泽的最根本原因。

2. 水溶性色素含量的变化　黑茶中的水溶性色素是构成其橙黄明亮汤色的主体成分，并使之有别于其他茶类。渥堆工序中，由于微生物代谢旺盛，使茶坯温度不断上升，从而加快了儿茶素的自动氧化；另一方面，由于微生物分泌的胞外多酚氧化酶的催化，使儿茶素的酶促氧化也成为不可忽视的途径，二者共同作用使茶多酚有色氧化产物逐渐积累。根据湖南农业大学的测定结果，从鲜叶到揉捻完毕，乙酸乙酯萃取物色素、TR 和 TB 三者的形成量甚少，然而，在长达 42h 的渥堆中，三者均明显增加，且尤以 TR、TB 增加较快，特别是在 24～42h 渥堆期间表现更为突出。干燥对乙酸乙酯萃取物色素、TR、TB 的形成与转化影响也很大，表现为乙酸乙酯萃取物色素、TR 均较渥堆末期明显减少，而 TB 则积累增加。显然，这是乙酸乙酯萃取物色素、TR 进一步向高聚物 TB 转化的结果。

在整个初制过程中，三种水溶性色素内部比例随加工进程而变化，表现为（乙酸乙酯萃取物色素＋TR）/TB 先升后降，从鲜叶到揉捻再到渥堆 36h 期间，其比值明显增加，36～42h 期间比值开始降低，而在干燥过程中降低十分明显。黑茶初制特殊的渥堆和干燥工序，使得乙酸乙酯萃取物色素、TR、TB 部分形成与积累，从而使黑茶汤色有别于通过"闷黄"工艺加工而成的黄茶及通过"发酵"工艺加工而成的红茶，更不同于粗老绿茶。这三种水溶性色素物质不仅是组成黄、橙、棕汤色的主体，也参与黄褐外形色泽的形成。

（五）黑茶初制中香气物质含量的变化

采用色—质联用技术，在黑毛茶中检出了 68 种香气组分。黑毛茶香气主要由萜烯类、芳香醇类、醛类、酮类、酚类、酸类、酯类及碳氢化合物、杂环化合物等组成（表 6-9）。显而易见，无菌渥堆毛茶中醛酮类化合物的含量明显多于常规渥堆的黑毛茶，其中（E，Z）-2,4-庚二烯醛、（E，E）-2,4-庚二烯醛、（E，E）-2,4-壬二烯醛、6-甲基-5-庚烯-2-酮、1-戊烯-3-酮、正己醛、（E）-2-戊烯醛、1-戊烯-3-醇、（Z）-3-己烯醛、正戊基呋喃、庚醛等化合物均为无菌渥堆毛茶高于常规黑毛茶，而一般认为这些化合物均来自于茶叶中脂质的自动氧化降解。在常规渥堆的黑毛茶中萜烯醇类化合物和芳环醇的含量均高于对照样毛茶，其中以芳樟醇、苯甲醇、2-苯乙醇以及橙花醇的差异最为明显。有研究表明，苯甲醇、苯乙醇、橙花醇、α-萜品醇以及芳樟醇、香叶醇等萜烯醇类化合物产生于单萜烯醇配糖体的水解。常规渥堆，微生物代谢释放相应的水解酶，从而促进了单萜烯醇配糖体水解形成单萜烯醇。一般而言，2，4-庚二烯醛等醛酮类化合物以及 1-戊烯-3-醇等都有一定的油臭味和粗老气，而单萜烯醇类化合物均具有一定的花香，因此反映在感官品质上，无菌渥堆的毛茶其香味粗涩，而常规渥堆的黑毛茶其香味纯和（或醇和）。两种处理的毛茶中酚类化合物总量亦有较大差异，常规渥堆的间苯三酚、愈创木酚、4-乙基愈创木酚的含量较高，这些酚类化合物在其他发酵食品中亦得到检出。川上美智子等也认为淹渍茶中酚类化合物的生成与微生物发酵有关。这些酚类化合物与脂质降解产物及配糖体水解产物一起对黑毛茶的特征香气有重要贡献。另外，在常规渥堆的黑毛茶中还检出了吲哚，这是一种特殊的物质，它具有强烈的令人不快的臭味，但在浓度很低时则具有花香，这种物质是相应蛋白质在微生物作用下降解而产生。由于黑毛茶渥堆中，同时存在能使脂质等物质自动降解的湿热作用和产生萜烯醇类化合物及酚类化合物的微生物作用，因此，一些特殊香气的产生是渥堆的一个主要特征，渥堆适度，往往由有无酒糟气来判断，渥堆过度则会出现酸辣气乃至腐臭气味。这些特殊气味的绝大部分在干燥过程中将被挥发掉，但有时亦有少量残留，从而参与黑茶风味香气的构成。大生产中，黑茶干燥采用分层累加湿坯、松柴明火的方法，干燥时间长达 200～220min，焙笼中心温度高达 120～125℃，这种干燥方法创造了长时间的高温湿热环境，其目的是在渥堆的基础上进一步发展黑毛茶的特征性风味，同时由于茶叶吸附松柴的松烟气味，使一些品种的黑茶具有特殊的松烟香。

表 6-9　无菌渥堆与常规渥堆毛茶的香气构成（占精油总量的百分比）

（李家光，1986）

处　理	醛酮类	萜烯类＋芳环醇类	酚　类	碳氢化合物	酸酯类	杂环化合物
无菌渥堆毛茶	18.33	15.05	4.22	2.98	5.59	7.67
常规渥堆毛茶	10.92	20.09	6.72	3.71	6.08	6.08

总之，黑毛茶的香气主要来自三个方面，其一是茶叶本身的芳香物质转化、异构、降解、聚合等形成黑茶的基本茶香；其二是来自微生物及其分泌的胞外酶，在渥堆中对各种底物作用而产生的一些风味香气；其三是烘焙中形成和吸附的一些特殊香气。

（六）黑茶初制中主要滋味物质含量的变化

1. 多酚类物质含量的变化　日本富山县下新川郡朝日町蛭谷地区习惯于饮用黑茶，其黑茶制法是于秋季采摘生育成熟的新梢，蒸热后渥堆于内壁铺有稻草的木框内，中间堆得厚一些，上面轻压镇石，让其堆积发酵 20～25d。在渥堆过程中，当叶温上升至 50～70℃时进行第一次翻拌，到发酵结束时大约要翻拌 4～5 次，渥堆 20～25d 后取出日晒干燥。对其在制过程中主要滋味成分含量变化的测定结果表明（表 6-10），渥堆 7d 后儿茶素含量已减少到鲜叶含量的 1/2 以下，渥堆 25d 后减少到 1/6 以下。采用纸层析测定儿茶素组成的变化时发现，渥堆 7d 后，L-（一）-ECG 消失，而出现没食子酸的斑点，并在纸谱原点附近出现呈褐色的儿茶素氧化聚合物的斑点，其他儿茶素也相应减少；渥堆 14d 后，L-（一）-EGCG 和 L-（一）-EC 亦消失，仅留下 L-（一）-EGC 的痕迹，同时没食子酸及原点附近呈褐色的儿茶素氧化聚合物的量再度增加；最后，黑毛茶成茶中 L-（一）-EGC 亦见消失。由此表明，日本黑茶由于历经长时间的渥堆过程，使呈苦涩味的儿茶素几乎全部降解和氧化，存留下来的是苦涩味较弱的没食子酸及儿茶素的氧化聚合产物。

表 6-10　日本黑毛茶加工过程中主要化学成分含量的变化
（杨伟丽等，1993）

	全氮量（%）	儿茶素（%）	咖啡碱（%）	水浸出物（%）	可溶氮（%）	游离还原糖（%）	酰胺类氨基酸（mg/g）	灰分（%）
鲜　　叶	2.58	13.58	1.62	38.10	0.86	3.11	6.103 0	6.29
渥堆 7d	3.69	5.94	1.96	32.82	1.05	1.93	4.527 7	6.81
渥堆 14d	3.58	5.23	1.93	28.59	1.07	1.86	5.020 3	6.58
渥堆 25d（黑毛茶）	3.51	2.02	2.73	23.54	1.05	1.30	0.602 3	6.27

　　湖南农业大学研究了中国黑毛茶制造中茶多酚及儿茶素组分的变化（表 6-11）。即酯型儿茶素（主要是 EGCG）含量下降，简单儿茶素含量增加，而儿茶素总量下降不多，仅下降了 5.7%，表明在这个阶段儿茶素的变化主要表现为酯型儿茶素的水解。在渥堆期间，茶多酚和儿茶素总量均呈下降趋势，渥堆中由于微生物活动旺盛，其释放的多酚氧化酶在一定程度上加速了多酚类物质的氧化聚合，同时儿茶素的非酶促作用转化（如湿热作用下酯型儿茶素的水解等）也十分剧烈。从渥堆中各儿茶素组分的变化趋势看，减少幅度最大的是（一）-EGCG，其次是（一）-EGC 和（±）-C；而（一）-EC 在渥堆 30h 以前呈明显增加趋势，在 30h 以后则呈下降趋势。渥堆中儿茶素各组分的消长与变化途径不尽相同，酯型儿茶素一方面是湿热作用下水解形成简单儿茶素与没食子酸，另一方面是微生物酶促氧化与自动氧化；简单儿茶素一方面由于酯型儿茶素的水解而增加，另一方面又通过酶促氧化与自动氧化而减少。由于酯型儿茶素水解的量相对较大，而简单儿茶素酶促氧化的量相对较小，故渥堆中儿茶素的组成比例表现为酯型儿茶素的比例下降，而简单儿茶素的比例增大。干燥是儿茶素转化的重要工序，其中（一）-EGC、（一）-EGCG 及儿茶素总量

均明显减少，而（一）-EC 的含量却明显增加，干燥工序除了强烈的水解作用外，微生物多酚氧化酶在干燥前期对促进儿茶素的氧化聚合也起了一定的作用。

表 6-11　黑茶初制中茶多酚及儿茶素组分含量的变化（mg/g）

工 序	（一）-EGC	（±）-C	（一）-EC	（一）-EGCG	（一）-ECG	儿茶素总量	茶多酚总量(%)
鲜 叶	37.34	3.52	8.91	61.88	20.37	132.02	23.89
杀 青	39.12	5.64	9.61	52.63	22.92	129.92	23.12
揉 捻	32.76	4.27	8.04	58.67	20.77	124.51	24.32
渥堆 6h	27.02	4.78	9.96	52.49	21.68	115.93	23.52
12h	22.45	4.80	10.60	45.05	20.28	103.18	26.69
18h	18.12	4.76	10.63	42.96	18.73	95.20	24.63
24h	20.77	3.98	10.99	29.22	15.18	80.14	22.63
30h	21.32	4.01	11.63	26.05	14.54	77.55	21.89
36h	21.95	3.73	10.48	27.13	12.75	76.04	21.29
42h	22.89	3.95	10.13	27.72	11.18	75.87	19.49
黑毛茶	19.13	3.03	23.02	23.02	10.13	78.33	16.48
对照样毛茶	28.32	3.26	29.68	31.27	11.69	104.22	18.69

注：对照样毛茶为无菌渥堆毛茶。

在黑茶常规渥堆条件下，虽然酯型儿茶素的水解是儿茶素转化的主要途径，并对黑茶滋味的形成产生积极的影响，但儿茶素的微生物酶促氧化聚合也具有不可忽视的作用。对无菌渥堆毛茶（对照样）感官审评的结果表明，尽管同样存在湿热作用，但其品质风味与粗老绿茶的接近，而与黑毛茶的明显不同。因为在无菌渥堆情形下，不存在微生物酶促氧化作用；同时渥堆叶坯堆积较紧，内部透气性差，氧的供应不充分，亦阻碍了自动氧化的正常进行。因而无菌渥堆大量发生的是酯型儿茶素的水解，并伴随各种儿茶素极少量的自动氧化。因此，反映在感官品质上，仅表现为茶汤滋味由粗涩变得醇和，并不能形成黑茶特有的色、香、味风格。由此可见，尽管黑茶渥堆中湿热作用强度大，儿茶素（尤其是酯型儿茶素）转化量多，但仅有湿热条件下的纯化学或物理化学变化难以形成真正的黑茶品质特征。Kanayaka A. E 等的研究表明，汽蒸后的萎凋叶当叶组织充分切碎后于通气控温条件下，儿茶素进行非酶促氧化聚合，结果表明其形成的有色氧化产物仅为酶促氧化的 10% 左右。由此可见，在缺氧的渥堆环境下，自动氧化不是主要的。尽管高温杀青已将鲜叶中固有的多酚氧化酶充分钝化，但在渥堆进行到 12h 左右时，渥堆叶中出现了微生物代谢分泌的与鲜叶不同的新的多酚氧化酶组分，而在无菌渥堆中则未发现。综合以上分析表明，在渥堆中存在微生物酶促氧化及因微生物存在所引起的渥堆环境的差异，是导致无菌渥堆与常规渥堆毛茶品质差异的主要原因，微生物酶促氧化是渥堆中儿茶素氧化的主要方式。

水溶性色素不仅是构成黑茶汤色的主体成分，而且也是主要滋味成分，如前所述，这三种儿茶素氧化产物的含量在渥堆过程中均明显增加，且在渥堆24～42h 期间表现尤为突出。（乙酸乙酯萃取物色素＋TR）/TB 之比值，从渥堆开始至 36h 期间呈持续增加趋势，渥堆后期和干燥工序中由于乙酸乙酯萃取物色素、TR 向 TB 的进一步转化使比值明显降低。显然，这些变化与渥堆过程中微生物胞外多酚氧化酶的活性及儿茶素组分与总量的消长是同步的。乙酸乙酯萃取物色素、TR 和 TB 等氧化产物有一定量的形成是黑茶"渥堆"与黄茶"闷黄"的根本区别所在，对黑茶品质风味的贡献十分重大。

2. **主要含氮化合物含量的变化** 茶叶中的主要含氮化合物，如氨基酸、咖啡碱等既是主要呈味成分，也是渥堆中微生物的氮源，研究表明，这些物质都沿着一定的规律变化，并对黑茶品质风味的形成具有重要作用。

根据日本将积祝子等对日本黑茶的研究（表 6-10），全氮量以渥堆 7d 的最高，此后略有减少；可溶性氮渥堆 7d 时略有增加，此后变化甚微；酰胺氨基酸的含量在渥堆 7～14d 期间减少至鲜叶含量的 70％～80％，而渥堆 25d 的黑毛茶则减少到鲜叶含量的 9.9％；咖啡碱含量在渥堆 7d 时略有增加，7～14d 期间趋于稳定，而在渥堆 25d 的黑毛茶中则大幅度增加，较鲜叶增加了 68％。日本黑毛茶加工过程中各种游离氨基酸含量的分析结果表明（表 6-12），渥堆7d 后，天门冬氨酸、谷氨酸、丝氨酸及茶氨酸的含量均急剧减少；渥堆 25d后，天门冬氨酸从 1 624.7μg/g 减少到 26.2μg/g，谷氨酸从 1 549μg/g 减少到 26.8μg/g，丝氨酸从 530.9μg/g 减少到 11.1μg/g，茶氨酸（含谷氨酸）从 1 240.7μg/g 减少到 63.9μg/g。此外，赖氨酸、组氨酸、精氨酸、甘氨酸、丙氨酸、缬氨酸、异亮氨酸、酪氨酸及苯丙氨酸等在鲜叶中含量不高，但渥堆7d 或 14d 后有所增加，以后又减少，至制成的黑毛茶中含量极少。

表 6-12　日本黑毛茶加工过程中游离氨基酸含量的变化（μg/g）

（杨伟丽等，1993）

试 样	鲜 叶	渥堆 7d	渥堆 14d	渥堆 25d（黑毛茶）
赖氨酸	127.8	726.0	384.1	21.9
组氨酸	73.2	183.2	130.3	2.8
精氨酸	105.2	217.3	257.2	32.9
天门冬氨酸	1 624.7	249.3	532.9	26.2
苏氨酸	212.1	112.8	134.6	5.5
丝氨酸	530.9	52.4	158.1	11.1
茶氨酸	1 240.7	549.4	443.6	63.9
谷氨酸	1 549.0	969.0	512.7	26.8

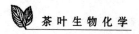

（续）

试　样	鲜　叶	渥堆 7d	渥堆 14d	渥堆 25d（黑毛茶）
甘氨酸	18.7	57.3	65.2	5.0
丙氨酸	202.0	240.1	308.4	13.6
缬氨酸	89.5	54.8	674.7	9.7
异亮氨酸	72.5	43.0	174.4	10.9
亮氨酸	59.4	64.4	329.9	11.4
酪氨酸	109.2	91.7	246.3	9.1
苯丙氨酸	18.1	54.8	238.0	5.3

　　中国黑茶初制中游离氨基酸组分变化的结果表明，茶氨酸、谷氨酸、天门冬氨酸等含量较高的氨基酸在渥堆中明显降低，如茶氨酸从 19 231.9μg/g 降至 11 520.5μg/g，而对照（无菌渥堆 42h）样中茶氨酸和谷氨酸的含量几乎与鲜叶相同，这也进一步证明了微生物在渥堆中的作用。很显然，这些氨基酸是作为氮源被微生物所利用，或在微生物作用下与其他物质相互作用，转化成了其他品质成分。渥堆中某些人体必需氨基酸的含量大幅度增加，如赖氨酸干茶比鲜叶增加了 8.5 倍，苯丙氨酸增加了 2.1 倍，亮氨酸增加了 5.1 倍，异亮氨酸增加了 1.6 倍，蛋氨酸增加了 3.8 倍，缬氨酸增加了 2 倍。而对照中则增加甚微，有的甚至还有所下降。这说明微生物利用茶叶中的含氮物质作为营养源的同时，还在胞内酶系的作用下，合成了大量对人体有益的氨基酸，这有利于改善黑毛茶品质。

　　综上所述，茶叶中的主要含氮化合物，在黑毛茶初制中由于微生物的作用发生了复杂的变化。氨基酸总量减少，茶氨酸、谷氨酸和天门冬氨酸的含量也急剧降低，而人体必需氨基酸如赖氨酸、苯丙氨酸、亮氨酸、异亮氨酸、蛋氨酸、缬氨酸等明显增高，这说明黑毛茶初制中微生物通过降解茶叶中 3 种大量氨基酸——茶氨酸、谷氨酸和天门冬氨酸作为其生长和繁殖的氮源，并且通过微生物的代谢活动，又合成了茶叶中含量较低的氨基酸，尤其是人体必需氨基酸。如酵母菌在代谢过程中可以合成赖氨酸，而其本身又不能利用赖氨酸。因此，氨基酸总量虽然呈下降趋势，但黑茶的营养价值则提高了。另外，上述 3 种大量氨基酸还可作为香气物质形成的先质参与黑茶香气的形成。

　　3. 粗纤维及可溶性糖含量的变化　日本黑毛茶初制在渥堆 7d 后游离态还原糖的含量减少到鲜叶含量的 62%，至制成的黑毛茶中进一步减少到鲜叶含量的 42%（表 6-10）。根据试验，在无菌渥堆毛茶中，粗纤维含量变化幅度很小，与鲜叶比较仅降低了 0.57%，但常规渥堆黑毛茶中，粗纤维含量变化显著，降低了 2.53%。显然，这是常规渥堆中微生物产生的胞外纤维素酶导致了纤维素的加速分解，并将分解产物作为其碳源的缘故。黑毛茶初制在杀青过程中，葡萄糖下降了 57％，果糖下降了 30％，木糖下降了 15％，惟独麦芽糖含量增加了 50％。在揉捻过程中，麦芽糖含量略有降低，而葡萄糖含量提高，增加幅度达 98％。在渥堆早期，几种可溶性糖的含量普遍下降，中后期则表现出起伏性变化，这是渥堆中微生物繁衍一方面利用糖类作为其碳源，另一方面又分泌胞外纤维素酶将茶叶中较丰富的纤维素逐渐分解成可溶性糖动态平衡的结果。在干燥过程中，一方面由于微生物所释放的纤维素酶具有较强的热稳定性，在钝化以前仍继续促进纤维素分解为糖；另一方面在干燥中糖与氨基酸等物质可形成香气等成分，导致某些可溶性糖的含量降低。因此干燥后黑毛茶中可溶性糖的含量将最终由其动态平衡的结果所决定。

（七）黑毛茶渥堆的实质

从黑毛茶加工中与色、香、味品质形成有关的主要化学成分的变化及微生物、酶的消长关系可以看出，在初制过程中渥堆是品质形成的关键工序，它塑造了黑毛茶的品质特色，赋予了黑毛茶的品质风味。

黑毛茶制造时鲜叶原料在杀青前需洒水灌浆，约喷洒鲜叶重 10％的水分，以增加杀青时水蒸气的穿透力，有效钝化鲜叶内源酶的活力，并同时杀死黏附在鲜叶上的微生物；杀青后趁热揉捻，此时叶温仍保持在 40℃左右；渥堆时茶从揉捻机中成团取出，并适当筑紧，这时温度一般仍有 30～35℃，渥堆开始后，因揉捻和渥堆操作所黏附的微生物开始繁殖，呼吸以及分解物质所产生的大量热能在堆内积累，使堆温逐渐升高，至渥堆中后期，堆温可达 45～50℃；干燥工序更是处于高温高湿（前期）和高温干燥（后期）的条件下，湿热作用强度更大，可见高温高湿条件伴随着黑茶初制的始终。

然而，据研究，对照处理的黑毛茶，除渥堆工序采用无菌渥堆外，其他工序的湿热作用强度与常规鸯筛渥堆的基本相同，其品质虽表现出无粗青气味，汤色黄亮，但缺乏黑茶特征性的品质风味。这一方面说明湿热作用发生的理化变化，为黑毛茶品质形成打下了一定的基础，另一方面也说明常规渥堆与无菌渥堆期间在物质转化动力上的差异是决定品质风味的关键。在常规渥堆条件下，由于微生物大量繁殖所分泌的各种胞外酶作为有效的生化动力，作用于渥堆叶内的各种相应底物，使整个渥堆体系的物质代谢的速度和方向有别于无菌渥堆的纯热物理化学作用，如蛋白质、果胶的水解，纤维素的分解，儿茶素的酶促氧化，各种香气先质在酶系作用下发生复杂的生化变化形成特有的香气组分及配比，以及微生物代谢释放有机酸及各种代谢产物等，这些变化是形成黑毛茶特有色、香、味品质的关键，也是无菌渥堆条件下所不具有的。因此，黑毛茶渥堆中，微生物胞外酶是其品质风味形成的主要动力；其次是渥堆中温度的差异影响了品质风味形成的速度，无菌渥堆由于微生物数目极少，呼吸代谢放热甚微，叶温几乎与室温一致；而常规渥堆因微生物代谢旺盛，堆温常高出室温 $15\sim20℃$，而适当的高温将提高胞外酶作用的效率，同时也加快了湿热作用下各种理化变化的速度，从而加速了品质风味的形成。

由此可见，黑毛茶渥堆的实质是以微生物的活动为中心，通过生化动力——胞外酶，物化动力——微生物热与茶坯水分相结合，以及微生物自身代谢的综合作用，推动一系列复杂的生化变化，塑造了黑毛茶特征性的品质风味。值得提出的是，黑毛茶品质形成的实质与黑毛茶渥堆的实质是有区别的，因为黑毛茶品质的形成除与最为关键的渥堆工序密不可分外，还有杀青、揉捻、干燥工序的作用，其中特别是干燥工序亦在很大程度上影响黑毛茶的品质。因此，黑毛茶品质形成的实质是微生物参与下的酶促作用与湿热作用综合的结果，这里的热包括杀青、揉捻、干燥的外源环境热和渥堆中微生物代谢释放的生物热。

二、茯砖茶制造化学

茯砖茶是紧压黑茶的一种，是边区人民日常生活中必不可少的饮料。它多以黑毛茶或粗老绿茶为原料，经汽蒸、沤堆、压制、发花、干燥等工序加工而成。其中发花是茯砖茶制造的独特工序，其目的是通过控制一定的温、湿度条件，促使微生物优势菌的生长繁殖，这些优势菌会产生黄色闭囊壳（俗称"金花"），边区人民历来根据"金花"的质量和数量来判断茯砖茶品质的优劣，因此"金花"是茯砖茶的主要品质特征。

（一）茯砖茶制造中微生物的变化

茯砖茶原料经汽蒸后，细菌已全部被杀死，真菌 90% 以上也被杀死，接着又经 2h 的高温（$80\sim88℃$）沤堆，进一步杀死了残存的微生物，因此压制后的茯砖茶坯已几乎不存在微生物（表 6-13）。压制成砖后立即包装并进入烘房发花，通常在发花的第 3 天，茯砖茶中只有极少数黑曲霉及其他霉菌和细菌存在，当发花到第 6 天时，茯砖茶中开始有冠突散囊菌的生长；在发花 $6\sim$ 9d，冠突散囊菌的数量呈几何级数增加，其他霉菌则由于优势菌的大量繁殖而被抑制；发花 12d 时，冠突散囊菌的数量趋于稳定或继续呈较大幅度的增加。从表 6-13 可知，在茯砖茶发花过程中，优势菌——冠突散囊菌的对数生长期一般在发花的第 6 天至第 9 天间，但有时也会延续至发花的第 12 天。由于对数生长期内冠突散囊菌生长繁殖十分旺盛，因而此期间所繁殖的冠突散囊菌数目的多少直接决定了成品茶中"金花"的数量和质量（包括颗粒的大小与色泽）。

表 6-13 茯砖茶发花中微生物的变化（菌数×10^4/g 干茶）

（陈荣冰，1992）

工 序	重 复	冠突散囊菌	黑曲霉	青 霉	酵母菌	其他霉菌	总 量
压制	1	0	0.01	0	0	0	0.01
	2	0.01	0.07	0	0.21	0.01	0.30
	3	0	0	0	1.48	0.04	1.52
	4	0.07	0.007	0.007	0	0	0.084
发花	3d 1	0	0	0	0	0	0
	2	0	0.02	0	0	0.04	0.04
	3	2.00	0	0	0	0	2.00
	4	0.12	0	0	0	0	0.12
	6d 1	1.30	0	0	0	0	1.30
	2	0.13	0	0.07	0	0	0.20
	3	5.03	0.01	0	0	0	5.04
	4	0.81	0	0	0	0	0.81
	9d 1	163.00	0	0	0	0	163.00
	2	465.00	0	0	0	0	465.00
	3	209.88	0	0	0	9.20	219.08
	4	83.40	0	0	0	0	83.40
	12d 1	139.00	0	0	0	0	139.00
	2	486.00	0	0	0	0	486.00
	3	118.00	0	0	0	0	118.00
	4	134.50	0	0	0	0	134.50
成 品	1	269.60	0.70	0	0	0.70	271.00
	2	123.00	0	0	0	0	123.00
	3	100.90	0	0	0	6.10	107.00
	4	63.00	0	0	0	0	63.00

茯砖茶发花中微生物的生长存在着明显抑制和被抑制关系。如前所述，在发花初期，有一定数量的黑曲霉、青霉及其他霉菌存在，但当优势菌——冠突散囊菌生长起来后，这些霉菌的生长则被抑制，由于黑曲霉、青霉及其他霉菌的菌落附着在金花上，形成红霉、黑霉、白霉等，影响品质甚至产生毒素，同时它们的大量生长也可反过来抑制优势菌的繁殖，故在茯砖茶加工中应尽可能控制这些杂菌的生长。

（二）茯砖茶制造中主要酶类的变化

发花是茯砖茶制造的特征性工序，发花过程有微生物参与，这对茯砖茶品质的形成至关重要。微生物酶学研究认为，属于真菌的曲霉类具有最广泛的泌酶特性，而有关研究已经证实茯砖茶中的优势真菌正属曲霉类。根据研究，茯砖茶发花过程中确实存在多种微生物酶，诸如多酚氧化酶、纤维素酶、果胶酶等。该3种酶将分别作用于茯砖茶制造中多酚类物质的氧化、纤维素和果胶物质的分解，对茯砖茶品质的形成将产生不可忽视的作用。

试验表明，黑毛茶经汽蒸处理后不再残留有初制过程中积累的微生物多酚氧化酶，但在发花过程中却伴随着微生物的滋生又重新出现了新的多酚氧化酶，如发花第 6 天后电泳图谱上产生了第一条新的高分子酶带（PPO_1），但活性尚弱；到发花第 9 天时，又出现了第二条新的酶带（PPO_2），不过其活性较低，而 PPO_1 酶带的活性剧增；发花 12d 后二条酶带活性都不同程度的下降；发花 12d 后进行干燥，出烘样中的 PPO 酶带活性继续降低或仍保持一定水平。

纤维素酶广泛存在于茯砖茶制造中。黑毛茶原料中由于存在各种各样的可以分泌纤维素酶的细菌和真菌，使原料中呈现一定的纤维素酶活性，经汽蒸后，酶活性降低。在经沤堆到压制成型的过程中，纤维素酶活性又明显回升，达到甚至超过原料中的酶活性水平。从发花开始至第 9 天期间，酶活性不断增加，且在 6～9d 时出现较大的跃升，并在第 9 天达到最大值。随着发花时间的延长，至 12d 时酶活性开始下降，但在出烘的成品茶中酶活性仍维持较高水平。

黑毛茶原料中有相对较高的果胶酶活性，汽蒸后部分酶失活。在随后的加工过程中，酶活性又呈上升趋势，其中发花 6～9d 间增加幅度相对较大。与多酚氧化酶和纤维素酶不同的是，它的活性最大值出现在发花第 12 天，出烘的成品样中果胶酶活性有所降低。

（三）茯砖茶制造中主要含氮、含碳化合物的变化

以黑毛茶作为原料，再经汽蒸、沤堆、压制、发花和干燥等工序加工而成茯砖茶，其滋味、香气和色泽均有别于黑毛茶，说明茶叶中的内含生化成分已发生了复杂的变化，并通过重新组合，形成了茯砖茶特有的品质风格。

1. 游离氨基酸及总含氮量的变化 游离氨基酸总量在汽蒸、沤堆和压制前后显著降低，发花 3d 后又明显回升，以后呈逐渐下降趋势，茯砖成品茶中的游离氨基酸含量比原料降低了 38.76%。游离氨基酸各组分的变化视氨基酸种类不同，其变化趋势各异，但茯砖茶中氨基酸各组分的最终含量均低于原料中的含量。由于汽蒸、沤堆和压制成型这几道工序处于高温、高湿和高压的条件下，且透气性差，因而会有亚硝酸盐产生，亚硝酸可与氨基酸作用生成相应的羟基酸。在高温高压条件下，氨基酸还会与含羰基的化合物（例如还原糖）发生席夫碱缩合反应，生成生物碱。另外，氨基酸还有其他的转化反应。这些反应和转化，都会使游离氨基酸的含量降低。到发花阶段，在微生物的作用下，一方面可以分解、吸收茶叶中的有关物质作为养分以满足其生长繁殖和生命代谢的需要，另一方面又能分泌各种物质到体外，例如在发花前期，主要分泌蛋白质水解酶以分解蛋白质，使游离氨基酸含量增高，然后又以氨基酸作为氮源或碳源，进行大量的繁殖，因此在发花过程中氨基酸的含量又逐渐降低，直至干燥。

总含氮量在汽蒸、沤堆阶段变化不大，但在压制前后呈现下降趋势，发花3d后明显上升，在随后的工序中基本趋于稳定，茯砖成品茶中的含氮量较黑毛茶原料提高了28%。这说明在微生物的繁殖过程中，不仅把有机含氮化合物作为氮源消耗，而且还将一些无机氮作为氮源加以利用以形成微生物细胞的细胞质的基本组成物质——蛋白质。通过分析发现，茯砖茶中的金花水解氨基酸含量占干物质的14%以上。此外，茯砖茶中还有大量细菌存在，细菌中核酸含量较高，因此真菌和细菌的大量繁衍，必然会提高茯砖茶的含氮量。

2. 多酚类物质及粗纤维含量的变化 根据测定结果，在茯砖茶加工过程中茶多酚含量呈现下降趋势，由原料的9.43%降至茯砖成品茶的5.04%，相对降低幅度达46.6%。茶多酚的降低主要是儿茶素逐步氧化所致。经汽蒸、沤堆、压制至发花的前3d，在电泳图谱上均未见有多酚氧化酶同工酶带，而儿茶素总量在发花前已下降10.7%，发花3d内又下降了13.6%，均系非酶促氧化。儿茶素组分分析表明，在汽蒸、沤堆、压制及发花的前3d内，（一）-EGCG含量降低39.5%，而（±）-C提高28.6%，（一）-EC提高114.8%。发花3d后，儿茶素各组分均呈下降趋势，其中（一）-EGCG含量降低20.9%，（一）-ECG降低66.4%，（一）-EGC降低51.0%，（±）-C降低89.8%，（一）-EC降低72.3%。显然，在湿热条件下，酯型儿茶素的水解是儿茶素减少的主要途径，而在发花中、后期（3～12d），则是由于微生物分泌的多酚氧化酶的酶促氧化，使儿茶素各组分都有较大幅度的减少。乙酸乙酯萃取物色素、TR和TB的分析结果表明，发花过程中，乙酸乙酯萃取物色素、TR含量明显增加，尤以发花的前9d增加较多，TB则主要在9d以后增加明显。（乙酸乙酯萃取物色素＋TR）/TB之比值呈现先升后降的趋势，即发花9d以前是明显增加的，第12d及干燥过程中则明显下降。因此，儿茶素的氧化聚合，使得乙酸乙酯萃取物色素、TR和TB形成并有所积累，这些变化对于茯砖茶特有色泽及醇和滋味的形成是必不可少的。

用以制作黑毛茶的原料比较粗老，粗纤维含量较高，在黑毛茶加工过程中由于微生物胞外酶——纤维素酶的作用使纤维素含量有所降低。在茯砖茶加工过程中，同样在微生物分泌的纤维素酶的作用下，粗纤维含量也有所降低，在进入发花阶段后，随着微生物的繁殖及其胞外纤维素酶活性的不断增强，粗纤维的含量呈明显下降趋势。这种在微生物胞外酶的作用下，使一些难溶性高分子或大分子物质（如果胶、纤维素等）的降解，有利于增进茯砖茶的品质。

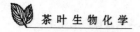

（四）茯砖茶制造中色素物质的变化

茯砖茶加工中，已几乎不能检出叶绿素，仅仅在原料、汽蒸样中发现有痕量 Chlb 的残存。叶绿素降解产物中，Cda 也不能检出，Cdb 仅在压制前有微量或痕量残余，而大量存在的是 Pya、Pyb、Poa、Pob 等降解产物，从原料至进入发花前，它们的变化幅度甚小，仅表现为 Pya、Pyb 有微量减少和 Poa、Pob 有微量增加。但发花 3d 后，在制品中，Pya、Pyb、Poa、Pob 的含量都有明显增加，并随发花进程进一步增加，其中尤以 Poa、Pob 的增加幅度较大，直至第 12 天发花结束时，其增幅才开始下降。

在茯砖茶原料中，仍存在着大量的 β-Car 和 Xan。从原料到汽蒸、沤堆、压制成型这段时期内，3 种类胡萝卜素组分的变化均不太大，仅表现出少量降解。但从发花开始，金黄色的 Xan 和橙黄色的 β-Car 即表现出明显增加，并在发花第 9 天时达到高峰，出烘的成品样中略有下降。Neo 在整个压制过程中虽有减少，但变化幅度不大。

茯砖茶发花过程中，由于大量繁殖的冠突曲霉能产生胞外多酚氧化酶，从而催化儿茶素氧化形成有色产物。经测定表明，茯砖茶原料中存在一定量的儿茶素氧化产物，经汽蒸、沤堆、压制后其含量变化不大，只是乙酸乙酯萃取物色素、TR 略有下降，而 TB 有所上升。在发花过程中，乙酸乙酯萃取物色素、TR 含量明显增加，尤以发花的前 9d 增幅较大，随后增幅减小。TB 在发花前期增加不多，但在发花后期（9d 以后）明显增加。进入干燥工序后，乙酸乙酯萃取物色素含量有所下降，而乙酸乙酯萃取物色素 TR 和 TB 则进一步增加。因而在成品茯砖茶中，儿茶素氧化产物以 TR 和 TB 为主，（乙酸乙酯萃取物色素＋TR）/TB 之比值，在发花之前略呈下降趋势，但在发花过程中，9d 以前明显增加，第 12 天及干燥后则呈下降趋势。

就叶绿素及其降解产物的内部转化途径而言，在茯砖茶加工中表现出彼此的转化消长关系，那么 Pya、Pyb、Poa 和 Pob 在发花期间的增加来自何处？β-Car 和 Xan 作为茶叶内源色素，在温、湿度条件均已具备的情况下，必定会发生一定程度的降解，转化成香气物质或其他成分，而研究表明，这两种色素的含量不仅没有减少，反而在发花期间明显增加。有关微生物代谢生化的研究表明，微生物本身就具备合成色素的能力，一些食用色素就是通过微生物的代谢制备。因此，茯砖茶发花中 Pya、Pyb、Poa、Pob 的增加可能与微生物的代谢活动有关。发花中 β-Car 和 Xan 含量的明显增加，可能与冠突散囊菌数量的增加有关，其闭囊壳呈现的金黄色很可能就是一类与 Xan 和 β-Car 性质类似的色素物质。通过对一个纯"金花"样进行分析的结果表明，其 β-Car 和 Xan 的含量较高。此外，儿茶素氧化产物乙酸乙酯萃取物色素、TR、TB 的形成与积累也主要是由于冠突散囊菌分泌的胞外多酚氧化酶催化儿茶素氧化的结果。由此可见，微生物在茯砖茶色泽品质形成中也同样起着重要的作用。

（五）茯砖茶发花中香气的变化

1. 茯砖茶的特征香气成分　茯砖茶具有一种独特的菌花香。经气相色谱分析，在茯砖茶原料中检出了 60 种香气成分，发花以后检出了 66 种，干燥后的成品茶中检出了 63 种。在构成茯砖茶特征风味的香气成分中，除原存在于黑毛茶原料中的特征香气成分，如 6-甲基-5-庚烯-2-酮、α-荜澄油烯、邻甲酚、甲基苷菊环烃、二苯并呋喃等以外，又新增加了一些特征化合物，其中有（反，顺）-2，4-庚二烯醛＋糠醛、（反，反）-2，4-庚二烯醛、芳樟醇、（反，反）-2，4-壬二烯醛、α-紫罗酮、香叶醇、β-紫罗酮＋庚酸、6，10，14-三甲基-2-十五酮、壬酸、芳樟醇氧化物Ⅱ及Ⅳ、正己醛以及 2，5-二甲基吡嗪等。上述成分在发花之前含量均不高，经发花后含量增加，直至干燥后仍保持较高的水平。

2. 发花中香气组分的变化及菌花香的形成　跟踪测定发花过程中香气组分变化的结果表明，发花期间各类香气成分都发生了不同程度的变化，其中醛、酮类含量较压制前增加 3.2 倍，萜烯类与芳环醇类增加 1.7 倍，脂肪族醇类增加 4.7 倍，酸、酯类增加 1.4 倍，碳氢化合物类增加 1.3 倍，杂环化合物类增加 2.8 倍，只有酚类减少 4.7 倍。可见，除酚类化合物降低外，其他各类香气成分的含量，经发花后均有较大幅度的增加，其中低沸点化合物的增加幅度最大。这些香气成分的形成与转化是在微生物胞外酶、热、O_2 及 H_2O 共同作用下完成的。

茯砖茶中脂肪族醛、酮类化合物，萜烯类化合物以及芳环醇等香气物质构成了其基本香气，其中与微生物作用以及空气中自动氧化作用有关的（反，顺）-2，4-庚二烯醛＋糠醛、（反，反）-2，4-庚二烯醛及（反，反）-2，4-壬二烯醛等成分的大量增加可能在茯砖茶特征香气中起重要作用，而这些成分均作为异味物质存在于陈茶和染上日晒味的茶叶中；2，5-二甲基吡嗪，2，6-二甲基吡嗪以及 1-乙基甲酰吡咯等杂环化合物为糖和氨基酸的加热降解产物，表现出较强的火功香，它们随茯砖茶发花进程而增加，这对茯砖茶的特征香型起协调作用；在发花过程中，苯甲醇、2-苯乙醇、芳樟醇及其氧化物、α-萜品醇、香叶醇等萜烯类和芳环醇类化合物的含量虽然在压制前已占有相当比例，但经发花过程至成品茶仍有增加的趋势，其中芳樟醇和香叶醇的含量仍明显增加，尤其是后者的含量增加至压制前的近 7 倍。而香叶醇具有温和优雅的花香，而且其阈值也很低。因此发花的效果在于在原黑毛茶香型的基础上再添增陈香、花香和火功香，最终协调为茯砖茶典型的"菌花香"。

干燥工序也是形成稳定的"菌花香"必不可少的工艺过程，香气组分在此期间仍在不断发生变化，有 46 种成分含量增加，其中以糠醛＋（反，顺）-2，4-庚二烯醛、（反，反）-2，4-庚二烯醛、香叶醇、β-紫罗酮＋庚酸增加幅度最大；有 10 种成分含量减少，但降低的幅度都不大。由此可见，干燥在茯砖茶香气物质的进一步转化中起着重要的协调作用，是形成稳定"菌花香"所必需的工序。

显然，茯砖茶的香气成分，一部分来自原料，另一部分则主要是在发花和干燥期间通过微生物酶促作用和热效应引起的非酶促作用共同协调作用的结果。

（六）茯砖茶品质风味形成的实质

茯砖茶加工工艺特殊，在加工过程中物质转化的动力亦不同于其他茶类。首先，原料通过汽蒸、渥堆基本形成了高温高湿的外部环境，如含水量从 5% 左右增至 25%～27%，这将为后续工序中物质的转化提供必需的介质；同时叶温也增至 80℃ 左右，以杀死沾染在原料上的微生物，并使原料软化，这一方面有利于压制成型，另一方面能有效地抑制杂菌繁殖，并为微生物优势种群的生长创造合适的水分条件。压制的作用显然主要是成型。在这几道工序中，茶叶都处于高温、高湿状态，其各种内含成分发生了一定程度的氧化、聚合、降解、转化等复杂变化，湿热作用是这一阶段内部物质转化不可缺少的基础动力。但试验结果表明，发花之前各种品质成分含量的变化幅度并不大。上述变化虽对茯砖茶品质风味的形成具有一定的作用，但其主要意义还在于为后续工序——发花中物质的转化创造条件。

发花是茯砖茶制造所独特的工艺过程。进入发花工序后，砖坯温度已逐渐冷却至接近室温，湿热作用强度大大减弱。然而，正是在这种温、湿条件下，茯砖茶中的优势微生物种群——冠突散囊菌，得以大量繁殖，它们从茶叶中吸取可利用态基质，进行代谢转化，在满足自身生长发育的同时，也产生各种胞外酶（如多酚氧化酶、果胶酶、纤维素酶、蛋白酶等），作为有效的生化动力，催化茶叶中各种相关物质发生氧化、聚合、降解、转化。试验表明，由于酶促作用的高效性和长达 12d 的发花，使其成了各种物质变化幅度最大的工序。因此，发花的实质是在一定的温、湿度条件下，使有益优势菌——冠突散囊菌大量生长繁殖，并借助其体内的物质代谢与分泌的胞外酶的作用，实现色、香、味品质成分的转化，形成茯砖茶特有的品质风味。

发花后，砖坯中还保留有 16% 以上的水分，干燥自然成了失去部分水分的必需工序，同时各种物质的物理化学及生物化学变化还在继续。由于环境条件的变化（温度升高，相对湿度减小），原有的一些菌群自溶，新的微生物难以繁殖，因此，微生物数量减少，酶的活性逐渐降低。这时尽管环境温度提高，但水分含量逐渐降低，湿热作用强度虽比发花工序略大，但远不及汽蒸、沤堆阶段，而此时的热作用对茯砖茶品质的形成仍具有不可忽视的作用。同时，由于微生物酶对环境热的稳定性相对较强，尽管酶系统活力趋向下降，但由之而催化的种种生化变化仍在继续，正是在这种干热、湿热及酶促作用的交互作用下，茯砖茶的品质风味趋于完美。

三、普洱茶制造化学

普洱茶是以晒青绿毛茶为原料加工而成的茶类，原产于我国云南省西双版纳、思茅、楚雄、红河、大理一带。随着东南亚各国和我国港、澳地区对普洱茶需求量的日益增长，广东、广西、四川等省、自治区亦开始加工出口普洱茶。普洱茶与许多黑茶一样，都要经历一道最为关键的工序——渥堆。如云南普洱茶是采用云南大叶种制成的晒青绿茶，再经发水、渥堆和陈化及干燥工序加工而成，其中渥堆工艺对其品质形成起着重要作用。由于其特殊的加工工艺，使云南普洱茶具有滋味醇厚、汤色红褐、陈香显著、叶底黄褐的品质特点，是我国港澳及东南亚地区茶叶市场上很受欢迎的特种茶。

(一) 普洱茶渥堆中微生物的变化

广东普洱茶加工的特点是渥堆时间较长，高低变温反复作用多次，直到滋味陈香醇厚，汤色棕褐为止。根据中山大学对广东普洱茶渥堆过程中微生物群落的分析结果，微生物类群复杂，种别繁多。其中以真菌占绝对优势。渥堆早期霉菌最先发展，其中以黑曲霉和毛霉为主。酵母菌在渥堆开始几天数量甚少，随后大量发展，成为优势菌种。细菌早期较多，以后逐渐减少，到后期已极少，未发现有致病细菌。放线菌早期不显著，后期有所发展。这是各种微生物之间颉颃作用的结果。由于霉菌能利用各种多糖作为碳源，进行糖代谢，产生大量的双糖和单糖，当酵母获得足够的营养后迅速繁衍，酵母菌和霉菌的大量繁衍，抑制了细菌的生长。同时，大量微生物的各种新陈代谢产物，特别是产生多种酶类，使茶叶细胞互相分离，细胞壁溶解，胞内物质产生一系列与其他茶类不同的氧化还原反应，自然形成各种特有的生化产物，这是普洱茶具有特殊色、香、味的最基本原因。

(二) 普洱茶渥堆中环境因子与酶活性的变化

根据西南农业大学的研究，四川普洱茶在堆积发酵过程中，茶堆内水分与pH 等环境因子将随渥堆进程而变化，正是这种变化给微生物活动创造了良好的条件，由于微生物的大量繁殖及其旺盛的代谢活动（多属嗜热性的曲霉菌、酵母及杆状细菌等），释放出大量的呼吸热，使茶堆中的温度上升至 60～70℃，同时微生物分泌各种胞外酶，为茶叶中化学成分的转变提供酶作用动力。

据测定，四川普洱茶渥堆中，抗坏血酸氧化酶、多酚氧化酶、过氧化物酶的活性均比原料茶有所提高，其中多酚氧化酶的活力与黑曲霉及微生物总量的消长呈高度正相关；抗坏血酸氧化酶呈增长趋势；过氧化物酶增长缓慢。微生物分泌的胞外酶是渥堆中各种化学变化的源动力。四川普洱茶加工在历经近 2个月的长时间渥堆后，由于来自微生物的酶解作用，最终使茶堆内外的茶叶均达到"熟透"的程度（需经多次翻堆）。

（三）普洱茶渥堆中主要化学成分的变化

1. 多酚类物质含量的变化　根据中国农业科学院茶叶研究所对云南昆明茶厂加工普洱茶渥堆过程的跟踪测定，云南普洱茶在渥堆过程中茶多酚含量逐渐减少，渥堆结束时（即第 45 天），发水率小的样品Ⅰ减少了 61％，发水率大的样品Ⅱ减少了 63％。儿茶素总量与茶多酚含量的变化趋势一致，即随渥堆时间的延长而逐渐减少，至渥堆完成时样品Ⅰ、Ⅱ的儿茶素含量分别减少了 75％和 81％。堆表叶中茶多酚与儿茶素的减少率均略大于堆内。

对样品Ⅱ的儿茶素组分分析表明，酯型儿茶素（EGCG、ECG）无论是堆内或堆表，在渥堆过程中均剧烈减少，至渥堆完成时已不能检出；EGC 虽在渥堆初期有增加的趋势，但后期也剧烈减少。简单儿茶素（C 和 E-（－）-C）在初期呈增加趋势，而后期则逐渐减少，至渥堆完成时分别减少了 33％和 70％。这与各儿茶素还原电位（特别是第一还原电位）的高低相吻合。

多酚类氧化产物乙酸乙酯萃取物色素、TR 和 TB 在渥堆中变化的总趋势是，乙酸乙酯萃取物色素和 TR 的含量显著下降，TB 大量积累。至渥堆完成时，样品Ⅰ的乙酸乙酯萃取物色素和 TR 分别减少了 78％和 88％；样品Ⅱ的乙酸乙酯萃取物色素和 TR 分别减少了 78％和 96％。呈暗褐色的 TB 在样品Ⅰ、Ⅱ中均逐渐增加，至渥堆完成时分别增加了 1.3 和 1.7 倍，堆表叶中 TB 的增加量大于堆内。

2. 氨基酸含量的变化　普洱茶渥堆中游离氨基酸总量大量减少，至渥堆完成时，样品Ⅰ、Ⅱ分别减少了 61％ 和 63％；堆表减少量高于堆内。对游离氨基酸各组分含量的分析表明，在渥堆完成时，蛋氨酸、脯氨酸、氨有较大量的增加，甘氨酸、半胱氨酸略有减少，其余氨基酸的含量都减少了 70％以上。堆表与堆内比较，除苏氨酸、谷氨酸、蛋氨酸、异亮氨酸、脯氨酸和氨外，其余氨基酸均是堆表样含量低于堆内样。氨基酸含量减少是由于湿热作用和微生物作用的综合结果，堆表由于滋生大量的微生物，因而使更多的氨基酸被作为氮源营养而利用。

3. 其他物质含量的变化 可溶性糖含量随渥堆进程呈现波动性变化，但总趋势是减少的。至渥堆完成时，样品Ⅰ、Ⅱ中可溶性糖含量分别减少了40％和25％。水浸出物含量在渥堆中呈逐渐减少的趋势，且发水量越多，水浸出物的减少量也越多。咖啡碱变化的总趋势是随渥堆进程而增加，使成品普洱茶中咖啡碱的含量明显高于其加工原料中的含量。

（四）普洱茶品质风味形成的实质

普洱茶在渥堆中发生了一系列剧烈的化学变化，其中茶多酚、儿茶素的含量减少，特别是酯型儿茶素损失殆尽；乙酸乙酯萃取物色素、TR 因进一步氧化聚合而大幅度降低，TB 却成倍增加；游离氨基酸及可溶性糖含量也明显降低。很显然，这些变化的结果使茶汤的收敛性和苦涩味明显降低，再加上普洱茶中有较高的可溶性糖和较高的水浸出物，从而使滋味由晒青绿毛茶原料的浓烈变为普洱茶的醇厚。同时，由于使汤色呈黄绿色的黄烷酮等物质的氧化殆尽及褐色物质 TB 的大量形成，使汤色由原料的黄绿变为成品的红褐。对普洱茶而言，TB 是与色泽品质呈高度正相关的特征成分，若渥堆发酵不足，TB 形成量太少，则表现为红橙汤色。由于长时间渥堆，新形成了许多有典型霉味和陈香的物质，如 1，2-二甲氧基-4-甲基苯等，也正是由于这些特殊成分的形成，使普洱茶的香气由原料的清鲜变为陈醇。

然而，这一系列的变化是渥堆中发水量、叶温及微生物因子共同作用的结果。在大生产中，渥堆堆表叶从第 3 天开始便滋生大量微生物；叶温从第 2 天开始逐步升高，第 3 天即可达 50℃以上；4～5d 翻堆一次，这样可调节渥堆叶的温度，并使堆内、堆表的茶叶都能受到同样的湿热作用和微生物作用。如此循环反复，使渥堆叶的湿热作用和微生物作用交替进行，从而形成普洱茶特有的红褐汤色、醇厚滋味和陈醇香气。试验表明，若茶堆表面没有明显的微生物生长，尽管渥堆叶也同样长时间处于湿热条件下，其主要成分的变化也具有同样的趋势（仅在含量上有一定差异），但形成不了普洱茶特有的陈香和红褐的汤色，这表明微生物在普洱茶渥堆中的作用是不可缺少的。川上美智子等的研究表明，中国砖茶中新形成的有典型霉味和陈香的许多物质，都是通过霉菌的作用而发生甲基化反应所形成。这与微生物在黑毛茶及茯砖茶香气形成中的作用相似。

普洱茶渥堆对普洱茶品质形成非常重要，它是以晒青毛茶的内含成分为基质，在微生物分泌的胞外酶的酶促作用、微生物呼吸代谢产生的热量和茶叶水分的湿热作用的协同下，发生以茶多酚转化为主体的一系列复杂而剧烈的化学变化，从而实现普洱茶特有色、香、味品质的形成。而普洱茶品质的形成除与渥堆陈化作用密不可分外，干燥等工序也对品质的形成具有重要意义，因此它的实质是在微生物参与下的酶促作用与湿热作用（其热源包括干燥过程的外源热及渥堆过程微生物释放的生物热）的综合作用下，使内含成分实现一系列如氧化、聚合、缩合、分解等复杂的化学变化，形成对普洱茶品质有利的相应产物，从而使色泽黄绿、滋味浓爽、香气清鲜的晒青毛茶转化为色泽红褐、滋味醇厚、香气陈醇的普洱茶。

第三节 黄茶、白茶制造化学

一、黄茶制造化学

黄茶是我国六大茶类之一，按鲜叶老嫩通常分为黄芽茶、黄小茶和黄大茶三类，黄芽茶如君山银针、蒙顶黄芽、莫干黄芽；黄小茶如沩山毛尖、北港毛尖、远安鹿苑茶、平阳黄汤；黄大茶主要有安徽霍山黄大茶和广东大叶青。

黄茶品质的主要特点是黄叶黄汤，不仅叶底黄，汤色黄，干茶也显黄亮，且香气清悦，味厚爽口。黄茶是从绿茶发展而来的，其初加工包括杀青、闷黄、干燥三道基本工序。杀青是黄茶品质形成的基础，黄茶加工首先要利用高温杀青，彻底破坏酶活性，在此基础上再促进内含物的转化，形成黄茶特有的色、香、味。闷黄是黄茶加工所独有的也是形成黄茶品质的关键工序，该工序将杀青叶（或锅揉叶）趁热堆积，使茶坯在湿热条件下发生热化学变化，最终使叶子全部均匀变黄为止。干燥工序首先将闷黄后的叶子在较低温度下烘炒，此阶段水分蒸发慢，有利于内含物质在湿热作用下进行缓慢转化，以进一步促进黄叶黄汤的形成；然后用较高的温度烘炒，固定已形成的黄茶品质。

（一）黄茶制造中酶活性与微生物类群的变化

黄茶通过高温杀青，破坏酶的活性，制止多酚类化合物酶促氧化。闷黄是在杀青的基础上进行的。据安徽农业大学茶业系测定，黄大茶经杀青后其内源多酚氧化酶和过氧化物酶的活性已完全被破坏。但在闷黄过程中又出现酶活性的回升。根据湖南农业大学的研究，认为这种酶活性的回升是微生物分泌胞外酶的结果。黄茶闷黄过程中微生物类群及数量的变化如表 6-14 所示，鲜叶经杀青后，所有微生物几乎全被杀死，但随闷黄过程微生物又行繁殖，闷黄早期霉菌最先发展，其中以黑曲霉为主；中后期以发展酵母菌为主，使其成为闷黄后期的优势菌种；细菌早期较多，后期逐渐减少。测定多酚氧化酶、过氧化物酶和过氧化氢酶的活性表明，三种酶的活性均很弱（表6-15）。但多酚氧化酶的活性与黑曲霉的数量变化相一致，相关系数为

0.993 7，因此，闷黄过程中酶活性的回升，并不是酶的复活，而是微生物繁衍后分泌的胞外酶。黄茶闷黄过程对促进品质形成起主导作用的是湿热作用，酶的作用只是次要的。

表 6-14　微生物类群及数量在闷黄过程中的变化（个/g）

项　目	杀青叶	闷黄 2h	闷黄 4h	闷黄 6h
黑曲霉	0	302	1 785	3 634
灰绿曲霉	0	57	175	830
青霉	0	395	483	350
根霉	0	783	1 130	655
酵母菌	0	358	7 895	23 485
细菌	59	734	485	63
温度（℃）	54.9	45.0	38.3	30.5
水分（%）	64.7	62.8	61.3	59.5
酸度（pH）	6.01	5.93	5.87	5.78

表 6-15　三种酶在闷黄过程中的活性变化（%）
（施兆鹏，1997）

项　目	鲜　叶	杀青叶	闷黄 2h	闷黄 4h	闷黄 6h
多酚氧化酶	100	0	0.8	2.2	3.1
过氧化物酶	100	0	2.7	1.6	0.9
过氧化氢酶	100	0	0.5	1.7	3.4

（二）黄茶制造中主要化学成分的变化

1. 叶绿素含量的变化　形成黄茶品质的主导因素是热化作用。在黄茶加工过程中，热化作用包括湿热作用与干热作用，前者是在水分较多的情况下，以一定的温度作用之，后者是在水分较少的情况下，以一定的温度作用之。为了促进黄茶品质的形成，黄茶加工其杀青锅温较绿茶低，杀青采用多闷少抛手法，以形成高温湿热条件，尽可能使叶绿素较大程度地得以破坏；而闷黄工序则进一步创造湿热环境，使叶绿素因热化而引起大量的氧化降解。从表 6-16可知叶绿素经杀青、闷黄工序被大量破坏和分解而使其含量降低，经 6h 闷黄后，叶绿素总量仅为杀青叶的 46.9%，其中叶绿素 b 较叶绿素 a 更不稳定。这与两者的卟啉环侧链基团不同有关，叶绿素 a 接的是甲基，而叶绿素 b 接的是醛基，在化学性质上醛基比甲基更容易氧化。闷黄后的叶子，首先在较低温度下烘炒，随着水分的缓慢蒸发，使叶绿素在湿热作用下进一步转化，以促进黄叶黄汤品质的进一步形成，然后用较高温度烘炒，固定已形成的黄叶黄汤品质。

表 6-16　闷黄过程中叶绿素含量的变化

（施兆鹏，1997）

	叶绿素 a		叶绿素 b		总　量	
	含量（mg/g）	相对（%）	含量（mg/g）	相对（%）	含量（mg/g）	相对（%）
杀青叶	0.97	100	0.59	100	1.56	100
闷黄 2h	0.82	84.5	0.38	63.8	1.20	77.0
闷黄 4h	0.71	72.7	0.29	48.9	1.00	64.1
闷黄 6h	0.56	57.7	0.17	29.1	0.73	46.9

2. 多酚类含量的变化　热化作用贯穿整个黄茶加工过程，使多酚类化合物在湿热作用下发生非酶性自动氧化和异构化，产生一些黄色物质，这是形成黄茶黄汤黄叶的主要物质基础。黄大茶炒制过程中黄烷醇总量变化很显著，毛茶的含量不到鲜叶含量的一半，其中 L-EGCG 减少 2/3 以上；L-EGC 也大量减少，特别是在闷黄过程减少最多。从表 6-17 可知，黄茶闷黄过程中，茶多酚总量逐渐降低，闷黄 6h 后，其在制品中茶多酚的含量只为杀青叶的 77.61%。

表 6-17　几种主要成分在闷黄过程中的变化（%）

（湖南农业大学，1988）

项　　目	杀青叶	闷黄 2h	闷黄 4h	闷黄 6h
水浸出物	39.53	38.12	36.88	35.04
茶多酚	29.79	27.56	25.67	23.12
氨基酸	1.03	0.96	0.92	0.86

　　远安鹿苑茶是黄小茶中较有代表性的一种，通过对鹿苑茶加工中进行 15min，6h，9h，12h 闷黄与不闷黄处理的比较，分析其多酚类及儿茶素含量的变化，结果表明，多酚类在闷黄的前 9h 呈缓慢下降趋势，闷黄 9h 后含量迅速减少（表 6-18、图 6-2），儿茶素总量的变化也有相同的趋势，闷黄 6h 和 9h 时，多酚类只分别下降了 3.37% 和 4.77%，儿茶素总量仅下降了 0.11% 和 5.03%，但闷黄 12h 时，它们都有较大程度的损失，其含量分别减少了 17.84% 和 13.62%。儿茶素组分在闷黄过程中的变化量较大，特别是 EGCG 的损失较多，闷黄 9h 时减少了 10.92%，12h 时减少了 11.80%（表 6-18）。黄茶加工鲜叶经高温杀青后，破坏了内源酶活性，虽闷黄过程中微生物分泌了胞外多酚氧化酶，但酶活性很微弱，因此多酚类的变化主要是在湿热作用下的水解转化、异构化及非酶性自动氧化。多酚类的自动氧化将形成一定数量的氧化产物，而具有较强收敛性及苦涩味的酯型儿茶素的减少和爽口的茶黄素的产生，是黄茶醇爽不涩滋味形成的主要原因。

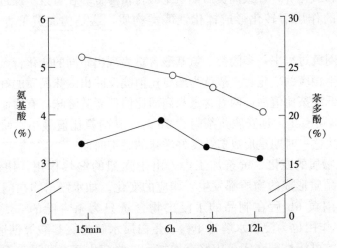

图 6-2 远安鹿苑茶闷黄过程中氨基酸和茶多酚含量的变化
(龚永新,2000)

——○—— 茶多酚 ——●—— 氨基酸

表 6-18 远安鹿苑茶闷黄过程中多酚类及儿茶素含量的变化
(龚永新等，2000)

闷黄时间	多酚类总量 （%）	EGC （mg/g）	EC （mg/g）	EGCG （mg/g）	ECG （mg/g）	儿茶素总量 （mg/g）
15min	25.78	38.82	49.64	83.55	8.56	180.57
6h	24.91	41.37	49.24	80.56	9.20	180.37
9h	24.55	39.58	49.05	74.43	9.43	171.49
12h	21.18	37.40	36.71	73.69	7.17	155.97

黄茶干燥前期的湿热作用及后期的干热作用，为酯型儿茶素的进一步水解和异构化创造了条件，这些变化将增进黄茶的醇和味感。

3. **氨基酸含量的变化** 氨基酸是构成茶汤滋味特别是鲜爽味的物质基础，优质黄茶大多滋味鲜爽。黄茶加工由于强烈的湿热作用，使氨基酸含量发生了明显的变化，从而为黄茶香味品质的形成奠定物质基础。通过测定远安鹿苑茶闷黄过程中氨基酸含量的变化表明，氨基酸含量变化很大。从初闷 15min 到闷黄 6h，氨基酸含量是增加的，由 3.71% 上升到 3.88%，增加 0.17%，增幅 4.58%，但闷黄 9h 和闷黄 12h 时，氨基酸总量呈明显下降趋势，分别比闷黄 6h 时减少了 0.53% 和 0.73%，减幅达 13.66% 和 18.81%。

黄茶在炒二青之后闷黄，茶叶含水量较高，一般在 20%～30% 左右。在湿热条件下，可促使蛋白质水解形成游离氨基酸，从而表现出氨基酸总量的上升。但随着时间的延长，温度的升高，氨基酸产生一系列热化学反应如水解、缩合、脱羧和氧化等，导致闷黄后期氨基酸含量降低。在黄茶干燥过程中，氨基酸由于热的作用而转化形成挥化性醛类物质，这是构成黄茶香气的重要成分。

在黄茶闷黄过程中，多酚类、氨基酸含量表现出不同的变化特点，因而酚氨比值也发生相应的变化。一般认为酚氨比值能反映出滋味品质的好坏，高级茶比值低，低级茶比值高，两者含量都高而比值低者其滋味具有浓而鲜爽的特点。从图 6-2 可看出，远安鹿苑茶闷黄 6h 时，其酚氨比值最小，而且两者含量都较高，故这一时期是形成黄茶良好滋味的关键时期。

4. **其他物质的变化**　黄茶加工中，由于强烈的湿热作用，使许多参与色、香、味品质形成的物质都发生了相应的变化。如水浸出物在闷黄过程中明显降低，闷黄 6h 后在制品的水浸出物含量只为杀青叶的 88.64%（表6-17）；湿热作用也为淀粉水解为单糖，蛋白质水解为氨基酸等创造了条件，如具有甜味的可溶性糖在闷黄中略有增加，这些变化都有利于黄茶醇厚滋味的形成；咖啡碱的含量由鲜叶的 5.33% 减少到 4.16%，减少幅度达 21.96%，因咖啡碱是茶汤中的苦味成分，故咖啡碱的减少也有利于黄茶滋味的形成；另外在黄茶干燥过程中，由于热的作用，使糖类与氨基酸、多酚类等化合物作用形成芳香物质；其他还有一些低沸点芳香成分在高温下挥发散失，而另一部分则发生异构化转变为清香型香气成分，高沸点芳香物质则由于高温作用而显露出来。由于这些变化，才综合构成了黄茶颇具特征性的色、香、味品质。

（三）闷黄对黄茶品质形成的影响

将同一批鲜叶在相同加工条件下分成两份，其中一份经闷黄 6h 制成黄茶，另一份不经闷黄工序制成绿茶，通过测定两产品在品质成分含量上的差异并结合感官审评，可在一定程度上反映出闷黄工序对黄茶品质形成的影响（表6-19）。

表 6-19　闷黄与否对其产品化学成分含量的影响

（龚永新等，2000）

处 理	氨基酸 (%)	茶多酚 (%)	咖啡碱 (%)	EGC (mg/g)	EC (mg/g)	EGCG (mg/g)	ECG (mg/g)	儿茶素总量 (mg/g)
鲜 叶	3.85	26.42	5.33	40.23	54.96	79.99	8.25	183.43
黄 茶	3.96	25.39	4.16	42.58	44.07	65.71	12.52	164.88
绿 茶	3.80	25.51	3.99	40.18	38.62	78.98	8.68	166.46

表 6-19 表明，经 6h 闷黄加工而成的黄茶与不经闷黄制成的绿茶在氨基酸、茶多酚及儿茶素总量上差别不大，但儿茶素组分含量的差异却很大，表现

为黄茶中酯型儿茶素（EGCG）含量大大降低，比绿茶少13.27mg/g，而简单儿茶素 EC 的含量却明显高于绿茶。这是酯型儿茶素在闷黄过程的湿热条件下发生强烈的水解作用转化为简单儿茶素的结果，而这种转化正是导致黄茶滋味不同于绿茶滋味的主要原因。在茶汤中咖啡碱能与大量儿茶素形成氢键络合物而减轻苦味和涩味，这也有利于提高茶汤的浓醇鲜爽度。对两产品进行感官审评的结果表明，黄茶滋味鲜浓醇爽；绿茶味浓，收敛性较强，回味甘爽。这种味感上的差异完全与内含成分在含量上的差异相一致，因此从内含成分的变化及感官审评的综合结果表明，闷黄是形成黄茶滋味特征的关键工序。

闷黄更是黄茶色泽品质形成的独特工序，在黄茶加工过程中，虽然从杀青开始到干燥结束都在努力为茶叶的黄变创造条件，但黄变主要发生在闷黄阶段。在闷黄工序中，叶绿素被大量破坏，从而使绿色减少，黄色显露。

闷黄过程也发生了一系列有利于香气品质形成的化学变化，如湿热作用导致多糖、蛋白质水解形成单糖及氨基酸，而糖与氨基酸可进一步转化为香气物质，这些香气成分对黄茶香气品质的形成具有重要意义。因此，闷黄对黄茶黄汤黄叶及醇厚鲜爽香味品质的形成至关重要。

二、白茶制造化学

白茶产于福建，是我国六大茶类之一。由于白茶制法特异，使成茶满披白毫，芽叶连梗，形态自然素雅，色泽银白灰绿，汤色清淡。其产品按茶树品种不同可分为大白、水仙白和小白；按采摘标准不同可分为白毫银针、白牡丹、贡眉和寿眉。

白茶加工工艺简单，传统白茶初制分萎凋与干燥两道工序，且工序间无明显界限。白茶初加工的突出特点是需历经长时间的萎凋工序，在此期间伴随着萎凋叶的失水而发生一系列复杂的理化变化，从而逐步形成白茶特有的品质风格。

（一）白茶制造中主要氧化酶活性的变化

白茶是历经萎凋工序的茶类，因此酶的催化作用与成茶品质的形成具有密切的关系。萎凋过程中芽叶因失水，使细胞原生质膜透性增加，酶因叶绿体的解体得以释放，使多酚氧化酶与过氧化物酶活性提高（表6-20）。在萎凋开始阶段，多酚氧化酶活性上升的幅度比过氧化物酶大；萎凋初期，由于多酚类氧化产物醌的积累，对多酚氧化酶产生反馈抑制，故使酶活性反而降低；萎凋中期因细胞脱水，引起酶浓度的增大而导致多酚氧化酶活性出现第二次高峰

（16h 左右）；萎凋后期由于酶蛋白本身的自解作用及前阶段所积累的醌产生抑制作用，故使酶活性再度减弱。

表 6-20 白茶在制过程中两种酶活性度的变化（%）

（程柱生，1984）

萎凋历时	开始	4h	8h	12h	16h	20h	24h	28h	32h	干燥
多酚氧化酶活性	100	334.4	190.0	251.3	373.0	283.3	140.5	184.3	155.0	0
过氧化物酶活性	100	146.6	208.9	438.1	240.1	193.8	193.5	187.4	143.8	0

在萎凋开始时过氧化物酶的活性提高，参与多酚类化合物的氧化；至萎凋 12h 时过氧化物酶活性达到高峰；而萎凋 12～20h 期间过氧化物酶的活性急剧下降；萎凋后期因失水过多，使酶蛋白自解作用加强，导致过氧化物酶的活性进一步降低。

萎凋是白茶色泽品质形成的关键工序，它需要多酚类化合物轻度而缓慢的氧化，而这种氧化是在多酚氧化酶及过氧化物酶的参与下完成的。因此酶活性的高低及其催化反应的强烈程度决定了白茶色泽品质的形成。而白茶萎凋中两种酶活性的高低受水分、温度、萎凋速度、摊叶厚度等综合因素的影响，其中温度的影响最为突出。在一定范围内，温度越高，酶的催化作用越强烈，但这恰恰是白茶色泽品质形成所不需要的，因多酚类化合物的强烈氧化，将导致白茶色泽产生红变；而在相对较低的温度（不超过 30℃）下，可促使多酚类化合物在酶促作用下缓慢氧化，从而为白茶特有色泽品质的形成奠定物质基础。在白茶干燥过程中，由于叶温升高，使多酚氧化酶及过氧化物酶的活性全部丧失。

（二）白茶制造中主要色素物质含量的变化

白茶制造随萎凋进程，必须控制各种环境条件，以促使叶绿素等主要色素物质发生一系列缓慢的转化变化，而这些变化是最终构成白茶灰绿色泽的基本前提。研究表明，白茶萎凋前期，随叶内水分散失及细胞液浓度的提高，酶活性增强，这时叶绿素因酶促作用而分解。萎凋中后期叶绿素因醌的偶联氧化而降解；同时由于细胞液酸度的改变，使叶绿素向脱镁叶绿素转化；由于叶绿素 b 较叶绿素 a 相对稳定，故随萎凋进程，叶绿素 a 与 b 的比例逐渐降低。在干燥过程中（晒干或烘干），由于温度的作用使叶绿素进一步被破坏（表 6-21）。而所有这些转化变化都必须控制一定的速度，只有在保证有一定的转化量而转化又不过重的前提下，才能使白茶正常的色泽品质得以形成。日本将积祝子等用色差计测定的结果表明，白茶制造中叶绿素向脱镁叶绿素的转化率约为 30%～35%，从而使叶色呈现灰橄榄色至暗橄榄色。

表 6-21　白茶在制过程中叶绿素含量的变化

(陈橼，1989)

项　　目	鲜　叶	萎　凋		干　燥			
		21h	36h	风干	晒干	先晒后烘	烘干
水分（%）	74.52	39.61	19.09	11.98	7.93	5.70	3.36
叶绿素 a(%)	0.443	0.426	0.358	0.321	0.319	0.303	0.308
叶绿素 b（%）	0.220	0.210	0.254	0.220	0.198	0.218	0.197
叶绿素总量（%）	0.663	0.636	0.612	0.541	0.517	0.521	0.505
叶绿素 a/叶绿素 b	2.02	2.03	1.41	1.46	1.61	1.39	1.56

除叶绿素及其转化产物外，还有胡萝卜素、叶黄素及后期多酚类化合物氧化缩合而形成的有色物质等也参与白茶色泽的形成，从而构成以绿色为主，夹有轻微黄红色，并衬以白毫，呈现出灰绿并显银毫光泽的白茶特有色泽，这是白茶的标准色。若萎凋时温度过高、萎凋叶堆积过厚或机械损伤严重，将使叶绿素大量破坏，暗红色成分大量增加，从而使色泽呈暗褐色（铁板色）至黑褐色；若萎凋时湿度过小，芽叶干燥过快，叶绿素转化不足，多酚类化合物氧化缩合产物太少，则使色泽呈青绿色，这两种情况都属于不正常的色泽。

（三）白茶制造中多酚类物质含量的变化

白茶制造中多酚类物质将发生缓慢的氧化变化。在萎凋初期，萎凋叶还存在呼吸作用，这时多酚类物质的氧化还原尚处于平衡状态，因氧化所生成的少量邻醌又可为抗坏血酸所还原，因此此阶段没有次级氧化产物的累积；当萎凋18～36h 后，细胞液浓度增大，多酚类物质酶性氧化加快，产生的邻醌进一步向次级氧化进行，从而产生有色物质。但白茶未经揉捻，酶与基质未能充分接触，因而多酚类的氧化缓慢而轻微，所生成的有色物质也少。萎凋中过氧化物酶催化过氧化物参与多酚类物质的氧化，产生淡黄色物质。这些可溶性有色物质与叶内其他色素成分综合构成了杏黄或橙黄的汤色及灰绿而具有光泽的外形色泽。

表 6-22 表明，随白茶萎凋进程，在制品中多酚类物质的含量逐步降低，当萎凋历时 69h 时，在制品中多酚类的含量比鲜叶减少了 36.86%，其中在萎凋 24～30h 及 36～48h 期间出现两个减少的高峰期。而在制过程中儿茶素各组分含量的变化如表 6-23，在萎凋及干燥期间均以 L-EGC、D，L-GC 减少最多，而 L-EC＋DL-C 有较多的保留。由于儿茶素的部分氧化和异构化使儿茶素各组分的比例发生了深刻的变化，这种变化有利于减轻茶汤的苦涩味，因而使白茶滋味较为清醇。

表 6-22　白茶萎凋过程中多酚类含量的变化

(施兆鹏，1997)

萎凋历时（h）	多酚类含量（%）	比鲜叶减少（%）	递减量（%）
0	17.47	—	—
6	17.02	2.58	2.58
12	16.56	5.21	2.63
18	16.12	7.72	2.51
24	15.92	8.87	1.15
30	14.48	17.12	8.25
36	13.72	21.46	4.34
48	11.45	34.46	13.00
69	11.03	36.86	2.40

表 6-23　白茶制造过程中儿茶素组分含量的变化

(施兆鹏，1997)

儿茶素 组分	鲜 叶		萎凋 32h			烘干毛茶		
	含量 (mg)	保留率 (%)	含量 (mg)	保留率 (%)	比鲜叶减少 (%)	含量 (mg)	保留率 (%)	比萎凋叶 减少（%）
L-EGC	36.70	100	8.61	23.46	76.54	1.83	4.98	78.74
D，L-GC	23.74	100	4.91	20.68	79.32	0.76	3.16	84.52
L-EC+D，L-C	24.32	100	10.51	43.21	56.79	7.59	21.12	27.78
L-EGCG	122.56	100	55.19	45.03	54.97	31.13	25.42	43.59
L-ECG	40.62	100	20.21	49.75	50.25	14.77	36.36	26.92
儿茶素总量	247.94	100	109.73	44.26	55.74	56.08	22.62	48.89

（四）白茶制造中氨基酸含量的变化

白茶萎凋时因芽叶失水，水解酶活性增强，使有机物趋向水解。因蛋白质水解为氨基酸，使萎凋初期氨基酸含量增加，萎凋开始时，鲜叶中氨基酸含量为 5.58mg/g，经 12h 萎凋后氨基酸含量增至 8.14mg/g；萎凋中后期，当叶内多酚类物质氧化还原失去平衡后，邻醌与氨基酸作用生成醛，为白茶提供香气来源，此阶段氨基酸含量下降，至萎凋 48h 时氨基酸含量降至 7.07mg/g；只有当邻醌的形成被抑制后，氨基酸才有所积累，至萎凋 60h 时氨基酸含量增至 9.97mg/g，72h 时含量进一步增至 11.34mg/g。萎凋后期氨基酸的积累有利于增进白茶滋味的鲜爽度，同时也为干燥过程中香气物质的形成提供基质。

（五）其他物质的变化

白茶萎凋过程中，淀粉在淀粉酶的作用下水解成单糖与双糖；果胶在果胶酶的作用下水解生成甲醇与半乳糖。随萎凋进程，糖一方面因氧化和转化而消耗，另一方面因淀粉水解而增加，在糖的生成与消耗的动态平衡中，其总量趋于减少，但到萎凋末期时糖的含量又有所提高，萎凋末期糖的积累有益于增进白茶滋味及干燥期间香气的形成。

白茶萎凋初期，芽叶失水，呼吸作用增强，叶内有机物的消耗得不到补偿，使干物质总量减少，在长达 60h 的萎凋中，干物质损耗率约为 4%～4.5%。

在并筛（或堆放）后，因微域温湿度升高，加速了内含物的相互作用，如可溶性多酚类物质与氨基酸、氨基酸与糖相互作用形成香气物质。同时，此阶段以邻醌氧化缩合为主导的多酚类物质的变化，对形成白茶浅淡、杏黄的特有汤色及醇爽清甜的滋味十分重要。

干燥是白茶提高香气、增进滋味的重要阶段，在此期间，由于高温的作用，发生了一系列有利于白茶香气品质形成的化学变化。如一些带青草气的低沸点醛醇类成分挥发和异构化，形成带青香的芳香物质；糖与氨基酸、氨基酸与多酚类物质相互作用形成新的香气成分；糖与氨基酸的焦糖化作用使香气提高等。这些新形成的芳香成分是构成白茶特征香气所不可缺少的物质基础。

（六）白茶白毫中的主要内含成分及含量

对于白茶来说，白毫显得尤为重要，是构成白茶品质特征的重要因子。它不但赋予白茶优美素雅的外形，也赋予白茶特殊的毫香与毫味。经分析表明，白毫内含成分丰富，其中氨基酸、咖啡碱的含量特别高。含毫量多的品种，如白云雪芽，其白毫含量可占茶叶干重的 10% 以上（表 6-24），如此多的白毫披复整齐有序，使白云雪芽产品呈现银光闪烁的外形色泽。

表 6-24　白毫与茶身中主要内含成分的含量（%）

（施兆鹏，1997）

样　品	水浸出物	氨基酸	茶多酚	咖啡碱	占茶叶干重
白　毫	28.91	3.28	24.96	5.54	13.5
茶　身	49.23	2.65	32.13	5.89	86.5
白　毫	28.00	3.18	23.90	5.30	11.8
茶　身	47.88	2.46	29.64	5.85	88.2

第四节　花茶制造化学

花茶是精加工茶，配以香花窨制而成。既保持了纯正的茶香，又兼备鲜花馥郁的香气，花香茶味别具风韵，使花茶具有特殊的品质特征。用于窨制花茶的香花有茉莉花、白兰花、珠兰花、玳玳花、柚子花、桂花、玫瑰花等，其中以茉莉花为主。用于窨制花茶的茶坯主要是绿茶，其次是青茶，还有少量红茶。因此花茶主指茉莉花茶，花茶加工主指以绿茶为茶坯，以茉莉鲜花为香源的一类特种茶的加工。以绿茶为茶坯的高档茉莉花茶要求香气鲜灵、浓厚持久，滋味醇厚鲜爽，汤色黄绿、清澈、明亮，叶底嫩匀明亮。

花茶窨制是利用鲜花吐香和茶坯吸香的特性，将鲜花与茶坯拼和，并控制一定的温、湿度条件，使茶引花香，增益香味，从而形成花茶特有的品质风格。茉莉花茶的传统加工工艺较为复杂，其工艺流程是茶坯处理（控制茶坯含水量在 3.5%～5% 之间）、鲜花处理、茶花拌和、静置窨花、通花、续窨、起花、烘焙、新窨、提花、匀堆、装箱等工序。茉莉花茶连窨新技术工艺包括茶坯处理（使茶坯含水量在 10%～15% 之间）、鲜花处理、茶花拼和、静置窨花、通花（当堆内温度低于 42℃ 时可不通花）、续窨、起花、摊放、新窨、烘焙、提花、匀堆、装箱等工序。连窨新技术打破了茶坯愈干吸香愈强的传统观点，当茶坯含水率在 10%～15% 的条件下，连续两次窨制之间不必复合干燥。

一、茶叶的吸香特性

（一）表面吸附作用

表面的吸附作用是茶叶最重要的性质之一，按其作用力的本质可分为物理吸附和化学吸附两类。物理吸附无选择性，只要条件适宜，任何固体皆可吸附任何气体，但吸附量会因吸附质种类不同而不同。物理吸附平衡较快，且可逆，通过降低压力，可以使吸附质可逆脱附。化学吸附有分子间键，需要一定的活化能，所以吸附速率较慢，且有选择性，吸附较难。在吸附过程中，当温度低时，主要是物理吸附；当温度升高时，物理吸附量随温度的升高而降低，化学吸附量则随温度的升高而增加；当温度较高时，主要是化学吸附。

茶叶的表面吸附包括物理吸附和化学吸附两类。茶叶是一种组织结构疏松又多孔隙的物质，从表面到内部有许多毛细管孔隙，构成各种孔隙管道，使茶叶具有较大的比表面积，而且，茶叶具有较强的吸附能力。不同级别茶叶茶坯的比表面积有显著差异，同一茶坯的比表面积和吸附量又因其含水量的变化而变化，茶坯含水量在 5%～25% 范围内，比表面积和吸附量均随含水量的增加而增大，因此，水分是影响茶坯吸附性能的重要因素之一。

（二）毛细管凝聚作用

按照毛细管凝聚作用理论，茶叶是一种疏松多孔性物质，在干燥状态下有大量毛细管存在，当香气物质或液体与之润湿时（气体或液体均匀地黏附在一种固体表面的现象称为润湿现象），就在毛细管内凝结成液体，凝结液受表面张力的作用，呈凹型液面，凹型液面的蒸汽压低于平面，于是凝结液逐渐增加，直到孔隙充满。花茶窨制的传统技术理论认为，茶坯含水量高时，内部组织膨胀，孔隙降低，同时使毛细管内凝结液增加，吸附性能减弱。并认为当茶坯含水量达到18％～20％时，毛细管内已充满凝结液，茶叶不再有吸附作用。但新的研究表明，若用香精着香，当茶坯含水量为2.1％～47％时都有明显的吸香能力，以含水量为10％～30％的茶坯着香效果略高于含水量低于10％或高于30％的茶坯。用茉莉鲜花着香时，含水量为2.5％～30％的茶坯都有明显的吸香能力，含水量低于10％或高达30％的茶坯，其着香后香精油含量略低，但香气鲜灵度以含水量较高的为好。感官审评与香气分析结果都表明，茶坯含水量在15％～25％时窨制效果较好（表6-25），而不是传统技术理论认为的茶坯含水量为4％～5％时着香效果较好。因为茶坯含有一定的水分，窨花时从鲜花吸取的水分少，这有利于保持鲜花的生机，使鲜花保持较高的吐香能力，形成较高的香气浓度；同时茶坯中适量的水分对茶坯内含物的吸香具有积极的作用。

表6-25　不同含水量茶坯花茶香气组分分析

（骆少君等，1983）

香气组分	茶 坯 窨 前 含 水 量（％）				
	2.5	6	10	20	30
沉香醇	23.67	23.91	24.02	24.27	20.77
(Z)-3-己烯醇乙酸酯	1.52	1.48	1.16	0.78	0.41
(Z)-3-己烯-1-醇	2.93	2.69	2.23	1.78	0.94
(Z)-3-己烯醇丁酸酯	0.79	0.79	0.76	0.75	0.65
（＋）-乙酸苄酯	25.09	24.50	23.41	22.53	20.89
法尼烯	8.24	8.33	8.43	8.71	9.54
水杨酸甲酯	2.55	2.50	2.31	2.21	1.93
（一）-香叶醇	0.77	0.55	0.44	0.34	0.44
苯甲醇	3.61	3.78	3.85	4.04	3.65
（一）-顺-茉莉酮＋β-紫罗酮	0.47	0.30	0.27	0.18	0.09
（＋）-苯甲酸-(Z)-3-己烯酯	13.73	13.70	13.81	14.63	17.63
邻氨基苯甲酸甲酯	7.90	8.20	9.73	8.70	10.67
（＋）-吲哚	3.34	3.61	4.00	6.71	5.21
精油量（mg/g）	2.450	2.620	2.800	2.820	2.630
感官审评次序	5	4	3	1	2
香气评语	稍欠浓、欠鲜灵	尚浓、稍欠鲜灵	浓、尚鲜灵	浓、鲜灵	尚浓、鲜灵

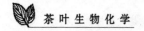

（三）渗透扩散着香作用

根据渗透理论，气体或液体存在浓度梯度时，就能进行渗透扩散。窨花时茉莉鲜花开放吐香，形成较高的香气浓度，且其含水率在80％以上，这时鲜花与茶坯在香气、水分上形成浓度梯度，从而可使香气、水分由鲜花向茶坯扩散转移，这时香气分子与水蒸气分子以氢键结合，以水作介质，逐步向茶坯的内层渗透扩散，进入细胞间隙及吸水膨胀的组织内部，逐渐为内含物质的吸香提供机会。

（四）茶叶内含化学成分对香气的吸附作用

茶叶中含有萜烯类、棕榈酸等物质，这些物质具有很强的吸附能力，能有效地吸附香气，是一种良好的定香剂，可以滞留芳香物质，因此，传统理论认为茶叶的吸香也与其含有一定量的棕榈酸和萜烯类物质有关。最近的研究表明，茶叶中的一些其他化学成分也具有吸香能力。有试验先对茶坯作去除水浸出物、去除醚浸出物、去除水浸出物及醚浸出物处理（经处理后茶坯中的主要成分含量见表 6-26），然后对处理后的茶坯分别窨花，感官审评的结果表明，茶叶经去除醚浸出物处理后，其窨花效果几乎与对照样相同，有正常的花茶香，浓度比对照略淡，但无茶香；而去除水浸出物及去除水、醚浸出物处理后对其窨花效果影响很大，几乎没有花香，并有木质似的特殊气味。表明茶叶醚浸出物部分对窨花效果影响不大，但水浸出物部分对窨花效果具有深刻的影响。香气分析结果显示，所有试样窨花后都有较高的香精油含量，对照样略高于处理样，不同处理样之间差异不大。去除水、醚浸出物后的茶样仍有较高的香精油含量与物理吸附作用有关。但从表（6-26）可知，不同处理样在香气组成上差异很大，其中对照与去除醚浸出物样基本相同，而去除水浸出物样与去除水、醚浸出物样的香气组成基本相似，后者窨花后香气组成中有许多未知成分，明显高于前者，而茉莉花茶香气中的一些主要成分如 α 法尼烯、苯甲醇、苯甲酸-（Z）-3-己烯酯、吲哚、邻氨基苯甲酸甲酯等明显低于前者。因此去除水浸出物与去除水、醚浸出物后的茶坯窨花，其香气组成与正常茉莉花茶的特征香气明显不同，且这种差异与感官审评的结果吻合，即对去除水浸出物样与去除水、醚浸出物样窨花，在感官品质上也无茉莉花茶香气特征。由此可以推论，茶叶中的水浸出物，不仅对茶叶的吸香有一定作用，而且具有选择吸香特性。因此水浸出物不但是决定茉莉花茶滋味、汤色的重要成分，而且对其香气的形成也具有很重大的作用。

（五）高分子包埋束缚作用

茶叶作为一种植物性材料，其物理化学性质与工业上常用的活性炭等吸附剂相比具有显著特点，其一，它是由多种不同的化学物质所组成；其二，它含

表 6-26 去水浸出物、醚浸出物后茶坯中的主要成分及窨花后的香气品质分析

(骆少君，1989)

	主要成分	对照样	去水浸出物样	去醚浸出物样	去水、醚浸出物样
	水浸出物（%）	44.75	8.86	44.78	9.22
	氨基酸（%）	2.44	0.13	2.43	0.13
	茶多酚（%）	26.40	5.80	26.00	5.70
	咖啡碱（%）	4.15	0.35	4.07	0.38
	醚浸出物*	100	97.00	1.50	0.20
	未知成分	0.01	0.02	0.01	0.51
	未知成分	—	0.17		0.42
	未知成分	—	0.18	—	0.33
	乙酸-（Z）-3-己烯酯	1.30	1.80	1.30	1.50
	未知成分	0.11	1.56	0.05	1.30
	（Z）-3-己烯-1-醇	2.60	2.60	1.80	1.90
	未知成分	0.13	—	0.05	0.22
	未知成分	0.09	0.74	0.08	0.37
	丁酸-（Z）-3-己烯酯	1.90	2.60	2.10	2.50
	未知成分	0.01	0.29	0.01	0.30
	未知成分	0.04	0.39	0.02	0.70
香	芳樟醇	14.10	17.50	16.80	14.40
气	未知成分	0.17	0.28	0.17	0.60
组	苯甲酸甲酯	0.51	0.40	0.60	0.70
分	未知成分	0.18	0.22	0.17	1.47
（%）	乙酸苄酯	23.70	26.10	25.00	18.10
	α法尼烯	8.60	3.20	8.10	2.50
	水杨酸甲酯	1.20	1.90	1.20	1.10
	未知成分	0.01	0.13	0.01	0.63
	香叶醇	0.42	0.24	0.30	0.32
	苄醇	2.20	1.90	3.50	1.80
	β-紫罗酮＋顺-茉莉酮	0.05	0.06	0.05	0.04
	橙花叔醇	0.12	0.10	0.11	0.10
	未知成分	0.30	0.84	0.10	0.42
	未知成分	0.20	0.23	0.10	0.40
	苯甲酸-（Z）-3-己烯酯	18.60	14.10	19.20	13.70
	未知成分	0.20	0.24	0.20	0.31
	邻氨基苯甲酸甲酯	5.70	1.84	4.00	1.70
	吲哚	4.30	0.91	4.96	0.57
	精油含量（mg/g）	2.54	1.99	2.06	2.20
	感官评语	花香明显，有嫩茶香	几乎无花香，也无茶香，稍有木质气	香气与对照相似，但无茶香	无花香，无茶香，木质气重

* 以对照样醚浸出物含量为 100 计算。

有较多的大分子化合物，如蛋白质、核酸、果胶等，这些成分是茶叶具有吸附香气，并使香气"入骨"的重要因素。具体作用方式可能有两条途径：①氢键等次级键的作用：茶叶中的香气成分大部分含有极性基团，如醇羟基、羰基等，均可与大分子中的极性基团形成氢键而被滞留。食品工业中淀粉是一种常用的定香剂，对挥发性成分具有较强的吸附能力，可溶性淀粉在水溶液中可与丁醇、戊醇等挥发性有机物氢键缔合而沉淀。②大分子的空间位阻作用：茶叶中的高分子特别是变性的蛋白质分子链，纵横交错，可阻止小分子挥发性成分的逸出，这与支链淀粉的吸香效果优于直链淀粉相似，这是因为支链网络形成的空间结构对香气成分构成空间位阻作用所致。

二、茉莉花中的主要香气成分及释香特性

（一）茉莉鲜花中的主要香气成分

随着茉莉花香精油提取方法的改进和气相色谱及质谱技术的发展，茉莉鲜花中香气成分得到了新的剖析。20 世纪 80 年代的研究表明，用憎水性树脂 XAD-4 吸附茉莉鲜花头香，经洗脱和气相色谱分析，可从中分离鉴定出 43 种组分，其中醇（醚）类 20 种，酯类 12 种，酮、醛类 7 种，含氮化合物 3 种，含量较高的有芳樟醇、乙酸苯甲酯、苯甲酸甲酯、顺-3-己烯醇、乙酸-顺-3-己烯酯、α 萜品醇等。20 世纪 90 年代的研究发现，用置于 -30℃ 的半导体冷肼中内装 80～100 目 Porapak Q 吸附剂的吸附柱（300mm×10mm）捕集茉莉花头香，可从福州小花茉莉头香中分离出 86 个谱峰，鉴定出相对峰面积 ≥0.03％ 的成分共有 46 种，其中香叶醇、乙酸-顺-3-己烯酯、苯甲醇、乙酸苯甲酯、α 萜品醇、芳樟醇、苯甲酸-顺-3-己烯酯等为主要的赋香成分。

至今为止，已从茉莉花中鉴定出 100 余种香气成分，包括酯、醇、酸、烃和杂环化合物等多类物质。虽不同方法提取的香气成分不同，但乙酸苯甲酯、苯甲酸-顺-3-己烯酯、苯甲酸甲酯、乙酸-顺-3-己烯酯、邻氨基苯甲酸甲酯、苯甲醇、芳樟醇、吲哚、萜品醇等是茉莉花的主要香气成分。

（二）茉莉花的释香特性

1. **茉莉花吐香习性及影响因素**　茉莉花属气质花，其吐香与鲜花的生命活动密切相关。茉莉花夜晚开放，成熟的茉莉花苞原本不具有其特征香气成分，必须随鲜花的开放而不断形成和释放，即具有不开不香的特点。其芳香物质主要以苷类的形态存在于花中，在适宜的环境条件下，随花蕾的成熟开放，在糖苷酶的作用下，糖苷类化合物水解释放出大量的酯类、醇类等芳香成分及相应的糖类物质，其香型也逐步由清香向浓郁花香转变。糖类物质氧化分解成

H_2O 和 CO_2，并释放出热量，使鲜花周围温度上升，在一定范围内（45℃以下），又不断促进芳香油的形成和挥发，直至鲜花凋谢为止。

茉莉花从开始吐香到吐香结束，需延续 14h 左右（双瓣茉莉花需 24h）。花蕾开放吐香，要有一定的外部条件，主要是适宜的空气温度、相对湿度和气流速度。适宜温度为 35～37℃，在此范围内，鲜花开放得较快，开放率高而均匀，花色洁白，香气浓烈；35℃以下开放迟缓，37℃以上开放较差。相对湿度超过 90% 时难以吐香，低于 70% 则开放迟缓。气流凝滞时，氧气不足，对鲜花吐香也不利；但若气流过速，鲜花水分蒸发过快，将延迟开放吐香。

由于茉莉花吐香与其生理状况密切相关，因此在窨过程中茶堆温度及茶坯含水分等因子都可能制约鲜花吐香的作用。因鲜花吐香过程中伴随着大量热能的释放，将导致在窨茶堆温度逐渐升高，温度的提高，在一定范围内有利于鲜花的进一步开放吐香，但温度过高将使鲜花丧失生机，影响其吐香能力，降低窨制效果。因此，在生产上采用"通花散热"工序以降低堆温，维持鲜花生机，提高吐香能力和窨制效果。茶坯的含水量也明显影响鲜花的开放，从而影响茉莉花的吐香能力和茶叶的着香效果。实践证明，茶坯含水量在 10%～30% 时可为鲜花提供正常的吐香条件，使窨后花渣的生态状况良好，茶叶的香精油含量及品质指数较高，感官审评也表明其香气浓度高、鲜灵度好；而当茶坯含水量过低时，着香后花渣的生态不佳，窨制效果差。由于茶叶含水量越低，吸水能力越强，窨制时茶叶不但吸收花香，同时迅速从鲜花中夺走大量水分，使鲜花很快丧失生机，影响其吐香能力，因此窨花效果较差。

2. 茉莉花释香途径

（1）酯类香气物质的释放。酯类是茉莉花中含量最多的特征性香气成分之一。茉莉花开放过程中首先释放的特征香气应该是乙酸苯甲酯、苯甲酸甲酯，随后释放的酯类香气成分有苯甲酸-顺-3-己烯酯、乙酸-顺-3-己烯酯、邻氨基苯甲酸甲酯等。酯类香气的来源可能有以下 3 条途径：①氨基酸转化：氨基酸经脱氨、脱羧形成醛，然后再形成醇和酸，后两者在酯合酶的作用下形成相应的酯。茉莉花中的乙酸苯甲酯、苯甲酸-顺-3-己烯酯、苯甲酸甲酯、乙酸-顺-3-己烯酯、邻氨基苯甲酸甲酯等都可能源于这条途径。生长发育时，初级代谢旺盛，氨基酸进入蛋白质合成途径；生长停止时，次级代谢增强，香气等次级代谢产物增加。②脂肪酸氧化：花开放及衰老过程中，膜磷脂水解释放脂肪酸从而降低膜的稳定性，脂肪酸的过氧化又进一步加速衰老。茉莉花重要的特征香气组分茉莉酸及茉莉酸甲酯来源于脂肪酸的过氧化，其他如苯甲酸-顺-3-己烯酯、乙酸-顺-3-己烯酯，顺-3-己烯酯等香气成分均来源于亚麻酸、亚油酸的过氧化。③单糖转化:单糖经无氧氧化生成丙酮酸后,在脱氢酶的作用下氧化脱羧生成乙酰辅酶A,以后在醇转酯酰酶催化下生成乙酸酯类或在还原酶催化下生成乙醇,合成某酸乙酯。

(2)醇类香气物质的释放。芳香醇和萜烯醇类化合物都是茉莉花中的特征性香气组分。这两类化合物分别来源于莽草酸和甲瓦龙酸途径,形成苯甲醇、苯乙醇等芳香醇和芳樟醇、香叶醇、橙花醇等萜烯醇,以及糖苷的水解,在糖苷酶作用下糖苷水解形成芳香醇及萜烯醇类化合物。根据 Watanabe N 等的研究,苯甲醇、2-苯乙醇、芳樟醇、顺-3-己烯醇及邻氨基苯甲酸甲酯等香气主要以葡萄糖苷、樱草糖苷、芸香苷形式存在于茉莉花苞中,随鲜花开放过程在相应糖苷酶作用下水解形成相应的香气物质,如茉莉花头香中的芳樟醇、苯甲醇、苯乙醇的含量高峰分别出现在采摘后的 7～13h、22h、46h。

三、茉莉花茶香气的组成

茉莉花茶的呈味成分与绿茶(窨前茶坯)相似,但香气却差异很大(表6-27)。不但香气组成与绿茶有很大差别,芳香油含量也高出绿茶十几倍。茉莉花茶香气主要来自窨花过程所吸附的花香,其含量约占干物重的 0.06%～0.4%,占各种茶叶之最。山西贞等分析了我国台湾地区以包种茶为茶坯窨制的茉莉花茶的香气组成,结果表明,茉莉花茶的香气具有茉莉花香精油组成的特点,以乙酸苯甲酯含量最高,约占总量的 40%～60%,其次是芳樟醇及其氧化物,占总量的 10% 左右,还有约 6% 的苯甲醇。以特级绿茶为茶坯的中国茉莉花茶中主要香气成分如表 6-27 所示,其中含量较高的有乙酸-(Z)-3-己烯酯、(Z)-3-己烯-1-醇、沉香醇及其氧化物、苯甲酸甲酯、乙酸苄酯、法尼烯、水杨酸甲酯、苯甲醇、苯甲酸-(Z)-3-己烯酯、邻氨基苯甲酸甲酯、吲哚等。茉莉花茶香气含量与茶叶品质密切相关,级别越高,香气含量越高,如福建茉莉大白毫的芳香油含量高达 0.4% 以上,几乎是普通级茉莉花茶的 4～8倍。除香气总量外,各香气组分的含量也与级别呈现一定的相关性,随级别下降而减少的有乙酸苄酯、邻氨基苯甲酸甲酯、吲哚等;随级别下降而增加的有(Z)-3-己烯-1-醇、顺-茉莉酮＋β-紫罗酮、橙花叔醇、香叶醇等;有的则变化不明显,如芳樟醇及其氧化物等。

具有独特香气的印度尼西亚茉莉花茶是由炒青茶坯与两种茉莉花(分别为白花和红花)窨制而成,其产品的香气由三者所决定,其中芳樟醇、苯乙酸酯、苯甲酸-(Z)-3-己烯酯、顺-茉莉酮及几种倍半萜烯的含量都较高。与白花相比,红花中含有较高的苯乙酸酯、茉莉内酯和甲基茉莉酮酯。

表 6-27 特级茉莉花茶中的主要香气成分及含量

(骆少君，1987)

序号	化合物	组分（%）	序号	化合物	组分（%）
1	戊醛	0.05	21	己酸-（Z）-3-己烯酯	0.20
2	己醛	0.04	22	α-萜品醇	0.20
3	1-戊烯-3-醇	0.03	23	乙酸苄酯	34.08
4	柠檬烯	0.03	24	法尼烯	9.35
5	（E）-2-己烯醛	0.02	25	杜松烯	0.10
6	戊醇	0.03	26	水杨酸甲酯	1.93
7	萜品烯	0.01	27	β-乙酸苯乙酯	0.13
8	乙酸-（Z）-3-己烯酯	1.12	28	香叶醇	0.19
9	己醇	0.12	29	苯甲醇	3.52
10	（Z）-3-己烯-1-醇	1.56	30	2-苯乙醇	0.03
11	（E，E）-2,4-庚二烯醛	0.11	31	苯乙腈	0.06
12	三甲基吡嗪	0.12	32	顺-茉莉酮	0.10
13	1-辛烯-3-醇	0.04	33	β-紫罗酮	0.17
14	沉香醇氧化物Ⅰ	0.05	34	橙花叔醇	0.40
15	丁酸-（Z）-3-己烯酯	0.42	35	苯甲酸-（Z）-3-己烯酯	14.79
16	沉香醇氧化物Ⅱ	0.17	36	异丁子香酚	0.44
17	苯甲醛	0.09	37	二氢茉莉内酯	0.50
18	沉香醇	12.84	38	邻氨基苯甲酸甲酯	7.31
19	苯甲酸甲酯	1.76	39	吲哚	6.49
20	苯乙醛	0.12	40	苯甲酸苯甲酯	0.36

四、茉莉花茶窨制中主要内含成分的变化

（一）主要呈味物质的变化

茉莉花茶窨制是以增加浓郁芬芳的花香和提高品质为目的，但窨制过程茶坯在吸附花香的同时，还受到温度、水分的影响，使内含成分发生相应的变化。窨制前后芳香油的总量变化很大，增加 16 倍以上，水浸出物和氨基酸总量也有不同程度的增加（表 6-28）。在窨花过程中，茶坯水分增加，温度上升，复火干燥初期的湿热作用，均为茶坯内含物质的转化创造了条件，如蛋白质水解为氨基酸、淀粉水解为葡萄糖、果胶质分解为果胶酸和半乳糖醛酸等，因而使氨基酸特别是水浸出物的含量有所增加。茶多酚总量变化不大，但由于水热作用，使酯型儿茶素因发生热解和异构化作用而使含量降低，但简单儿茶素的含量略有增加，同时伴有少量儿茶素自动氧化，这些变化均有利于花茶浓醇鲜爽滋味的形成。

表 6-28　茉莉花茶窨制前后主要内含成分的变化

(郭雯飞等，1990)

化学成分	茶 坯	花 茶
水浸出物（%）	44.53	47.25
茶多酚（%）	27.40	27.30
氨基酸总量（%）	1.95	2.18
咖啡碱（%）	4.27	4.23
香精油含量（mg/g）	0.098	1.650

（二）主要香气物质的变化

茶坯经过窨花，芳香油含量大幅度提高。一般烘青绿茶的芳香油含量仅为 0.005%～0.01%，而茉莉花茶的芳香油含量至少在 0.06% 以上，最高可达 0.4%。对苏州一级茉莉花茶窨制过程中各在制品的芳香油组分的分析结果表明（表 6-29），窨制过程中各组分的含量变化明显。茶坯中芳樟醇含量明显高于其他组分，而窨花后，各窨次茶坯及成品茶以乙酸苯甲酯的含量最高，并富含芳樟醇、α法尼烯、苯甲醇、苯甲酸-（Z）-3-己烯酯、邻氨基苯甲酸甲酯、吲哚等成分。除芳樟醇外，这些茉莉花头香中的主要成分在各窨次茶坯中的含量均随窨次的增加而大幅度提高。窨制过程中芳香油总量也发生了极显著的变化，窨前茶坯每克干茶的精油总量仅为 0.051mg，头窨后增加到 0.854mg，二窨后为 1.474mg，三窨后为 1.735mg，成品为 1.868mg。这表明茉莉花茶中芳香油主要来源于窨制过程中吸附的花香，但每增窨一次，其香气的提高幅度减小。

表 6-29　苏州一级茉莉花茶窨制过程中主要芳香油组分含量的变化（%）

(骆少君等，1987)

	茶 坯	头 窨	二 窨	三 窨	成品（提花）
精油总量（mg/g）	0.051	0.854	1.474	1.735	1.868
芳樟醇	18.28	22.84	19.92	16.72	17.91
（Z）-3-己烯醇乙酸酯	1.00	2.46	2.60	1.82	1.62
（Z）-3-己烯-1-醇	1.84	2.86	3.25	2.09	1.94
（Z）-3-己烯醇丁酸酯	4.15	0.64	0.70	0.54	0.59
苯酸甲酯	1.59	2.16	2.23	2.04	1.92
乙酸苄酯	5.05	26.01	30.62	31.48	32.14
α法尼烯	5.40	5.90	5.94	7.11	9.29
水杨酸甲酯	0.74	2.85	2.58	2.05	2.05
香叶醇	0.16	0.48	0.33	0.28	0.27
苯甲醇	1.37	5.41	4.32	4.25	4.36

（续）

	茶坯	头窨	二窨	三窨	成品（提花）
顺-茉莉酮+β-紫罗酮	5.96	0.52	0.30	0.30	0.24
橙花叔醇	0.84	0.47	0.36	0.46	0.44
苯甲酸-（Z）-3-己烯酯	2.98	10.32	11.50	14.03	15.25
邻氨基苯甲酸甲酯	0.67	4.98	5.04	6.02	4.87
吲哚	0.11	5.79	5.45	6.21	3.36

（三）主要色素的变化

以绿茶为茶坯的茉莉花茶，在窨制过程中由于色素的变化及非酶褐变，使干茶色泽由墨绿色变为暗褐色；汤色由黄绿色变为深黄或褐黄色；叶底绿色减退，黄褐成分增加。

茶坯中含有叶绿素、类胡萝卜素、花色素及儿茶素的氧化产物等有色成分，在窨花时这些有色物质受湿热作用及 pH 变化的影响，而发生不同程度的转化。如类胡萝卜素在热作用下可发生裂解转化而成香气成分；花色素氧化减少；部分儿茶素在湿热作用下氧化缩合为黄、红色物质；原茶坯中保留的叶绿素也因高温及湿热作用而继续遭受破坏。这些有色物质变化的综合结果是使花茶色泽有别于其茶坯色泽的主要原因。另外，窨制过程中存在的非酶褐变对茶叶色泽的改变有重大影响，如传统茉莉花茶窨制时，茶坯含水量由 4％～5％上升到 15％左右，温度上升到 40～48℃，每次窨花历时达 10 多个小时，其间需要多次复火干燥，这为羰氨反应（Maillard 反应）提供了适宜的反应条件。茶叶中的氨基酸、肽类、胺类及蛋白质等与羰基化合物（醛、酮、单糖及多糖分解产物或脂质氧化生成物等）发生反应形成黑色素。窨制过程除存在 Maillard 反应外，茶叶中的抗坏血酸氧化生成糠醛和二氧化碳而使茶叶色泽加深。同时，复火干燥发生的焦糖化作用对褐变也有一定的影响。

第五节 茶饮料加工化学

茶饮料是茶叶的新型加工品种，主要包括各种固体和液体茶饮料制品。固体茶饮料如速溶茶，液体茶饮料如各种罐装茶水。固体茶饮料生产于 20 世纪 40 年代始于英国，液体茶饮料生产于 20 世纪 70 年代始于日本。由于茶具有许多特殊的功效，近年来世界茶饮料产量迅速增长。如美国、欧洲每年分别以 100％、40％～50％的速度增长，亚洲每年亦以 25％的速度增长。尤其是日本、台湾等国家和地区增长最快，如日本每年进口的茶叶约有一半用来加工罐装茶饮料，年人均对各种茶饮料的消费量达 24L；台湾地区自 20 世纪 80 年代初推出乌龙茶饮料后，其茶饮料的生产、销售也迅速发展，目前台湾各种包装的茶饮料品种达二三百种之多，茶饮料在饮料生产、销售中排列第一位。我国固体茶饮料生产始于 20 世纪 60 年代初期，液体茶饮料开发则兴起于 20 世纪 80 年代。由于消费习惯等因素的制约，中国茶饮料的发展速度远不及日本和中国台湾地区，但随着生活水平的提高，饮食回归自然成为现代文明风尚，与之相适应的世界饮料则要求低脂肪、低糖、低热、低胆固醇；高蛋白质、高纤维；饮料中不含（或少含）化学添加剂；携带和饮用方便。茶饮料无盐、无糖、无脂肪，含有多种有益于人体健康的活性物质，且具有快速、方便、冷饮热饮皆宜等优点，符合现代生活快节奏的需要。因此茶饮料被国际饮料行业一致誉为下一代的主流饮料，无论在国内还是国外，茶饮料都具有巨大的潜在市场。

一、茶饮料的化学组成

（一）液态茶饮料中的主要茶叶可溶性成分

液态茶饮料是利用茶叶的可溶物所制成的具有饮用方便、营养丰富、包装新颖的茶叶保健产品。主要包括调味混合型及纯茶型两类，前者除茶叶可溶性成分外，还佐以各种果汁、糖、酸等辅料，使产品不突出茶叶的品味，而具有茶叶特有的解渴、提神等功效；后者不添加其他辅料，保持茶叶原有的色、香、味感。但无论哪一类液态茶饮料，均为天然萃取型的即饮茶饮料。

末松伸一等（1992）及我国卫生部（1997）分别对日本与中国市售罐装茶水饮料中的主要化学成分进行了测定（表 6-30），就日本市售罐装纯茶水而言，其儿茶素含量依次为绿茶水、乌龙茶水、红茶水；咖啡碱含量依次为乌龙茶水、红茶水、绿茶水；维生素 C 含量依次为绿茶水、红茶水、乌龙茶水。中国市售茶水饮料中其儿茶素含量依次为调味绿茶水、纯乌龙茶水、调味红茶水；咖啡碱含量依次为纯乌龙茶水、调味绿茶水、调味红茶水。

（二）固态茶饮料中的主要茶叶可溶性成分

固态茶饮料主要包括各种纯速溶茶和调味速溶茶。纯速溶茶是以成品茶或鲜叶为原料通过提取、浓缩、干燥等工序加工成的一种粉末状或碎片状或小颗粒状的新型产品，如速溶红茶、速溶绿茶、速溶乌龙茶等。而调味速溶茶是以各种纯速溶茶与其他配料如果汁、甜味剂、香料、营养强化剂、药材等混合制成，调味速溶茶又称冰茶，如速溶柠檬茶、速溶人参茶、速溶奶茶、速溶灵芝茶等。

表 6-30　日本与中国市售罐装液体茶饮料中主要

茶叶可溶性成分的含量（μg/ml）

	罐装茶水样品	pH	维生素 C	咖啡碱	儿茶素	儿茶素/咖啡碱
日　本	纯绿茶样 1	5.91	314	210	402	1.91
	纯绿茶样 2	6.09	423	173	501	2.90
	9 种纯绿茶样平均	6.02	347	141	350	2.48
	纯乌龙茶样 1	6.31	244	232	242	1.04
	纯乌龙茶样 2	5.67	172	128	172	1.34
	11 种纯乌龙茶样平均	5.74	122	165	203	1.23
	纯红茶样 1	5.88	161	193	75	0.39
	纯红茶样 2	3.66	50	137	248	1.81
	11 种纯红茶样平均	5.13	242	145	156	1.08
中　国	纯乌龙茶样 1			127	530	4.17
	纯乌龙茶样 2			142	420	2.96
	纯乌龙茶样 3			137	553	4.04
	纯乌龙茶样 4			69	480	6.96
	调味红茶样 1			31	41	1.32
	调味红茶样 2			37	121	3.27
	调味红茶样 3			65	241	3.71
	调味红茶样 4			112	341	3.04
	调味红茶样 5			73	96	1.32
	调味红茶样 6			0	11	
	调味红茶样 7			0	10	
	调味绿茶样 1			114	571	5.01

资料来源：①末松伸一等．日本食品工业会志．1992，39（2）：178～182。
②徐清渠．饮料工业．1999，2（2）：7～10。

　　湖南农业大学于 20 世纪 70 年代中后期对世界各地主要速溶红茶产品中的主要内含成分进行了分析测定（表 6-31），其中多酚类含量最高的达 45.60%，最低的只有 22.66%，相差 1 倍。多酚类含量的高低与速溶茶品质优次呈正相关。茶黄素（TF）的含量悬殊更大，含量最高的达 4.63%，最低的仅为 0.13%，前者为后者的 35.6 倍。茶红素（TR）的差异不甚明显，但由于茶黄素的差别大，故茶红素与茶黄素的比值也很悬殊，比值最低的在 7.5～8.3 之间，最高的达到了 191.1 和 259.1，大多数的比值在 40～80 之间。凡 TR/TF 比值高者冷溶性较好，比值低者均为热溶性产品。多酚类、茶黄素含量是构成速溶茶滋味浓强度的物质基础，二者含量均高，且 TR/TF 比值较低者才能表现出浓强的滋味及红艳明亮的汤色（用高于 60℃ 的水溶解）。从咖啡碱含量也反映出热溶型产品中的含量相对较高，而含量较低者多具可冷溶特性。灰分含量在不同产品中也存在较大的差异，这与加工过程是否采用碱转溶处理"冷后浑"有关，若采用 NaOH 或 KOH 转溶处理，则势必导致灰分含量增加，其产品具冷溶性。而热溶的产品，由于没有转溶，其灰分含量多低于 10%。氨基酸影响速溶茶的滋味品质，在各产品之间差异悬殊，高的达 11.96%，低的只有 3.68%，表 6-32 是几种速溶茶的氨基酸组成与含量，其中茶氨酸占到氨基酸总量的 60%左右。

表 6-31　国内外几种速溶红茶中主要内含成分的含量及溶解性

速溶茶样	产地	多酚类 (%)	茶黄素 (TF,%)	茶红素 (TR,%)	TR/TF	咖啡碱 (%)	氨基酸 (%)	灰分 (%)	溶解性
布谢尔	澳洲	45.60	0.51	34.52	13.7	9.46	11.72	9.15	热溶
麦克斯韦尔、豪斯	美国	40.51	0.55	31.35	57.0	6.38	8.40	—	冷溶
利浦敦	美国	29.82	0.22	28.54	129.7	—	—	15.26	冷溶
沙拉达	美国	30.26	0.41	25.29	61.7	—	—	—	冷溶
嫩 叶	美国	35.04	0.23	27.87	85.3	7.18	—	14.86	冷溶
雀 巢	美国	22.66	0.21	40.14	191.1	8.17	3.68	12.18	冷溶
雀 巢	瑞士	43.93	4.27	35.15	8.2	—	—	—	热溶
雀 巢	印度	43.83	4.20	35.19	8.3	11.16	11.96	—	热溶
雀 巢	英国	43.50	4.63	35.04	7.5	—	—	9.78	热溶
如 意	美国	33.10	0.13	33.64	259.1	6.74	7.12	—	冷溶
新 芽	中国	37.48	1.01	44.72	44.2	10.50	6.63	9.69	热溶
芙 蓉	中国	28.01	0.54	28.80	53.2	7.20	6.06	13.92	冷溶

资料来源：陈国本等．湖南农学院学报．1980（2）：59～68

前苏联格鲁吉亚科学院植物研究所采用回流提取法制备速溶茶，其速溶红茶产品中主要内含成分的含量为酚类化学物 20%～25%，儿茶素 6%～10%，咖啡因 3%～5%，氨基酸 7%～10%，糖类 7%～8%，果胶类物质 6%～8%，灰分 8%～10%；速溶绿茶含酚类化合物 25%～40%，儿茶素 10%～20%，咖啡因 3%～6%，氨基酸 3%～8%，果胶类物质 5%～10%。速溶茶还富含锌、锰、钠、钾、镁等多种人体必需的矿物质成分。

表 6-32　几种速溶茶的氨基酸组成与含量（每克速溶茶所含毫克数）

（阎守和，1990）

氨基酸组成	雀 巢 (英国)	布谢尔 (澳洲)	麦克斯韦尔 (美国)	新 芽 (中国)	芙 蓉 (中国)	如 意 (美国)	雀 巢 (美国)
赖氨酸	1.315	1.391	1.187	1.203	1.121	1.351	1.087
组氨酸	0.308	0.395	0.244	0.351	0.253	0.216	0.280
精氨酸	1.662	1.316	1.099	1.339	1.391	1.504	1.108
半胱氨酸	2.661	2.067	3.081	2.156	1.081	1.998	—
天门冬氨酸	4.176	4.823	4.364	4.831	3.888	2.415	3.778
苏氨酸	1.676	1.199	1.223	1.172	1.234	1.101	1.162
丝氨酸	1.031	1.601	1.038	0.989	1.183	1.137	1.202

（续）

氨基酸组成	雀　巢 （英国）	布谢尔 （澳洲）	麦克斯韦尔 （美国）	新　芽 （中国）	芙　蓉 （中国）	如　意 （美国）	雀　巢 （美国）
谷氨酸	6.027	5.423	5.137	4.615	4.072	4.015	3.758
甘氨酸	1.584	1.321	1.357	1.221	1.212	1.596	1.421
丙氨酸	1.172	2.679	1.582	1.404	1.389	1.668	1.243
缬氨酸	1.022	0.988	1.027	0.937	0.885	0.899	0.967
蛋氨酸	0.322	0.402	0.264	0.254	0.277	0.198	0.203
异亮氨酸	1.424	2.089	1.599	1.161	0.724	0.801	0.807
亮氨酸	1.189	1.511	1.573	1.275	0.671	0.785	0.686
酪氨酸	1.212	2.058	1.480	1.782	1.261	1.297	1.131
苯丙氨酸	2.564	3.877	2.540	2.443	2.573	1.676	2.015
茶氨酸	60.041	55.520	51.528	47.468	40.682	38.108	22.841
总　量	89.386	88.660	80.323	74.601	63.897	60.765	43.689
百分含量	8.94	8.87	8.03	7.46	6.39	6.08	4.37

在喷雾干燥的速溶绿茶中共检出 35 种香气成分，其中以 3-甲基-2-(5H) -呋喃酮、芳樟醇、甲基丁烯醇、α 萜品醇、橙花醇、反-香叶醇、2，6-双（1，1-二甲基乙基）-4-甲基苯酚、二十三烷、软脂酸、双（2-甲基）-1，2-苯二甲酸、3，7，11，15-4-甲基-2-十六烯-1-醇、1，2-苯二甲酸二丁酯的含量较高。在喷雾干燥的速溶乌龙茶中共检出 46 种香气成分，其中含量较高的有芳樟醇、甲基吡嗪、正辛酸、3，7-二甲基-1，5，7-辛三烯-3-醇、2-呋喃基甲基甲酮、2，5-二甲基吡嗪、α，α，5-三甲基-5-乙烯基四氢呋喃甲醇及其异构体、2-羟基苯甲酸甲酯、2-甲基-4，6-叔丁基苯酚、十六烷酸、4-氨基-3-甲基苯酚、吲哚、(S) -α，α，4-三甲基（3-环己烯基）甲醇等成分。速溶茉莉花茶含有茉莉花茶的主要香气成分，如芳樟醇、邻氨基苯甲酸甲酯、苯甲醇乙酯、3-己烯-1-醇苯甲酯、吲哚等，但未检出茉莉花茶中的另一种主要香气成分 α 法尼烯，而检出了茉莉花茶中未检出过的香气物质溴代环戊烷。

二、茶饮料在加工及贮藏期间的化学变化

（一）液态茶饮料在加工及贮藏期间的化学变化

1. **主要香味物质的变化**　液态茶饮料因品种不同，其加工工艺也有所区别，液态纯茶水的生产工艺大致为茶叶→热水抽提→分离→冷却→离心→过滤→茶汁→装瓶（罐）→封瓶（罐）→灭菌→冷却→成品。液态调味型茶饮料的生产工艺大致为茶叶→热水抽提→分离→冷却→离心→过滤→茶汁→加各种调味料→匀浆→过滤→加热→装瓶（罐）→封瓶（罐）→灭菌→冷却→成品。各种

茶饮料经过一系列复杂的加工工序后，由于受温度、pH、氧气等加工因素的影响，使内含成分发生一系列复杂的化学变化，这些变化与茶饮料的品质有直接的关系。

（1）多酚类含量的变化。研究表明，在茶饮料加工过程中，茶多酚总量变化不大，但儿茶素总量减少，在输送、调配、预热、灌装和杀菌过程中，随着加热强度和时间的增加，其保留量降低到40%～60%，其中减少最多的是灭菌工序，在杀菌后 EGCG、ECG、EC、EGC 的含量降低，但 GC、＋C、GCG、CG 的含量却成倍增加（表6-33、6-35）。通过对儿茶素标准物质进行加热处理的研究表明，＋C、GCG 的增加是由于加热作用使 EC、EGCG 异构化为＋C、GCG 所致（表6-34、图6-3）。pH 对儿茶素含量的减少也有直接的关系，将从龙井绿茶中提取的儿茶素分别溶解在蒸馏水（对照，0.5mg/ml）及不同pH 的缓冲溶液中（0.5mg/ml），经120℃，20min 灭菌处理后发现儿茶素的稳定性明显受 pH 的

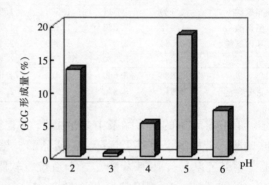

图6-3　在120℃，20min 灭菌中，pH 对 EGCG
（0.5mg/ml）异构化形成 GCG 的影响
(Zhen-Yu C，2001)

影响（图6-4），对照样中儿茶素仅保留了76%，在 pH 3～4 时儿茶素相对稳定，pH 5～6 时儿茶素明显减少，pH6 时有80%的儿茶素被损失。这说明在酸性条件下，有利于保留更多的儿茶素，而且 EGCG 异构化为 GCG 的作用也

明显受 pH 的影响。从图6-3可知，在酸性条件下（pH 3～4），异构化作用明显受到抑制，pH 为5时，异构化作用最为强烈。末松伸一等的研究也表明，添加少量的L-抗坏血酸有利于保持罐装绿茶饮料中儿茶素类的稳定性，若同时采用高温短时灭菌技术，则更有利于防止（＋）-C 的增加和（－）-EGC、（－）-EGCG、（－）-

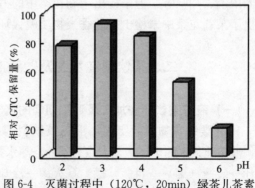

图6-4　灭菌过程中（120℃，20min）绿茶儿茶素
在不同 pH 缓冲溶液中的稳定性
(Zhen-Yu C，2001)

EC 及 (一)-ECG 因受热处理而被破坏。如采用 121℃，6min 蒸汽灭菌时，由于 L-抗坏血酸的添加（200μg/ml），其儿茶素类的损失则比不添加者减少45％；采用 135℃，32S 灭菌时，由于 L-抗坏血酸的添加（200μg/ml），儿茶素类几乎没有减少。因此在罐装茶饮料的整个加工过程中应避免过分加热，并在提取液中添加少量的 L-抗坏血酸使之呈弱酸性。

表 6-33 灭菌对乌龙茶饮料中主要成分变化的影响

（渡部伸夫等，1992）

成　分	对　照 （μg/g）	含　量				
		115℃，20min			131℃，30S	
		保留量（μg/g）	保留（%）		保留量（μg/g）	保留（%）
EGC	89.3	41.7	47		48.3	54
EGCG	121.0	61.8	51		78.0	65
EC	19.9	9.0	45		11.2	56
ECG	27.6	15.1	55		19.7	71
C	9.4	22.5	239		20.2	215
儿茶素总量	267.2	150.1	56		177.4	66
可可碱	3.6	3.3	92		2.9	81
咖啡碱	192.0	188.0	98		192.0	100

注：①茶碱均低于 0.1μg/g；

②保留%：即保留量占对照的百分率。

表 6-34 加热引起咖啡碱、儿茶素标准品溶液含量的变化

（末松伸一等，1992）

		咖啡碱 （mg/ml）	儿茶素（mg/ml）	
			（+）-C	（一）-EC
咖啡碱	加热前	0.242		
	加热后	0.241		
（+）-C	加热前		20.1	
	加热后		13.3	4.2
（一）-EC	加热前			32.5
	加热后		10.9	14.0

表 6-35 儿茶素在绿茶饮料加工与贮藏过程中的变化（μg/ml）

样　品	GC	EGC	+C	EC	EGCG	GCG	ECG	CG	总量
FS	7.6	240.1	57.9	91.2	752.6	9.8	145.2	0	1 304.4
PS	11.5	192.8	70.9	68.2	484.4	139.6	126.9	12.8	1 107.1
PS3	9.2	108.2	66.0	53.6	408.5	123.5	106.1	10.9	886.0
PS6	6.5	73.4	43.5	41.4	220.4	71.7	64.2	6.9	528.0

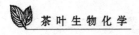

（续）

样品	GC	EGC	+C	EC	EGCG	GCG	ECG	CG	总量
PS9	4.8	48.4	39.2	38.0	156.0	54.9	57.4	6.5	405.2
PS12	3.6	41.5	38.3	35.5	107.8	43.2	53.9	6.5	330.3
FR	5.4	202.1	36.1	74.6	547.4	9.7	118.8	0	994.1
PR	9.6	113.8	52.2	48.0	257.0	72.5	71.2	6.9	631.2
PR3	7.1	106.6	51.6	47.6	218.3	66.3	65.1	6.8	569.4
PR6	6.2	75.4	44.5	42.6	178.2	59.4	63.4	6.7	476.4
PR9	5.2	57.4	41.5	38.6	118.3	43.1	56.6	6.3	367.0
PR12	3.5	49.1	37.7	35.1	71.7	29.2	46.2	5.3	277.8

注：①FS（FR）：蒸青（炒青）绿茶提取液（茶：水＝1：160，80℃，4min）；PS（PR）：蒸青（炒青）绿茶提取液于121℃灭菌1min；PS3（PR3）、PS6（PR6）、PS9（PR9）、PS12（PR12）分别表示蒸青（炒青）绿茶提取液于121℃灭菌1min后再于50℃贮藏3、6、9、12d。

②资料来源：Li-Fei Wang 等. J. Agric. Food Chem. , 2000（48），4 227~4 232

茶饮料经高温灭菌易造成香味品质的下降和某些功能性成分的破坏，为此，衣笠仁等研究了高压灭菌的方法（即对耐热性芽孢采用加热和加压并用的杀菌方法），结果表明，在70℃、300MPa、20min的灭菌条件下，可杀死茶汤中地衣芽孢杆菌、凝结芽孢杆菌及蜡状芽孢杆菌的孢子，但儿茶素类除ECG有些减少外，其他儿茶素的变化不大，而高温灭菌者儿茶素类明显氧化减少（图6-5）。

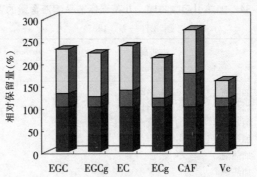

图6-6 高压灭菌时茶饮料主要化学成分的变化
（衣笠仁等，1992）

■ 对照 ■ 蒸汽灭菌 □ 高压灭菌

液态茶饮料在贮藏期间多酚类物质易于发生氧化褐变，同时茶多酚及其氧化产物也可与氨基酸、可溶性蛋白质等发生聚合反应，从而造成贮藏期间多酚类物质的含量明显下降。从表6-35可看出，绿茶饮料在50℃贮藏12d的过程中，所有儿茶素组分的含量均随贮藏时间的推移而下降，其中EGCG的下降最为明显。渡部伸夫等（1992）的研究表明，绿茶和乌龙茶饮料在55℃下贮藏6周后，儿茶素含量的减少幅度为1%～12%。Yoshihiro K.等（1991）的研究发现，乌龙茶罐装饮料在贮藏过程儿茶素含量的减少量随温度的升高而增加。

（2）咖啡碱及维生素C含量的变化。咖啡碱也是茶饮料中一种重要的滋味和功能成分。咖啡碱在茶饮料加工过程中相对稳定（表6-33、表6-34，图6-5），其受温度的影响较小，一般保留率都在90%以上。在茶饮料贮藏过程中，咖啡碱也较稳定。而维生素C则是对热十分敏感的物质，在茶饮料加工过程中，由于加热杀菌使维生素C严重损失。研究表明，绿茶饮料经高温杀菌（121℃，7min）后维生素C的保留量仅15%左右，而采用高压灭菌可使维生素C的保留量明显增加（图6-5）。关于贮藏过程中维生素C含量的变化尚缺乏详细的研究。

（3）香气物质含量的变化。茶饮料中的香气成分是对热十分敏感的一类物质，其中灭菌工序最为关键，该工序常引起茶饮料的香气组成及其含量发生深刻的变化。如罐装茶饮料经蒸汽灭菌（121℃，8min）后，常产生一种不愉快的"熟汤味"。其中乌龙茶和红茶的几乎所有香气组分，在蒸汽灭菌后均有所减少，从而失去原有的新鲜及花香风味。乌龙茶与红茶饮料的失鲜，主要因为醇类、酯类等不稳定的香味化合物经高温杀菌后遭到破坏。而绿茶饮料在蒸汽灭菌时，由于高温使溶于茶汤中的非挥发性萜烯醇甙类物质释放出沉香醇、香叶醇等相应成分，使其含量大幅度增加，同时苯甲醇、β-紫罗酮、顺-茉莉酮、吲哚、4-乙烯基苯酚等成分也因灭菌而明显增加，因而使香气各组分的比例失衡，导致形成强烈的"蒸闷"气等不良气味。

采用高温瞬时灭菌技术由于作用时间短，可减少茶汤中香气成分的损失，同样采用高压杀菌技术也能削弱不良风味的形成。衣笠仁（1992）使用506.6MPa，20min常温高压处理绿茶饮料，发现绿茶香气成分的损害不大，可基本维持整体香气组分的平衡，而且不会产生臭味物质——4-乙烯基苯酚。

（4）氨基酸与可溶性糖含量的变化。乌龙茶饮料中的氨基酸和可溶性糖经高温杀菌（121℃）后含量呈减少趋势，氨基酸含量减少约9%～12%。可溶性糖含量减少约12%～28%。绿茶饮料经121℃，7min高温杀菌后，其谷氨酸（Glu）、精氨酸（Arg）、茶氨酸（Thea）分别减少10%、20%、25%；谷氨酰胺（Gln）、天门冬氨酸（Asp）、丝氨酸（Ser）分别减少10%、5%、5%；而采用高压灭菌时氨基酸含量则无显著变化。氨基酸在贮藏过程中的变化甚小。

2. 色泽的变化 茶饮料在加工及贮藏中色泽的变化十分明显，灭菌温度、加热时间、pH 及贮藏条件等均对茶饮料色泽变化构成深刻的影响,其色泽的变化可用色差计测定 L(亮度)、a(红色度)、b(黄色度)值表示。L 值降低及 a、b 值增加表示颜色加深且褐变。研究表明,温度对绿茶饮料色泽的影响最为明显,其次是乌龙茶和红茶饮料。经灭菌处理后,绿茶与乌龙茶浸出液的 L 值明显下降,a、b 值上升。pH>7.0 时,色泽褐变程度加重,而 pH<6.61 时,褐变程度减轻。随加热时间的延长,其 L 值直线下降,a、b 值直线升高。使绿茶浸出液绿的程度减少,而褐的程度明显增加,温度越高,变化程度越激烈。乌龙茶浸出液则随加热时间的延长,其色泽向红褐程度加深的方向变化。红茶浸出液随加热时间延长,L 值明显下降,a 值变化不大,b 值有较大程度下降。由于 a、b 值比例的变化,使灭菌后红茶浸出液呈较深的红褐色。

液态茶饮料在贮藏期间若不采取保鲜措施,则其色泽变化十分明显。主要表现为颜色褐变,如乌龙茶水颜色由金黄橙色逐渐变成红褐色,绿茶水颜色由黄绿色逐渐变成黄褐泛红的色泽,同时液体透明度降低,从澄清透明逐渐变成浑浊,甚至出现沉淀。如乌龙茶水在常温下贮藏 1a,其在 450nm 波长下的透光率由 65.0% 降为 23.8%。Li-Fei Wang(韩国)也研究表明,蒸青绿茶与炒青绿茶提取液在灭菌及贮藏过程中产生褐变(表 6-36),其中 L 值明显降低,如蒸青绿茶与炒青绿茶饮料的 L 值分别从提取液的 87 与 90 降至贮藏后的 65 与 67;a 值明显增加,二种饮料的 a 值分别从提取液的 −3 与 −4 增至贮藏后的 9 与 11;b 值也明显增加,虽经灭菌后,炒青绿茶水的 b 值较蒸青绿茶水的增加更多,但经 50℃,12d 的贮藏后,二者的 b 值无明显差别。

表 6-36　绿茶饮料在加工与贮藏过程中色泽的变化

(Li-Fei W, 2000)

	L	a	b
FS	87	−3	13
PS			24
PS12	65	9	与 PR12 的 b 值接近
FR	90	−4	14
PR			33
PR12	67	11	与 PS12 的 b 值接近

注: FS (FR):蒸青(炒青)绿茶提取液(茶∶水=1∶160,80℃,4min);
　　PS (PR):蒸青(炒青)绿茶提取液于 121℃ 加热 1min;
　　PS12 (PR12):蒸青(炒青)绿茶提取液于 121℃ 加热 1min 后再于 50℃ 贮藏 12d。

(二) 固体茶饮料加工过程中的化学变化

固体茶饮料加工中的化学变化主要指茶叶原料经提取、过滤、浓缩、干燥等工序制成各种纯速溶茶成品过程中与色、香、味品质有关的主要内含成分的变化。由于速溶茶加工经过了一系列的高温过程，使色、香、味品质与原茶相比发生了深刻的变化，如色泽加深、香味物质大量损失等。

1. **主要滋味成分含量的变化**　表 6-37 是淋洗法制造速溶绿茶与红茶过程中几种主要滋味成分的变化。茶叶原料经淋洗法浸提后，几种主要成分的提取率除红茶略低外，绿茶都达到 80％以上，残留在茶渣中的量很少，浸提液经离心、过滤、浓缩到成品的过程中，几种成分的保留量均出现不同程度的减少，其中茶多酚、咖啡碱的损失量较大，而氨基酸的损失量相对较小。氨基酸各组分的变化表现为提取液经浓缩后部分氨基酸的含量呈现不同程度的增加，其中增加较多的为组氨酸、苏氨酸、精氨酸、天门冬氨酸等。干燥后，部分氨基酸的含量又呈现不同程度的下降，特别是在浓缩工序中增加较多的组分经干燥后下降幅度也较大。浓缩工序对速溶茶的风味影响十分显著，目前一些研究与生产单位正试图采用有利于保留风味成分的浓缩方法来制备速溶茶。浓缩方法明显影响浓缩液中主要滋味成分的保留量，无论是氨基酸、茶多酚还是咖啡碱和水浸出物总量，其浓缩液中的保留量均为反渗透膜技术浓缩法大于减压蒸馏法。

表 6-37　淋洗法制造速溶红、绿茶过程中几种主要成分含量的变化

加工过程	茶类	重量（原料、茶汤、成品）（kg）	茶多酚		咖啡碱		氨基酸	
			比色单位	保留（％）	百分含量	保留（％）	百分含量	保留（％）
原　料	绿茶	15.0	57.50	100	2.67	100	2.65	100
	红茶	15.0	38.10	100	3.12	100	2.77	100
浸　提	绿茶	172.0	49.30	85.74	2.33	87.14	2.21	83.44
	红茶	205.0	29.70	78.00	2.73	87.40	1.85	66.75
离　心	绿茶	170.0	47.60	82.78	2.27	84.89	2.04	76.98
	红茶	200.0	23.33	61.15	2.37	75.91	1.72	62.07
过　滤	绿茶	176.5	36.50	63.48	1.79	66.94	2.03	76.60
	红茶	192.0	19.20	50.39	2.20	64.70	1.70	61.37
浓　缩	绿茶	20.5	33.50	58.26	1.53	57.32	1.97	74.34
	红茶	17.0	7.85	46.85	1.79	57.34	1.47	53.07
茶　渣	绿茶	70.0	7.80	13.57	0.22	8.24	微量	—
	红茶	70.0	0.58	1.52	0.64	20.50	0.30	10.30
成　品	绿茶	3.80	126.20	55.44	6.12	57.90	7.80	74.55
	红茶	2.75	75.90	36.51	8.53	50.38	8.00	52.95

注：①比色单位：茶多酚值是指每克原料茶或速溶茶中多酚类物质的含量，酒石酸铁比色法在540nm 测得的消光度计算成相当于每克茶的数量用比色单位表示。保留（％）：将每种原料中物质含量作为 100％，再将每步工艺过程中该物质的含量相当于原料中含量的百分数作为保留（％）；

②资料来源：阎守和．速溶茶生物化学．北京：北京大学出版社，1990

与原料相比，速溶茶制品中矿质元素的含量变化很大。采用偏振塞曼原子吸收分光光度法测定速溶茶加工过程中矿质元素含量变化的结果表明，速溶茶

红茶、速溶乌龙茶、速溶绿茶中锌、锰、钾、镁的含量均明显高于原料，特别是钾、镁的含量均增加1～2倍或更多，前两种速溶茶中钠的含量也明显高于原料。与此相反，三种速溶茶中铁、铜、钙的含量却明显低于原料，特别是钙低了数十倍。

2. 主要香气成分含量的变化　速溶绿茶在加工过程中香气逐渐损失。首先在提取工序中由于高温的影响，香气成分随水蒸气挥发而大量损失。提取工艺结束后，为保护提取液中的有效成分，需马上进行冷却处理，在此过程中挥发性物质或香气前体物质形成细微油状物被析出，这些析出的油状物极易吸附在经过的管道和过滤装置上，使提取液香气进一步损失。

浓缩是引起香气损失最严重的工序，浓缩程度与浓缩方法对香气品质的影响十分深刻，采用40℃下减压旋转蒸发浓缩将工夫红茶浸提液浓缩至不同程度，结果表明，茶叶中几种主要香气成分的保留量均随浓缩程度的加大而减少，其中正己醇和芳樟醇氧化物（Ⅰ）的减少速度较快，而2-苯乙醇和反-2-己烯醛在浓缩程度为75％时，仍有50％左右的保留量。茶汤浓缩度为25％时，大多数香气成分仍有60％以上的保留量，对茶汤感官香气仍无明显影响；茶汤浓缩度为50％时，大多数香气成分的保留量都低于50％；而茶汤浓缩度为75％时，浓缩液茶汤中固形物的含量仍不足10％，该浓度仍低于速溶茶工业生产中所要求的正常的浓缩液浓度。因此，在工业生产中浓缩液的浓缩度还要高，香气的损失量还要大，这是导致市售速溶茶香气低下，缺乏茶汤原有香气风味的主要原因。

研究表明，采用反渗透膜技术生产的茶浓缩汁的香气显著高于传统减压蒸馏法生产的茶浓缩汁。表6-38表明，减压蒸发浓缩的浓缩液中，异戊醇、正戊醇、2，5-二甲基吡嗪、顺-3-己烯醇、α紫罗酮、2-苯乙醇、β紫罗酮以及橙花叔醇等芳香成分几乎损失殆尽；而用反渗透法制得的浓缩液中，1-戊烯-3-醇、2，5-二甲基吡嗪、顺-3-己烯醇、α紫罗酮、2-苯乙醇、β紫罗酮等绿茶中的主要芳香成分都有一定的保留；芳樟醇及其氧化物、苯甲醇等两种方法浓缩后均较原汁显著增加。据衣笠仁、竹尾忠一等的研究表明，以上萜烯醇类和苯甲醇等成分的增加是由于茶叶浸出液中所溶出的配糖体发生分解所致。

表6-38　两种浓缩方法对茶浓缩汁中挥发性芳香物质的影响（％）

（王华夫，1991）

成　分	原　汁	浓　缩　液		成　分	原　汁	浓　缩　液	
		反渗透法	减压蒸馏法			反渗透法	减压蒸馏法
1-戊烯-3-醇	0.34	0.05	0.01	未知物	0.13	0.22	0.20
异戊醇	0.03	1.17	—	α紫罗酮	0.02	微	—

（续）

| 成 分 | 原 汁 | 浓缩液 | | 成 分 | 原 汁 | 浓缩液 | |
		反渗透法	减压蒸馏法			反渗透法	减压蒸馏法
正戊醇	0.19	—	—	香叶醇	0.19	0.14	0.24
2，5-二甲基吡嗪	0.20	微	—	苯甲醇	0.16	0.67	0.34
顺-3-己烯醇	微	0.75	—	2-苯乙醇	0.04	0.18	—
芳樟醇氧化物（Ⅰ）	0.21	1.39	0.37	β 紫罗酮	微	0.14	—
芳樟醇氧化物（Ⅱ）	0.04	微	0.13	橙花叔醇	微	—	—
癸醛	0.11	0.08	0.08	雪松醇	0.79	0.19	0.15
芳樟醇	0.19	0.32	0.73	二氢海葵内酯	0.08	—	0.07
正辛醇	0.08	0.12	0.07	吲哚	0.04	—	0.02

　　干燥工序由于高温作用使大部分香气继续损失，故干燥方法将明显影响速溶茶香气的保留量。采用顶空吸附法分析喷雾干燥和冷冻干燥的速溶绿茶中的香气成分，结果表明，浓缩液经喷雾干燥后，香气总量和数量均损失严重，总量仅为浓缩液的 29.06％，其中酮类、醛类、酯类和碳氢类香气组分已不复存在。而采用冷冻干燥的速溶绿茶，其香气总量为喷雾干燥的 1.97 倍，除醛类外，其他类型香气组分均有不同程度的保留。乌龙茶具有独特的风味，采用 3 级色种乌龙茶经浸提、膜浓缩及喷雾干燥或冷冻干燥制成速溶乌龙茶，对产品中香气组分种类及其含量的分析结果表明，喷雾干燥的速溶乌龙茶中共检出 46 种香气物质，而冷冻干燥的速溶乌龙茶中检出了 52 种香气物质，大部分香气组分的含量也因干燥方法的不同而表现出明显的差异。可见，冷冻干燥对速溶茶香气的保护具有明显的优势。

三、茶饮料加工中茶乳酪的形成及其化学本质

（一）茶乳酪的化学本质
　　由于茶乳酪的形成导致液态茶饮料出现浑浊沉淀，固态茶饮料不能迅速溶于 10℃ 以下的冷水或热溶后冷却时又出现浑浊沉淀的现象一直是难以解决的技术问题。经严密过滤后的茶汤，冷却后或室温下存放一段时间后，仍会出现乳酪状不溶物，这种不溶物俗称"茶乳酪"（Cream）或"冷后浑"（Cream down）。顾名思义，冷后浑在较低温度下形成，它不溶于冷水，但冷后浑可溶于一定温度的热水。

　　关于茶乳酪的化学本质，自 20 世纪 40 年代早期就开始了研究。布雷德菲尔德（Bradfield）等人于 1944 年首先论述了茶乳酪与茶汤滋味的关系。随后经过了大约 20 年的时间，著名茶叶生物化学家罗伯茨（Roberts）和勃哈蒂

（Bhatia）等人分别在 1963 年、1964 年报道了茶黄素、茶红素和咖啡碱是构成红茶茶乳酪的主要成分，其构成比例为 17∶66∶17（表 6-39），茶乳酪的颜色从橙色至褐色，由 TR/TF 的比例所决定。Roberts（1968）、威克尔马辛（Wiekremasingne，1966）、史密斯（Smith，1968）、桑德森（Sanderson，1972）等的进一步研究发现茶乳酪还含有类黄酮、未经氧化的儿茶素类、果胶、可可碱、茶碱、柯豆素、咖啡酸、五倍子酸、黄酮醇配糖体、类腐殖酸、叶绿素、金属离子（特别是 Ca^{2+}）等成分。Bee 等（1987）的研究表明，蛋白质、碳水化合物、脂质等成分均参与茶乳酪的形成。国内自 20 世纪 70 年代以来，许多学者也就茶乳酪的化学组成进行了相关研究，并得出了与国外学者相似的结论。

表 6-39　红茶茶乳酪的化学组成（%）

（Roberts，1963）

	茶黄素	茶红素	咖啡碱
茶汤	1.48（100%）	12.8（100%）	2.76（100%）
滤液	0.56（38%）	9.2（72%）	1.80（65%）
茶乳酪	0.88（62%）	3.6（28%）	0.96（38%）
茶乳酪之百分组成	17	66	17

迄今为止，对茶乳酪形成的化学本质基本上有了一致性的看法，即茶提取液在温度较高时，茶多酚及其氧化产物、生物碱、蛋白质、脂质等物质均以游离状态存在，但随着温度的下降，多酚类、生物碱、蛋白质等物质会通过分子间与（或）分子内的氢键缔合形成络合物，其他作用力还包括离子键、共价键及疏水作用等。随着氢键缔合度的不断提高，络合物的粒径随之增大，当络合物粒径达到 1～100nm 时，茶汤表现出胶体特征。随着络合物粒径继续增大，胶粒就会絮凝甚至沉淀。同时由于共沉淀作用或直接参与络合，也将果胶、脂质、多糖、矿物质及少量其他成分一起沉淀下来。

（二）影响茶乳酪形成的主要因素

茶乳酪形成的客观性是目前茶饮料加工中最大的技术障碍。就液态茶饮料而言，茶乳酪的形成使其难于获得稳定的澄清透明的外观色泽或在贮藏过程中进一步形成沉淀。对固态茶饮料而言，是否在加工过程中采取措施脱除茶乳酪或设法阻遏茶乳酪的形成将最终决定产品的溶解特性。大量研究表明，茶叶原料、浸提与冷却温度、茶汤浓度、茶汤的化学组成、水质及酸碱度是茶乳酪形成的主要制约因子。

1. **茶叶原料**　各类茶饮料的生产都不可避免地有茶乳酪的形成，但根据茶乳酪形成的氢键缔合机理，不同茶类由于其多酚类物质的相对分子质量不同因而对冷后浑的形成有明显的影响。不难理解，在红茶制造过程中，鲜叶中的黄烷醇、黄烷酮等多酚类物质已经氧化聚合成茶黄素、茶红素、茶褐素等相对分子质量较大的氧化产物，这些物质与咖啡碱以氢键相互缔合而形成茶乳酪沉淀的能力要比绿茶中的儿茶素或儿茶素没食子酸酯的强。因此，在红茶、乌龙茶饮料生产中其茶乳酪的形成要比绿茶饮料更为明显。同样，速溶红茶茶乳酪的完全溶解水温也要比速溶绿茶的更高一些。同一茶类由于品种、加工方法、生产季节、地理环境、采摘时间的不同，其茶乳酪的形成能力及茶乳酪的组成也不相同。如在感官审评时常常观察到有些品种的红茶，由于其内含物质的含量及组成的特异性而特别容易产生冷后浑现象。

2. **浸提与冷却温度** 浸提与冷却温度的高低直接影响茶汤中固形物的含量及物质的组成比例，从而影响茶汤的澄清度及茶乳酪的生成量。Rutter 等（1975）的研究表明（表 6-40），40℃以下的低温浸提几乎无茶乳酪形成，当浸提温度在 40℃以上时，茶乳酪的形成量随温度的升高而增加。国内学者也研究表明，不同温度提取的茶饮料，在当天均清亮，但存放 3d 后，热浸的均出现雾状浑浊，且提取温度越高，浑浊度越大；随着贮藏时间的延长，沉淀物逐渐增多；而冷浸的茶饮料始终清澈明亮，无浑浊沉淀出现。因为低温浸提减少了易溶于热水的果胶及部分蛋白质的含量，降低了易与茶多酚络合的物质的浓度，从而减少了茶饮料中浑浊与沉淀的形成。

表 6-40 不同浸提温度对红茶汤茶乳酪形成的影响

浸提温度 （℃）	浸提液中总固形物 含量（g/L）	上清液中总固形物 含量（g/L）	茶乳重量 （g/L）	茶乳占浸提液中 固形物百分比（%）
8	7.71	7.70	0	0
20	14.76	14.73	0	0
25	15.73	15.66	0	0
30	17.36	17.46	0	0
40	19.86	19.63	0.23	1.16
50	22.55	21.53	1.02	4.53
70	25.90	22.03	3.87	14.90
90	25.57	22.68	4.89	17.70

资料来源：Rutter 等. J. Sci. Food Agric.，1975（26）：455～463

阎守和等研究了不同冷却温度对红茶茶乳酪形成数量及产品溶解性的影响，将 2%～3% 的红茶沸水浸提液分成若干份，在不同温度下冷却相同时间，然后在各该温度下离心，测得沉降的茶乳酪的重量，从而求得不同温度下茶乳酪的形成量或脱除率。将脱除了茶乳酪的滤液冷冻干燥制成速溶茶，然后用 10℃冷水冲泡，观察其溶解特性及汤色。从表 6-41 可知，随着冷却温度的降低，茶乳酪的形成量明显增加，冷却温度为 20℃时，析出的茶乳酪量为茶可溶物总量的 17.5%，到冷却温度为 5℃时，茶乳酪量占到 35.5%。冷却温度越低，茶乳酪的脱除率越高，其产品的冷溶性能越好，当冷却温度为 10℃时，其相应产品能完全溶于 10℃的冷水。另有研究表明，在 5～30℃范围内经不同温度冷却 2h 后的茶汤，于 5 000r/min 离心 15min 后，各茶汤的浑浊度随冷却温度的提高而明显上升，因为温度越低，参与冷后浑形成的物质越多，当这些水溶性较差的大分子物质被离心去掉后，自然使茶汤的澄清度得以提高。

表 6-41　不同温度下茶乳酪的脱除率及其产品的溶解特性

(阎守和，1990)

冷却温度（℃）	茶乳酪脱除率（%）	10℃冷水冲泡	
		冷溶性能	汤色
对照	0.0	—	浑暗
35	5.0	—	浑浊
26	12.0	±	稍浑
20	17.5	+	明亮
15	23.0	++	明亮
10	28.0	+++	明亮
5	35.5	+++	明亮

注："—"表有不溶物；"++"表有微量不溶物；"+++"表溶解度很好。

　　总之，浸提温度越高，浸出的难溶性物质或参与茶乳酪形成的物质就越多；而冷却温度越高，茶汤中这些物质的保留量就越多，这都势必导致液态茶饮料易于生成沉淀或使固体茶饮料的冷溶性能差。

　　3. 茶汤浓度　茶汤浓度越高，越易形成茶乳酪。Harbron R. S. 等在研究红茶茶汤胶体特性时发现，茶汤浓度为 0.1% 时，胶体粒径为 20～30nm，茶汤浓度为 5.0% 时，胶体粒径为 700nm。赵育漳（1994）研究发现，乌龙茶茶水比 2.5% 以下时几乎无茶乳酪生成；而当茶水比在 5%～15% 时，茶汤固形物含量呈线性增加，在此浓度范围内，当浓度较低时茶乳酪生成量随固形物含量增加而增加，而高浓度时茶乳酪生成量呈缓和趋势。浸提温度越高，浸提时间越长，浸提时茶水比值越大，都将提高浸提液的浓度，从而提高茶汤的浑浊度。此外，茶汤浓度还影响茶乳酪的化学组成。Smith（1968）发现当茶汤浓度由 0.45% 增至 3.45% 时，TF 在茶乳酪中所占的比例由 30% 下降到 7%，而 TR 及咖啡碱在茶乳酪中所占的比例分别由 10%、10% 增加到 68%、15%，茶乳酪的颜色也由明亮变得昏暗。

　　4. 茶汤的化学组成　由于构成茶乳酪的物质主要是茶多酚及其氧化产物与生物碱，因此这些物质在茶汤中的组成与含量将影响茶乳酪的形成。

Roberts研究了茶浸提液中咖啡碱的浓度与茶乳酪形成量的关系，结果表明，随着咖啡碱浓度的增加，茶乳酪的形成量也增加，尤其是当咖啡碱浓度较低时，这种关系更为明显。若用试剂将咖啡碱去除，则茶乳酪的形成受到抑制。阎守和等先用氯仿抽提法除去茶浸提液中的咖啡碱，再用加入纯咖啡碱的方法来提高浸提液中咖啡碱的浓度，以此探讨浸提液中咖啡碱浓度与茶乳酪形成量的关系。通过外加或除去的办法使浓度为 0.05％的系列红茶浸提液中咖啡碱的浓度从 $0\mu g/ml$ 到 $80\mu g/ml$，然后将咖啡碱含量不同的样品在 10℃冷却 2h，用浊度法测定茶乳酪形成后所引起的茶汤浑浊度的变化（图 6-6，A 线），A 线说明随着咖啡碱浓度的增加，茶乳酪的形成量也随之增加。在此基础上阎守和等又将 0.05％ 的红茶浸提液在 5℃冰箱内静置 24h，离心除去形成的茶乳酪，把这样处理过的红茶抽提液分成两份，对其中的一份加入 10～ $80\mu g/ml$ 的咖啡碱，另一份则加入同量的没食子酸或鞣酸等多酚类物质，结果发现加入多酚类对茶乳酪的继续形成并没有明显的影响，而加入同量咖啡碱则能导致茶乳酪的继续形成（图 6-6，B 线）。由此可见，咖啡碱的浓度对茶乳酪的形成起着决定性的作用。

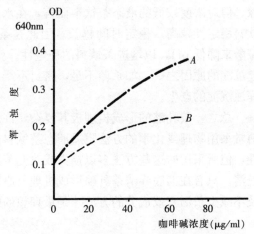

图 6-6　咖啡碱浓度与茶乳酪形成量的关系
(阎守和，1990)

　　另有研究报道，儿茶素中的酯型儿茶素较非酯型儿茶素更易形成茶乳酪；氨基酸可促进冷后浑但影响不显著；茶多酚产生冷后浑的能力与其氧化程度成正相关；茶黄素含量越高，越易形成冷后浑，而且冷后浑的颜色主要取决于茶黄素含量的高低；Luhadiya 报道茶红素、茶黄素的没食子酸酯对茶乳酪的形成有重要作用。

　　5. **水质及酸碱度**　　水质对罐装茶饮料的质量影响极大，水中的金属离子与非金属离子、悬浮物、杂质等都易造成茶汤产生沉淀浑浊。研究表明，未经处理和只经一级处理的水制成的茶饮料，在一周内即出现浑浊沉淀。但水经三、四级处理后制备的茶饮料贮藏一年后，茶汤清澈明亮，无沉淀，透光率变化不大。因此，生产罐装茶饮料，必须对制备用水经过 3～4 级的处理，将水中的金属离子和非金属离子及杂质控制在一定的标准以下。

酸碱度对茶乳酪形成的影响较为复杂，Smith（1968）以蒸馏水泡红茶，再以 HCl 和 NaOH 调整酸碱度，发现 pH4 时茶乳酪生成量最多，pH 增加则茶乳酪生成量逐渐降低，pH6.7 时则无茶乳酪形成。因为茶多酚具有在酸性条件下聚沉的特性，因此在茶汤中加入酸后将促进茶乳酪的继续凝聚；相反，加入苛性碱将导致茶乳酪转溶。因为碱解离后的羟基带有明显的极性，能切断茶乳酪内部的氢键，并且还能与多酚类物质竞争咖啡碱形成相对分子质量较小的颗粒，从而达到转溶的效果。碱转溶法是生产上用来处理茶乳酪，生产冷溶性速溶茶的方法之一。但 pH 越高，越容易促进茶多酚的自动氧化，使色泽加深。但对浓度较低的液态茶饮料而言，在水质为纯水的条件下，pH 越小，茶饮料稳定性越高，稳定时间越长。因此在茶饮料生产中，常以维生素 C 或柠檬酸来降低 pH，以增进茶饮料的稳定性。就液态茶饮料而言，微生物也是引起沉淀的原因之一，如杀菌不足，密封不严，造成微生物污染后会加速茶饮料浑浊沉淀的产生。

总之，茶乳酪的形成机理极其复杂，许多因子都制约着茶乳酪的形成，目前常采用物理或化学的方法阻遏液态茶饮料产生浑浊沉淀及提高速溶茶的冷溶性，但所采用的这些方法多以损失或改变茶汤的有效成分为代价以换取茶汤的澄清。只有在彻底弄清茶乳酪形成机理及原因的基础上，找到不改变茶汤滋味及不减少茶汤有效成分的方法才是最理想的阻遏茶乳酪形成的有效途径。

参 考 文 献

[1] 张天福. 茶树品种与制茶工艺对乌龙茶品质风格的影响. 福建茶叶. 1994（3）：5～7
[2] 林心炯，郭专，姚信恩. 乌龙茶鲜叶原料成熟度的生物生化特征. 茶叶科学. 1991，11（1）：85～86
[3] 陈春林，梁晓岚. 试论乌龙茶对鲜叶原料的要求. 福建茶叶. 1996（1）：9～11
[4] 李家光. 适制乌龙茶的茶树品种、生态环境与成茶品质. 福建茶叶. 1986（3）：7～9
[5] 杨伟丽，何文斌，张杰. 论适制乌龙茶品种的特殊性状. 茶叶科学. 1993，13（2）：93～99
[6] 王汉生. 乌龙茶制造生化原理（第一讲）. 广东茶叶科技. 1984（1）：36～41
[7] 陈荣冰. 高香型优质乌龙茶新品系选育研究. 茶叶科学简报. 1992（3）：1～5
[8] 张方舟，陈荣冰，黄福平. 春兰及其母本铁观音乌龙茶香气组分分析简报. 福建农业学报. 1999，14（2）：33～36
[9] 郭吉春，张劲松. 乌龙茶做青过程生化成分的变化. 闽台茶叶学术讨论会论文. 1990.9
[10] 王若仲，杨伟丽，禹利君. 乌龙茶加工中蛋白酶活性与相关生化成分的变化. 茶叶科学. 2001，21（1）：30～34

[11] 张杰，朱先明，施兆鹏．乌龙茶色泽形成机理研究．福建茶叶．1989（3）：23～38

[12] 张杰，朱先明，施兆鹏．湖南乌龙茶加工技术的研究Ⅱ——品质形成机理．湖南农学院学报．1993，19（1）：62～67

[13] Srivastava R. A. K．汪东风摘译．多酚氧化酶的活性与茶叶香气的形成．国外农学——茶叶．1987（3）：24～25

[14] 王汉生．芳香物质在红茶制造中的变化与红茶香气．茶叶生物化学．第二版．北京：农业出版社，1988：234～245

[15] 李名君．茶叶香气研究进展．国外农学——茶叶．1984（4）：1～15

[16] 王汉生．乌龙茶制造生化原理（第三讲）．广东茶叶科技．1984（3）：35～41

[17] 叶乃兴．乌龙茶香气成分研究进展．福建茶叶．1988（2）：18，25～26

[18] 竹尾忠一．程启坤译．乌龙茶的香气及其特征．国外农学——茶叶．1984（4）：16～22，28

[19] Akeo, et al．梁月荣译．乌龙茶和红茶香气的食品化学研究．福建茶叶．1986（3）：40～42

[20] 赵芹，童启庆．茶叶香气水解酶研究动态．福建茶叶．1999（1）：5～7

[21] 黄建琴．茶叶中的糖苷化合物及对红茶香气的影响．茶业通报．1999，21（4）：18～19

[22] 刘仲华，黄孝原，施兆鹏．红茶和乌龙茶色素与干茶色泽的关系．茶叶科学．1990，10（1）：59～64

[23] 何文斌，杨伟丽，张杰．湖南乌龙茶加工技术研究Ⅲ——乌龙茶品质化学因子分析．湖南农学院学报．1993，19（2）：157～161

[24] 张方舟．做青环境对乌龙茶品质的影响．中国茶叶．2001（3）：12～14

[25] 金心怡．乌龙茶加工环境工程技术研究（一）．福建茶叶．2001（4）：2～4

[26] 刘用敏．乌龙茶微域制茶环境与品质．福建茶叶．1991（2）：30～35

[27] 王秀萍，金心怡．乌龙茶做青环境调控的研究现状及发展思路．福建茶叶．2001（1）：3～5

[28] 刘乾刚．茶叶化学研究中的方法与问题．福建农业大学学报．2001，30（3）：368～371

[29] 福建省农业科学院茶叶研究所，福建省茶叶学会．张天福选集．2000：70～71

[30] 竹尾忠一．程启坤译．半发酵茶（乌龙，色种茶）香气成分的分析．福建茶叶．1981（3）：34～38

[31] 林正奎，华映芳，谷豫红．中国福建铁观音、色种茶、武夷水仙茶和武夷奇种茶的香气成分研究．植物学报．1984，26（5）：513～522

[32] 吴秋儿．福建乌龙茶香气特征的比较．福建农学院学报．1989，18（1）：62～66

[33] 骆少君，濮荷娟，郭雯飞．不同品种乌龙茶香气的特征及其与品质等级的相关性．福建茶叶．1987（2）：11～20

[34] 陈荣冰，张方舟，黄福平．丹桂与名优乌龙茶品种香气特征的比较．茶叶科学．1998，18（2）：113～118

[35] 松井阳吉（薛惠民译）．关于乌龙茶新的品质评定方法初探（续）．福建茶叶．1996（2）：8～15

[36] 温琼英等．茶叶科学．1991，11（增刊）：10～16

[37] 刘仲华等．茶叶科学．1991，11（增刊）：17～22

[38] 刘仲华等．茶叶科学．1991，11（增刊）：34～41

[39] 王华夫等．茶叶科学．1991，11（增刊）：42～47

[40] 将积祝子等．国外农学茶叶．1984（4）：23～25

[41] 王增盛等．茶叶科学．1991，11（增刊）：23～28

[42] 温琼英等．茶叶科学．1991，11（增刊）：56～62

[43] 王增盛等．论黑茶品质及风味形成机理．茶叶科学．1991，11（增刊）：1～9

[44] 王增盛等．黑茶初制中主要含氮化合物的变化．茶叶科学．1991，11（增刊）：29～33

[45] 施兆鹏等．茶叶加工学．北京：中国农业出版社，1997

[46] 罗新龙．黑茶渥堆微生物作用与湿热作用研究．中国茶叶加工．1991（3）：36～40

[47] 王增盛等．论茯砖茶品质风味形成机理．茶叶科学．1991，11（增刊）：49～55

[48] 黄建安等．茯砖茶制造中主要酶类的变化．茶叶科学．1991，11（增刊）：63～68

[49] 王增盛等．茯砖茶制造中主要含氮、含碳化合物的变化．茶叶科学．1991，11（增刊）：69～75

[50] 刘仲华等．茯砖茶加工中色素物质的变化与色泽品质的形成．茶叶科学．1991，11（增刊）：76～80

[51] 王华夫等．茯砖茶在发花过程中的香气变化．茶叶科学．1991，11（增刊）：81～86

[52] 何国藩等．广东普洱茶沤堆过程咖啡碱和茶多酚含量变化及饮效．中国茶叶．1986（5）：8～9

[53] 陈宗道等．微生物与普洱茶发酵．茶叶科技．1981（4）：4～7

[54] 川上美智子等．堆积茶，中国产砖茶と黑茶の香气特性．日本农芸化学会志．1987，61（4）：457～465

[55] 罗龙新等．不同产地普洱品质风格的比较．中国茶叶．1995（5）：8～10

[56] 何国藩等．广东普洱茶沤堆中细胞组织的显微变化及微生物分析．茶叶科学．1987，7（2）：54～57

[57] 罗龙新等．云南普洱茶渥堆过程中生化成分的变化及其与品质形成的关系．茶叶科学．1998，18（1）：53～60

[58] 刘勤晋等．普洱茶的渥堆作用．茶叶科学．1986，6（2）：55～56

[59] 龚永新等．闷堆对黄茶滋味影响的研究．茶叶科学．2000，20（2）：110～113

[60] 程柱生．略谈白茶在制过程中酶的催化作用．茶叶科学简报．1984（3）：9～10

[61] 林佐凤等．福鼎白毫银针．茶叶科学技术．1999（2）：38～39

[62] 陈椽等．制茶技术理论．上海：上海科技出版社，1989

[63] 骆少君．茶叶吸香特性的研究．福建茶叶．1983（3）：12～18

[64] 骆少君等．福建茶叶．1989（3）：12～18

[65] 骆少君等．我国茉莉花茶香气挥发油与品质等级的相关性．福建茶叶．1987（2）：2～10

[66] 郭雯飞等．茉莉花茶品质化学的研究．福建茶叶．1990（2）：12～17

[67] 骆少君等．我国茉莉花茶香气挥发油与品质等级的相关性．福建茶叶．1987（3）：18～21，24

[68] 汤一. 茶叶吸香和持香机理的探讨. 茶叶. 2000, 26 (3): 132~135

[69] 高丽萍等. 茉莉花香气形成机理及其影响因素初探. 茶业通报. 2000, 22 (3): 13~16

[70] 吉克温. 茉莉花茶窨制的机理与化学变化. 福建农业大学学报. 1994, 23 (1): 34~39

[71] 施兆鹏. 茶叶加工学. 北京: 中国农业出版社, 1997

[72] 陈宗道. 茶叶化学工程学. 重庆: 西南师范大学出版社, 1999

[73] 山西贞等. 包种茶的香气成分与茉莉花茶香型的比较. 国外农学——茶叶. 1981 (2): 29~30

[74] 潘根生等. 茶业大全. 北京: 中国农业出版社, 1995

[75] 冯金炜等. 花茶制造技术. 北京: 中国农业出版社, 1986

[76] 施兆鹏等. 茶叶审评与检验. 第三版. 北京: 中国农业出版社, 2001

[77] 杨伟丽等. 花茶素坯物理特性的研究. 中国茶叶加工. 1995 (2): 15~18

[78] 张丽霞. 茉莉花茶加工理论研究进展. 茶叶通讯. 1998 (1): 21~23

[79] 阎守和. 速溶茶生物化学. 北京: 北京大学出版社, 1990

[80] 渡部伸夫等. 茶类饮料にぉけるカテキン类ぉよびメチルキサンチン类の加工. 贮藏による变动. 日本食品工业会志. 1992, 39 (10): 907~912

[81] 末松伸一等. 茶类饮料缶诘の成分变化に及ぼすpHの影响. 日本食品工业会志. 1992, 39 (2): 178~182

[82] Zhen-Yu C. Degradation of green tea catechins in tea drinks. J. Agric. Food Chem. 2001 (49): 477~482

[83] 衣笠仁等. 茶饮料の高压处理による杀菌效果と成分变化. 日本农艺化学会志. 1992, 66 (4): 707~712

[84] Li-Fei W. Effects of heat processing and storage on flavanol and sensory qualities of green tea beverage. J. Agric. Food Chem. 2000 (48): 4 227~4 232

[85] 王华夫. 用反渗透法浓缩茶汁的研究. 茶叶科学. 1991, 11 (2): 171~172

[86] 金寿珍. 液态茶饮料的发展现状与趋势. 中国茶叶加工. 1999 (2): 6~9

[87] 陈中等. 软饮料生产工艺学. 广州: 华南理工大学出版社, 1998.9

[88] 罗龙新等. 罐装液态茶饮料加工技术研究. 茶叶科学研究论文集 (1991—1995): 171~173

[89] 施兆鹏等. 茶叶加工学. 北京: 中国农业出版社, 1997

[90] 罗龙新. 茶饮料加工过程中主要化学成分的变化及对品质的影响. 饮料工业. 1999, 2 (2): 26~30

[91] 梅丛笑等. 提高绿茶饮料风味的途径. 饮料工业. 2000, 3 (3): 4~8

[92] 刘静. 茶饮料抗浑浊试验. 福建茶叶. 1999 (1): 17~19

[93] 末松伸一等. 茶类饮料缶诘の制造工程にぉける成分变化. 日本食品工业会志. 1993, 40 (3): 181~186

[94] 陈玉琼等. 罐装绿茶水浸提条件的研究. 茶叶科学. 2000, 20 (2): 119~123

[95] 张文文等. 冷浸对液态茶饮料品质影响的试验研究. 食品科学. 1998, 19 (8): 24~26

[96] 单虹丽. 绿茶茶汤抗沉淀产生试验. 中国茶叶加工. 1999 (4): 30~33

[97] 杨海昭. 乌龙茶饮料沉淀原因及解决方法初探. 食品工业科技. 2000, 21 (2): 23~24

[98] 方元超. 茶汤沉淀机理的研究. 茶叶通讯. 1999（3）：17～19

[99] 方元超. 茶汤沉淀机理的研究（续）. 茶叶通讯. 1999（4）：39～41

[100] 罗龙新. 液体茶贮藏期间的品质变化. 中国茶叶. 1996（4）：11～13

[101] 方元超等. 茶饮料保香及增香途径的探讨. 饮料工业. 1999，2（3）：31～34

[102] 彭新. 茶汁制备的关键技术. 食品工业科技. 1997（6）：22～23

[103] 吴少文. 茶饮料生产中茶乳酪的形成及解决方法. 饮料工业. 2000，3（3）：9～13

[104] 罗龙新. 罐装乌龙茶水的灭菌技术及其对茶汁品质的影响. 茶叶科学. 1996，16（2）：147～152

[105] 陈宗道等. 茶叶化学工程学. 重庆：西南师范大学出版社，1999

[106] 衣笠仁. 高压を利用した茶饮料の杀菌. 食品工业. 1994，37（4）：33～37

[107] Watanabe et al. Changes of catechins and methylated xanthines in teas and their canned products. 茶叶文摘. 930925

[108] Kinugas et al. Deterioration mechanism for tea infusion aroma by retort pasteurization. Agric. Biol. Chem. 1990，54（10）：2 537～2 542

[109] 徐清渠. 制定茶饮料标准的初步设想. 饮料工业. 1999，2（2）：7～10

[110] 衣笠仁等. 食品の高压杀菌技术と绿茶饮料への应用. 月刊フードゲシカル. 1992（7）：35～37

[111] 季玉琴等. 液态饮料茶混浊沉淀问题的探讨. 中国茶叶. 1991（6）：8～10

[112] 方元超等. 饮料行业中的茶饮料技术进展. 饮料工业. 1998，1（6）：4～6

[113] 岳鹏翔等. 速溶绿茶加工工艺研究. 江苏理工大学学报. 1998，19（4）：28～32

[114] 徐正炳等. 液态饮料茶的开发研究. 茶叶科学研究论文集（1991）：106～117

[115] 王华夫. 茶叶香气在蒸馏浓缩过程中的动态. 中国茶叶. 1993（2）：20～21

[116] 夏涛. 膜技术在茶叶深加工中的应用. 茶叶科学技术. 1996（2）：10～13

[117] 李影. 速溶茶生产工艺对其产品风味的影响. 饮料工业. 1999，2（2）：15～19

[118] 朱旗. 速溶绿茶加工中主要风味物质变化规律及分析方法研究. 博士学位论文（湖南农业大学）. 2000

[119] 刘仲华等. 速溶茶中矿质元素含量的分析. 中国茶叶. 1997（5）：10～11

[120] 曾晓雄. 速溶茉莉花茶香气成分的GC/MS分析. 食品科学. 1989（9）：59～60

[121] 张堂恒. 红茶乳晶和绿茶乳晶研制. 茶叶与健康文化学术研究会论文集（1983）：133～139

[122] 徐梅生. 茶的综合利用. 北京：中国农业出版社，1996

[123] 徐正炳译. 速溶红茶的物理特性. 国外农学—茶叶. 1987（1）：18

[124] 严鸿德等. 茶叶深加工技术. 北京：中国轻工业出版社，1998

[125] 王华夫等. 膜分离过程对儿茶素和香气成分的影响. 中国茶叶. 1997（1）：19

第七章 茶叶功能成分化学

茶是世界上三大消费量最大的饮料之一，并被誉为 21 世纪的饮料，这既是因为茶文化的源远流长，更因为茶是一种天然饮料，对人体具有营养价值和保健功效。研究表明，茶叶中含有大量的生物活性成分，包括茶多酚、茶色素、茶多糖、茶皂素、生物碱、芳香物质、维生素、氨基酸、微量元素和矿物质等多种成分。近 20 年来，人们对这些活性成分进行了广泛而深入的研究。

第一节 多酚类及其氧化产物的功能

一、抗氧化作用

多酚类及其氧化产物的抗氧化作用多指其清除自由基的作用。自由基指含有未成对电子的原子、原子团或分子。生物体内自由基的生成途径主要有三条：①分子氧的单电子还原途径。这一过程产生 O_2、$^1O_2$、$\cdot OH$ 和 H_2O_2。②酶促催化产生自由基。机体细胞液中的一些可溶性酶，如黄嘌呤氧化酶、醛氧化酶、脂氧化酶等都是常见的可产生自由基的酶。③某些生物物质的自动氧化生成自由基。一些蛋白质、脂类、低分子化合物的自动氧化，过氧化物与某些金属离子的氧化还原均可产生自由基。生物体内自由基处于生物生成体系与生物防护体系的平衡之中。一旦平衡被破坏，就会危害机体，发生疾病。需要外源的抗氧化剂清除自由基，保护机体正常运转。

抗氧化剂清除自由基，依其作用的性质通常分为两大类：第一类为预防型抗氧化剂。这一类抗氧化剂可以清除链引发阶段的自由基，如 SOD、CAT 等酶以及金属离子络合剂等。第二类抗氧化剂是断链型抗氧化剂，可以捕捉自由基反应链中的过氧自由基，阻止或减缓自由基链反应的进行。

茶多酚及其氧化产物是一类含有多个酚性羟基的化合物，较易氧化而提供质子，具有酚类抗氧化剂的通性。尤其是 B 环上的邻位酚羟基或连位酚羟基有较高的还原性，易发生氧化生成邻醌类物质，而提供的 H^+ 与自由基结合，可使之还原为惰性化合物或较稳定的自由基，从而直接清除自由基，避免氧化损伤。另外，茶多酚及其氧化产物还可作用于产生自由基的相关酶类，络合金属离子，可间接清除自由基，从而起到预防和断链双重作用。茶多酚及其氧化产物的抗氧化、清除自由基的作用已受到国内外学者的广泛关注，并对其作用效果和机理展开了广泛的研究。

松崎妙子等研究了 4 种儿茶素对猪油的抗氧化力，表明按等物质的量浓度的抗氧化活性顺序是：L-EGCG＞L-EGC＞L-ECG＞L-EC；按等重量的抗氧化活性顺序是：L-EGC＞L-EC＞L-ECG＞L-EGCG。Oldreive，C 研究指出，绿茶多酚可清除活性氮自由基引起的酪氨酸硝化作用和 DNA 碱基的脱氨基作用，从而可预防胃癌的发生。另有体外研究表明，茶多酚及 L-EGCG 对 O_2^- 的清除能力强于维生素 E 和维生素 C，并在一定浓度范围内随浓度增加而加强，至 6×10^{-3} mg/ml 时清除率达到最高（＞97％），对于 Fenton 反应产生的 OH·，在最适浓度（0.043～0.100mg/ml）内清除率可达 99％。Lin JK 对体外的 HL-60 细胞研究表明，清除的 O_2^- 能力呈如下顺序：EGCG＞TF_2（茶黄素单没食子酸酯）＞TF_1（茶黄素）＞GA（没食子酸）＞TF_3（茶黄素双没食子酸酯）＞PG（没食子酸丙酯）。对 H_2O_2 的清除能力则为 TF_2＞TF_3＞TF_1，EGCG＞PG，GA。Vasyl M. Sava 研究指出，茶色素不论是从茶叶中直接提取而来，还是由茶多酚转化而来，都具有清除自由基的能力。茶儿茶素具有抗脂质过氧化作用，从而有益于延缓机体衰老。当机体内由于多种原因引起的自由基增多或维生素 E 和辅酶 Q 的保护不足时，生物膜中的磷脂发生过氧化作用，细胞破坏而导致细胞的衰老。研究表明，茶儿茶素对脂质过氧化反应有抑制作用，其效果比现有服用的维生素 E 更为明显。

多酚类及其氧化产物具有丰富的活性羟基，它可与蛋白质等生物大分子通过氢键而结合，从而影响许多生理过程。它可以影响到许多酶的酶活。如它可增强抗氧化酶（如谷胱甘肽过氧化物酶、过氧化氢酶、醌还原酶等）和 Ⅱ 相酶（如谷胱甘肽—硫转移酶）活性，抑制鸟氨酸脱羧酶、环加氧酶、鲨烯环氧酶、黄嘌呤氧化酶、胶原酶、细胞间质多属蛋白酶、蛋白激酶 C、芳香羟化酶、NADPH-细胞色素 C 还原酶、端粒末端转移酶等多种酶活性，从而对许多病理过程起到显著的抑制作用；在大豆脂质系统抗氧化实验中发现，儿茶素和卵磷脂脂质体膜极性部分具有极强的亲和力，从而起到保护作用。Toshihiko Hashimoto 也研究发现，儿茶素类可与脂质体系统脂双层膜具有高度的亲和力，但亲和力存在差异，按如下顺序递减：ECG＞EGCG＞EC＞EGC。Jiro Sekiya 等对体外大豆脂过氧化物酶与茶叶中两种主要儿茶素 ECG、EGCG 作用机理进行了研究，认为 ECG 和 EGCG 对脂过氧化物酶的络合沉淀作用是主要的机制。

多酚类及氧化产物可络合诱导氧化的过渡金属离子，如 Fe^{3+}，Cu^{2+} 等。Fe^{3+} 离子可催化 Haber-Weiss 反应，使 O_2^- 生成危害性更大的 ·OH，Cu^{2+} 可催化低密度脂蛋白（LDL）氧化，Ca^{2+}离子是钙调蛋白和蛋白激酶的组分，是体内的第二信使，当生物体处于逆境时，Ca^{2+}浓度升高，可激活蛋白酶，促进黄嘌呤脱氢酶转变为氧化酶。萧伟祥等研究表明，茶多酚类及氧化产物可络合多种金属离子，茶黄素对Ca^{2+}和铁离子的络合性较强，而对Cu^{2+}络合性较弱。最新体外研究表明，EGCG与Cu^{2+}络合后，其抗氧化能力大大提高，达到原有抗氧化能力的2倍以上，另外，Mn^{2+}、Cr^{3+}、Mg^{2+}和Al^{3+}对EGCG的抗氧化能力也有所提高。

二、对心血管疾病的影响

心血管疾病被众多科学家预言为21世纪发病率最高，极大危害人类健康的疾病。其中，动脉粥样硬化（atheroscleorsis，AS）是科学家更为关注的热点问题，它的发生与血浆脂质关系密切。低密度脂蛋白（LDL）可致动脉粥样硬化，而高密度脂蛋白（HDL）则起颉颃作用。载脂蛋白缺乏和异常可影响血脂的运输和代谢，LDL的氧化修饰可使血管内皮细胞受损，胆固醇沉积于血管壁而发生动脉粥样硬化。流行病学调查发现，食物中天然多酚含量与冠心病发生率有密切关系。茶叶中含有丰富的多酚类物质，可通过调节血脂代谢、抗凝促纤溶及抑制血小板聚集、抑制动脉平滑肌细胞增生、影响血液流变学特性等多种机制从多个环节对心血管疾病起作用。

（一）调节血脂代谢

茶多酚能降低血甘油三酯（TG）、胆固醇（CH）及低密度脂蛋白胆固醇（LDL-C），提高高密度脂蛋白胆固醇（HDL-C），降低载脂蛋白apoB100和apoA1，影响LDL的氧化修饰。实验表明，高剂量的红茶提取物减少血浆中的脂水平，促进了总脂和胆固醇的排泄，从而降低体内胆固醇。另外，茶多酚能阻止食物中不饱和脂肪酸的氧化，而不饱和脂肪酸能促进胆固醇的流动和转化，还可促进胆固醇转化为胆酸，减少血清胆固醇含量以及胆固醇在血管内膜上的沉积，从而通过抑制不饱和脂肪酸的氧化而起到抗动脉粥样硬化的作用。

（二）抗凝促纤溶

动脉粥样硬化和血栓的产生与花生四烯酸代谢关系密切。血小板中存在12-脂氧合酶和环氧合酶，12-脂氧合酶通过中膜平滑肌运输可引起动脉粥样硬化和产生导致过敏性疾病的物质2-羟-二十碳四烯酸（12-HETE）；环氧合酶可使花生四烯酸代谢形成凝血因子，进而促使血小板凝聚以致出现血栓。茶多酚等天然多酚类化合物可抑制12-脂氧化合酶和环氧合酶，改变花生四烯酸代谢，增加前列腺环素，减少血栓素合成而起抑制血小板聚集、抗凝和促纤溶作用。

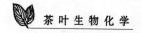

（三）预防心脑血管疾病

高血压病是我国最常见的心血管疾病，也是脑中风、冠心病的危险因素之一。有报道，茶多酚能降低家兔血压，使大鼠后肢灌注液流出量增加。说明茶多酚能降低外周血管阻力，直接扩张血管。茶多酚还通过促进内皮依赖性松弛因子的形成、松弛血管平滑肌、增强血管壁和调节血管壁透性而起抗高血压作用；茶多酚可抑制血管紧张素Ⅰ转换酶（ACE）的活性，从而对高血压有一定的预防作用；茶多酚中的黄酮类物质能刺激肾上腺素和儿茶酚胺的生物合成，又能抑制儿茶酚胺的生物降解，从而加强毛细血管弹性，降低了血管的脆性，具有改善血液流变学及抑制血栓形成的作用，达到降血压、抗动脉粥样硬化的功效。

茶色素可通过改善红细胞变形性，调整红细胞聚集性及血小板的黏附聚集性，降低血浆黏度，从而降低全血黏度，改善微循环，保障组织血液和氧的供应，提高机体整体免疫力和组织代谢水平，达到防心脑血管疾病的目的。此外，茶色素对活跃微循环具有一定的作用，能有效地降低纤维蛋白原，并能够降低胆固醇，致使膜磷脂下降，增加红细胞的变形能力，减小细胞滤过小孔的难度，在微循环流动中减低了剪切应力，活跃了微循环，从而降低心脑血管疾病的发生。我国相应的临床研究表明，茶色素在调节血脂，抗脂质过氧化，消除自由基，抗凝和促纤溶作用，抑制人胚、主动脉平滑肌细胞增殖，抑制主动脉脂质斑块形成等多方面起作用。

三、抗变态反应和调节免疫功能作用

免疫（Immune）是机体免疫系统对抗原物质的生物学应答过程，具有"识别"和"排除"抗原性异物、维持机体生理平衡的功能。从临床医学角度出发，机体再次接触到作为抗原物质的病原体时对病原体采取防御抵抗的反应，称为免疫反应（Immunity）。另一种情况，机体再次接触到抗原物质是机体可能反应过于强烈使机体本身遭受损伤，这种防卫过当对机体不利的特异性免疫反应称为变态反应。变态反应的抗原物质叫做变应原，如各种微生物、寄生虫、疫苗制剂、动物血清、动物组织蛋白、皮毛、动物食物蛋白、药物、花粉、工农业粉尘、化学品等。变态反应可以分为若干个类型，最典型的是Ⅰ型变态反应，即机体在变应原刺激下形成能与该变应原发生特异性结合反应的球蛋白——免疫球蛋白E（IgE）。IgE有亲细胞性，吸附在毛细血管周围的肥大细胞和血液中嗜碱性粒细胞周围，使机体处于致敏状态。当机体再次接触相同变应原时，变应原与肥大细胞或嗜碱性粒细胞表面的IgE结合，不需补体参与即可导致细胞内嗜碱性颗粒释放组胺、慢反应物质、缓激肽及 5-羟色胺等生物活性物质。这些活性物质使毛细管扩张、通透性增加、平滑肌痉挛、腺体分泌增多，临床表现为荨麻疹、变应性鼻炎、哮喘、呼吸困难、腹痛等症状。

茶叶的抗变态反应的能力较强，因而受到许多国内外科研人员的关注。陈宗道等用透明质酸酶法检查了茶叶等 72 种食物及其组成的抗变态反应能力。透明质酸酶是一种能分解黏多糖的溶酶体酶，与机体血管的通透性及发炎有关。各种影响肥大细胞释放组胺的药物都能抑制透明质酸酶的活性。试验研究发现，绿茶、乌龙茶和红茶都可较大幅度抑制酶活。其中抑制作用绿茶＞乌龙茶＞红茶。随茶叶多酚类的氧化发酵，茶叶的抗变态反应的能力呈下降趋势。M. M. Yamamoto 等用 2，4-二硝基苯基牛血清蛋白（DNP-BAS）作变应原，用抗 DNP 鼠单克隆免疫球蛋白 IgE 作抗体，观察浓度为 0.125mg/ml 的各类茶溶液对肥大细胞释放组氨酸的抑制程度。结果表明，蒸青茶中茶多酚被氧化量最少，抗变态反应能力最强，全发酵茶中多酚类被氧化最多，抗变态反应能力最弱。不同浓度的各类茶叶提取物对变态反应的抑制能力不同，浓度增加抑制能力随之增加。低发酵程度的乌龙茶抑制能力最小，炒青绿茶次之，全发酵的红茶最大。K. Sugiyama 分离纯化儿茶素的几种单体，测定不同浓度的 EGC、ECG、EGCG 和 EC 的抗变态反应能力。结果表明，EGCG 和 EGC 在浓度为 0.1～0.5mg/ml 范围内强烈地抑制变应原诱导形成组氨酸，而 EC 和 ECG 的作用较弱，需在浓度为 0.5mg/ml 时才有效。

茶多酚具有缓解机体产生过激变态反应的能力，却对机体整体的免疫功能有促进作用。杨贤强等研究了茶多酚对机体免疫功能的影响。接受化疗和放疗的癌症病人服用茶多酚后，血浆中免疫球蛋白（Ig）的含量增加，特别是 IgM 和 IgA 增加。用动物巨噬细胞吞噬功能试验测定茶多酚对机体非特异性免疫功能的影响。结果表明，茶多酚使机体非特异性免疫功能大大提高。同时，还用小鼠外周淋巴细胞转化试验研究了茶多酚对机体细胞免疫功能的影响。结果表明，当茶多酚剂量达到 33 g/L 时，淋巴细胞转化率极显著增加（p＜0.01），也就是说茶多酚有效地增加了机体的细胞免疫功能。

四、防癌抗癌及抗突变作用

流行病学调查表明，茶叶有抗肿瘤作用（包括试验动物模型和体外试验），而茶多酚是起作用的主要成分。茶多酚在体外有抗诱变活性，能抑制啮齿类动物中致癌诱导的皮肤、肺、胃、食管、十二指肠和结肠肿瘤。茶色素是茶叶中儿茶素等多酚类及其氧化衍生物的混合物，主要成分为茶黄素类、茶红素类。茶色素的抗癌作用研究始于近十年。

（一）防癌抗癌及抗突变作用

1. **对肝癌的抑制作用**　日本科学家 1996 年报道了使用儿茶素 4 个单体、茶色素、乌龙茶提取物，对大鼠肝癌致癌过程的抑制效应。结果显示，4 个儿茶素单体和茶色素、乌龙茶提取物都可明显减少肝脏中肿瘤前期病变谷氨酰转肽酶的数量和面积，从而表明茶色素具有与儿茶素单体一样的对肝癌的化学预防作用。还有研究发现，茶色素能强烈抑制纯合子型鼠肝癌细胞和 DS19 小鼠白血病细胞中的 DNA 合成。Srivastava，RC 研究表明，绿茶多酚对 12-氧-四葵酰佛波-13-乙酸（TPA）引诱的小鼠肝细胞中一氧化氮的产生起到明显的抑制作用，抑制率高达 90%。推测这与绿茶多酚对一氧化氮合成酶的活性起抑制作用，而与多酚的抗氧化能力无关。

2. **对皮肤肿瘤、癌的抑制作用**　研究发现，外用茶多酚抑制了 TPA、7，12-二甲基苯并蒽致癌作用以及 TPA 诱导的炎症、ODC 活性、增生和过氧化氢形成，外用 EGCG、EGC 和 EGC 抑制了 TPA 诱导的小鼠皮肤炎症。皮肤受到紫外线照射可引起多种生物反应，包括炎症的诱发、皮肤免疫细胞的改变和接触超敏（CHS）反应的削弱，容易引起皮肤病变。现研究显示，过度地暴露在太阳射线，特别是紫外线 B（UVB）下，易导致皮肤癌的发生。口服和外用茶多酚能抵抗 UVB 的致癌作用，其中以 EGCG 的作用最强。应用绿茶提取物（主体为茶多酚）可消除紫外线 A（UVA）和补脂骨素共同引起的皮肤光化学破坏，减少皮肤增生和角质增生。

Bickers，DR 研究表明，绿茶、红茶、茶多酚不仅可预防化学或 UVB 诱发的皮肤癌的形成，还可以抑制皮肤肿瘤的生长；消除 UVB、UVA＋补脂骨素引起的皮肤增生和角质增生；在 SKH-1 大鼠实验中，口服绿茶提取物可消除 UVA＋补脂骨素引起的 c-fos 和 p53 的积累以及上皮细胞的增生。红茶提取物可预防 UVB 引起的红斑。Elmets CA 用绿茶多酚及其主要组分对引诱的皮肤红斑的作用表明，绿茶多酚可减少日晒细胞的数量和保护表皮胰岛细胞，并可避免 DNA 损伤，从而起到保护皮肤的作用，其中 EGCG 和 ECG 作用最强，而 EGC 和 EC 几乎无作用。作者最后指出，绿茶多酚可作为一种天然高效的光化学保护剂。

Katiyar 研究认为，茶多酚抗皮肤肿瘤的机理可能涉及抑制肿瘤促进剂诱导的皮肤 ODC、环加氧酶和脂加氧酶的活性、水肿和增生。通过研究外用 EGCG 对 TPA 诱导的小鼠皮肤癌基因表达的影响，表明外用 EGCG 可抑制 TPA 诱导的 ODC 基因、PKC 基因和 c-myc 基因的转录水平。另外，茶多酚对皮肤癌的生长过程起到抑制作用。体外研究显示，EGCG、ECG 和 EGC 对口腔鳞状癌细胞的生长起到显著的抑制作用。研究表明，饲喂茶色素可抑制由紫外光诱致的大鼠皮肤肿瘤的发生。它不仅抑制肿瘤的数量，而且肿瘤的大小也明显较小。对每个肿瘤组织的病理学检查表明，它对由紫外光诱致的角化棘皮瘤和癌的形成起明显抑制作用。

3. 对结肠直肠肿瘤的抑制作用 日本学者研究了茶多酚对雄性大鼠 1，2-二甲基肼（DMH）诱导的结肠直肠致癌作用的影响，表明茶多酚可使肿瘤发生率显著降低，盲肠内容物中产气荚膜梭状芽孢杆菌（可产生致癌有害物）数量下降。M. Lodovici 研究发现红茶多酚可抑制小鼠结肠黏膜由 1，2-二甲基肼诱导的 DNA 氧化性损伤作用。August DA 对志愿者的研究表明，饮用一定量的绿茶通过抑制直肠黏膜中前列腺素 E2（prostaglandin E2）的合成而使前列腺素 E2 的水平降低，因而可作为化学预防剂预防结肠直肠癌的发生。茶多酚还可通过质粒中的 ARE（一种抗氧化反应元件）刺激 Phase Ⅱ 脱毒酶的转录，从而达到抗结肠直肠肿瘤的作用。

4. 对前列腺肿瘤的抑制作用 Gupta S 等（1999）进行了流行病学调查及动物实验。两项结果均表明，饮用绿茶（含有大量的茶多酚）可有效地抑制前列腺肿瘤的发生。通过体外（LNCaP 细胞）和体内（Cpb：WU 鼠和 C57BL/6 鼠）实验，研究了绿茶多酚对睾丸激素诱导激活的前列腺肿瘤细胞中鸟氨酸脱羧酶（ODC）的抑制作用，饲喂 0.2％绿茶多酚可有效抑制 ODC 酶活的 20％～54％。Ren F 对 LNCaP 前列腺癌细胞的实验表明，EGCG 抑制细胞生长和雄激素（Androgen）调节的 PSA 和 hK2 基因的表达，同时还可显著抑制 PSA 增强子对雄激素的诱导力。EGCG 还可通过抑制雄激素受体增强子基因上的 Sp1 位点，从而抑制该基因的表达。

5. 对乳房肿瘤的抑制作用 Fujiki H 研究发现，大量饮用绿茶可增加孕酮和雌激素受体的表达，减少经前第 Ⅰ 阶段和第 Ⅱ 阶段乳房瘤患者腋淋巴结转移数量。另有研究发现，EGCG 会干扰 tNOX（一种与癌肿瘤有关的 NOX 酶）的活性，而对正常的 NOX 活性并无影响。实验显示，EGCG 限制了乳腺癌细胞的生长，但似乎对正常的健康乳腺细胞无影响。

6. 对胃癌的抑制作用 Okabe，S 对胃癌细胞系的体外实验表明，多酚及其氧化产物由于通过抑制 TNF 基因表达和 TNF 的释放，从而抑制胃癌细胞的生长，且抑制能力为 ECG＞EGCG＞EGC＞TF＞EC。

7. 对肺癌的抑制作用 Fung-Lung Chung 对烟草特异性亚硝胺 NNK 诱发的啮齿类动物肺癌的研究表明，绿茶和红茶可抑制 NNK 诱发的 DNA 氧化性损伤，抑制肺癌的发生。

8. 对口腔癌的抑制作用 Li N 对 DMBA（7，12-二甲基苯蒽）诱发的仓鼠口腔癌的研究表明，绿茶、茶色素以及绿茶水提物、茶多酚和茶色素的混合物可显著减少口腔癌的发生率、口腔黏膜细胞中 AgNOR 数目和 TVNOR 面积、表皮生长因子受体表达的抑制（P＜0.01%）等，而且饮茶可保护 DMBA 引起的金黄色地鼠黏膜组织 DNA 损伤并抑制其增殖，对 DMBA 诱发的动物口腔肿瘤有明显的预防作用。李宁等用混合茶［绿茶水冻干物、茶多酚和茶色素的混合物，口服胶囊，3g/（人·d），同时局部涂抹患处］作为受试物，以口腔癌症前病变口腔黏膜白斑患者为研究对象，以反映 DNA 氧化损伤的指标——口腔黏膜细胞微核形成为中间标志物，进行饮茶对人口腔黏膜上皮细胞的 DNA 损伤有保护作用的研究。研究结果表明，混合茶可阻断白斑病损的发展。由此可推论，饮茶可阻断口腔癌癌前病变的发展，降低其癌变的危险性，从而对口腔癌有预防作用。

9. 抗突变 目前，研究发现，茶多酚及儿茶素对诱变剂丝裂霉素 C（MMC）诱发的中国地鼠 V79 细胞基因正向突变及微核发生率均有较明显的抗突变作用。用茶色素和鼠肝代谢酶同时处理可抑制由甲基蒽诱致的姐妹染色单体交换（SCE）。另一方面，茶色素可改变用紫外线处理的正常人细胞的 SCE 频率。用绿茶或茶色素可抑制甲基蒽对小鼠骨髓细胞染色体畸变（CA）。茶多酚的抗突变机制是通过对代谢的调节、阻断、抑制和 DNA 的复制、修复、增殖、转移等作用而实现的。

（二）防癌抗癌及抗突变机理

1. 抗氧化作用 防癌方面的抗氧化机制可包括：诱导体内抗氧化酶活性；调节 I、II 相解毒酶；抑制致癌物的代谢活化；减少 DNA 加合物的形成；抑制癌基因的激活，减少癌基因的复制，阻断癌的启动，可改变活性氧所诱发的生长有关的基因表达，直接影响转录因子活性，以消除氧化损伤所带来的信息通路上的障碍，以致肿瘤的异常增生。茶多酚对特丁基过氧化氢引起大鼠红细胞溶血和 MDA 生成增加，以及促癌剂 TPA 引起大鼠多形核白细胞（PMNs）的过氧化氢生成均有明显抑制作用，并呈剂量—反应关系。用 2mg/L 茶多酚、茶色素处理 $HepG_2$ 肝肿瘤细胞 24h 后可引起谷胱甘肽硫转移酶（GST）和醌还原酶活性分别升高 35.8% 和 58.8%，茶多酚处理 48h 可使 GST 活性升高 64.6%，同样浓度的茶色素处理 48h 后，GST 活性增加 84.3%。体外对 $HepG_2$ 细胞作用的研究结果提示茶多酚、茶色素可能诱导 II 相代谢酶活性，加速致癌剂的结合反应，促进对致癌物活性代谢产物的排泄，从而降低进一步对 DNA、蛋白质等生物大分子的毒性作用。

2. 诱发细胞凋亡 多酚及氧化产物可引发肿瘤细胞的凋亡，但各成分之间存在差异。Kouichi Saeki 等在组织淋巴瘤 U937 细胞的诱导凋亡实验中，对 EGCG、茶双没食子儿茶素 D（Theasinensin D）、茶黄素、茶黄素双没食子酸酯的诱导活力进行了比较，结果表明，茶双没食子儿茶素 D 最具活力。Li HC 对绿茶多酚和 EGCG 对成年 T-细胞白血病人的周围血液 T 淋巴细胞的体外实验表明，它们通过抑制人 T 细胞白血病病毒-IpX 基因的表达和诱导 ATL PBLs 的凋亡，从而抑制 ATL PBLs 生长。Saeki K. 在对儿茶素类诱导的组织淋巴细胞 U937 细胞凋亡研究中指出，儿茶素 B 环上的连苯三酚和 D 环上顺式没食子酰基具有活力，而 B 环上无连苯三酚基团的儿茶素类则无活性，因而指出儿茶素 B 环上的连苯三酚基团在细胞凋亡中起着重要的作用。Chung JY 在对 Hras 突变基因转变的小鼠上皮 JB6 细胞的研究中指出，绿茶和红茶多酚的主要组分如儿茶素类、茶黄素类都可抑制细胞的生长和激动蛋白 1 的活力，从而通过生长抑制，抑制丝裂原激活的蛋白激酶的信号转导途径，通过各主要组分的构效关系指出，B 环的连苯三酚基团和 D 环的没食子酰部分都有抑制作用，且 B 环的连苯三酚基团比 D 环的没食子酰基具有更高的抑制活力。Pan MH 在对人 U937 细胞的研究中指出，茶双没食子儿茶素 A（Theasinensin A，由乌龙茶多酚中提取纯化）、TF_1（茶黄素）和 TF_{2a}（茶黄素-3-单没食子酸酯）可通过细胞色素 C 的释放和激活半胱天冬酶 9（Caspase9）和半胱天冬酶 3（Caspase3）来诱导该细胞的凋亡，而 TF_3（茶黄素双没食子酸酯）和 EGCG 的活性则较低。不仅如此，绿茶渣在被一种包括纤维素酶、果胶酶和蛋白酶的粗酶 Driselase 降解后的产物同样具有诱导 U937 细胞凋亡的作用。还有研究指出，来自不同类茶叶中的高相对分子质量成分，即茶汤先后经氯仿、乙酸乙酯和正丁醇提取后剩下的不可透析成分同样具有诱导 U937 和 MKN-45 细胞凋亡的作用。

　　3. 调节基因的表达，抑制肿瘤转化、增生　　多酚及其氧化产物还可与生物膜上的磷酸双酯层相结合，或作用于细胞信号传导过程中的酶，影响细胞间的信号传导。Yang F 研究显示，绿茶多酚可通过抑制 NFKB 酶的活性，影响部分下游调节肿瘤坏死因子（Tumor necrosis factor-alpha）基因的表达，从而可起到一定的抗肿瘤和消炎作用。Soriani M. 研究表明，EGC 对 UVA 激活的人皮肤细胞血氧合酶、胶原酶和环氧合酶的活性起到调节作用，从而调节这三种酶的基因表达。茶多酚可明显颉颃促癌物对细胞间通讯的抑制作用，加强细胞间信息交流；抑制促癌剂诱导的基因突变、微核形成以及癌基因表达。

　　美国研究人员使用脱咖啡碱的绿茶、红茶提取物，观察了对亚硝胺类致癌物诱发小鼠癌变的抑制作用，结果表明，喂饲绿茶与红茶提取物的动物其肿瘤的数量分别减少了 67％和 65％。0.6％的红茶提取物约减少 63％的肿瘤发生量。Steele VE 等研究表明，红茶提取物（主体为茶色素）和绿茶提取物对鼠乳腺组织、鼠呼吸道上皮细胞以及人肺上皮细胞的肿瘤转移都有强的抑制作用；并可显著抑制苯并芘与人体 DNA 的结合；提高 Ⅱ 相酶、谷胱甘肽-S-转移酶和醌还原酶的活性；抑制 TPA 诱导产生自由基的作用；从而达到化学预防癌症发生。Chen YC 研究了 TF_1（茶黄素）、TF_2（茶黄素单没食子酸酯）、TF_3（茶黄素双没食子酸酯）、茶红素、EGCG 等五种物质对 TPA（12-氧-四葵酰佛波-13-乙酸）诱发 NIH3T3 细胞的蛋白激酶 C（PKC）和转录激活蛋白1（AP-1）的键合活力的抑制作用，研究表明，在对 TPA 诱发的 PKC 活力抑制作用实验中，TF_3 活性最高，其抑制率达到 94.5％，而 EGCG 却只有 9.4％；在对 TPA 诱发 AP-1 和 c-Jun 基因表达的抑制实验中，也是 TF_3 的活力最高。AP-1 在肿瘤的增生过程中起着重要作用，而多酚及其氧化物抑制了 PKC 及 AP-1 的活力，从而抑制 TPA 介导的肿瘤增生。Nomura，M 在 EGCG 和 TF_3 对 UVB 诱发 JB6 小鼠上皮细胞的 AP-1 活力抑制研究中有相似结论，TF_3 的抑制能力强于 EGCG，从而更有利于抑制肿瘤增生。Liang YC 研究表明，EGCG 和 TF_3 通过阻断表皮生长因子 EGF 与其受体的结合，从而抑制丝裂原介导的信号转导途径来抑制细胞的增生，且 TF_3 的抑制能力要比 EGCG 强。

近年众多研究表明，茶多酚特别是 EGCG 可调节有丝分裂过程中的信号传导，从而抑制肿瘤的增生。如 Liberto，M 对啮齿动物模型的研究表明，EGCG 抑制由表皮生长因子（EGF）刺激的处于 G0 或 G1 中 MCF10A 乳房上皮细胞进入 S 期。另外，Adrian G 等通过对前列腺细胞 LNCap、PC-3 和 DU145 进行研究，首次报道了绿茶中的活性组分 EGCG 可诱导前列腺癌症细胞程序死亡。

Yihai Cao 等在对饮茶抑制癌症的机制研究中发现，表没食子儿茶素没食子酸酯（EGCG）可明显抑制内皮细胞生长以及鸡尿囊绒膜的新血管形成。饮绿茶可明显抑制角膜血管内皮细胞生长因子诱导的血管化。由于所有肿瘤的生长都依靠血管的生长，茶多酚的这种对血管生长的抑制作用可能解释为什么饮茶可抑制多种不同肿瘤的生长。

五、抗菌、抗病毒及杀菌作用

早在神农时期，茶就被用于杀菌消炎。茶多酚具有抗菌广谱性，并具强的抑菌能力和极好的选择性，它对自然界中几乎所有的动、植物病原细菌都有一定的抑制能力。它可通过生物化学和物理化学机理来改变病菌的生理，干扰病菌的代谢而起作用，并能维持正常菌群平衡，并且对某些有益菌的增殖有促进作用。另外，茶多酚抗菌不会使细菌产生耐药性。抑菌所需的茶多酚浓度较低，常见最低抑制细菌的浓度为 100～1 000mg/kg。

茶多酚能使致龋链球菌 JC-2 活力下降，还能抑制该菌对唾液覆盖的羟磷灰石盘的附着，强烈抑制该菌葡糖苷基转移酶催化的水溶性葡聚糖合成，减少龋洞数量。给感染有致龋链球菌 JC-2 的大鼠喂饲致龋食物（含或不含茶多酚），发现茶多酚显著减少龋害。Hashimoto（1996）研究指出，EGCG 和 ECG 对 HIV 逆转录酶有抑制作用。并对 38 种茶多酚组分对 H9 淋巴细胞中 HIV 病毒复制的抑制作用进行了研究，结果表明，8-C-抗坏血酰-表没食子儿茶素（8-C-Ascorbyl-Epigallocatechin）和茶双没食子儿茶素 D（Theasinensin-D）对 HIV 病毒复制有良好的抑制作用，它们的 EC_{50} 分别为 4mg/L、8mg/L，治疗指数分别为 9.5、5。陶佩珍研究了儿茶素对人免疫缺陷病毒逆转录酶及 DNA 聚合酶的抑制作用，结果表明，抑制能力为 EGCG＞ECG＞EGC，其中 EGCG 的抑制作用比治疗艾滋病的首选药 AZT 的三磷酸化合物 AZTTP 还要强。

茶色素具有与绿茶多酚相似的抑菌作用。对肉毒芽孢杆菌、肠炎弧菌、金黄色葡萄球菌、荚膜杆菌、蜡样芽孢杆菌、志贺氏细菌、百日咳菌、霍乱弧菌等病原菌具有明显的抑制或杀死作用。并且还对须发癣菌、红色发癣菌和白癣菌的生长与发育有明显的抑制作用，其抑制能力要强于茶多酚。茶色素可抑制病毒吸附在细胞上，从而可抑制流感病毒 A 和流感病毒 B 对犬肾细胞的侵染。茶色素对艾滋病病毒同样有抑制作用。研究还表明，茶色素是决定变形链球菌致龋能力的葡萄糖基转移酶（GTF）的抑制剂，对 GTF 酶催化的胞外多糖——葡聚糖的合成有明显的抑制作用，大大减少了菌斑的形成，从而达到抗龋齿的作用。其抑制 GTF 酶活性的效果优于绿茶。在龋病的发生、发展中，α-淀粉酶也是一个重要因素，因为这种酶能使淀粉分解，转化成葡萄糖，而这是 GTF 酶转化葡聚糖的重要前提。茶色素能有效地降低此酶活性。另外，Clark KJ 在对红茶中茶黄素类物质对牛的轮状病毒和冠状病毒的感染研究表明，茶黄素类中的各单体存在协同增效作用，其混合物抑制率高于各单体。

六、消炎、解毒及抗过敏作用

由于茶多酚能沉淀咖啡碱和重金属盐（如 Pb^{2+}、Hg^{2+}、Cr^{6+} 等），从而饮茶可起到对饮用水的消毒作用。另外，茶多酚还能作为生物碱和重金属盐中毒的抗解剂，可缓解这些重金属离子的毒害作用。Uehara，M 对病人进行乌龙茶饮用实验表明，不仅绿茶、红茶中的多酚类可对顽固性特应性皮炎中的过敏反应有良好的抑制作用，而且乌龙茶因其含有多酚类物质同样具有脱敏作用。Suzuki M 研究显示，EGCG 和 ECG 对恶唑啉诱发的雌性 ICR 大鼠四型过敏有显著的抑制作用，而 EGCG 的甲基衍生物的作用比 EGCG 还要高。另外，他还研究了 EGCG 和茶多酚对四型过敏的预防作用，在恶唑啉诱发以前，口服 EGCG 和茶多酚，可预防四型过敏的发生。

程书钧研究表明，茶多酚可明显抑制香烟凝集物诱导的细胞突变和染色体的损伤，其抑制作用比维生素 C、维生素 E 及 β-胡萝卜素更强。另外，现代医学研究证明，茶多酚的抗氧化作用可防止乙醇自由基及乙醇氧化成乙醛后对肝脏的伤害，从而减轻酒精中毒。

七、抗辐射作用

茶多酚类物质能防止各种辐射的影响，这些辐射包括日射病、石英灼伤，X 射线等放射线疾病。前苏联学者用锶-90 照射小鼠，然后定期喂给浓缩的儿茶素，结果发现实验组小鼠仍然存活，而对照组却因患放射病死亡。现已证实，儿茶素中的没食子酸酯防辐射作用最强。另外，如茶多酚还可防止紫外线 A、B 对皮肤的损伤作用。Zigman S. 指出，茶多酚具有清除单线态氧和自由基的作用，从而对 UVA 引起的晶状体病变起到一定的阻止作用。

八、多酚类的毒理作用

茶多酚类具有较强的抗氧化活性，可作为一种高效、多功能天然抗氧化剂和保健药物。它的研究和开发已引起许多国家政府和卫生部门的高度重视。为了使茶多酚作为天然抗氧化剂广泛应用于食品和医药等产品中，必须探讨茶多酚的体内摄入代谢以及安全性。

早在 20 世纪 90 年代初，日本学者 N. Matsumoto 等就对多酚的功能是直接作用还是通过改变消化系统小肠菌群的间接作用的问题做了动物试验。研究发现，茶多酚在体外与各器官混合，没食子儿茶素没食子酸酯（EGCG）在胃和小肠内容物中能基本保持完整，而在大肠中有 20%～25% 被分解。体内实验表明，口服数小时后胃中 EGCG 迅速消失，一部分转移到小肠，被吸收进入机体，一部分被大肠分解。T. Unno 等也做了类似研究，发现血浆中茶多酚的含量水平取决口服茶多酚的剂量，而且血浆中茶多酚与白蛋白是互相可溶的。

杨贤强等对高纯度（含量大于 90%）茶多酚类进行了急性毒性、蓄积性、亚急性毒性、长期毒性试验以及致突变（Ames）试验，并对其作为食品添加剂的安全性作了评价。急性毒性试验结果为小鼠口服 LD_{50} 为 2 496±326 mg/kg，属低毒性。蓄积性试验表明，有中等蓄积性。致突变试验，骨髓嗜多染红细胞微核率的测定，骨髓细胞姊妹单体互换的测定，果蝇伴性隐性致死试验等遗传毒理试验均为阴性。亚急性毒性试验以 0.1%浓度饲喂小鼠 6 周后小鼠的血红蛋白、红细胞数、白细胞数、体重、肝重、胸腺和脾脏的细胞数与对照组比较均无差别。慢性毒理试验，茶多酚以成人剂量 20 倍和 40 倍连续饲喂狗 3 个月，结果除前 6 周体重和食量略有增加外，与对照无显著差别。同时，杨贤强等还进行了茶多酚对果蝇寿命、致突变等试验，发现果蝇终身饲喂 0.1%茶多酚对其寿命没有影响，饲喂低剂量能延长其寿命。致突变试验发现 $1/20 LD_{50}$ 的茶多酚是无毒和无积累的。F. A. Gunawijaya 做了绿茶抽提物的毒性试验，发现绿茶抽提物有减重的作用，并认为每天饮用 10～15 杯茶对人体肝脏是绝对安全的。

上述毒性试验结果表明茶多酚作为食品添加剂是较安全的。目前，经第 11 届全国食品添加剂标准技术委员会评审，已将茶多酚列入食品添加剂的目录中，产品已面市。

综上所述，多酚及其氧化产物具有较多的药理功效，但是绝大部分的研究结论都是在动物模型和体外实验中所得出的，有些研究结论因方法、对象、研究目的的不一样还出现了一定的差异，因而这些药理功效是否在人体内发挥同样的功效，还存在着诸多的疑问。另外，在这些众多的研究中，多酚及其氧化产物还存在着剂量效应，大多数研究中所用的剂量比人日常饮茶中进入人体的剂量要高，而茶叶中含有较高含量的咖啡碱，并且多酚及其氧化产物具有较强的键合能力，如果人饮用了如此高剂量的茶，有可能引起营养和其他方面一些有害的影响，因此这些药理功效还值得进一步的探讨。

第二节　茶皂甙的功能

茶皂甙研究至今已有 70 多年的历史。开始的 40 年中，主要集中于茶皂甙的分离、提纯、结构鉴定和理化性质方面的研究。从 20 世纪 70 年代末开始，茶皂甙的应用研究和开发进入了一个崭新阶段。尤其是近二十多年来，对其生物活性的研究开发进展很快，应用也日益广泛。皂甙的生物活性表现在许多方面，茶皂甙具有山茶属植物皂素的通性：有溶血和鱼毒作用、抗虫杀菌作用以及抗渗消炎、化痰止咳、镇痛、抗癌等药理功能，并且还有促进植物生长的作用。由于结构的差异，各类皂甙表现出活性的差异。

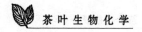

一、溶血和鱼毒作用

通常所说的皂甙毒性，就是指皂甙类成分的溶血作用。茶皂甙对动物红细胞有破坏作用，产生溶血现象。通常以产生溶血的最大稀释倍数（溶血指数）来衡量其活性大小，茶皂甙的溶血指数为 10^5，小于茶梅的溶血指数 10^6，而与山茶皂甙相当。通常认为茶皂甙的溶血机理是它能引起含胆固醇的细胞膜通透性改变，使细胞质外渗，从而使红细胞解体。皂甙的溶血活性的强弱与其化学结构密切相关，且其组成中的各个部分都会对其活性产生一定的影响。就配基而言，若 D、E 环上取代基极性较弱，则溶血作用强。茶皂甙分离出的配基有多种组分，其区别在于 A、D 和 E 环上的取代基不同，可以推测，不同配基的构成的各个单体皂甙的活性存在着差异。糖体部分对皂甙活性也有很大影响。单糖甙的溶血活性较大，酰化糖、呋喃甾醇双糖皂甙和中性三萜双糖皂甙活性较弱，甚至没有活性，皂甙元与糖体部分呈酸性的单糖皂甙和双糖皂甙的溶血活性中等。研究发现，皂甙毒性的强弱与糖链的长度也有关，一般来说，糖链越短，毒性越小。

茶皂甙对鱼类的毒性很大，据山田等研究，其鱼毒活性的半致死量 LD_{50} 为 $3.8mg/L$。并且茶皂甙的鱼毒活性随水温的升高而增强。茶皂甙的鱼毒作用已经应用在水产养殖上作为鱼塘和虾池的清洁剂，清除其中敌害鱼类。

二、抗菌活性

茶皂甙有较强的抗菌活性，茶皂甙的抗菌作用已在茶籽饼作为防治某些皮肤病的应用中得到体现。熊文淑的研究结果表明茶皂甙有较好的抗菌作用，茶皂甙对白色念球菌、大肠杆菌均有一定的抑制作用。另有报道，茶皂甙对多种致病菌有抑制作用，尤其是对单细胞真菌的抑制作用更强。Sagesaka Y M 等对从茶树中提取的茶皂甙混合茶叶皂甙抗微生物和炎症作用做了研究，证明茶叶皂甙对皮肤致病真菌表现出良好的抑制活性，其对小孢霉属病菌的 MIC 值为 $10\mu g/ml$。Yuji Yamauchi 等试验了茶皂甙对六种不同种的酵母的抑菌作用，证明了茶皂甙有很强的抑制酵母生长的活性。

Tomita M 等研究表明，在低浓度下茶皂甙能杀死嗜盐接合酵母菌，且随氯化钠浓度升高，抑制作用增强。而在高糖渗透压的基本培养基中，观察不到明显的抑制作用。在茶皂甙存在的情况下，酵母细胞原生质体的 ATP 活性发生改变，分析认为，这种改变是由于茶皂甙在氯化钠高渗环境下对酵母细胞的膜通透性产生的影响所致。同时发现，茶皂甙 E_1 表现出这种性能而 E_2 却无此作用。

另据日本专家报道，从茶叶中提取出的茶皂甙成分可抑制食品、衣物和室内霉菌的生长，且安全无毒。

三、抗炎与抗氧化作用

抗炎与抗氧化作用，是最早研究的项目之一。Vogel G 等对茶皂甙抗渗、消炎作用进行了一系列不同类型发炎动物模拟实验。结果表明，剂量 2mg/kg 茶皂甙的水肿抑制率，最高是对化合物 48/80 诱发模拟型，达 46%，最低是对高岭土诱发模拟型为 10%；水肿的抑制剂量，平均为 30%，对卵蛋白诱发型为 1.3 mg/kg，对鹿角菜精宁诱发型为 1.45 mg/kg。茶皂甙的明显抗渗漏与抗炎症特性，主要表现在炎症初起阶段使受障碍的毛细血管透过性正常化。

Sagesaka 等发现茶叶皂甙对由角叉胶诱发的大鼠足浮肿有显著的抑制作用。作为过敏症的慢反应物质之一白三烯 D_4，能使血管的通透性增高，引起平滑肌和支气管的收缩，被认为是炎症和哮喘等许多疾病的重要调节因子。实验证明，茶叶皂甙有很好的抗白三烯 D_4 的作用，且作用强度与剂量相关。实验中还发现，大鼠口服剂量2 000mg/kg 没有发生任何中毒症状。Kitagawa 等也证明从茶叶中提取出的茶皂甙 B_1 具有抗炎和抗过敏作用。Sur P 等从茶根 [*Camellia sinensis*（L.）O. Kuntze] 提取物（TRE）中分离出两组茶皂甙 TS_1 和 TS_2，在体外实验中被证明两者均有抗氧化和抗炎作用，两者都能抑制由角叉胶诱发的大鼠爪浮肿。并用黄嘌呤—黄嘌呤氧化酶系统验证了这些成分的抗氧化作用。这些研究显示，前人研究的 TRE 的抗肿瘤活性可能是通过清除自由基和抗炎作用来实现的。

四、抗高血压作用

目前，有关皂甙的对高血压产生影响的报道较少。Sagesaka 等用茶叶皂甙分别对幼稚自发性高血压大鼠（SHR）进行了连续给药和一次性给药的降压实验。证明了茶叶皂甙抗高血压的作用。对 7 周龄大鼠（SHR）连续口服给药 5d 后，皂甙有效抑制了大鼠的血压上升。对成熟 15 周龄大鼠连续口服以 100mg/kg 剂量给药 5d 后，血压比对照组低3 893Pa。以 50mg/kg 的剂量一次性给药，实验鼠出现了持久性的降压效果，相当于 3mg/kg 的恩奈普利马来酸盐的药效。

另外，实验证明了茶叶皂甙对血管紧缩素Ⅰ诱发的豚鼠血管收缩有抑制作用，而对血管紧缩素Ⅱ诱发的血管收缩没有作用。另一方面，在体外实验中茶叶皂甙用对合成的组胺引起的收缩几乎无抑制血管紧缩素Ⅰ的效果，抑制血管紧缩素Ⅰ转移酶的最小浓度 IC_{50} 大于 $10mg/ml$。这些研究结果还有待于进一步证实。

五、抑制酒精吸收和保护肠胃作用

Tsukamoto S 等对茶皂甙在酒精吸收和新陈代谢中的作用进行了动物实验。发现在实验鼠服用酒精前 1h 口服茶皂甙，继而服用酒精后 $0.5\sim3h$，血液和肝中乙醇含量均比对照组出现有意义的降低，表明茶皂甙能抑制酒精的吸收。血液和肝脏中的乙醛、乙醇含量的降低意味着茶皂甙有保护肝脏的作用。茶皂甙有助于缓解因饮酒过量而造成的肝损伤。日本已开发出含茶皂甙的饮料、冰淇淋和药片等专利技术。

Murakami T 等分别研究了茶籽提取的皂甙混合物和单一皂甙对肠胃的保护作用。实验证明，从茶籽中提取的皂甙混合物在动物实验中被证明有抑制胃排空和促进肠胃转运功能。值得注意的是，没有任何一种药物能够像茶皂甙一样同时具有这两种功能。这些活性使得茶皂甙有望在抑制和治疗肠梗阻类的肠胃转运方面的疾病上得到临床实践。其中茶皂甙 E_1 表现出这种生理活性，而 E_2 却无此活性，说明皂甙酰基位置的不同在药理活性方面起重要作用。

Kawaguchi M 等对长期服用茶皂甙进行了安全性评价。结果发现口服 $150mg$（$kg \cdot d$）的茶皂甙对雌雄实验鼠都未产生任何副作用。并且，即使是每天口服 $500mg/kg$ 茶皂甙，其毒性也远低于相当剂量的皂树皮皂素。因此，茶皂甙作为食品添加剂是安全的。

六、生物激素样作用

Wickremasinghe R L 等人用提纯的茶皂甙和茶根皂素处理茶苗，结果证明茶皂素能刺激其生长。可以促进茶叶增产。日本专利报道，茶皂素可作为生长调节剂使用，$0.05\sim30mg/L$ 的茶皂素对茄科、伞型科、十字花科、葫芦科、百合科等科属的植物均有刺激生长的作用，但如果使用量过高会抑制植物生长。茶皂甙在促进动物生长方面，已在促进对虾生长上得以较好的体现。研究结果表明，经茶皂甙处理的对虾，其生长较对照组快，并且体长增长与皂素浓度呈正比。分析认为，茶皂甙可能具有刺激体内激素分泌，从而促进对虾蜕皮，使对虾生长加快的作用。已开发出茶皂甙对虾养殖保护剂，不仅发挥了它的鱼毒作用，而且发挥了对对虾生长的促进作用，给对虾养殖带来了综合效益。

七、杀虫、驱虫作用

很多资料报道，茶皂甙对鳞翅目昆虫有直接杀灭和拒食的活性，茶皂甙已在园林花卉上用作杀虫剂。日本已利用茶皂甙杀灭蚯蚓的作用用于保护高尔夫球场。作为生物农药，能避免农药残留，保护环境，茶皂甙在农药行业具有广泛的应用前景。

八、其他作用

最近研究证明，茶皂甙有抑制和杀灭流感病毒的作用。Hayashi K 等用茶树（*Camellia sinensis* var.）茶籽中提取的皂素混合物，分别在 60、80 和 100mg/L 的浓度下做了实验，皂素混合物几乎使病毒 A/Memphis/1/71，B/lee/40，and A/PR/8/34 完全失活。并且可以使在 1～30mg/L 剂量下接种的 A/PR/8/34 病毒失活，证明了茶皂素具有抗人类 A、B 型流感病毒的活性。另外，使用茶皂甙作为防治植物病毒的制剂，也有报道。茶皂甙能杀死血吸虫的中间宿主钉螺，对防治血吸虫病有重要作用。茶皂甙具有化痰止咳之功效。研究结果显示，其止咳效果强于中药竹节人参皂甙。开发出的茶籽糖浆，用于治疗老年性慢性气管炎，临床效果明显。茶皂甙能刺激肾上腺皮质机能，还有调节血糖水平的功能和抗癌活性。

第三节　茶叶生物碱的功能

茶叶中的生物碱，主要是咖啡碱（Caffeine）、可可碱（Theobromine）以及少量的茶叶碱（Theophylline）。三种都是黄嘌呤（Xanthine）衍生物。

早在半个多世纪以前，人们已经知道嘌呤类化合物能影响神经系统的活动，产生心血管效应，有镇静、解痉、扩张血管、降低血压等生理活性。目前有人不仅对嘌呤类衍生物生物活性进行研究，而且有人以此为基础研制开发出第三代保健（功能）食品。这类化合物的化学结构不仅与机体细胞的组成成分有关，而且与体内核酸的代谢产物，如黄嘌呤和三氧嘌呤（尿酸）也相似。说明这类化合物在机体内代谢很快，长期服用也无蓄积作用。

茶树体内的这三种生物碱的药理作用相似，但是它们对不同组织器官的作用强度有一定的差别，如表 7-1 比较了三种生物碱及其衍生物的药理作用的程度。

表 7-1　黄嘌呤类药理作用强弱比较

（陈椽，1987）

嘌呤类衍生物	兴奋中枢神经系统及呼吸	冠状动脉扩张	兴奋心肌	横纹肌松弛	兴奋骨骼肌	平滑肌（支气管）松弛	利尿	相对毒性
咖啡碱	+++	+	+++	+++	+++	+	+	+
可可碱	+	++	++	+++	++	+++	++	++
茶叶碱	++	+++	++	++	+	++	+++	+++
地郁蓝丁	—	++++	+	—	—	+	+++	
氨茶碱	+	+++	+	+	—	—	++++	++

一、咖啡碱的功能

咖啡碱是一种甲基黄嘌呤，其最基本的生理功能就是对腺嘌呤受体的竞争性颉颃作用。由于咖啡碱存在于咖啡、茶、碳酸饮料、巧克力和许多处方与非处方的药物中，这就使得它成为一种较为普通的、具有兴奋性的药物。确切地说，咖啡碱可以升高血压、增加血液中的儿茶酚胺的含量、增强血液中高血压蛋白原酶的活力、提高血清中游离脂肪酸的水平、利尿和增加胃酸的分泌。

一段时期，人们认为饮用咖啡或含咖啡碱的饮料对人体是有害的，长期高量的摄入咖啡碱是一种不良的行为，不仅可以使自身对其产生依赖性或成瘾，而且可能引起机体功能失调，甚至产生各种疾病。但是，近期的一系列研究表明适量的摄入咖啡碱对人体有积极的影响。

从茶叶中的咖啡碱含量（2%～4%）及杯茶饮量（3～4g）计，一杯茶中的咖啡碱含量均以最高量计算，也不过是 140mg，实际摄入量远低于这个数。茶叶中的咖啡碱在茶汤中是缓慢地逐渐溶出被利用的，更不可能对人体产生危害因素，相反，由于咖啡碱的化学性质，对茶多酚的抗氧化作用而言，对人体保健的防癌抗癌还具有协同作用。

1. **对中枢神经系统的兴奋作用**　早在 1908 年，C. W. Saleeby 在纽约出版的《健康·体力及快乐》报道："饮茶能使头脑清醒，而咖啡则否。茶中咖啡碱纯兴奋剂，无别作用。"

1912 年《贸易杂志》报道了 Medicochirurgical 药物系 H. C. Wood 研究结果："茶中咖啡碱在脊髓内对神经中枢作为兴奋剂，使肌肉收缩更有力，而无副作用，所以肌肉活动的总和较无咖啡碱影响为大。"同年《贸易杂志》报道 Kansas 医学院神经系 G. Wilse Robinson 的研究："每日一杯茶，其量虽少，亦为神经和肌肉兴奋剂。茶中咖啡碱作用于神经系统的通常结果，是使大脑外皮层易受反射刺激，改良心脏的机能，能使思维敏捷，所有各种意识的起始刺激减低，疲劳的感觉消失醒觉继续，心智及体力的惰性消失。"

在随后的几十年中，随着研究的深入，人们对咖啡碱的兴奋中枢作用有了更深的认识。咖啡碱能兴奋中枢神经，主要作用于大脑皮质，使精神振奋，工作效率和精确度提高，睡意消失，疲乏减轻。较大剂量能兴奋下级中枢和脊髓。咖啡碱刺激中枢神经的机理如图 7-1：

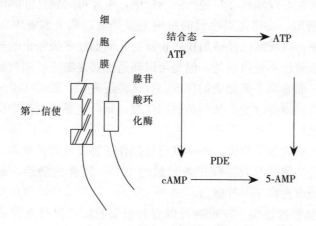

图 7-1　咖啡碱对中枢神经的作用机理

(陈宗道、周才琼，1999)

神经递质(第一信使)作用于细胞膜上受体，激活了膜另一侧的腺苷酸环化酶，被激活的腺苷酸环化酶催化三磷酸腺苷(ATP)形成环磷酸腺苷(cAMP)。cAMP 又称第二信使，能引起细胞内的一系列生化反应。磷酸二酯酶(PDE)能水解 cAMP 生成 5-磷酸腺苷(5-AMP)而失活。咖啡碱的作用在于能抑制 PDE 的活性，从而提高 cAMP 的浓度水平和细胞内生化反应的水平。

2. 助消化、利尿作用　咖啡碱可以通过刺激肠胃，促使胃液的分泌，从而增进食欲，帮助消化。咖啡碱可以直接影响胃酸的分泌，也能够刺激小肠分泌水分和钠。但有研究表明，后者的发生是纯咖啡所不能影响的，这就说明了在咖啡中可能存在某种物质干扰咖啡碱的作用。

咖啡碱利尿作用是通过肾促进尿液中水的滤出率实现的。此外，咖啡碱的刺激膀胱作用也协助利尿。茶咖啡碱的利尿作用也有助于醒酒，解除酒精毒害。因为茶咖啡碱能提高肝脏对物质的代谢能力，增强血液循环，把血液中的酒精排出体外，缓和与消除由酒精所引起的刺激，解除酒毒；同时因为咖啡碱有强心、利尿作用，能刺激肾脏使酒精从小便中迅速排出。

3. 强心解痉，松弛平滑肌 据研究，如给心脏病人喝茶，能使病人的心脏指数、脉搏指数、氧消耗和血液的吸氧量都得到显著的提高。这些都与咖啡碱、茶叶碱的药理作用有关，特别是与咖啡碱的松弛平滑肌的作用密切相关。咖啡碱松弛平滑肌的作用机理是：机体内 cAMP 和环磷酸鸟苷酸（cGMP）之间存在着平衡，细胞中 cAMP 浓度高则平滑肌舒张，cGMP 浓度高则平滑肌收缩。咖啡碱抑制了磷酸二酯酶（PDE）的活性，提高 cAMP 的浓度，促使平滑肌舒张。咖啡碱具有松弛平滑肌的功效，从而可使冠状动脉松弛，促进血液循环。因而在心绞痛和心肌梗死的治疗中，茶叶可起到良好的辅助作用。

4. 影响呼吸 咖啡碱对呼吸的影响主要是通过调节血液中咖啡碱的含量而影响呼吸率。咖啡碱已经被用作防止新生儿周期性呼吸停止的药物，虽然这其中确切的机理还不是很清楚，但是可以知道主要是咖啡碱刺激脑干呼吸中心的敏感性，从而影响二氧化碳的释放。有试验还表明，服用 $150 \sim 250 mg$ 咖啡碱，呼吸只有轻微的改变；如同剂量的注射，则可明显地兴奋中枢，提高对二氧化碳的敏感性。

在对哮喘病人的治疗中，咖啡碱已被用作一种支气管扩张剂。但对于咖啡碱治疗支气管扩张，其效果仅是茶叶碱的 40%。同样的剂量，咖啡碱产生的中枢神经系统毒性高于茶叶碱。

5. 对心血管的影响 咖啡碱可以引起血管收缩，但对血管壁的直接作用又可使血管扩张，而血管扩张与心血输出量增加的结果，导致血流量增加。中枢作用和周围作用在此也有对抗性，扩张血管周围的作用占优势。

咖啡碱直接兴奋心肌的作用，可使心动幅度、心率及心输出量增高。但兴奋延髓的迷走神经核又使心跳减慢，最终药效则为此两种兴奋相互对消的总结果。因此在不同个体可能出现轻度心动过缓或过速，大剂量可因直接兴奋心肌而发生心动过速，最后可引起心搏不规则，因此过量的饮用咖啡碱，偶有心率不齐发生。

对咖啡碱长期的摄入，可能会导致由此而产生的对咖啡碱的耐受性，最终被认为长期的摄入对血压的影响很小，甚至没有影响。但是许多的研究也表明，不合理的摄入咖啡碱对血压的升高有促进作用，造成高血压的危险性，甚至会对整个心血管系统造成危害。

6. 对代谢的影响 咖啡碱促进机体代谢，使循环中的儿茶酚胺的含量升高，影响到代谢过程中的脂肪水解，游离脂肪酸的含量升高，进而也影响到血清中的游离脂肪酸含量，试验表明其较正常水平能升高 50%～100%。就其原因可能是儿茶酚胺的含量增加，对有腺嘌呤引起的脂肪分解的抑制作用产生颉颃。

咖啡碱还影响脑代谢，这个方面的研究信息较少。Dager S. R. 等人应用快质子回音平面光谱成像技术（rapid proton echo-planar spectroscopic imaging technique）动态测量咖啡碱吸收对区域脑代谢的影响。因为咖啡碱刺激糖酵解和减少大脑皮层血流量的联合影响，特别测量了在此过程中脑中的乳酸盐含量的变化。结果显示，人脑中咖啡碱的耐受性降低，继而影响咖啡碱的摄入，表明这种现象的机理可能是由于咖啡碱的不耐性而不是其代谢影响到脑中乳酸盐含量的升高。

咖啡碱除了以上的药理功能以外，还有影响细胞周期、DNA、P53；肿瘤的治疗；妇女月经周期；学习、记忆；睡眠；声带；过敏、消炎等许多功能。

二、茶叶碱与可可碱的功能

茶叶碱、可可碱的药理功能与咖啡碱相似，如具有兴奋，利尿，扩张心血管、冠状动脉等作用。但是各自在功能上又有不同的特点。

茶叶碱有极强的舒张支气管平滑肌的作用，有很好的平喘作用，可用于支气管喘息的治疗，过去几十年乃至当前，对这方面的研究都比较多，也比较深。目前有人提出了茶叶碱抗炎方面的研究也有很大的价值。

对于茶叶碱平喘和抗炎的机理方面，通常认为是由于茶叶碱抑制细胞内的磷酸二酯酶（PDE）的活性，从而抑制了 cAMP 向 cGMP 的转化反应（cAMP 对支气管平滑肌有舒张作用，因而使哮喘缓解，cGMP 则相反）。近来，Juergens U. R. 等研究在单细胞离体培养的过程中，茶叶碱抑制 PDE 对 cAMP 和花生四烯酸（AA）代谢的影响，以及白三烯 B4（LTB4）和前列腺素 E2（PGE2）产生状况。结果发现茶叶碱的治疗效力是与对白三烯产生的抑制和刺激产生 PGE2 的能力有关。由此推测茶叶碱平喘、抗炎的机制是由 cAMP 介导驱使前列腺素变化，进而反馈调节诱导产生 COX-2 的结果。

此外，茶叶碱在治疗心力衰竭、白血病、肝硬化、帕金森病、高空病等方面也有一定的研究。当前对可可碱的利用多是对其进行必要的修饰，如水杨酸钙可可碱、乙酸钠可可碱和己酮可可碱，特别是后者，研究发现己酮可可碱减轻血小板激活因子致离体豚鼠肺通透性水肿。血小板激活因子（PAF2，$1\mu mol/L$）可使离体灌注豚鼠肺重量和微血管液体滤过系数明显增加，己酮可可碱（Pen，0.5 和 1.0mmol/L）对此有明显抑制作用，但对 PAF 引起的肺毛细血管压和静脉阻力的增高无明显影响。还有人利用流室系统定量地研究了己酮可可碱在体外对健康人白细胞与培养的人脐静脉内皮细胞黏附的作用，结果发现己酮可可碱通过作用于白细胞，降低了白细胞对内皮细胞的黏附作用数量。推测其可以抑制这种由于来自白细胞氧自由基影响而产生的黏附作用。

第四节　茶叶多糖的功能

茶叶中约含 500 多种成分，具有药用价值的有 250 多种，主要是多酚化合物、生物碱、多种维生素及矿物质，具有抗氧化、抗癌、降血脂及抗动脉粥样硬化等广泛的药理功能。近年来，在茶叶复合多糖即茶多糖 TPS（Tea poly-saccharides）的研究中，也取得了一些进展。茶叶中复合多糖的组成、性质前文已做了介绍。

一、茶多糖的药用功能

1. **茶多糖的降血糖功能**　糖尿病本质上是血糖的来源和去路间失去正常状态下的动态平衡，一方面，葡萄糖生成增多，另一方面机体对糖的利用减弱，从而引起血糖浓度过高及血尿。

在中国和日本民间，常有用粗老茶治疗糖尿病的经验。日本的临床观察表明，用茶树老叶制成的淡茶（30 年以上树龄）或酽茶（100 年以上树龄），给慢性糖尿病患者饮用（1.5g 茶叶，40ml 沸水冲泡，每日 3 次）可使尿糖减少，症状减轻直至恢复健康。我国早在 20 世纪 80 年代就有用中西医结合茶叶治疗糖尿病有效率达 70％的报道。清水岑夫（1987）分别用冷水、温水、沸水浸提获得的茶叶提取物，让以链脲佐菌素诱发的高血糖病态老鼠服用，发现服用茶的冷水提取物的老鼠血糖下降明显，达 40％，同时将茶叶的冷水提取物除去脂、蛋白质等，纯化出茶多糖，仍具有同样的效果。据此认为，茶叶中降血糖的有效成分是水溶性的复合多糖。

汪东风、谢晓凤等（1995）用茶多糖空腹注射健康成年昆明雄性小白鼠（0.2ml/只，浓度为 4.0mg/ml），结果表明，12h 后，血液中血糖浓度比对照下降了 11％，差异达 1％显著水平，24h 后，血糖含量下降了 6.82％，但差异未达到显著水平，血清甘油三酯及血清胆固醇含量比对照组稍有下降，但差异不大（表 7-2）。四氧嘧啶糖尿病是四氧嘧啶对胰岛 β 细胞有选择性的特异性坏死作用引起的。李布青等（1996）用茶多糖分别饲喂正常小鼠、肾上腺素高血糖模型小鼠和四氧嘧啶高血糖模型小鼠，发现茶多糖不仅能显著降低正常小鼠的血糖浓度，还能够对抗肾上腺素和四氧嘧啶所导致的高血糖，茶多糖对糖代谢的影响与肝素类似。

表 7-2　TPS 对小鼠血糖、血脂含量的影响

（汪东风、谢晓凤等，1995）

处理	血糖 （mmol/L）		血清甘油三酯（mmol/L）		血清胆固醇（mmol/L）	
	12h	24h	12h	24h	12h	24h
TPS	8.59±0.61	8.64±1.22	1.14±0.14	0.88±0.08	3.10±0.59	2.01±0.37
对照	9.58±0.63	9.28±1.01	1.16±0.17	0.95±0.17	3.14±0.58	2.11±0.39

2. 抗凝血及抗血栓作用　血栓的形成主要包括三个阶段：①血小板黏附和聚结；②血液凝固；③纤维蛋白形成。研究表明，茶多糖能明显抑制血小板的黏附作用，降低血液黏度，后者也直接影响血栓形成的第一阶段；茶多糖在体内、体外均有显著的抗凝血作用，并能减少血小板数，血小板的减少将延长血凝时间，从而也影响到血栓的形成；另外，茶多糖能提高纤维蛋白溶解酶活性。由此可见，茶多糖可能作用于血栓形成的三个环节（图 7-2，表 7-3）。

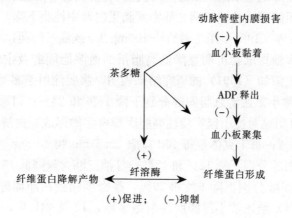

图 7-2　血栓形成过程和茶多糖作用主要环节

表 7-3　茶多糖对家兔实验性血栓长度、血栓形成时间、血小板数、血小板黏附率、全血比黏度、血浆比黏度、红细胞压积和血沉的影响

（王淑如、王丁刚，1992）

指　标	给药前	给药后
血栓长度（cm）	13.60±0.89	11.40±1.19＊＊
血栓形成时间（min）	7.43±0.18	8.18±0.14＊＊＊
血小板数（×10⁴/mm²）	46.0±2.7	36.6±4.8＊＊
血小板黏附率（%）	34.35±2.81	19.46±5.87＊＊

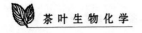

（续）

指　　标	给药前	给药后
全血比黏度	3.42±0.18	2.88±0.10＊＊＊
血浆比黏度	1.59±0.11	1.41±0.10＊＊＊
红细胞压积（mm）	1.20±0.27	2.10±0.14＊＊＊
血沉（mm）	33.15±2.97	26.60±3.16＊＊

注：动物数为 6，Po 给药，剂量 37mg/kg，与给药前比较＊＊ p＜0.05，＊＊＊ p＜0.01，以上抗血栓部分兔子实验均同时进行。

3. 降血脂及抗动脉粥样硬化作用　　血浆中的胆固醇、甘油三酯和磷脂等是与载脂蛋白结合成脂蛋白而溶解、运转的。低密度脂蛋白（Low density lipoprotein，LDL）能使胆固醇进入血管中，引起动脉粥样硬化，而高密度脂蛋白（High density lipoprotein，HDL）因为能加强胆固醇通过肝脏的排泄，被认为对机体是有益的。现代医学认为高密度脂蛋白胆固醇/（血清胆固醇—高密度脂蛋白胆固醇）比值的增加，可减少动脉粥样硬化的发生。

茶叶多糖能降低血浆总胆固醇，对抗实验性高胆固醇血症的形成，使高脂血症的血浆总胆固醇、甘油三酯、低密度脂蛋白及中性脂下降，高密度脂蛋白上升。M. Mori 等（1989）用注射给药 100mg/kg 或灌肠给药 1 000mg/kg 的方法，得到了茶多糖提取物可明显降低高脂鼠的血浆胆固醇及中性脂水平的结果。王丁刚和王淑如（1991）的研究结果表明，腹腔注射茶多糖 25 mg/kg 和 50 mg/kg，正常小鼠血清总胆固醇分别下降 18％和 24％；口服 50 mg/kg 和 100 mg/kg，可明显对抗小鼠实验性高胆固醇血症的形成，血清总胆固醇分别下降 34％和 43％；每千克体重每 10d 口服 22.5 mg 和 45 mg，可使高脂血症小鼠血清总胆固醇分别下降 12％和 17％，甘油三酯含量降低 15％和 23％，低密度脂蛋白胆固醇分别下降 6％和 29％，高密度脂蛋白胆固醇均增加 26％。汪东风等（1994）给正常小鼠腹腔注射茶多糖，12 及 24h 后，血清甘油三酯和血清胆固醇比对照有所降低，但均未达到显著水平。周杰等（1997）研究认为，茶多糖对血清胆固醇和血清甘油三酯影响不大，但有提高高密度脂蛋白胆固醇的功效。茶多糖还能与脂蛋白酯酶结合，促进动脉壁脂蛋白酯酶入血而起到抗动脉粥样硬化的作用。

4. 增强机体免疫功能　　脾脏是重要的机体免疫器官，抗原常经脾脏巨噬细胞处理后经 T 细胞发动特异性免疫。胸腺是 T 细胞发育和建立细胞免疫的重要器官。将每天连续口服 25mg/kg 茶多糖的试验组小鼠称重，并取脾脏、胸腺称湿重，测其脾脏指数、胸腺指数（脏器湿重/动物体重），与对照组比较，连续口服 14d 后，处理组小鼠的脾脏指数、胸腺指数分别增加了 5.0％和

5.2%，结果表明，茶多糖有增强机体免疫功能的作用。

小鼠皮下注射茶多糖，7d 后注射 2% 的碳素墨水，2min、5min 后取血观测到茶多糖剂量为 25mg/kg 和 50mg/kg 时，小鼠碳粒廓清速率分别增加 60% 和 83%，达到极显著水平。茶多糖的碳粒廓清试验表明，茶多糖能促进单核巨噬细胞系统吞噬功能，增强机体自我保护能力。对小白鼠皮下注射茶多糖，然后腹腔注射洋红细胞免疫，6d 静脉取血，观察凝集程度，并计算抗体积数，结果表明，茶多糖浓度在 3.0～10.0mg/ml 范围内具有以血清凝集素为指标的体液免疫增强作用，且以 3.0mg/ml 效果最为显著。

5. 抗辐射效果　茶多糖不仅具有明显的抗放射性伤害的作用，而且对造血功能有明显的保护作用。白鼠通过 γ 射线照射后，服用茶多糖的可以保持血色素平稳，红细胞下降较少，血小板的波动也很正常。

中国农科院茶叶研究所与天津卫生防疫站，用茶多糖粗制品做了小鼠急性放射病防治试验。小鼠皮下注射给药后照射 ^{60}Co，照射剂量为 $1.98 \times 10^7 \sim 2.17 \times 10^7$C/kg。结果表明，茶多糖的防辐射效果显著，提高成活率达 30%（表 7-4）。

表 7-4　茶多糖的防辐射效果

（中国农科院茶叶研究所，1974）

处　理	给药方法	动物数（只）	30d 后存活数（只）	存活率（%）
给药组	照射前 1～7h 皮下注射 1mg 茶多糖	40	16	40
对照组	皮下注射同量的生理盐水	40	4	10

6. 降血压、抗高压和保护心血管的作用　研究表明，茶多糖具有降血压及减慢心率、耐缺氧及增加冠状动脉血流量的作用。用茶多糖 22.5 mg/ml，十二指肠给药，30min 后可使麻醉大鼠血压下降 3 733Pa，心率减慢 15%。茶多糖 50mg/kg 和 100 mg/kg 可使正常小鼠存活时间延长 59% 和 66%。茶多糖与异丙肾上腺素并用，小鼠存活时间分别延长 31% 和 29%。心脏插管侧支注入 1 mg/ml 茶多糖 0.4 ml，可增加离体豚鼠心脏冠状动脉血流量 37%。所有这些，均有利于缓解冠心病。

7. 抗癌及抗氧化作用　多糖不仅能激活巨噬细胞等免疫细胞，而且多糖是细胞膜的成分，能强化正常细胞抵御致癌物侵袭，提高机体抗病能力。近期研究表明，茶多糖能提高 Hep G2 细胞的活性；有茶多糖存在的混合成分，其对代谢解毒酶活性提高率均高于任何一种茶叶单体成分，故茶多糖在一定程度上增强了茶叶的防癌能力。另外，研究发现粗老茶有抗氧化作用。对茶叶多糖清除自由基效果和对抗氧化酶活性影响的研究表明，茶多糖对超氧自由基和羟自由基等有显著的清除作用，一定浓度的茶多糖对抗氧化酶活性有一定提高。

二、多糖的构效关系

茶多糖是一类与蛋白质结合在一起的酸性多糖或酸性糖蛋白。茶多糖在生理 pH 条件下带负电荷，主要为水溶性，易溶于热水，在沸水中溶解性更好，但不溶于高浓度的有机溶剂，且高温下易丧失活性。茶多糖热稳定性较差，高温或过酸和偏碱均会使其中的多糖部分降解。茶多糖可与多种金属元素络合，茶叶中存在有稀土结合的茶多糖复合物。

目前，对于茶多糖的结构研究因其组成复杂，还处在研究其一级结构中糖基的组成阶段。由于所用原料及分离纯化方法的不同，不同的研究者所得茶多糖的组成和相对分子质量也不同。

活性多糖的化学结构是其生物活性的基础。多糖的结构分类沿用了对蛋白质和核酸的分析方法，包括一级、二级、三级和四级结构。多糖的一级结构包括糖基的组成、糖基排列顺序、相邻糖基的连接方式、糖链有无分支、分支位置及长短等。多糖的构效关系即是指多糖的一级结构和高级结构与其生物活性的关系，是当前糖化学和糖生物学共同关注的焦点问题。由于多糖的结构过于复杂，目前对于多糖构效关系的研究尚不完善。就多糖一级结构与其生物活性的关系而言，一方面多糖的糖组成和糖苷键类型对其生物活性有一定影响，另一方面是多糖中的一些官能团（如硫酸酯化多糖）对活性的影响。多糖的高级结构与其生物活性的关系至今尚不十分清楚，但同蛋白质和核酸一样，立体构型是决定多糖生物活性的决定因素之一。同时多糖的相对分子质量、取代基、溶解度、黏度甚至给药剂量、途径等也都影响其生物活性。

茶多糖是一种酸性杂多糖。从茶多糖众多生理活性可知，茶多糖有类肝素样作用，主要是由于多糖的结构与肝素类似，由多种糖基组成，从而起到降血糖、降血脂的作用。

有关植物多糖和茶多糖的研究已取得了很大进展，但对茶多糖生理活性的研究主要集中在动物活体试验上，多糖的结构和其生理功能的关系是当前研究的薄弱环节。探讨茶多糖结构与功能的构效关系，对于进一步了解和提高茶多糖生物活性，从而促进茶多糖药物进入临床将发挥重要的指导作用。

第五节　其他成分的功能

一、蛋白质与氨基酸的功能

茶叶中的蛋白质和氨基酸的含量非常丰富，其不仅是构成茶叶本身品质的重要因素，也具有极好的营养药理功能。

（一）茶氨酸

茶氨酸是茶树体内所特有的氨基酸，占茶树体内游离氨基酸总量的 50%，占茶树干物质重量的 1%~2%（平均）。自 20 世纪 90 年代起，许多国家的科学家就已经关注茶氨酸的功用，特别是它的药用价值的开发。近年来，这方面取得了很大的进展，加深了人们对茶氨酸的全面了解。

L-茶氨酸可引起脑内神经传达物质的变化。L-茶氨酸投饲鼠后被肠道吸收，通过血液输送至肝脏及脑中。脑中有特殊调节机构，非特定物质不能通过，L-茶氨酸是可通过物质之一，担负 L 系列物质输送任务。通过实验可以确认 L-茶氨酸进入脑后使脑线粒体内神经传达物质多巴胺显著增加。多巴胺是肾上腺素及去甲肾上腺素的前驱体，是对传达脑神经细胞兴奋起重要作用的物质。

1. 降压功能　1955 年日本静岗大学食品和营养学院的 H. Yokogoshi 报道了茶氨酸降压的动物实验。实验表明，喂饲高剂量的茶氨酸后（1 500~2 000 mg/kg），人为升压的大鼠的收缩压、舒张压和平均血压均有明显下降，但是这个有效剂量较儿茶素、色氨酸的有效剂量要高 10~15 倍。进一步研究表明，当大鼠饲喂茶氨酸以后，茶氨酸可在脑中积累，同时脑中的 5-羟色胺及其代谢产物 5-羟基吲哚醋酸（5HIAA）含量会明显下降。这和过去实验证实的色氨酸的降压作用机理是通过提高脑中 5-羟色胺含量水平的结论不同，因此认为，茶氨酸的降压机理是通过影响末梢神经或血管系统而不是通过脑中 5-羟色胺水平来实现的。茶氨酸降压作用的发现对开发这一在茶叶中含量甚高的氨基酸具有很大的意义。

2. 颉颃由咖啡碱引起的副作用　根据 Tsunoda T. 等报道，茶氨酸用量为 1 740mg/kg 时，可显著抑制咖啡碱引起的神经系统的兴奋。此外，咖啡碱缩短由环己巴比妥导致的睡眠时间，而茶氨酸可抵消咖啡碱的这种作用。因此，口服和腹腔注射茶氨酸可以颉颃咖啡碱对中枢神经系统的刺激。

3. 松弛效用　脑电波分四种：δ 波熟睡时出现、θ 波打盹时出现、α 波松弛时出现、β 波兴奋时出现。对于 L-茶氨酸松弛效果可测量 α-波变化来确认即在封闭的环境中（室温 25℃、光强 40lx）给实验者分别口服水和感觉不到味道的茶氨酸水溶液（0.50~2.00mg/ml），1h 后测量，结果表明随着服用量的增加，α-波出现量也明显增加。说明茶氨酸有松弛效用。

（二）γ-氨基丁酸

γ-氨基丁酸（γ-Aminobutyric，GABA）广泛地分布在动物、植物体内。高等动物体内的 GABA 存在于脑中，是神经系统的传递物质，并起到降血压的作用。在狗、猫、猪等动物的实验中其降血压的作用已得到确证。植物体内的 GABA 由谷氨酸分解产生，在氮代谢中占有重要位置。特别是在低氧、低温或受机械损伤时，植物细胞内结构遭到破坏，谷氨酸脱羧酶活性增加，GA-BA 便大量生成。这一现象在茶叶中也可观察到。

现在已经明确，GABA 作为中枢神经系统中一种重要的神经递质，参与多种神经功能调节，并与多种神经功能疾病关联，如帕金森综合征、癫痫、精神分裂症、迟发性运动障碍和阿尔海默病等。然而，人们认知 GABA 对感觉功能的调控作用较晚。现已发现，在视觉与听觉的调控中 GABA 均有非常重要的作用，如在听觉的信息处理、加工以及听觉的形成方面其作用颇为人们所重视。但这些研究大多数集中在听皮层（Auditory cortex，AC）下结构。关于 GABA 在 AC 的分布及其功能，有人在形态学研究时观察到猫和灰鼠（Chinchilla lanigera）AI（Primary auditory cortex，AC or AI）区有 GABA 聚集，并推测这些神经元可能以 GABA 为递质参与皮质内部抑制反应。也有人观察到在蝙蝠 AC 的多普勒恒频漂移区（Doppple-shifted processing area constant frequency，DSDF area）和调频/调频区（Frequency-modulated area，FM/FM area）分别给予 GABA 能受体激动剂蝇覃醇（Muscimol，Mus）后，蝙蝠不能区分细微的频率变化和无法判断靶物的范围。这些观察均暗示 GA-BA 能对 AC 神经元声反应特性产生影响，但目前未见报道。陈其才等采用多管电极电泳方法，观察了 8 只大棕蝠（Eptesicus fuscus）AC 神经元去 GABA 能抑制前后声刺激诱发的反应。结果表明 GABA 能抑制对 AC 神经元信号处理起重要作用；GABA 能抑制可改变 AC 神经元兴奋性支配或输入的效应，并因此定型 AC 神经元的声反应性质，即发放模式、阈值、强度—发放率和强度—潜伏期函数；GABA 能抑制为 AC 神经元的声诱发活动提供一种调制性抑制。

二、芳香物质的功能

随着对受人欢迎的天然物质的治疗作用的探讨以及它们使躺在病床上的病人进行自我治疗成为可能，芳香疗法正日益普及起来。到目前为止，茶叶中已发现有 600 多种芳香物质，其不仅是形成茶叶风味特征的重要组成部分，而且关于它的生理作用（对茶树体本身及被饮用的对象的作用）也已引起了相关领域的重视，并开始有了关于茶叶香气可以调节精神状态、抗菌、消炎，可能有益于生理代谢等论述。但是，当前这方面在茶叶中的研究力度还不够，而在其他香料物质中研究得比较多，比较深入。

三、维生素的功能

维生素是维持人体正常生理功能所必需的营养素，也有人称之为维他命，意思就是维持人的生命不可缺少的物质。为了维持人体的健康和增加对疾病的抵抗力，就需要保证膳食中有适量维生素。

目前已知的维生素有 20 多种，它们的共同特点是在人体内的含量虽然不像蛋白质、脂肪、糖和水那样多，也不像蛋白质、脂肪和糖那样能提供能量和构成人体的主要组织成分，但是它们却参与合成人体蛋白质所需多种酶的活性，以及参与人体内新陈代谢过程中一系列生物化学反应。维生素是存在于食物中的天然物质，人体不能合成它们，必须从食物中摄取；人体缺乏维生素时，就会出现维生素缺乏症。

自 1922 年，日本人三浦政太郎和迁村发现绿茶中含有维生素 C 后，生物化学和医药工作者，连续进行生物试验，结果都认为茶叶有预防坏血病的效能，肯定茶叶的营养价值。此后，茶叶中的维生素不断被发现，到目前为止已经发现的水溶性和脂溶性的维生素有十多种。尤其是茶叶中含有丰富的维生素 C 和 B 族维生素。

1. **维生素 C**（抗坏血酸）　维生素 C 的摄入缺乏引起坏血病，主要症状起于骨和血管的病理损伤。正在生长的骨，干骺连接处首先受到损伤引起脱离、活动和创伤性碎裂。婴儿会发生骨膜从骨外层广泛分裂剥离，并可形成大量的骨膜下出血。骨膜下出血成人也能发生。在牙齿牙质被吸收，牙髓中成牙细胞发生萎缩和变性。齿龈组织脆弱变成海绵样，齿龈出血，而且肿胀到遮盖牙齿的程度。齿槽骨的稀松造成牙齿松动，并且发生龋齿。

维生素 C 为细胞间基质及胶原的形成和维持所必需。维生素 C 缺乏则细胞间基质中的胶原束消失，基质解聚而变薄成水样，基质为结缔组织主要间质，而结缔组织又是所有器官的有效构架，所以坏血病引起广泛的损伤。此病的出血性病状似乎与毛细管的所谓"连接物质"的缺损有关。维生素 C 可促使毛细管壁细胞变化，降低脆性；可增强机体对外界传染性疾病的抵抗能力。诺贝尔奖获得者波林认为阻碍恶性肿瘤生长的第一道屏障是细胞基质，而抗坏血酸是"保持这道屏障结构完整所必需的",因而它是人体抗癌能力必不可少的成分。

维生素 C 不仅能促进代谢,还可以防止眼睛的白翳病,对防止血管硬化也有好处。从美容的观点看,维生素 C 还可防止肌肉弹性降低、水分减少和抑制肌肉黑色素生成。与维生素 P 混合能抵抗传染病,亦可消除早晨起床的口臭。此外,维生素 C 还可治疗各种疾病,如龋齿、脓溢、齿龈感染、贫血、营养不良、出血和其他感染病等。

2. **维生素 B 族** 维生素 B_1 的功效是维持神经、心脏及消化系统的正常机能,治疗多发性神经炎、心脏活动失调和胃功能障碍。

维生素 B_2 在茶叶中含量较一般粮食、蔬菜中的含量高 10～20 倍。维生素 B_2 缺乏症表现为口角炎、舌炎、角膜与结合膜炎、白内障等的发生较普遍。由于这种维生素在饮食中比较缺乏,而茶叶中富含,经常饮茶是补充该营养物质的有效办法。

维生素 B_3(烟酸)又称为尼克酸,缺乏引起皮炎、毛发脱色、肾状腺病变等。维生素 B_3 是辅酶 A 的构成成分。在糖类、蛋白质、脂肪及许多二级代谢的生物合成和降解中具有极其重要的作用,与人体糖代谢、蛋白质代谢、脂肪代谢有密切关系。同时辅酶 A 对人体能量代谢、ATP 的形成都有重要的作用。茶叶中含有维生素 B_3 是 1951 年叶戈洛夫发现的,饮茶能补充此维生素。

维生素 B_5(泛酸)在茶叶中的含量比在糙米、粗面、杂粮、瓜果、蔬菜等中的还高得多。维生素 B_5 可扩张血管,防治赖皮症、消化道疾病、神经系统症状,维持胃肠的正常生理活动。

虽然维生素 B_6 明显缺乏比较罕见,但是临界性的轻度缺乏比较多见,此外,某些药物易与维生素 B_6 形成复合物,可能诱发维生素 B_6 缺乏。当人体缺乏维生素 B_6 时,往往伴有其他营养素缺乏,尤其是其他水溶性维生素。严重的和慢性维生素 B_6 缺乏的表现为失眠、步行困难、皮炎等。人体维生素 B_6 缺乏的经典临床症状是一种脂溢性皮炎,可致鼻与口腔周围皮脂溢出性炎症,并扩展至面部、前额、耳后、阴囊及会阴部;颈项、前臀和膝部出现色素沉着;口炎、唇干裂、舌炎(光滑、红色)及口腔炎症。还可有小细胞性贫血。个别有神经精神症状,易激动、忧郁、性格改变等。维生素 B_6 缺乏时也会引起赖皮症,这种赖皮症是维生素 B_5 不能治愈的。茶叶中维生素 B_6 的含量与糙米、粗面不相上下,饮茶有防治这种皮肤病的功能。

维生素 B_{11}(也称叶酸)的生理功能是携带一碳单位,参与核糖核酸和脱氧核糖核酸的合成、氨基酸的相互转化、蛋白质以及其他重要化合物的合成。维生素 B_{11} 的缺乏最常见的临床表现为巨细胞性贫血、舌炎以及胃肠道功能紊乱等。患者衰弱、苍白、精神委靡、健忘、失眠。儿童表现为生长不良。有证据表明，胎儿神经管畸形、胎盘发育不良而引起自发性流产和孕早期叶酸供给不足有关。据证实，饮茶可以补充维生素 B_{11}，对维生素 B_{11} 的缺乏所引起的多种生理异常和病症有一定的疗效。

维生素 B_{12} 治疗恶性贫血。恶性贫血是维生素 B_{12} 长期缺乏引起的舌、胃黏膜、骨髓及神经系的复合病理变化。胃黏膜在正常的情况下分泌一种特殊物质（内因子）与维生素 B_{12}（外因子），在小肠上部起交互作用，变为一种结合体，以免被消化液所破坏而保证维生素 B_{12} 的吸收。恶性贫血病人上述黏膜萎缩，以致内因子的分泌缺乏，这样，小肠上部就不能吸收生理所需的维生素 B_{12}，因此会引起维生素 B_{12} 的缺乏症。此外，维生素 B_{12}（微克量）及叶酸（毫克量）对核酸的合成起催化作用。

四、矿质元素的功能

茶叶中含有丰富的矿质元素。如茶叶中的锌元素，属于许多酶类必需的微量元素，人们称之为"生命之火花"。锌在茶叶中的含量为 $20\sim65mg/kg$。

茶叶中均含有硒元素。根据国内外的科学家研究表明，硒是人体内最重要的抗过氧化酶辅基，抗过氧化酶能使有害的过氧化物还原为无害的羟基化合物，使过氧化物分解，从而保护红细胞不受破坏，保护细胞膜的结构和功能免受损害。因此它具有抗癌、抗衰老和保护人体免疫功能的作用。

据调查，缺硒地区死于心肌病、中风与其他有关高血压疾病的人数比富硒地区高三倍。另据我国科研人员报道，长寿老人的头发的硒的含量比正常人显著地高，并发现百岁老人的血液中的硒的含量比正常人高一倍。这些都表明硒元素对人体抗氧化、抗衰老具有十分重要的作用。

茶叶中硒元素含量的高低取决于各茶区茶园母质含硒量的多寡。茶叶中的硒为有机硒，比粮食中的硒更易被人吸收。美国理查德·派习瓦特博士认为，食物中加入硒与维生素 C、维生素 E 合成三合剂，可延长人的寿命，而茶叶中正含有这些有益生命的元素。

特别值得一提的是茶叶中的高氟含量对人体的作用。我国茶叶中的氟含量为 $21.0\sim550mg/kg$。氟在人体中的含量，在人类食品中是比较突出的，比粮食高 $114\sim571$ 倍。我国大部分地区是低氟区，补充含氟食物，对人体骨组织（骨骼、牙齿）构成是有利的。特别是对低氟区儿童常见病龋齿及老年常见病骨质疏松症的防治有利。但氟的摄取过多，对骨骼和牙齿也有害。如发生氟骨症、氟牙症等。

茶叶中存在的微量元素中，很大部分与人体健康有着密切关系。如缺铜就会发生全身软弱、呼吸减慢、皮肤溃疡。缺钼会发生早期衰老等。这些成分在茶汤中的存在对参与人体的生理、生化过程很有关系，当前在这方面研究较少。

参 考 文 献

[1] 高永贵，杨贤强，周树红．试论茶多酚清除生物自由基的高效性．天然产物研究与开发．1999，11（2）：82～86

[2] Burton, G. W, Ingold, K. U. Acc. Chem. Res. 1986（19）：194～201

[3] 松崎妙子等．Nippon Negeikagaku Kaishi. 1985，59（2）：129

[4] Oldreive C，Zhao K，Paganga G，et al. Inhibition of nitrous acid—dependent tyrosine nitration and DNA base deamination by flavonoids and other phenolic compounds. Chemical Research in Toxicology. 1998，11（12）：1 574～1 579

[5] 陈为钧，万圣勤．茶叶中多酚类物质的研究进展．天然产物研究与开发．1994，6（2）：74～80

[6] Lin JK，Ho CT，Lin—Shiau SY，et al. Inhibition of xanthine oxidase and suppression of intracellular reactive oxygen species in HL—60 cells by theaflavin-3, 3'-digallate, （—）-epigallocatechin-3-gallate, and propyl gallate, Journal of Agricultural and Food Chemistry. 2000，48（7）：2 736～2 743

[7] Vasyl M. Sava, Swen—Ming Yang, Meng—Yen Hong, et al. Isolation and characterization of melanic pigments derived from tea and tea polyphenols. Food Chemistry. 2001，73（2）：177～184

[8] Huang ShuWen，Frankel EN，Huang SW. Antioxidant activity of tea catechins in different lipid systems. Journal of Agricultural & Food Chemistry. 1997，45（8）：3 033～3 038

[9] Hashimoto T，Kumazawa S，Nanjo F，et al. Interaction of tea catechins with lipid bilayers investigated with liposome systems. Bioscience, Biotechnology, and Biochemistry. 1999，63（12）：2 252～2 255

[10] Sekiya J，Kajiwara T，Monma T，et al. Interaction of tea catechins with proteins formation of protein precipitate. Agric. Biol. Chem. 1984，48（8）：8～9

[11] Sestili P，Guidarelli A，Dacha M，et al. Quercetin prevents DNA single strand breakage and cytotoxicity caused by tert—butylhydroperoxide：free radical scavenging versus iron chelating mechanism. Free Radical Biology and Medicine. 1998，25（2）：196～200

[12] 萧伟祥，王根，王勇．天然食用茶黄色素与茶绿色素研究．茶叶科学．1994，14（1）：49～54

[13] Kumamoto M，Sonda T，Nagayama K，et al. Effects of pH and metal ions on antioxidative activities of catechins. Biosci, Biotechnol. Biochem. 2001，65（1）：126～132

[14] Matsumoto N，Okushio K，Hara Y. Effect of black tea polyphenols on plasma lipids in

cholesterol—fed rats. Journal of Nutritional Science and Vitaminology. 1998，44（2）：337～342

［15］苏学素，陈宗道．抗过敏食物及其成分的研究．西南农业大学硕士论文．1997

［16］Yamamoto MM. 茶叶科学年会（1991）论文集．1991：239

［17］Sugiyama K. 茶叶科学年会（1991）论文集．1991：345

［18］金性江，杨贤强．茶多酚对放化疗癌症病人血象的保护作用．茶叶．1994，20（4）：45～46

［19］Srivastava RC，Husain MM，Hasan SK，et al. Green tea polyphenols and tannic acid act as potent inhibitors of phorbol ester-induced nitric oxide generation in rat hepatocytes independent of their antioxidant properties. Cancer Letters. 2000，153（1～2）：1～5

［20］Bickers DR，Athar M，Novel approaches to chemoprevention of skin cancer. Journal of Dermatology. 2000，27（11）：691～695

［21］Elmets CA，Singh D，Tubesing K，et al. Cutaneous photoprotection from ultraviolet injury by green tea polyphenols. Journal of the American Academy of Dermatology. 2001，44（3）：425～432

［22］Elattar TM，Virji AS. Effect of tea polyphenols on growth of oral squamous carcinoma cells in vitro. Anticancer Research. 2000，20（5B）：3 459～3 465

［23］Lodovici M，asalini CC，Defilippo C，et al. Inhibition of 1，2-dimethylhydrazine-induced oxidative DNA damage in rat colon mucosa by black tea complex polyphenols. Food and Chemical Toxicology. 2000，38（12）：1 085～1 088

［24］August DA，Landau J，Caputo D，et al. Ingestion of green tea rapidly decreases prostaglandin E2 levels in rectal mucosa in humans. Cancer Epidemiology，Biomarkers and Prevention. 1999，8（8）：709～713

［25］Ren F，Zhang S，Mitchell SH，et al. Tea polyphenols down-regulate the expression of the androgen receptor in LNCaP prostate cancer cells. Oncogene. 2000，19（15）：1 924～1 932

［26］Rodents B，Fujiki H，Okabe S，Sueoka N，et al. Cancer inhibition by green tea. Mutation Research. 1998，402（1～2）：307～310

［27］Okabe S，Ochiai Y，Aida M，et al. Mechanistic aspects of green tea as a cancer preventive：effect of components on human stomach cancer cell lines. Japanese Journal of Cancer Research. 1999，90（7）：733～739

［28］Fung-Lung Chung. The prevention of lung cancer induced by a tobacco-specific carcinogen in green and black tea. Proceedings of the society for experimental biology and medicine. 1999，220（4）：244～248

［29］Li N，Han C，Chen J. Tea preparations protect against DMBA-induced oral carcinogenesis in hamsters. Nutrition and Cancer. 1999，35（1）：73～79

［30］李宁，孙正，刘泽钦等．饮茶对吸烟致人体口腔黏膜DNA损伤的保护作用研究．卫生研究．1998，27（3）：173～175

［31］韩驰．中华茶人．1996（12～14）

[32] Kuroda Y, Hara Y. Antimutagenic and anticarcinogenic activity of tea polyphenols. Mutation Research-Reviews in Mutation Research. 1999, 436 (1): 57~69

[33] 韩驰. 茶叶防癌作用的研究. 中国肿瘤. 2000, 9 (1): 18~20

[34] Saeki K, Sano M, Miyase T, et al. Apoptosis-inducing activity of polyphenol compounds derived from tea catechins in human histiolytic lymphoma U937 cells. Bioscience, Biotechnology, and Biochemistry. 1999, 63 (3): 585~587

[35] Li HC, Yashiki S, Sonoda J, et al. Green tea polyphenols induce apoptosis in vitro in peripheral blood T lymphocytes of adult T-cell leukemia patients. Japanese Journal of Cancer Research. 2000, 91 (1): 34~40

[36] Saeki K, Isemura M, Miyase T, et al. Importance of a pyrogallol-type structure in catechin compounds for apoptosis − inducing activity. Phytochemistry. 2000, 53 (3): 391~394

[37] Chung JY, Huang C, Meng X, et al. Inhibition of activator protein 1 activity and cell growth by purified green tea and black tea polyphenols in Hrastransformed cells: structure-activity relationship and mechanisms involved. Cancer Research. 1999, 59 (18): 4 610~4 617

[38] Pan MH, Lin-Shiau SY, Zhu NQ, et al. Induction of apoptosis by the oolong tea polyphenol theasinensin A through cytochrome c release and activation of caspase-9 and caspase-3 in human U937 cells. Journal of Agricultural and Food Chemistry. 2000, 48 (12): 6 337~6 346

[39] Katsuno Y, Koyama Y, Saeki K, et al. Apoptosis-inducing activity of a driselase digest fraction of green tea residue. Biosci, Biotechnol, Biochem. 2001, 65 (1): 198~201

[40] Hayakawa S, kiumra T, Saeki K, et al. Apoptosis-inducing activity of high molecular weight fractions of tea extracts. Biosci, Biotechnol, Biochem. 2001, 65 (2): 459~462

[41] Yang F, Villiers WJ, McClain CJ, et al. Green tea polyphenols block endotoxin-induced tumor necrosis factor-production and lethality in a murine model. Journal of Nutrition. 1998, 128 (12): 2 334~2 340

[42] Soriani M, Tyrrell RM, Rice-Evans C, et al. Modulation of the UVA activation of haem oxygenase, collagenase and cyclooxygenase gene expression by epigallocatechin in human skin cells. FEBS Letters. 1998, 439 (3): 253~257

[43] Chen YC, Liang YC, et al. Inhibition of TPA-induced protein kinase C and transcription activator protein-1 binding activities by theaflavin-3, 3′-digallate from black tea in NIH3T3 cells. Journal of Agricultural and Food Chemistry. 1999, 47 (4): 1 416~1 421

[44] Nomura M, Ma WY, Huang C, et al. Inhibition of ultraviolet B-induced AP-1 activation by theaflavins from black tea. Molecular Carcinogenesis. 2000, 28 (3): 148~155

[45] Liang YC, Chen YC, Lin YL, et al. Suppression of extracellular signals and cell proliferation by the black tea polyphenol, theaflavin-3, 3′-digallate. Carcinogenesis. 1999, 20 (4): 733~736

[46] Liberto M, Cobrinik D. Growth factor-dependent induction of p21 (CIP1) by the green

tea polyphenol，epigallocatechin gallate. Cancer Letters. 2000，154（2）：151～161

[47] Adrian GP，Rachel B，Charles Y. F. Y. Induction of apoptosis in prostate cancer cell lines by the green tea component，（－）-epigallocatechin-3-gallate. Cancer Letter. 1991 （130）：1～7

[48] Yihai C，Renhai C. Angiogenesis inhibited by drinking tea. Nuture. 1999（398）：381

[49] 李拥军，施兆鹏. 茶叶防癌抗癌作用研究进展. 茶叶通讯. 1997（4）：11～15

[50] Clark KJ，Grant PG，Sarr AB，et al. An in vitro study of theaflavins extracted from black tea to neutralize bovine rotavirus and bovine coronavirus infections. Veterinary Microbiology. 1998，63（2～4）：147～157

[51] Uehara M，Sugiura H，Sakurai K. A trial of oolong tea in the management of recalcitrant atopic dermatitis. Archives of Dermatology. 2001，137（1）：42～43

[52] Suzuki M，Yoshino K，Yamamoto M，et al. Inhibitory effects of tea catechins and O-methylated derivatives of（－）-epigallocatechin-3-O-gallate on mouse type IV allergy. Journal of Agricultural and Food Chemistry. 2000，48（11）：5 649～5 653

[53] Zigman S. Lens UVA photobiology. Journal of Ocular Pharmacology and Therapeutics. 2000，16（2）：161～165

[54] Matsumoto N. 茶叶科学国际年会论文集（日本）. 1991：255

[55] Unno T. 茶叶文化、功能国际年会论文集（日本静冈）. 1995

[56] 曹明富，杨贤强. 茶多酚的亚急性毒理研究. 茶叶. 1992，18（1）. 27～29

[57] 杨贤强，贾之慎，沈生荣等. 茶多酚类毒理学试验及其评价. 浙江农业大学学报. 1992，18（1）：23～29

[58] Gunawijaya FA. 茶叶科学国际年会论文集（日本）. 1991：276

[59] Yang CS. Tea and health（editorial）. Nutrition. 1999，15（11～12）：946～949

[60] 柳荣祥，朱全芬，夏春华. 茶皂素生物活性应用研究进展及发展趋势. 茶叶科学. 1996，16（2）：81～86

[61] Agarwal S K，et al. Phytochemistry. 1974（13）：2 623～2 625

[62] 熊文淑. 中国化学会第四届全国农副产品综合利用化学学术会论文集. 1991：853

[63] 高仕英. 油茶皂甙的抗菌活性. 衡阳医学院学报. 1990，18（1）：1～3

[64] 金继曙，都述虎. 油茶籽饼抗菌活性成分的研究. 天然产物研究与开发. 1993，5（2）：48～51

[65] Sagesaka M Y，Uemura T，Suzuki Y，et al. Antimicrobial and anti-inflammatory actions of tea-leaf saponin. Yakugaku Zassi. 1996，116（3）：238～243

[66] Yamauchi Y，Keiko A，Minoru T，et al. Development of a simple preparation method for tea-seed saponins and investigation on their antiyeast activity. JARQ. 2001，35（3）：185～188

[67] Tomita M，Yamamoto S，Yamaguchi K，et al. Theasaponin E-1 destroys the salt tolerance of yeast. Journal of Bioscience and Bioengineering. 2000，90（6）：637～642

[68] Hayashi，Kazuhiko，Sagesna，et al. Use of tea components as antifungal agents. JP 2000212093 A_2 2 Aug 2000，4 pp.

[69] Vogel G, et al. CA. 1969 (70): 36 279

[70] Sagesaka MY, Sugiura T, Miwa Y, et al. Effect of tea-leaf saponin on blood pressure of spontaneously hypertensive rats. Yakugaku Zasshi. 1996, 116 (5): 388~395

[71] Kitagawa. Extraction of saponins from tea leaves. JP 07061998 A27 Mar 1995. Heisei, 9PP (Japanese)

[72] Sur P, Chaudhuri T, Vedasinooni JR, et al. Antiinflammatory and antioxidant property of saponins oftea [*Camellia sinensis (L) O. Kuntze*] root extract. Phytother Res. 2001, 15 (2): 174~176

[73] Tsukamoto S, et al. CA. 1994 (121): 52170

[74] KatoT, Nagata N, et al. CA. 1992, 117 (5): 145 230

[75] Murakami T, Nakamura J, Masuda H, et al. Bioactive saponins and glycosides. XV. Saponin constituents with gastroprotective effect from the seeds of tea plant, Camellia sinensis L. var. assamica Pierre, cultivate in Sri Lanka: structures of assamsaponins A, B, C, D, and E. Chem Pharm Bull (Tokyo). 1999, 47 (12): 1 759

[76] Murakami T, Nakamara J, Kageura T, et al. Bioactive saponins and glycosides. XVII. Inhibitory effect on gastric emptying and accelerating effect on gastrointestinal transit of tea saponins: structures of assamsaponins F, G, H, I, and J from the seeds and leaves of the tea plant. Chem Pharm Bull (Tokyo). 2000, 48 (11): 1 720

[77] Kawaguchi M, Kato T, Kamada S, et al. Three-month oral repeated administration toxicity study of seed saponins of *Thea sinensis L.* (Ryokucha saponin) in rats. Food Chem. Toxicol.. 1994, 32 (5): 431~442

[78] Wickremasinghe R L, et al. Tea Quarterly 1974, 44 (2-3): 132~143

[79] Yamauchi Y, et al. Growth regulators containing tea seed saponin for vegetable plants. JP 2000119118 A2 25. Apr 2000, 6 pp. (Japanese)

[80] 王小艺, 黄炳球. 茶皂素对菜青虫的拒食活性. 中国蔬菜. 1999, (1): 22~24

[81] 王小艺, 黄炳球. 茶皂素对菜青虫的拒食方式与机制. 昆虫知识. 1999, 36 (5): 277~281

[82] Hayashi K, Aagesaka YM, Suzuki T, et al. Inactivation of human type A and B influenza viruses by tea-seed saponins. Biosci Biotechol Biochem. 2000, 64 (1): 184~186

[83] Katsuhiko F, Hara M, et al. Tea saponin as virucides for plants. JP 07025718 A2 2

[84] 陈永军, 林帮发. 茶皂素杀灭钉螺的初步研究. 中国兽医寄生虫病. 1999, 7 (3): 57~58

[85] 严鸿德, 汪东风等. 茶叶深加工技术. 北京: 中国轻工业出版社, 1998: 73~74

[86] 陈椽. 茶药学. 中国展望出版社, 1987.9

[87] 阮宇成. 茶叶咖啡碱与人体健康. 茶叶通讯. 1997 (1): 3~4

[88] 陈宗道, 周才琼等. 茶叶化学工程. 西南师范大学出版社. 1999.5

[89] Tony MC, Neal LB. Caffeine and coffee: effects on health and cardiovascular disease. Camp. Biochem. Physiol. 1994, 109C (2): 173~189

[90] Casiglia E, Paleari CD, et al. Haemodynamic effects of coffee and purified caffeine in

normal volunteers: a placebo-controlled clinical study. J. Human Hypertens, . 1992, 6 (2): 95~99

[91] Chou T. Wake up and smell the coffee, caffeine, coffee and medical consequences. Western J. med. 1992, 157 (5): 544~553

[92] Robertson D, Frohlich JC, et al. Effects of caffeine on plasma renin activity, catecholamines and blood pressure . Am. J. Med. 1978 (77): 54~60

[93] Hartley TR, Sung BH, et al. Hypertension risk status and effect of caffeine on blood pressure. Hypertension. 2000, 36 (1): 137~141

[94] Rachima MC, Peleg E, et al. The effect of caffeine on ambulatory blood pressure in hypertensive patients. American Journal of Hypertension. 1998, 11 (2): 1 426~1 432

[95] Lane JD, Phillips BG, et al. Caffeine raises blood pressure at work. Psychosomatic Medicine. 1998, 60 (3): 327~330

[96] Dager SR, Layton ME, et al. Human brain metabolic response to caffeine and the effects of tolerance. American Journal of Psychiatry. 1999, 156 (2): 229~237

[97] Angelucci ME, Vital MA, et al. The effect of caffeine in animal models of learning and memory. European Journal of Pharmacology. 1999, 373 (2~3): 135~140

[98] Akhtar S, Wood G, et al. Effect of caffeine on the vocal folds: a pilot study. Journal of Laryngology and Otology. 1999, 113 (4): 341~345

[99] Fenster L, Quale C, et al. Caffeine consumption and menstrual function. American Journal of Epidemiology. 1999, 149 (6): 550~557

[100] Angelucci ME, Vital MA, et al. The effect of caffeine in animal models of learning and memory. European Journal of Pharmacology. 1999, 373 (2~3): 135~140

[101] Shin HY, Lee CS, et al. Inhibitory effect of anaphylactic shock by caffeine in rats. International Journal of Immunopharmacology. 2000, 22 (6): 411~418

[102] Lu YP, Lou YR, et al. Stimulatory effect of oral administration of green tea or caffeine on ultraviolet light-induced increases in epidermal wild-type p53, p21 (WAF1/CIP1), and apoptotic sunburn cells in SKH-1 mice. Cancer Research. 2000, 60 (17): 4785~4791

[103] Pincheira J, Bravo M, et al. G2 repair in Nijmegen breakage syndrome: G2 duration and effect of caffeine and cycloheximide in control and X-ray irradiated lymphocytes. Clinical Genetics. 1998, 53 (4): 262~267

[104] Juergens UR, Degenhardt V, et al. New insights in the bronchodilatory and anti-inflammatory mechanisms of action of theophylline. Arzneimittel-forschung. 1999, 49 (8): 694~698

[105] Mentz F, Merle Beral-H, et al. Theophylline-induced B-CLL apoptosis is partly dependent on cyclic AMP production but independent of CD38 expression and endogenous IL-10 production. Leukemia. 1999, 13 (1): 78~84

[106] Froomes PR, Morgan DJ, et al. Comparative effects of oxygen supplementation on theophylline and acetaminophen clearance in human cirrhosis. Gastroenterology. 1999,

114（4）：915～920

[107] Kostic VS，Svetel M，et al. Theophylline increases "on" time in advanced parkinsonian patients. Neurology. 1999，52（9）：1 916

[108] Thalamas C，Taylor A，et al. Lack of pharmacokinetic interaction between ropinirole and theophylline in patients with Parkinson's disease. European Journal of Clinical Pharmacology. 1999，55（4）：299～303

[109] Fischer R，Lang SM，et al. Theophylline improves acute mountain sickness. European Respiratory Journal. 2000，15（1）：123～127

[110] Shannon M. Life—threatening events after theophylline overdose：a 10—year prospective analysis. Archives of Internal Medicine. 1999，159（9）：989～994

[111] 李少华，费侠等．己酮可可碱减轻血小板激活因子致离体豚鼠肺通透性水肿．中国药理学报．1994，15（3）：219～222

[112] 王玲，林毅等．己酮可可碱抗白细胞与内皮细胞粘附的研究．华西医科大学学报．1996，27（2）：163～166

[113] 清水岑夫．刘维华译．探讨茶叶的降血糖作用以从茶叶中制取抗糖尿病的药物．国外农学—茶叶．1987（3）：38～40

[114] 汪东风，谢晓凤，蔡成永等．粗老茶治糖尿病的药理成分分析．中草药．1995，（5）：255～257

[115] 李布青，张慧玲，舒庆龄等．中低档绿茶中茶多糖的提取及降血糖作用．茶叶科学．1996（1）：67～72

[116] 王筠默等．中药药理学（高等医药院校试用教材）．上海：上海科学技术出版社，1995：73～78

[117] 王淑如，王丁刚．茶叶多糖的抗凝血及抗血栓作用．中草药．1992（5）：254～256

[118] 陈灏珠等．内科学．第三版．北京：人民卫生出版社，1992：225～227

[119] Morata N，Ikgaya K. Polysacharides from tea for manufacture of hypoglycemices and health foods. CA. 1989（111）：140 472

[120] 王丁刚，王淑如．茶叶多糖的分离、纯化、分析及降血脂作用．中国药科大学学报．1991，22（4）：225～228

[121] 汪东风，谢晓凤，王泽农等．粗老茶中多糖含量及其保健作用．茶叶科学．1994（1）：73～74

[122] 周杰，丁建平，王泽农等．茶多糖对小鼠血糖、血脂和免疫功能的影响．茶叶科学．1997（1）：75～79

[123] 汪东风，李俊，王常红等．茶叶多糖的组成及免疫活性研究．茶叶科学．2000（1）：45～50

[124] 王丁刚，陈国华，王淑如．茶叶多糖的降血糖、抗炎及碳粒廓清作用．茶叶科学．1991（2）：173～174

[125] 王泽农等．茶叶生物化学．第二版．北京：农业出版社，1988

[126] 王丁刚，王淑如．茶叶多糖心血管系统的部分药理作用．茶叶．1991（2）：4～5

[127] 祁绿，韩池．茶叶防癌有效组分对 NAD（P）H—醌还原酶的诱导作用．卫生研究．

1998，27（5）：323～326

[128] Santash K，Hasan M. Tea in chemoprevention of cancer：Epidemiologic and experimental studies（Review）. Int J Oncol. 1996（8）：21

[129] Zandi P，Gordon M H. Antioxidant activity of extracts from old tea leaves. Food Chemistry. 1999，64（3）：285～288

[130] 叶盛. 茶叶多糖及钙结合物的抗氧化作用和一级结构初探. 安徽农业大学 2001 届硕士研究生毕业论文

[131] 汪东风，谢晓凤，王世林等. 茶多糖的组分及理化性质. 茶叶科学. 1996（1）：1～8

[132] 汪东风，赵贵文，叶盛. 茶叶中稀土元素的组成及存在状态. 茶叶科学. 1999，19（1）：41～46

[133] 赵国华，陈宗道，李志孝等. 活性多糖的研究进展. 食品与发酵工业. 2001，27（7）：45～48

[134] 黄芳，蒙义文. 活性多糖的研究进展. 天然产物研究与开发. 1999，11（5）：90～97

[135] 方积年. 天然资源多糖的研究及其研究进展. 工业生化杂志. 1994（2）：39

[136] 张松，徐章萌. 多糖类医药生物活性研究进展. 中国生化药物杂志. 1996，17（6）：272～274

[137] 陈惠黎等. 糖复合物的结构和功能. 上海：上海医科大学出版社，1997

[138] 曹锦华，李华. 多糖免疫调节作用研究进展. 中国生化药物杂志. 1999，20（2）：104～105

[139] 张树政. 糖生物学——生命科学中的新前沿. 生命的化学. 1999，19（3）：104～105

[140] 严鸿德，汪东风等. 茶叶深加工技术. 北京：中国轻工业出版社，1998：69～70

[141] 陈椽. 茶药学. 中国展望出版社，1987.9

[142] 梁晓岚，陈春林. 茶氨酸研究进展. 茶叶科技简报. 1994（2）：4～5，11

[143] Cartwright RA，Roberts EA，et al. Theanine：an amino acid N—ethyl amide present in tea. J. Sci. Food. Agric. 1954（5）：597～599

[144] Henlen K，Taylor A，et al. Varietal differences in the total and enantiomeric composition of theanine in tea. J. Agric. Food. Chme. 1997（45）：353～363

[145] 陈宗懋. 茶氨酸的人工合成和药用开发. 中国茶叶. 1998（4）：26

[146] L-茶氨酸的机能和应用. 食品の科学. 1992（2）：86～89

[147] 陈宗懋. 茶氨酸具有降压功能. 中国茶叶. 1997（2）：27

[148] 吕毅，郭雯飞. 康帕龙（GABARON）茶——一种具有降压作用的新型茶叶. 中国茶叶加工. 1998（3）：40～41

[149] 吴飞健，陈其才. GABA 在蝙蝠听觉信息处理过程中的调控作用. 华中师范大学学报（自然科学版）. 1997（31）：205～212

[150] Polobi PS，Caspary DM. GABAA receptor antagonist bicuculline actors respinse properties of postventral cochlear neuroons. J Neurophysiol. 1992（67）：738～745

[151] Wenthold RJ. 1991. Neurotransmitters of brainstem auditory nuclei In：Altschuler RA et al（eds）：Neurophysiology of hearing：The central Auditory System. New York：Raven press，121～139

［152］Zhang DX，LI L，Kelly JB，Wu SH. GABAergic projections from the lateral l emniscus to the inferior colliculus of the rat . Hear res. 1998（117）：1～12

［153］Jen PHS，Feng RB. Biocuculline application affects discharge pattern and pulse－duration tuning characteristics of bat inferior collicular neurons. J Comp Physiol A. 1999（184）：185～194

［154］Gopal KV，Gross GW. Auditory cotical neurons in vitro：initial pharmacological Studies. Acta Oto-Laryngo. 1996（116）：697～704

［155］Wang J，Caspary DM，Salvi RJ. GABA-A antagonist cause dramatic expansion of tuning in primary auditory cortex. NeuroReport，2000（11）：1 137～1 140

［156］O'Neill WE. 1995. Bat auditory cortex. In：Poper AN，ed. Fay RR. Hearing by bats. Berlin：Springer-Verlag，453～454

［157］陈其才，Jen P. γ-氨基丁酸能抑制对大棕蝠听皮层神经元声反应特性的影响. 生物物理学报 . 2000，17（1）：78～84

［158］郭雯飞，吕毅. 国内外茶叶动态. 中国茶叶加工 . 1998（1）：48～50

［159］Newberne P，Smith RL，et al. GRAS flavring substances. Food Technology. 2000，54（6）：66～74

［160］Susheela UHL. Spices：tools for alternative or complementary medicine. Food Technology. 2000，54（5）：61～66

［161］陈佩莉. 精油——未来能够存在的全能药物. 香精香料化妆品 . 1996（3）：22～28

［162］吕毅，郭雯飞. 源自西方的"茶文化"——香草和香草茶. 中国茶叶加工 . 1999（4）：34～38

［163］沈同，王镜岩. 生物化学. 高等教育出版社，1990

［164］陈椽. 茶药学. 中国展望出版社，1987.9

［165］安徽农学院. 茶叶生物化学. 北京：农业出版社，1994.5

［166］阮宇成. 30 年来茶及其成分的利用的研究进展. 茶叶科学 . 1994，14（2）：109～114

［167］丁俊之. 新世纪的饮料将是茶的世界. 福建茶叶 . 1994（4）：2～5

［168］黄汉在，栗原博. 茶叶香郁的健康功能. 茶报 . 2002

第八章 茶叶生物化学研究法

第一节 酶的研究方法

酶是一种结构复杂且精巧的生物催化剂，具有催化效率高、专一性强的特点，然而其功能受到各种物理化学因子的影响和控制。由于针对酶的基本研究内容包含了分子结构、反应类型和动力学特性等，所以与此相关的酶提取纯化、结构分析、活性测定等技术手段便成为酶研究中经常采用的方法。随着这些方法的应用，与茶树代谢、制茶转化及品质有关的重要茶叶酶类不断被发现和认识，通过酶活性调控来提高鲜叶质量和制茶品质的栽培加工措施也日益完善有效。但人们并不满足于现有成果，已将茶叶酶的研究与应用领域从内源酶拓展到外源酶；从酶的性状表现追踪到遗传特性；从酶活性的环境调控措施深入到化学干预；从自然状态下酶的利用发展到经过加工处理后的酶的应用阶段。同时，酶的研究方法也由过去单一的常规分析发展到同工酶、分子标记和酶工艺化学并举的多元化技术手段。无疑，茶叶作为一种天然饮品，无论是原料生产还是加工制造都与酶的作用密不可分。各种深加工茶饮料的开发也同样离不开对酶的研究和利用。鉴于此，本节在介绍茶叶酶研究基本方法的同时，增加了有关研究成果和研究方法发展与应用动态方面的内容。由于篇幅有限，涉及方法的具体操作，本节不做全面详细的说明，而另列文献资料以备参考。

一、茶叶中酶研究基本方法

(一) 酶的提取纯化

酶的提取和纯化是研究酶分子结构、反应类型和动力学特性的必要环节，也是酶研究中经常采用的方法之一。通过对酶的提取和纯化，能够去除酶制剂中的杂质或干扰成分，提高目标酶的浓度，从而有利于酶学研究试验条件的控制和结果的分析比较。红茶发酵"红变"曾一度被认为是与微生物或细胞色素氧化酶的活动有关。但在对相关氧化酶的纯化过程中发现，随着酶纯度的提高，铜含量增加而铁含量逐渐减少；当除去铜离子或使用铜酶抑制剂时，发酵进程便即刻受阻。这项试验表明了铜酶与"红变"之间存在着某种内在联系，为最终确立多酚氧化酶在红茶发酵中的地位起到了重要的推动作用。Roberts E 将纯化的多酚氧化酶同各种组合的儿茶素底物一起进行模拟氧化试验，并通过氧化产物与红茶茶汤色素种类和结构之间的比较分析，提出了关于红茶发酵机理的经典学说。目前，茶叶生物化学在儿茶素合成途径、茶氨酸代谢、香气成分转化及制茶过程中大分子物质水解等相关化学机理的研究方面已取得明显进展。然而，对于这些机理的最后阐明还须进行深入的酶学研究（酶系存在与否、反应类型等），因此，也离不开酶提取纯化技术的运用。

1. **酶的提取** 通常，酶的提取按以下 4 个步骤进行：①破碎细胞组织；②过滤除去组织残渣；③离心除去细胞器和细胞组织碎片；④收集含有各种酶蛋白的上清液，备用。整个过程须在低温和合适的 pH 条件下进行，以尽量避免酶蛋白的活性受损。一般温度在 0～4℃之间。pH 视酶类而定，但以接近酶的生理条件为宜。

茶细胞组织的破碎主要采用丙酮粉法和匀浆法 2 种方式进行。丙酮粉法即是将茶组织投入冷丙酮中进行捣碎，经过滤和丙酮多次洗脱、除去色素等杂质之后获得丙酮粉。丙酮粉含有酶蛋白，但大部分溶于丙酮的成分已被除去。丙酮粉贮于冰箱中能较长时间保持酶活性，需做进一步处理或酶活性测定时，只要加入适当的缓冲液提取便得"粗酶液"。匀浆法的操作特点即是"匀浆"过程，一般可通过匀浆机或手工研磨完成。"匀浆"之前需加入缓冲液和酶蛋白保护剂（如多酚吸附剂），以提取酶蛋白并防止其活性受损。匀浆液经过简单处理后也称"粗酶液"。由于其组织多酚类含量丰富，在未使用多酚吸附剂之前，茶叶中酶的提取率一直处于较低水平。后来发现，如果在茶叶酶提取过程中事先加入多酚吸附剂，则能够有效防止多酚类物质对酶蛋白的凝固沉淀作用，从而降低离心沉淀部分的酶活性，提高上清液中酶的含量（表 8-1）。从表 8-1 可见，$15\,000\times g$ 离心时未加聚酰胺处理的上清液中多酚氧化酶的活性几乎等于零，但加入聚酰胺之后，其活性则恢复到总活性的 26%。聚酰胺处理能大量减少 $1\,400\times g$ 沉淀部分的酶活性，与不处理比较降幅达 71%。Sanderson G W 的结果还表明，多酚吸附剂可明显增加上清液的蛋白质含量。以上试验说明，在茶组织酶的提取过程中，加入适当的多酚吸附剂以提高酶提取率是必要的。除此之外，使茶组织充分破碎，或根据酶存在部位通过细胞自溶、采用有机溶剂和表面活性剂处理使酶得到最大限度地释放等，也都是提高酶提取率的途径和方法。

表 8-1　聚酰胺处理对多酚氧化酶活性分布的影响

(Takeo T，1966)

检测部分	处理 聚酰胺	酶 活 性 O$_2\mu$l/（10min/g）			活性比（%）
		1	2	平均	
粗酶液	不加	201	183	193	100
	加	208	194	201	100
30×g 沉淀	不加	74	40	57	29.70
	加	0	0	0	0
1 400×g 沉淀	不加	106	116	111	57.70
	加	36	31	34	16.70
15 000×g 沉淀	不加	21	27	24	12.50
	加	122	113	118	58.40
上清液	不加	0	0	0	0
	加	50	50	50	26.00

　　茶叶酶提取过程中的离心处理是为了除去细胞器、细胞组织碎片等体积较小的悬浮物。究竟采用多大离心力，要视试验目的来做出选择。通常，供层析（纯化）用的酶提取液应尽量除去其中的小颗粒悬浮物，因而一般采用较大离心力进行离心。如果用作测定可溶性酶的活性，则理论上不允许酶供试液中存在任何细胞组织碎片。在一些试验中，离心处理用于分离各种细胞器，这时离心力大小应以细胞器质量为依据，操作程序和时间也是其考虑的重要因素。表 8-2 是根据部分文献资料而列出的分离物及其离心条件，以供参考。

表 8-2　细胞器、细胞碎片的离心沉淀条件

沉淀部分	离心力（×g）	时间（min）
细胞壁碎片	300	—
叶绿体	600~800	10
	1 500	15
	1 400	5
线粒体	15 000	60
微粒体	30 000	30
所有颗粒	80 000	120

　　2. 酶的纯化　酶的纯化是指对酶提取液（或粗酶液）做进一步处理，除去其中的杂质或干扰成分，以制备高含量、高纯度酶制剂的操作过程。酶的纯化是个相对概念，因目的不同，对酶制剂纯度的具体要求也不一样，因而采用的方法彼此有别。

　　（1）透析法。透析法是利用透析膜的选择通透性对不同质量的分子进行分

离的方法。膜的选择通透性取决于膜孔隙的大小，实际操作时应注意选用合适的膜型号。该方法简便易行，主要用于除去酶液中的小分子物质，如盐分、辅酶、化学试剂、反应底物和产物等。对于不同酶蛋白的分离，尚需借助于其他方法。

(2) 超滤法。该方法原理与透析法相近。但由于采用了真空、加压或离心等外力作用，其分离效率较高。超滤法可用于相对分子质量较小的酶蛋白的分离，也常用来进行酶液的浓缩处理。

(3) 柱层析法。柱层析法是指将一定的载体装填于柱内，然后按上样、洗脱、监测和分部收集等程序对不同酶蛋白进行分离纯化的方法。该方法技术性强、设备专业且性能要求较高，常用于酶蛋白组分的分离和测定。根据载体类型，柱层析法又分为吸附层析法、离子交换层析法、分子筛层析法。吸附层析法所采用的载体为吸附剂，酶液中的酶蛋白通过层析柱时首先被载体吸附，然后经洗脱液洗脱收集，从而得以与其他成分分离。离子交换层析法是利用不同 pH 条件下酶蛋白解离基团的电荷性质实现与载体解离基团之间的吸附与解离的转换过程，从而达到分离的目的。离子交换载体有阳离子交换剂和阴离子交换剂 2 种类型，前者自身带负电荷，能吸附正电荷，后者电荷性质和作用则正好相反。有文献将离子交换层析归入吸附层析类。这里单独列出是为了说明离子交换层析与其他各种吸附层析（如物理吸附）在工作原理上有所不同，同时也因为该方法在茶叶酶研究应用中的广泛性和重要性。所谓"分子筛"是指载体形成的三维孔径对不同质量的分子的筛分作用。不同型号的分子筛有着不同的工作范围（相对分子质量）。因此，根据目标酶选择合适型号的分子筛是决定分离纯化效果的关键因素之一。

总之，载体类型和型号、洗脱液及洗脱条件都是柱层析技术构成中的基本要素。进行实际操作时，可参阅有关专著和论文。这里仅通过 1 个实例来说明柱层析的基本操作方法，并借此对茶叶酶提取和纯化整个过程做出适当的描述。1966 年，Takeo T et al 对茶叶中的多酚氧化酶进行了提取和纯化，并将该酶分离为 3 个组分。在其方法应用方面（图 8-1），较早使用了多酚吸附剂（吐温 80）和抗氧化剂（异抗坏血酸），这被后来的许多试验设计所借鉴。图中的"粗酶液"制备过程于较大离心力条件下（15 000×g）重复进行了 3 次离心，以除去小颗粒悬浮物，为随后的柱层析做准备，视试验目的来做出选据。Takeo T et al 认为，80 000×g 离心是为了确保其上清液中的酶活性全部来自可溶酶，而不含任何细胞碎片上的结构酶。试验同时采用了 3 种层析柱，G-25 柱主要用于多酚氧化酶的纯化，而 DEAE 和 CM 纤维素离子交换柱则是使该酶组分达到进一步分离的目的。

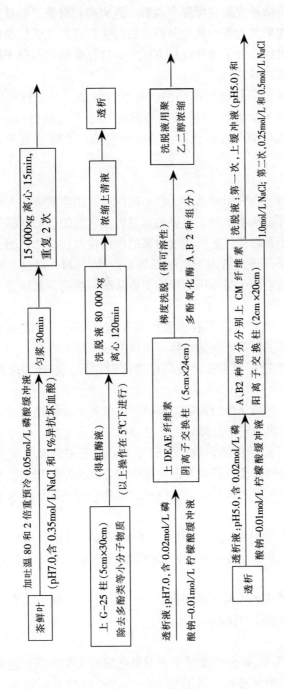

图 8-1 茶叶可溶性多酚氧化酶的提取、纯化及组分分离

(Takeo T,1966)

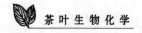

（二）酶相对分子质量的测定

酶相对分子质量是酶学研究的一项基本内容。研究酶相对分子质量需要一定的技术手段，同时其成果又为酶的其他分析方法的实际应用在工作参数选择上提供了必要的依据。例如，分子筛柱层析方法中，目标酶的相对分子质量决定了载体孔径（型号）的选择。

研究酶相对分子质量可采用超速离心法、凝胶过滤法（分子排阻法）和SDS凝胶电泳法。目前为止，已对多种茶叶酶的相对分子质量进行了测定，其中重要的酶类有多酚氧化酶、过氧化物酶、叶绿素酶、乙醇脱氢酶、核酸酶、苹果酸脱氢酶等。

（三）酶反应动力学

酶的动力学研究是酶学研究中最基本、核心的内容。该项研究一方面带来了技术方法的创新，同时也从中体现了重要的思想内涵。酶的动力学研究是为了了解一种酶在不同因子影响条件下所表现出来的作用特点和规律，因此，其成果具有普遍的指导意义。研究的因子包括底物、产物、pH、温度、抑制剂和激活剂等。研究这些因子对于酶作用的影响主要从酶的结构及其活性变化方面入手。

1. **底物**　主要研究底物浓度、多底物竞争及底物与酶分子之间的亲和力对酶促反应的影响。已对多种茶叶酶的底物专一性进行了深入研究。

2. **产物**　主要研究产物积累对酶活性的反馈抑制作用。茶叶方面有少量的研究报道。

3. **pH**　研究 pH 变化对酶活性的影响。茶叶方面已有大量报道，并对多种酶的最适 pH 进行了研究和确定，其部分成果已应用于指导生产。

4. **温度**　研究温度对酶活性的影响。已研究并总结了多种茶叶酶的最适温度和部分茶叶酶的热变性温度，其成果已应用于指导红茶发酵和绿茶杀青温度条件的制定。另外，在气温和年积温对茶树碳、氮化合物整体代谢水平的影响方面做了大量工作。

5. **抑制剂**　有文献对茶叶酶的大量相关试验研究做了阶段性总结。抑制剂运用本身也已成为一种方法，在探索茶树代谢和制茶转化机理方面发挥了重要作用。

6. **激活剂**　已确定了多种茶叶酶的辅酶（基）。近年来，稀土元素广泛应用于茶叶的增产增质，但其作用机制尚待探明。

（四）同工酶分析

自从 1966 年 Takeo T et al 分离出了茶多酚氧化酶同工酶之后，过氧化物酶同工酶的研究也取得了明显进展。进而在 1986—1990 年间，对红茶、乌龙茶制造过程中多酚氧化酶和过氧化物酶同工酶谱带及活性变化进行了研究，结果表明，各种同工酶在儿茶素氧化及色素形成中的作用有所不同。1992年，有报道通过对103个茶树种质资源的酯酶同工酶进行了比较分析后认为，茶树进化的途径为：大叶种──→中叶种──→小叶种，并确定了它们之间的亲缘关系。此前，还研究了超氧化物歧化酶、过氧化物酶同工酶谱带数目和总活性与茶树抗寒性的关系等。无疑，同工酶分析技术及其内容在揭示和解释茶树生物学特性、遗传关系及制茶化学原理等方面将显示出越来越重要的作用。

同工酶分析可采用柱层析、薄层层析等方法。但目前以凝胶电泳、等电聚焦2种方法的应用较为普遍。

1. 凝胶电泳　通常用聚丙烯酰胺凝胶作为载体。操作步骤为：制胶──→上样──→电泳──→剥胶──→染色──→脱色──→扫描定量。合适的凝胶浓度、制胶质量、上样操作等是决定分离效果的关键。

2. 等电聚焦　在凝胶电泳方法基础上改进而成。其不同之处在于：等电聚焦在凝胶柱内注入了两性电解质，从而使凝胶柱形成了一定的pH梯度。当带电荷的酶蛋白分子泳动至等电点（pH）区域时，因其净电荷消失为零而停止泳动。该方法分离效果较好，但要求目标酶蛋白在等电点条件下不至沉淀或变性。

（五）酶的分布及其活性变化

研究酶的亚细胞定位、组织分布及在物候交替、茶树生长发育和制茶过程中的活性变化。

1. 酶的亚细胞定位　研究各亚细胞部位（细胞器、细胞液、细胞壁、细胞器片层及其基质等）酶的分布种类、含量及其功能等。迄今，已对植物细胞内光合作用、呼吸代谢、脂肪转化等相关酶系的定位进行了卓有成效的探索，对于进一步阐明生物反应机制及不同代谢途径之间的关系具有重要意义。茶树方面，最早因多酚氧化酶很难被提取而引起了对茶叶酶细胞内定位的关注和讨论。1947年前后，普遍认为茶的多酚氧化酶是一种结构酶。后来的试验则表明该酶大部分是可溶性的，广泛分布于各种细胞器中。目前为止，有关茶叶的报道主要集中在多酚氧化酶、过氧化物酶、脂质降解酶等少数几种酶的定位方面，其主要目的之一是为了对这些酶进行有效的利用或控制。

通常，酶的亚细胞定位采用组织化学观测和离心分离检测2种方法。组织化学观测法是利用酶与底物反应生成有色物质之后，通过显微观察来确定酶的位置和活性。该方法结果显示充分、完整，但通过观察判断出的酶活性水平尚欠准确。离心分离检测法的应用较为广泛，但存在以下不足：其一是离心收集部分的纯度及各部分之间的相互污染问题；其二是细胞器破损带来的基质和碎片损失，即最终收集到的细胞器不能真实反映某种细胞器的整体酶活性问题。对此，有报道提出了离心分离结合同工酶分析的酶定位方法，并就该方法的试验结果及其应用做了说明和讨论。

2. **酶的组织分布**　酶在茶树根、茎、叶及叶表皮、叶脉、叶梗中的活性分布一直是制茶原料、制造化学及基础生理生化研究的一项基本内容，其中尤其针对叶片组织的研究最为重要。绿茶制造杀青时叶梗的红变、红茶发酵对鲜叶酶活性的要求、乌龙茶做青过程通过"走水还阳"对叶梗、叶脉中酶的利用等实践问题首先会涉及其中要有哪些酶、这些酶活性要求多高才容易带来这样的制茶效果或才能够进一步提高制茶品质。

3. **酶的活性变化**　与酶反应动力学研究不同，这里关心的重点是酶在各种正常生理或制茶条件综合作用下酶活性及其变化的真实性水平和规律。这个前提显然与现行酶活性测定方法之间存在一定差距，因为酶活性测定一般是在人为条件下进行的。然而，这些方法本身可能仍有改进的空间；或者，如果这个前提是有意义的，那么将它提出也许对于方法的改进具有一定的推动作用。

二、酶的获取、加工和利用

随着茶饮料加工工业化进程的加快和新产品的不断开发，茶内源酶的含量及自然属性已经不能满足生产上日益增长的各种需求。另外，鉴于传统茶加工过程中各种成分转化之间的交互作用和平衡关系，其加工工艺不宜针对某一突出问题（如滋味苦涩、茶汤沉淀）或为实现某种成分的超常积累（如茶黄素、萜烯类）而采取"极端"措施。因而，酶的获取、加工及适当条件下利用的重要性便由此凸显出来。

1. **酶的获取**　茶饮料生产对于植物材料中酶的提取和利用开始于速溶红茶的品质改进。当时，为了提高速溶茶颗粒的溶解性和消除茶汤的"冷后浑"现象，采用了单宁酶制剂"转溶"的处理方法。目前，酶制剂的种类除单宁酶外，还有多酚氧化酶、蛋白酶、淀粉酶、纤维素酶、β-糖苷酶等多种类型；用于酶提取的植物材料也从马铃薯、水果发展到今天经过特殊改良和培养的微生物菌群。

工业生产用酶制剂的纯度一般要求不高，但应用于饮料、食品加工业有着严格的卫生标准。对于酶制剂的制备，增加酶提取率、降低成本、提高酶制剂的稳定性是需要重点研究和解决的问题。

2. **酶的加工和利用**　酶的加工是指对酶的自然属性（工作状态、酶学性质）进行处理改造或化学修饰的过程。酶的固定化便是其中的一种。据研究，

β-葡萄糖苷酶经壳聚糖固定化之后最适温度提高 10℃，酶最高活性温度范围加宽为 40～60℃。在室温下保存 3 个月，经检测表明，这种固定化酶的活性并无明显下降。另据介绍，将一定的酶固定在膜上可望起到茶汤浓缩、转溶和增香的效果。酶固定化的方法较多，总体上可分为 3 种处理方式，见下图。

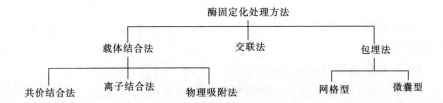

酶的化学修饰是一门酶化学工艺学。它的理论基础是酶反应动力学原理，其主要目标为：保持酶结构的完整性；增强酶蛋白空间结构的稳定性；维持和保护酶催化基团的工作状态和微域环境。

经过加工后的酶在耐热、抗酸碱、抵御抑制因子及其催化效能等方面都得到了全面的提高和改善。随着酶生产工业的发展，酶的加工技术将跃上新水平，各种酶制剂（或酶反应器）的应用也会更加普及、有效。

第二节　次级代谢研究方法

高等植物次级代谢的研究方法，尽管在本质上和初级的一般代谢没有多大差别。但是，如果认为次级代谢是表现在分化的分子水平上的，那么期望借用初生代谢的研究方法能全部适合生物研究是不可能的。从需要选定特定物种类的特定器官，以及特定时间作为研究对象来看，次级代谢的研究方法和初级代谢研究方法相比，其手续要复杂得多。而且还需要对系统进行认真选择。因此，次级代谢的研究大大落后于初级代谢。但是，近年来由于引进了各种新的研究方法，次级代谢研究正在不断取得飞速发展。本节就高等植物次级代谢研究中应用的主要方法进行简介。

高等植物的次级代谢常因植物种类不同而异。高等植物中的次级代谢千差万别，所以把高等植物的次级代谢作为研究对象时，应选择那些次级代谢显现比较突出的植物。特别要强调选择那些在体内明显地积累着次级代谢产物的植物。茶树能制造种类繁多的有机化合物，并把它积累在自己的体内，其中含有大量的多酚类、生物碱、茶氨酸以及相当量的色素、皂甙、芳香物质等次级代谢产物。茶树是研究次级代谢的重要物种之一。再者，茶叶又是重要饮料、医药原料的经济作物，因此，茶树次级代谢的研究受到国内外学者的关注。研究次级代谢，制定研究计划是一个关键，以下就次级代谢研究方法中的两个有关问题进行介绍，一是介绍如何选择研究系统，二是研究方法的顺序。

一、研究系统的选择

就次级代谢研究系统而言，选用正常的栽培植物（如茶树）和选用组织培养细胞有很大区别。

（一）栽培植物研究系统的选择

因为次级代谢通常由于植物的生育环境的影响变动很大，大多受到光线、温度、营养等条件左右。如果能利用人工气候室，则可保持一定的条件。不过，对于生育条件一致，并能大量获得比较廉价的相同条件的植物来说，选用发芽植物还是比较合适的。发芽植物常被用于次级代谢的研究。在一定的条件下，发芽植物除了具有相同的生理机能这一理由外，还具有许多优点，如：①能获得大量的研究材料；②比从成熟植物中提取酶更容易；③生育期短；④能显现次级代谢系统正在分化的细胞等。发芽植物适合于使用示踪研究、酶学研究以及生物合成的研究。

不过，像罂粟的生物碱，虽然在种子里不存在，但随着种子的萌发而迅速被合成，而且，在成熟的植株中，生物碱也还会有变化。因而，要达到次级代谢的研究目的，了解它在发芽植物里是否显现，了解选用植物的哪一生育时期较为合适等问题是很重要的。所以，这就需要借助渗入或喂饲由 $^{14}CO_2$ 光合作用所产生的 ^{14}C-葡萄糖以进行示踪研究，在调查渗入率以后，再去决定最适取样时期。

即使获得了最适生长阶段的研究植物，但该植物的所有部分也未必都能显示均衡的次级代谢，通常认为次级代谢仅在一些特定器官和特定组织中进行。一般情况下，次级代谢产物是在植物叶子中被合成，尽管在叶子合成的例子很多，但是，像烟草中的尼古丁以及茜草中的茜素，茶叶中的茶氨酸都是在根部这样特殊的地方被合成的，正因为这样，使用栽培植物时，总希望它的生育条件受到一定控制。确定次级代谢产物的合成场所，并进一步把它应用到研究中去，这一工作确实是必不可少的。

次级代谢一般伴随着组织的分化而出现，因此，在植物体中，次级代谢最旺盛的地方通常被认为是在生长点（根和茎的前端）、形成层等这类分生组织的临近区域。不过，次级代谢产物的积累地点则不受上述区域限制，在上述区域不是次级代谢最终产物的合成地点的事例也是不少的。烟草就是这种情况，尼古丁和茶氨酸虽然在正在生长的根中被合成，但随后就转移到叶中，尼古丁在叶中脱去甲基后转变成去甲基尼古丁。因此，就选用植物适当生长阶段的特殊器官和特殊组织作为研究材料来讲，宜于选择成分集中的材料，以便能达到次级代谢系统预期的研究目的。

　　把植物组织中的细胞先进行分散处理，然后制取游离细胞和原生质体，目前这种技术正在逐步推广应用，把这些分化了的细胞群作为研究系统使用，已成为可能。这种方法的优点是，它能和以下叙述的培养细胞一样，由于能够以单细胞集团使用，在喂饲示踪物等的时候，和使用植物组织相比，能够比较容易地到达代谢地点。因为，分化细胞有不同于培养细胞的地方，首先是业已分化了的细胞群能原原本本地反映着原来植物体中的存在状态。不过，这种方法不一定适用于一切组织，如分离木质化细胞是不可能的，目前仅限用于植物的花和叶。

　　把细胞器官作为研究系统使用的方法，过去一直在不断使用。从植物组织细胞中分离出叶绿体和线粒体，目前已研究出许多改良方法。上述的原生质体的制取已成为可能。自从用这样的方法获得了原生质体后，分离细胞器官的方法最近已有了迅速发展。特别是在过去认为分离液泡是一件极为困难的事情，今天却已成为现实。液泡被认为是次级代谢的积累场所，可想而知在今后的次级代谢研究中，对于液泡的利用会变得更加广泛。关于使用细胞器官和原生质体的次级代谢研究，将在后面叙述。

（二）细胞培养研究系统的选择

　　以上叙述了把正常植物作为研究系统的使用方法，最近用植物组织进行分离培养，然后将获得的细胞群用于系统研究，这种研究次级代谢的方法已飞速发展起来。特别是运用该种研究系统已经可以初步说明类黄酮生物合成的酶学研究。

　　使用这种培养细胞当作研究系统的好处是：能够获得比较整齐一致的细胞群。和正常植物相比，培养细胞生长迅速，生育环境也能得到控制。从这一点来讲，也和用微生物一样比较单纯。因而，采用研究微生物代谢的方法不仅能够向植物细胞直接喂饲物质，而且即使存在着渗透性问题，但从物质的吸收来讲，与使用植物体相比，仍然是比较容易的。并且由于不必考虑物质的转换问题，喂饲的前导物质几乎能够以它原有的形态到达合成地点（植物体就不同，假如喂饲多酚等物质，那么，植物体内的解毒机构会把上述物质进行苷化，在转移到实际合成地点时，就转变成其他形态，这样的代谢过程已经见到）。此外，还由于研究材料可以作无菌处理，在说明结果时无需考虑微生物的混入问题。同时还可以在高等植物刚开始栽培的时候取得这种材料，这样就可免去栽培管理的麻烦，就是在温带生长有困难的那些热带植物，也可以利用细胞培养来获取。

培养细胞和正常植物相比，虽说是生长迅速，但繁殖时间比微生物增加数倍乃至数十倍，并且在培养时也需要时间和劳力，两者在试验研究中都是不可忽视的，特别是在需要大量研究材料时，培养费用是相当高的，并要求时间和空间，因此，有优点也有缺点。培养细胞虽然有那么多优点，但培养细胞的稳定性还是个问题，常常产生遗传变异，所以这种变异要不断进行控制。使用培养细胞尽管存在着很多限制条件，但是，培养细胞被应用到次级代谢系统的研究上以后，作为上述缺点的补偿，优点还是绰绰有余的。因此有效地利用培养细胞的特性，采用适当的方法是会取得成果的。

用该种培养细胞作为研究高等植物的次级代谢系统是会遇到种种问题的。就培养细胞来说，因为未分化的细胞占大多数，从代谢来说，不管是质的方面，还是量的方面，可以说是明显不同的。在多数的培养细胞里，由于脱分化作用会导致次级代谢系统发生变动，次级代谢产物的形成就会停止、抑制或出现异常代谢。如在正常植物里存在的芳香油和生物碱类，在培养细胞中不能再生成的情况是存在的（Carew 等，1965）。因为次级代谢系统出现正在分化的细胞里，所以还利用培养细胞的再分化作用，常常可以显现出特殊的次级代谢系统。在莨菪（*Scopalia parviflora*，茄科）培养细胞中，只要根进行再生，就会合成生物碱（Tabata 等，1972）。但也有例外，如紫草的紫草醌生物合成系统，在未分化的培养细胞中也有显现（田端等，1976）。

一般说来，在培养细胞里合成次级代谢产物可以说是和原来植物中合成的次级代谢产物相同，但含量常发生变动。在 *Dimorphotheca sinuata*（菊科）和马铃薯培养细胞中合成花青素和原植物中合成的花青素是同种物质。只要对钻天柳和莨菪的生物碱、海巴戟（*Morinda citrifolia*，茜草科）的蒽酮、荷兰芹的类黄酮等进行研究就可以发现，正常植物中和培养细胞合成的次级代谢产物，两者并没有质的差别。培养细胞中能合成植物里所没有的物质，如在豆科植物的植物抗毒素（Phytoalein）中，豌豆培养细胞合成的豌豆素（Pisatin），只有豌豆在被感染上霉菌以后才能合成这种物质。

在培养细胞中，由于代谢的正常抑制不能充分起作用，所以培养细胞完全有可能合成不同于正常植物的高浓度的次级代谢产物。借助栽培措施可以获得合成能力很高的植株。最明显的例子是，在普通植物的叶中，绿原酸的含量通常不会超过 1%（干重），而在鞘蕊花属（*Coleus*）的培养细胞里，绿原酸的含量有时可高达 10%（干重），在决明（*Cassia tofa* L.）的培养细胞中，蒽酮的合成量有的亦可达到原植物的 10 倍。

如上所述，借助选拔措施，如果能得到稳定的无性系则可以作为次级代谢研究的最适研究系统来使用。

二、研究方法的种类

在本世纪后半叶，生物化学取得划时代进展的原动力是使用放射性同位素的示踪原子研究和色谱法等微量分析技术。用放射性同位素标记的有机化合物，现在已经比较容易获得，把放射性同位素作为追踪物的次级代谢研究有了飞跃发展。在高等植物体内所进行的次级代谢真实情况，主要是依靠上述方法来阐明，这样说并不过分。

借助原子示踪实验，次级代谢的反应系列大纲已经到了明确阶段，各阶段的酶已被证明。次级代谢的全貌已被确定。连续代谢系统的调节、控制等问题已能进行说明。在所谓代谢顺序方面，在高等植物体内的次级代谢的动态研究已经取得进展。

目前，高等植物次级代谢系统的大多数已经发展到可以用酶的水平来解释，并正在达到在酶的水平上阐明调节机理。特别引人注目的是，微量分析技术的发展，不仅对于蛋白质的分离、精制领域，而且对象高等植物次级代谢那样的结构复杂化合物的分离、鉴定也是一个很大贡献。60 年前，整个植物界已知的生物碱也不过 300 种左右，现在仅仅是在蔓性长春花属（Vinca）中已有 300 种生物碱被鉴定。现已分离出 10 000 多种，可见该领域的进步是何等惊人。

本节主要是阐述高等植物次级代谢的研究方法，特别又是以多酚为中心进行阐述，次级代谢的研究方法按以下顺序来阐明。

（一）根据物质的化学结构推断生物合成途径

就高等植物次级代谢来说，大多数都具有复杂的化学结构，从它们的结构来推断它们到底是如何生物合成而成，虽然难以推断的物质很多，但由于现在次级代谢途径已基本明确，所以在实践中发现的新化合物，目前推断它的生物合成途径并不那么困难，这种推断工作对于以后研究的开展，是完全不可缺少的（Robinson, 1955）。曾经根据广泛的天然有机化合物，以它的结构作为素材，来推断其合成途径。在那以后，高等植物次级代谢的研究有了飞跃的发展。

目前，三个主要途径（甲瓦龙酸途径、莽草酸途径、多酮化途径）中化合物的一部分或全部构造已基本明确。因而，首先推断要研究的次级代谢的可能合成途径，然后再着手制定研究方案是很必要的。如结构复杂的属于麦角生物碱的麦角酸和属于罂粟生物碱的吗啡等，前者可以推断是从色氨酸和甲瓦龙酸来的，后者则可推断是由二羟基苯丙氨酸（DOPA）和二羟基苯乙醛作为前导物质而合成（图 8-2）。

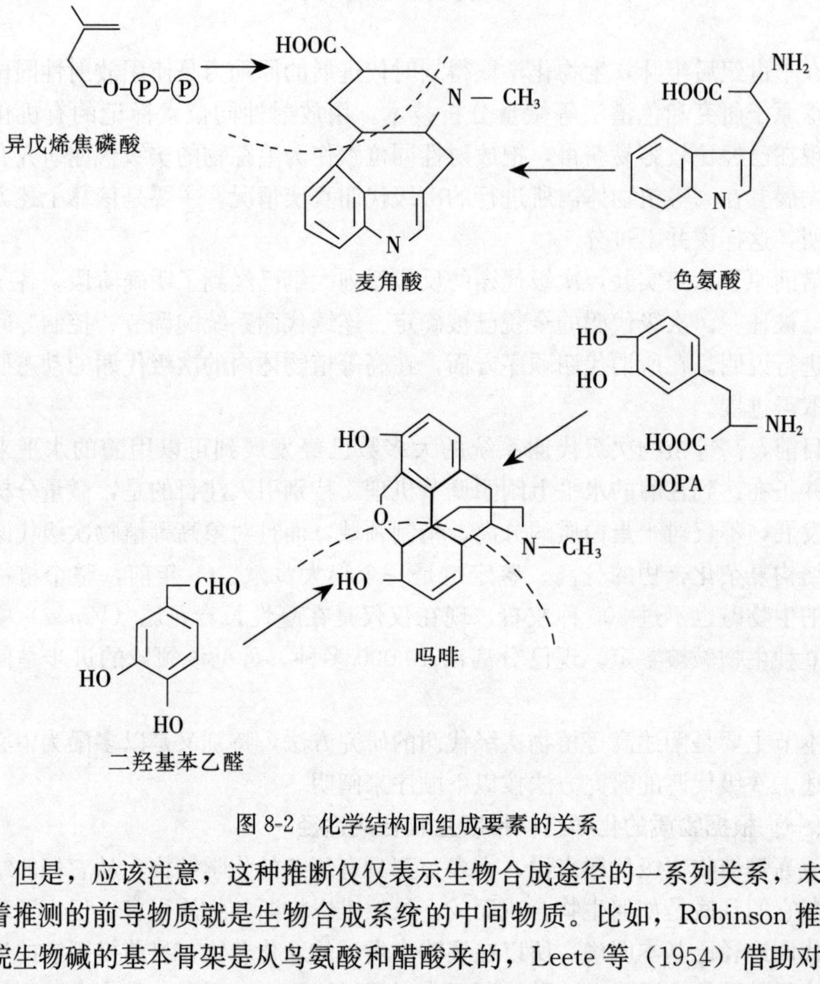

图 8-2　化学结构同组成要素的关系

但是，应该注意，这种推断仅仅表示生物合成途径的一系列关系，未必意味着推测的前导物质就是生物合成系统的中间物质。比如，Robinson 推测颠茄烷生物碱的基本骨架是从鸟氨酸和醋酸来的，Leete 等（1954）借助对洋种朝鲜牵牛花（Daturastramonium）所进行的[14]C-鸟苷酸喂饲研究，对上述推测进行了证实。但是颠茄烷骨架合成的真正中间物质是乙酰谷氨酸半醛，而不是鸟苷酸本身，这一点已经明确（Mattson，1963）。像蒽酮系这类色素，它的全部骨架是由多酮化途径合成，或者是 A、B 两环来自莽草酸，C 环来自甲瓦龙酸生物合成途径。推断这样的生物合成途径类型，如果只看蒽醌的构造进行推断是很困难的。在这种情况下，可借助蒽醌 A 环上羟基化方式，再去确定到底是在哪个途径中被合成。当 A 环上没有羟基，或者羟基邻位存在时，则可认为它是来自莽草酸途径。当 A 环上只有一个羟基或者两个羟基间位存在时，如大黄素和大黄酚，则可认为是来自多酮化途径（Leistner，1973）。

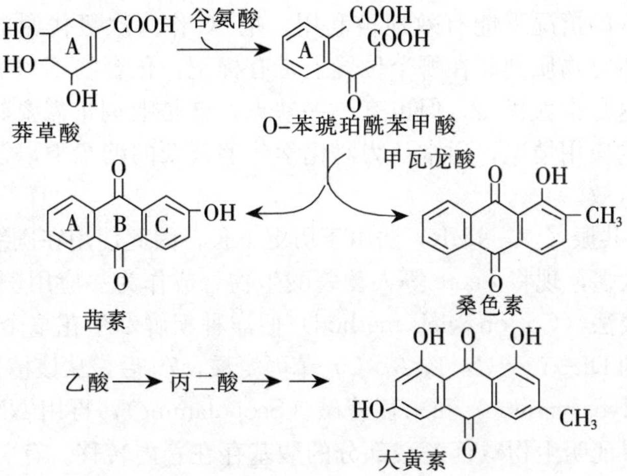

图 8-3　蒽醌的生物合成

如上所述，高等植物次级代谢的途径是错综复杂的，不同植物种类，其代谢途径也有差异。所以，在预测代谢的一切可能性途径的基础上必须制定好研究计划。

（二）示踪物研究法

如上所述，推断次级代谢的生物合成途径，通常必须用原子示踪实验去证明该途径的存在。原子示踪实验之所以能有效地剖析高等植物那样的复杂代谢系统，是因为：①能获得在某种程度上反映着活体实验中的反应动态结果；②能有效地掌握着代谢方向。用于原子示踪实验的追踪原子种类有两大类型：一是放射性同位素，二是稳定性同位素。前者中常用的是^{14}C 和^{3}H，后者是^{15}N。^{14}C 的半衰期很长（5 730年），如果实验设备完全，使用起来还是比较方便的。精密测定仪器也有发展，如液体闪烁计数器等。市场上出售的标记化合物的种类也很多，并正在被频繁地使用着。近年来^{3}H 虽然也经常使用，但是，由于放出微弱 β 射线（0.02MeV），所以只有在液体闪烁计数器作为测定仪器利用以来，才被很好使用。不过由于 H 交换性强，在使用的时候必须充分除去标记化合物中具有交换性的 H。这些放射性同位素虽然也能单独使用，但也可以作为双重标记化合物特定位置上标记物来使用。

对于稳定同位素来说，由于存在着测定仪器精度较为一般化问题，所以在高等植物的次级代谢研究中，一直没推广使用。过去^{15}N 主要用来作为生物碱的生物合成研究，同时，也只作为次级代谢的生物合成示踪来使用。然而，目前 ^{18}C 的利用已经变得引人注目起来。这是因为测定仪器有了进步，借助 100 型摄影电极的核磁共振分光光度计，已有可能除去背景引起的干扰，在高渗入的情况下能有效地被利用。把 ^{18}C 作为次级代谢的示踪物来使用的时候，研究物质到底在哪个位置上带有标记，化合物不需进行化学分解就能决定，这是很大优点。但也有一些缺点，就是喂饲量需要较多。关于在高等植物中的应用情况，通常认为对化学分解繁杂的萜烯类以及类甾醇的生物合成研究有效。

^{13}C-核磁共振（^{13}C-NMR）法由于历史不长，因此使用在次级代谢研究中的例子也不太多，现将 Leete 等人莨菪酸生物合成作为一应用例子说明如下：他们利用棉线法（Cotton wick method）使洋种朝鲜牵牛花整个植株（788g）吸收 100 克的 DL-（1-^{14}C，1，3-^{13}C）苯丙氨酸，7d 后，从该植株中先分离出天仙子胺（Hyoscyamine）和东莨菪碱（Scopolamine），再用 NMR 法调查标记位置，结果证明生物碱莨菪酸部分的羧基存在着内转移。有关 ^{13}C-NMR 法在生物合成研究方面的应用，铃木［日］（1975）已有综述。

在代谢研究中着眼于追踪碳素的办法是常用的，因此，^{14}C 的使用最频繁。尽管这样，在用 ^{14}C 标记化合物喂饲植物时，也还有各种各样应该考虑的问题。

首先应该考虑的是示踪物的喂饲问题。在正常植物中喂饲示踪物的时候，希望能在最接近生理条件下喂饲，但只有喂饲 ^{14}CO$_2$ 时才符合上述要求。就研究次级代谢那样具有很长路线的代谢来说，需要进行很长时间喂饲，这样一来几乎整个生物体物质都会加入标记。因而，形成某种程度的非生理条件是不可避免的。把示踪物的溶液涂于叶子的表面或者在茎部切一个切口让植物吸收。或者选用如下方法：即用棉线穿过茎，并将线的末端浸入溶液，利用蒸腾作用吸收示踪物。当我们已知道次级代谢产物的合成地点时，可把示踪物直接喂饲到该组织里，如能这样，其效果是比较好的。将叶子用打孔器打成小圆片，再将这些圆片漂浮于示踪物的溶液上，或将根的切片投入溶液令其吸收。最近又把示踪物投入到培养细胞里等。上述这些做法都是存在的，在这些情况下，示踪物都是从细胞膜表面直接被吸收，所以吸收效率通常都是比较高的。

就示踪物从切口处被吸收这一方法来说，应用到像橡胶树这类植物就会有问题，因为从该树流出的乳液会首先堵塞切口，而示踪物则不会被吸收。再则，即使普通植物，如果时间过长，也可能因微生物的作用而导致切口堵塞，使示踪物不能吸收。因此，最好在示踪溶液中加入一些抗生物质。一般来说，使切口接触光线，提供流动空气，示踪物的吸收则会相当良好。

因为次级代谢系统中的许多物质不溶于水，所以在该种情况下，常常把喂饲物质先溶于非水溶剂后，再进行喂饲。这样做对植物的生育和代谢可能不会造成阻碍，当然，这一点还必须进行充分研究。Benett 等（1965）在牵牛花幼苗的叶面上涂以^{14}C-角鲨烯（三十碳六烯）的丙酮溶液以后，再用喷雾的方法使硅的石油醚溶液被吸收。这种方法只有在石榴叶上喂饲^{14}C-胆甾醇或在毛地黄的叶上喂饲^{3}H-孕甾烯酮（Pregenolone）才被使用。

使植物叶子小圆片吸收示踪溶液的作法是把漂浮着圆片的器皿放入干燥器中进行减压处理，使示踪溶液渗透到叶细胞间隙里去，这种喂饲方法的情况较为良好，在复原到常压后，是能够继续进行反应的，该种方法，即使在叶子表面用蜡、精油之类物质覆盖后，也仍然有效。

像树木这类的坚固组织，可以先剥开树皮，直接把示踪溶液注入形成层，有时候利用注射器直接注射。对于多汁性的种子和果实来说，若注射到荚中，也是会有效果的。

上述这些示踪物喂饲方法，似乎是无论什么样的物质也未必能够均匀地被吸收，由于物质的种类不同，吸收的程度也会有差异。Grant 等（1964）用糖作吸收实验，结果是：萝卜叶（制成小圆片）对木糖的吸收量高，对半乳糖的吸收只有木糖的 1/2；玉米根切片对葡萄糖和果糖的吸收都比较好，而对木糖来说，几乎不吸收。如上所述，生物体到底只吸收哪种喂饲物质，这就需要调查、测定反应后示踪液中的残留量。

按以上方法去做，在喂饲前导物质以后，当标记被次级代谢产物（指要研究的产物）摄取时，表示该前导物质效率的值，这种表现可以用稀释值和摄取率两种方法表示（前导物质的效率是指在代谢上当作研究目的材料的比例）。

稀释值（Dilution value）是指前导物质的比放射活性除以生成物的比放射活性所得的值，该比值越小，表示着前导物质和生成物质在代谢途径上越接近。该表示方法的优点是，没有必要定量地从植物体中提取出生成物，只要求比放射性活性恒定，如果进行精制则较容易。缺点是存在着一个植物体内相关物质干扰问题，在前导和生成物质之间的代谢系里，如果中间物质的量存在比较多时，标记则会被这些物质捕集，其生成的比放射活性变得非常小，这样一来稀释值就变得更大。再者，在代谢系统的途径中，如果存在其他分支路线，标记就会流向这些路线，预定生成物的比放射性活性必然下降。生成物的含量也影响稀释值，即使在生成物含量极端不同的植物里，喂饲同样的前导物质，稀释值也同样不同。

为了解决这类问题，建议采用另一种方法，就是所谓摄取率（Degree of incorporation）。用百分率来表示生成物中的全放射能除以前导物质的总放射能比值。该值依赖于生成物的 回收率，纯度如果上升，回收率下降。回收率如果上升，则是由混杂不纯物这一问题所引起的，正确的值虽很难得到，但适合于比较相关化合物的标记摄取率，不能笼统地说哪一种表示方法就一定好。据 Watkin 等（1960）报道，在研究荞麦里槲皮素的生物合成实验中，喂饲的苯丙氨酸如果干量在 $5\mu mol/g$ 以下，稀释值则会急剧增大。与此相反，摄取率却没有那种程度的变动，所以，不了解对某个植物的喂饲量是否合适时，渗入法可以提供相对值。由于两种方法有相互补充的关系，如能将两法并用是再好不过的。

作为示踪法的同位素比较实验也经常被采用。这种实验方法是，先用标记的前导物质和不带标记的中间物质（是一种在代谢上，估计是位于前导物质和生成物质之间的物质），同时喂饲植物后，调查生成物的标记是否被稀释。由于同时喂饲了不带标记的中间产物，生成物对放射能的摄取（吸收）如果减少，则该物质在代谢系中间存在的可能性就大。在 Wong（1968）用紫苜蓿来研究黄酮类的生物合成实验中，他把带标记的查尔酮和不带标记的黄烷酮同时喂饲植物体，或将二者倒过来（查尔酮不带标记，黄烷酮带标记）再同时喂饲，从该实验中得出的结论是：查尔酮是黄酮类生物合成的直接前导物质（先质）。不过这个方法未必都能得到预期的结果。譬如：在研究了苹果中根皮苷（Phlorzin）生物合成的 Hutchinson 等（1959）的实验中，若将 ^{14}C-葡萄糖和不带标记的莽草酸、苯丙氨酸等一起进行喂饲，相反的还得到了根皮苷摄取 ^{14}C 增加这一结果。

如上所述，可见示踪实验也不一定就能够得到明确快速的结果。再者，喂饲量如果很大，则不能无视放射线的障碍而带来的影响，在代谢系统复杂的情况下，往往引起标记再分配和混乱，所以就分析来说，充分观察是必要的。此外，也有的在实验中供给生物体双重标记或多标记化合物，然后再去检查被分解的前导物质是否顺利地被纳进生成物的特定位置，并希望能达到实验的预期目的。

（三）酶法研究方法

在利用示踪实验推断次级代谢系统各个反应阶段中，对各阶段催化反应的酶要进行鉴定。由于示踪实验始终不过是表示代谢系统的这些大概倾向，搞清楚这些倾向和相互关系，酶的检测、鉴定是不可缺少的。换句话说，酶的存在如果被证明，这就意味着推断的有关代谢途径的真实性更可靠。当然在一系列反应阶段中存在的酶尽管被证明了，但是，也未必就能断定这是惟一的途径，也就是说，不能否定其它代谢路线的存在。如绿原酸的生物合成,对-香豆酰 CoA 开始的路线的存在也未必能被否定,我们必须考虑植物生理状态的相互推进关系。

再者,催化某反应的酶虽说是存在的,但就以此推断该酶在生物体内肯定和反应有关,这样轻率的判断是危险的。酚酶在高等植物中是普遍存在的,依靠这种酶,在活体植物里,虽然可以从对-香豆酸生成咖啡酸,但是在生物体内的羟化反应就一定是由该酶所催化的,确实证据还未见到(Anson 等,1979;Butt,1979)。

高等植物中酶的提取和精制,是与其他生物不同的。高等植物体内由于常常含有大量酶蛋白的有害物质,所以需要进行各种各样的处理。特别是在使用单宁等多元酚含量高的植物材料时,预先必须在提取溶剂中加入聚乙烯吡咯烷酮等,以除去多元酚。再者,为了防止酶失去活性,一般还要添加巯基保护剂。由于植物组织具有由纤维素、木素等材料组成的坚固的细胞壁,即使将组织磨碎也难以将酶溶出,如果预先把植物和液氮一起进行冻结,然后磨碎,制成粉末标准品,再用缓冲液抽提,酶就能较好地被溶出。抽提出的初酶液再按照蛋白质的精制方法,通过各种离子交换、凝胶过滤、亲和柱色谱法、各种电泳、超速离心等进行分离、精制,使酶纯化。

利用酶来证明次级代谢的例子,这里不能一一列举。在莽草酸途径中,各个阶段的酶已从高等植物中被检出,证明和微生物途径大体是相同的。即使关于类黄酮化合物的生物合成系统,借助对大豆和荷兰芹的培养细胞中酶的精制,该途径已被弄清(Grisebach,1979)。明显例子是关于类黄酮化合物的生物合成,Kreuzaler 等(1975)的研究,在类黄酮化合物的生物合成中借助桂皮酸和丙二酸单酰辅酶 A 的缩合,最初合成的 C_6—C_3—C_6 化合物,虽然可以认为是查尔酮,但是 Kreuzaler 等从荷兰芹的培养细胞中精制提出催化该种缩合的酶并证明酶的反应生成物不是查尔酮,而是黄烷酮,并命名为黄烷酮合成酶。

如果调查一下酶被分离以后的性质,就会发现抑制酶促反应的特异抑制剂,这种抑制剂对于在活体的植物里作为次级代谢的研究已成为一种有力的手段。对苯丙氨酸脱氨酶的特异抑制而被发现的 α-氨氧基-β 苯丙酸(苯丙氨酸的氨基成了氨氧基)是最有希望的抑制剂,这种物质对植物的生长,蛋白质的合成,绿原酸的形成等以及对其他生物体都能有效地抑制,而只对类苯丙烷代谢产生选择性抑制,所以,可以认为是研究次级代谢的有力手段(Amrhein 和 Hollander,1979)。采用这种抑制剂来处理过的红卷心菜芽(*Ipomoea tricolor*,旋花科)及长春花(*Catharanthus roseus*,夹竹桃科)的花,其花色苷(花青素)的生成完全抑制,成为白色。依靠使用这种特异的抑制剂来剖析次级代谢,也许是一个很有希望的方法。

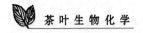

(四) 其他方法

次级代谢在遗传上的研究，当初主要用来进行花色变异的遗传剖析。依照金鱼草等的杂交，从花色苷分析中去推测生物合成，正因为这样，用这种方法后也得到了清楚明确的结论（Alston，1964）。但是，在另一方面，由于分子遗传学的迅速发展，使用微生物的营养要求性变异株研究的生物合成途径，取得了惊人的成果。对以莽草酸途径为首的次级代谢系统的确立有很大的贡献。在高等植物中选拔这样的生物变异菌株，虽然进行了尝试，但一直没有得到显著的成果。不过，Kho 等（1975，1977）利用互补技术（Complementation technique）选拔牵牛花的变异株，如果在这种白色变异株的花冠里加入二氢槲皮素，花色苷的生成就可得到证实。就二氢槲皮素转变成花色苷来讲，还需 2 个优性对立遗传因子。像这样的分子遗传学的研究，已写出了许多报告（Harrison 等，1974；Stickland 等，1974；Kuhn 等，1978；Forkmann 等，1979），由此可见，今后有日益发展的趋势。其中明显的事例有 Kuhn 等（1978）进行的翠菊里的遗传生物化学的研究，他们虽然选择了花色苷生物合成被抑制了的劣性翠菊，但在这样的花中仍积蓄有查尔酮糖苷，可见这种植物确实不具有查尔酮—黄烷酮异化酶的活性。认为该植物的 Ch（查尔酮）遗传基因与异化酶的发现有关，缺少该遗传基因的植株，查尔酮就会积累下来。这一点也表示在黄烷酮合成系统中首先制造的 C_6—C_3—C_6 化合物是查尔酮，所以这一观点和前述的 Kreuzaker 等人对酶通过实验得到的结论是对立的。在牵牛花的花粉中也得到同样的结果。这种分子遗传学的方法期待于今后的发展。再则，直接用 DNA 引起形质转换的研究也正在进行各种各样的尝试。Hess（1969）选用从牵牛花中提取出的 DNA 去处理缺少花色苷合成能力的白色牵牛花的芽，在处理过以后，该芽开了有颜色的花。但目前只有这个报道，还不能作为确实证据，最近由于原生质的分离已成为可能，所以，希望今后的研究能向着使用原生质体这样的方向发展。

此外，还有下述的研究方法，即如果把预备实验的方法增加到二三个，就可以调查由于季节变化而引起的相关化合物含量的变化。调查一个植物中结构相近的化合物在成长过程中存在着什么样的消长关系，这是一种推测代谢的相互关系的方法。Hattori 等（1965）用枸橘的叶研究类黄酮化合物随时间的不同而产生的消长，存在嫩叶中的柚皮素（黄烷酮）随叶子的成熟而消失，黄叶素 ［（Leufolin）（黄酮）］ 开始出现，猜想物质转换的方向可能是从黄烷酮到黄酮。和这种方法类似的还有相关情况时，有的先去调查与喂饲的物质相关连的化合物量的变动情况。例如，如果让毛藤小豆的芽、胚轴吸收莽草酸，于是鸡纳酸的含量就显著增加（Minamikawa 和 Yoshida，1972b）。这些方法仅仅只能表示近源化合物之间的代谢关系，还不能成为有关生物合成途径的直接证据。

其他方面：比如利用损伤去诱导次级代谢，以便利用植物激素对培养细胞的平衡来控制次级代谢等各种有效方法都正在被研究和利用。

第三节　次级代谢的研究

一、利用示踪法的次级代谢研究

用示踪法研究次级代谢时，根据制定的研究目的，在植物的不同部位以不同的方式喂饲标记化合物。一方面是只要植物体能够维持正常生理状态就能研究其物质代谢，另一方面它还能提高物质代谢的效率。这种方法主要着眼于尽可能明确地检查出一连串的生物体反应。

如果从植物体正常角度来看，在水培液里添加标记化合物，并让植物同化$^{14}CO_2$，这种方法大概可以说是最接近生理条件的了。不过，即使是这样，其生理条件多少也会有些减退，此时如果想提高少量的示踪物的利用率，则可让茎及叶柄的切断面和水溶液接触，或者是从植物体内的毛细管现象把溶液吸取上来。假如是果实等物，则可用注射器注入等方式。若按上述等方式去做，可以提高示踪物吸收比例。再进一步则可采用减压渗透（Vacuum infiltration），让标记化合物进入组织切片。目前较尖端的技术是使用单离细胞器官，既可省去依靠植物体吸收溶液（这一要素），又能够明确地追踪随着时间变化的动向。

在本节中，就关于利用植物组织和单离细胞器官的示踪物实验例子，各选两个，并将其操作要点做以介绍。

（一）利用植物组织的示踪研究

1. **幼嫩植物中脂肪族有机酸的代谢**　毛藤小豆芽中的鸡纳酸的含量，虽然每克鲜重平均只有 $0.1\sim0.5\mu mol$，可是莽草酸就几乎没有被检查出来。如果使芽吸收 $5\sim25mmol$ 的莽草酸或鸡纳酸，则其他有机酸的含量各自都有增加，特别是鸡纳酸被发芽种子吸收之后，莽草酸含量即显著上升（Monamika-wa 等，1968a；Minamikawa 和 Yoshida，1972b）。因此，对于研究喂饲较高浓度的标记化合物后，脂肪族有机酸的互相代谢来说，该种幼嫩组织可以说是一种合适的实验材料。

把种子浸入浓硫酸里约 10min 后，用水冲洗，然后用滤纸吸去水分，充分干燥。再把这种种子 1g（约 18~20 个）放入小烧杯里，让其吸收 1.25ml 的 25mmol/L 莽草酸-G-^{14}C（1.16×10^6 衰变/分）溶液，使其在 25℃下暗室里发芽。让该豆芽进行物质代谢 24h 后，追加同浓度的非标记有机酸盐溶液。过一定时间后，除去种皮，芽用水冲洗，然后在乙醇中煮沸 5min。如果必要，在此可加入 3-脱氢鸡纳酸（DHQ）各 50 微克分子作为载体，用离子交换树脂制取有机酸部分。这部分若先用纸层析（丁醇-乙酸-水）（4：1：2）展谱以后，再用电子扫描器试测放射能的去向，在 24 以及 72h 的代谢中，由鸡纳酸向莽草酸转换，按理应有明显变化，但却相反，这种转换部分没有能检查出来。并且，3-脱氢莽草酸以及 3-脱氢鸡纳酸的放射能被认为没有被摄取。不过，只从这一点上就下结论说 3-脱氢莽草酸及 3-脱氢鸡纳酸不是从鸡纳酸转变成莽草酸的中间体，还为时过早。3-脱氢莽草酸和 3-脱氢鸡纳酸由于细胞的代谢场规格极小，并且代谢速度又非常快，检测不出来的可能是完全存在的。

表 8-3　^{14}C 鸡纳酸在毛藤小豆芽中的转变

(Minamikawa, 1976)

实 验	喂饲化合物	放射能的分布（%）			
		苯草酸	鸡纳酸	3-脱氢鸡纳酸	3-脱氢苯草酸
1	^{14}C-鸡纳酸	13.5	48.9	0.3	0.2
	^{14}C-鸡纳酸＋18mmol DHQ	5.3	59.9	<0.1	0.1
	^{14}C-鸡纳酸＋18mmol DHS	5.4	69.9	<0.1	<0.1
2	^{14}C-鸡纳酸	13.1	47	0.5	<0.1
	^{14}C-鸡纳酸＋18mmol DHQ	1.9	60.1	0.1	0.3
	^{14}C-鸡纳酸＋18mmol DHS	1.8	65.4	0.2	<0.1

另外，对^{14}C-鸡纳酸和非标记的莽草酸或者鸡纳酸一起喂饲植物的捕集实验进行了尝试。由于喂饲了高浓度的 3-脱氢莽草酸或者 3-脱氢鸡纳酸，结果是^{14}C-鸡纳酸向莽草酸方向的代谢受到显著的抑制。并且^{14}C 没有被这些脱氢化合物捕集。如果将 3-脱氢莽草酸和 3-脱氢鸡纳酸的残存量进行测定，则可发现这些化合物残存的大部分都因代谢而消失。

2. 块根组织中绿原酸的生物合成　在甘薯块根组织中，由于切伤而引起合成绿原酸以及相关物质。所以，这种组织对于研究绿原酸的生物合成（Kojima 和 Uritani，1972a）来说，是一种非常好的实验材料。

在块根的内部柔软组织中，使用穿孔器打取 19mm×2mm（约 0.55g）的圆片，洗净后，去水气。把这种圆片 24 枚并排列于培养皿里，喂饲 125μmol 的^{14}C-2-反桂皮酸或者 G-^{3}H-鸡纳酸（比放射能调成 2.6×10^{6}Bq/mmol，分别溶解到 1ml 的 5μmol/L 乙酸缓冲液 pH5.5 中）。在 30℃下温育一定时间后，圆片用水洗净，用乙醇提取。提取液按照 Hanson 及 Zuker（1963）的方法用硅胶柱色谱分离，可得含绿原酸及异绿原酸的部分。然后用微晶纤维素 SF 薄层色谱将二者分离。在分离以后的¹⁴C-绿原酸里添加了载体之后，用 1mol/L NaOH 加水分解（室温下在氮气流中 2h）。用 5mol/L HCl 把 pH 调整到 2。该加水分解物用纸层析展谱后，调查放射能的分布状况。绿原酸的咖啡酸部分专门来自桂皮酸，鸡纳酸部分同样还是由鸡纳酸建造。

表 8-4 　¹⁴C-2-反-桂皮酸及 G-³H-鸡纳酸甘薯片里的绿原酸生物合成

(Kojima, Uritani, 1972)

	¹⁴C-2-反-桂皮酸			G-³H-鸡纳酸		
	放射能［衰变/（分·μmol）］	比放射能［衰变/（分·μmol）］	稀释值*	放射能［衰变/（分·μmol）］	比放射能［衰变/（分·μmol）］	稀释值*
喂饲化合物	19.40×10^5	1.55×10^5	—	19.40×10^5	1.55×10^5	—
绿原酸	2.46×10^5	1.48×10^5	10.5	2.96×10^5	1.62×10^5	9.6
异绿原酸	4.1×10^5	3.20×10^5	4.9	4.17×10^5	1.84×10^5	8.4

如果从摄取率（比放射能）和稀释值来看，可以推测，作为绿原酸的前导物质，鸡纳酸比绿原酸更为靠近。还可以推测，在甘薯组织中鸡纳酸平均每克（鲜重）虽然是 4μmol（Minamikawa，1967b）。如果不考虑桂皮酸，这个事情是再清楚不过的了。再者，如把异绿原酸的摄取率和绿原酸的摄取率加以比较，完全有理由认为，异绿原酸是由 1 分子鸡纳酸和 2 分子的咖啡酸结合的化合物。接着，为了查明是否存在鸡纳酸桂皮酸相结合的中间体，让¹⁴C-2-反-桂皮酸同 G-³H-鸡纳酸进行短期的代谢（1.5h）。从硅胶柱色谱中看出，除了内含最终生成物绿原酸和异绿原酸的分离部分 B 以外，另外只有带着³H 及¹⁴C 两种标记的 A 部分，可是，如果 A 部分再用纸层析分离，则³H 同¹⁴C 的位置不一致，因而，Leuy 和 Zncker（1960）在马铃薯中发现的那种结合型中间体，反-桂皮酰和对-香豆酰鸡纳酸在本实验中没有被检查出来。

图 8-4 是块根圆片在喂饲了¹⁴C-2-反-桂皮酸标记化合物之后，在不同代谢时间里所生成的标记化合物的分析结果。从图 8-4 中可知，¹⁴C-2-反-桂皮酸最先被称为化合物 V 的物质摄取，接着，放射能进入绿原酸，在进一步进入异绿原酸（Kojima 和 Uritani，1971，1973）。化合物 V 被认为是桂皮酸以后的最初中间体，其结构被定为 β-1-桂皮酰-D-葡萄糖（Kojima 和 Uritani，1972b）。如果用标记了¹⁴C 的 β-1-桂皮酰-D-葡萄糖化合物喂饲圆片，则可以有效地确认，该化合物已被绿原酸以及异绿原酸摄取。根据这些实验结果可以判定，化合物 V 的桂皮酸部分受到两次羟化后形成咖啡酸-3-氧-葡萄糖，随后，芳香族部分转移到鸡纳酸（或者其活性化衍生物）里，进而生成绿原酸。

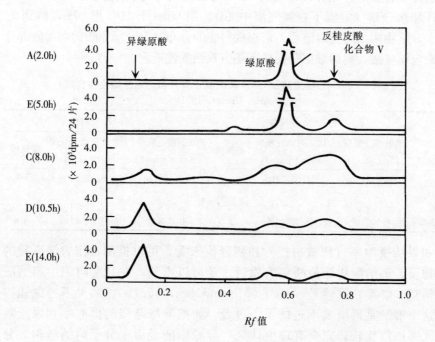

图 8-4　^{14}C-2-反-桂皮酸喂饲甘薯片的乙醇提取物分析

(Kojima，Uritani，1973)

A～E 表示培养时间，表示用纸色谱（溶剂：5％乙酸）放射能的分布调查

（二）用分离细胞器官的示踪研究

1. **花瓣原生质中花青素的生物合成**　就利用示踪法说明物质代谢的效果来说，分离原生质体和原样使用植物相比，前者优点较多。以下就金鱼草的花蕾喂饲了 1-^{14}C-乙酸以后的花色苷的生物合成和花瓣中的花色苷，以及从花瓣中制取原生质体的比较实验给以介绍（Hess 和 Endress，1973）。从使用纤维素酶及果胶酶的叶肉组织中制取原生质体的方法，在青木和建部的论文［日］(1972) 里已做了详细介绍。

（1）利用花瓣的示踪物研究。金鱼草的花蕾（长 10mm 左右）纵向分成 2份，将 160 枚花瓣放入培养皿，让其浸于 10ml 的 0.6mol/L 甘露糖醇［内含 1.85×10^5 Bq/ml 的 1-^{14}C-乙酸（2.26×10^6 Bq/mmol）以及 0.2mg/ml 氯霉素］里。在 22℃下温浴 16h。其光线条件是明 2h—暗 12h—明 2h，明的期间，照度是 1 000lx（Osram-L15W/25）。经培养后，花瓣置 45℃下进行真空冷冻干燥，然后磨成粉末，该粉末和石油醚一起搅匀后过滤，残渣分别用石油醚、乙酸乙酯以及 HCl-乙醚 200ml（乙醚振荡饱和 2mol/L HCl150ml）等洗涤液仔细洗至无色。接着用甲醇（含 1％浓盐酸）从残渣中提取花色苷（花青素）。

（2）利用花瓣原生质体的示踪物研究。用上述同样的花蕾 40 枚切碎后，将其浸入 0.6mol/L 甘露糖醇溶液（pH5.6，内含 0.5％的纤维素酶 Onozuka SS 以及 2％果胶酶 Serva 2159）里，然后进行减压浸透，让溶液进入组织。把上述原样混合液置 22℃下均匀间歇地振荡 1h。在 100×g 下离心分离 5min 后组织碎片。将该碎片放入 0.6 mol/L 的甘露醇溶液（pH5.6，内含 2％的纤维素酶和 0.5％的果胶酶）里，进一步振荡 2h。离心后再把沉淀部分放入 0.6 mol/L 的甘露醇溶液（pH5.6，内含 2％纤维素酶）进行振荡，在几乎全部失去其细胞壁后，原生质体游离出来以前，继续温育。细胞利用 Calcofluor White ST 进行染色来确认细胞壁的失去程度（Nagata 和 Takebe，1970）。再经 3h 的振荡后，90％的细胞会成为原生质体。

将离心以后汇集的原生质体，用 0.6 mol/L 的甘露糖醇溶液（内含氯霉素 0.2mg/ml）离心洗涤 3 次，然后把它悬浊于 5ml 的 0.6 mol/L 甘露醇（内含 1.85×10^5 Bq/ml 的原生质）溶液用和（1）相同的条件温育 16h。反应后的原生质体用甘露醇溶液离心洗涤 3 次以后，进行冻结干燥，后用与（1）相同的方法提取花色苷（花青素）。

（3）花瓣组织和花瓣原生质体中的花青素生物合成比较。含在金鱼草花瓣里的主要花色苷是矢车菊色素-3-葡萄糖木糖苷（Cya-3-GX）。先将提取了的 ^{14}C 标记花色苷溶液浓缩，在该浓缩液中加入一定量的 Cya-3-GX 作为载体，用该混合液在 Kiesel G 薄层板（厚 250μm，20cm×20cm）上点样，样点成条形，以乙酸乙酯-甲酸-水（75：15：15）展谱（Hess，1963），削下和 Cya-3-GX 一致的谱带斑点，放入滤器内，首先用乙酸乙酯，接着用甲醇—HCl 洗脱，洗脱后，在 520mμm 波长处测定洗脱液的吸光度。再测定放射能。如果需要，可利用薄层色谱（TLC）反复分离。

在花瓣和原生质体里喂饲 1-^{14}C-乙酸的吸收率分别为 90％和 74％。正如表 8-5 中所示那样，Cya-3-GX 对 1-^{14}C-乙酸的摄取率，两者虽然大体相同，但使用单离原生质体时的同位素稀释值是用花瓣时的 1/3 以下，前者示踪物的利用率比后者高。并且，在使用花瓣这种物质的实验中，Cya-3-GX-^{14}C 是利用 TLC 进行反复分离。一定要在三次以后，比放射能每分钟计数/微摩尔才能勉强固定，而在使用原生质体实验中，只要进行一次分离，Cya-3-GX 大体就可被纯化。

在示踪研究中就使用单离原生质体的优点来说，从外部喂饲的标记前导物质，在代谢途径转化成的其他物质，可以顺利地被细胞质（研究目的细胞质）

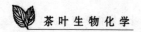

吸收，并且各个原生质体都能被它几乎是均匀而有效地吸收。

表 8-5　金鱼草花瓣中的游离原生质体的花青素生物合成
（Hess，Endress，1973）

实验系	TLC 次数	Cya-3-Gx		
		比放射能（cpm/μmol）	提取率*（%）	稀释值**
I	3	127 116		
	4	131 818		
	5	138 046		
	平均	132 349	4.99	1 002
II	1	413 673		
	2	428 928		
	3	445 849		
	4	424 090		
	5	431 250		
	平均	428 758	5.16	305

2. 利用细胞内颗粒所进行的类苯丙烷的代谢研究　把细胞器官分离后，利用在细胞器官内喂饲标记前导物质，可以预测与该化合物有关的酶系在细胞内的局部存在性。如果对不同反应时间里若干反应生成物随时间的消长情况进行调查，就能够知道各种酶的反应顺序和大致的相对反应速度。下面就使用青冈栎（*Quercus peduncualta* Ehrh.）幼苗的细胞内颗粒所进行的酚酸类代谢的研究为例，加以叙述。

（1）细胞内颗粒的分离（Alibert 等，1972a）。将暗处 20℃下发芽、生育 1 周以后的青冈栎幼苗根作为研究材料。取 100g 根组织和 1L 缓冲溶液，一起放入捣碎机（Turmix）中，低速捣碎 5s。提取用的缓冲液组成是 0.5 mol/L 甘露醇，0.01mol/L Tris-HCl（pH7.3，内含 0.01mol/L EDTA 及 0.1％白蛋白），在 1 500×g 下离心 15min。把所得上清液添加到 15ml 的 0.8mol/L 蔗糖与 0.01mol/L Tris-HCl（pH7.3，内含 0.01mol/L EDTA 及 0.1％白蛋白）的溶液上面，在 $2×10^5×g$ 下离心 20min，把这种沉淀悬浊于 2ml 的 0.3mol/L 蔗糖溶液（其他组成与上述相同）里，收集 10 000×g 的沉淀部分。这里含有线粒体和微粒体。

另一方面，先将 $1×10^4×g$ 的上清液部分用 $1×10^4$ 离心 20min 以后，把所得的沉淀同上述一样悬浊于 0.3mol/L 的 2ml 蔗糖溶液里，这是微粒体部分。

（2）示踪法实验（Alibert 等，1972b）。在 0.1mol/L Tris-HCl（pH8.0），

1mmol/L NADH，10mmol/L 抗坏血酸盐以及 2.4mmol/L U-^{14}C-苯丙氨酸（4.44×10^{10}Bq/mmol）［或者 3.3mmol/L 3-^{14}C-桂皮酸（2.96×10^{10}Bq/mmol］里，加入一定量的细胞内颗粒组分，总量配成3ml。把这种反应液置于一定温度下温育，按不同温育时间从反应液中分别取 0.5ml，用盐酸调成酸性后用乙醚提取。馏去乙醚，将含有反应生成物的残渣，溶入少量的乙醇—乙酸（99：1）混合液里。该混合液中的桂皮酸的分离，可利用不溶性聚乙烯吡咯烷酮柱进行，方法如下：

预先把聚乙烯吡咯烷酮（General Anlilin 和 Film，60～200μm）悬浮于10％的 HCl 里，然后煮沸 10min，接着用蒸馏水洗至中性，再用丙酮除去水分后，置真空干燥器内干燥，最后成为粉末状。使用时再把它悬浮于乙醇—乙酸（99：1）混合液里。将上述试料溶液和桂皮酸的载体（各 25mg）一同添加到柱里，先用同上溶剂展谱，洗脱，然后分别测定各个洗脱部分（270、290、320mμm）的吸光度。桂皮酸、阿魏酸、对-香豆酸、咖啡酸依次被一一洗脱下来。把各部分浓缩后定容，再测定放射能。

微粒体部分里再加进 U-^{14}C-苯丙氨酸（或者 3-^{14}C-桂皮酸）以后，随着反应时间的推进，将会依次生成一系列的 C$_6$—C$_3$ 型酚酸类化合物：桂皮酸→对香豆酸→咖啡酸（图 8-5）。并且，在10 000×g 的分离部分只有桂皮酸生成，除此之外的 C$_6$—C$_3$ 型酚酸则不能生成。表示在微粒体的分离部分里，苯丙氨酸脱氨酶（PAL）、桂皮酸-4-羟基桂皮酸-3-羟化酶虽然都存在（Stafford，1969），但是在含有线粒体的10 000×g 的分离部分里虽然有 PAL 存在，但缺少桂皮酸-4-羟化酶。

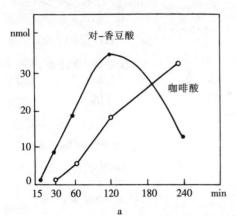
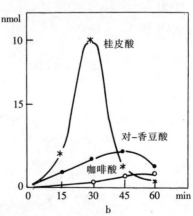

图 8-5　青冈栎幼苗根中微粒体部分的酚酸代谢

（Alibert 等，1972）

a. 3-^{14}C-桂皮酸为基质，蛋白质 1.25mg　b. U-^{14}C-苯丙氨酸为基质，蛋白质 6.2mg

二、借助培养细胞系的次级代谢研究

使用培养细胞系研究物质代谢的优点是，能够比较大量地准备来自特定植物组织的均质细胞。依靠规定的光和营养条件，可使细胞生长一致，这对调节某种特定代谢的显现时期也是可能的。过去曾运用按一定程序排列的由特定酶组合的变异株，不但可用来说明微生物的代谢途径，而且还可以选择培养那些在植物细胞中具有特殊形制的变异细胞，以便能够在研究代谢的实验中使用。

本节就过去使用培养细胞系曾给次级代谢研究带来惊人成果的荷兰芹细胞中的类黄酮生物合成研究以及长春花（*Catharanthus*）的 5-甲基色氨酸抵抗细胞中的色氨酸生物合成研究，分别给以介绍，同时还就关于培养细胞系的次级代谢研究方法加以说明。

（一）由培养细胞产生的类黄酮生物合成

Grisebach（1962）认为，在类黄酮的生物合成中，C_3—C_6（B 环）部分的直接前导物质是桂皮酸的辅酶 A 酯，在生物合成中，三个分子的丙二酸单酰辅酶 A 不断脱羧，反复相继缩合形成 C_6—C_3—C_6 骨架。他提出上述假说，这种假说由于从荷兰芹培养细胞中发现了黄烷酮合成酶（Kreuzaler 等，1975；Kreuzaler 等，1979），可以说已得到事实上的证明（图 8-6）。从那以后，该酶在菊科植物的培养细胞、荷兰芹嫩叶、红卷心菜芽以及郁金香草药中也被发

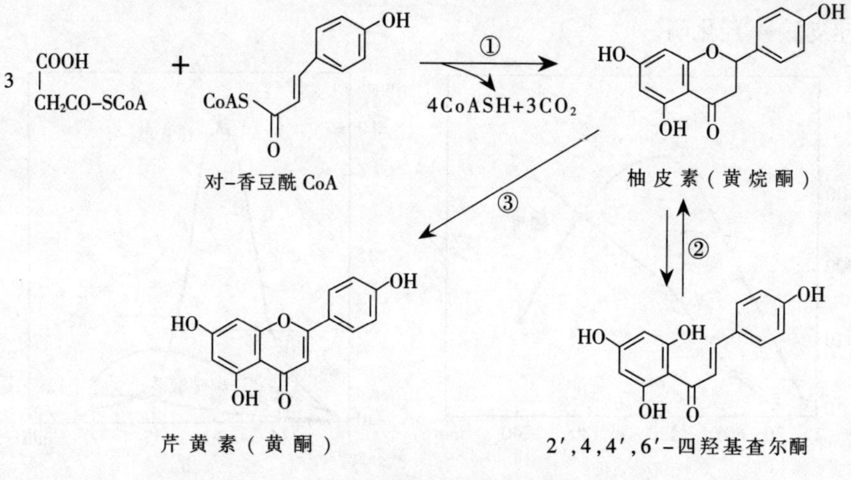

图 8-6　荷兰芹细胞中黄酮类的合成

(Hahlbrock 等，1976)

现。后来相继证明它广泛存在于植物界（Saleh 等，1978；Hahlbrock 和 Grisebach，1979；Grisebach，1979）。

在以下介绍的荷兰芹培养细胞的研究中，若对该细胞连续进行光照，结果，以黄烷酮合成酶为首的且与类黄酮生物合成有关的一系列酶群的活性显著上升，芹黄苷等 20 余种黄酮、黄烷酮被诱导合成。因此，该培养细胞可以说是研究黄酮类生物合成酶系的较为合适的实验材料。

1. **黄烷酮合成酶活性的测定方法**　在 1.0mol 对香豆酰辅酶 A、1.55mol $2-^{14}$ C-丙二酸单酰辅酶 A （9.25×10^5 Bq/μmol，New England Nuclear）、140mol 2-巯基乙醇、10μmol 磷酸缓冲液（pH8.0）中加酶液（1～100μg 蛋白质）使总量配成 100μl。再把预先已将 pH 调至 8.0 的辅酶 A 酯类加到反应液中，将该反应混合液置于 30℃下温育 10～15min 后，加 30μg 的 $4'$，5，7-三羟基黄烷酮（柚皮素）（Naringnin）（事先将该化合物溶于 20μl 甲醇中）使反应停止。之后，对反应生成物 ^{14}C-柚皮素进行分离的方法有以下两种。①先在反应混合液中加 20μl 醋酸，使其成为酸性，用该液体在层析滤纸上点样，以 15％的乙醇水溶液作展谱剂，用下行法展谱，展谱后，把纸谱置于紫外灯下或者用电子色谱扫描仪检测 ^{14}C-柚皮素，取柚皮素部分，用芳烃闪烁仪测量放射能。②将反应混合液和 0.2ml 醋酸乙酯一起激烈振摇 1min，其液体离心后分为两层。^{14}C-丙二酸单酰辅酶 A 留在水层，^{14}C-柚皮素可用有机溶剂提取出来，取 0.1ml 的有机溶剂层，即可用来测量放射能。

但是，作为反应生成物，除了柚皮素以外，往往含有像双对-羟苯乙烯-$4'$-甲氧-$6'$-氧吡喃-$2'$，$4'$-二烯（Bisnoryangonin）这类副生成物（Kreuzaler 和 Hahlbrock，1975a），在这种情况下，使用简化纸色谱的方法②时，因为柚皮素以外的生成物与放射能的测量值有关，所以测量值中应该扣除副生成物的一部分。使用特定的酶进行多种反应时，由于要给予校正值，如果用方法①倒不如用方法②简便，且回收率也高。在利用荷兰芹细胞中的纯化酶来进行的反应中，用方法②测定得到的测定值，再把该值乘上校正系数 0.7 所得的值可以看做是柚皮素的实际生成量。

2. **细胞的悬浮培养**　培养液的配制（Hahlbrock，1975）：每升培养液中含以下物质：蔗糖 20g，KNO_3 2.5g，$MgSO_4 \cdot 7H_2O$ 250mg，$NaH_2PO_4 \cdot H_2O$ 150g,$(NH_4)_2 SO_4$ 134mg，$FeSO_4 \cdot 7H_2O$ 13.9mg，Na_2 EDTA 18.6mg，KI 750μg，$MnSO_4 \cdot H_2O$ 11.2mg，$ZnSO_4 \cdot 7H_2O$ 3mg，H_3BO_3 3mg，$CuSO_4 \cdot 5H_2O$ 390μg，$Na_2MoO_4 \cdot 2H_2O$ 250μg，$CoCl_2 \cdot 6H_2O$ 250μg，维生素 B_1（盐酸硫胺素）10mg，肌醇 100mg，烟酸（维生素 PP）1ml，盐酸吡哆醇（维生素 B_6）1mg 以及 2,4-D 1mg（灭菌前混合培养液的 pH 为 5.5）。在 2L 容积

的三角瓶里加入培养液 400ml，再加入 1/10 容积 7d 以前培养的种细胞，置于暗处，在 26℃ 下振荡培养（110r/min）。如果研究需要，可把 10～20L 的培养液置于发酵槽中大量地振荡培养。在暗处培养 6d 后，为了诱导合成黄烷酮合成酶而进行光照，这里使用能射出足量紫外线 320～350mμm 的荧光灯照射，在 2×10^4lx 下照射 26～28h。细胞（此时反应物生成量为 0.2～0.25g/ml）用玻璃滤器过滤后，再用液氮快速冷冻，并置于 −18℃ 下保存。在该条件下，保存数月，合成酶的活性仍不会大量失活。

3. **黄烷酮合成酶的精制**　将 700g 的冷冻细胞和 700ml 0.1 mol/L 磷酸缓冲液混合（该缓冲液内含 4.2mmol/L 2-巯基乙醇，pH 8.6）。在室温下，一边解冻，一边用研钵把它磨碎。以下操作全部在 0～4℃ 下进行，所述操作使用的缓冲液，除事先说明外，其他全部都是用内含 1.4mmol/L 2-巯基乙醇缓冲液。

离心除去匀浆中的不溶物质后，上清液中加入 70g 上述缓冲液预先平衡后的 Dowex1-X2，搅拌，使黄酮类等多酚组分被离子交换树脂吸附。吸附完毕后，用玻璃棉滤出树脂，得粗酶液。在粗酶液内加硫酸铵，使溶液的饱和度约为 60%，搅拌 6h 后做离心处理，在上清液中加入硫酸铵，饱和度为 80%，用同上方法搅拌、离心，可获得沉淀部分。沉淀用尽可能少的磷酸钾缓冲液溶解（溶解沉淀的最少用量约为 60ml）。该溶解液用葡聚糖凝胶 G-25 过柱，使其脱盐。凝胶柱使用前用上述同样缓冲液平衡，凝胶柱的容量是试样液体的 10 倍。

在上述缓冲液平衡后的 DEAE-纤维素柱（3.2cm×15cm）上，加入脱盐后的酶液，然后用同样缓冲液去洗涤凝胶柱（流速为 80ml/h），再利用 10～200mmol/L 磷酸钾（pH8.0）的直线浓度梯度法（600ml/600ml）洗脱酶蛋白。合成酶的活性峰在磷酸钾浓度约为 90mmol/L 部分出现。收集具有酶活性的分离部分，用等量的 1.4mmol/L 2-巯基乙醇稀释后，用超滤法浓缩到 70ml。再把该浓缩液加到羟基磷灰石柱（2.5cm×9cm）上〔该柱事先用 10mmol/L 磷酸钾缓冲液（pH7.8）平衡〕，先用 0.1～0.2mol/L 磷酸钾缓冲液 pH7.8 洗出大部分蛋白质，然后利用 0.1～0.2mol/L 磷酸钾（pH7.8）的直线浓度梯度法（100ml /100ml）连续由 100ml 的 0.2mol/L 磷酸钾缓冲液 pH7.8 洗脱出合成酶。收集含有酶活性的分离部分，加等量的 1.4mmol/L 2-巯基乙醇稀释。该液体再用超滤法浓缩到 5～6ml 后，加入透析袋中，把该透析袋置于蔗糖中透析 2h 左右，使它浓缩到 2～3ml 为止。

把上述浓缩液加到用 0.1mol/L Tris-HCl 缓冲液（pH8.0）平衡过的 Acryex P-100 层析柱（2cm×36cm）上，用同样缓冲液将酶洗脱出来，收集具有酶活性的分离部分，用上述方法将收集液浓缩到 3ml，以此作为最后的酶标准品。用葡聚糖凝胶 G-200 层析柱代替 Acryex P-100 层析柱，大体上可以得到同样的结果。精制酶的比活性是：$270\mu kat/kg$ 蛋白质。精制后酶标准品的体积是粗酶抽提液体积的 1/270，回收率是 18%。

4. 黄烷酮合成酶的性质 该酶目前仅仅是来自荷兰芹培养细胞并被高度纯化。用上述方法精制出的合成酶，不仅是在 4℃，即使是在 -20℃ 下它也不稳定。就是在酶液中加聚醇、硫醇也还是不稳定。但是，当酶液中的蛋白质浓度高到 2mg/ml 以上时，如果添加 14mmol/L 2-巯基乙醇，置 -70℃ 下保存，在 3~5 周内该酶是稳定的。酶液里如加入 30% 甘油，或加入牛血清蛋白（蛋白质的浓度加到约 5mg/ml）时也会有稳定作用。

来自荷兰芹培养细胞的精制合成酶，如用聚丙酰胺凝胶电泳法对酶进行电泳，则可获得一个单一的锐带。利用十二烷基磺烷硫酸钠存在下的凝胶电泳，也可获得一个单一的锐带。酶的相对分子质量约为 7.7×10^7，它的亚组相对分子质量约是 $4.0 \times 10^7 \sim 4.5 \times 10^7$。酶活性最适 pH 为 8.0，最适温度是 30℃，催化反应在 0.1~0.2mol/L 磷酸钾缓冲液中进行较为合适。磷酸盐缓冲液的浓度如在 0.1 克分子以下或者是在 Tris-HCl 缓冲液中进行，酶的活性就会降低。

在 2 微克分子乙酰辅酶 A 或 $5\mu g/ml$ 金鱼烯素（Cerulenin）存在的条件下，由于它们的影响，酶的活性受到抑制，活性分别下降 50% 和 80%。再者，由 $1\mu mol/L$ 对-氯高汞苯甲酸，$10\ \mu mol/L$ N-乙基马来酰亚胺所产生的抑制作用，酶的活性则分别下降 50%。Mg^{2+}、Ca^{2+}、Fe^{2+} 以及乙二酸四乙胺在 $0.7\mu mol/L$ 浓度下均对催化反应不产生影响，反应生成物——柚皮素和 CoASH 强烈地抑制反应。

5. 培养细胞中黄酮类合成酶系的诱导 如果对置于暗处悬浮培养数日的荷兰芹细胞进行紫外线照射，芹黄苷、$3'$-甲氧基芹黄苷这类 20 余种黄酮、黄酮醇苷元，则被诱导合成。如果一边进行光照，一边按一定光照时间来测定细胞中黄酮类合成有关的一系列酶群的活性，从测定结果来看，这些酶的活性都有显著变化，若把光照后各酶的活性列表加以比较，就可发现，它们明显地分成两群（表 8-6）。第一群酶在紫外光照后 2~2.5h 这一短暂时间中，酶活性开始急速上升，17~23h 达到顶峰，以后 10~17h 内活性一直下降，达到半衰期。第二酶群，光照 4h 后酶的活性开始上升，经过 26~40h 这一比较长的时间，酶的活性才能达到顶峰。37~71h 内酶的活性缓慢下降，达到半衰期。

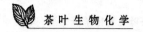

表 8-6　荷兰芹培养细胞中黄酮类合成酶系的光诱导

(Hahlbrock 等，1979)

	酶	始效期（h）	到达顶峰的时间（h）	表观上的半衰期（h）
I	①苯丙氨酸脱氨酶	2～2.5	17	10
	②桂皮酸-4-羟基化酶	2～2.5	22	15
	③对-香豆酸：辅酶 A 连接酶	2～2.5	23	17
II	①黄烷酮合成酶	4	37	37
	②黄酮/黄酮醇 7-氧-葡萄糖基（UDP-葡萄糖）转移酶	4	26	45
	③UDP-芹菜糖合成酶	4	27	71
	④类黄酮苷丙二酰（丙二酰辅酶 A）转移酶	4	≈40	≈40

似乎可以认为，第一酶群是与类苯丙烷代谢有关的酶群，它们不只是合成黄酮类物质，在木质素的合成中同样有着供给共同基质的作用。与上述相反，第二酶群是从 C_6—C_3—C_6 骨架的形成到芹黄苷元的生成这一类黄酮类物质生物合成体系所特有的酶。我们不但应该看到，第一酶群和第二酶群在依靠光诱导活性这方面有共同性，而且还应该看到，它们各自都具有对不同活性调节机制起作用的性质。

"黄烷酮"合成酶催化反应，本应生成黄烷酮，但是这种想法到目前为止，可以说尚没有获得确实证据。用从荷兰芹细胞中得来的均一酶蛋白中分离出的"黄烷酮"合成酶进行研究，在该种研究的最近报道中（Heller 和 Hahlbrock，1980）认为，"黄烷酮"合成酶催化反应的本源生成物是查尔酮，而黄烷酮这种生成物则非常可能是混杂在酶标准品中的查尔酮异化酶的作用，或是由于化学的环化反应，从查尔酮再生成黄烷酮。如果真是这样，该酶就应该被称为查尔酮合成酶。这样，图 8-6 中酶①（黄烷酮合成酶）的反应箭头似乎应该指向四羟基查尔酮。

（二）色氨酸借助培养细胞生物合成研究方法

色氨酸在从分支酸开始的代谢歧路中被合成。在微生物中，该代谢途径在 20 世纪 60 年代的前期已几乎全部搞清；在高等植物中，从分支酸开始到色氨酸合成有关的各种酶，在豌豆、玉米（Hankins 等，1976）、萝卜培养细胞（Widholm，1973）等植物中也已被确认，除色氨酸的生物合成外，生物碱类、吲哚-3-乙酸的生物合成也与上述途径有关，植物中色氨酸的浓度和其他氨基酸相比，一般都非常低，推测该合成可能受到酶的严密的调节作用。作为调节酶来说，认为是与分支起点的邻氨基苯甲酸合成酶的反应有关。已有人根据萝卜、烟草的培养细胞对该酶做了详细研究。在研究中还发现，低浓度（5×10^{-5} mol）的色氨酸已足够使邻氨基苯甲酸合成酶受到反馈抑制。除此以外，色氨酸合成酶的活性也因反应物——色氨酸的影响而被抑制。

在夹竹桃科植物（*Catharanthus roseus*）的悬浊培养细胞中，像萝芙碱（Ajmalicine）这种由吲哚生成的生物碱，经过色氨酸而被大量合成。但是，如果能从该培养细胞中选出仅对 5-甲基色氨酸（Methltryptophan；5-MT）显示抵抗性的细胞来培养，那么，这时细胞内色氨酸的浓度就会达到正常细胞的30～40 倍（Scott 等，1979）。

该细胞中调节酶的性质和正常细胞中的调节酶性质相比，预计会有很大的差别。以下就有关这方面的一系列研究叙述如下。

对氨基酸类似物显示抵抗性的培养细胞中的代谢异常现象，除了上述情况外，在其他代谢中也有发现，如在用烟草、萝卜，以及马铃薯等作为研究材料时，在色氨酸代谢中，以及烟草、萝卜和欧亚槭（*Acer pseudoplatamus*）的苯丙氨酸代谢中，这种代谢的异常现象都有发现。

1. **邻-氨基苯甲酸合成酶活性的测定方法**　在 1ml 的混合液中加入下述要求配制的酶液 1ml 后，反应即开始。反应液置 30℃下温育 30min 后立即加入1mol/L 盐酸 0.1ml，使反应后生成的邻-氨基苯甲酸转溶到 2ml 的醋酸乙酯中，测量荧光强度（激发波长：345mμm，发出光波长为 400mμm），必要时，可在醋酸乙酯提取液中加少量无水硫酸钠脱水。把反应时间为零的混合液作为对照，用已知量的邻-氨基苯甲酸作检量标准曲线。也可用直接荧光光度计追踪邻-氨基苯甲酸的生成（Creighton 和 Yanofsky，1970；Sung，1979）。

混合液的组成：每毫升内含 0.1μmol 分支酸、40 μmol L-谷酰胺以及 8μmol MgCl$_2$。

粗酶液的制取方法：将细胞和 0.2mol/L HEPES 缓冲液［pH7.5，内含60％（V/V）甘油，0.2mmol/L 乙二胺四乙酸钠，0.2mmol/L 二硫苏糖醇］一起放入混合器中碾磨，使细胞磨碎，将磨碎后的细胞浆置于 37 000×g 下离心 5min，将上清液通过葡聚糖凝胶 G-25 柱，使上清液脱盐。把脱盐的上清液作为酶。葡聚糖凝胶柱使用前用 0.1mmol/L HEPES 缓冲液（内含 10％甘油，0.1mmol/L 乙二胺四乙酸钠以及 0.1mmol/L 二硫苏糖醇，pH7.5）平衡后，方可使用。

2. 色氨酸合成酶活性的测定方法　将细胞和 0.4mol/L 磷酸钾缓冲液（内含 40μg /ml 磷酸吡哆醛以及 10mmol/L 2-巯基乙醇，pH8.5）一起搅拌，搅匀后离心处理，把上清液作为粗酶液。取该酶液 0.7ml，让它和内含 40μmol/L 吲哚以及 40μg 磷酸吡哆醛的 0.07mol/L 磷酸钾缓冲液（pH8.5）0.3ml 混合，在 30℃下温育 60min，反应结束后将吲哚转溶到 4ml 的甲苯中。

在 1ml 的甲苯提取液中加 3ml 的 Ehrlich 试剂〔36g 的对-甲氨基苯甲（p-dimethlaminobenzaldehyde），180ml 的浓盐酸，溶解到 95％乙醇中，将总体积调整到 1L〕，5～30min 后用 4ml 95％乙醇稀释，移取一定的混合液在 540mμm 波长下测定吸光度。预先用 0.1～1.0μmol/L 的吲哚做好检量标准曲线（Meyer 等，1970）待用。

3. 色氨酸酶的定量方法　在重量约为 100g 的新鲜试样中加甲醇-氯仿-水（12：5：3）混合液 2ml，在玻璃匀浆器中碾磨提取，离心后，残渣再次用同种溶剂振荡提取、离心。汇集上清液（甲）待用。残渣再进一步用 2ml 乙醇振荡提取，如此反复进行 4 次，汇集离心后的上清液（乙）待用。在上清液（甲）中加 1ml 氯仿，1.5ml 水充分混合。离心后上清液分成两层，弃去下面的有机溶剂层，上层（水层）和乙醇提取液（乙）合并，该合并液在 35℃以下减压浓缩（Bieleki 和 Turner，1966）。

将浓缩后的提取液加到 Dowex50-X2 层析柱上（1cm×20cm，pH3.5），用水洗涤层析柱，与树脂相结合的色氨酸可用 0.3mol/L NH₄OH 洗脱。将洗脱液作冷冻干燥处理。把溶解到一定量水中的酶液作为待测液（丙）（Belser 等，1971）。

在 Escherichia coli 中的 1～20 单位色氨酸酶〔用 Sigma Chem，在市场上出售的，用 Gunsalus 等（1955）或者 Morino 和 Snell（1970）的方法制取的也可以〕中加入 40μg 磷酸吡哆醛钡盐以及 20μmol/L 磷酸缓冲液（pH8.3），体积调整至 1.8ml，在 37℃下维持 10min，把该试液和上述色氨酸待测液（丙）0.2ml 混合，再温育 10min，然后加 100％（重量/体积）的三氯醋酸 0.2ml，使反应停止，再把生成的吲哚转溶到 2ml 甲苯中，用 2 中叙述的方法比色定量（Gunsalus 等，1955）。

4. 长春花细胞的培养以及 5-甲基色氨酸（5-MT）**抵抗性细胞的选择**　配制每升中含有如下组成的液体培养基，1L 中含如下物质（Schenk 和 Hildebrandt，1972）：KNO₃ 2.5g，MgSO₄·7H₂O 0.4g，NaH₂PO₄·H₂O 0.3g，CaCl₂·2H₂O 0.2g，MnSO₄·2H₂O 10mg，H₃BO₃ 5mg，ZnSO₄·7H₂O 1mg，KI 1mg，CuSO₄·5H₂O 0.2mg，Na₂MoO₄·2H₂O 0.1mg，CoCl₂·6H₂O 0.1mg，FeSO₄·7H₂O 15mg，Na₂EDTA 20mg，吲哚 1g，盐酸硫胺素（B₁）5mg，盐酸

吡哆醇（维生素 B_6 ）5mg，2,4-D 0.5mg，琥珀酸钠·6 H_2O 0.5mg，对氯苯基醋酸 2mg，N^6-呋喃甲基腺嘌呤（激动素）0.1mg，蔗糖 30g。

在培养基里加愈伤组织片，在 27℃ 的弱光下振荡培养（100r/min），培养基每 2 周更新 1 次。再将培养细胞转移到含有 5-MT 50mg/L 的培养基中培养 4 周。由于 5-MT 的影响，正常细胞的生长则完全被抑制。为了选出对 5-MT 具有抵抗性的变异株，于是把在上述条件下培养 4 周后仍能生长的细胞移植到同种培养基里，进一步培养 2 周。每 2 周挑选 1 次能抵抗 5-MT 的细胞，反复进行 6 次。用此方法从长春花中分离出 3 种能抵抗 5-MT 的细胞，在以下实验中使用其中的 CRrl 变异株。

CRrl 细胞的生长除了不受 100ml/L 的 5-MT 影响以外，其他的色氨酸类似物，如 4-甲基色氨酸、6-甲基色氨酸、7-甲基色氨酸以及 5-氟色氨酸等物质浓度在 50mg/L 时都不能使该种细胞的生长受到抑制，CRrl 细胞的这种性质即使连续培养数代仍是稳定的。

5. 长春花正常细胞和 5-MT 抵抗性细胞中色氨酸的生物合成　对于正常的长春花（*C. roseus*）培养细胞来说，当培养基中 5-MT 浓度达到 10mg/L 时，细胞的正常生长则受到抑制，抑制率为 50%，当 5-MT 浓度达到 50mg/L 时，细胞的正常生长几乎完全被抑制。但是，CRrl（5-MT 抵抗性细胞）细胞在 5-MT 浓度为 100mg/L 的条件下，细胞仍能连续生长。尽管如此，但是在通常的培养基中，两系统细胞的生长曲线（用鲜重量以及蛋白质重量计算）并没有什么差异。

在不含有 5-MT 的培养基里，培养上述两个系统的细胞，如果仍用该种培养基一直培养下去，在第 6 天，邻-氨基苯甲酸合成酶以及色氨酸合成酶的活性可达到顶峰。正如表 8-7 所表示的那样，5-MT 抵抗性细胞与正常细胞相比，色氨酸合成酶的活性要高 1 倍，邻-氨基苯甲酸合成酶的活性约高 0.5 倍。并且正常细胞中色氨酸合成酶的活性由于受到 $5×10^4$ mol/L 色氨酸的影响，活性下降 26%，而 5-MT 抵抗性细胞中的同种酶，在该条件下，活性仅下降 18%。邻-氨基苯甲酸合成在上述两个系统的细胞中的差异更为明显，正常细胞中的酶的活性由于 $1×10^4$ mol/L 色氨酸的影响，酶的活性则全部被抑制。与此相反，在 5-MT 抵抗性细胞中，酶活性的抑制率则是 55%。

如果把指数生长期（第 4 天）和直线生长期（第 9 天）中色氨酸的含量加以比较就可知道，抵抗细胞是正常细胞的 30～40 倍。色胺的含量，两者之间并没有多大差别。在正常细胞中，从色氨酸以后而被合成的主要吲哚生物碱阿马里新（Ajmalicine），在 5-MT 抵抗性细胞中则完全没有被检测出（表 8-7）。

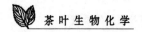

表 8-7 在长春花 (*Catharanthus roseus*) 的正常细胞和 5-MT 抵抗性

培养细胞中的色氨酸生物合成

(Scott 等, 1979)

培养细胞	* 色氨酸合成酶（单位/mg 蛋白质）	* 邻-氨基苯甲酸合成酶（单位/mg 蛋白质）	色氨酸含量（μg/g 干重）	色胺含量（μg/g 干重）	阿马里新含量（μg/g 干重）
	第 6 天	第 6 天	第 4 天第 9 天	第 14 天	第 14 天
正常	40.2	0.289	23.7 6.8	63.6	33.3
5-MT 抵抗性	87.7	0.449	668 293	87.9	—

* 单位：吲哚消耗量，μmol/60min   * * 单位：邻-氨基苯甲酸生成量 μmol/30min

三、利用细胞器官的次级代谢研究

植物次级代谢的最终生成物，未必都只在物质代谢的主要场所——细胞液中积累起来，有时会被转移并积累在细胞的特殊地方。如木质素随着细胞的生长、老化，常作为一种构成细胞壁的主要成分而沉积。类黄酮、酚酸类等化合物通常被认为积累在液泡里。但其中也有一些酶仅仅存在于微粒体中，如桂皮酸-4-羟化酶。另外还有一些酶一直存在于它自身的细胞器官中，如叶绿体这种细胞绿器官，它含有与次级代谢有关的大多数酶。在次级代谢生成物的主要积累场所——液泡里，到底含有多少与次级代谢生成物的合成和代谢有关的酶，这一问题还确实有待于进一步研究。

本章就液泡和叶绿体的制取方法以及使用这些细胞器官所进行的酶学研究加以介绍。关于利用细胞器官的同位素示踪研究已做了若干介绍，这里不再重复。再者就植物细胞器官制取方法的概况做一总结，并列举 Leech (1977) 和 Quail (1979) 的研究方法。

（一）花色苷合成系酶在细胞内的分布

花色苷和黄酮醇苷作为色素成分存在于植物的叶和花瓣中，由于这些色素成分的绝大部分都积累在细胞的液泡里，在液泡里与这些色素生物合成有关的酶系也会有所存在，因而推想这些酶系仅仅存在液泡里，或者是在液泡膜内 (Fritsch 和 Grisebach, 1975)。为了证实这种推想，在下述研究中则首先从花瓣中分离出原生质体，再将来自原生质体的液泡和其他细胞器官分离，进而查明与色素合成有关的三种酶在细胞内的分布 (Hrazdina 等, 1978)。所谓三种酶，是指在花色苷合成的初级阶段、中间阶段以及最后阶段中起作用的酶，即黄烷酮合成酶、查尔酮—黄烷酮异化酶以及花色素 3-氧-葡萄糖基（UDP-葡萄糖）转移酶。

1. **原生质体分离的方法** 原生质的分离方法是先用 70％乙醇将植物研究材料的表面做灭菌处理，然后剥下组织表皮；如果这样做不可能，可把植物组织切成宽 2mm 的碎片。再将该碎片浮在含有 2％纤维素（Cellulysin）（Calibiochem）以及 0.6mol/L 甘露醇溶液里（用 KOH 将 pH 调到 5.8，预先通过 0.22μm 的滤器并做好除菌处理），一边平稳振荡，一边在 25℃下温育 17～24h。除去没有被溶化的组织片后将悬浮液倒入离心管中静置 15min，然后在 70×g 下离心 5min，原生质体则沉积在离心管下部，故可吸引除去上清液部分。

当把朱顶兰的花瓣作为研究材料时，通常把 2 个直径约为 16cm 的花瓣切碎，然后将碎片悬浮在 2％纤维素-0.6mol/L 的甘露醇溶液里（120ml）振荡，这样处理大约可获得 10^7 个原生质体。用同样方法也可从下述植物组织中分离出原生质体，如朱顶兰的叶、小花柄、花蕊以及花柱，郁金香的花瓣和茎，番茄的叶和果实，豌豆的叶等。同时并用果胶素酶和纤维素的原生质体分离方法，已做过叙述。

2. **液泡的制取方法** 把分离出的原生质体（10^7）迅速地加入 240ml 含有 0.2mol/L K_2HPO_4 或者 Na_2HPO_4、3mmol/L $MgCl_2$ 和 1mmol/L 二硫苏糖醇溶液（用盐酸将 pH 调整到 8）中，使溶液成为均匀的悬浊液。该悬浊液用带有叶翼的搅拌器平稳搅拌 2～4min，在这段时间里，原生质体破裂，内部的液泡即被游离出来。但是，由于细胞质颗粒（Particulate cytoplasm）的凝聚物经常会附在叶翼上，因此应该把这种物质清除掉。悬浊液用塑料制的筛子（网目 1mm）过滤，然后使其通过 2 层派热克斯玻璃棉（Pyrx glass）。小心地将滤液离心（23×g 下离心 3min）除去。接着再把含有花色苷色素的液泡悬浊液置 100×g 下离心 3min，使液泡沉淀。如果是不含有色素的液泡，则在 1 100×g 下离心 3min，使液泡沉淀。

从原生质体开始的液泡回收率，朱顶兰是 20％，郁金香花瓣和叶是 40％。原生质体和液泡的数量计算，最好使用穴深为 0.2mm 的载玻片。

如果要进一步精制液泡，可按以下操作进行：先把 0.3ml 离心后获得的液泡上清液在再一次使其成为悬浊液，将该液通过一层玻璃棉后，注入 20ml（或 20ml 以上）的 0.55mol/L 山梨醇液（内含 1mmol/L Tris-MES，pH8.0，0.3mmol/L $MgCl_2$ 以及 1mmol/L 二硫苏糖醇）。液泡里含有色素时在 100×g 下离心 3min，如果液泡是无色的，则置 1 100×g 下离心 3min，悬浊液离心后可回收液泡。万一在无色的液泡中混杂有叶绿体，这时可将 0.55mol/L 山梨

醇溶液（内含 1 mmol/L Tris-MES，pH8.0，5‰Ficoll）的上层液泡悬浊液置
500×g 下离心 5min，只将叶绿体沉淀除去。制取的液泡，如果悬浮在山梨醇
[1mol/L Tris-MES（pH8.0）]中，保存 20h 以上液泡仍不会受到损伤。

3. 从细胞内分离制取酶液　从朱顶兰细胞内制取酶液的方法如下：全部
操作要求在 0～4℃下进行，离心分离时特别要注意的是，除非事先有说明，
否则都是指在 12 500×g 下所进行的。

（1）细胞总提取酶液的制取。将花瓣 0.7g、0.1g 二氧化硅、0.2g 不溶性
聚乙烯吡咯烷酮（不溶性聚乙烯吡咯烷酮事先盐酸洗净）一起加入 2ml 的
0.2mol/L 磷酸钾缓冲液中（pH8.0，内含 2.4mmol/L 2-巯基乙醇），用碾钵
碾碎（约 5min）。碾后的匀浆先离心，然后在离心后的上清液（约 1.6ml）中
加 Dowex1-X2（PO_4^{3-} 型，pH 为 8.0）0.1g，搅拌后，再一次离心。把该上
清液作为花瓣的酶总提取液。

（2）原生质中酶液的制取。将大约含有 2×10^6 g 个原生质体和 0.1g 的不
溶性聚乙烯吡咯烷酮一起加到同上的 1ml 缓冲液中，摇匀，然后离心 2min。
该上清液用 Dowex1-X2 处理后再一次离心作为酶液。

（3）细胞液中酶液的制取。提取液泡时，在第一次离心使液泡沉淀后的上
清液（0.2mol/L K_2HPO_4-HCl，pH 8.0）中，除了含有细胞质的可溶性成分以
外，在操作中，来自破裂液泡的液泡膜也混杂在其中，为了除去液泡膜，则必须把
上清液置 $1\times10^5\times$ g 下进一步离心 30min。该上清液用超滤法（Diaflow CEC）
浓缩到 3ml，以此作为细胞液的酶液。并且在沉淀部分加入上述同样缓冲液
1ml，搅匀后再置 $1\times10^5\times$ g 下离心，将离心后的上清液作为沉淀部分的酶液。

（4）液泡酶液的制取。把大约来自于 2×10^6 个细胞质体的已被游离出的
液泡和 0.1g 聚乙烯吡咯烷酮-AT（不溶性的）一起加入 1ml 和以上相同的缓
冲液中搅匀后，离心。离心后的上清液用 Dowex1-X2 处理后再离心，将离心
后的上清液作为液泡酶液。

（5）细胞质颗粒分离部分酶液的制取。将制取液泡时得到的细胞质颗粒内
含物（Particulate cytoplasm）和 0.1g 不溶性聚乙烯吡咯烷酮-AT 一起加到
1ml 的缓冲液中（种类同上）搅匀，以下操作和以上（4）相同，把最后所得
上清液作为酶液。

4. 花色苷生物合成系酶活性的测定

（1）黄烷酮合成酶。按照上述 Krezaler 和 Hahlbrock（1975b）的方法制
取酶液。在按上述方法制取的 100μl 酶液中，加 5μl 对-香豆酰辅酶 A（1mol/
L）和 5μl 2-^{14}C-丙二酸单酰辅酶 A（1.5mmol/L，1.1×10^5dpm），在 30℃下
温育 20min，生成的 ^{14}C-柚皮素被分离出来后测量放射能。

（2）查尔酮—黄烷酮异化酶（Hahlbrock 等人，1970）。先将 $10\mu g$ 的查尔酮溶入 $10\mu l$ 的乙二醇单甲醚中，然后在该液中加入 0.05mol/L Tris-HCl 缓冲液（pH7.6）以及酶液，总体积调整到 3ml。从酶液加入起，反应就算开始，在 30℃下测定伴随着查尔酮减少而产生的溶液吸光度的变化值。

来自大豆的精制酶，虽然其性质一直在进行研究，但在催化反应达到平衡时，有人认为，反应最终生成物倾向于黄烷酮（Boland 和 Wong，1975）。

反应基质 $2',4,4',6'$-四羟基查尔酮可用柚皮素来制取（Moustafa 和 Wong，1967），即将柚皮素放在 50％ KOH 中，置 100℃下加热 2min，此后，如果将溶液调整成酸性，黄色的查尔酮即可析出。用水—乙醇可进行再结晶。

（3）花色苷 3-氧-葡萄糖基（UDP-葡萄糖）转移酶（Hrazdina 等，1978）。将 14mol/L 的二甲花翠苷（Malvidin）（溶解到 $5\mu l$ 的乙二醇单乙醚中）、0.4mol/L 的 UDP-^{14}C-葡萄糖（$5\mu l$，1.1×10^5 dpm）混合溶解到 $100\mu l$ 的酶液中 [0.2mol/L 磷酸缓冲液（pH8.0）]，置于 30℃下温育 20min。加 $20\mu l$ 醋酸使反应停止，然后再加 $20\mu g$ 的二甲花翠苷-3-氧-葡萄糖（预先溶于 $20\mu l$ 的乙二醇乙醚中）作为载体。取该混合液的一定量进行点样层析，样点点成带状条形，用水-醋酸-盐酸（82：15：3）作展谱剂。展谱后剪取二甲花翠苷-3-氧-葡萄糖部分，测其放射能。

5. **花色苷合成系酶在细胞内的分布** 朱顶兰的主要色素是花葵素和花青素的 3-芸香苷。这些色素随同花瓣的生长而被合成、积累（表8-8）。关于从花瓣的原生质体中分离出的液泡里的花色苷和原来原生质体中的花色苷二者含量间的区别在其他一些研究资料中已有阐述（Lin 等，1977；Wagner）。不过，这一点是明确的，色素存在的场所是液泡。

表 8-8 朱顶兰花瓣生长过程中花色苷的含量和黄烷酮合成酶的活性变化

（Hrazoina 等，1978）

花瓣的长度（cm）	花色苷的含量（μmol/100ml）		黄烷酮合成酶的活性（cpm）	
	平均鲜重	平均干重	细胞液	液泡
2.4	0.01	0.21	367	0
4.9	0.68	11.39	1 310	0
7.5	0.80	14.32	2 550	0

我们知道，在花瓣中，黄烷酮合成酶的活性随着色素的积累而上升。该酶仅局限于存在的细胞液中，而在液泡里，该酶却没有被检测出来。另外 2 个酶——异化酶和葡萄糖转苷酶的活性虽然在大多数的细胞液里已被发现，但是，在液泡中还确实没有被发现。在颗粒分离组分里，不但能看出酶活性的大

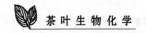

小,而且还能根据细胞液大小以及细胞液的混入情况去推断酶的活性(表8-9)。

表 8-9　花色苷合成系酶在朱顶兰细胞内的分布

(Hrazoina 等,1978)

细胞内的组分	酶的相对活性（%）		
	A	B	C
细胞质颗粒组分	5～15	5～6	6～12
细胞液	80～95	94	88～96
液泡	0	0	0
$10^5 \times g$ 沉淀部分	1～4	0	<1

郁金香的花和叶也能得到和朱顶兰几乎同样的研究结果,包括花色苷和黄酮类在内的生物合成系某些酶,认为它们可能局限在液泡膜的内表面或者是存在于液泡的内部,不过,对这种推测,也有人持否定态度。

(二) 叶绿体中的类苯丙烷代谢

我们知道,在叶绿体中含有着与类苯丙烷的生成和代谢有关的若干酶类。例如,先从菠菜中分离出叶绿体,然后给予该叶绿体$^{14}CO_2$或^{14}C-莽草酸,在光照条件下进行代谢,生成的三种芳香族氨基酸和异戊烯酮类都会带有放射能(Bickel 等,1978,1979)。这里仅用与其他细胞器官无关的叶绿体,但这些芳香族化合物的生物合成就能显示出来。本节就叶绿体的分离方法加以说明,然后介绍一下用叶绿体进行类苯丙烷代谢研究(Ranjeva 等,1977)。

1. 叶绿体的分离方法　以下操作要求全部在 0～4℃下,于暗处或者在绿光下进行。

先将牵牛花叶片的中心叶脉除去,然后用剪刀将叶剪碎。取碎叶 60g 置碾钵中,再加入 120ml 内含 0.1mol/L Tris-HCl (pH7.8)、0.4mol/L 蔗糖溶液(内含 1g/L 牛血清白蛋白,3mmol/L 半胱氨酸-HCl,15mmol/L 乙二胺四乙酸,5g/L 聚亚甲基乙二醇)一起碾磨。碾磨按以下要求进行,先在已注入碾磨液的碾钵中预先铺好三层尼龙布(网目为 $100\mu m$ 一块,$200\mu m$ 两块),把剪碎的叶片放在尼龙布上,叶片上方用双层尼龙布覆盖在碾钵上,然后开始碾磨叶片。也可以把尼龙布做成袋,把叶片放入袋中进行碾磨。这样在碾钵直接碾磨比用捣碎机处理能够更容易地制取无损伤的叶绿体(Nobel,1974)。

在网目为 $35\mu m$ 的尼龙布上垫上 8 层纱布,用它去过滤磨碎物。滤液置 340×g 下离心 10min,把上清液 (20ml) 加入不连续浓度梯度的蔗糖溶液的上方(从离心管下部开始,分别注入 2 mol/L 蔗糖 5ml,1 mol/L 蔗糖 5ml,1 mol/L 蔗糖 10ml,该溶液中除不含半胱氨酸和聚亚甲基乙二醇以外,其他组分均和上述碾磨用液相同。），该离心管置1 000×g下离心15min。因无损伤的叶绿体集结在 1～1.5 mol/L 蔗糖溶液层的界面上，故可用毛细管吸收。叶绿体的凝聚物多集中在 1.5～2 mol/L 的界面上，在0.4～1 mol/L 的界面上则集中一些叶绿体的破碎片。

将完整叶绿体组分置1 500×g下离心 15min，使沉淀部分再次悬浮在 0.4g蔗糖和 0.1 mol/L Tris-HCl（内含 1g/L 牛血清白蛋白，3mmol/L EDTA，pH7.8）溶液中。清洗操作进一步重复2次。

在用上述方法获得的完整叶绿体中，如果确实没有查出过氧化氢酶和延胡索酸酶，通常便认为叶绿体中没有混进"微粒体"和"线粒体"。但是，利用上述清洗操作获得的叶绿体，其同化二氧化碳的能力则有某种程度的降低（每毫克叶绿体每小时同化 0.5mol/L CO_2）（Rathnam 和 Edwards，1976）。用位差显微镜观察，可以看出叶绿体仍保持着双膜结构。

2. 利用分离的叶绿体来研究苯丙氨酸代谢　在含有 $1\mu mol/L$ U-[14]C 苯丙氨酸（3.7×10^{12} Bq）、30mol/L 6-磷酸葡萄糖以及 $300\mu mol/L$ 磷酸缓冲液（pH8.0）中，加入牵牛花的游离叶绿体（相当 $100\mu g$ 叶绿素的量），调整体积至 3ml，该液置30℃、7 500lx 光照下温育。时间为 0、120、240min 后分别取反应混合液 1ml，并与5ml 甲醇混合后置 100℃下加热 2min。从 120、240min反应的实际测定值中减去 0min 的测定值，所得之差即为测定值。

甲醇混合液用滤纸过滤，残渣用 10ml 甲醇洗涤，滤液进行减压浓缩。将浓缩物溶入含有 20％乙醇、20％偏磷酸以及 40％硫酸铵混合溶液中，用乙酸乙酯振荡提取，取含有酚酸混合物的有机溶剂层，馏去溶剂。利用酸以及碱将该提取物加水分解，再将结合型的酚酸全部转移到能使结合型酚酸变成游离型的操作步骤中去。如有必要，这里可加入酚酸类载体。方法如下：先将酚酸混合物全部溶解到 4mol/L NaOH 中，在氮气中放 4h 后用 HCl 调整 pH 为 2，用 15ml 的乙酸乙酯提取 2 次。上述加碱水解的全部操作均用通堡氏管进行。在提取后的水层中加入浓度为 2mol/L HCl，在 100℃下水解 1h，水解后将pH 调到 2，和以前一样，用 15ml 的乙酸乙酯提取 2 次。

收集上述两种乙酸乙酯提取液并减压浓缩，浓缩物用少量甲醇溶解，用下法进行点样、层析，样点为条形，在较低的室温下层析 12h，用 1％醋酸展谱。该步骤可将酚酸类全部溶洗出去，而使类黄酮物质留在滤纸上（Albert 等，1969）。如果用甲醇-乙酸乙酯（1：1）混合液展谱，类黄酮物质可被洗脱出来。上述方法不能区别类黄酮的组分。

酚酸类混合物可用双向纤维素薄层层析进一步分离。方法是：先用氯仿-醋酸-水（2：1：1）展谱，然后用 1％乙酸展谱。如果收集第一次展谱过程中溶剂（展谱剂）的前沿部分，并将该收集部分先用甲醇提取，然后将提取液改用另外的薄层板，该板先用丁酮-乙二胺-水（921：2：77）展谱，然后再用1％的醋酸展谱即可分离酚酸类混合物。展谱后置荧光灯下可检出酚酸类斑点，刮下检出的斑点，即可测量放射能。

牵牛花离体叶绿素苯丙氨酸代谢如表 8-10 所示。

从表 8-10 可知，用离体叶绿体（来自牵牛花）虽然可以从苯丙氨酸生成桂皮酸，但不能向对-香豆酸和咖啡酸方向代谢，不过，经邻-香豆酸可以合成香豆素，并且用 C_6—C_1 型的酸类虽能生成苯甲酸以及它的 2-羟基、5-羟基衍生物，但是，不能生成 4（对）-羟基衍生物。苯丙氨酸在单独的叶绿体中不能向类黄酮物质的方向进行代谢。

表 8-10　牵牛花的离体叶绿体产生的从苯丙氨酸生成的酚酸类

（Ranjeva 等，1977）

化　合　物		毫微克分子/毫克叶绿素	
		120min	240min
C_6—C_3	桂皮酸	3	8
	对-香豆酸	0	0
	咖啡酸	0	0
	邻-香豆酸	2.5	6
	香豆素	8	14
C_6—C_1	苯甲酸	3	7
	水杨酸（邻羟基苯甲酸）	0.9	2.1
	龙胆酸（2，5-二羟基苯甲酸）	1.08	2.25
	对-羟基苯甲酸	0	0
C_6—C_3—C_6	黄酮类	0	0

3. 类苯丙烷代谢系酶在叶绿体中的分布　牵牛花中分离出来的叶绿体所含酶的活性和该植物全叶提取液中酶的活性相比，苯丙氨酸脱氨酶仅含有27％，而桂皮酸-2-羟化酶则含有 100％，然而微粒体组分中的桂皮酸-4-羟化酶却没有在叶绿体中发现（表 8-11）。

我们已知，用分离出的叶绿体不能使苯丙氨酸生成黄酮类（柚皮素）物质，这是因为叶绿体里不含有对-香豆酸（或羟基桂皮酸）：辅酶 A 连接酶，而黄烷酮合成酶和查尔酮—黄烷酮异化酶则存在于叶绿体中（表 8-11）。因此，在叶绿体中，如果提供对-香豆酰辅酶 A 或者它的生成酶系，柚皮素则可被合成。

在叶绿体里虽然含有鸡纳酸羟基桂皮酰辅酶 A（羟基桂皮酰辅酶 A）转移酶（表 8-11），但因缺少辅酶 A 连接酶，即使提供咖啡酸和鸡纳酸也不能生成绿原酸。不过，若提供咖啡酸的代用品咖啡酰辅酶 A 或它的生成酶系，绿原酸则可以被合成。

表 8-11 类苯丙烷代谢系酶在叶绿体中的分布

(Ranjeva 等，1977)

实验	酶	活性 ［（μmol/mg 叶绿体·h）］		a，b
		叶绿体中 (a)	全叶提取液中 (b)	
I	苯丙氨酸脱氨酶	350	1 300	0.27
	桂皮酸-2-羟基化酶	290	285	≈1
	桂皮酸-4-羟基化酶	0	200	0
II	对-香豆酸：CoA 连接酶	0	340	0
	黄烷酮合成酶	217	360	0.85
	查尔酮-黄烷酮异化酶	$9.6×10^3$	$10×10^3$	≈1
	羟基桂皮酰 CoA：鸡纳酸羟基桂皮酰转移酶	4 980	4 720	≈1

第四节 茶叶香气化合物的制备与分析方法

茶叶中的香气化合物含量低，不稳定，易挥发，而且在分离制备过程中易发生氧化、基团转移、缩合、聚合或光化学变化，因此需要特殊的制样和分析技术。

一、茶叶香精油的提取制备方法

对茶叶的香气化合物的提取方法已有多种（表 8-12）。其中应用较多、较为成熟的全组分制样方法为减压水蒸气蒸馏或连续水蒸气蒸馏萃取法（即SDE 法），但该方法在密闭系统中以较高温度萃取，次生反应剧烈，所得精油与茶叶实际香气有一定的差距。茶叶顶空气体分析是目前应用较多的茶叶香气分析方法之一，其分析结果能真实地反映茶叶的香气特征，但该方法捕集到的茶叶香气种类和含量很少。

表 8-12 茶叶香气化合物分析样品制备方法

方 法	样 品	参考文献
静态顶空法	干茶、茶提取物	Heins 等（1996）
静态顶空—多聚物吸附法	干茶、茶提取物	Reymond 等（1996），Vitzthum 等（1978）
溶剂提取法	干茶	山西贞等（1965），Sato 等（1970）

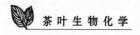

（续）

方　法	样　品	参考文献
CO_2提取法	干茶鲜叶	Grimmeet 等（1981），王华夫（1987）
超临界气体提取	干茶	Vizthum 等（1975），Coenen 等（1982）
水蒸气蒸馏—抽提	干茶	崛田博等（1984），Renold 等（1974）
连续蒸馏萃取法	干茶	王华夫等（1993），曾晓雄等（1998）
吸附丝质法	干茶	侯德镜等（1991），朱金炎等（1992）
冲泡—抽提	干茶	Kawakami 等（1995）
柱吸附—溶剂洗脱法	干茶	重松洋子等（1994），Shimoda 等（1995）

Kobayashi 等（1991 年）认为减压浓缩、连续水蒸气蒸馏—提取、顶空分析等都不能重现真实的茶叶香气，因此近年来很多研究者都在寻求更能代表实际感觉到的真实茶香的制样方法。重松样子等（1994）、Shimoda 、Porapak 等（1995）提出了柱吸附—溶剂洗脱法。

（一）减压蒸馏法

该方法一般是在 5L 烧瓶中放入 200～250g 待分析成品茶样，加约 1～2L 去离子水，在 50℃水浴上减压蒸馏 2h；馏分经 3 个串接的冷阱（冷水→冰盐→干冰→丙酮）冷凝，收集蒸馏液（约 750ml），然后用优质 NaCl（乙醚中重结晶数次，干燥的）饱和，用100ml 无过氧化物的优质乙醚提取 3 次，用无水硫酸钠脱水，然后在 45℃水浴中常压蒸去乙醚，最后得精油（10ml 左右），可直接用于进样分析。

在蒸馏过程中香气成分有少量损失，如在蒸馏前同时加一定量内标物然后根据内标物的损失多寡可对其他香气成分进行纠正。在精油中仍可能残留少量乙醚，如需准确计算精油含量，可在进样分析后，算出乙醚峰的含量，在精油总量中扣除。

如待分析样为非成品茶，一般要增大取样量，如鲜叶约需1 000g 左右，并在减压蒸馏前要先用 1∶1 的氯仿和甲醇或乙醚提取，经浓缩后再用上述步骤进行减压蒸馏。

该方法无法弥补的缺点是，需要大量的试样和试剂，而且样品处理周期长。

（二）同时蒸馏—萃取法

同时蒸馏—萃取法简称 SDE 法（Simultaneous Distillation and Etraction），装置如图 8-7 所示。

操作步骤：A 瓶中装有茶样（50g 左右）和蒸馏水，B 瓶中装有乙醚或其他有机溶剂，两部分加热后，各自的蒸汽在装置的顶部混合，并通过冷凝管冷却，然后在 *EF* 段分层，醚层从 *C* 端返回 *B* 瓶，水层从 *C* 端返回 *A* 瓶，这样便完成了一整个萃取过程。如此连续进行，可以使茶样中的挥发性有机物大大浓缩。

该方法能捕集较多的低沸点香气成分，而高沸点香气成分的收集量低于减压蒸馏法，可以用它们在不同方法中的回收率加以校正，以消除这种误差。

另外，该方法也是目前常用的香气提取方法。但根据 Mitsuya S. 等最近研究表明，该方法所提取的香气成分与实际绿茶茶汤的香气组分比较，酮、直链醛含量增加较多，而且在蒸馏过程中形成大量的 1-丙-2-烯基甲酸酯、甲酸戊酯

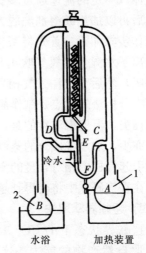

图 8-7 SDE 法萃取装置
1. 3L 玻璃瓶 2. 200ml 烧瓶

和顺-3-已烯基丁酸酯，以及一定数量的芳香醛、吲哚和香酮类衍生物，3-已烯基已酸则减少，而香豆冉、香豆素、香兰素、呋喃酮和内酯则都消失。SDE 法除了新形成一些挥发物外，还引起部分物质的降解，其中直链醇的大量增加很可能是由于糖甙分解的结果。

（三）顶空分析法

顶空分析法（Head Space Analysis），又称液上分析法，是指对液体或固体物质上方挥发性成分直接取样并联用气相色谱分析的一种技术，它是在热力学平衡的蒸汽相与被分析样品共存在于一密闭体系中进行的，顶空分析的取样一般分为静态和动态两种。

静态取样法：是直接吸收样品上方气体注入气相色谱仪进行分析的方法，装置见图 8-8。操作步骤如下：在顶空瓶中放置约 10g 茶样，加一倍量的沸水，加盖并加温 5min 后，用气体针筒抽取上方气体 5ml 直接进行色谱分析。

动态顶空取样法：是将含有香气成

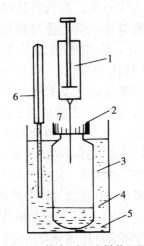

图 8-8 静态顶空取样装置图
1. 注射器 2. 橡胶垫圈 3. 顶空瓶 4. 样品 5. 恒温水浴 6. 温度计 7. 螺帽

分的气体以一定的流速通过多孔高聚物吸附管，香气物质被吸附在高聚物表面，然后再以加热或溶剂洗脱方法使之脱附，最后将脱附的气体直接进样分析。操作步骤如下：首先将茶样置于提取装置中，在干燥的条件下加温，用经过去离子水湿化的氮气吹出顶空气体，并用 Tenax TA 收集加热，使香气成分解吸，然后直接注入气相色谱仪进行分析。

顶空分析法的优点是制作简便、快速，减少了由于长时间处理和加热蒸馏造成的损失，但值得注意的是，静态顶空取样法不仅样气中含有水分，而且捕集到量亦少，加之各成分的蒸汽分压又各不相同，取样时上方压力和温度的变化必然引起气样中相对含量的变化。因此静态顶空取样法没有动态取样法好。该方法在香气研究中将会得到越来越广泛的应用。

（四）超临界萃取法

在超临界状态下的 CO_2 具有很强的提取自然产物的能力。这种能力取决于压缩 CO_2 的压力和温度，一般增加压力，其提取能力也相应增强，相反如果减压，被 CO_2 溶解的物质会从气相中分离出来，超临界 CO_2 萃取法就是基于这个原理。实验装置见图 8-9，操作过程如下：

A 瓶装有干燥的茶样和超临界的压缩 CO_2 气流。当该气流通过茶样时，携带走大量的香气物质和挥发性成分，形成所谓超临界"溶液"，此时压力为 $100\sim300bar$。然后气流因膨胀而进入 B 瓶，于是在 $50\sim70bar$ 的压力下便发生了以上所说的分离。无提取物的纯 CO_2 从 B

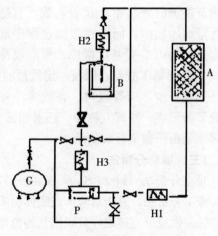

图 8-9　超临界 CO_2 装置示意图
A. 压力管（提取瓶），管内装茶叶　B. 分离瓶，瓶内装液态 CO_2　P. 泵　G. 液化气罐
H1～H3. 热交换器

瓶中释放出来，再用泵将其压缩到 A 瓶中去，如此反复多次，便可得到很浓的茶叶香气浓缩物。超临界 CO_2 萃取法可在极缓和的条件下低温进行，所以很适于分离那些在蒸馏过程中容易发生分解的高沸点组分。加上整个过程中都在 CO_2 惰性气体中，可避免热敏性萃取物的降解，也可防止氧化。因此，得到的萃取物中所含有用成分与原始茶样中的几乎完全相同。该方法是较为理想的方法。

（五）柱吸附法

1. SPME 固相微萃取法　取 2～4g 干茶样，装入 φ25mm×150mm 试管中，并插入制备合格的除去空气的吸附丝，在一定温度和时间内密封和吸附。吸附完毕后，将吸附丝装入居里点裂器，进行瞬间解吸后，进入气相色谱分析。

2. 柱吸附—溶剂洗脱法

(1) Porapack Q 柱法。茶叶用去离子水冲泡，滤纸过滤，滤液用水冷却到 40℃，过柱吸附（28mm×250mm，内装 50ml Porapack Q 吸附树脂），这样可以定量地洗脱挥发性香气化合物。洗脱液用无水硫酸钠干燥 12h，挥发除去溶剂至 1.0ml，则得到香气抽提物，吸附柱可以用 60ml 乙醚、80ml 甲醇、80ml 去离子水分别洗脱再生。

(2) Amberlite XAD-2 吸附树脂法。50g 磨碎茶样，用微沸蒸馏水三次冲泡：分别为 600ml 水泡 8min，500ml 水 6min，400ml 水 4min。收集合并茶汤滤液，冷却至室温，让茶汤通过装有 XAD-2 的吸附柱（20g），流速 3～4ml/min。茶汤全部过柱后，用 1 000ml 蒸馏水以 5～6ml/min 的流速冲洗吸附柱至流出液澄清。用 100ml 乙醚/正戊烷混合液（$V/V=1/1$）以 2ml/min 的流速洗柱，收集解吸液，在密闭容器中用无水硫酸钠脱水 24h 后浓缩至 0.1ml，取 1.0μl 进样，气相色谱分析。用乙醚、正戊烷解吸后的层析柱再用 200ml 无水甲醇以 2ml/min 的流速洗柱，收集醇洗脱液（内含键合态香气前体），减压干燥后，重新溶于缓冲液中酶解，乙醚萃取释放出的挥发性苷元，按前述方法脱水、浓缩，进行 GC 分析。

二、茶叶香气的分离方法

茶叶经过上述方法处理得总精油样，总精油样中含有几百种香气成分，这些成分的分离目前主要用毛细管气相色谱仪。分离条件一般是：采用石英毛细管，内涂有固定相，如 OV-1，SE-52 融硅等，载气（即流动相）为 N_2，进行程序升温 40℃ 至 211℃ 不等。检测器多是氢焰离子化检测器（FID）。最常用的分离柱为 PEG-20M 和 OV-101 石英毛细管柱。由于茶叶香气组分中含有大量的醇、醛、酸、酯等各种含氧类极性化合物，故一般选用 PEG-20M 极性柱，它的分离效果好于非极性的 OV-101 柱。对于低相对分子质量和中相对分子质量的香气物质分离，大多分别选用 PEG-600 及 PEG-1 000-6 000 柱。分析挥发性的游离酸、醛及环氧化合物，也有采用对苯二甲酸封端的聚乙二醇的如 SP-1 000、SP-1 500 等。分析高沸点多核芳香族化合物、高级脂肪酸及其酯、酚、萜烯、甾类化合物可采用甲基硅橡胶 SE30 作固定相。

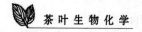

三、茶叶香气的定性分析

气相色谱定性分析方法可归纳为以下几种：

1. 根据色谱保留值进行定性　各种物质在一定的色谱条件（固定相，操作条件）下均有确定不变的保留值，因此保留值可以作为一种定性指标，它的测定是最常用的色谱定性方法。这种方法应用简便，不需其他仪器设备，但由于不同化合物在相同的色谱条件下往往具有近似的甚至完全相同的保留值，因此有很大的局限性。其应用仅限于当未知物通过其他方面的考虑（来源、其他定性方法的结果等），已被确定可能为某几个化合物或某种类型时作最后的确证。其可靠性不足鉴定完全未知的物质。

2. 利用化学反应或物理吸附进行定性　这种方法有以下几种途径：①当分析一种复杂的多组分混合物时，可用化学或物理方法来消除其中一种或多种类型化合物，使其峰在色谱图中消失或变小，从而确定被消失或变小的峰所代表的化合物类型。②使未知化合物进行化学反应，如产生颜色变化，沉淀反应或其他明显的变化以确定所属类型。③未知物分子中的官能团被氢取代，成为母体烃，通过对母体烃的鉴定，确定未知物的碳骨架。④高聚物生物大分子，甚至挥发性化合物通过热裂解产物来进行鉴定。

3. 利用选择性鉴定器的定性　上述三种方法，在定性上有很大的局限性。第一种虽然不能完全确定未知物，但在茶叶香气定性方面，常常是一个重要的参考值。第二种方法显然需要制备一定的未知物，这在茶叶香气定性方面较难办到，因此应用报道较少。第三种方法，虽有不少不同选择性的鉴定器可供选择，但仅靠此方法很难达到鉴定之目的，在茶叶香气定性方面，尚未见应用报道。

4. GC—MS 定性　即气相色谱与质谱和计算机的联用定性。在这个联用系统中，气相色谱起着香气成分分离的作用，质谱起着鉴定器作用，计算机起着数据处理并与标准成分质谱图检索的作用。该方法广泛应用于茶叶香气成分的分析研究中。由于计算机只能给出以吻合率大小排列的一组化合物，不能仅仅以此为依据，尤其是不能认为吻合率大的就是待测化合物，还必须结合其他手段根据香气成分的具体情况综合判断。当数据库无标准图谱时，则应根据质谱裂解与产生规律判断化合物的结构。

另外，气相色谱与傅里叶变换红外光谱联用仪（GC/FTLR）在茶叶香气成分的定性上也曾有学者做过尝试，它是通过傅里叶红外光谱的指纹图谱和特征吸收给出定性结果。该方法也须配合其他方法才能获得可靠判断。

四、茶叶香气的定量

气相色谱定性分析的依据是被测组分的重量或其在载气中的浓度，与检测器响应信号（色谱图上的峰面积或峰高）成正比。

$$m_i = f_i A_i \qquad\qquad (1)$$

$$m_i = f_i h_i \qquad\qquad (2)$$

式中　m_i——被测组分的量；

　　　　A_i——测定组分的峰面积；

　　　　h_i——测定组分的峰高；

　　　　f_i——绝对校正因子。

式（1）是色谱定量分析的依据。若各种操作条件，如色谱柱、温度、流速等严格不变，并在一定进样量范围内半峰宽不随组分含量等改变，也可用式（2）的峰高定量法。因此，要准确进行定量分析，必须准确地测量计算峰高、峰面积和绝对校正因子。但是求绝对校正因子需要准确知道进样量比较困难，一般常用相对校正因子。测定相对校正因子首先要准确称量标准物（色谱纯试剂或确知百分含量的纯品）和被测物，然后混合均匀进样，测出它们的峰高，并确认，测出它们的峰高，并确认标准物质的校正因子为 1.00。再将被测组分的峰高（或峰面积）校正成相当于标准物质的峰高（或峰面积），然后计算被测组分的含量。

（一）常用定量计算方法

1. **归一法**　本法使用时，必须将样品的全部组分馏出，并测出峰高或峰面积，不可以有未馏出或不产生讯号的组分，某些不需要定量的组分也必须测出其峰高或峰面积及校正因子。某组分百分含量即该组分峰面积或峰高与校正因子的积，与该样品中各组分峰面积或峰高与校正因子的积之和的百分比值。

该方法的优点是不必准确知道进样量，尤其是液态样品进样量少不易测准时，更显得方便、准确。同时，仪器与操作条件稍有变动对结果影响较小。

2. **外标法**　在一定操作条件下，用已知浓度的纯样品配成不同含量的标准样，定量进样，用峰面积或峰高对标准样定量作标准曲线。被测样品亦定量进样，所得峰面积或峰高从标准曲线中查出组分的百分含量。

外标法的优点是操作、计算简便，不必校正因子，不必加入内标物。分析结果的准确性主要取决于进样量的重复和操作条件的稳定程度。由于气体进样量的重复性容易解决，此法多用于气体分析。

3. **内标法**　准确称取样品，加入一定量某纯物质作内标物，根据其相应峰面积或峰高之比，求出待测组分的百分含量。内标物的选择十分重要，选择条件是：内标物和样品互溶；两者的峰能分离又尽可能接近。最好两者的性质也相近，内标物的量亦与待测组分含量相近。

（二）茶叶芳香物质定量实例

1. **归一法**　先将制备的芳香物质浓缩液扣除溶剂含量后定量。

$$芳香物质修正值 = \frac{芳香物质\% \times 芳香物浓缩液量}{芳香物质\% \times 1 + 溶液\% \times 溶液密度}$$

式中　芳香物质%　——扣除溶液的实际芳香物质%；

　　　芳香物质%×1——设芳香物质的密度为1。

各组分的含量按下式计算：

$$各组分含量 = \frac{该组分\%}{芳香物质\%} \times 芳香物质修正值$$

2. **内标法**　将各标准品配制成系列浓度梯度，加癸酸乙酯 1.0μl 作为内标，用无水乙醚定容至 10ml，然后以各标准纯品与内标峰面积之比值，对相应标准物质的含量作标准曲线。根据各标准纯品各自的标准曲线，按以下公式计算实际试样中芳香物质含量（μg/kg）。

$$芳香物质含量（μg/kg）= C \times V \times 1\,000/M \times L$$

式中　C——从标准曲线上查得的含量（μg）；

　　　V——芳香物质体积（ml）；

　　　M——试样量（g）；

　　　L——进样量（μl）。

五、测试效果

（1）红外光谱法制样较困难。因为茶叶香气中各组分含量极微，为达到红外光谱的检出量，要设特殊装置制备色谱，色谱出口还需配备冷凝部分收集系统等。

（2）电离型质谱（EIM）由于电子撞击能量较大，在分析茶叶香气时，出现的碎片离子较多，常常不易辨别结构，可采用化学电离型质谱（CIM）和负化学电离型质谱（NCIM）。用异丁烷作反应气体的 CIM 质谱中，出现较大的 $(M—OH)^+$ 伪分子离子；而使用等量的二氧化氮和甲烷，以 OH^- 作为反应离子的 NCIM 质谱中，将出现较高的 $(M—H)^-$ 离子，加之在化学电离质谱中，由于不易辨认的碎片离子相应减少，则易于识图推知结构。

（3）分离度很高的毛细管色谱柱进样量易受限制。但是，采用化学键合柱，无分流进样器，以及改进附加前置柱进行样品浓缩和富集技术，可以克服上述缺点。

（4）应用目前的分析技术，茶叶香气已能检出的高含量成分大多已定性。尚有结构复杂或分离困难或含量甚微的成分有待今后进一步分离定性定量。

（5）由于缺少纯品标样等原因，茶叶香气成分定量大都是相对含量，据田中伸三报道，用已知量的香气混合物进行回收实验，分析结果的变异系数达7.9%～12.1%。制样中加入内标物（绿茶大都用 20mg/L 左右的癸酸乙酯作内标，红茶采用正己酸乙酯为内标）分析结果的变异系数可降至 5.0 以下（1.7%～4.2%），但仍不能算出绝对含量。

第五节　茶叶中功能成分的研究方法

一、茶叶中咖啡碱的研究方法

（一）咖啡碱的提取与纯化

1. 以分析总量为目的的提取方法　常用 1∶70～150 的茶水比将粉碎茶样与水在沸水浴上浸提 30～45min，过滤后，滤液中加入碱式乙酸铅除去色素、蛋白质、多酚等杂质后用于定量分析。为了提高浸提率，在热水浸提时常常加入氧化镁。实验室为了获取高纯度的咖啡碱，常将纯化了的咖啡碱水浸提液浓缩，再用氯仿萃取出咖啡碱，萃取出的咖啡碱经结晶，可获取高纯度的咖啡碱。

2. 咖啡碱工业制备方法　工业制备咖啡碱的方法主要有升华法、溶剂法、吸附法、超临界 CO_2 萃取法等。升华法和溶剂法在生产中目前得到广泛应用，升华法是利用咖啡碱可在 180℃ 大量升华的性质，设计出各种升华装置，并申请了专利。该法可获得药用级的咖啡碱，但主要缺点是提取率较溶剂法低。溶剂法生产咖啡碱应用较为普遍，产品得率较升华法为高。该法常在茶多酚的工业生产工艺中和茶多酚生产工艺配合使用。

（二）咖啡碱总量的分析

咖啡碱的定量方法有多种，主要有碘量法、重量法、定氮法、比色法、层析法、紫外分光光度法、近红外分析法、气相色谱法、高压液相色谱法等。

碘量法：是利用在酸性条件下加入一定量标定过的碘液。咖啡碱与碘生成不溶性过碘化物，然后用硫代硫酸钠滴定剩余的碘而换算分析。

重量法：是利用氯仿抽提纯化了的经水提取后的咖啡碱水溶液，蒸出氯仿，烘干称重。

比色法：是利用在酸性条件下咖啡碱可以和磷钼酸作用生成黄色沉淀，沉淀用丙酮溶解后，置 440nm 处比色定量。

定氮法：是将纯化去杂后的茶叶咖啡碱提取液经酸化后用氯仿萃取、浓缩，以凯氏定氮法测定含氮量，再据含氮量换算成咖啡碱含量。

紫外分光光度法：是利用咖啡碱能吸收紫外光的性质进行测定的定量方法，该法目前被确立为茶叶中咖啡碱总量测定的国家标准（GB 8312—87），波长选用 274nm。

层析法：常用于茶叶中生物碱组分的分析，硅胶是常用的一种支持剂，该法最低检测限为 0.1μg。

高压液相色谱法：该法对茶叶中的茶多酚、游离氨基酸、生物碱都有良好的分离效果。太田敞子等用 HPLC 法同时检测茶叶中游离氨基酸和咖啡碱含量。原理是利用茶叶中的游离氨基酸与异硫氰酸苯酯（PLTC）反应，生成苯基硫酸（PTC）衍生物，用紫外检测器检测。分析条件：色谱柱 Wakopack WS-PTC（φ4.0mm×200mm），流动相 1：乙腈（60m mol/L），pH 6.0 醋酸钠缓冲液（6/94，V/V），流动相 2：乙腈（60m mol/L，pH 6.0 醋酸钠缓冲液（60/40，V/V），梯度洗脱，流速 1.0ml/min，柱温 40℃，检测波长 254nm，进样 30μl。用 HPLC 法分析茶样中的生物碱，根据试样的制备及分析条件，可有多种分析方法，《茶叶品质理化分析》一书介绍了四种方法可供读者查阅参考。张莉等用 Nucleosil ODS（10μm）φ4.6mm×25mm 柱，以 0.04mol/L 柠檬酸水溶液、N，N-二甲基酰胺、四氢呋喃（90：16：4）为流动相，UV 检测器（278nm），以二氯磺胺为内标，分离测定了茶叶中 3 种主要生物碱。出峰顺序为可可碱、茶叶碱和咖啡碱。山口优一，山本万里〔日〕等（1997）用 50％乙腈水溶液提取 0.5g 茶叶粉碎样 1h，滤液用 0.2μm 膜过滤后，吸滤液与等体积的 1mg/ml 邻苯二酚混合作为试液，色谱柱 TS kgel ODS-80 TS 4.6mm×250mm；柱温 40℃；流动相 A 液为 0.1％磷酸，B 液为乙腈-0.1％磷酸（40：60 V/V），A 与 B 由 80：20（0～10min）变至 25：75（10～60min），线性梯度洗脱，流速 1ml/min，紫外检测器波长为 230nm，进样量为 10μl。该法与外标法相比，具有分析精度高、节省儿茶素标样等优点，可同时分离定量茶叶中的咖啡碱和儿茶素。

气相色谱法：该法分析条件为：色谱柱 0.2cm×150cm QV101 型玻柱。氩气流速为 30ml/min，氢气流速为 30ml/min，空气流速为 30ml/min。火焰离子检测器，检测温度 250℃，柱温 150℃，进样口温度 200℃，衰减率 16，进样量 2μl。用峰高法定量，咖啡碱含量，在 0.5～4mg/ml 范围内呈线性关系。

二、茶叶中氨基酸的研究方法

（一）氨基酸的提取与分离

样品用水浸泡、过滤，滤液减压浓缩至小体积，加 2 倍量乙醇沉淀蛋白质、糖类等。过滤，滤液浓缩后过强酸性阳离子交换树脂，用 1mol/L 氢氧化钠或 1～2 mol/L 氨水洗脱，收集对茚三酮试剂呈阳性反应的部分，即为总氨基酸。也可用 70％乙醇回流（或冷浸），提取液减压浓缩至无乙醇后如上述通过离子交换树脂即得总氨基酸。总氨基酸进一步分离提纯常用的方法有离子交换法和成盐法等。茶氨酸的提取分离可采用色层分离法。取茶氨酸含量高、杂质少的茶苗胚根、胚芽，蒸汽固定，80℃烘干，磨碎，60℃温水浸提数小时，减压过滤。滤液过 H^+ 型强酸性离子交换树脂除杂，用水将柱充分洗净，再用 1.5mol/L $NH_3 \cdot H_2O$ 洗脱，收集洗脱液于蒸发皿中，60℃水浴蒸干得总氨基酸。将其用水溶解，进行单向层析（展层剂为正丁醇-冰乙酸-水 4：1：1），据标样及 Rf 值找出茶氨酸位置剪下，用 60％乙醇洗脱，蒸干浓缩，可得粗制品，用无水乙醇重结晶可得粗制纯品。

（二）游离氨基酸总量的分析

（1）铜量法。该法利用游离的 α-氨基酸在硼酸盐缓冲液中能与悬浊的磷酸铜作用形成蓝色的可溶性铜盐，该种铜盐可与乙酸作用生成乙酸铜，可用碘量法定量，测出铜离子的含量，最后换算出氨基酸总量。

（2）茚三酮显色法。该法利用氨基酸在索伦逊缓冲液中可与茚三酮作用生成紫色络合物的性质定量，该法目前已被选作茶叶中游离氨基酸总量的测定方法的国家标准（GB 8314—87）。

（3）另外，游离氨基酸的定量方法还有荧光法、电极法、纸谱法、原子吸收分光光度法、空气整段间隔流动注射分析法、光纤荧光光度法等多种。因茶叶的游离氨基酸是由多种氨基组成的混合物，所以上述这些方法只能说是一种相对定量。因为选用任何一种氨基酸纯品作为标样，都不能代表混合氨基酸的整体。

（三）游离氨基酸的组分分析

游离氨基酸组分的分析方法主要有纸谱法、离子交换树脂柱层析法、薄层层析法、氨基酸自动分析仪测定法、气相色谱法、高效液相色谱法（HPLC）等，目前以薄层层析法、氨基酸自动分析仪测定法和 HPLC 应用较为普遍。

1. **薄层层析法** 与纸谱法相似，仅用微晶纤维素薄层板取代层析滤纸。薄层板制备：将可溶性淀粉加水调匀，再加微晶纤维素粉调成匀浆，比例为微晶纤维素粉-可溶性淀粉-水 10：2：40。将匀浆倒在 28cm×20cm 洁净干燥玻璃板上铺平，厚度约 0.2~0.5mm，晾干，60~80℃烘箱干燥 30min，置干燥器中备用。

分析测定：可按纸谱法点样、层析、显色、洗脱、定量。也可直接在紫外光区扫描测定或者显色后在可见光区扫描测定。该法分析茶中氨基酸组成操作简便，斑点集中，分辨率较高，可分离出 15 种氨基酸，层析时间短，全程4~6h，灵敏度高。

2. 氨基酸自动分析仪测定法 各种氨基酸结构不同，同一氨基酸在不同 pH 缓冲液中和不同氨基酸在同一 pH 环境中所带净电荷各不相同。利用 H^+ 型阳离子交换树脂，在酸性条件下，氨基酸的—NH_3^+ 与树脂所带负电荷（—SO_3^-）彼此吸附，吸附强弱依次为：碱性氨基酸＞芳香族氨基酸＞中性氨基酸＞酸性氨基酸和羟基氨基酸。

氨基酸分析仪一般都用 pH 2.2 缓冲液溶解样品，X—SO_3^- Na^-＋H_3^- N·CH（R）COOH（pH 2.2）——→X—SO_3^-＋H_3NCH（R）COOH＋Na 随 pH 逐渐增加，氨基酸逐渐失去正电荷而从树脂上被洗脱下来，分别与茚三酮反应，由比色系统检测各氨基酸的光密度值，转录成波峰定量。如 835 型氨基酸分析仪的出峰顺序为：Asp-Thr-Ser-Glu-Pro-Gly-Ala-Cys-Val-Mel-Ile-Leu-Tyr-Phe-Lys-NH_3-His-Arg。

样品预处理：茶样用沸水反复提取 5 次，用硅氟化铅除茶多酚等杂质，通 H_2S 除铅，减压浓缩后加 HCl 调 pH 至 2.0。也可将茶沸水提取液用等体积乙酸乙酯反复萃取，减压浓缩（1/5V）后加等体积 pH 2.2 柠檬酸缓冲液混匀、过滤即可。由于红茶中含有溶于热水而不溶于酯的酚类物质，不宜用乙酸乙酯萃取，可直接将茶的热水浸提液过 H^+ 型阳离子交换树脂纯化或用乙酸铅沉淀酚类物质。

操作注意事项：茶氨酸、苏氨酸及天门冬氨酸不易分离，可通过提高柱温、降低流量（缓冲液流量及茚三酮液流量）获得较理想的分离效果。

3. 高效液相色谱法 液相色谱仪通过正邻苯二醛与氨基酸反应，检出荧光定量，此法比茚三酮灵敏，且不受多酚等杂质的干扰。堀江秀树等［日］(1997) 用丹酰诱导法进行茶叶中氨基酸的 HPLC 分析，用氯化丹酰诱导法代替原来常用的邻苯二甲醛（DPA）诱导法克服了使用原来方法脯氨酸等二级氨基酸不能检测出的缺点。方法是：茶样提取液中加入 pH 为 9 的 0.1mol/L 硼酸溶液、氯化丹酰的乙腈溶液（2mg/ml）各 100μl，混合后于 25℃下静置 40min，使试样中的氨基酸进行丹酰化，然后注入 10μl，进行 HPLC 分析，以柠檬酸：乙腈（19：1）作为 A 液，80%乙腈作 B 液进行梯度淋洗，30min 完成分析，可检出天门冬氨酸、谷氨酸、天冬酰胺、谷氨酰胺、丝氨酸、精氨酸、茶氨酸和哌可酸。分析标准误差＜3.5％。郭升平以异硫氰酸苯酯（PLTC）作衍生剂，乙酸钠缓冲液与乙腈梯度洗脱，C_{18}柱分离，紫外 243nm 检测，比较了不同茶叶中氨基酸的含量，认为该法快速、精确、灵敏。

三、多酚类的研究方法

（一）多酚类的提取、分离

茶叶中多酚类物质易溶于热水或含水乙醇。提取前需将干茶磨碎。如系茶鲜叶，可进行"蒸青固定"，投入沸腾的 95％乙醇中，并保持微沸 5min 后捣碎提取。提取液滤出后，用真空蒸发器进行浓缩（以除去乙醇）。浓缩液中加入氯仿进行萃取，以除去脂溶性色素、树脂、咖啡碱等。再依次用乙醚萃取出儿茶素、酚酸与缩酚酸等。用乙酸乙酯萃取出黄酮苷、黄酮醇及其苷类和一些多酚类氧化低聚物等。

（二）茶叶多酚类的组分分离

茶叶中多酚类的组分繁多，组分分离原则大体可按以下方法进行。极性大小不同的组分可利用吸附（各种吸附柱，如硅胶、氧化铝、聚酰胺、树脂等）或分配（如分配柱层析、逆流分配层析）原理进行分离；酸性强弱不同的组分可利用梯度 pH 萃取法进行分离；分子大小不同的组分可利用葡聚糖凝胶分子筛进行分离；分子中具有某些特殊结构的组分，可利用金属盐络合能的不同等特点进行分离，常用的法如下。

1. **纸层析** 通常用双向纸色谱法来分离检验类黄酮化合物。通常使用的层谱剂是正丁醇-冰醋酸-水（4：1：5 或 4：1：2.2），用于第一个方向展开，在第二个方向展开，用 2％醋酸。为了特殊和详细的分离，根据实验目的应选用不同的溶剂系统作展开剂。不同多酚类化合物的分离溶剂系统见表 8-13。

表 8-13 用于多酚类和糖类的纸色谱法溶剂系统

组　成	比例（V/V）	使用层次	测定化合物
正丁醇-醋酸-水	4：1：5	上层	多酚、糖、酸类
正丁醇-醋酸-水	4：1：2.2	混合	多酚类
正丁醇-2mol/L 盐酸	1：1	上层	花青苷类
正丁醇-吡啶-水	6：3：1	上层	糖类
苯-醋酸-水	2：2：1	上层	多酚
乙酸乙酯-醋酸-水	9：2：2	混合	多酚类、糖

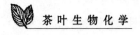
（续）

组　　成	比例（V/V）	使用层次	测定化合物
醋酸-水-浓盐酸	30：10：3	混合	花青素类
甲酸-浓盐酸-水	5：2：3	混合	（貳之）非糖部分
正丁醇-苯-甲酸-水	100：19：25	上层	糖类、花青甙类
正戊醇-醋酸-水	2：1：1	混合	酰化、花青甙类
二氯甲烷-醋酸-水	3：1：1	下层	酰化、茶青甙类
乙醇-醋酸-水	5：2：5	混合	黄酮醇、黄酮醇甙
醋酸-水	15：85	混合	黄酮醇、黄酮醇甙
醋酸-水	2：88	混合	多酚
正丙醇-浓氨水	7：3	混合	酰基

2. 薄层层析　也常用于类黄酮物质的检识，最常用的有聚酰胺薄层、硅胶薄层及纤维素薄层。

用聚酰胺薄层层析分离苷元时常选用亲酯性较大的溶剂展开，如甲苯-氯仿-丙酮（65：15：5）和亲酯性溶剂如苯-丁酮-甲醇（60：20：20）两类。前者分离苷，后者适用于苷元分离。用上述两类溶剂进行双相层析时能很好地分离苷与苷元的混合物。

用硅胶 G 薄层层析分离苷元时常选用亲酯性较大的溶剂展开，如甲苯-氯仿-丙酮（40：25：35），分离苷则用含水的溶剂如乙酸乙酯-丁酮-甲酸-水（53：30：10：10）。被分离物质的结构与 Rf 值的关系为极性大的吸附强，Rf 值小，其顺序为 R—CH$_3$＞RH＞R—O—CH$_3$＞R—OH＞R—O—glu。

3. 柱层析　常用的吸附剂或载体有硅胶聚酰胺、纤维粉和葡聚糖凝胶（Sephadex LH-20）等。Bradfield 等（1948）和 Banpometob（1959）曾用硅胶柱层析分离茶叶中多酚类，得到了（一）-EGC、（±）-GC、（一）-EC、（一）-EGCG、（一）-ECG 和槲皮苷等。D. J. Millin 等（1969）应用 Sephadex LH-20 柱层析法分离提纯鲜叶中五种儿茶素。竹尾忠一等（1975）用 Sephadex LH-20 柱层析对红茶水浸出液中多酚类及其氧化产物进行了分离研究，也取得较好的成效。

4. 高效液相色谱　高效液相色谱（High Performance Liquid Chromatography；HPLC）是利用高效液相色谱仪，配合使用反相键合填充剂，将茶叶提取液注入色谱柱，用紫外检测器测定各种儿茶素的含量组成。该法不必通过衍生等步骤。比 GC 法简单，且准确度高。测定方法如下：

（1）试液准备。取过 40 目茶粉 1.0g 置于 100ml 具塞三角瓶中，准确加入 50ml 50％的甲醇，超声波 10min 后离心，准确吸取上清液 0.9ml 和内标液 0.1ml 混匀，为待测样。

（2）色谱分析条件。Nucleosil ODS（10μm）φ4.6mm×25cm 柱，以 0.04mol/L 柠檬酸水溶液、N，N-二甲基甲酰胺（DMF）、四氢呋喃（THF）（90∶16∶4）为流动相，UV 检测器，波长 278nm，柱温 30℃，流速 1.5ml/min，内标二氯磺胺（DCF），各种儿茶素按 EGC、C、EC、EGCG 及 ECG 顺序出峰。

（三）多酚类的定量分析

1. 多酚类总量的测定

（1）AOAC 法和改进乐文泰尔法。茶叶中的多酚类是多种不同酚性物质组成的极为复杂的混合物。茶叶中多酚类总量测定的经典方法出自美国的公职农业化学家协会（AOAC）。茶叶多酚类总量测定的 AOAC 法为乐文泰尔—诺包尔法，又名高锰酸钾精胶法，该法沿用已久，但是因高锰酸钾滴定终点不易掌握，而且，茶汤中的多酚类物质，有的可以被明胶、酸、盐试剂所沉淀（如 L-EGCG），也有一些不能被沉淀（如一些简单儿茶素），所以测定结果难以准确。再者，高锰酸钾与多酚类之间的换算常数直接影响测定值的大小和真实性，不同的国家，不同的实验室用不同来源茶叶中的多酚样品，研究得出的多酚换算系数有明显差异。多酚的换算系数的研究结果有：4.16、4.67、5.64、5.80、5.82、6.00、5.76、5.94、6.30。Xouolaba，H. A. 认为，从鲜叶到毛茶，茶多酚被氧化缩合越多，它的换算系数应越大。鲜叶为 4.17，揉捻、发酵叶为 7.21，毛茶是 7.35。无论利用一种或多种换算系数，都不能反映出被测茶样中的多酚类总量的真实含量，换算系数，今后还有待于进一步研究。高锰酸钾滴定法（改进乐文泰尔法）是对 AOAC 法的改进，此法是以酸性靛蓝作指示剂，用高锰酸钾对茶汤进行氧化滴定。其滴定值乘以 AOAC 中的所述的换算系数，即为多酚类化合物总量。缺点同 AOAC 法一样存在换算系数问题。

（2）酒石酸铁比色法。该法利用多酚类在一定 pH 条件下可与酒石酸铁形成蓝紫色络合物的性质，用分光光度法定量，该法操作简便，重复性好。目前确立为茶叶中多酚类总量测定的国家标准（GB 8313—87）。茶叶中不同多酚的组分对酒石酸铁的呈色能力有明显差异。如儿茶素组分中具有连位羟基的呈色能力比具有邻位羟基的呈色强 3 倍。由于不同种类，不同地区茶叶中的多酚类组成不同，对酒石酸铁呈色强度也有明显差异。因此，该法也难以确定一个准确的公认的换算系数，目前国标中确定的系数是 3.913。用国标法测定云南地区某些茶样中多酚类总量时，有的茶样数值明显偏高，百分含量几乎和水浸出物相等。看来换算系数仍需进一步研究。

茶叶中多酚类总量的测定除了上述方法外，还有多种。如硫酸铈氧化法、紫外分光光度法、络合滴定法、佛林顿尼斯法、草酸酞钾比色法、半自动化分析法、电位法、原子吸收分光光度法、流动注射分析法、光纤荧光光度法等。每种方法都有各自的优点和缺点。

2. **儿茶素组分的定量** 儿茶素组分的定量方法有多种，如香荚兰素比色法、纸谱分析法、薄层分析法、气相色谱法、高效液相色谱法等，目前选用较多的是香荚兰素比色法和液相色谱法。香荚兰素比色法是利用儿茶素在强酸性条件下可以和香荚兰素生成橘红色到紫红色产物的性质进行比色定量。该反应不受花青甙和黄酮苷的干扰。高效液相色谱法能有效地分离茶叶中的各种儿茶素，分析条件通常选用 $5\mu m$ Hypersil ODS 柱，A 相：2％乙酸，B 相：乙腈。洗脱梯度：92％A 和 8％B，20min 内至 83％A 和 17％B，流速：1.0ml/min，进样量：$10\mu l$，紫外检测器，270nm 检测。

（四）多酚类的工业生产

茶叶中多酚类的工业化生产方法有多种，目前主要方法有：

1. **溶剂萃取法** 该法通常用热水提取，茶水比一般为 1：10～12，茶汁经浓缩、脱碱后用乙酸乙酯萃取，乙酸乙酯萃取液蒸去（回收）后即得粗茶多酚。

2. **金属盐沉淀—萃取法** 该法是将浓缩茶汁中加入适量的金属盐（如 Bi^{2+}、Ca^{2+}、Ag^+、Al^{3+}、Zn^{2+} 等）调节茶汁中的 pH，多酚与金属离子产生络合（复合）沉淀，滤出沉淀，沉淀物用适量的酸溶解（转溶）后再用乙酸乙酯将多酚萃取出来，回收乙酸乙酯后即得茶多酚工业产品。

3. **树脂法** 该法是将茶汁通过装有吸附树脂的树脂床中，多酚类即被树脂吸附，不能被树脂吸附的茶汁中其他杂质即从树脂床中流出，吸附完成后，用洗脱剂（通常用 70％～90％的乙醇）把吸附在树脂床上的多酚类物质洗脱下来，洗脱液中的溶剂（如乙醇）回收后，所得固形物即茶多酚。

4. **超临界 CO_2 萃取法** 该法生产成本偏高，目前停留在实验室阶段。

为了提高茶多酚的工业提取率，提高茶多酚纯度，对上述前 3 种生产工艺各生产厂家近期都进行了改进，茶多酚工业制品中儿茶素总量可达 90％以上，有的产品茶多酚中的 L-（—）-EGCG 的含量＞65％。

（五）茶多酚制品中茶多酚总量的测定

茶多酚制品中非酚性还原性物质相应减少，主要成分是儿茶素。不同制品中多酚类组分的差异很大，使用酒石酸铁比色法（GB 8313—87）测定茶多酚制品纯度，数值明显偏高。1995 年中国轻总会制定、发布了茶多酚中华人民共和国行业标准（QB 2154—95），该标准选用酒石酸铁比色法，方法大体和国标 GB 8313—87 相同，不过制作标准工作曲线所选用的化合物是没食子酸乙酯，认为 10mg 没食子酸乙酯的吸光度与 15mg（一）-表没食子儿茶素没食子酸酯的吸光度相等，故规定从没食子酸乙酯的标准曲线得到和量乘以 1.5 作为茶多酚的换算系数。茶多酚制品中虽然主要成分是儿茶素，但儿茶素种类仍有多种，儿茶素组分中虽以（一）-EGCG 为主体，但是它仍不能代表儿茶素或多酚类的整体。阮宇成认为以（一）-EGCG 为标准的测定值代表儿茶素总量，这对某些酚类化合物与铁络合后的显色强度及各种儿茶素的组分比率来说，都是难以适应和不够恰当的，代表茶多酚更不恰当，并认为，以没食子酸丙酯作测定的标准，以 EGC 代表茶多酚具有比较科学的理论依据和实践意义。茶多酚制品中茶多酚总量的定量方法还有待于进一步的研究。目前一些茶多酚生产厂家以茶多酚制品中儿茶素总量和（一）-EGCG 含量来标注茶多酚制品的质量。茶多酚制品中黄酮类化合物同样具有重要生物活性及药理功能，在临床应用上，同类混合组分常常比单一组分药理功能强。黄酮类化合物也应是茶多酚的重要组分之一，茶多酚的总量是否应该以儿茶素总量和黄酮类之和来表达，有待于进一步的研究。

（六）茶叶中黄酮类化合物的分离和鉴定

称取磨碎干样 1kg，用苯：三氯甲烷（1∶1）混合液在脂肪抽提器中连续提取 20h，残渣用乙酸乙酯提取（黄酮类化合物提取的完全程度，可用 1％香荚兰素盐酸溶液检查儿茶素来确定）。

乙酸乙酯提取液用新煅烧的硫酸钠脱水，脱水后的溶剂在 30～35℃ 真空条件下浓缩至原体积的 1/10 左右。取浓缩液加入 4 倍量的脱水的三氯甲烷中，使黄酮类化合物沉淀析出。经 30min 后，沉淀物用砂芯玻璃过滤器过滤，再用脱水三氯甲烷淋洗，然后在真空条件下置于氯化钙干燥器内干燥至恒重。

为将儿茶素与黄酮类化合物分离，取乙酸乙酯提取物的粉状剂 5g，加入水饱和的乙醚液 25ml，研磨 2～3min，将乙醚层倾泻出，重复 20～30 次，直至用 3～5 滴醚提取液与 0.5ml 香荚兰素试剂反应呈浅粉红色为止。将混合的乙醚提取物不断蒸干，用少量甲醇溶解，充分摇匀，加入干的硅胶，成均一的物质。干燥后小心拌匀，置于装有醚的硅胶柱（6cm×5cm）中，用水饱和的乙醚洗脱。开始脱洗液中含有少量非黄酮性质（黄酮醇类等）的糖甙配基（组分 A），其后的洗脱液中含有儿茶素。

将在含水乙醚中不溶的乙酸乙酯提取物的残余物溶解在极少量的甲醇中。与干硅胶充分混合，按上述方式进行层析分离，儿茶素用水饱和乙醚洗脱，再用甲醇淋洗，使其他的黄酮类化合物洗脱（组分 B）。

将甲醇提取物溶于少量水中，倒入聚酰胺（609，4cm×20cm）柱中，用 500ml 水淋洗，再用 200ml 甲醇洗脱酚类化合物。与上述组分 B 相似条件下，

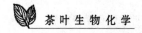

用 Sliper 硅胶柱的层析法分离，当用甲醇洗脱结束后，得到组分 C。组分 A、B、C 用吸附柱层析法进一步分离纯化，得到如下物质。

组分 A：物质 I：无色结晶，$C_{15}H_{12}O_5$，为柚皮素；物质 II：无色结晶，$C_{15}H_{12}O_6$，为双氢山奈素；物质 III：黄色结晶，$C_{15}H_{10}O_6$，为山奈素；物质 IV：黄色结晶，$C_{15}H_{10}O_7$，为槲皮素；物质 V：淡黄色结晶，$C_{15}H_{10}O_7$，为 $5,7,3',4',5'$-五羟基黄酮。

组分 B：物质 VI：山奈素-3-O-β-D-葡萄糖苷（紫云英苷）；物质 VII：槲皮素-3-O-β-D-葡萄糖苷，黄色结晶；物质 VIII：杨梅苷-3-O-β-D-葡萄糖苷；物质 IX：山奈素-3-O-β-D-芸香糖苷（费格里烟碱）；物质 X：槲皮素-3-O-β-D-3-O-β-D-芸香糖苷（芸香甙），黄色结晶。

组分 C：物质 XI：洋芫荽素-8-C-β-D-葡萄糖苷（牡荆苷），淡黄色结晶；物质 XII：芹菜-6,8-二-C-葡萄糖苷，淡黄色结晶；物质 XIII：山奈素-3-O-鼠李二葡萄糖苷，黄色结晶；物质 XIV：槲皮素-3-O-鼠李二葡萄糖苷，黄色结晶。

上述 14 种属黄酮类复合物，其中物质 IV、V、VI、VII、VIII、IX、X、XIII、XIV 9 种属黄酮醇化合物；物质 XI、XII 2 种属黄酮类化合物；物质 I、II、III 3 种属黄烷衍生物。

（七）黄酮类化合物总量的分析

茶叶中黄酮类化合物是一类组分繁多的混合物，多以苷的形式存在于茶叶中，总量近似值的定量方法，常用三氯化铝比色法，利用 $AlCl_3$ 与黄酮类作用后，生成黄色黄酮铝络合物，进行比色定量。黄酮类的标准曲线，用槲皮素鼠李苷为基准物质制定，波长选用 420nm，$AlCl_3$ 的浓度常选用 1%。

四、茶黄素的研究方法

（一）茶黄素的提取

茶黄素能溶于热水，因此，通常方法是，将红茶用沸水浸提 10min，过滤减压浓缩后，用氯仿反复萃取，除去咖啡碱等杂质，水相用乙酸乙酯进行多次萃取，萃取液用硫酸镁干燥，在 30℃ 下减压蒸馏、干燥所得红色固形物即为茶黄素粗制品。

（二）茶黄素的分离

（1）将粗提取物 5g 为 1 份，加入 Sephadex LH-20 柱（用 60% 丙酮水溶液浸泡过夜）上，再用 60% 丙酮进行淋洗，流速 1ml/min，按每 15ml 收集 1 次洗脱液，测定光密度。会集 $E380nm/E460nm$ 比值在 2.5～3.0 范围内的部分，30℃下馏去丙酮，再用乙酸乙酯萃取，经无水硫酸镁干燥，在 30℃下浓缩至干，得到明亮鲜红色物。再经 pH 7，硅胶（Sillic AR CC-7 100～200目）柱（0.8m×4cm）色谱分离，每 1.0g 溶于少量的丙酮-甲醇-水（25：6：2）系统，加入柱上，用三氯甲烷-丙酮-甲醇-水（40：25：6：2）进行淋洗，每 15 ml 收集 1 次，可清楚地分离出每个橙红色的部分。分别收集后于 30℃下浓缩至干。洗出物的顺序是：第一部分为 TF_1，第二部分为 TF_2，第三部分为 TF_3。从柱上回收率约为 82%。这三种产物分别经过硅胶柱分离提纯一次，TF_1分离物用含水甲醇再结晶后，得到 TF_{1a}；TF_3再结晶得到茶黄素-3，3′-双没食子酸酯；TF_2再结晶得到茶黄素-3-没食子酸酯和茶黄素-3′-没食子酸酯的混合物。

（2）将粗提取物 5g 为 1 份加入柱（用 35% 丙酮水溶液将 Sephadex LH-20 浸一夜装柱）上，用 35% 丙酮水溶液淋洗，流速 1ml/min，洗脱液每 15ml 收集 1 次，测吸光度。先洗出的是两个淡黄橙色带 B_1 和 B_2（最大吸收为 400nm），随后洗出的是三个深橙色带 B_3、B_4 和 B_5（最大吸收为 380nm 和 460nm）。合并同一色带的洗脱液，30℃下馏去丙酮，再用乙酸乙酯萃取，萃取液用硫酸镁干燥后浓缩至干，得到色素 P_1、P_2、P_3、P_4、P_5。分别用聚酰胺薄层（展谱剂为甲醇）、硅胶（Sillic AR CC-7）薄层（展谱剂为三氯甲烷-丙酮-甲醇-水＝40：25：6：2），以及纤维素薄层（第一相为正丁醇-冰乙酸-水 4：1.2：2，第二相为 2% 乙酸）进行鉴定。表明 P_1 为茶黄酸；P_2 为表茶黄酸-3-没食子酸酯；P_3 为茶黄素 1b 和茶黄素 1c 的混合物，可通过 3mm 厚的制备性纸谱分离（正丁醇-冰乙酸-水 4：1：2.2 为展谱剂）进一步分离出这两种物质；P_4 为茶黄素-3 或-3′-没食子酸酯；P_5 为茶黄素-3，3′-双没食子酸酯。

（三）茶黄素的定量

茶黄素的定量方法有罗勃兹法（Roberts 法）、罗勃兹修正法——布库恰瓦法、罗勃兹改进法——Ullah 法、系统分析法、Casson 分析法、α-氨基乙酸二苯硼酸酯（Flavagnost）试剂法、氯化铝法等，竹尾忠一（1973）提出 Sephadex LH-20 柱层析法，Whitehad 等（1992）提出一种茶黄素、茶红素总量的快速测定法，Wellun（1981）、Roberson 等（1983）、Bailey 等（1990）提出高效液相色谱法。高效液相色谱法的分析条件参见本章儿茶素的 HPLC 分析条件，检测波长 460nm。

五、茶多糖的研究方法

1. **茶多糖的提取** 茶多糖是一种具有生物活性的高分子化合物，其成分常因提取方法、提取原料的不同以及分离纯化的方法不同而异（表 8-14）。茶多糖在生理 pH 条件下带负电荷，主要为水溶性，易溶于热水，但不溶于高浓度的有机溶剂，热稳定性差，高温、过酸或偏碱均会使部分降解丧失生物活性。常用 70℃的热水浸提。浸提液经减压浓缩后加入酒精进行醇沉，醇沉后经离心或过滤，沉淀部分用无水乙醇、丙酮、乙醚交替洗涤后，再真空干燥至干，即可获得灰色的茶多糖粗制品。

表 8-14　不同制备方法与茶叶复合多糖的组成成分（%）

（钟萝等，1989）

制法提要	类 脂	总 糖	总 氮	总 磷	蛋白质
热酚法，未经沉淀	21.5	25.6	0.91	0.53	5.69
水提法，乙醇沉淀	52.0	43.1	0.81	1.25	5.06
水提法，乙醇沉淀	57.9	26.0	0.49	0.76	3.06
热酚法，离心代替过滤	37.2	34.5	0.70	0.71	4.38
粗制品，未经酚处理，透析	9.5	11.8	11.29	0.94	70.56
热酚法，丙酮沉淀	58.5	32.8	0.72	1.23	4.50
酸性乙醇提取，丙酮沉淀	36.5	47.7	1.02	1.23	6.38

　　2. 茶多糖的分离和纯化　茶多糖的粗制品溶于水，加入氯仿、戊醇（4∶1）混合液，振摇处理样中的蛋白质与混合液，此时形成了凝胶。待凝胶完全分层分离后，即可用离心法除去。除去蛋白质的茶多糖再透析后，除去有机试剂和小分子的成分，茶多糖透析后再加乙醇，使溶液的含醇量达 80%，静置，让茶多糖再次沉淀，离心后获得的沉淀用热水溶解，用氨水调 pH 至 8，在50℃以下滴加 20% H_2O_2 至溶液为淡黄色，保温 2h，经透析、浓缩后可再次用乙醇醇析。黄桂宽等用 40%和 60%乙醇分级沉淀，获得浅黄色茶多糖 TP-1和灰白色的茶多糖 TP-2，得率分别为 2.8%和 0.7%。提取了茶多酚后的茶叶废渣，用上述方法黄桂宽等分离纯化出灰色的茶多糖 TP-3，得率为 3.8%。茶多糖的进一步分离纯化常常还必须借助活性炭柱或凝胶层析分离。活性炭柱可选用 60%乙醇洗脱。据纯化的需要，一般还可选用 Sephadex G-50 分离相对分子质量在 1 万以下的各组分，然后再选用 Sephadex G150-200，进一步纯化。凝胶过滤中茶多糖的浓度可选用 3～4mg/ml，用 0.1mol/min 流速洗脱，分部收集，蒽酮法检测，收集单一组分洗脱液，减压浓缩，最后醇析、干燥后即可得纯度较高的茶多糖。

　　3. 茶多糖相对分子质量的测定　利用 Sephadex G-200 柱（18mm×880mm）测定标准葡聚糖的洗脱体积（Ve）量和蓝糊精（Blue Dextran）的洗脱体积（Vo）量。洗提液为 0.1mol/L NaCl。将 5mg TPS 溶于 1.5ml 水中，测定 Ve。Wang Dongfeng 等采用此法测定纯品 TPS 相对分子质量为107 000

（测定结果如表 8-15）。

表 8-15 Sephadex G-200 柱上 Ve/ Vo 与相对分子质量的对数关系
（钟萝等，1989）

样品名	分子量（×10⁴）	洗脱体积（ml）	Ve/ Vo	lgM
Blue Dextran	＞200	68（Ve）		6.30
Dextran T500	50	73（Ve）	1.07	5.70
Dextran T200	20	85（Ve）	1.25	5.3
Dextran T100	10	109（Ve）	1.47	5.00
DextranT 35	3.5	125（Ve）	1.84	4.54
Dextran T15	1.5	140（Ve）	2.06	4.18
TPS Ⅱ	10.7	99（Ve）	1.45	5.04

4. 茶多糖含量分析 茶多糖总糖含量常用蒽酮—硫酸法或苯酚—硫酸法，用咔唑—硫酸法可测定茶多糖中糖醛酸含量。

六、茶皂素的研究方法

（一）茶皂素的提取与分离

1. 茶叶皂素的提取分离 取 1.8kg 茶叶，加入 9 000ml 的 97％甲醇，于60℃下回流提取 6h，过滤得滤液，减压浓缩至 1 000ml，加等体积环己烷萃取。将甲醇—水层加聚乙烯吡咯烷酮 40g，搅拌后放置 30min，过滤。滤液在40℃下减压蒸发干燥后溶解于 500ml 水中，加等量正丁醇萃取。正丁醇层减压蒸发干燥后溶解于 300ml 15％甲醇中，进行凝胶吸附（Sephadex LH-20，1 400ml），用 15％甲醇—水 3 000ml 洗脱，收集洗脱液浓缩干燥，可得粗茶叶皂甙约 16.2g。将粗茶叶皂甙按皂甙溶剂比为 1∶3 的比例加入 15％的甲醇水溶液溶解，过 COSMOSIL75C18-OPN 柱（体积 200ml），用 40％、60％和80％甲醇溶液洗脱，得皂甙 A、B 和 C。进一步用制备色谱进行分离，得皂甙Ⅰ、Ⅱ、Ⅲ、Ⅳ、Ⅴ、Ⅵ、Ⅶ、Ⅷ和Ⅸ 9 种茶叶皂甙。

2. 茶籽皂素的提取分离 取一定量茶籽饼，首先用 5 倍体积的石油醚于60℃左右回流提取茶油，过滤，蒸发回收溶剂，然后用 3 倍体积 90％左右的乙醇溶液浸提 2～3 次。合并提取液减压浓缩至含固量为 20％，加等体积水饱和正丁醇萃取 3 次，合并醇层。将正丁醇层减压浓缩干燥，得浅黄色茶籽皂素。进一步通过薄层层析分离出纯皂甙。

（二）茶皂素的定量测定

1. 分析皂甙糖体定量法 用测定水解前后糖含量之差，间接定量皂甙含量。利用戊糖与己糖在非含氧酸存在的条件下可转化成糠醛，糠醛进一步可与间苯三酚作用（Tollen 氏藤黄粉试验），形成有色物质，色泽强度与糖分含量成正比这一原理间接定量皂甙含量。茶皂素酸水解时，分子上的 4 个糖分子被分离出来，设想可按上述反应进行。样本中除了茶皂素以外，尚有寡糖和多糖存在，因此，常选用溶剂法提取茶皂素，以排除多糖的干扰，再用碱式醋酸铅除去供试液中的茶皂素，再测定其他糖的含量，根据该糖量与供试液中总糖测定值之差，计算茶皂素的含量。

测定步骤如下：称取重量相等的样品 2 份，用 80％的乙醇萃取茶皂素（工业产品不必再用乙醇萃取），除乙醇后调节供试液的酸度至 pH 7～8。其中1 份不除茶皂素，供总糖测定用；另 1 份用碱式醋酸铅除去茶皂素，即可定量茶皂素以外的糖含量。

显色与定量：吸取一定量（1ml）的供试液，分别加入盐酸（＞22％）3ml 与 2％间苯三酚乙醇溶液显色剂 1ml，在 80℃水浴中加热 180min，冷却后，定容，于 450nm 下比色。去茶皂素与不去茶皂素 2 份供试液测定（E 值）之差，为茶皂素中糖分的显色强度。根据标准曲线，计算出样品中茶皂素的含量。

2. 以皂甙元为基体的定量分析　此法基于茶皂素能与铅、钡盐类作用，产生沉淀形成复盐，这种复盐在酸性条件下又重新解离出金属离子与茶皂素，达到提纯茶皂素的目的。除去金属离子后，茶皂素在强酸条件下水解时，糖体被水解，获得不溶于水的茶原皂草精醇-B，从茶原皂草精醇-B 的含量求得茶皂素的含量。

实验方法：准确称取脱脂茶饼20.0g 于烧杯中，加沸水 100ml，搅拌下继续煮沸 30min，静置后过滤，滤渣用沸水（每次 20ml）浸提 3 次，滤液合并，加浓盐酸 50ml，加热回流 1h，沉淀用已知重量的滤纸过滤，并用热水洗至中性，于 105℃下烘至恒重，称量并计算。

茶皂甙含量＝［沉淀重/（0.429 1×样品重）］×100％

3. 香草醛—硫酸显色法　香草醛—硫酸和香草醛—高氯酸能与皂甙反应形成特征的红色，是最广泛采用的皂甙显色法，反应机理可能是皂甙在强氧化性酸作用下脱氢，氧化后再与香草醛加成生成有色物质。它具有操作流程短，方法简便可行等优点。实验方法：

（1）标准溶液配制。精密称取经 80℃干燥至恒重的标准品 23.5mg，置于50ml 容量瓶中，加 80％乙醇溶液适量使之溶解，稀释至刻度，摇匀。

（2）供试溶液。精密称取茶皂素 65.00mg，置于 10ml 容量瓶中，加去离子水稀释至刻度摇匀。

（3）精密量取标准溶液 $100\mu l$ 置于外有冰水浴的具塞试管中，精密加入 8％香草醛乙醇溶液 $0.5ml$ 和 77％硫酸溶液 $5.0ml$，摇匀。混合物于 60℃加热 15min，然后于冰水浴中冷却 10min，取出放至室温，以试剂空白为参比，用 1cm 比色皿在 452.5nm 处测定吸光度。

（4）茶皂甙含量的测定。取供试样品溶液 $50\mu l$ 按上述标准品测定步骤测定吸光度，根据标准曲线计算含量。

4. **薄层扫描法** 茶皂素中皂甙虽是一系列结构极为相近的三萜皂甙化合物，但在 HPLC 上通常只显出一个斑点，并在 280nm 附近有最大光吸收，因而可以通过标准皂甙与之比较，利用薄层色谱扫描仪进行定量，即可测定茶皂素中皂甙类成分的准确含量。实验方法：

（1）标准曲线的绘制。称取 TSD-1 纯品 0.080 2g，溶于少量甲醇后，定量转移到 10ml 容量瓶中定容。浓度即为 $8.02\mu g/\mu l$。在 HPTLC（20cm×10cm）上用定量毛细管或微量注射器分别点 2、4、6、8、10、$12\mu l$ 的上述标准溶液，待溶剂挥发后，置于上溶剂系统［正丁醇（用水饱和）-甲醇-吡啶 18∶1∶1］的展缸中展开。到达溶剂前沿后，立即取出，挥去溶剂后，在 CS-930 扫描仪上，选择 $\lambda=287nm$ 的紫外光进行扫描，同时记录薄层色谱峰的峰面积。

（2）未知样品中皂甙含量的测定。称取样品茶皂素 80.01mg 溶于 10.00ml 甲醇中，配制成 $8.01\mu g/\mu l$ 的溶液用于点样。按上述过程点样完毕后，在薄层扫描仪上进行扫描，计算峰面积，同标准品进行比较得出茶皂素含量。

此法优点：用薄层色谱分离样品，可除去所有非甙类成分的干扰，在不经显色的情况下，直接进行紫外扫描，从而大大降低了皂甙测定误差，其测定值在数十小时内无明显变化。因此，此法重现性好，回收率高，结果准确，稳定，明显优于目前的其他各种分析方法。

（三）茶皂素的光谱特性研究

茶皂素属五环三萜类化合物，由多种配基和糖体及有机酸组成，结构复杂。其紫外吸收光谱的研究有助于对结构的鉴定。在此波长范围内的吸收是因为它具有不饱和结构。用 20％HCl 将茶皂素（a）加热煮沸水解 1h，抽滤，沉淀用热水洗至中性，得水解产物Ⅰ（茶原皂草精-B）。留取部分沉淀烘干，剩余部分加 5mol/L NaOH 煮沸水解 5h，抽滤，收集滤液得水解产物Ⅲ（有机酸部分），沉淀用热水洗至中性，得水解产物Ⅱ（茶皂素配基部分）。将茶皂素按 1∶5（mg/ml）溶于 80％乙醇中，水解产物Ⅰ、Ⅱ按 3∶20（mg/ml）分别溶于无水乙醇中，水解产物Ⅲ稀释。分别作紫外吸收光谱分析，如图 8-10。茶皂素分子中，C_{12} 位有一个双键，C_{21} 位连接有一个 α 和 β 不饱和共轭双键，茶皂素在紫外区域 215nm 处有一个最大吸收峰。水解产物 I 为茶皂草精醇-B，包括配基及有机酸部分；吸收光谱与 a 基本一致。水解产物 II 为皂素配基，分子中 C_{21} 位的 α 和 β 不饱和共轭双键被除去，只有 C_{12} 位的一个环内孤立双键，在 200～300nm 范围内无最大吸收。水解产物 III 为 α、β 不饱和共轭双键和醋酸的混合物，醋酸在紫外光谱内无最大吸收峰，而水解产物 III 在 210nm 处有一个最大吸收峰。与文献报道 α 和 β 取代不饱和共轭酸最大吸收峰应在 217nm 相比，稍向红移；这可能与碱性条件下产生羧酸负离子有关。

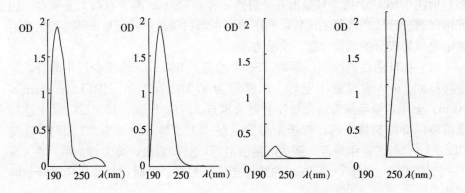

图 8-10

a. 茶皂素　b. 水解产物 I　c. 水解产物 II　d. 水解产物 III

通过紫外吸收光谱研究表明，茶皂素在 215nm 处的强吸收峰是由配基 C_{21} 位连接的 α 和 β 不饱和共轭双键所产生，而非配基 C_{12} 的环内孤立双键。

参 考 文 献

[1] 安徽农学院. 茶叶生物化学. 第二版. 北京：农业出版社，1988

[2] 李荣林，方辉遂. 一个世纪以来茶多酚氧化酶研究的进展. 福建茶叶. 1997 (4)：10～14

[3] Roberts E A H. The Chemistry of Flavonoid Substances. New York：Pergamon，Press Ins，1962：649～699

[4] 安徽农学院. 茶叶生物化学. 第二版. 北京：农业出版社，1988：103～109

[5] Saijo R，Takeo T. Some properties of the initial four enzymes involved in shikimic acid biosynthesis in tea plant. Agri. Biol. Chem. 1979，43 (7)：1427～1432

[6] Jinesh C T，Takeo T. 江光辉译. 茶的酶系统及其在茶叶制造中的作用. 国外农学——茶叶. 1985 (4)：5～24

[7] 李荣林，方辉遂. 一个世纪以来茶多酚氧化酶研究的进展（续）. 福建茶叶. 1998 (1)：13～16

［8］王泽农．茶叶生化原理．北京：农业出版社，1981：233～266

［9］李名君．茶叶酶学研究进展．国外农学——茶叶

［10］黄建琴．茶叶中的糖苷化合物及对红茶香气的影响．茶业通报．1999，21（4）：18～19

［11］赵芹，童启庆．茶叶香气水解酶研究动态．福建茶叶．1999（1）：5～7

［12］钟萝主编．茶叶品质理化分析．上海：上海科学技术出版社，1989

［13］Li P P，Bonner J. Experiments on the localization and nature of tea oxidase. Biochem.
J. 1947（41）：105～110

［14］Takeo T. Tea leaf polyphenol oxidase part IV：The localization of polyphenol oxidase in
tea leaf cell. Agri. Biol. Chem. 1966，30（9）：931～934

［15］Sanderson G W. Extraction of soluble catechol oxidase from tea shoot. Biochim. Bio-
phys. Acta. 1964（92）：622～624

［16］熊振平等．粗提取液的制备．酶工程．北京：化学工业出版社，1994第2次印刷：
72～73

［17］刘乾刚，黄雨初．茶叶叶绿体分离及其功能的研究．茶叶科学．1989，9（1）：65～72

［18］上海植物生理学会．植物生理学实验手册．上海：上海科学技术出版社，1985：a，
538～539；b，445～448；c，610～624；d，624～628

［19］Takeo T，Uritani I. Tea leaf polyphenol oxidase part II. Purification and properties of the sol-
ubilized polyphenol oxidase in tea leaves. Agri. Biol. Chem. 1966，30（2）：155～163

［20］金长振．酶学的理论与实际．北京：北京科学技术出版社，1989：54～60

［21］李名君．茶叶酶类．中国农业百科全书（茶叶卷）．北京：农业出版社，1988：
126～129

［22］萧伟祥．茶的多酚氧化酶和过氧化物酶的研究进展．茶业通报．1983（6）：3～6

［23］周静舒．茶叶生物化学．第二版．北京：农业出版社，1988：259～264

［24］孙跃进，黄雨初．红茶萎凋、发酵中的糖酵解、三羧酸循环及其与挥发性成分的形
成．茶叶科学．1985，5（2）：39～48

［25］钱利生．稀土元素与茶树的高产优质．福建茶叶．1994（3）：18～21

［26］叶庆生．红茶萎凋发酵中多酚氧化酶和过氧化物酶同功酶的活性变化与儿茶素、茶黄
素组分的消长．安徽农学院学报．1986（2）：18～29

［27］刘仲华，施兆鹏．红茶制造中多酚氧化酶同功酶谱与活性的变化．茶叶科学．1989，9
（2）：141～150

［28］郭吉春，张劲松．乌龙茶做青过程生化成分的变化．闽台茶叶学术讨论会论文．1990
年9月

［29］鲁成银，刘维华，李名君．茶种系间的亲缘关系及进化的酯酶同功酶分析．茶叶科
学．1992，12（1）：15～20

［30］黄建安．茶树保护性酶类与抗寒性的关系．茶叶科学．1990，10（1）：35～40

［31］刘乾刚．茶多酚酶细胞内定位及其与红茶色素形成的研究进展．福建茶叶．1988（3）：
11～15

［32］余凌子，赵正惠．酶制剂在茶叶加工中的应用．中国茶叶

［33］舒爱民．β-葡萄糖苷酶固定化及其性质的研究．中国茶叶．2001（3）：14～15

[34] 李荣林．酶技术与茶叶加工：问题与展望．福建茶叶．1996（2）：22～24

[35] 南川隆雄，吉田青一．高等植物の二次代谢研究法．学会出版センター，1981

[36] 汪东风，卢福娣．茶叶生物化学基础实验与研究技术．科学技术文献出版社，1997

[37] 黄继轸．从茶叶提取药用咖啡因方法的研究进展．中草药．1999（6）

[38] 叶春园等．CN.，039704A，1998

[39] Feng Shixing. CN, 1056692，1991

[40] Rama wamg. SR, US, 5260437，1993

[41] 陈友仁．CN, 1067894A，1993

[42] 桑茂才．CN, 2136244AY，1993

[43] Yecy. CN, 080290，1993

[44] 毛小源．CN, 2169979，1994

[45] Naik JP, Nagalakshmi S. J. Agric. Food Chem. 1997（45）

[46] 中茎秀夫等．茶中のメチルキサンチン类の定量．茶叶研究报告．1997（85）：96～97

[47] 太田敬子等．日本农芸化学会志．1995，69（10）：1 331～1 339

[48] British Standards Institution（chiswick High Road, London W44 AL, UK）.1995
（6）：15

[49] 原利男．茶业研究报告．1996（82）：29～34

[50] 朱旗等．茶叶通讯．1999（1）：17～20

[51] 刘法锦等．中草药．1997，28（1）：20～21

[52] 张莉等．茶儿茶素和生物碱的 HPLC 分析．茶叶科学．1995，15（2）：141～144

[53] 山口优一等．茶叶研究报告．1997（84）：32～34

[54] 陈宗道，周才琼，童华荣．茶叶化学工程学．西南师大出版社，1999

[55] 堀江秀树等．茶业研究报告．1997，85（增刊）：94～95

[56] 郭升平．色谱．1996，14（6）：464～466

[57] 阮宇成．中国茶叶．1995（3）：20～21

[58] 黄贵宽．中国茶叶．1995（5）：18～19

[59] 严鸿德，汪东风等．茶叶深加工技术．中国轻工业出版社

[60] 朱全芬等．茶皂素定量方法的研究．茶叶科学．1987，7（1）：57~60

[61] 傅春玲等．茶皂素定量测定方法的研究．杭州大学学报．1997，24（3）：239～241

[62] 田世雄．薄层扫描法测定茶皂素中皂甙的含量．华中师范大学学报（自然科学版）.
1995，29（1）：65～68

[63] 刘新清等．茶皂素含量的分析．茶叶．2000，26（2）：81～82

[64] 王林等．茶皂素紫外吸收光谱的研究．中国茶叶．1990（2）：32～33

附表

茶叶香气成分表*

化合物名称	分子式	鲜叶	绿茶	红茶	乌龙茶	沱茶	普洱茶	砖茶
一、碳氢化合物(Hydrocarbons)(88)								
芳香族 (Aryl compounds)								
1. 苯(Benzene)	C_6H_6				√		√	
2. 甲苯(Toluene)	C_7H_8		√	√	√		√	
3. 间二甲苯(m-Xylene)	C_8H_{10}		√					
4. 乙苯(Ethylbenzene)	C_8H_{10}			√			√	
5. 丙苯(Propylbenzene)	C_9H_{12}			√				
6. 异丙苯(Iso-propylbenzene)	C_9H_{12}				√			
7. 乙基甲基苯(Ethylmethylbenzene)	C_9H_{14}			√				
8. 对异丙基甲苯(百里香素)(P-Cymene)	$C_{10}H_{14}$			√				
9. 1,3,5-三甲基苯(1,3,5-Trimethylbenzene)	C_9H_{12}					√		
10. 3-丁基苯(3-Butylbenzene)	$C_{10}H_{14}$					√		
11. 1-甲基-2-异丙基苯(1-Methyl-2-Isopropylbenzene)	$C_{10}H_{14}$			√				
12. 氯化苄(Benzyl chloride)	C_7H_7Cl	√						
13. 奈(Naphthalene)	$C_{10}H_8$		√	√			√	√
14. 1-甲基萘(1-Methylnaphthalene)	$C_{11}H_{10}$		√					
15. 2-甲基萘(2- Methylnaphthalene)	$C_{11}H_{10}$			√	√	√		
16. 1,6-二甲基萘(1,6-Dimethylnaphthalene)	$C_{12}H_{12}$							
17. 1,4,5-三甲基萘 (1,4,5-Trime thylnaphthalene)	$C_{13}H_{14}$		√					
烯类								
1. 柠烯(柠檬烯)(Limonene)	$C_{10}H_{16}$		√	√		√		√
2. α-柠烯(α-Limonene)	$C_{10}H_{16}$	√	√	√				
3. 顺-β-罗勒烯(Cis-β-Ocimene)	$C_{10}H_{16}$	√	√	√				√
4. 反-β-罗勒烯(Trans-β-Ocimene)	$C_{10}H_{16}$	√	√	√				
5. β-肉桂油烯(香叶烯)(β-Myrcene)	$C_{10}H_{16}$			√		√		√
6. α-萜品烯(α-松油烯)(α-Terpinene)	$C_{10}H_{16}$		√	√				

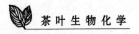

（续）

化合物名称	分子式	鲜叶	绿茶	红茶	乌龙茶	沱茶	普洱茶	砖茶
7. β-萜品烯(α-Terpinene)	$C_{10}H_{16}$	√		√				√
8. γ-萜品烯(γ-Terpinene)	$C_{10}H_{16}$	√						
9. α-蒎烯(α-Pinene)	$C_{10}H_{16}$	√	√					
10. β-蒎烯(β-Pinene)	$C_{10}H_{16}$				√	√		
11. α-水芹烯(α-Phellandrene)	$C_{10}H_{16}$							
12. β-水芹烯(β-Phellandrene)	$C_{10}H_{16}$							
13. β-Ocymene Y						√		√
14. β-倍半水芹萜烯(β-Sequiphellanerene)	$C_{15}H_{24}$	√	√					
15. α-荜澄茄油烯(α-枯贝烯)(α-Cubebene)	$C_{15}H_{24}$		√					
16. δ荜澄茄油烯(δ-Cubeben)	$C_{15}H_{24}$		√	√				
17. β-丁香烯(β-Caryophyllene)	$C_{15}H_{24}$		√					
18. 顺-丁香烯(Cis-Caryophyllene)	$C_{15}H_{24}$		√					√
19. 丁香烯(石竹烯)(Caryophyllene)	$C_{15}H_{24}$		√	√	√	√		√
20. α-古巴烯(α-Copanene)	$C_{15}H_{24}$		√	√	√			√
21. α-摩勒烯(α-Murrolene)	$C_{15}H_{24}$		√	√				√
22. γ-摩勒烯(γ-Murrolene)	$C_{15}H_{24}$		√					
23. δ-摩勒烯(δ-Murrolene)	$C_{15}H_{24}$			√				
24. 杜松烯(Cadinene)	$C_{15}H_{24}$		√					√
25. E-杜松烯(E-Cadinene)	$C_{15}H_{24}$		√					
26. α-杜松烯(α-Cadinene)	$C_{15}H_{24}$		√					
27. γ-杜松烯(γ-Cadinene)	$C_{15}H_{24}$							√
28. δ-杜松烯(δ-Cadinene)	$C_{15}H_{24}$		√	√				√
29. 菖蒲烯(Calamenene)	$C_{15}H_{24}$		√					
30. α-律草烯(α-蛇麻烯)(α-Humulene)	$C_{15}H_{24}$		√					√
31. 法尼烯(麝子油烯)(Farnesene)	$C_{15}H_{24}$		√		√			√
32. α-法尼烯(α-Farnesene)	$C_{15}H_{24}$		√	√	√			
33. α-姜黄烯(郁金烯)(α-Curcumene)	$C_{15}H_{24}$		√					
34. β-榄香烯(β-Elemene)	$C_{15}H_{24}$					√		
35. α-古芸烯(α-Gurjunene)	$C_{15}H_{24}$							√
36. 长叶烯(长叶松萜烯)(Longifolene)	$C_{15}H_{24}$		√					√
37. 长叶环烯(Longicyclene)	$C_{15}H_{24}$		√					
38. 桧烯(Junipene)			√					
39. (Anthtacene)			√					

（续）

化合物名称	分子式	鲜叶	绿茶	红茶	乌龙茶	沱茶	普洱茶	砖茶
40. 卡拉米烯			√					
41. 孟二烯(2,4-8,P-Menthadiene)						√		√
42. α-雪松烯(α-Cedrene)	$C_{15}H_{24}$					√		√
43. β-愈创烯(β-Guaiene)	$C_{15}H_{24}$		√					
44. 新植二烯(Neophytadiene)							√	√
45. 异新植二烯(Iso-Neophytadiene)							√	√
46. α-倍半萜烯(α-Sesquiterpene)	$C_{15}H_{24}$		√					
47. β-倍半萜烯(β-Sesquiterpene)	$C_{15}H_{24}$		√					
48. 3-甲基-1,4-己二烯(3-Methyl-1,4-Hexadiene)	C_7H_{13}				√			
49. 3-乙基-1,4-己二烯(3-Ethyl-1,4-Hexadiene)	C_8H_{15}				√			
50. 3,4-二甲基-2,4,6-辛二烯(3,4-Dimethyl-2,4,6-Octatrien)	$C_{10}H_{16}$		√					
51. 十四烯(Tetradecene)	$C_{14}H_{28}$		√					
52. 十五烯(Pentadecene)	$C_{15}H_{30}$		√					
53. 十六烯(Hexadecene)	$C_{16}H_{32}$		√					
54. 4,5,5-三甲基-2-己烯(4,5,5-Trimethyl-2-Hexene)	C_9H_{18}				√			

烷烃类

化合物名称	分子式	鲜叶	绿茶	红茶	乌龙茶	沱茶	普洱茶	砖茶
1. 1,2-二乙基环丁烷(1,2-Diethylcyclobutane)	C_8H_{16}			√				
2. 环戊烷(Cyclopentane)	C_5H_{10}				√			
3. 己烷(Hexane)	C_6H_{14}				√			
4. 3-乙基己烷(3-Ethylhexane)	C_8H_{16}				√			
5. 2,5,9-三甲基癸烷(2,5,9-Trimethyl-Decane)	$C_{13}H_{28}$					√		
6. 十二烷(Dodecane)	$C_{12}H_{26}$					√		
7. 十三烷(Tridecane)	$C_{13}H_{28}$		√			√		
8. 十四烷(Tetradecane)	$C_{14}H_{30}$						√	
9. 十五烷(Pentadecane)	$C_{15}H_{32}$						√	
10. 十六烷(Hextadecane)	$C_{16}H_{34}$		√					√
11. 十七烷(Heptadecane)	$C_{17}H_{36}$		√		√	√	√	
12. 十八烷(Octadecane)	$C_{18}H_{38}$						√	√
13. 十九烷(Nonadecane)	$C_{19}H_{40}$		√					
14. 二十烷(Eicosane)	$C_{20}H_{42}$		√					
15. 二十三烷(Trieicosane)	$C_{23}H_{48}$		√					

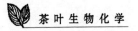

(续)

化合物名称	分子式	鲜叶	绿茶	红茶	乌龙茶	沱茶	黑茶 普洱茶	黑茶 砖茶
16. 二十四烷（Tetraeicosane）	$C_{24}H_{50}$	√						
17. 1,1,3-三甲基茚(1,1,3-Trimethylindene)	$C_{12}H_{14}$	√						

二、醇 类(79)

脂肪族醇(Aliphatic alcohols)

化合物名称	分子式	鲜叶	绿茶	红茶	乌龙茶	沱茶	黑茶 普洱茶	黑茶 砖茶
1. 甲醇(Methanol)	$C_{H_4}O$	√	√					
2. 乙醇(Ethanol)	C_2H_6O	√	√					
3. 正丁氧基乙醇（Butoxyethanol）	$C_6H_{14}O_2$	√						
4. 丙醇(Propanol)	C_3H_8O	√						
5. 异丙醇-2(Iso-propanol)	C_4H_8O	√						
6. 2-甲基丙醇(2-Methylpropanol)	$C_4H_{10}O$	√	√					
7. 丁醇(Butanol)	$C_4H_{10}O$	√	√	√				√
8. 丁醇-2(Butan-ol-2)	$C_4H_{10}O$	√						
9. 2-甲基丁醇(2-Methylbutanol)	$C_5H_{12}O$	√	√					
10. 3-甲基丁醇(异戊醇)(3- Methylbutanol)	$C_5H_{12}O$	√	√	√	√			
11. 2-甲基-丁烯-3-醇［2］ （2-Methyl-buten- ［3］-ol- ［2］)	$C_5H_{10}O$	√						
12. 1-戊烯-3-醇(1-Penten-3-ol)	$C_5H_{10}O$	√	√	√	√		√	√
13. 反-2-戊烯醇[1](Trans-2- Pentenol[1])	$C_5H_{10}O$	√	√	√				
14. 顺-2-戊烯醇[1] (Cis-2- Pentenol[1])	$C_5H_{10}O$	√	√	√				
15. 顺-3-戊烯醇[1](Cis-3- Pentenol[1])	$C_5H_{10}O$	√	√					
16. 戊醇(Pentanol)	$C_5H_{12}O$	√	√	√				
17. 戊醇[2] (Pentanol[2])	$C_5H_{12}O$	√						
18. 戊醇[3] (Pentanol[3])	$C_5H_{12}O$	√						
19. 2-甲基-3-戊醇(2-Methyl-3- Pentanol)	$C_6H_{14}O$	√						
20. 正己醇(Hexanol)	$C_6H_{14}O$	√	√	√	√			√
21. 己醇(Hexanol[2])	$C_5H_{14}O$	√						
22. 2-甲基己醇(2-Methylhexanol)	$C_7H_{16}O$	√						
23. 2-乙基己醇(2-Ethylhexanol)	$C_8H_{18}O$		√		√		√	
24. 顺-3-己烯醇(青叶醇)(Cis-3-Hexenol)	$C_6H_{12}O$	√	√	√	√			√
25. 反-3-己烯醇(Trans-3-Hexenol)	$C_6H_{12}O$	√	√					
26. 反-2-己烯醇(Trans-2-Hexenol)	$C_6H_{12}O$	√	√	√	√	√		√
27. 1-己烯-3-醇(1- Hexenol[3])	$C_6H_{12}O$							

（续）

化合物名称	分子式	鲜叶	绿茶	红茶	乌龙茶	沱茶	黑茶	
							普洱茶	砖茶
28. 庚醇(Heptanol)	$C_7H_{16}O$			√				
29. 庚醇-2(Heptanol[2])	$C_7H_{16}O$							
30. 庚醇-4(Heptanol[4])	$C_7H_{16}O$							
31. 1-辛烯-3-醇(1-Octen-3-ol)	$C_8H_{16}O$		√	√	√			√
32. 辛醇(Octanol)	$C_8H_{18}O$	√	√	√	√	√	√	√
33. 反-3,反-5-辛二烯-3-醇(Trans-3，Trans-5-Octa-dienol-3)	$C_8H_{14}O$				√			
34. 1,5-辛二烯-3-醇(1,5- Octadien-3-ol)	$C_8H_{14}O$			√	√			
35. 4-甲基-1,3,7-辛三烯-3-醇(4-Methyl-1,3,7-Oc-tatrienol-3)	$C_9H_{14}O$				√			
36. 3,7-二甲基-1,5,7-辛三烯-3-醇(3,7-Dimethyl-1,5,7-Octatrien-3-ol)	$C_{10}H_{16}O$			√	√	√		
37. 3S-(＋)-3,7-二甲基-1,5,7-辛三烯-3-醇(3S-(＋)-3,7Dimethyl-1,5,7-Octatrien-3-ol)	$C_{10}H_{16}O$			√	√			
38. 3,7-二甲基-1,5-辛二烯醇[3,7](3,7-Dimethyl-1,5-Octadienol[3,7])	$C_{10}H_{18}O_2$				√			
39. 2,6-二甲基-3,7-辛二烯醇[2,6](2,6-Dimethyl-3,7-Octadienol[2,6])	$C_{10}H_{18}O_2$				√			
40. 壬醇(Nonanol)	$C_9H_{20}O$			√	√	√	√	
41. 壬醇-5(Nonanaol-5)	$C_9H_{18}O$				√			
42. 2-壬烯醇[1](2-Nonenol[1])	$C_9H_{18}O$			√				
43. 反-2-壬烯醇(Trans-2-Nonenol)	$C_9H_{18}O$			√				
萜烯醇(Terpene alcohols)								
1. 芳樟醇(沉香醇)(Linalool)	$C_{10}H_{18}O$	√	√	√	√	√	√	√
2. 氧化芳樟醇Ⅰ（顺式呋喃型）[Linalool oxide Ⅰ(Cis,Furanoid)][(Z)- Linalool-3,6-oxide]	$C_{10}H_{18}O$	√	√	√	√	√	√	
3. 氧化芳樟醇Ⅱ（反式呋喃型）[Linalool oxide Ⅱ(Trans,Furanoid)],[(E)- Linalool-3,6-oxide]	$C_{10}H_{18}O$	√	√	√	√	√	√	
4. 氧化芳樟醇Ⅲ（液体吡喃型）[Linalool oxide Ⅲ(liquid,pyranoid)],[(Z)- Linalool-3,7-oxide]	$C_{10}H_{18}O$	√	√	√	√	√	√	
5. 氧化芳樟醇Ⅳ（固体吡喃型）[Linalool oxide Ⅳ(liquid,pyranoid)],[(E)- Linalool-3,7-oxide]	$C_{10}H_{18}O$	√	√	√	√	√		
6. 橙花醇(Nerol)	$C_{10}H_{18}O$	√	√	√				

(续)

化合物名称	分子式	鲜叶	绿茶	红茶	乌龙茶	沱茶	普洱茶	砖茶
7. 香叶醇（Geraniol）	$C_{10}H_{18}O$	√	√	√	√	√	√	√
8. 香草醇(Citronellol)	$C_{10}H_{20}O$	√						
9. 薄荷醇(Menthol)	$C_{10}H_{20}O$	√						
10. α-萜品醇(α-松油醇)(α-Terpeneol)	$C_{10}H_{18}O$	√	√		√	√	√	√
11. β-萜品醇(β-Terpeneol)	$C_{10}H_{18}O$		√					
12. γ-萜品醇(γ-Terpeneol)	$C_{10}H_{18}O$		√	√				
13. 莰醇(龙脑或冰片)(Borneol)	$C_{10}H_{18}O$		√					
14. α-杜松醇(α-Cadinol)	$C_{15}H_{26}O$	√		√				
15. 杜松醇 T(Cadinol T)	$C_{15}H_{26}O$	√						
16. 橙花叔醇(苦橙油醇)(Nerolidol)	$C_{15}H_{26}O$	√	√	√	√	√		√
17. 香榧醇(Torreyol)	$C_{15}H_{26}O$	√						
18. 荜澄茄油醇(枯贝醇)(Cubebol)	$C_{15}H_{26}O$		√	√	√			
19. 表荜澄茄油醇(Epi-Cubebol)	$C_{15}H_{26}O$		√	√				
20. α-荜澄茄油醇(α-Cubebol)	$C_{15}H_{26}O$		√					
21. 雪松醇(柏木醇)(Cedrol)	$C_{15}H_{26}O$		√					
22. α-柏木醇(α-Cedrol)	$C_{15}H_{26}O$		√					
23. 法尼醇(麝子油醇)(Farnesol)	$C_{15}H_{26}O$	√	√					
24. β-桉叶醇(β-Eudesmul)	$C_{15}H_{26}O$		√					
25. 唐松醇			√					
26. 香芹烯醇(Carvenol)	$C_{10}H_{18}O$		√					

其他醇(Others)

化合物名称	分子式	鲜叶	绿茶	红茶	乌龙茶	沱茶	普洱茶	砖茶
1. 呋喃醇(糠醇)(Furfuryl Alcohol)	$C_5H_6O_2$	√	√	√				√
2. 黄樟脑(黄樟素)(Safrole)	$C_{10}H_{20}O_2$	√	√					
3. 植醇(植物醇或叶绿醇)(Phytol)	$C_{20}H_{40}O$							
4. 苯甲醇(Benzyl Alcohols)	C_7H_8O	√	√	√	√	√		√
5. 甲基苯甲醇(Methyl Benzyl Alcohols)	$C_8H_{10}O$		√					
6. 2,4-二甲基苯甲醇(2,4-Dimethyl Benzylalcohols)	$C_9H_{12}O$							
7. 1-苯基乙醇(1-Phenylethanol)	$C_8H_{10}O$		√	√	√			
8. 2-苯基乙醇(2-Phenylethanol)	$C_8H_{10}O$	√	√	√	√			√
9. 苯丙醇(3-Phenylpropanol)	$C_9H_{12}O$		√					

（续）

化合物名称	分子式	鲜叶	绿茶	红茶	乌龙茶	沱茶	黑茶 普洱茶	黑茶 砖茶
10. 紫罗醇（Ionol）	$C_{13}H_{22}O$	√						

三、醛　　类(65)

脂肪族醛类（Aliphatic alcohols）

化合物名称	分子式	鲜叶	绿茶	红茶	乌龙茶	沱茶	黑茶 普洱茶	黑茶 砖茶
1. 乙醛（Acetaldehydes）	C_2H_4O	√	√					
2. 丙烯醛（Acrolein）	C_3H_4O	√	√	√				
3. 丙醛（Propanal）	C_3H_6O	√	√					
4. α-甲基丙醛（异丁醛）（α-Methyl-Propanal）	C_4H_8O	√	√					
5. 正丁醛（Butanal）	C_4H_8O	√	√					
6. 2-甲基丁醛（2-Methylbutanal）	$C_5H_{10}O$	√	√					
7. 3-甲基丁醛（异戊醛）（3- Methylbutanal）	$C_5H_{10}O$	√						
8. 顺-3-戊烯醛（Cis-3-Pentenal）	C_5H_8O		√	√		√		√
9. 反-3-戊烯醛（Trans-3-Pentenal）	C_5H_8O		√	√		√		
10. 2-甲基-2-戊烯醛（2-Methyl-2-Pentenal）	$C_6H_{10}O$		√					
11. 4-甲基-2-戊烯醛（4-Methyl-2-Pentenal）	$C_6H_{10}O$		√					
12. 戊醛（Pentanal）	$C_5H_{10}O$		√	√				
13. 2-甲基戊醛（2-Methylpentanal）	$C_6H_{12}O$		√					
14. 3-甲基戊醛（3-Methylpentanal）	$C_6H_{12}O$		√					
15. 异己醛（4-甲基戊醛）（Iso- Hexanal）	$C_6H_{12}O$		√					
16. 正己醛（Hexanal）	$C_6H_{12}O$		√		√	√		√
17. 反,反-2,4-己二烯醛（Trans，Trans-2,4-Hexadienal）	C_6H_8O		√					
18. 反-2，顺-4-己二烯醛 （Trans-2，Cis-4-Hexadienal）	C_6H_8O		√					
19. 反-2-己烯醛（青叶醛）（Trans-2-Hexenal）	$C_6H_{10}O$	√	√	√	√	√	√	√
20. 顺-3-己烯醛（Cis-3-Hexenal）	$C_6H_{10}O$	√	√	√				
21. 2,5-二甲基己醛（2,5-Dimethylhexanal）	$C_8H_{14}O$					√		
22. 反-2,反-4-庚二烯醛（Trans-2，Trans-4-Heptadienal）	$C_7H_{10}O$		√	√		√	√	√
23. 反-2,顺-4-庚二烯醛（Trans-2，Cis-4-Heptadienal）	$C_7H_{10}O$		√	√		√	√	√
24. 顺-2,反-4-庚二烯醛（Cis-2，Trans-4-Heptadienal）	$C_7H_{10}O$		√					
25. 反-2-庚烯醛（Trans-2-Heptenal）	$C_7H_{12}O$		√					
26. 庚醛（Heptanal）	$C_7H_{14}O$	√	√	√	√	√		√

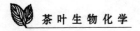

（续）

化合物名称	分子式	鲜叶	绿茶	红茶	乌龙茶	沱茶	黑茶 普洱茶	黑茶 砖茶
27. 反-2,反-4-辛二烯醛(Trans-2，Trans-4-Octadienal)	$C_8H_{12}O$			√		√	√	
28. 反-2,顺-4-辛二烯醛(Trans-2，Cis-4-Octadienal)	$C_8H_{12}O$			√				
29. 2-辛烯醛(2-Octenal)	$C_8H_{14}O$							
30. 反-2-辛烯醛(Trans-2-Octenal)	$C_8H_{14}O$		√	√		√	√	√
31. 辛醛(Octenal)	$C_8H_{16}O$		√	√				
32. 反-2,反-4-壬二烯醛(Trans-2，Trans-4-Nonadienal)	$C_9H_{14}O$			√				
33. 反-2,顺-4-壬二烯醛(Trans-2, Cis -4-Nonadienal)	$C_9H_{14}O$			√				
34. 反-2,顺-6-壬二烯醛(Trans-2, Cis -6-Nonadienal)	$C_9H_{14}O$			√			√	
35. 反-2-壬烯醛(Trans-2-Nonaenal)	$C_9H_{16}O$		√	√			√	
36. 壬醛(Nonanal)	$C_9H_{18}O$		√	√				
37. 2,4,6-癸三烯醛(2,4,6-Decatrienal)	$C_{10}H_{14}O$			√				
38. 反-2,反-4-癸二烯醛(Trans-2，Trans-4- Decadienal)	$C_{10}H_{16}O$			√		√	√	
39. 反-2,顺-4-癸二烯醛(Trans-2, Cis-4- Decadienal)	$C_{10}H_{16}O$			√				
40. 反-2-癸烯醛(Trans-2-Decenal)	$C_{10}H_{18}O$			√		√		
41. 癸醛(Decanal)	$C_{10}H_{20}O$					√		
42. 4-乙基-7,11-二甲基-反-2,反-6,反-10-癸三烯醛(4-Ethyl-7, 11-Dimethyl-Trans-2, Trans-6, Trans-10-Decatrienal)	$C_{14}H_{18}O$			√				
43. 4-乙基-7,11-二甲基-反-2,反-10,顺-6-癸三烯醛(4-Ethyl-7,11-Dimethyl-Trans-2, Trans-10, Cis-6-Decatrienal)	$C_{14}H_{18}O$			√				
44. 反-2-十一烯醛(Trans-2-Undecaenal)	$C_{11}H_{20}O$			√				
萜烯醛(Terpene aldehyde)								
1. β-环橙花醛(β-Neral)	$C_{10}H_{16}O$		√	√	√	√	√	
2. 香叶醛(牻牛儿醛)(Gerenial)	$C_{10}H_{18}O$	√	√	√				
3. 藏红花醛(Safanal)	$C_{10}H_{14}O$		√	√	√			√
芳香醛(Aromatic aldehyde)								
1. 苯甲醛(Benzaldehyde)	C_7H_6O	√	√	√	√	√	√	√
2. 2-甲基苯甲醛(2-Methylbenzaldehyde)	C_8H_8O		√					

附　表

（续）

化合物名称	分子式	鲜叶	绿茶	红茶	乌龙茶	沱茶	普洱茶	砖茶
3. 2,4-二甲基苯甲醛（2,4-Dimethylbenzaldehyde）	$C_9H_{10}O$		√					
4. 4-甲氧基苯甲醛（4-Methoxybenzaldehyde）	$C_8H_8O_2$		√					
5. 3-甲氧基-4-羟基苯甲醛（或香兰素或香草醛）（3-Methoxy-4-Hydroxybenzaldehyde）	$C_8H_7O_2$	√	√	√				
6. 4-乙基苯甲醛（4-Ethylbenzaldehyde）	$C_9H_{10}O$			√				
7. 苯乙醛（Phenylacetaldehyde）	C_8H_8O	√	√	√			√	√
8. 2-苯基丙醛（2-Phenylpropanal）	$C_9H_{10}O$							√
9. 2-苯基丁烯[2]-醛（2-Phenylbut-2-Enal）	$C_{10}H_{10}O$		√					
10. 4-甲基-2-苯基戊烯-2-醛（4-Methyl-2-Phenyl-Penten-2-al）	$C_{12}H_{14}O$		√					
11. 5-甲基-苯基-[2]-己烯-2-醛（5-Methyl-2- Phenyl-Hexen-2-al）	$C_{13}H_{16}O$		√					
12. 水杨醛（Salicyl Aldehyde）	$C_7H_6O_2$	√	√					

其他醛

化合物名称	分子式	鲜叶	绿茶	红茶	乌龙茶	沱茶	普洱茶	砖茶
1. 糠醛（呋喃甲醛）（Furfural）	$C_5H_4O_2$		√	√		√	√	√
2. β-呋喃甲醛（β-Furfural）	$C_5H_4O_2$		√					
3. 5-甲基糠醛（5-Methylfurfural）	$C_6H_6O_2$	√	√	√		√		√
4. 5-甲基呋喃-3-醛（5-Methylfurfur-3-al）	$C_6H_6O_2$		√					
5. 1-乙基-吡咯-2-乙醛（1-Ethyl-pyrol-2-Acetaldehyde）	$C_8H_{10}ON$	√	√					
6. 枯茗醛（Cuminnic Aldehyde）	$C_{10}H_{12}O$		√					

四、酮类化合物（Ketones）（95）

化合物名称	分子式	鲜叶	绿茶	红茶	乌龙茶	沱茶	普洱茶	砖茶
1. 丙酮（Acetone）	C_3H_6O	√		√	√			
2. 1-羟基-2-丙酮（1-Hydroxy-2-Propanone）	$C_3H_6O_2$		√					
3. 丁酮[2]（Butanone[2]）	C_4H_8O	√		√		√	√	
4. 丁二酮（2,3-丁二酮）（Diacetyl）	$C_4H_6O_2$			√			√	
5. 1-羟基-2-丁酮（1-Hydroxy-2- Butanone）	$C_4H_8O_2$			√				
6. 2-羟基 2-甲基丁酮[3]（2-Hydroxy-2- Methyl-Butanone[3]）	$C_5H_{10}O_2$	√						
7. 3-甲基丁酮[2]（3- Methyl-Butanone[2]）	$C_5H_{10}O$		√					
8. 3-甲基-3-丁烯-2-酮（3-Methyl-3-Buten-2-one）	C_5H_8O				√			

（续）

化合物名称	分子式	鲜叶	绿茶	红茶	乌龙茶	沱茶	普洱茶	砖茶
9. 反-3-戊烯酮[2]（Trans-3-Pentenone[2]）	C_5H_8O	√	√					
10. 顺-3-戊烯酮[2]（Cis-3-Pentenone[2]）	C_5H_8O		√		√			
11. 2-环戊烯酮（2-cyclopentenone）	C_5H_6O				√			
12. 戊酮[2]（Pentanone[2]）	$C_5H_{10}O$		√					
13. 戊二酮（Acetylpropionyl）	$C_5H_8O_2$				√			
14. 1-戊烯-3-酮（1-Penten-3-one）	C_5H_8O		√	√				
15. 4-甲基戊烯[4]酮[2]（4-Methylppenten[4]one[2]）	$C_6H_{10}O$				√			
16. 4-甲基戊烯[3]酮[2]（4-Methylppenten[3]one[2]）	$C_6H_{10}O$	√	√	√		√		
17. 3-甲基环戊二烯-1-酮（3-Methylcyclopentadien-1-one）	C_6H_6O				√			
18. 2-羟基-3-甲基环戊烯[2]酮（2-Hydroxy-3-Methylcyclopenten-2-one）	C_6H_8O				√			
19. 2-甲基-2-环戊烯酮（2-Methyl-2-cyclopentenone）	C_6H_8O				√			
20. 3-甲基-2-环戊烯酮（3-Methyl-2-cyclopentenone）	C_6H_8O				√			
21. 3-乙基-2-环戊烯酮（3-Ethyl-2-cyclopentenone）	$C_7H_{10}O$				√			
22. 5,5-二甲基-2-环戊酮（5,5-Dimethyl-2-cyclopentenone）	$C_7H_{10}O$				√			
23. 2,5-二甲基-2-环戊酮（2,5-Dimethyl-2-cyclopentenone）	$C_7H_{10}O$				√			
24. 2,3-二甲基-2-环戊酮（2,3-Dimethyl-2-cyclopentenone）	$C_7H_{10}O$				√			
25. 3,4,5-三甲基-2-环戊酮（3,4,5-Trimethyl-2-cyclopentenone）	$C_8H_{12}O$				√			
26. 2,3,4-三甲基-2-环戊酮（2,3,4-Trimethyl-2-cyclopentenone）	$C_8H_{12}O$				√			
27. 己酮[2]（Hexanone[2]）	$C_6H_{12}O$		√					
28. 环己烷酮（Cyclohexanone）	$C_6H_{10}O$	√				√		
29. 2-环己烯酮（2-Cyclohexenone）	C_6H_8O		√					

（续）

化合物名称	分子式	鲜叶	绿茶	红茶	乌龙茶	沱茶	普洱茶	砖茶
30. 己烯-3-酮-2(Hexen-3-one-2)	$C_6H_{10}O$	√						
31. 4-羟基-4-甲基环己烷酮(4-Hydroxy-4-Methylcyclohexanone)	$C_7H_{12}O_2$	√						
32. 3-甲基-2-环己烷酮（3-Methyl-2-Cyclohexanone)	$C_7H_{12}O$		√					
33. 5-甲基-2-己酮(5-Methyl-2-Hexanone)	$C_7H_{14}O$							
34. 5-甲基-己烯-3-酮-2(5-Methylhexen-3-one-2)	$C_7H_{12}O$	√						
35. 2,3-二甲基环己酮(2,3-Dimethylcyclohexanone)	$C_8H_{14}O$		√					
36. 2,6,6-三甲基环己烯[2]酮[1](2,6,6-Trimethylcyclohexen-2-one-1)	$C_9H_{14}O$	√	√					
37. 2,6,6-三甲基环己烯[2]酮[1,4](2,6,6-Trimethylcyclohexen-2-one-[1,4])	$C_9H_{12}O_2$		√		√			
38. 2,6,6-三甲基环己烷酮(2,6,6-Trimethylcyclohexanone)	$C_9H_{16}O$	√	√			√		
39. 2,6,6-三甲基羟-2-环己酮[1]（2,6,6-Trimethylhydroxy[2]Cyclohexanone[1])	$C_9H_{16}O_2$	√	√	√	√			
40. 2,6,6-三甲基环己乙烯-1,4-酮(2,6,6-Trimethylcyclohexanethen-1,4-dione)	$C_{11}H_{16}O_2$	√						
41. 庚酮[2](Heptanone[2])	$C_7H_{14}O$	√	√					
42. 反-3,反-5-庚二烯酮[2](Trans-3, Trans-5-Heptadienone[2])	$C_7H_{10}O$	√	√					
43. 6-甲基-3,5-庚二烯酮[2](6-Methyl-3,5-Heptadienone[2])	$C_8H_{12}O$				√			
44. 6-甲基庚烯 [5] 酮 [2] （6-Methylhepten [5] one [2])	$C_8H_{14}O$	√	√		√	√	√	
45. 6-甲基庚烯 [5] 酮 [3] （6-Methylhepten [5] one [3])	$C_8H_{14}O$	√						
46. 6-甲基庚烯 [2] 酮 [6] （6-Methylhepten [2] one [6])	$C_8H_{14}O$	√	√	√				

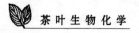

（续）

化合物名称	分子式	鲜叶	绿茶	红茶	乌龙茶	沱茶	普洱茶	砖茶
47. 6-甲基-反,反-3,5-庚二烯酮[2]（6-Methyltrans, Trans-3,5-Heptadienone[2]）	$C_8H_{12}O$	√	√	√				
48. 5-异丙烯庚酮[2]（5-Isopryheptanone[2]）	$C_{10}H_{20}O$				√			
49. 5-(甲基乙基)-反-3-庚烯酮[2]（5-Methylethyl-Trans-3-heptenone[2]）	$C_{10}H_{18}O$				√			
50. 2-辛酮（2-Octanone）	$C_8H_{16}O$				√			
51. 3-辛酮（3-Octanone）	$C_8H_{16}O$				√			
52. 4-辛烯酮[3]（4-Octenoic Ketone[3]）	$C_8H_{14}O$				√			
53. 反-3-辛烯酮[2]（Trans-3-Octanone[2]）	$C_8H_{14}O$	√	√					
54. 2,3-辛二酮（2,3-Octanedione）	$C_8H_{14}O_2$	√	√					
55. 反-3,反-5-辛二烯酮[2]（Trans-3, Trans-5-Octadienone[2]	$C_8H_{12}O$	√	√					
56. 反-3,顺-5-辛二烯酮[2]（Trans-3, Cis-5-Octadienone[2]）	$C_8H_{12}O$	√	√	√			√	
57. 顺-3,反-5-辛二烯酮[2]（Cis-3, Trans-5-Octadienone[2]）	$C_8H_{12}O$			√				
58. 2-甲基辛酮[3]（2-Methyloctanone[3]）	$C_9H_{18}O$				√			
59. 6-甲基-反,反-3,5-辛二烯酮[2]（6-Methyltrans, Trans-3,5-Octadienone[2]）	$C_9H_{14}O$	√						
60. 壬酮[2]（Nonanone[2]）	$C_9H_{18}O$			√				
61. 癸酮[2]（Decanone[2]）	$C_{11}H_{20}O$				√			
62. 6,10-二甲基正十一烷酮[2]（6,10-Dimethylundecanone[2]）	$C_{13}H_{26}O$				√			
63. (Z)-6,10-二甲基-5,9-正十一二烯酮[2]（(Z)-6,10-Dimethyl-5,9-Undecadienone[2]）	$C_{13}H_{22}O$			√				
64. 6,10,14-三甲基十五烷酮（6,10,14-Trimethyl-pentadecanone[2]）	$C_{18}H_{36}O$	√	√			√	√	
65. 1,5,5,9-四甲基双环[4,3,0]烯-8-酮[7]（1, 5, 5, 9-Tetramethyl-Dicyclo [4, 3, 0] en-8-one [7]）	$C_{13}H_{20}O$	√	√					

化合物名称	分子式	鲜叶	绿茶	红茶	乌龙茶	沱茶	普洱茶	砖茶
66. 苯乙酮（乙酰苯）(Acetophenone)	C_8H_8O	✓	✓	✓		✓		
67. 2,4-二甲基苯乙酮（2,4-二甲基乙酰苯）(2,4-Dimethyacetophenone)	$C_{10}H_{12}O$				✓			
68. 乙基苯乙酮(Ethylacetophenone)	$C_{10}H_{12}O$				✓			
69. 对乙基苯乙酮（对乙基乙酰苯）(Pethylacetophenone)	$C_{10}H_{12}O$				✓			
70. 3,4-二甲氧基苯乙酮（3,4-二甲氧基乙酰苯）(3,4-Dimethyoxyacetophenone)	$C_{10}H_{12}O_3$				✓			
71. 对乙酰基苯乙酮（1,4-二乙酰基苯）(PAcetylacetophenone)	$C_{10}H_{11}O_2$				✓			
72. 1,3-二乙酰基苯(1,3-Diacetylbenzene)	$C_{10}H_{11}O_2$				✓			
73. 苯乙基甲酮(Benzylethylketone)	$C_{10}H_{12}O$				✓			
74. 苯基-1-丙烯-1-酮(Benzyl[1]Propen[1]one)	C_9H_9O				✓			
75. 苯基丙酮(Benzylpropanone)	$C_9H_{10}O$		✓					
76. 对乙基苯丙酮(P-Ethylpripionylbenzene)	$C_{11}H_{14}O$							
77. 2,4-二甲基苯丙酮（2,4-二甲基丙酰苯）(2,4-Dimethylbenzylpropanone)	$C_{11}H_{14}O$							
78. 顺-茉莉酮(Cis-Jasmone)	$C_{11}H_{16}O$	✓	✓	✓	✓	✓		
79. 顺-茶螺烯酮(Cis-Theasprione)	$C_{13}H_{20}O_3$		✓	✓	✓			
80. α-紫罗酮(α-Ionone)	$C_{13}H_{20}O$	✓	✓	✓			✓	✓
81. β-紫罗酮(β-Ionone)	$C_{13}H_{20}O$	✓	✓	✓				
82. β-二氢紫罗酮(β-Dihydroionone)	$C_{13}H_{22}O$							
83. 3-氧代-β-紫罗酮(3-Keto-β-ionone)	$C_{13}H_{18}O$		✓					
84. 2,3-环氧-β-紫罗酮(2,3-Epoxy-β-ionone)	$C_{13}H_{20}O_2$				✓			
85. 5,6-环氧-β-紫罗酮(5,6-Epoxy-β-ionone)	$C_{13}H_{20}O_2$		✓	✓	✓	✓		
86. 3,4-二氢-α-紫罗酮(3,4-Dihydro-α-ionone)	$C_{13}H_{22}O$		✓	✓				
87. 2,3-环氧-α-紫罗酮(2,3-Epoxy-α-ionone)	$C_{13}H_{20}O$				✓			
88. 1′-羟基-4′-氧化-α-紫罗酮(1′-hydroxy-4′-oxy-α-ionone)	$C_{13}H_{20}O$				✓			
89. 香叶基丙酮(Geraylacetone)	$C_{13}H_{22}O$	✓	✓	✓	✓	✓	✓	
90. β-达马烯酮(β-Damascone)	$C_{18}H_{18}O$		✓					

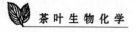

（续）

化合物名称	分子式	鲜叶	绿茶	红茶	乌龙茶	沱茶	普洱茶	砖茶
91. α-达马酮(α-Damascone)	$C_{18}H_{20}O$	√						
92. β-达马酮(β-Damascone)	$C_{18}H_{20}O$	√						
93. 橙花叔酮(Nerolidone)	$C_{15}H_{24}O$	√						
94. 薄荷烯酮(Piperitone)	$C_{10}H_{18}O$		√					
95. 莰酮(樟脑)(Camphor)	$C_{10}H_{16}O$		√					

五、酯类化合物(77)

化合物名称	分子式	鲜叶	绿茶	红茶	乌龙茶	沱茶	普洱茶	砖茶
1. 甲酸乙酯(Ethyl Formate)	$C_3H_6O_2$	√						
2. 甲酸-反-2-己烯酯(Trans-2-Hexenyl Formate)	$C_7H_{12}O_2$	√	√					
3. 甲酸-顺-3-己烯酯(Cis-3- Hexenyl Formate)	$C_7H_{12}O_2$	√	√					
4. 甲酸己酯(Hexyl Formate)	$C_7H_{14}O_2$	√						
5. 甲酸-2-甲基-顺-3-己烯酯(2-Methyl-Cis-3- Hexenyl formate)	$C_{11}H_{18}O_2$	√						
6. 乙酸乙酯(Ethyl Acetate)	$C_4H_8O_2$	√	√	√				
7. 乙酸-1-羟基[2]丙酯(1-Hydroxy-Propanyl[2]acetate)	$C_5H_8O_3$	√						
8. 乙酸异戊酯(Iso-amyl Acetate)	$C_7H_{14}O_2$	√		√				
9. 乙酸己酯(Hexanyl Acetate)	$C_8H_{16}O_2$	√						
10. 乙酸-顺-3-己烯酯(Cis-3-Hexenyl Acetate)	$C_8H_{14}O_2$	√	√	√	√			
11. 乙酸-反-3-己烯酯(Trans-3-Hexenyl Acetate)	$C_8H_{14}O_2$	√						
12. 乙酸-反-2-己烯酯(Trans-2-Hexenyl Acetate)	$C_8H_{14}O_2$		√					
13. 丙酸-反-2-己烯酯(Trans-2-Hexenyl Propionate)	$C_9H_{16}O_2$		√					
14. 丙酸-反-3-己烯酯(Trans-3-Hexenyl Propionate)	$C_9H_{16}O_2$		√					
15. 丙酸-顺-3-己烯酯(Cis-3-Hexenyl Propionate)	$C_9H_{16}O_2$		√					
16. 丁二酸甲酯(琥珀酸甲酯)(Methyl Succinate)	$C_5H_8O_4$		√					
17. 丁酸己酯(Hexyl Butyrate)	$C_{10}H_{20}O_2$		√					
18. 丁酸-反-2-己烯酯(Trans-2-Hexenyl Butyrate)	$C_{10}H_{18}O_2$	√	√					
19. 丁酸-顺-3-己烯酯(Cis-3-Hexenyl Butyrate)	$C_{10}H_{18}O_2$	√	√	√				
20. 2-甲基丁酸-顺-3-己烯酯(Cis-3-Hexenyl 2-Methylbutyrate)	$C_{11}H_{20}O_2$	√	√					
21. 2-甲基丁酸-反-3-己烯酯(Trans-3-Hexenyl 2-Methylbutyrate)	$C_{11}H_{20}O_2$		√					

化合物名称	分子式	鲜叶	绿茶	红茶	乌龙茶	沱茶	普洱茶	砖茶
22. 戊酸-[E]-3-己烯酯[(E)-3-Hexenyl Pentanoate]	$C_{11}H_{20}O_2$				√			
23. 反-2-己烯酯甲酸(Methyl Trans-2-Hexenoate)	$C_7H_{12}O_2$		√					
24. 顺-3-己烯酯甲酸(Methyl Cis-3-Hexenoate)	$C_7H_{12}O_2$		√					
25. 己酸-[Z]-2-戊烯酯[(Z)-2-Pentenyl Hexenoate]	$C_{11}H_{20}O_2$			√				
26. 己酸-[E]-2-戊烯酯[(Z)-2-Pentenyl Hexenoate]	$C_{11}H_{20}O_2$			√				
27. 己烯酸-顺-3-己烯酯[(E)-3-Hexenyl Hexenoate]	$C_{12}H_{22}O_2$	√		√				
28. 己烯酸-反-2-己烯酯[(E)-2-Hexenyl Hexenoate]	$C_{12}H_{22}O_2$			√				
29. 反-2-己烯酸-顺-3-己烯酯[(E)-3-Hexenyl (E)-2-Hexenoate]	$C_{12}H_{20}O_2$	√	√	√	√			
30. 反-3-己烯酸-顺-3-己烯酯(Cis-3-Hexenyl Trans-3-Hexenoate)	$C_{12}H_{20}O_2$	√						
31. 顺-3-己烯酸-顺-3-己烯酯(Cis-3-Hexenyl Cis-3-Hexenoate)	$C_{12}H_{20}O_2$	√						
32. 顺-3-己烯酸-反-3-己烯酯(Trans-3-Hexenyl Cis-3-Hexenoate)	$C_{12}H_{20}O_2$		√					
33. 己酸-顺-2-己烯酯(Cis-2-Hexenyl Hexanoate)	$C_{12}H_{22}O_2$		√					
34. 己酸-反-2-己烯酯(Trans-2-Hexenyl Hexanoate)	$C_{12}H_{22}O_2$			√				
35. 己酸-顺-3-己烯酯(Cis-3-Hexenyl Hexanoate)	$C_{12}H_{22}O_2$	√	√	√	√			
36. 己酸-反-3-己烯酯(Trans-3-Hexenyl Hexanoate)	$C_{12}H_{22}O_2$	√	√					
37. 辛酸甲酯(Methyl Octanoate)	$C_9H_{18}O_2$			√				
38. 辛酸乙酯(Ethyl Octanoate)	$C_{10}H_{20}O_2$			√				
39. 4-氧代壬酸甲酯(Methyl-4-Oxonanoate)	$C_{10}H_{18}O_3$			√				
40. 壬酸-[Z]-3-己烯酸[(Z)-3-Hexenyl Onanoate]	$C_{15}H_{28}O_2$			√				
41. 癸酸乙酯(Ethyl Decanoate)	$C_{12}H_{24}O_2$				√			
42. 5-羟基癸酸乙酯(Ethyl 5-Hydroxydecanoate)	$C_{12}H_{24}O_3$		√					
43. 癸酸-顺-3-己烯酯(Cis-3-Hexenyl Decanoate)	$C_{16}H_{30}O_2$		√					
44. 癸酸-反-2-己烯酯(Trans-2-Hexenyl Decanoate)	$C_{16}H_{30}O_2$		√					
45. 2-甲基十五酸甲基(Methyl 2-Methylpentadecanoate)	$C_{17}H_{34}O_2$				√			

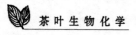

(续)

化合物名称	分子式	鲜叶	绿茶	红茶	乌龙茶	沱茶	黑茶 普洱茶	黑茶 砖茶
46. 十六酸甲酯(棕榈酸甲酯)(Methyl Hexadecanoate or Methyl Palmptate)	$C_{17}H_{34}O_2$	✓	✓	✓	✓			
47. 棕榈酸乙酯(十六酸乙酯)(Ethyl Palmitate)	$C_{18}H_{36}O_2$	✓						
48. 十七酸甲酯(Methyl Heptadecanoate)	$C_{18}H_{36}O_2$		✓					
49. 十八酸甲酯(Methyl Octadecanoate)	$C_{19}H_{38}O_2$	✓						
50. 十八酸乙酯(Ethyl Octadecanoate)	$C_{20}H_{24}O_2$	✓						
51. 甲酸苯甲酯(Benzyl Formate)	$C_8H_8O_2$		✓					
52. 甲酸苯乙酯(Phenylethyl Formate)	$C_9H_{10}O_2$		✓	✓				
53. 甲酸香叶酯(Geranyl Formate)	$C_{11}H_{18}O_2$		✓					
54. 乙酸苯甲酯(Benzyl Acetate)	$C_9H_{10}O_2$	✓		✓	✓			
55. 乙酸苯乙酯(Phenylethyl Acetate)	$C_{10}H_{12}O_2$		✓	✓	✓			
56. 乙酸橙花酯(Neryl Acetate)	$C_{12}H_{20}O_2$		✓	✓				
57. 乙酸香叶酯(Geranyl Acetate)	$C_{12}H_{20}O_2$		✓	✓				
58. 乙酸-α-萜品酯(α-Terpinyl Acetate)	$C_{12}H_{20}O_2$	✓	✓	✓				
59. 乙酸-α-乙基萜品酯(α-Ethylterpinyl Acetate)	$C_{14}H_{24}O_2$		✓	✓				
60. 丁酸苯甲酯(Benzyl Butyrate)	$C_{11}H_{14}O_2$		✓					
61. 丁酸苯乙酯(Phenylethyl Butyrate)	$C_{12}H_{16}O_2$			✓				
62. 苯甲酸甲酯(Methyl Benzoate)	$C_8H_8O_2$		✓	✓				
63. 2-羟基苯甲酸甲酯(水杨酸甲酯)(Methyl 2-Hydroxybenzoate or Methyl Salicylate)	$C_8H_8O_3$	✓	✓	✓	✓	✓		
64. 4-甲氧基苯甲酸甲酯(Methyl-4-Methoxybenzoate)	$C_9H_{10}O_3$		✓					
65. 邻氨基苯甲酸甲酯（氨茴酸甲酯）(Methyl Anthranilate)	$C_8H_9O_2N$		✓	✓				
66. 苯甲酸乙酯（Ethyl Benzoate）	$C_9H_{10}O_2$		✓	✓				
67. 2-羟基苯甲酸-3-甲基丁酯（3-Methylbutyl 2-Hydroxybenzoate）	$C_{12}H_{16}O_3$		✓					
68. 苯甲酸-顺-3-乙烯酯（Cis-3-Hexenyl Benzoate）	$C_{13}H_{16}O_2$		✓	✓	✓			
69. 苯甲酸-反-3-乙烯酯（Trans-3-Hexenyl Benzoate）	$C_{16}H_{14}O_2$		✓					
70. 苯甲酸苯甲酯（Benzyl Benzonate）	$C_{14}H_{12}O_2$		✓					
71. 苯二甲酸二乙酯（Diethyl Phthealate）	$C_{12}H_{14}O_2$		✓					

化合物名称	分子式	鲜叶	绿茶	红茶	乌龙茶	沱茶	普洱茶	砖茶
72. 邻苯二甲酸二丁酯 （Dibutyl Phthealate）	$C_{16}H_{22}O_4$	√	√	√				
73. 苯乙酸乙酯 （Ethyl Phenylacetate）	$C_{10}H_{12}O_2$				√			
74. 苯乙酸己酯 （Hexyl Phenylacetate）	$C_{14}H_{20}O_2$				√			
75. 茉莉酮酸甲酯 （Methyl Jasmonate）	$C_{13}H_{20}O_3$		√	√	√			
76. 顺-茉莉酮酸甲酯 （Methyl Cis-Jasmonate）	$C_{13}H_{20}O_3$				√			
77. 反-2-二氢化茉莉酮酸甲酯 （Methyl Trans-2-Dihydrojasmonate）	$C_{13}H_{22}O_3$				√			

六、内酯类化合物 （27）

化合物名称	分子式	鲜叶	绿茶	红茶	乌龙茶	沱茶	普洱茶	砖茶
1. 4-丁内酯 （γ-丁内酯） （4-Butanolide）	$C_4H_6O_2$				√			
2. 4-丁烯 [2] 内酯 （2-Buten-4-Olide）	$C_4H_4O_2$				√			
3. 2-甲基-4-丁内酯 （2- Methyl-4-Butanolide）	$C_5H_9O_2$				√			
4. 2，3-二甲基-4-丁烯 [2] 内酯 （2，3-Dimethyl-4-Buten-2-Olide）	C_6H_8O				√			
5. 4-戊内酯 （γ-戊内酯） （4-Pentanolide）	$C_5H_8O_2$				√			
6. 4-己内酯 （4-Hexanolide）	$C_6H_{10}O_2$				√			
7. 5-己内酯 （5-Hexanolide）	$C_6H_{10}O_2$		√					
8. 2-己烯内酯 （2-Hexen-4-Olide）	$C_6H_8O_2$				√			
9. 4-甲基-5-己烯内酯 （4-Methyl-5-Hexen-4-Olide）	$C_7H_{10}O_2$				√			
10. 2-羰基-2,6,6-三甲基环己烯[1]叉乙酸内酯	$C_7H_{12}O_2$				√			
11. 4-庚内酯（4-Heptanolide）	$C_8H_{14}O_2$		√	√	√			
12. 5-庚内酯（δ-庚内酯）（5 -Heptanolide）	$C_9H_{16}O_2$		√	√				
13. 4-辛内酯（4-Octanolide）	$C_{11}H_{18}O_2$				√			
14. 4-壬内酯（4-Nonanolide）	$C_{11}H_{18}O_2$		√	√	√			
15. 2,3-二甲基-4-壬烯内酯（2,3-Dimethyl-4-Nonenolide）	$C_{11}H_{18}O_2$				√			
16. 2,3-二甲基-4-羟基壬烯[2]内酯 （2,3-Dimethyl-4-Hydroxynonen[2]olide）	$C_{10}H_{18}O_2$				√			
17. 4-癸内酯（4-Decanolide）	$C_{10}H_{18}O_2$				√			
18. 5-癸内酯（5-Decanolide）	$C_{10}H_{18}O_2$		√	√	√			

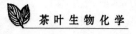

（续）

化合物名称	分子式	鲜叶	绿茶	红茶	乌龙茶	沱茶	普洱茶	砖茶
						黑茶		
19. 5-羟基癸烯[7]内酯(5-Hydroxydecaen[7]olide)	$C_{10}H_{16}O_3$		√					
20. 4-十四内酯(4-Tetradecanolide)	$C_{14}H_{26}O_2$		√					
21. 香豆素(1,2-哌弄或 β-檀香醇)(Cumarin)	$C_9H_6O_2$	√	√	√				
22. 茉莉内酯(Jasmine Lactone)	$C_{10}H_{16}O_2$				√	√		
23. 顺-茉莉内酯[(Z)-Jasmine Lactone]	$C_{10}H_{16}O_2$				√	√		
24. 二氢茉莉内酯(Dihydrojasmine Lactone)	$C_{10}H_{18}O_2$					√		
25. 二氢海葵内酯(Dihydroactinidiolide)	$C_{11}H_{16}O_2$		√	√	√	√		√
26. 博伏内酯(Bovolide)			√					√
27. 二氢薄伏内酯(Dihydrobovolide)			√					

七、酸类化合物(29)

化合物名称	分子式	鲜叶	绿茶	红茶	乌龙茶	沱茶	普洱茶	砖茶
1. 甲酸(Formic Acid)	CH_2O_2	√		√				
2. 乙酸(Acetic Acid)	$C_2H_4O_2$	√		√		√		
3. 丙酸(Propinic Acid)	$C_3H_6O_2$	√	√	√				
4. 丙炔酸(Propiolic Acid)	$C_3H_2O_2$	√						
5. 异丁酸(2-甲基丙酸)(2-Methylbutyric Acid)	$C_5H_8O_2$	√		√				
6. 正丁酸(Butyric Acid)	$C_4H_8O_2$	√	√	√	√			
7. 2-甲基丁酸(2-Methylbutyric Acid)	$C_5H_{10}O_2$							
8. 异戊酸(3-甲基丁酸)(Iso-Pentanoic Acid)	$C_5H_{10}O_2$	√		√	√			
9. 戊酸(Valeric Acid or Pentanoic Acid)	$C_5H_{10}O_2$	√		√				
10. 4-甲基戊酸(异己酸)(Iso-Valeric Acid)	$C_6H_{12}O_2$	√			√			
11. 己酸(Hexanoic Acid)	$C_6H_{12}O_2$	√	√	√	√			
12. 反-2-己烯酸(Trans-2-Hexenoic Acid)	$C_6H_{10}O_2$	√		√				
13. 顺-3-己烯酸(Cis-3-Hexenoic Acid)	$C_6H_{10}O_2$	√		√				
14. 4-甲基己酸(4-Methyl Hexanoic Acid)	$C_7H_{14}O_2$			√				
15. 异庚酸(5-甲基己酸)(Iso-Heptanoic Acid)	$C_7H_{14}O_2$			√				
16. 庚酸(Heptanoic Acid)	$C_7H_{14}O_2$	√		√	√			
17. 异辛酸(6-甲基庚酸)(Iso-Octanoic Acid)	$C_8H_{16}O_2$			√				
18. 辛酸(Octanoic Acid)	$C_8H_{16}O_2$	√	√	√				
19. 反-2-辛烯酸(Trans-2-Octanoic Acid)	$C_8H_{14}O_2$			√				
20. 7-甲基辛酸(7-Methyloctanoic Acid)	$C_9H_{18}O_2$			√				
21. 壬酸(Nonanoic Acid)	$C_9H_{18}O_2$	√	√	√				
22. 8-甲基壬酸(8-Methyl Nonanoic Acid)	$C_{10}H_{20}O_2$		√					

（续）

化合物名称	分子式	鲜叶	绿茶	红茶	乌龙茶	沱茶	黑茶 普洱茶	黑茶 砖茶
23. 癸酸(Decanoic Acid)	$C_{10}H_{20}O_2$		√	√				
24. 月桂酸(十二烷酸)(Dodecanoic Acid)	$C_{12}H_{24}O_2$			√				
25. 亚麻酸(Hexadecatrien[9,12,15]-oic Acid)	$C_{18}H_{30}O_2$	√	√					
26. 苯甲酸(安息香酸)(Benzoic Acid)	$C_7H_6O_2$			√	√			
27. 邻羟基苯甲酸（水杨酸）(O-Hydroxy Benzoic Acid or Salicylic Acid)	$C_7H_6O_3$	√	√	√				
28. 苯乙酸(Phenylacetic Acid)	$C_8H_8O_2$			√				
29. 反-2-香叶酸(Trans-2-Geranic Acid)	$C_{10}H_{16}O_2$		√	√				

八、酚类及其衍生物(33)

化合物名称	分子式	鲜叶	绿茶	红茶	乌龙茶	沱茶	黑茶 普洱茶	黑茶 砖茶
1. 苯酚(Phenol)	C_6H_6O	√	√	√	√	√		
2. 邻甲苯酚(O-Cyesol)	C_7H_8O	√	√	√				
3. 间与对甲苯酚(mp-Cresol)	C_7H_8O	√	√	√				
4. 2,6-二甲基苯酚(2,6-Dimethyl Phenol)	$C_8H_{10}O$			√		√		
5. 2,3-二甲基苯酚(2,3-Dimethyl Phenol)	$C_8H_{10}O$			√				
6. 2,4,5-三甲基苯酚(2,4,5-Trimethyl Phenol)	$C_9H_{12}O$			√				
7. 2-乙基苯酚(2-Ethylphenol)	$C_8H_{10}O$			√				
8. 3-乙基苯酚(3-Ethylphenol)	C_8H_8O			√				
9. 4-乙基苯酚(4-Ethylphenol)	$C_8H_{10}O$			√				
10. 4-乙烯基苯酚(4-Vinylpehol)	C_8H_8O	√	√		√			
11. 3-乙基-5-甲基苯酚(3-Ethyl-5-Methyl Phenol)	$C_9H_{12}O$			√				
12. 4-丙基苯酚(4-Propylphenol)	$C_9H_{12}O$			√				
13. 4-异丙基苯酚(4-Isopropylphenol)	$C_9H_{12}O$			√				
14. 2-(1-甲基丙基)苯酚(2-[1-Methyl propyl]-Phenol)	$C_9H_{12}O$			√				
15. 4-(1-甲基丙基)苯酚(4-[1-Methyl propyl]-phenol)	$C_{10}H_{14}O$			√				
16. 2-乙基-4-甲基苯酚(2-Ethyl-4-Methylphenol)	$C_9H_{12}O$			√				
17. [E]-2-甲氧基-4(1-丙基)苯酚([E]-2-Methoxy-4-(1-propyl)Phenol)	$C_{10}H_{13}O_3$							

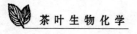

（续）

化合物名称	分子式	鲜叶	绿茶	红茶	乌龙茶	沱茶	普洱茶	砖茶
18. 2,6-二甲氧基-4-甲基苯酚（2,6-Dimethoxy-4-Methylphenol）	$C_9H_{12}O_3$							
19. 2,4-二（1,1-二甲基乙基）苯酚［2,4-Di（1,1-Methylethyl）Phenol］	$C_{12}H_{18}O_3$				√			
20. 2,6-双（1,1-二甲基乙基）-4-甲基苯酚［2,6-Di（1,1-Dimethylethyl）-4-Methyl-Phenol］	$C_{13}H_{20}O_2$		√		√			
21. 对丙烯基邻甲氧基苯酚（p-Vinyl-O-Methyoxy-phenol）	$C_{10}H_{12}O_2$		√					
22. 愈创木酚（Guaiacol）	$C_7H_8O_2$	√	√		√			
23. 2-甲基愈创木酚（2-Methyl Guaiacol）	$C_8H_{10}O_2$		√					
24. 4-甲基愈创木酚（4-Methyl Guaiacol）	$C_8H_{10}O_2$		√		√			
25. 4-乙基愈创木酚（4-Ethyl Guaiacol）	$C_9H_{12}O_2$		√		√			
26. 4-乙烯基愈创木酚（4-Vinyl Guaiacol）	$C_9H_{10}O_2$		√					
27. 4-乙基-6-甲基愈创木酚（4-Ethyl-6-Methyl Guaiancol）	$C_{10}H_{14}O_2$				√			
28. 4-丙基愈创木酚（4-Propylguaiacol）	$C_{10}H_{14}O_2$		√					
29. 丁子香酚（Eugenol）	$C_{10}H_{12}O_2$		√	√				
30. 异丁子香酚（Iso-Eugenol）	$C_{10}H_{12}O_2$	√	√	√				
31. 1-甲基丁子香酚（1-Methyleugenol）	$C_{11}H_{14}O_2$		√					
32. 麝香草酚（百里香酚）（Thyol）	$C_{10}H_{14}O$		√					
33. 香芹酚（Carvacrol）	$C_{14}H_{14}O$		√					

九、杂氧化合物(32)

化合物名称	分子式	鲜叶	绿茶	红茶	乌龙茶	沱茶	普洱茶	砖茶
1. 乙醚（Ether）	$C_4H_{10}O$	√		√				
2. 1,1-二甲氧基乙烷（1,1-Dimethoxythane）	$C_4H_{10}O_2$		√					
3. 1,1-二乙氧基乙烷（1,1-Diethoxythane）	$C_4H_{14}O_2$			√				
4. 1,1-二乙氧基丁烷（1,1-Diethoxybutane）	$C_4H_{18}O_2$		√					
5. 1,1-二甲氧基己烷（1,1-Dimethoxyhexane）	$C_4H_{18}O_2$		√					
6. 2-丙酸甘油（2-Propionic Acid Glycerin）	$C_6H_{12}O_5$		√					
7. 茴香醚（苯甲醚或甲氧基苯）（Anisole）	C_7H_8O		√				√	
8. 对乙基茴香醚（4-乙基茴香醚）（P-Ethylanisole）	$C_9H_{12}O$		√					

（续）

化合物名称	分子式	鲜叶	绿茶	红茶	乌龙茶	沱茶	普洱茶	砖茶
9. 茴香脑(对甲氧基苯烯基苯)(Anethole)	$C_{10}H_{12}O$	√						
10. 1,2-二甲氧基苯(1,2-Dimethoxybenzene)	$C_8H_{10}O_2$				√			
11. 1,4-二甲氧基苯(1,4-Dimethoxybenzene)	$C_8H_{10}O_2$	√	√					
12. 1,2-二甲氧基-4-甲基苯(1,2-Dimethoxy-4-Methylbenzene)	$C_9H_{12}O_2$				√		√	√
13. 1,2,3-三甲氧基苯(1,2,3-Trimethoxybenzene)	$C_9H_{12}O_3$						√	√
14. 1,2-二甲氧基-4-甲基苯(1,2-Dimethoxy-4-Methylbenzene)	$C_{10}H_{14}O_2$						√	√
15. 1,2,3-三甲氧基-5-甲基苯 (1,2,3-Trimethoxy-5-Methylbenzene)	$C_{10}H_{14}O_3$						√	√
16. 1,2,3-三甲氧基-5-乙基苯(1,2,3-Trimethoxy-5-Ethylbenzene)	$C_{11}H_{16}O_3$					√		
17. 呋喃(Furan)	C_4H_4O	√						
18. 呋喃甲醇(Furanyl Methanol)	$C_5H_6O_2$	√						
19. 2-甲基呋喃(2-Methylfuran)	C_5H_6O				√			
20. 1-甲基-2,3-二氧呋喃(1-Methyl-2,3-Dihydrofuran)	C_5H_8O	√						
21. 3-甲基-2,3-二氧呋喃(3-Methyl-2,3-Dihydrofuran)	C_5H_8O	√						
22. 2-乙基呋喃 (2-Ethylfuran)	C_6H_8O		√					
23. 2-乙酰基呋喃 (2-Acethylfuran)	$C_6H_6O_2$	√	√					
24. 2-乙酰基-5-甲基呋喃 (2-Acethyl-5-Methylfuran)	$C_7H_8O_2$		√					
25. 戊基呋喃 (Amylfuran)	$C_9H_{14}O$		√					
26. 2-正戊基呋喃 (2- Amylfuran)	$C_9H_{14}O$	√	√	√				
27. 异戊基呋喃 (Iso- Amylfuran)	$C_9H_{14}O$	√	√					
28. 二苯并呋喃 (Dibenzofuran)	$C_{12}H_{18}O$				√			
29. 2,6,6-三甲基-2-乙烯(2,6,6-Trimethyl-2-Ethylene)	$C_{10}H_{18}O$		√					
30. 茶螺烷 (Theaspirane)	$C_{13}H_{22}O$	√	√					

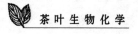

（续）

化合物名称	分子式	鲜叶	绿茶	红茶	乌龙茶	沱茶	普洱茶	砖茶
31. 6,7-环氧二氢化茶螺烷（6,7-Epoxydihydroth-easpirane）	$C_{13}H_{24}O$		√					
32. 6-羟基二氢化茶螺烷（6-Hydroxydihydroth-easpirane）	$C_{13}H_{24}O$		√					

十、含硫化合物（11）

化合物名称	分子式	鲜叶	绿茶	红茶	乌龙茶	沱茶	普洱茶	砖茶
1. 硫化氢（Hydrogen Sulfide）	H_2S		√					
2. 甲硫醇（Methyl Mercaptane）	CH_4S			√				
3. 二甲硫（二甲硫醚）（Dimethyl Sulfide）	C_2H_6S	√	√	√				
4. 噻吩（硫杂茂）（Thiophene）	C_4H_4S			√				
5. 5-甲基噻唑（5-Methylthiazole）	C_4H_5NS			√				
6. 2,4-二甲基噻唑（2,4-Dimethylthiazole）	C_5H_7NS			√				
7. 2,5-二甲基噻唑（2,5-Dimethylthiazole）	C_5H_7NS			√				
8. 2,4,5-三甲基噻唑（2,4,5-Trimethylthiazole）	C_6H_9NS			√				
9. 2,5-二甲基-4-乙基噻唑（2,5-Dimethyl-4-Ethylthiazole）	$C_7H_{11}NS$			√				
10. 苯并噻唑（Benzothiazole）	C_7H_5NS		√	√				
11. 2-甲基苯并噻唑（2-Methylbenzothiazole）	C_8H_7NS			√				

十一、吡咯类及其衍生物（77）

化合物名称	分子式	鲜叶	绿茶	红茶	乌龙茶	沱茶	普洱茶	砖茶
1. 吡咯（Pyrroles）	C_4H_5N						√	
2. 2-甲酰吡咯（吡咯醛或 2-吡咯乙酮）（2-Formylpyrroles or Pyrrole Aldehyde）	C_5H_5ON		√	√				
3. 1-乙基吡咯（N-乙基吡咯）（1-Ethylpyrrole）	C_6H_9ON	√						
4. 2-乙酰吡咯（2-Acetylpyrrole）	C_6H_7ON		√	√			√	√
5. 1-甲基-2-甲酰吡咯（1-Methyl-2-Formylpyrrole）	C_6H_7ON						√	
6. 5-甲基-3-甲酰吡咯（5-Methyl-3-Formylpyrrole）	C_6H_7ON			√				
7. 1-甲基-2-乙酰吡咯（N-甲基-2-羟甲基吡咯）（1-Methyl-2-Acetylpyrrole）	C_7H_9ON		√	√				
8. 1-乙基-2-甲酰吡咯（1-Ethyl-2-Formylpyrrole）	C_7H_9ON		√	√	√		√	√
9. 1-乙基-2-乙酰吡咯（1-Ethyl-2-Acetylpyrrole）	$C_8H_{11}ON$		√				√	

化合物名称	分子式	鲜叶	绿茶	红茶	乌龙茶	沱茶	普洱茶	砖茶
10. 1-丙基-2-甲酰吡咯（1-Propyl-2-Formylpyrrole）	$C_8H_{11}ON$				√			
11. 2-丙酰吡咯	C_7H_9ON		√					

喹啉类（Quinoline）

化合物名称	分子式	鲜叶	绿茶	红茶	乌龙茶	沱茶	普洱茶	砖茶
1. 喹啉（Quinoline）	C_9H_7N		√					
2. 2-甲基喹啉（2-Methylquinoline）	$C_{10}H_9N$		√					
3. 6（或 7）-甲基喹啉（6 or 7-Methylquinoline）	$C_{10}H_9N$		√					
4. 2,4-二甲基喹啉（2,4-Dimethylquinoline）	$C_{11}H_{11}N$		√					
5. 2,6-二甲基喹啉（2,6-Dimethylquinoline）	$C_{11}H_{11}N$		√					
6. 4,8-二甲基喹啉（4,8-Dimethylquinoline）	$C_{11}H_{11}N$		√					
7. 3-正丙基喹啉（3-Propylquinoline）	$C_{12}H_{13}N$		√					
8. 4-正丁基喹啉（4-Butylquinoline）	$C_{13}H_{15}N$		√					

吡嗪类（Pyrazine）

化合物名称	分子式	鲜叶	绿茶	红茶	乌龙茶	沱茶	普洱茶	砖茶
1. 吡嗪（Pyrazine）	$C_4H_4N_2$	√						
2. 2-甲基吡嗪（2-Methyl Pyrazine）	$C_5H_6N_2$	√	√					
3. 2,3-二甲基吡嗪（2,3-Dimethyl Pyrazine）	$C_6H_8N_2$	√						
4. 2,5-二甲基吡嗪（2,5-Dimethyl Pyrazine）	$C_6H_8N_2$	√	√	√				
5. 2,6-二甲基吡嗪（2,6-Dimethyl Pyrazine）	$C_6H_8N_2$	√	√			√		
6. 乙基吡嗪（Ethylpyrazine）	$C_6H_8N_2$	√	√					
7. 乙烯吡嗪（Vingylpyrazine）	$C_6H_6N_2$	√	√					
8. 三甲基吡嗪（Trimethylpyrazine）	$C_7H_{10}N_2$	√	√					
9. 四甲基吡嗪（Tetramthylpyrazine）	$C_8H_{12}N_2$	√	√					
10. 2-乙基-3-甲基吡嗪（2-Ethyl-3-Methyl Pyrazine）	$C_7H_{10}N_2$	√						
11. 2-乙基-5-甲基吡嗪（2-Ethyl-5-Methyl Pyrazine）	$C_7H_{10}N_2$	√	√					
12. 2-乙基-6-甲基吡嗪（2-Ethyl-6-Methyl Pyrazine）	$C_7H_{10}N_2$	√	√					
13. 丙基吡嗪（Propylpyrazine）	$C_7H_{10}N_2$	√						
14. 6,7-二氢-5H-环戊吡嗪（6,7-Dihydro-5H-Cyclopentapyrazine）	$C_7H_8N_2$	√						
15. 2-甲基-6,7-二氢-5H-环戊吡嗪（2-Methyl-6,7-Dihydro-5H-Cyclopentapyrazine）	$C_8H_{10}N_2$	√						
16. 5-甲基-6,7-二氢-5H-环戊吡嗪（5-Methyl-6,7-Dihydro-5H-Cyclopentapyrazine）	$C_8H_{10}N_2$	√						

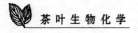

（续）

化合物名称	分子式	鲜叶	绿茶	红茶	乌龙茶	沱茶	黑茶 普洱茶	黑茶 砖茶
17. 2-乙基-6,7-二氢-5H-环戊吡嗪（2-Ethyl-6,7-Di-hydro-5H-Cyclopentapyrazine）	$C_9H_{12}N_2$	√						
18. 2,5-二乙基吡嗪（2,5-Diethylpyrazine）	$C_8H_{12}N_2$	√						
19. 2,6-二乙基吡嗪（2,6-Diethylpyrazine）	$C_8H_{12}N_2$	√						
20. 2-乙基-3,5-二甲基吡嗪（2-Ethyl-3,5-Dimeth-ylpyrazine）	$C_8H_{12}N_2$	√	√					
21. 2-乙基-3,6-二甲基吡嗪（2-Ethyl-3,6-Dimeth-ylpyrazine）	$C_8H_{12}N_2$	√	√					
22. 3-乙基-2,5-二甲基吡嗪（3-Ethyl-2,5-Dimeth-ylpyrazine）	$C_8H_{12}N_2$	√						
23. 2,5-二乙基-3-甲基吡嗪（2,5-Diethyl-3-Mthylpyrazine）	$C_9H_{14}N_2$	√						
24. 2,3-二乙基-5-甲基吡嗪（2,3-Diethyl-5-Mthylpyrazine）	$C_9H_{14}N_2$							
25. 3,5-二乙基-2-甲基吡嗪（3,5-Diethyl-2-Mthylpyrazine）	$C_9H_{14}N_2$							
26. 2-乙基-6-（1-丙基）吡嗪（2-Ethyl-6-[1-Propyl]pyrazine）	$C_9H_{14}N_2$							
27. 2-(2′-呋喃基)吡嗪（2-[2′-Furyl]pyrazine）	$C_8H_6ON_2$	√						
28. 2-(2′-呋喃基)甲基[5或6]吡嗪 2-(2′-Furyl)-Methyl[5 or 6]pyrazine	$C_9H_8ON_2$	√						

吡啶类（Pyridines）

化合物名称	分子式	鲜叶	绿茶	红茶	乌龙茶	沱茶	黑茶 普洱茶	黑茶 砖茶
1. 吡啶（Pyridine）	C_5H_5N	√	√					
2. 2-甲基吡啶（2-Methylpyridines）	C_6H_7N	√						
3. 3-甲基吡啶（3-Methylpyridines）	C_6H_7N	√						
4. 4-甲基吡啶（4-Methylpyridines）	C_6H_7N	√						
5. 4-甲氧基吡啶（4-Methoxylpyridines）	C_6H_7ON	√						
6. 2,3-二甲基吡啶（2,3-Dimethylpyridines）	C_7H_9N						√	
7. 2,5-二甲基吡啶（2,5-Dimethylpyridines）	C_7H_9N	√						
8. 2,6-二甲基吡啶（2,6-Dimethylpyridines）	C_7H_9N	√						

化合物名称	分子式	鲜叶	绿茶	红茶	乌龙茶	沱茶	黑茶	
							普洱茶	砖茶
9. 3,4-二甲基吡啶(3,4-Dimethylpyridines)	C_7H_9N							✓
10. 4-乙烯基吡啶(4-Vinylpyridines)	C_7H_7N		✓					
11. 2-乙基吡啶(2-Ethylpyridines)	C_7H_9N		✓					
12. 3-乙基吡啶(3-Ethylpyridines)	C_7H_9N		✓					
13. 2-乙酰基吡啶(3-Acetylpyridines)	C_7H_9ON		✓					
14. 2-甲基-6-乙基吡啶(2-Methyl-6-Ethylpyridines)	$C_8H_{11}N$		✓					
15. 2-甲基-5-乙基吡啶(2-Methyl-5-Ethylpyridines)	$C_8H_{11}N$		✓					
16. 3-正丁基吡啶(3-Butylpyridines)	$C_8H_{11}N$		✓					
17. 2-苯基吡啶(2-Phenylpyridines)	$C_{11}H_9N$		✓					
18. 3-苯基吡啶(3-Phenylpyridines)	C_5H_9N		✓					
其他								
1. 2-甲基丁腈(2-Methylbutyronitrile)			✓					
2. 异戊腈(3-甲基丁腈)(Iso-Valronitrile)	C_5H_9N		✓					
3. 苯甲腈(Benzonitrile)	C_7H_5N		✓					
4. 苯乙腈(Phenylacetonitrile)	C_8H_7N	✓	✓		✓			
5. N-乙基乙酰胺(N-Ethylacetylamine)	C_4H_9ON		✓					
6. N-乙基丙酰胺	$C_5H_{11}ON$		✓					
7. N-乙基琥珀酰亚胺（N-Ethyl-Succinimide)	$C_7H_{12}O_2N_2$		✓					
8. 甲基乙基顺丁烯二酰亚胺（Methylethylmaleimide)	$C_7H_{12}O_2N_2$		✓					
9. 吲哚(Indole)	C_8H_7N	✓	✓	✓	✓	✓		
10. 3-甲基吲哚(粪臭素)(3-Methylindole)	C_9H_9N	✓	✓					
11. 苯胺(Phenylamine)	C_6H_7N		✓					
12. N-甲基苯胺(N-Methylphenylamine)	C_7H_9N		✓					

　＊　修改自《茶叶化学工程学》。

　［1］陈宗道,周才琼,童华荣．茶叶化学工程学,重庆:西南师范大学出版社,1999,51～67

图书在版编目（CIP）数据

茶叶生物化学/宛晓春主编．—3 版．—北京：中国农业
出版社，2003.8（2025.1 重印）
面向 21 世纪课程教材
ISBN 978-7-109-08386-8

Ⅰ．茶…　Ⅱ．宛…　Ⅲ．茶叶－生物化学－高等学校－教
材　Ⅳ.TS272　S571.101

中国版本图书馆 CIP 数据核字（2007）第 013320 号

中国农业出版社出版
（北京市朝阳区农展馆北路 2 号）
（邮政编码 100125）
责任编辑　戴碧霞　曾丹霞

————————

三河市国英印务有限公司印刷　新华书店北京发行所发行
1979 年 1 月第 1 版　1984 年 2 月第 2 版
2025 年 1 月第 3 版河北第 15 次印刷

————————

开本：787mm×960mm 1/16　印张：29.5
字数：521 千字
定价：49.50 元
（凡本版图书出现印刷、装订错误，请向出版社发行部调换）